D1827727

797,885 Books

are available to read at

www.ForgottenBooks.com

Forgotten Books' App
Available for mobile, tablet & eReader

ISBN 978-0-365-06826-6
PIBN 11269072

This book is a reproduction of an important historical work. Forgotten Books uses
state-of-the-art technology to digitally reconstruct the work, preserving the original format
whilst repairing imperfections present in the aged copy. In rare cases, an imperfection in
the original, such as a blemish or missing page, may be replicated in our edition. We do,
however, repair the vast majority of imperfections successfully; any imperfections that
remain are intentionally left to preserve the state of such historical works.

Forgotten Books is a registered trademark of FB &c Ltd.
Copyright © 2017 FB &c Ltd.
FB &c Ltd, Dalton House, 60 Windsor Avenue, London, SW19 2RR.
Company number 08720141. Registered in England and Wales.

For support please visit www.forgottenbooks.com

1 MONTH OF
FREE
READING

at

www.ForgottenBooks.com

By purchasing this book you are eligible for one month membership to ForgottenBooks.com, giving you unlimited access to our entire collection of over 700,000 titles via our web site and mobile apps.

To claim your free month visit:
www.forgottenbooks.com/free1269072

* Offer is valid for 45 days from date of purchase. Terms and conditions apply.

English
Français
Deutsche
Italiano
Español
Português

www.forgottenbooks.com

Mythology Photography **Fiction**
Fishing Christianity **Art** Cooking
Essays Buddhism Freemasonry
Medicine **Biology** Music **Ancient
Egypt** Evolution Carpentry Physics
Dance Geology **Mathematics** Fitness
Shakespeare **Folklore** Yoga Marketing
Confidence Immortality Biographies
Poetry **Psychology** Witchcraft
Electronics Chemistry History **Law**
Accounting **Philosophy** Anthropology
Alchemy Drama Quantum Mechanics
Atheism Sexual Health **Ancient History**
Entrepreneurship Languages Sport
Paleontology Needlework Islam
Metaphysics Investment Archaeology
Parenting Statistics Criminology
Motivational

THE UNIVERSITY

OF ILLINOIS

LIBRARY

580.5
LI
v. 26

NATURAL
HISTORY

BIOLOGY

Return this book on or before the
Latest Date stamped below.

University of Illinois Library

NOV 2 7 1954

OCT

NOV 21 1970

DEC 29 1974

L161—H41

LINNAEA.

Ein
Journal für die Botanik
in ihrem ganzen Umfange.

Sechsundzwanzigster Band.

Oder:

Beiträge
zur
Pflanzenkunde.

Zehnter Band.

Herausgegeben

von

D. F. L. von Schlechtendal,

der Med., Chir. u. Philos. Dr , ordentl. Prof an der Universität zu Halle
und mehrerer gelehrten Gesellschaften Mitglied.

Mit drei Tafeln Abbildungen.

Halle a. d. S. 1853.
gedruckt auf Kosten des Herausgebers.

In Commission bei C. A. Schwetschke und Sohn.
(M. Bruhn in Braunschweig.)

Synopsis
Stackhousiacearum

elaboravit

Th. Schuchardt.

Stackhousiaceae Lindl.

Stackhousiaceae Lindl. Introd. to the Natural System of Botany. Edit. **2.** (1835.) p. **118.** — Kunth, Handbuch der Botanik. **1831.** Fam. LXVII. p. **343.** — Meissn. Gener. Plant. Vol. 1. p. **336.** fam. **200.** Vol. II. p. **248.** — Endlicher Gener. Plantar. p. **1106.** Ord. **242.** — Enchirid. Bot. p. **585.**

Stackhouseae Rob. Brown Gen. rem. in Flind. Voy. 2. p. **555.** Verm. Schrift. I. **54.** — Bartling Ordin. p. **368.** — Lindley Introd. to the Nat. Syst. Edit. **1.** p. **110.** — Deutsche Ausg. **1833.** p. **184.**

Starchousieae Reichenb. Compend. p. **197.**, od. Handbuch des natürl. Pflanzensyst. **1837.** p. **282.** — Dumort. Analect. p. **21.** — Mart. Comp. Regni. p. **55.** ord. **265.** — Hooker Icon. plant. rar. Vol. III. tab. **269.** — Journ. of Bot. I. **258.** II. **420.**

Flores hermaphroditi, regulares, in spicas terminales dispositi, solitarii vel plures, pedunculati, bracteati, vel bractea majori semper opposita et bracteolis duabus lateralibus basi vel solum bractea majori, vel bracteolis 5 aequalibus suffulti. In specie unica loco bracteolarum squamulas duas invenis. Calyx liber, gamopetalus, limbo profunde quinquepartitus, tubus hemisphaericus vel ventricosus vel urceolatus vel campanulatus; laciniae aequales. Tubus c. laciniis plerumque persistens.

Corolla pseudomonopetala vel rarissime gamopetala. Petala 5, summae calycis fauci ejusdem laciniis alternantia inserta, basi libera, in unguem longum linearem producta, medio in tubum cylindraceum variae longitudinis connata, limbi apice 5-partiti laciniae stellatim patentes vel reflexae, obtusae vel acuminatae. Corolla recta vel incurva, decidua. Stamina 5, perigyna, laciniis calycis opposita, ejus summae fauci inserta, petalis alterna, omnia fertilia inaequalia, rarissime aequalia, vel tria longiora et duo breviora, vel unum longissimum, par paullo brevius et par multo brevius. Filamenta filiformia, plana, aequalia vel versus basin sensim dilatata. Antherae filamentis dorso adnatae, ovales vel apice paullo angustiores, biloculares, loculi introrsum rima longitudinali dehiscentes, interdum basi paulo divergentes.

Pollen siccum extus celluloso-reticulatum globosum, triporosum vel oblongum, triplicatum triporosum.

Ovarium sessile, liberum, ovale vel subglobosum, basi paullo attenuatum, e carpophyllis tribus vel quinque, rarius duobus formatum. Cocci singuli ante foecundationem toto latere interno columellae centrali persistenti angulatae, basi sensim dilatatae adnati, ovales, laeves vel muricati vel verrucosi vel corrugato-areolati, corniculati. Ovula e basi interna funiculo brevi, tereti erecta, integumentis duobus vestita, anatropa. Styli tot quot cocci, basi semper in unum connati (rarissime omnino liberi, tunc spiraliter sibi invicem flexi) saepissime stylus **simplex**, cylindraceus, teres; stigmata tria vel quinque (rarissime duo) acuminata vel obtusiuscula, solum intus vel undique papillosa, teretia vel semiteretia.

Fructus tri- vel pentacoccus. Cocci discreti, omnino a columella centrali soluti, apteri vel alati vel costati, indehiscentes, monospermi. Alae inaequales, membranaceae, radiatim nervosae, ex coccorum lateribus internis exeuntes, laterales dorsali semper majores.

Semina erecta, funiculo filiformi tereti, obtuse trigona vel tetragona, testa membranacea fragili fusco-brunnea rugosa obtecta, albuminosa. Albumen carnosum vel oleosum.

Embryo in axi albuminis rectus, fere aequilongus, radicula infera, **cotyledones** brevissimae paullo rotundatae dense accumbentes, carnoso-oleosae, caudiculus filiformis, elongatus, cylindraceus. —

Herbae perennes, interdum suffrutescentes, in Nova Hollandia et insula Van Diemen indigenae', succo aqueo, floribus suaveolentibus, graciles, saepissime glabrae, rarissime pubescentes. Folia alterna, sessilia, simplicia, integerrima, spathulata vel cuneata vel linearia, acuminata vel mucronata. Stipulae minutissimae, membranaceae, deciduae, interdum nullae. —

I. Stackhousia Sm.

J. E. Smith in Linn. Transact. Vol. IV. p. **218.** (1798.) — Labillardière Novae Holland. plantar. specim. Tom. I. tab. **104.** p. **77.**

Sprengel Linnaei System. Vegetab. Vol. V. p. **673.** n. **1122.**

W. J. Hooker Journal of Bot. Vol. I. p. **258.** Vol. II. p. **421.**

Meissner Plantar. vascular. Gener. Tom. I. p. **336.** Tom. II. p. **248.**

4

Endlicher Enumerat. plantar., quas in Nov. Holl. leg. Huegel.
p. **17**.

W. J. Hooker Icones Plantar. rar. Vol. III. p. **269**.

J. Lindley Sketch of the Vegetat. of the Swan River Colony.
pag. XXXVIII.

Endlicher Gener. Plantar. n. **5763**. p. **1107**.

Lindley Botan. Regist. New Series. Vol. IX. p. **1917**.

A. Richard Voyage de l'Astrolabe. p. **89**. t. **33**.

Bunge in Lehmann. Plant. Preiss. Vol. I. p. **180**.

Schlechtendal Linn. XX. p. **642**.

Calyx tubo ventricoso vel hemisphaerico, vel campanulato vel urceolato, limbo 5 - fido, laciniis ovatis, apice acuminatis vel obtusiusculis, vel subulatis, corolla pluries brevior. Corolla pseudomonopetala, petala 5, summae calycis
fauci cum ejus laciniis alternatim inserta, basi libera, in ungues lineares producta, medio in tubum cylindraceum connata, limbo 5-partito, laciniae petalorum stellatim patentes,
vel reflexae, ovatae vel subulatae, apice acuminatae vel obtusae. Calycis laciniae, nec non ungues, tubus laciniaeque
petalorum longitudine valde variant. Stamina 5, petalis alterna, cum iis summae calycis fauci inserta, valde inaequalia,
vel tria longiora et duo altera alterna breviora, vel unum
longissimum, par paullo, par multo brevius. Filamenta plana,
filiformia, aequalia, vel versus basin sensim dilatata. Antherae filamentis dorso adnatae, introrsae, biloculares, ovatae,
interdum apice subacuminatae, loculi basi interdum paullo divergentes, rima longitudinali dehiscentes. Pollinis grana sicca
subglobosa, paullo oblonga, triporosa, tegmine fenestrato
aureo vestita. Ovarium sessile, e coccis tribus vel quinque
formatum, cocci ante pollinis emissionem lateribus inter se
ipsos cohaerentes, introrsum tota longitudine columellae cen-

trali adnati, ovales vel globosi, basi paullo attenuati, scabri vel corrugato - plicati, uniovulati. Ovula e basi interna funiculo tenui erecta, anatropa, integumentis duobus vestita. Columella centralis persistens, post floris marcescentiam indurescens, angulata, apice filiformis, versus basin sensim dilatata. Styli in gemmulis minimis tot quot cocci, in floribus in unum connati, tum stylus cylindraceus, glaberrimus. Stigmata tria vel quinque, apice obtusa vel acuminata, teretia vel semiteretia, divergentia, solum intus papillosa. Fructus tri- vel pentacoccus, calyce et filamentis persistentibus suffultus. Cocci singuli omnino discreti, indehiscentes, a columella centrali omnino soluti, apteri vel rarissime paullo late costati. Pericarpium coriaceum, muricatum vel verrucis crebris plicisque corrugatis rugosum. Semina in coccis solitaria, paullo curvata, funiculo filiformi erecta, subtetragona, basi et apice obtusiuscula, testa membranacea rugosa fusco-brunnea vestita, albuminosa. Embryo in axi albuminis carnosi rectus, fere aequilongus, cotyledones brevissimae, rotundatae, densissime accumbentes, caudiculus elongatus, radicula hilum spectans. —

Herbae perennes vel suffrutescentes, caulibus simplicibus vel ramosis, semper longitudinaliter profunde sulcato-striatis, plerumque parte inferiore dense, versus apicem vero remote foliatis; foliis sessilibus alternis integerrimis, linearibus spathulatis vel rarius cuneatis, acuminatis vel mucronulatis, stipulis duabus minutissimis deciduis suffultis vel estipulatis, glaberrimis vel rarissime pubescentibus, racemis terminalibus laxiusculis vel densis, elongatis vel abbreviatis, obtusis vel pyramidalibus, floribus solitariis vel subglomerulatis, ternis — quaternisve, suaveolentibus, basi uni- vel tri- vel quinquebracteatis, pedunculis abbreviatissimis crassiusculis, unifloris. —

1. Stackhousia obtusa Lindl.

Caule subsimplici, foliato, longitudinaliter profunde sulcato - striato, tereti; foliis sessilibus spathulatis, integerrimis,
acuminatis; racemis terminalibus obtusis, laxiusculis; floribus
solitariis, unibracteatis; bractea canaliculata, latissima, pedicellum amplexicauli; pedicello brevissimo; tubo calycis campanulato, laciniis ovato - acuminatis, acutis; corolla pseudomonopetala, petalis basi liberis, in ungues lineares breves
productis, medio in tubum cylindraceum connatis, limbo 5 -
partito, laciniis ovatis, obtusis; staminibus inaequalibus, uno
longissimo, duobus paullo brevioribus, duobus denique multo
brevioribus; filamentis planis, antheris ovalibus, bilocularibus,
loculis introrsum rima longitudinali dehiscentibus; ovario tricocco, coccis aequalibus, scabris, rugosis, 'uniovulatis; stylo
brevissimo simplici; stigmatibus tribus acuminatis. Fructus
non suppetunt.

S. obtusa Lindley in adnotat. ad tab. **1917.** in Botan. Regist. New Ser. Vol. IX. — Hooker Journ. of Bot. II.
p. **420.** — Schldl. in Linn. XX. p. **620.**

Radix simplex, tortuosa, lignosa, cortice rugosissimo,
verrucosissimo, brunneo - nigricante obtecta. Caules plures ex
una radice, infima parte suffrutescentes, ceterum herbacei,
erecti vel adscendentes, laete - virides, simplices vel rarissime
ramosi, cum ramis teretes, glaberrimi, longitudinaliter profunde
sulcato - striati, ½ — 1' alt., ½ — 1 ¼''' crassi. Folia sessilia, alterna, lanceolato - spathulata, integerrima, apice acuminata, pallide mucronata, utrinque glaberrima, concoloria
olivaceo - viridia, irregulariter rugoso - striata, ½ — 1 ³/₄''' lat.,
5 — 9 lin. long., in parte caulis inferiore congesta, versus apicem sparsiora et sensim angustiora. Specimina in Herb. Reg.
Berol. in Van Diemensland lecta undique aequaliter foliata

sunt. Stipulae angustissimae minutissimae. ˙ Racemi terminales, obtusi laxiusculi. Flores pedicellati, unibracteati, inferiores remoti, superiores densi. Pedicelli brevissimi, teretes,
glaberrimi, crassiusculi. Bractea axi opposita, basi pedicellum amplexans, latissima, ovata, paullo acuminata, glaberrima, subcanaliculata, extrorsum epidermide bullata pallida e
serie cellulari unica formata vestita, marginibus versus apicem remote obtuse serrato-dentata, calycis lacinias superans,
3‴ long., basi 1½ — 2‴ lat. Calycis tubus campanulatus,
flavo-fulvus, scabriusculus, glaberrimus, ½‴ long.; laciniae
ovatae, apice acutae, margine obtuse serrato-dentatae, glaberrimae, extrorsum scabriusculae, flavescentes, 1 — 1¼ lin.
long. Corolla pseudo-monopetala, lutea, petala libera, in ungues lineares 1 — 1½‴ long. producta, medio in tubum cylindraceum 2 — 3‴ long. connata, limbo 5-partito, laciniae
late lineares, supra medium latiores, apice obtusae, 2 —
2½‴ long., faux glaberrima. Stamina valde inaequalia,
longissimum unum anthera tota tubum excedens, par majus au-
therarum apicibus faucem attingit, par antherae longitudine
brevius. Filamenta plana, filiformia, longitudinaliter striata,
albissima, glaberrima. Antherae luteae, glaberrimae, ovatae,
apice angustiores, biloculares, loculi basi paullo divergentes.
Ovarium tricoccum subrotundum, basi paullo attenuatum.
Cocci singuli subglobosi, apice paullo compressi, fulvi, minimi, scabri, paullo rugosi, uniovulati. Ovulum funiculo
brevissimo erectum, anatropum; stylus simplex, abbreviatus,
flavescens, teres, glaberrimus; stigmata tria stylo duplo longiora, divergentia, teretia, glaberrima, aurea, apice acuminata, solum intus papillosa.

Specimina in Herb. Reg. Berol. bractea paullo angustiore
et longiore nec non stigmatibus obtusiusculis differunt; an
cum planta nostra plane eadem sint?

Van Diemensland in Herb. Reg. Berol. ex Herb. Lindl.;
ad South Esk River in Van Diemensland leg. Dr. Stuart et misit sub no. 696. *St. lutea* in Herb. Sond. In monte Kaiserstuhl in Nov. Holl. austr. leg. Ferd. Müller (Herb. Sonder.).
Dr. Behr in Herb. Schldl., Gunn. sub no. 469. in Herb. Hook.

2. Stackhousia monogyna Labill.

Caule ramoso, profunde striato, undique foliato, glaberrimo, foliis sessilibus, spathulato - lanceolatis vel spathulato -
linearibus, integerrimis, glaberrimis; racemis terminalibus pyramidalibus, laxiusculis; floribus solitariis, bractea una majori squamulisque minimis suffultis; pedicello brevissimo; tubo
calycis urceolato, laciniis ovato - lanceolatis, acuminatis, glaberrimis; corolla pseudo - monopetala, flavescente, petalis basi
liberis, medio in tubum cylidraceum connatis, limbo 5 - fido,
laciniis ovalibus, acuminatis; staminibus inaequalibus, tribus
longioribus, duobus brevioribus; ovario tricocco, subrotundo,
coccis paullo costatis, corrugato - plicatis, oblongis, uniovulatis, ovulis erectis, anatropis; stylo brevissimo, stigmatibus
tribus divergentibus, apice acutis. Fructus frustra quaesivi.

St. monogyna Labill. Nov. Holl. plant. Vol. I. p. **77.**
tab. 104. — Hook. Journ. of Bot. I. p. **258.** Vol. II. p. **420.** —
Steudel. Vol. II. p. **630.** — Dietrich 1382. n. **1.** — Sprengel.
Vol. I. p. **943.**

Radix simplex, lignosa, parviceps, cortice fusco - cinerascente tecta. Caules erecti, 1 — **2** - pedales, apice interdum
paullo curvati, ramosi, teretes, pauci ex una radice, 1 —
2¹/₂‴ in diam. crassi, infima parte suffrutescentes, ceterum
herbacei, pallide - virides, longitudinaliter profunde sulcato -
striati. Folia sessilia, alterna, infima obovato - oblonga, media spathulato - lanceolata, superiora spathulato - linearia, suprema linearia, integerrima, apice acuminata, mucronulata,

glaberrima, rugoso-striata, uninervia, utrinque concoloria, laete-viridia. Folia inferiora densiora, versus apicem sparsiora, $1/_2 - 1\,1/_4''$ long., $1 - 3'''$ lat. Stipulae angustissimae minutissimae. Spicae terminales, plus minusve congestae pyramidales. Pedicelli solitarii, brevissimi, teretes, scabriusculi, glabri. Flores infimi remotiores in axilla folii caulini ipsos superantis, superiores bractea majori squamulisque duabus minimis deciduis suffulti. Bractea calycis longitudine vel paullo longior, sessilis, ovato-lanceolata, acuminata, medio flavo-viridis, marginibus albescens, membranacea, glaberrima. Calycis tubus urceolatus, $1/_2$ lin. long., glaberrimus, laevis, in floribus junioribus gemmisque laete-viridis, in floribus adultioribus subbrunneus, obsolete 10-striatus, laciniae ovato-lanceolatae, acuminatae, acutae, membranaceae, marginibus medio pallidiores, glaberrimae, tubo duplo longiores. Corolla pseudo-monopetala, flavescens, petala basi libera, in ungues basi lineares obtusatas producta, medio in tubulum unguibus multo longiorem connata, limbo 5-partito, laciniae ovatae acuminatae, reflexae vel stellatim patentes, tubo dimidio breviores, faux glaberrima. Stamina 5, inaequalia, 3 longiora petalorum faucem vix excedentia, 2 breviora vix dimidta tubuli longitudine. Filamenta plana, albissima, cum calycis tubo persistentia, glaberrima, filiformia laevissima, versus basin sensim dilatata, fere subulata. Antherae filamentis dorso adnatae, luteae, ovatae, basi paullo latiores, biloculares introrsae, rima longitudinali dehiscentes. Ovarium sessile, subrotundum minimum, e coccis tribus formatum. Cocci subglobosi, fulvi, glabri, irregulariter corrugoso-plicati, uniovulati, columellae centrali persistenti ante pollinis emissionem adnati, tum liberi. Ovula minima, funiculo tenui erecta, anatropa. Stylus bevissimus, fere nullus, stigmata tria (rarissime quatuor teste Billardièro) elongata, divergentia,

teretia, apice obtusiuscula, tantum intus papillosa; sulphurea.
Fructus capsula tricocca, cocci singuli discreti, indehiscentes, a columella centrali omnino soluti, dorso subcostati, corrugato-plicati, glaberrimi, pericarpium coriaceum, e stratis tribus formatum. Semina solitaria, funiculo filiformi
erecta, paullo curvata, obtuse subquadrangula, testa rugosa
fusco-brunnea vestita. Embryo ut in charact. gener. dixi.

In insula Van Diemen legerunt Labillardière, Dr. Scott,
Mr. Lawrence (n. **106. 1831.**), Mr. Gunn (n. **69. 462.**);
Schayer n. **64.** in Herb. Reg. Berol., Dr. Stuart in Herb.
Sonder. In Austral. felic. leg. Dr. Müller in Herb. Sonder.
Bugle-range, Oct. **1848.** et prope urbem Adelaïde, **17. 9. 48.**

3. Stackhousia pubescens Rich.

Caule simplici, tereti, longitudinaliter sulcato-striato, pilosiusculo; foliis sessilibus, alternis, pilosiusculis, rugoso-pli-
catis, striatis, linearibus, acuminatis; racemis terminalibus
obtusis, floribus solitariis, tribracteatis, bractea majori opposita calycis lacinias superante, bracteolis lateralibus dimidio
minoribus; tubo calycis subgloboso, laciniis acuminatis, hirsutiusculis vel ciliatis, corolla pseudomonopetala (ut in aliis
speciebus) laciniis petalorum oblongo-lanceolatis acuminatis;
staminibus inaequalibus, tribus longioribus, duobus brevioribus, filamentis planis, antheris ovalibus, apice et basi paullo
emarginatis; ovario tricocco, stylo simplici, stigmatibus tribus elongatis, apice acuminatis. Fructus non vidi.

St. pubescens A. Rich. in Voyage de l'Astrolabe p. **89.**
t. **33.** — Steud. II. p. **630.** — Bunge in Lehmann Plant.
Preiss. I. p. **180.**

Radix simplex, lignosa, parviceps, cortice scabriusculo
pallido obtecta. Caules erecti, simplicissimi, pauci ex una
radice, pedales et ultra, teretes, lineam in diametro crassi,

longitudinaliter sulcato-striati, versus apicem paullo breviores, minus magisve pubescentes. Specimina a cl. Preissio lecta undique pube densa, brevi, patente, spec. ab aliis lecta sparsius pilis albis mollibus vestita sunt. Folia sessilia, alterna, anguste-linearia, integerrima, apice acuminata, mucronulata utrinque concoloria, obscure olivaceo-viridia, irregulariter rugoso-striata, undique pilis minimis rigidulis patentibus conspersa, inferiora approximata, versus apicem sparsiora. Dispositio foliorum spiralis $^2/_5$ esse mihi videbatur; 10—12 lin. sunt long., $^1/_2$—$1^1/_2$ lin. lat. Stipulae minutissimae, angustissimae. Racemi terminales abbreviati, obtusinsculi, pollice parum longiores, densiflori, flores infimi paullo remotiores. Pedicelli crassissimi, vix $^1/_4$ lin. longi, teretes, hirsutiusculi, solitarii, uniflori, tribracteati. Bractea major opposita, 4''' longa, anguste linearis, subulata, acuminata, uninervia, medio olivacea, marginibus albescens, membranacea, extrorsum basi et dorso setulis parvis rigidis, marginibus setis paullo longioribus copiose obtecta. Bracteolae laterales 2''' long., membranaceae, viridescentes, subulatae, acutae, undique dense pilis albis rigidis vestitae. Bractea medium petalorum tubum attingens, bracteolae calycis lacinias adaequantes. Calycis tubus subglobosus, $^1/_2$—$^3/_4$''' long., basi flavo-brunneus, 10-striatus (in specim. Preiss. setis albis obtectus), laciniae flavescentes, membranaceae, subulatae, acuminatae, tubo fere duplo longiores, extrorsum hirsutae, introrsum pilis albis mollioribus (praesertim in spec. Preiss.) vestitae, apice et marginibus ciliatae. Corollo pseudomonopetala, flavescens, petala quinque basi libera, in ungues lineares 2''' long. producta, medio in tubum 4''' long. connata, limbo 5-partito, fauce glaberrima, laciniae 2''' long., oblongo-lanceolatae, paullo acuminatae, stellatim patentes. Stamina 5, inaequalia, tria longiora fauce paullo breviora, duo altera alterna antherarum longitudine breviora, tubo dimidio paullo longiora. Filamenta filiformia, plana, glaberrima, alba. Antherae dorso filamentis adnatae, ovatae, apice et basi paullo emarginatae, luteae, biloculares, late marginatae, connectivum cum marginibus albescens, loculi introrsum rima longitudinali dehiscentes. Ovarium subglobosum, e coccis tribus formatum, in spec. Preiss. dense pilis albis rigidis patentibus vestitum. Cocci oblongi, fusco-brunnei, profunde corrugato-plicati, basi paullo attenuati, ante foecundationem inter se cohaerentes et introrsum columellae centrali adnati. Stylus simplex, brevissimus, basi dilatatus, sulphureus. Stigmata tria, filiformia, stylo multo longiora, teretia, apice acuminata, tantum intus papillosa. Ovula in coccis solitaria, minima, anatropa, funiculo filiformi brevi instructa.

Fructus cum seminibus mihi plane ignotus.

β. leiococca mihi.

Cocci glabri, paullo minus corrugato-plicati.

In insul. Van Diemen leg. Richard. In Austral. merid. occid. leg. Preiss. Specimina vidi in Herb. Reg. Berol., Lehmann. et Sonder.; formam *β.* legerunt Mr. Molloy ad ripas Vasse-River et Drummund ad Swan-River, quae specimina in Herb. Reg. Berol. vidi. —

4. **Stackhousia aspericocca** Schuchardt.

Caule simplici, vel ramoso, profunde sulcato-striato, glaberrimo; foliis sessilibus, subspathulato-linearibus, integerrimis, glaberrimis; floribus solitariis vel binis, tribracteatis, bractea calycem superante, bracteolis plus quam dimidio brevioribus, tubo calycis hemisphaerico, laciniis longe lanceolatis, subulatis, acuminatis, corolla pseudomonopetala, petalis ut in omnibus speciebus, laciniis stellatim patentibus, lanceolatis, obtusiusculis, staminibus inaequalibus, ut in *St. obtusa* dixi;

ovario tricocco, coccis profunde corrugato-areolatis, uniovulatis, stylo brevi, stigmatibus tribus, obtusiusculis, sub-
patentibus, apice conniventibus; fructu tricocco, coccis singulis plicis verrucisque asperrimis, glabris, monospermis, seminibus paullo curvatis.

St. aspericocca Schuch. in Herb. Sond.

Radix simplex, parviceps, alte descendens, apice ramulis horizontalibus vel descendentibus instructa, lignosa, cortice fuscescente fragili obtecta. Caules plures ex una radice,
solum basi infima suffrutescentes, ceterum herbacei, laete-
virides, simplices vel rarius paullo ramosi, longitudinaliter
sulcato-striati, glaberrimi, erecti, 1 — 2′ alt., apice interdum
paullo curvati, $1/_4$ — 1′′′ crassi. Folia sessilia, alterna, sub-
spathulato-linearia, apice acuminata, mucronulata, 1 — 2′′′
lat., 5 — 8′′′ long., glaberrima, irregulariter rugoso-striata,
c. caulibus concoloria, inferiora congesta latiora, superiora
sensim angustiora et breviora, sparsiora Stipulae angustissimae, minutissimae. Racemi terminales, elongati, laxiusculi,
multiflori. Flores solitarii vel rarius bini, tribracteati, infimi
in folii caulini axilla dispositi. Bractea major, axi opposita,
sessilis, herbacea, medio obscure viridis, apice marginibusque
membranacea, ovato-acuminata, glaberrima, 1 $1/_2$ — 2′′′ long.
persistens. Bracteolae $3/_4$′′′ long., subulatae, apice acutae,
ceterum ut bractea. Pedicelli brevissimi, crassiusculi, teretes. glaberrimi, viridescenti-flavi. Calycis tubus hemisphaericus, $1/_2$′′′ long., fulvus, 10-striatus, glaberrimus, laciniae
1′′′ longae, flavae, subulatae, apice acutae, c. tubo persistentes, glaberrimae. Stamina inaequalia, longissimum unum
faucem attingit, 2 par paullo brevius, par multo brevius.
Filamenta plana, albissima, laevissima, glaberrima, subulata.
Antherae filamentis dorso adnatae, oblongo-ovatae, flavae,
anguste-marginatae, introrsae, biloculares, loculi rima lon-

gitudinali dehiscentes. Corolla pseudomonopetala flava. Petala basi libera, in ungues lineares 1''' long. producta, ungues basi infima macula fulvo - brunnea notati, medio longitudinaliter striati, tum in tubum cylindraceum 3''' long. connati, limbo 5 - partito, fauce glaberrima, laciniae stellatim patentes, obtusiusculae, lanceolatae. Ovarium tricoccum, subglobosum, interdum e coccis inaequalibus formatum. Cocci obscure fulvi, corrugato - plicati, verruculis nitidulis crebris scaberrimi, uniovulati. Stylus brevissimus, flavus, cylindraceus, glaberrimus. Stigmata tria, stylo duplo longiora, apice obtusiuscula, sulphurea, teretia, glaberrima, apice conniventia. Fructus tricoccus. Cocci singuli a columella centrali persistente angulata basi sensim dilatata plane soluti, superficie profunde corrugato - areolati, plicis irregularibus rugosis verruculisque nitidulis scaberrimi, olivaceo - virides, ovales, basi paullo attenuati, obsolete trigoni. Pericarpium crassum, coriaceum, intus glaberrimum, laevissimum, nitens, flavo - viride. Semen solitarium in coccis, funiculo tenui semitereti erectum, ovale, paullo arcuatum, transcissum fere lunatum, testa verrucosa, rugosa, pallide - brunnea, scabriuscula vestitum, albuminosum. Embryo ut in charact. gen. descripsi.

In Nova Holland. austr. detexit Ferd. Müller. Specim. vidi in Herb. Sonder. — Mons Gambir. — Barrossa-range. — In insula Van Diemen legit Dr. Stuart.

5. **Stackhousia Huegelii** Sond.

Caule ramoso, cum ramis glaberrimo, longitudinaliter sulcato, obscure viridi, foliis alternis, sparsissimis, angustissimis, linearibus, acuminatis, racemis terminalibus abbreviatis congestis, floribus tribracteatis, brevissime pedicellatis, bractea majori subulata, acuta, bracteolis ovalibus acuminatis, tubo calycis campanulato, glaberrimo, laciniis ovalibus, longe acuminatis, corolla pseudomonopetala, ut in aliis speciebus descripsi, laciniis lanceolato - ovatis, apice obtusiusculis, staminibus inaequalibus, tribus longioribus, duobus brevioribus, filamentis planis, antheris ovalibus, basi emarginatis, ovario minimo tricocco, stylo brevi, stigmatibus tribus, elongatis, obtusiusculis. Fructus non vidi.

St. Huegelii Endl. Enumer. Plant. Huegelian. p. 17. — Steud. II. 630.

Radix cum caulis parte inferiore mihi ignota. Rami obscure virides, teretes, longitudinaliter sulcato - striati, glaberrimi, $^1/_2$ — 1''' crassi. Folia sessilia, alterna, sparsissima, angustissima, linearia, glaberrima, integerrima, scabriuscula, apice acuminata, 3 — 6''' long., $^1/_4$ — $^1/_2$''' lat. Stipulas non vidi. Racemi terminales, abbreviati, obtusi, pauciflori. Flores tribracteati, infimi remotiores, supremi densiores. Pedicelli brevissimi, crassiusculi, teretes, glaberrimi. Tubus calycis campanulatus $^1/_2$''' lin. long. et lat., viridescens, maculis purpureis creberrime notatus, glaberrimus, laciniae $^3/_4$ — 1''' long., ovato - acuminatae, glaberrimae, albescentes, carnosulae, maculis rubris irregularibus copiose notatae. Bractea major 1$^1/_2$''' long. sessilis, crassiuscula, subulata, acuta, viridescens, glaberrima. Bracteolae ovatae, acuminatae, bractea plus quam dimidio breviore, ceterum ut illa. Corolla pseudomonopetala, flavescens, petala basi libera, in ungues lineares angustissimos 1$^1/_2$ — 2''' producta, medio connata in tubum cylindraceum 3 — 4''' long., limbo 5 - partito, laciniae ovato - lanceolatae, apice obtusiusculae, 1$^1/_2$ — 2''' long., faux glaberrima. Stamina inaequalia, tria longiora, antherae longitudine tubo breviora, duo altera alterna multo breviora. Filamenta plana, albissima, filiformia, basi sensim dilatata. Antherae ovales, apice angustiores, flavae, biloculares, introrsae, loculi basi paullo divergentes. Ovarium tri-

coccum, globosum, minimum. Cocci singuli viridi-fulvi, oblongi, scabriusculi, glaberrimi, uniovulati. Stylus simplex,
viridis, brevissimus cylindraceus. Stigmata tria stylo triplo
longiora, subulata, apice obtusiuscula, compressa, viridi-
lutea. Ovula ut in aliis speciebus.

Ad Swan-River detexit Huegel, specim. fragmentar. vidi
in Herb. Lehmann.

6. Stackhousia Muelleri Schuchardt.

Caule simplici vel rarius ramoso, sulcato-striato, glaberrimo; foliis sessilibus, spathulato-linearibus, integerrimis,
glaberrimis; racemis terminalibus multifloris, floribus solitariis,
tribracteatis, bractea cum brocteolis latissima, pallide-viridis,
albo-marginata, tubo calycis campanulato, laciniis ovato-
lanceolatis, obtusiusculis, glaberrimis, corolla pseudomonopetala, petalis ut in aliis speciebus, laciniis obtusis, staminibus inaequalibus, antheris ovalibus, filamentis planis, basi
dilatatis, ovario globoso, coccis subrugosis, stylo brevissimo,
stigmatibus tribus obtusis; fructu tricocco, coccis subglobosis,
seminibus solitariis.

St. Muelleri Schuch. in Herb. Sonder.

Radix simplex, descendens, lignosa, cortice nitidulo levissime striato fusco cinerascente obtecta. Caules pauci ex
una radice, basi suffrutescentes, rubescentes, ceterum herbacei, virides, simplices vel ramosi, erecti, vel apice paullo
curvati, 1—2-pedal., 1/2—1''' crassi, longitudinaliter sulcato-striati, glaberrimi. Folia sessilia, alterna, integerrima,
spathulato-lanceolata vel spathulato-linearia, apice acuminata, utrinque concoloria, glaberrima, irregulariter rugoso-
striata, 1—2''' lat., 4—10''' long., inferiora densiora ac
paullo latiora, versus apicem distantiora et sensim angustiora. Caulis pars superior fere aphylla. Stipulae minutis-

simae, angustissimae, deciduae. Racemi terminales, multiflori, pyramidales vel obtusiusculi, elongati. Flores tribracteati, solitarii, infimi remotiores. Pedicelli brevissimi, uniflori, crassiusculi, glabri, flavo-virides. Bractea major basi
lata sessilis, dorso membrana rugosa bullata vestita, $1\frac{1}{2}$
lin. long., basi $\frac{3}{4}$ lin. lata, glaberrima, ovata, paullo acuminata, viridis, marginibus albescens. Bracteolae in omnibus
partibus dimidio breviores, ceterum ut bracteae. Tubus calycis campanulatus, fulvus, 10-striatus, glaberrimus, $\frac{1}{2}$ lin.
long., laciniae ovato-lanceolatae, apice obtusiusculae, $\frac{3}{4}$ —
$1'''$ long. marginibus versus apicem dentibus obtusis nonnullis instructae, glaberrimae, flavescentes. Corolla pseudomonopetala, sulphurea. Petala basi libera, in ungues lineares lineam longas producta, medio in tubum $2 - 3$ lin. longum connata, limbo 5-partito, laciniae ovato-lanceolatae, obtusae, faux glaberrima. Stamina inaequalia, tria longiora
faucem vix adaequantia, duo breviora. Filamenta plana, albissima, glaberrima, laevissima, basi sensim latiora. Antherae ovales, basi emarginatae, biloculares, loculis introrsu mrima
longitudinali dehiscentibus, sulphureae; pallide marginatae.
Ovarium subglobosum, basi attenuatum, e coccis tribus formatum; cocci singuli oblongi, fulvi, paullo corrugato-areolati, glaberrimi, uniovulati. Stylus brevissimus, teres, sulphureus, glaberrimus. Stigmata tria, stylo triplo longiora,
glaberrima, semiteretia; apice acuminata, solum intus papillosa. Ovula funiculo brevi filiformi erecta, anatropa. Fructus
tricoccus, a bracteis, calyce, filamentisque persistentibus suffultus, subglobosus. Cocci ovales, dorso subcarinati, basi
paullo attenuati, virides, monospermi. Pericarpium subcoria-
ceum, subrugoso-plicatum, glaberrimum; intus laevissimum,
nitens. Semen solitarium funiculo filiformi tereti erectum,

curvatum, testa scabriuscula, rugosa, fusco-brunnea obtectum, albuminosum. Embryo ut in aliis speciebus.

In Nova Hollandia austr. legit Ferd. Müller in Herb. Reg. Berol. et Sonder., in ins. Van Diemen, Dr. Stuart, in Herb. Souder.

7· **Stackhousia Gunniana** Schldl.

Caule ramoso, cum ramis elongatis profunde striato, glaberrimo, foliis sessilibus, linearibus, basi attenuatis, apice submucronulatis, glaberrimis, floribus solitariis unibracteatis, bractea calycem c. pedicello longitudine aequante viridi, apice valde acuminata, pedicellis crassis, brevissimis, calycis tubo hemiphaerico, cum laciniis longe acuminatis glaberrimo, corolla pseudomonopetala, basi libera, supra in tubum cylindraceum connata, laciniis tuhi longitudine, acuminatis; staminibus inaequalibus, tribus longioribus, duobus brevioribus, faucem non excedentibus, ovario tricocco, coccis subpyriformibus, ovalibus, corrugato-areolatis, fulvis, stylo coccorum longitudine, stigmate trilobo.

Schldl. in Linn. XX. p. 642.

Radix palaris, lignosa, siimplex, haud multos caules gerens. Caules tantum 1—2″ erecti, herbacei, 1 — 3‴ in diam. crassi, basi subramosi, plerumque simplices c. ramis, profunde sulcato-striati, parte inferiore et medio foliati, caules juniores usque ad apicem dense foliati. Folia sessilia, lineari-lanceolata, basi paullo producta, attenuata, subspathulata, apice mucronulata, integerrima, utrinque concoloria; rugoso-striata, olivaceo-viridia, margine et mucrone flavescente instructa, suprema et infima aequiformia, 6—9‴ long., 1—2½‴ lat. Stipulae minutissimae. Racemi densiflori, obtusi. Flores unibracteati, solitarii. Pedicelli crassi, teretes, glaberrimi, ¼‴ long., laevissimi. Bractea calycis

cum pedicello longitudine, viridis, membranacea, intus pallidior, ovalis, apice mucronata, paullo incurvata, glaberrima, $1\frac{1}{2}$
— 2 ″ long. Tubus calycis hemisphaericus, brunneo-fulvus,
obsolete striatus, limbus cum laciniis longe acuminatis membranaceis flavescens, tubus cum laciniis undique glaberrimus,
laciniae $1 — 1\frac{1}{4}$ lin. long., tubus $\frac{1}{2}$ lin. long., calyx persistens. Corolla pseudomonopetala, 5 petala basi libera, in un-
guem linearem laciniarum calycis longitudine producta, medio
in tubum $3 — 3\frac{1}{2}$ lin. long. connata, limbo 5-partito, laciniae revolutae $1\frac{1}{2} — 2$ lin. long., acuminatae; stamina inaequalia, tria longiora, faucem adaequantia, duo breviora, dimidio
breviora, filamenta plana, albissima, basi paullo dilatata, glaberrima, persistentia, antherae staminum longiorum flavae, bre-
viorum croceae, lanceolatae biloculares deciduae. Ovarium tricoccum, minimum, pyriforme, cocci singuli ovales, basi paullo
attenuati, corrugato-areolati, fulvi, columellae centrali adnati.
Stylus ovarii longitudine, flavescens, glaberrimus, stigmata
tria, vix styli longitudine, c. stylo concoloria, intus papillosa
apice obtusiuscula. Cocci singuli a columella centrali persistente liberi, uniovulati. Ovulum anatropum, erectum, funiculo
fere nullo. Capsulam matur. non vidi.

8. **Stackhousia maculata** Hook.

Foliis obovatis sessilibus integris ad apicem rotundatis,
junioribus acutis, spicis brevibus interdum inter folia sessilibus, floribus mediocribus densis, corollae segmentis obtusis.

St. maculata Hook. in Journ. of Bot. II. p. **421.**, teste
cl. auctore inter Sieberi plantas; in Herbario Rudolphiano vero,
in quo plantae Sieberi sine exceptione exstant, hanc Stack-
housiacearum speciem non vidi.

Erecta, glabra, e radice ramosa. Radix valida. Rami
plurimi, erecti, simplices, striati, $1 — 2$ ped. longi. Folia

numerosa, suberecta, interdum. subimbricata, obovata, sessilia, uninervia, integra, ad apices rotundata, junioribus acutis vel apiculatis, marginibus cartilagineis, pallide virescentia, marulis pallide rubris notata, $^3/_4 — 1\,^1/_2$ unc. longa. Spicae terminales, breves, subacuminatae, interdum inter folia. subsessiles. Bracteae tubum corollae subaequantes. Flores aggregati.

Barren Island, one of the Hunter's Islands Mr. Gunn leg. sub no. 895. — Port Jackson Mr. Cunningham and Mr. Fraser. Species mihi incognita. Descriptio clar. J. D. Hookeri ex Journ. of Bot. II. p. 421.

9. **Stackhousia spathulata** Sieb.

Caule ramosissimo, cum ramis profunde striato, glaberrimo, undique foliato, foliis sessilibus, obovato-spathulatis, integerrimis, apice mucronatis, racemis terminalibus, obtusis, floribus solitariis, tribracteolatis, bractea cum bracteolis ovato-lanceolata, acuminata, scabrinscula, pedicellis crassinsculis abbreviatis, tubo calycis hemisphaerico, laciniis ovato-acuminatis, glaberrimis; corolla pseudomonopetala, petalis ut in aliis speciebus, laciniis ovatis, apice paullo acuminatis; staminibus inaequalibus, tribus longioribus faucem excedentibus, duobus brevioribus, ovario pentacocco, coccis costatis, uniovulatis, stylo simplici, brevi, stigmatibus quinque, apice obtusiusculis; fructu pentacocco, coccis late costatis, oblongis, monospermis, seminibus erectis, testa fragili fusco-brunnea vestitis. Embryo ut in charact. gen. descripsi.

St. spathulata Sieb. in Herb. flor. Nov. Holl. n **246.** — Spreng. Vol. IV. Pars II. p. **124.** Vol. V. p. **673.** n. **2.** — Stendel II. p. 630.

Caulis erectus, paullo curvatus, ramosissimus, cum ramis profunde sulcato-striatus, glaberrimus, herbaceus, flavescens, teres, foliatus. Rami subadpressi, alterni, inferiores breviores, versus caulis apicem sensim longiores, eum vero non superantes. Folia sessilia, alterna, obovato - spathulata, integerrima, pallide marginata et mucronulata, utrinque concoloria, viridi - flavescentia, rugoso - striata, glaberrima, 4 — 10''' long., 2 — 4''' lat. Stipulae minutissimae squamaeformes. Racemi terminales, caulini elongati, obtusi laxi, ramorum racemi congestiores et breviores. Flores tribracteati. Pedicelli brevissimi, crassi, teretes, glaberrimi. Flores inferiores in axilla folii caulini dispositi, remotiores. Bracteae 1 — 1 ¹/₂''' long., cum bracteolis dimidio brevioribus ovato - lanceolatae, apice acutae, scabriusculae, medio viridi - flavae, marginibus membranaceis albescentibus, subglabrae, dorso sparse albo-punctatae, persistentes. Calycis tubus hemisphaericus, scabriusculus, hinc inde setulis minimis adpressis conspersus, flavo - brunneus, ¹/₂''' long., persistens; laciniae ¹/₂ — ³/₄''' long., ovato - lanceolatae, acuminatae, flavescentes, glaberrimae. Corolla pseudomonopetala, petala basi libera, in v. gues lineares lineam longas producta, medio in tubum cylindraceum triplo longiorem connata, limbo 5 - partito, laciniae bilineares, ovatae, paullo acuminatae, stellatim patentes, marginibus paullo involutae, faux glaberrima. Stamina 5, inaequalia, 3 longiora, superiore antherarum parte faucem superantia, duo alterna, altera antherae longitudine breviora. Filamenta plana, alba, glaberrima, longitudinaliter striata, versus basin paullo dilatata. Antherae oblongae, sulphureae, apice paullo angustiores, biloculares, loculi basi paullo divergentes, introrsum rima longitudinali dehiscentes. Ovarium sessile, subrotundum, versus basin paullo attenuatum pentacoccum. Cocci obscure - brunnei, corrugato - plicati, verruculis albis scabriusculi, uniovulati. Ovula minima, funiculo brevissimo tereti erecta, anatropa. Stylus brevissimus, teres, sul-

phureus, glaberrimus. Stigmata quinque filiformia, stylo duplo — triplo longiora, apice obtusiuscula, semiteretia, solum
intus papillosa, flavescentia, extrorsum subscabriuscula. Fructus pentacoccus. Cocci a columella centrali persistente fere
plane soluti, late ovales, glaberrimi, dorso subcostati. Pericarpium coriaceum, fulvo-flavum. Semina solitaria, minima,
funiculo brevissimo erecta, obtuse quadrangula, albuminosa,
testa membranacea pallide-brunnea vestita. Embryo nt in
gener. char. descripsi.

In Nov. Holl. leg. Sieber et distribuit in Herb. Flor. Nov.
Holl. sub no. 246.

Specim. vidi in Herb. Reg. Berol. Lehm. Sond. Rudolphi.

10. **Stackhousia nuda** Lindl.

Aphylla? ramis filiformibus apice racemum pauciflorum
gerentibus, pedunculis 3 — 4 nisve, corollae laciniis acuminatis, staminibus aequalibus, coccis . . . . bracteis obsoletis.

St. nuda in Edwards Botanical Register contin. by John
Lindley. New Series. Vol. IV. (Vol. XXII. of the entire work)
pl. 1917.

Flowers not half the size of the last. Whole plant
apparently leafless. New-Holland. Species mihi incognita.

11. **Stackhousia viminea** Smith.

Caule simplici, longitudinaliter sulcato-striato, obscure
viridi, parce foliato, foliis alternis, sessilibus, linearibus, integerrimis, floribus ternis vel quaternis, petiolatis, bracteis
duabus suffultis, tubo calycis urceolato, laciniis ovato acuminatis, staminibus inaequalibus, tribus longioribus, duobus brevioribus, ovario tricocco, sessili, subrotundo, coccis corrugato-plicatis, brunneis, uniovulatis, stylo brevissimo, tereti,
cylindraceo, glaberrimo, stigmatibus tribus, brevibus, apice
obtusis, semiteretibus. Fructus non vidi.

St. viminca Smith in Transact. of the Linnean Society. Vol. IV. p. 213. 1798.

Tantum caulis pars superior sesquipedalis exstabat. — Caulis obscure-viridis, sulcato-striatus, $1/4 — 1/2'''$ crassus, glaberrimus, teres. Folia sparsa, sessilia, alterna, linearia vel spathulato-linearia, integerrima, apice paullo acuminata, glaberrima, utrinque concoloria, obscure-viridia, superne irregulariter rugoso-striata, $4 — 6'''$ long. Stipulas non vidi. Flores in glomerulos minimos sparsissimos dispositi, spicam valde interruptam formantes, terni vel quaterni. Quisque glomerulus bractea una majori, quisque flos bracteolis duabus minoribus suffultus est. In quove glomerulo florem unicum longepedicellatum, alios brevipedicellatos observare potes. Bractea major $1'''$ long., basi lata sessilis, ovata, apice paullo acuminata, membranacea, glaberrima, bracteolae $1/2'''$ long. ceterum ut bracteae. Pedunculi filiformes, teretes, $1/4 — 1'''$ long. glaberrimi. Tubus calycis urceolatus, brunneus, scabriusculus, $1/4$ lin. longus, persistens, laciniae $1/3$ lin. long., ovatae, apice acuminatae, tubo pallidiores, membranaceae, margine undulatae, hinc inde setis albis minimis adpressis conspersae. Corolla pseudomonopetala, petala basi libera, in ungues lineares $1'''$ long. producta, medio connata in tubum cylindraceum aequilongum, limbo 5-partito, laciniae lineam longae lanceolato-acuminatae, apice acutae, stellatim patentes. Stamina inaequalia 3 long., 2 breviora. Filamenta plana, glaberrima, albissima, utrinque striata, persistentia, basi paullo dilatata. Antherae oblongae, loculi anguste marginati. Ovarium tricoccum, minimum, subrotundum. Cocci singuli rugosi, corrugato-areolati, brunnei, oblongi, basi paullo attenuati. Stylus brevissimus, simplex teres, cum stigmatibus tribus brevibus obtusis glaberrimus. Cocci uniovulati. Ovula ut in omnibus speciebus dixi.

Australasia. —

Herb. Willd. no. 6058.

12. Stackhousia dorypetala mihi.

Caule simplici sulcato-striato, tantum parte inferiore foliato, foliis subsessilibus, alternis, integerrimis, spathulatis, basi attenuatis longe productis, apice mucronulatis, rugoso-striatis, floribus 3—4nis, in glomerulos distantes dispositis, bracteatis, pedicellatis, pedicellis flliformibus, tubo calycis hemisphaerico, laciniis ovato-acuminatis, corolla pseudo-monopetala, petalis ut in speciebus praecedentibus descripsi, staminibus inaequalibus, tribus longioribus, duobus brevioribus, ovario pentacocco, coccis singulis scabriusculis, ovalibus, stylo brevi, stigmatibus quinque, brevibus, apice acuminatis, ovulis solitariis in coccis. — Fructus frustra quaesivi.

St. dorypetala Schuch. in Herb. Reg. Berol.'

Radix simplex, apice paullo ramosa, cum ramulis descendens, lignosa, cortice fusco-cinereo obtecta. Caules erecti, simplices, interdum ramosi, plures ex una radice, $1\frac{1}{2}$—2-pedales, filiformes, apice curvati, basi suffrutescentes, ceterum herbacei, longitudinaliter subsulcato-striati, flavo-virides, glaberrimi, $\frac{1}{4}$—$\frac{3}{4}'''$ crassi, nonnisi parte inferiore foliati. Folia sessilia, alterna, inaequalia, infima latiora, late spathulata, parte media et basi longe producta, superiora sensim in formam linearem transeuntia, infima 8—12''' long., $\frac{1}{2}$—3''' lat., suprema 6—10''' long., $\frac{1}{2}$—1''' lat., omnia integerrima, apice mucronulata, utrinque concoloria, olivaceo-viridia, rugoso-striata, nervo medio prominulo. Stipulae minutissimae, angustissimae. Racemi laxissimi, flores ternatim vel quaternatim in glomerulos sparsos dispositi; versus apicem paullo densiores. Flores glomerulorum infimorum paullo longins pedicellati. Quisque glomerulus bractea una majori herbacea, fulva, margine et apice pallidiore suffultus; flores singuli bracteis duabus oppositis, membranaceis, ovato-lanceolatis, acuminatis, ciliatis (solum sub lente conspiciendis) flavovirescentibus suffulti. Pedicelli brevissimi, filiformes, teretes, scabriusculi, olivaceo-brunnei. Tubus calycis hemisphaericus, $1/4 - 1/2''$ long., glaberrimus, laciniae ovato-acuminatae, apice acutae, marginibus flavescentes, serrulato-dentatae, medio brunneae, scabriusculae, tubo fere duplo longiores, $1/2 - 3/4''$ longae. Corolla pseudomonopetala, basi libera, in ungues lineares 1 lin. long. producta, medio in tubum brevissimum cylindraceum connata, limbo 5-partito, laciniae subulatae, apice acutae, planae, flavae, stellatim patentes. Stamina inaequalia, tria longiora, antherarum apice petalorum fancem attingentia, duo alterna, altera parte quadrante breviora. Filamenta plana, filiformia, versus basin sensim dilatata; glaberrima, albissima. Antherae oblongae, apice paullo acuminatae, sulphureae pallide marginatae, biloculares, loculi introrsum rima longitudinali dehiscentes. Ovarium pentacoccum, glaberrimum, scabriusculum, basi attenuatum, cocci singuli marginibus intime connati, uniovulati. Stylus simplex, brevissimus, crassus, teres, olivaceo-viridis. Stigmata 5, stylo paullo longiora, divergentia, olivacea, teretia, apice acuminata, glaberrima. Ovula anatropa, funiculo brevissimo erecta.

Fructus frustra quaesivi.

In Nova Hollandia leg. Sieber et distribuit sub nomine *St. monogyna* no. 245. in Herb. Flor. Nov. Holl. Specim. vidi in Herb. Reg. Berol. Rudolph., Sond., Lehmann.

13. **Stackhousia muricata** Lindl.

Foliis linearibus carnosis obtusis, racemis gracilibus aphyllis, pedunculis ternis, corollae laciniis linearibus obtusis, staminibus . . . . . coccis truncatis muricatis, inaequalibus, bracteis obsoletis.

St. muricata Lindl. in Botan. Regist. pl. 1917. v. adnotationes.

Port Jackson. — Flowers very small.

Species mihi incognita.

14. Stackhousia flava Hook.

Caule nonnisi basi ramoso, ramis plurimis adscendentibus, glaberrimis, longitudinaliter striatis; foliis sessilibus, linearibus vel lineari-lanceolatis, integerrimis, apice subrecurvis, racemis parvis terminalibus nudis, floribus subcapitatis, tri-— quinquebracteatis, bracteis aequalibus, pedicellis brevissimis, glaberrimis; tubo calycis campanulato, cum laciniis ovato-acuminatis aequilongis glaberrimo, corolla pseudomonopetala, petalis ut in omnibus speciebus, laciniis lanceolatis, acuminatis; staminibus inaequalibus, tribus longioribus, duobus brevioribus, filamentis planis, filiformibus, antheris ovalibus, bilocularibus, loculis apice et basi paullo divergentibus, ovario tricocco, coccis singulis ovalibus stylo simplici, stigmatibus tribus, acuminatis, fructus ignotus.

St. flava W. J. Hook. Ic. plant. rar. Vol. III. tab. 269. — J. D. Hook. in Journ. of Bot. II. p. 421.

Radix subsimplex, descendens; caules multi ex una radice, erecti vel adscendentes, versus apicem paullo curvati, $1/2 - 3/4'$ alt., $1/4'''$ crassi, foliati. Folia alterna, sessilia, linearia vel lineari-lanceolata, juniora et infima paullo latiora, integerrima, apice subrecurva, interdum subsecunda, glaberrima, $7 - 9'''$ long., tenui-cartilaginea, pallide virescentia, caulis parte inferiore congesta, versus apicem sparsiora. Stipulas in icone non vidi. Racemi terminales, oblongi, obtusi, densiflori. Flores subcapitati, capitula inferiora paullo remotiora; flores singuli reflexi, tri- — quinquebracteolati. Bractеolae ovato-lanceolatae, acuminatae. Pedicelli cum bracteolis aequilongi, versus apicem paullo incrassati, teretes, glaberrimi. Tubus calycis ventricosus, glaberrimus, laciniae aequilongae, ovatae, apice acutae, glaberrimae. Corolla pseudomonopetala, petala basi libera, in ungues lineares laciniis calycinis duplo longiores producta, medio in tubum cylindraceum unguibus fere duplo longiorem connata, limbo 5-partito, laciniae lanceolato-acuminatae, subreflexae, $^2/_3$ tubi longitudine. Stamina 5, inaequalia, tria longiora fere tota anthera faucem excedentia, duo altera alterna, dimidio breviora. Filamenta plana, glaberrima, antherae ovales, introrsae, biloculares, loculi basi et apice paullo divergentes, glaberrimae. Ovarium tricoccum, subrotundum, cocci singuli glaberrimi, oblongi, uniovulati. Stylus simplex, teres, stigmata tria (rarius duo) stylo paullo longiora, compressiuscula, acuminata, solum intus papillosa. Fructus ignotus.

Woolnorth ad Harrens-River in Australasia detexit Ronald Gunn et distribuit sub no. 793.

II. **Tripterococcus** Endl.

Endlicher Enumerat. plant. Huegel. p. 17. Gener. Plant. no. 5764. p. 1107.

Meissner Gener. plant. Vol. I. p. 336. Vol. II. p. 248.

Bunge in Lehm. Pl. Preiss. I. p. 181.

Steud. II. p. 712.

Calyx tubo ventricoso, hemisphaerico vel campanulato, crassiusculo, limbo profunde 5-fido, laciniis lineari-subulatis, crassiusculis, acuminatis, corolla pseudomonopetala; petala 5, summo calycis fauci cum ejus laciniis alternatim inserta, basi libera, in ungues longissimos curvatos producta, medio connata, tubum cylindraceum incurvum elongatum (rarius tubum

rectum) formantia, limbo profunde 5-fido, laciniae longissimae, lanceolatae, vel lineares, subulatae, stellatim patentes
vel reflexae. Stamina 5, c. petalis alternatim summae calycis
fauci inserta, inaequalia, tria longiora, duo altera alterna
breviora. Filamenta filiformia, plana, aequalia vel versus
basin sensim dilatata. Antherae filamentis dorso adnatae,
ovales, vel apice paullo angustiores, basi interdum crenatae,
introrsae, biloculares, loculi saepius basi paullo divergentes,
rima longitudinali dehiscentes. Pollinis grana sicca oblonga,
rima longitudinali instructa, triporosa, extus celluloso-reticu-
lata, sulphurea. Ovarium sessile, suborbiculare, basi paullo
attenuatum, e coccis tribus formatum. Cocci singuli oblongi,
vel subrotundi, in statu juniori marginibus connati, columellae
centrali tota longitudine adnati, rugosi vel verrucosi, glabri,
uniovulati. Ovula funiculo tenui filiformi e basi inferiore
erecta, anatropa, integumentis duobus vestita. Columella centralis persistens, post foecundationem indurescens, angulata,
versus basin paullo dilatata, cocci ante pollinis emissionem
latere interno in angulis adnati. Stylus simplex, brevis, teres.
Stigmata tria, obtusiuscula vel acuminata, apice divergentia,
teretia, undique papillosa. Fructus tricoccus, alatus. Cocci
singuli a columella centrali omnino soluti, ovales, subcom-
pressi, paullo rugoso-verrucosi, trialati, indehiscentes, alae
laterales coccorum vicinorum dense accumbentes, plerumque
dorsali multo latiores, ala dorsalis interdum fere nulla, alae
laterales saepius basi attenuatae. Semina in coccis solitaria,
obtuse trigona, erecta, paullo curvata, testa rugoso-verrucosa membranacea rufo-fusca vestita, albuminosa. Embryo
ut in Stackhousia.

Herbae perennes vel suffrutescentes, caulibus simplicibus
vel ramosis, glaberrimis, subtetragonis vel teretibus, longitudinaliter sulcato-striatis, parte inferiore dense foliatis, parte

suprema fere aphyllis; foliis sessilibus, alternis, cuneatis, spathulatis mucronulatis, vel linearibus angustissimis, acuminatis, integerrimis, basi stipulis angustissimis, minutissimis deciduis suffultis; pedunculis filiformibus, longioribus ut in Stackhousia, unifloris, floribus solitariis, tribracteatis, suaveolentibus, in racemos abbreviatos vel elongatos, laxiusculos vel densos dispositis. —

1. **Tripterococcus spathulatus** Ferd. Müll.

Caule erecto, vel adscendente, ramoso, cum ramis glaberrimo, longitudinaliter sulcato-striato, foliis sessilibus, obovato-cuneatis, obtusis, mucronulatis, integerrimis, floribus brevissime pedicellatis, tribracteolatis, bractea scabra, bracteolis membranaceis, pedicellis hirsutiusculis, tubo calycis glaberrimo, laciniis acuminatis, corolla pseudomonopetala, petalis basi liberis in ungues longos lineares productis, medio in tubum cylindraceum rectum connatis, limbo 5-partito, laciniis elongatis, lanceolatis, apice obtusiusculis, revolutis, marginibus paullo involutis, staminibus inaequalibus, tribus longioribus, duobus brevioribus, ovario tricocco, coccis corrugato-plicatis, uniovulatis, stylo brevi, stigmatibus tribus, obtusiusculis; fructu tricocco, coccis alatis, monospermis. —

Tripterococcus spathulatus Ferd. Müll. in Herb. Sond. — *Stackhousia spathulata* Sieb. ex parte. — *St. cuneata* Cunningh.

Caulis erectus vel adscendens, nec non basi suffrutescens, ceterum herbaceus, ramosus, cum ramis glaberrimus, dense foliatus, longitudinaliter sulcato-striatus, flavescens. Rami curvati, alterni. Folia sessilia, integerrima, alterna, 2/3 disposita, utrinque concoloria, laete viridia, margine flavescente, nervus primarius supra apicem in mucronem flavum productus, obovata vel cuneata, 8—14''' long., 4—5''' lat., inferiora obtusata, superiora subacuminata. Stipulae membranaceae, squamaeformes, brevissimae. Racemi terminales, longi, densiflori. Flores solitarii, tribracteati. Bractea sessilis, lanceolata, acuminata, flavo-viridis, extrorsum praesertim basi verruculis albis scabriuscula, $2 - 3'''$ long., $1/_2 - 1'''$ lat. Bracteolae membranaceae pallide-virides, lanceolatae, bractea dimidio breviores, glaberrimae. Pedicelli brevissimi, $1/_4'''$ long. teretes, laeves, hirsutiusculi. Tubus calycis glaber, brunneus, 10-striatus, subrugulosus, $1/_2'''$ long., persistens, laciniae ovatae acuminatae, glaberrimae, hinc inde rugulosae, $1'''$ long. Corolla pseudomonopetala, 5-petala, basi libera, in ungues medio longitudinaliter striatos 2 lin. long. producta, medio in tubum aequilongum rectum connata, limbo 5-partito, laciniae $2 - 2^1/_2'''$ long., lanceolatae, apice obtusae, stellatim patentes, demum reflexae. Stamina inaequalia, 3 longiora, antherarum apice faucem vix attingentia, duo altera alterna tertia parte breviora. Filamenta plana, filiformia, versus basin sensim dilatata, albissima, glaberrima, persistentia. Antherae ovales, flavae, basi paullo emarginatae, biloculares, introrsum rima longitudinali dehiscentes. Ovarium minimum, tricoccum, subrotundum, cocci singuli ovales, fulvo-brunnei, rugosi, uniovulati. Stylus brevissimus, teres, glaberrimus. Stigmata tria, stylo triplo longiora, apice obtusiuscula, flavo-viridia, undique papillosa, apice divergentia. Ovulum funiculo brevi filiformi erectum, paullo curvatum. Fructus tricoccus, globosus. Cocci trialati, fulvo-brunnei, a columella centrali plane soluti, rugosi, cum alis concolores, flavescentes. Alae subaequales, radiatim nervosae, minus fragiliores ut in *T. junceo*; laterales 1 lin. latae, basi attenuatae, supra medium tali modo divisae ut cocci pars superior quinquealata appareat, ala dorsalis nec non partem cocci superiorem obtegens. Nervi fulvi a coccorum lateribus interioribus orien-

tes, validi, paullo prominuli. Semina obovata, paullo curvata, obtuse trigona, testa fragili fusco-brunnea, rugosa
scabriuscula vestita. Embryo ut in *T. junceo* descripsi.

In Nova Hollandia leg. Gunn et Schayer in Herb. Reg.
Berol. Cunningh. in Herb. Lehmann. F. Mueller in Herb.
Sonder.

Specimina a cl. Gunn lecta macula sanguinea apice petalorum laciniarum notata sunt. In specim. Schayerian. vidi
flores cum stigmatibus duobus.

2. **Tripterococcus Brunonis** Endl.

Caule ramoso, erecto, cum ramis obsolete tetragono,
longitudinaliter profunde sulcato-striato, glaberrimo, foliato,
foliis sessilibus, alternis, sparsis, linearibus, integerrimis, racemis terminalibus laxis, floribus solitariis, tribracteatis, bractea cum bracteolis dimidio brevioribus lineari-subulata, pedicello filiformi, tereti; tubo calycis ventricoso glaberrimo, laciniis linearibus, acuminatis, corolla pseudomonopetala, petalis basi liberis in ungues longissimos (in tubum curvatum cohaerentes) productis, medio in tubum cylindraceum connatis,
limbo profunde 5-partito, laciniis linearibus elongatis reflexis,
staminibus inaequalibus, tribus longioribus, duobus brevioribus, ovario tricocco, coccis uniovulatis, stylo brevi, stigmatibus tribus stylo triplo longioribus, glaberrimis; fructu tricocco, coccis inaequaliter trialatis, seminibus solitariis.

F. Brunonis Endl. Enum. pl. Huegel. p. 17.

Radix simplex, lignosa. Caules plures ex una radice,
basi suffrutescentes, erecti, rigidi 2—4′ alt., 1—2‴ crassi,
tantum basi parce ramosi, cum ramis subtetragoni, glaberrimi, longitudinaliter sulcato-striati, olivaceo-virides, parte
inferiore et medio dense foliati, versus apicem aphylli. Folia
alterna, sessilia, integerrima, angustissima, linearia, apice

acuminata, glaberrima, crassiuscula, irregulariter rugoso-
striata, $1/4 - 1/2'''$ lat., $8''' - 2''$ long., utrinque cum caule
ramisque concoloria.   Stipulae angustissimae, minutissimae.
Racemi terminales, laxiusculae, flores inferiores distantiores,
versus apicem congestiores.   Pedicelli glaberrimi, líneam
longi, filiformes, teretes, rubescentes, apice paullo incrassati.
Bractea major opposita, lineari-subulata, sessilis, $2 - 3'''$
long., apice acuminata, crassiuscula, glaberrima, viridescens,
bracteolae $1 - 1 1/2'''$ long., ceterum ut bracteae, angustissimae. Calycis tubus ventricosus, $1'''$ long. glaberrimus, fulvo-
brunnens, crassiusculus, laciniae carnosae, pallidiores, lineares, acuminatae, glaberrimae, $3'''$ long., subulatae.   Corolla
pseudomonopetala, 5 petala basi libera, in ungues $6'''$ long.
in tubum connatum cohaerentes producta, medio in tubum
cylindraceum $2'''$ long. connata, limbo profunde 5-partito,
laciniae lineares, apice obtusiusculae, crassiusculae, $4 - 5'''$
long., reflexae. Stamina 5, inaequalia, tria longiora corollae
tubum subaequantia, duo altera alterna antherae longitudine
fere breviora. Filamenta filiformia, plana, albissima, versus
basin sensim dilatata.   Antherae ovales, apice paullo angustiores, basi emarginatae, dorso filamentis adnatae, biloculares, introrsae, rima longitudinali dehiscentes.   Ovarium globosum, fulvum, tricoccum.   Cocci singuli ovales, basi attenuati, leviter corrugati, uniovulati.   Ovula funiculo brevi filiformi erecta.   Stylus simplex, brevis teres cum stigmatibus
tribus concolor, flavescens, glaberrimus. Stigmata stylo triplo longiora, apice obtusiuscula, teretia.   Fructus tricoccus,
alatus, cum stylo persistente $5'''$ longus.   Cocci singuli tres
lineas lati (nonnulli saepius abortientes), facie complanati,
latere interno sulcati, trialati, alae inaequales, laterales dorsali triplo latiores, ovatae, acutiusculae, basi emarginatae,
membranaceae, fragillimae, radiatim nervosae, nervi alis ob-

scuriores, a coccorum lateribus interioribus exeuntes, prominuli. Cocci demum- a columna centrali persistente angulata
versus basin sensim dilatata soluti, et aliquamdiu ope fili
nervo marginali continui ex eadem penduli (teste Endl.). Semen lineari-teres, loculum exacte replens, testa membranacea, rugosa, pallide-fusca vestitum. Embryo cylindricus, in
axi albuminis parce carnosi erectus, radicula infera. — Ad
ripas Swan-River detexit H u e g e l in Herb. Caesar. Vindob.
Ad ripas Vasse-River, in ora meridion. occident. Austral.
leg. M o l l o y in Herb. Lindl. et Reg. Berol.

3. **Tripterococcus brachystigma** mihi.

Radice simplici; caulibus ramosis, cum ramis teretibus,
sulcato-striatis, basi erectis, apice curvatis, foliis sessilibus,
alternis, sparsis, linearibus, angustissimis, crassis, obtusiusculis; racemis terminalibus elongatis, densifloris, floribus
tribracteatis, bracteis cum bracteolis lanceolatis, subulatis,
pedicellis crassiusculis, tubo calycis campanulato, laciniis
lineari-subulatis, corolla pseudomonopetala, 5 petalis basi
liberis, in ungues angustissimos longos attenuatis, medio in
tubum cylindraceum curvatum connatis, limbo profunde 5-fido,
laciniis longissimis, linearibus, crassiusculis, staminibus inaequalibus, tribus longioribus, duobus alteris alternis brevioribus, stylo simplici, stigmatibus duplo longiori, stigmatibus
brevibus, apice obtusis; fructu tricocco, coccis trialatis, alis
lateralibus dorsali multo latioribus, ala dorsali fere nulla,
suo loco coccus costatus apparet, seminibus solitariis.

Tripterococcus brachystigma Schuch. in Herb. Reg.
Berol.

Radix simplex, fusiformis, apice paullo ramosa, cum
ramulis descendentibus lignosa, multiceps, cortice fusco-
cinerascente verrucosa tectus. Caules plurimi ex una radice,

erecti, apice paullo curvati, ramosi, basi suffrutescentes, ceterum herbacei, 1—2-pedales, $1/4 — 3/4'''$ crassi, teretes, longitudinaliter profunde sulcato-striati, undique glaberrimi. Folia linearia, angustissima, sessilia, alterna, crassiuscula, rugoso-striata, utrinque cum caulibus concoloria, glaberrima, inferiora congestiora, superiora sparsiora, inferiora 8—12''' long., $1/2'''$ lat., versus apicem sensim breviora, suprema vix 3''' long. et $1/4'''$ lat. Stipulae minutissimae, deciduae. Racemi terminales, latiusculi, elongati, densiflori. Flores solitarii, pedicellati, tribracteati. Pedicelli $1/2 — 1'''$ long., teretes, crassi, glabri, purpurascentes, striati. Bractea axi opposita sessilis, crassa, carnosa, integerrima, 2—3''' long., extrorsum rugosa, viridescens purpurascente-striata, introrsum maculis rubris notata, lanceolata, acuminata. Bracteolae undique maculis purpurascentibus notatae, ceterum nt bracteae. Calycis tubus campanulatus, cum laciniis concolor, brunneo-fulvus, glaberrimus, crassiusculus, $1/2 — 1'''$ long., laciniae lineari-subulatae, crassae, $2 — 3 1/2'''$ long. Corolla pseudomonopetala, petala 5 basi libera, in ungues longos in tubum cylindraceum curvatos cohaerentes producta, medio in tubum brevissimum cylindraceum connata, limbo 5-partito, laciniae longissimae, subulatae, reflexae, marginibus paullo involutae, tubus cum laciniis extrorsum maculis purpurascentibus continuis longitudinaliter striatus. Longitudo petalorum 10 — 11''', unguium 3''', tubi cylindracei 1''', laciniarum 5'''. Stamina 5, inaequalia, tria longiora faucem non superantia, duo altera alterna antherae longitudine breviora. Filamenta alba, filiformia, plana, glaberrima, striata, persistentia. Antherae ovales, basi obsolete crenatae, apice angustiores, latissime pallide marginatae biloculares, sulphureae loculi rima longitudinali introrsum dehiscentes. Ovarium tricoccum, subrotundum, cocci singuli ovales, basi paullo

attenuati, glaberrimi, minimi (duplo breviores ut in *Tr.*
simplici). Stylus ovario duplo longior, crassiusculus, teres,
basi paullo dilatatus, cum stigmatibus glaberrimus, concolor,
flavescenti-viridis. Stigmata tria, $^1/_3$ styli longitudinis, crassiuscula, teretia, apice obtusiuscula, undique papillosa. Ovula
in coccis solitaria, ex angulo interno funiculo brevissimo filiformi erecta, anatropa. Fructus tricoccus, cocci cum styli
parte inferiore persistente flavo-fulvi, verrucis transversalibus
rugosi, alati. Alae inaequales, alae laterales $1\,^1/_2 - 2$ lin.
latae, semilunatae, basi paullo angustatae, coccis pallidiores,
membranaceae, fragillimae, radiatim nervatae, inter nervos
maculis fulvis notatae. Ala dorsalis fere nulla, suo loco cocci
dorso costati sunt. Semina solitaria in coccis, erecta, testa
fulva membranacea rugosa instructa, $1'''$ long., $^1/_4'''$ lat. obtuse trigona.

Ad ripas Swan-River leg. Drummond in Herb. Reg. Berol., ad ripas Vasse-River Molloy in Herb. Lindl. et Reg.
Berol.

4. **Tripterococcus simplex** Bge.

Caule simplicissimo, tereti, sulcato-striato, foliato; foliis
linearibus, sessilibus, alternis, crassiusculis, rugoso-striatis,
mucronulatis, racemis terminalibus parvis, floribus tribracteatis, bractea majore pedunculis duplo longiore, bracteolis duabus pedicellis fere aequilongis, tubo calycis hemisphaerico,
laciniis linearibus, corolla pseudomonopetala, petalis *T. jun-*
cei, staminibus inaequalibus, ovario tricocco, coccis uniovulatis, stylo simplici, stigmatibus tribus triplo longioribus,
filiformibus, apice acutis, fructu tricocco, coccis late trialatis,
ala dorsali lateralibus paullo angustiore, seminibus solitariis.

T. simplex Bunge in Lehm. Pl. Pr. 1. 187.

Radix simplex, fusiformis, apice paullo ramosa, cum
ramulis descendentibus lignosa, multiceps. Caules plurimi ex

3 *

una radice, erecti, apice paullo curvati, simplicissimi, **1 — 2-**
pedales, $^1/_4$ — **1**$'''$ in diametro crassi, teretes, laete - virides,
glaberrimi, longitudinaliter sulcato - striati. Folia sessilia, alterna, linearia, angustissima, crassiuscula, integerrima, mucronulata, rugoso - striata, utrinque concoloria, laete - viridia,
inferiora congestiora 8 — **12**$'''$ long., superiora sparsiora **2**
— 3$'''$ long., caulis pars suprema fere aphylla. Stipulae
deeiduae. Racemi terminales, abbreviati, pauciflori. Flores
solitarii, breviter pedicellati, tribracteati. Pedicelli $^1/_2$ — $^3/_4$
lin. longi, teretes, crassiusculi, glabri, utrinque longitudinaliter striati, flavescenti - virides. Bractea axi opposita major,
sessilis, crassa, integerrima, linearis, subulata, apice acuminata, retrorsum rugulosa, rubescens, margine albescens, **3**
—4$'''$ long., bracteolae laterales dimidio breviores, ceterum
nt bracteae. Calycis tubus hemisphaericus, **10**-striatus, carnosus, rubescens, laciniae concolores, duplo longiores, crassiusculae, lineari - subulatae, **2**$^1/_2$ — **3**$'''$ long., apice obtusiusculae. Corolla pseudomonopetala, petala basi libera, in
ungues longos in tubum curvatum cohaerentes producta, medio in tubum cylindraceum curvatum connata, limbo profunde
5-partito, laciniae **3—4**$'''$ long. crassiusculae, lineari - subulatae, incurvo - patulae, marginibus paullo involutae, apice obtusiusculae, tubus cum laciniis extrorsum purpurascens. Stamina inaequalia, tria longiora, tubo paullo breviora, duo
altera alterna tubo dimidio paullo longiora. Filamenta filiformia, subulata, alba, plana. Antherae oblongae, apice
paullo emarginatae, basi latiores, luteae, biloculares, loculi
introrsum rima longitudinali dehiscentes. Pollinis grana sicca
oblonga, rima longitudinali instructa, triporosa, extus celluloso - reticulata, sulphurea. Stylus simplex, brevis, teres,
glaberrimus. Stigmata tria stylo triplo longiora, filiformia
subulata, apice acuta, glaberrima, undique papillosa. Ovarium

tricoccum, subrotundum. Cocci singuli flavo-virides, glabri, uniovulati; paullo rugosi. Ovula funiculo brevissimo ex angulo interiore erecta, anatropa. Fructus tricoccus, cum styli parte inferiore persistente flavo-fulvus. Cocci singuli trialati, a columella centrali indurescente plane soluti, $3\frac{1}{2} - 4'''$ long., $1\frac{1}{2}'''$ lat. sine alis. Alae inaequales, alae laterales lineam latae, dorsalis angustior, paullo brevior, tenuissimae, membranaceae, fragillimae, albescenti-fulvae, radiatim nervosae, nervi paullo obscuriores, paullo prominuli. Semen in coccis solitarium, albuminosum, subtrigonum, minimum, $1'''$ long., $\frac{1}{4}'''$ lat., funiculo filiformi flavescente erectum, testa membranacea flavescente-brunnea, rugulosa, glabra vestitum. Embryo axilis, rectus, fere albuminis longitudine, radicula infera, hilum spectans, cotyledones plano-convexae, minutae, dense accumbentes, caudiculus longissimus, teres. Albumen albo-viridescens, carnoso-oleosum.

In glareosis apertis montium continuorum Darlings-range (Perth) 8. VIII. 39. leg. Preiss. et distrib. sub no. **1971.**

Herb. Reg. Berol., Lehm., Sond. et propr.

5. **Tripterococcus junceus** Bge.

Caule ramoso, cum ramis tereti, longitudinaliter profunde sulcato-striato, foliis linearibus, sessilibus, alternis, angustissimis, sparsissimis, deciduis, racemis terminalibus, laxissimis, floribus solitariis, tribracteatis, pedicellis filiformibus, bractea majori pedicello duplo longiore, bracteolis bractea dimidio brevioribus, calycis-tubo hemisphaerico, laciniis linearibus subulatis, corolla pseudomonopetala, petalis basi liberis, in ungues longissimos angustissimos productis, medio in tubum cylindraceum incurvum connatis, limbo profunde 5-partito, laciniis unguium longitudine, angustissimis, apice obtusiusculis, ovario tricocco, stylo simplici, stigmatibus tribus, obtusis,

fructu tricocco, coccis trialatis, ala dorsali angustissima, seminibus solitariis. —

Tr. junceus Bge. in Lehm. Plant. Preiss. I. 181.

·Radix simplex, fusiformis, lignosa, multiceps. Caules
plures ex una radice $1\frac{1}{2} — 2\frac{1}{2}$-pedales, $1 — 2'''$ crassi
erecti, ramosi, cum ramis elongatis, subadpressis simplicibus
teretes, herbacei, laete-virides, longitudinaliter profunde sulcato-striati. Folia sessilia, alterna, sparsissima, decidua,
linearia, integerrima, apice acuminata, utrinque cum caulibus
concoloria, irregulariter rugoso-striata, inferiora pollicaria,
superiora breviora et angustiora. Caulium ramorumque pars
suprema aphylla. Stipulae deciduae, minutissimae, angustissimae. Racemi terminales, laxissimi, pauciflori. Flores
solitarii, remoti, paullo minores ut in *T. simplici* Bge. sed
longius pedicellati, tribracteati. Pedicelli teretes, glaberrimi,
crassiusculi, virides, apice paullo incrassati, undique longitudinaliter rugoso-striati. Bractea opposita subulata, acuminata crassiuscula, pedicello duplo longior, viridis, maculis
rubris praesertim extrorsum notata, bracteolae pedicellum
paullo superantes, ceterum ut bractea. Calycis tubus hemisphaericus, $\frac{1}{2}$ lin. long. rubescens, extrorsum rugosus, carnosus, laciniae lineares, subulatae, $1\frac{1}{2}—2'''$ longae, viridescentes, dorso verrucis rubris maculatae, carnosae, apice
obtusiusculae. Corolla pseudomonopetala, petala 5 basi libera,
in ungues longissimos $3'''$ long., in tubum cylindraceum [co-
haerentes producta, medio brevi spatio connata, limbo profunde 5-partito, laciniae $3—4'''$ long. lineares, apice obtusiusculae, carnosulae, marginibus paullo involutae, petala
tota longitudine leviter plicata. Stamina inaequalia, 3 longiora faucem vix adaequantia, duo altera, alterna multo breviora. Filamenta filiformia, subulata, plana, albissima, glaberrima, persistentia. Antherae ovales, luteae, introrsae,

rima longitudinali dehiscentes, loculi anguste marginati.
Ovarium tricoccum, subglobosum, interdum subpyriforme, fulvo-
flavum. Cocci singuli ovales, basi paullo attenuati, paullo
rugosi, uniovulati. Ovula ut in *T. simplici* Bge. Stylus
simplex, glaberrimus, teres, 2''' long. cum stigmatibus concolor, flavo-viridis. Stigmata tria brevia, stylo duplo breviora, apice acuminata, teretia, undique praesertim intus papillosa. Fructus tricoccus, cum styli parte persistente 4 —
5''' long. Cocci singuli indehiscentes, ovales, trialati, lateribus compressi, fulvi, interdum abortientes. Alae inaequales,
membranaceae, fragillimae, radiatim nervosae, nervi paullo
obscuriores, prominuli. Alae laterales dorsali latiores, 1¹/₂'''
lat., dorsalis lateralibus brevior. Semen in coccis solitarium,
obtuse trigonum, testa pallide brunnea rugoso-verrucosa vestitum, 1''' long., ¹/₄ — ¹/₂''' lat., paullo curvatum. Embryo
nt in *T. simpl.* Bge.

In arenosis inter frutices prope Woodmanns point. Perth.
18. XII. 38. leg. Dr. Preiss et distrib. sub no. 1973. — Specimina vidi in Herb. Reg. Berol., Lehm., Sond. et proprio.

III. **Plokiostigma** mihi.

Calyx pentasepalus, sepala nec non ima basi in tubum
angustissimum brevissimum connata, lanceolata, acuminata,
undique pilosa, marginibus et apice ciliata. Petala quinque,
nec non basi quoque paullo connata, calycis fauci brevissimae
cum ejus sepalis alternatim inserta. Stamina quinque, uni-
seriatim basi calycis sepalorum cum petalis alternatim inserta, inaequalia, tria longiora, duo breviora. Filamenta
plana, filiformia, basi paullisper dilatata. Antherae oblongae,
basi paullo latiores, filamentis dorso adnatae, connectivum
supra loculos in apicem brevem productum, biloculares, loculi

rima longitudinali introrsum dehiscentes. Pollen globosum, grana singula quaterna cohaerentia, triporosum, rugulosum, tegmine fenestrato vestitum, sulphureum. Ovarium e coccis discretis formatum. Cocci singuli tantum basi columellae centralis persistentis angulatae affixi, oblongi, basi attenuati, glaberrimi, corrugato-rugosi, uniovulati. Ovula e basi funiculo brevissimo crasso erecta, anatropa, minima. Styli tres, tota longitudine liberi, apice stigmata gerentes, spiraliter sibi invicem contorti, teretes, glaberrimi. Stigmata tria, simplicia, undique papillosa, obtusa. Fructus non vidi.

Herbae perennes, basi suffrutescentes in Novae Hollandiae ora meridionali-occidentali indigenae, caulibus simplicissimis, densissime foliatis, setosis, foliis sessilibus, alternantibus, linearibus, crassiusculis, stipulatis, spicis congestis, terminalibus, floribus subsessilibus, tribracteatis.

Plokiostigma Schuchardt in Lehm. Herb. norm. Plant. Preiss.

1. **Plokiostigma Lehmanni** Schuch.

Radice simplicissima, fusiformi; caule simplicissimo, erecto, densissime foliato, longitudinaliter striato, hirsuto, parte infima suffrutescente, ceterum herbaceo, foliis sessilibus, crassis, lanceolato-linearibus, apice acuminatis, spicis terminalibus pyramidalibus, densifloris, floribus solitariis, sessilibus, tribracteatis, bractea cum bracteolis lanceolata, acuminata, pilosa, marginibus longe ciliata, calyce pentasepalo, sepalis pilis longis, albis obtectis, marginibus ciliatis; petalis lanceolatis, nec non basi infima paullo connatis, staminibus inaequalibus, tribus longioribus, duobus brevioribus, ovario tricocco, coccis fere omnino discretis, stylis (tot quot cocci) cum stigmatibus a basi liberis, spiraliter sibi invicem contor-

tis, stigmatibus apicibus divergentibus, undique papillosis. —
Fructus carent.

Pl. Lehmanni Sch. in Lehm. Herb. norm. Plant. Preiss.
no. **1364.**

Radix simplicissima, lignosa, fusiformis. Caulis simplicissimus, pedalis, vix ultra, basi suffrutescens, céterum
herbaceus, longitudinaliter sulcato-striatus, viridis, undique
setulis albis parvis patentibus vestitus. Folia crassa, sessilia,
lineária, utrinque concoloria, obscure olivaceo-viridia, irregulariter rugoso-striata, integerrima, crassiuscula, margine
paullo revoluta, undique setulis albis patentibus minimis hir-
sutiuscula, $^3/_4$ — $1\,^1/_2$ long., 1 — $1\,^1/_2'''$ lat., inferiora latiora
ac longiora. Racemi terminales, pyramidales, densiflori. Flo-
res solitarii, subsessiles, bractea majore axi opposita et bracteolis duabus lateralibus suffulti. Bractea petalis sesqui- vel
duplo longior, 3—$4'''$ long., $^1/_4$ — $^1/_2'''$ lat., lanceolata, acuminata, utrinque pilis rigidis albis patentibus vestita, marginibus et apice ciliata, bracteolae duplo breviores, ceterum
ut bractea. Calyx pentasepalus. Sepala nec non basi infima
in tubum hemisphaericum brevissimum connata, prima fronte
fere plane libera, ovato-lanceolata, paullo acuminata, lineam
longa, utrinque pilosa, dorso pilis longis albis instructa, marginibus ciliata, dorso rugulosa, flavescenti-viridia, marginibus
membranacea, pallidiora, nervus primarius sub apice in **3**—
4 nervos secundarios divisus. Petala nec non basi paullo
connata, flavescentia, $1\,^1/_2$ — $2'''$ long., ovato-lanceolata,
acuminata, membranacea, laevissima, glaberrima. Stamina
5, inaequalia, tria longiora, 1 — $1\,^1/_2'''$ long., duo altera,
alterna $^3/_4$—$1'''$ long. Filamenta plana, basi paullisper dilatata, alba, filiformia, glaberrima. Antherae dorso filamentis adnatae, connectivum supra loculos in apicem obtusiusculum productum, oblongae, biloculares, introrsum rima longi-

tudinali dehiscentes.　Pollinis grana sicca globosa, subrugu-
losa, fenestrata, sulphurea, triporosa.　Ovarium e coccis tribus fere plane discretis formatum, subrotundum, basi attenuatum, cocci singuli nec non basi cum columellae persistentis basi cohaerentes, oblongi, fere pyriformes, glaberrimi,
leviter subcorrugati, uniovulati.　Ovula funiculo crasso brevissimo erecta.　Styli tres, plane liberi, spiraliter sibi invicem contorti, teretes, glaberrimi, flavo-virides.　Stigmata
brevia, simplicia, tot quot styli, obtusa, undique papillosa.
Fructus ignotus.

In arenosis conchyliosis humidis vallis prope lacum insulae Rottenest leg. Preiss., Aug. **21.** 1839. et distribuit sub
no. **1364.** Herb. Reg. Berol., Lehm. et propr.

Die Gattung Bouvardia

und

ihre bis jetzt bekannt gewordenen Arten alphabetisch geordnet

und

in nähere Betrachtung gezogen

von

D. F. L. von Schlechtendal.

In dem von Franz Hernandez ursprünglich in 10 Bänden geschriebenen Rerum medicarum Novae Hispaniae thesaurus, welche Nardus Antonius Recchus in einen Band zusammenbrachte und die Gesellschaft der Lyncei endlich in der Mitte des sechszehnten Jahrhunderts zu Rom herausgab, findet sich die erste Nachricht und die erste Abbildung einer *Bouvardia* unter der Benennung *Tlacoxochitl Jasminiflora* (Lib. VII. Cap. XX. p. 231). Neben dem Holzschnitte, welcher eine ganze Pflanze verkleinert und daneben ein Blatt in natürlicher Grösse darstellt, steht folgender Text:

„Tlacoxochitl Anenecuilcensis, quam alii Tlacoxihuitl vocant, Hoaxtopecenses vero Tlacopatli, herba est, quae folia fert saligna, subalbidaque et e radicibus fibrarum instar, caules fulvos, et in summa parte flosculos ex albo rubescentes longiusculos et compositos in comam. Nascitur in calidis planisque locis, audio a mari australi Aueneculcum, ob remedii praestantiam primo fuisse allatam. Calida est et sicca adstringensque facultas, atque ideo propinatur his, qui laxitudinem patiuntur, corroborare enim eos, ac veluti vivificare praedicatur, quin radicum pulvis vetustis plagis dicitur egregie mederi." Dabei folgende Erläuterung von den Herausgebern: „Radix hujus plantae ut ex Ymagine conspicere licet paucas habet fibras, caulis aliquantum purpurascit, folia terna saligna, flores in summo caule rubri oblongi, nempe figura Gelsemini etc., das Uebrige bezieht sich nur auf dies Gelseminum, welches Fabius Columna beschrieben hat.

Fragt man, welche Art dieses Bild vorstellen soll, so ist diese Frage bei der grossen Verwandtschaft der Arten schwer mit Sicherheit zu entscheiden. Das Blatt hat eine Länge von zwei Zollen und unterhalb seiner Mitte eine Breite von 5 Linien (Verhältniss der Breite zur Länge wie 1 : 5 beinahe), spitzt sich nach oben stark zu und verschmälert sich nach unten, wo kaum ein Blattstiel bemerklich ist, viel weniger und kürzer. Ob die Blumen behaart oder kahl sind, ist nirgends angedeutet und nicht zu errathen, aber die Kronenröhre ist vielmal länger als der ganze Kelch, dessen kurze Zipfel fast die halbe Länge desselben ausmachen. - Jedenfalls wird dieses Citat, welches DeCandolle ohne Bedenken zu *B. Jacquini* HBKth. zieht, mit einem Fragezeichen versehen, einst einer *der* Arten mit rothen Blumen und aufrechtem Wuchs beigegeben werden müssen, mit der es rücksichtlich der Blattform am genauesten übereinkommt, und der es rücksichtlich des Vorkommens und der Wirksamkeit entspricht; auch die angeführten aztekischen Namen könnten bei einer solchen Untersuchung, die nur im Lande selbst anzustellen

ist, leiten. Uebrigens ist zu bewundern, dass die schöne
Bouv. longiflora dem H e r n a n d e z nicht bekannt geworden
ist, ein Bild derselben würde sich sogleich erkennen lassen,
vergebens habe ich danach das ganze Werk durchsucht.

Wie das Meiste in diesem Thesaurus, ward auch diese
Bouvardia von den Botanikern lange nicht beachtet, und erst
nach fast zweihundert Jahren, wenn man von der ersten Voll-
endung des Thesaurus an rechnet, trat eine *Bouvardia*,
aber als Glied einer andern Gattung, in Europa auf. In die
Gärten Europa's gelangte nämlich in dem Jahre 1794 eine
durch die brennend rothe Farbe ihrer reichlich erscheinenden
Blüthenbüschel ausgezeichnete Art, welcher ersten sich später
andere Arten, zuerst in den Sammlungen getrockneter Pflanzen, dann auch in den Gärten, anreiheten, so dass gegenwärtig eine ziemliche Menge von Arten bekannt geworden ist,
welche, wie man schon aus der Vergleichung ihrer leider
zum Theil sehr ungenügenden Diagnosen und Beschreibungen
entnehmen hann, bald höchst nahe verwandt und ähnlich, bald
aber auch leicht unterscheidbar sind. Einige Arten dieser
Gattung, welche ich durch das freundliche Wohlwollen des
Herrn C a r l E h r e n b e r g lebend aus Mexico erhielt und im
botanischen Garten zu Halle kultivirte, sowie eine Anzahl
trockner Exemplare, welche ich theils von demselben Freunde,
theils von meinem verstorbenen Freunde Dr. S c h i e d e em-
pfangen hatte, hatten es mir schon längst zur Pflicht gemacht, den, wie ich bald einsah, schwierigen Versuch zu
wagen, dieselben durch Vergleichung mit den schon bekannten Arten mit Namen zu versehen. Ein Versuch, den ich
deshalb schwierig nenne, weil die vorhandenen Diagnosen und
Beschreibungen häufig nicht vollkommen ausreichten, indem
sie bald nicht vollständig genug die Kenntniss erschöpften,
bald ohne genaue Würdigung und Berücksichtigung der schon

bekannten Arten als neue aufgestellt waren, und weil Original-
Exemplare zu allen diesen Arten gar nicht zu erlangen waren·
Ich habe daher auch von dem früheren Gedanken einer mo-
nographischen Bearbeitung der Gattung *Bouvardia* abstehen
müssen, und will nur, nach einigen voranzuschickenden Betrachtungen über die ganze Gattung, die Arten alphabetisch
geordnet aufzählen, bei einer jeden zusammenstellen, was die
verschiedenen Autoren über sie aussagen, meine Bemerkungen, Bedenken und Erörterungen hinzufügen, sowie die mir
genauer bekannt gewordenen mit ausfübrlichen Beschreibungen
nach dem mir zu Gebote stehenden Material begleiten.

Ohne Zweifel gehören die meisten Bouvardien zu den
schönsten strauchigen Zierpflanzen in unseren Gärten, welche
wohl eine allgemeinere Verbreitung verdienten, da ihre schöne,
grüne, dichte Belaubung, die reichliche Erzeugung zum Theil
prächtig gefärbter Blumen und die meist leichte Cultur- und
Vermehrungsweise sehr für sie sprechen. Für den Sommer
ins freie Land ausgepflanzt, erfreuen sie lange Zeit durch
eine Fülle an den Spitzen der Zweige sich entwickelnder
Blumen, und bedürfen für den Winter eingetopft nur ein kal-
tes Gewächshaus. Die Vermehrung geschieht, wie mir Herr
Kegel mittheilte, bald leichter, bald schwerer, da die Stecklinge bald leicht, bald schwer anwachsen, die man bei einigen vortheilhafter aus den jungen Stengeltheilen, bei anderen
aus den Wurzeln nimmt, und welche gewöhnlich in nicht langer Zeit wieder blühbare Exemplare geben.

Ausser den verschiedenen Werken, welche mir zum grössten Theile zugängig gewesen sind, habe ich das Königliche
Berliner Herbarium, meine eigene Sammlung und eine Anzahl
wildgewachsener mexicanischer getrockneter Formen und dann
die Pflanzen des botanischen Gartens benutzen können.

Zur nähern Erörternng der Gattungscharactere will ich die von De Candolle im vierten Bande des Prodromus, so wie die von Endlicher in den Genera aufgestellten zum Grunde legen, um daran meine Bemerkungen anzuknüpfen, und dabei von den Vegetationsorganen zunächst ausgehen.

Bouvardia Salisb., DC. prodr. IV. p. 365. Endl. Gen. pl. n. 3265.

Partes vegetativae: Frutices Mexicani. Folia opposita v. verticillata. Stipulae angustae acutae petiolis utrinque adnatae. Pedunculi terminales triflori v. trichotomi corymbosi.

Obwohl die Zahl der angeblichen oder wirklichen Arten sich seit der Herausgabe des Prodromus bedentend gesteigert hat, so ist Mexico bis in seine nördlichsten Gegenden das Hauptvaterland dieser schönen Pflanzen geblieben, doch kommen auch ein Paar Arten in dem angrenzenden Guatimala vor oder erstrecken sich bis dahin. Alle scheinen nur Gewächse der gemässigten und kalten Region zu sein, weshalb sie wohl alle im Sommer im freien Lande bei uns gezogen werden können, und nur des Winters einige nicht im kalten Hause überwintert werden dürfen.

Der Behaarung, einer allen Vegetationstheilen gemeinsamen Erscheinung, die bei der grössern Zahl der Arten auftritt, geschieht hier, wie gewöhnlich, keine Erwähnung; sie macht jedoch, trotz der Veränderlichkeit in der Menge ihres Auftretens, ein nicht zu vernachlässigendes, oft sehr characteristisches Merkmal aus. Kleine, mehr konische, als cylindrische, spitze Haare, welche nur selten nicht gerade abstehen, bilden den Ueberzug, welcher, nach seiner Verschiedenheit an Länge und Dicke, eine für das Gefühl bald scharf,

bald weich erscheinende Oberfläche, und für das Auge eine
grauliche, selten ganz weisse Färbung den Theilen verleiht.
An dem Blattrande und gegen ihn hin bilden die Haare bald kurze
Wimpern, bald, indem sie kurz und steif, stark konisch werden und sich dicht neben einander stellen, einen als gezähnelt beschriebenen Rand.

Gegenständige oder zu dreien in einem wahren Quirle stehende Blätter sind gewöhnlich, ob auch zu vieren stehende Blätter als normale Bildung bei einzelnen Arten auftreten, mag ich
nicht behaupten, obwohl De Candolle und Kunth zwei solche
Arten aufgestellt haben, aber als Ausnahme kommt es an üppig
gewachsenen Schössen oder Trieben vor; auch zu fünfen in Quir-
len stehende Blätter werden erwähnt, doch habe ich sie nicht
gesehen. Das aber wurde von mir beobachtet, dass bei denen
mit drei Blättern im Wirtel einzelne Aeste zuweilen nur gegenständige haben, so wie auch bei opponirt-blättrigen zu
drei stehende auftreten. Man wird daher bei Beurtheilung
einzelner gesammelter Zweige vorsichtig sein müssen. Die
grösste Breite der Blattplatte liegt meist in der Gegend der
Mitte derselben, seltner tiefer am Grunde und noch seltner
über der Mitte. Eine Umrollung oder Umschlagung des Randes findet in verschiedenem Grade oder gar nicht statt. Sie
kann im trocknen Zustande grösser erscheinen, als sie im
frischen ist, da sie sich, wenn die Exemplare nicht gleich
eingelegt werden, etwas zu vermehren pflegt. Ausser dem
Mittelnerven, der sich auf der Unterseite gewöhnlich durch
eine Hervorragung kund giebt, kommen nur wenige Hauptadern vor, die, unter spitzem Winkel abgehend, sich mehr
nach der Spitze des Blattes hin verlängern, und nur wenig
mit einander anastomosiren; die untersten derselben sind wegen der häufigen Verschmälerung, welche das Blatt nach unten
erleidet, meist unbedeutend und kleiner. Diese Verschmälerung

macht es auch, dass ein abgesetzter Blattstiel nicht eben vorkommt, und dass man nicht bestimmt angeben kann, wo die
Blattplatte aufhört und der Blattstiel beginnt.

Ueber die Stipulae ist in den oben angeführten Kennzeichen zu wenig gesagt Schon Bentham hat es ausgesprochen, und ich habe dies bei verschiedenen Arten bestätigt gefunden, dass die Stipulae oder vielmehr die Stipular-
Fortsätze, d. h. die von dem die Basen der Blätter verbindenden Stipularrande ausgehenden Spitzen, nicht sehr constant bei den einzelnen Arten gebildet sind, dass dieselben
nämlich im jüngern und ältern Stadium ein etwas anderes
Aussehen haben, und ausserdem auch noch in der Form verschieden auftreten können. Wenn auch eine schmale linealische oder pfriemliche Spitze gewöhnlich in der Mitte zwischen je zwei Blättern steht, so ist dieselbe doch häufig noch
begleitet von zwei kleinen, ihr zur Seite stehenden, ähnlichen
Spitzchen, oder diese seitlichen Spitzchen gehen noch von
dem Seitenrande der Mittelspitze aus, so dass die Stipula dadurch an ihrem untern, breiten Theile gleichsam etwas fieder-
spaltig erscheint. Oder man findet auch wohl zwei lange,
pfriemliche Spitzen dicht bei einander gestellt, indem die kleinen ganz fehlen. Im jungen Zustande haben diese Stipularspitzen meist ein drüsiges Köpfchen oder Spitzchen von hel-
lerer Farbe, welches aber später nur noch vertrocknet angetroffen wird, wie denn auch wohl die ganze Stipularspitzen
später abfallen und verloren gehn. Wenn auch diese Spitzen
auf einem bis zu den Blättern reichenden, verbindenden Streifen stehen, so ist derselbe doch oft sehr schmal und unbedeutend, und nur bei einigen, wie bei *B. longiflora*, verbindet
ein breiterer Streifen, wie eine Art Scheide, die Blätter um
den Stengel, fast auf ähnliche Weise wie bei den Nelken.

Der Blüthenstand ist eine trichotom corymböse Cyma in sehr verschiedenem Grade der Entwickelung, meist mit nicht stark verlängerten Achsentheilen, weshalb denn auch die vielblumigen Blüthenstände nicht weit über die Blätter hervorragen, und um so weniger, wenn die Aeste, an denen sie sich befinden, aufrecht stehen, was meist bei den rothblühenden Arten der Fall ist, wogegen die gelb, oder gelb und roth blühenden ihre Aeste mehr ausbreiten, so dass sie einen grösseren, beinahe fast rechten Winkel mit der Hauptachse bilden, und nun an ihren Spitzen nur drei oder auch mehr Blumen tragen, die dann mehr oder weniger herabhängen. So trennen sich die Arten beinahe habituell in zwei Gruppen, mit dichtem buschigem und mit lockerem sparrigem Wuchs. Bei *B. longiflora*, der einzigen, wie es scheint, weissblühenden Art, stehen die Blüthenstände aufrecht, die Blumen fallen aber durch die bedeutende Länge ihrer Kronenröhren stark in die Augen. Sehr schnell kleiner werdende Blättchen begleiten überall die Verzweigungen der Inflorescenz, bei den wenigblumigen nur als Bracteen, bei den vielblumigen aber unten grösser, dann schnell kleiner stipularförmig werdend, und lassen die Inflorescenz als aus einer endständigen durch einige axillare verstärkten erkennen.

Partes fructificationis: Calycis tubus subglobosus (cum ovario connatus Endl.), limbus (superus Endl.) 4-partitus, lobis lineari-subulatis, dentibus interdum interjectis.

Der Kelch gewinnt ein sehr verschiedenes Ansehen, je nachdem man ihn beim Beginn des Blühens oder bei der Frucht betrachtet. Fast kugelig kann er im jüngern Zustande nicht genannt werden, sondern eher umgekehrt-kegelförmig, erst später nimmt er eine mehr kugelige Form auch an seinem untern Theile an, aber durch die vier Mittelrippen der Kelchzipfel, welche an der Kelchröhre äusserlich mehr oder weniger deutlich hervortreten, erscheint die letztere auch etwas vierkantig. Die vier Kelchzipfel sind meist ziemlich lang und schmal, bald aus breiter Basis sich erhebend, bald fast gleich breit von unten auf, selten nach oben ein wenig spatelig erweitert, nie aber, wie es scheint, eigentlich pfriemlich, denn diese Form gehört mehr den zwischenliegenden Stipularzipfeln an. Die Buchten zwischen den grösseren Zipfeln sind bald breit concav, bald wie gerade abgestutzt, aus ihnen erheben sich kleinere, oft nur ganz leise angedeutete Zipfel, von denen auch, was man bei der Frucht besonders sehen kann, vier andere schwächere Rippen über die Kelchröhre verlaufen. Diese kleinen Spitzen sind offenbar die Stipularbildungen zwischen den Kelchblättern, und auf ihr Fehlen bei einigen Arten kann kein Gewicht gelegt werden, wie dies auch von De Candolle nicht geschehen ist.

Corolla (*supera* Endl.) *infundibuliformis tubulosa elongata, extus velutino-papillosa (intus glabra v. barbata* Endl.)*, fauce nuda, limbo 4-partito patente brevi.*

Die lange Röhre der Blumenkrone ist eigentlich mehr cylindrisch, verschmalert sich nur an ihrer Basis allmählig, und zeigt höher hinauf, wenigstens über der Mitte bis dicht unter dem Saum, eine kleine Erweiterung, welche die Stelle andeutet, wo die Staubbeutel sich befinden. Da diese Stelle aber bei einer und derselben Art in verschiedener Höhe vorkommen kann, so ist damit auch eine Veränderlichkeit des äusseren Ansehns der Blumenkrone gegeben, und dieses daher als characteristisches Kennzeichen für die einzelnen Arten nur mit der grössten Vorsicht zu gebrauchen. *Bouvardia* gleicht in dieser Beziehung anderen Pflanzen ihrer Familie und denen anderer Familien mit gamopetaler Corolle, wie den Asperifolien, Primulaceen, Scrofularineen, Labiaten und wahr-

scheinlich auch anderen, bei welchen auch die Erweiterung
der Kronenröhre bald höher, bald tiefer liegt, je nachdem
die Staubgefässe und der Griffel in verschiedenem Längenverhältniss zu einander stehen. Die äussere Behaarung der
Corolle darf nicht in den Gattungscharacter mit aufgenommen werden, da die nicht roth blühenden Arten dieser Behaarung entbehren, und selbst die rothblühenden sie nicht immer besitzen, daher ist diese Behaarung auch nicht als Un-
terscheidungszeichen für die Hauptabtheilungen innerhalb der
Gattung zu gebrauchen. Bei den rothen Blumenkronen ist eine
abstehende, dickliche Behaarung sehr gewöhnlich; überall, wo
ich sie bei der lebenden Pflanze sah, war sie roth gefärbt, ver-
lor aber durch das Trocknen diese Färbung. Es ist daher
sehr wahrscheinlich, dass wo bei den Beschreibungen nach
trocknen Exemplaren von einer weissen Behaarung auf der
Oberfläche der Blumenkrone gesprochen wird, dies unrichtig
ist. Der nackte Schlund ist ein durchgehendes Merkmal bei
dieser Gattung, nur bei der *Bouvardia longiflora,* von welcher ein Gartenexemplar im Bot. Mag. t. 4223 abgebildet ist,
heisst es in der Beschreibung daselbst: „corolla hypocrateri-
form, the tube long slender, enlarged at the summit and
partially closed with four obtuse scales." Woher diese vier
Schuppen gekommen sind, wissen wir nach Untersuchung getrockneter Exemplare nicht anders zu erklären, als dass die
Zeichnung der Corolle den Verfasser des Textes veranlasst
hat, Schuppen zu sehen, wo keine sind. Da auch die Angabe der Stipulae eine unrichtige ist, so befürchten wir um
so mehr, dass die Zeichnung an allen diesen Irrthümern
Schuld sei, und dass bei der Beschreibung die im Herbarium
befindlichen Exemplare, von denen die Rede ist, nicht angesehen wurden. Wären übrigens Schuppen vorhanden, so
würde bei dem gänzlichen Mangel derselben an allen anderen

Arten, welche wir sahen, deren Auftreten bei einer auch sonst noch so ausgezeichneten Art, dieselbe als Repräsentant einer eigenen Gattung anzusehen sein, wozu wir jetzt, da auch die Frucht nichts Abweichendes zeigt, keinen Grund haben.

Eine Behaarung an der Mündung des Schlundes, welche von Bentham bei *B. strigosa* angegeben wird, isolirt diese Art um so mehr von den übrigen, als schon die ganze Behaarung derselben von der der übrigen Arten abweicht, und vermuthen lässt, dass man es hier mit einer andern Gattung zu thun habe.

Obwohl die Behaarung, welche im Innern, von der Mitte abwärts, in der Kronenröhre sich bald zeigt, bald fehlt, von DeCandolle bei der Bildung von Gruppen benutzt ist, so erwähnt er sie doch nicht unter den Characteren der Gattung. Es fragt sich, da die Anwesenheit dieses Haarkranzes (denn so müssen wir diese Erscheinung bezeichnen), sich vorzüglich bei den Arten zeigt, welche rothe, äusserlich behaarte Blumen und wirtelförmig gestellte Blätter haben, und bei denen fehlt, welche gegenständige Blätter und gelbe oder rothe Corollen besitzen, ob diese Haarbildung mit dazu dienen könne, diese beiden Gruppen auch generisch zu trennen. Diese Frage müssen wir vorläufig verneinen, da uns die Früchte einer Art dieser letzten Abtheilung zu Gesicht gekommen sind.

Der Corollensaum steht nicht immer unter einem rechten Winkel von der Kronenröhre ab, sondern öfter mehr aufrecht, und zeigt häufig auch bei den rothen Blumen eine Farbenveränderung gegen das Ende der Blüthezeit, so dass die auffallende Veränderung von Gelb in Roth, welche einige Arten auszeichnet, keine für diese Arten isolirte Erscheinung ist.

Die Spitze der einzelnen Zipfel ist öfters in eine ganz kleine, weiche, pfriemliche Spitze ausgezogen, welche dann nach innen gebogen zu sein pflegt, und bei einigen Arten deutlicher auftritt; ob sie allen zukomme, mögen wir nicht behaupten.

Staminum (4 Endl.) *filamenta (brevissima v. subnulla,* Endl.) *tubo inferne adnata, a medio circiter libera; antherae lineares inclusae.* (*Stylus filiformis* Endl.) *Stigma bilamellatum exsertum. Ovarii (inferi, vertice subexserti* Endl.) *superior pars nuda.* (*Ovula in placentis orbicularibus, dissepimento utrinque insertis plurima amphitropa,* Endl.)

Dass die Staubfäden von der Mitte der Röhre an frei würden und die Antheren innerhalb derselben lägen, ist durchaus nicht allgemeiner Character. Ebenso wenig tritt die Narbe aus der Röhre immer hervor. Es ist in dieser Beziehung nur zu sagen, dass die Staubfäden mit ihrem grössern untern Theile mit der Kronenröhre verwachsen sind, und, stets erst über der Mitte derselben frei werdend, in dem obern Raume an irgend einer Stelle bis zur Mündung die länglichen Staubbeutel tragen. Es sind nämlich die Längenverhältnisse der Staubgefässe und Stengel in einem gegenseitig von einander abhängenden Längenverhältniss, so dass, wenn die Staubbeutel tiefer in der Kronenröhre stehen, der Griffel mit der Narbe bis an die Mündung oder über dieselbe hervortritt (vorwaltend weibliche Entwickelung), wenn jene dagegen höher in derselben ihren Platz finden, der Griffel sich mit seiner Narbe unter ihnen endigt (vorwaltend männliche Entwickelung). Das aus der Röhre hervortretende Stigma bildet also keinen Character dieser Gattung, und wenn De Candolle bei *B. Jacquini* eine var. *exogyua,* die besonders dadurch sich auszeichnet, dass ausser der Narbe auch noch ein Theil des Griffels (denn so muss man doch wohl den Ausdruck „stylo exserto" verstehen) hervortritt, erwähnt, so ist dies eine Form,

welche bei jeder Art vorkommen kann, und zum Theil auch
wirklich vorkommt.

Die Narbe ist aus zwei länglichen, anfangs gegen einander liegenden, kürzeren oder längeren, immer schmalen
Lamellen gebildet, welche am Rande und auf der Innenfläche
die Narbenwärzchen haben, und sich nicht immer von einander
zu entfernen scheinen. Der Griffel ist fadenförmig und stets
kahl. Ueber die Beschaffenheit des Fruchtknotens wollen wir
bei der Frucht sprechen, da er mit deren Entwickelung seine
Form und Beschaffenheit vollständiger ausbildet, und Vieles
zeigt, was während des Blühens noch nicht zu sehen ist.

*Capsula membranacea, globoso-compressa, bilocula-
ris superne loculicide dehiscens (apice septifrage-bi-
valvis, Endl.), valvis semi-septiferis. Placentae orbiculares. Semina in quoque loculo plurima compressa (peltata imbricata, Endl.), deorsum* (ex icon. Salisb.) *seu sursum* (ex icon. Cavan.) *imbricata, ala membranacea cincta.
(Embryo . . . . . Endl.)*

Das obere flach oder erhaben convexe Gewölbe der Frucht
liegt nackt zwischen den Kelchzipfeln, von denen zwei an
der Furche liegen, welche, tief eingedrückt, die ganze Frucht
wie aus zwei flachgedrückten Kugeln zusammengewachsen
erscheinen lässt, da sie vom Grunde bis zur Spitze verläuft
an welcher eine kleine Erhabenheit, von der bleibenden Griffelbasis herrührend, zuweilen angetroffen wird. Die beiden anderen Kelchzähne stehen auf dem Rücken der Kugeln, und
zwischen diesen letzten Zähnen zeigt sich die Queerspalte,
durch welche sich die Frucht in ihrem grössern Queermesser
aber nur auf dem Scheitel öffnet. Das eben geschilderte Stel-
lungsverhältniss ist jedoch nicht immer dasselbe, und selbst
nicht in einem und demselben Blüthenstande. Die Kelchzähne

sind nämlich oft von den oben angegebenen Stellen etwas
seitwärts geschoben, und zwar kann dies in dem Grade stattfinden, dass sie in der Mitte zwischen der Furche und dem
Rücken der Frucht stehen können. Bei den trocknen Exemplaren, bei denen ich die Frucht untersuchte, erschien die
Kelchröhre an ihrem obern Ende der Frucht nur anliegend,
nicht mit ihr verwachsen. Die Stipularzähne des Kelchs haben sich theils erhalten, theils sind sie verschwunden, und
fehlten vielleicht von Anbeginn an. Wenn sie vorhanden sind,
stehen sie nicht immer grade in der Mitte zwischen den grossen Kelchzähnen oder Zipfeln, sondern zuweilen dem einen
mehr als dem andern genähert. Oeffnet man die Frucht in
der Richtung ihrer obern Spalte, so theilt sich durch dieselbe
die Scheidewand, welche in der Richtung der äussern Furche,
also im kürzeren Queermesser liegt, bis zu einer gewissen
Tiefe; unten, nahe dem Grunde dieser Scheidewand, erhebt
sich nun, unten etwas schräg, dann gerade aufsteigend, von
jeder Seite ein Saamenträger, der in der trocknen Frucht unregelmässig runzelig und mit kleinen Vertiefungen versehen
ist, auch sich leicht ablöst und abfällt, und etwa bis zur
Höhe der halben Fruchthöhle emporreicht, von allen Seiten
mit dem dünnen, flügelrandigen, mitten angehefteten, sonst
freien und schindelig mit ihren concaven Flächen über einander gelegten, schwärzlichen Saamen bedeckt ist. Die Saamen sind rundlich, messen $1\frac{1}{3}$ Lin. im Längsmesser, haben
einen breit-ovalen Körper, der rundum von einem breiten
Flügelrande umgeben ist, in welchem unterhalb der Anheftungsstelle zuweilen eine kleine, schiefe Ausrandung ist; die
kleine, runde Anheftungsstelle liegt in der Mitte des Saamen-
körpers auf der concaven Seite, auf der convexen liegt der
Embryo, dem Längsmesser des Saamens entsprechend, in
dem graulichen, etwas hornigen Eyweiss, mit ovalen Kotylen

nnd etwas kürzerer Radicula, sich durch seine weissere Farbe
auszeichnend. Solch' eine Placenta kann leicht in jüngeren
Zuständen bei Untersuchung getrockneter Pflanzen, wie es
auch geschehen ist, für einen einzelnen Saamen angesehen
werden, da sie frei in die Höhle hineinragt und die Saamen
ihr flach angedrückt sind. DeCandolle führt an, dass die
Saamen nach der Abbildung von Salisbury abwärts-schin-
delig, nach der von Cavanilles aufwärts-schindelig gelegt
sind; wir haben die Abbildung von Salisbury und dessen
Werk nicht gesehen, wohl aber das von Cavanilles, dessen Abbildungen keineswegs zu loben sind, dessen Beschreibung von der Frucht und den Saamen seiner *Aeginetia longiflora* die Verhältnisse aber so angiebt, wie ich sie auch bei
allen Bouvardien, deren Frucht ich untersuchen konnte, gesehen habe. Die Saamen greifen sowohl sursum als deorsum über einander, und Endlicher bezeichnet sie ganz
gut als „peltata imbricata." Die Frucht von *Danaïs*, welche Gärtner (Fruct. III. p. 83. t. 195.), abbildet, hat viel
Aehnlichkeit mit der von *Bouvardia*, nur ist der Saamenträger ganz anders, und die Saamen sind eckig oder winke-
lig am Rande, nicht gleichmässig rund; die Anheftungsweise,
die geringe Dicke und der Flügelrand zeigen sonst viel Ueber-
einstimmendes. Nóch näher steht die Frucht von *Nacibea*
Gärtner's (l. c. t. 197., bei DeCandolle eine Abtheilung
von Manettia), wegen der frei in das Fach hineintretenden
Placenta, so wie wegen der Art der Anheftung und der Em-
bryolage.

Es würde nun noch nothwendig sein, eine Eintheilung
der Gattung zu versuchen, was bei der Unsicherheit vieler
Arten und bei der grossen Unbekanntschaft mit dem Bau der

Blumen und Früchte derselben seine Schwierigkeiten hat. Indem wir uns auch hier der Eintheilung DeCandolle's im Ganzen anschliessen, werden wir nur noch zur besseren Gliederung weitere Unterabtheilungen machen, um die einander ähnlichen Formen näher zusammenzufassen.

§. 1. *Eubouvardia.* Folia terna v. quaterna (rarius hinc inde opposita) vere verticillata. Flores in corymbo terminali plurifloro erecti, corolla coccinea extus hirta glabrave tubo intus cingulo villoso.

A. Corolla extus hirta.

Species: angustifolia, glaberrima, hirtella, hypoleuca, linearis, ?obovata, quaternifolia, scabrida, splendens, ?strigosa, tenuiflora, ternifolia, tolucana.

B. Corolla extus glabra.

Species: leiantha, scabra.

§. 2. *Bouvardiastrum.* Folia opposita (rarius hinc inde terna). Flores in corymbo terminali paucifloro saepe nutantes, corolla lutea vel ex luteo et rubro varia, extus intusque glabra vel extus hirta.

A. Corolla extus glabra.

Species: bicolor, ?Cavanillesii, chlorantha, ?chrysantha (ex corollae colore), cordifolia, flava, laevis, mollis, quinqueflora, triflora, versicolor.

B. Corolla extus hirta v. sericea.

Species: discolor, xylosteoides.

§. 3. *Bouvardioides.* Folia opposita. Flores in corymbo terminali paucifloro erecti, corolla alba, tubo elongato extus intusque glabro.

Species: longiflora.

In der Abtheilung §. 2. werden vielleicht noch später weitere Unterabtheilungen zu machen sein, ehe jedoch die Frucht nicht überall bekannt geworden ist, lässt sich nur provisorisch eine Anordnung treffen, und die vorstehende möge nur für eine vorläufige, das Auffinden erleichternde angesehen werden.

Alphabetisches Verzeichniss der bisher bekannt gewordenen Arten-Namen.

angustifolia HBKth.

bicolor Kze.

Cavanillesii DC. = *multiflora.*

chlorantha Bertol.

chrysantha Mart.

coccinea Lk. = *ternifolia.*

cordifolia DC.

crocata V. Houtte Cat.

discolor Hook. et Arn.

flava Decne.

Jacquinii HBK. = *ternifolia.*

glaberrima Engelm.

hirtella HBKth.

hypoleuca Benth.

laevis Mart. et Gal.

leiantha Benth.

linearis HBKth.

longiflora HBKth.

mollis Linden Cat.

multiflora Schult. p et fil.

mutabilis h. Berol. = *versicolor.*

obovata HBKth.

obovata Benth. = *scabra.*

quaternifolia DC.

quinqueflora Dehnh.

scabra Hook. et Arn.

scabrida Martens et Gal.

splendens Grah.

strigosa Benth.

tenuiflora h. Berol.

ternifolia Schldl. = *coccinea,*
    Jacquini et *triphylla.*

tolucana Hook. et Arn.

triflora HBKth.

triphylla Salisb. = *ternifolia.*

versicolor Ker.

xylosteoides Hook. et Arn.

Bouvardia angustifolia

HBKth. Nov. gen. III. 383. (p. 300. edit. maj.), Kth. Syn. III.
p. 40.

Aeginetia hyssopifolia Willd. hb. n. **2793.** (specim.
Humboldt., in schedula „Aegynetia. Mi. del Monte" c. diagnosi:
foliis angusto-lanceolatis corollisque scabris, pedunculis terminalibus axillaribusque trifloris.)

Kunth's Beschreibung: Zweige rund, die älteren
kahl, die jüngeren kurz-steifhaarig (hirtelli). Die Blätter zu
dreien, sehr kurz gestielt, lanzettlich, an der Spitze pfriemlich-
verschmälert, am Rande umgebogen, aderig, mit unten vor-
tretender Mittelrippe, häntig, oberseits kahl und grün, unter-
seits blasser, dünn- und kurz-steifhaarig, **20—22** Lin. lang,
3—3 ¹/₂ Lin. breit; Nebenblätter dreispaltig, mit linealisch-
pfriemlichen Zipfeln; Blumen in fast dreitheiligen Doldentrauben, **8 — 9** Lin. lang. Kelch wie bei *B. linearis*, die
Zipfel desselben zwei- bis dreimal kürzer als die Blumen-
kronenröhre. Blumenkrone, Staubgefässe und Pistill wie bei
B. linearis. Griffel kahl. Frucht nicht gesehen. — Von
Humboldt und Bonpland mit *B. linearis* in Mexico bei
S. Augustin de las Cuevas und Moran in einer Höhe von
1100 — 1300 Toisen gesammelt. — Von *B. linearis* nur
durch die Gestalt der Blätter und die Länge des Kelches verschieden. Aendert ab mit 5-theiligem Kelche und Kronensaum.

An diese von Kunth entnommenen Angaben wollen wir
gleich die Bemerkung knüpfen, dass der Fundort „Moran"
eine Bergwerksgrube ist, nahe bei Real del Monte nordöstlich
von Mexico belegen, und dass in dieser Gegend C. Ehren-

berg vorzüglich seine Sammlungen gemacht hat, und dass
wir sowohl *B. linearis*, als diejenige Art, welche wir nach-
folgend als *B. angustifolia* nach unseren Gartenexemplaren
beschreiben wollen, von ihm aus dieser Gegend erhalten
haben. Es folge nun die Beschreibung der lebenden Pflanze:

Bis fast 4 Fuss hoher, mehrere holzige Stämme neben
einander treibender, aufrecht - ästiger, an den meisten Spitzen
blühender Strauch mit glatter, weisslicher Rinde. Die Zweige
sind rund, aber durch die von den Blättern herablaufenden
Leisten kantig. Konische, spitze, gerade - abstehende Haare
überziehen die Zweige bis in die Inflorescenz und die Kelche,
so wie die Blätter, sind aber an den jüngeren Achsentheilen
und besonders auf der untern Blattfläche länger, dünner und
weicher, auf der Oberseite der Blätter kürzer, aus breiterer
Basis, durch welche Verschiedenheit bewirkt wird, dass die
obere Blattfläche sich etwas schärflich anfühlen lässt, die untere aber sanfter, und eine blassere Farbe hat. Die Blätter
stehen zu dreien, sind 1 Zoll bis gegen 2 Zoll lang und 2
bis 4 Linien ungefähr in der Mitte breit; sie haben einen sehr
kurzen oder fast gar keinen Stiel, sind schmal lanzettlich,
nach vorn länger zugespitzt, am Rande umgebogen; der Mittelnerv tritt unten stark mit bleicher Färbung hervor und ist
oben eingedrückt, von ihm gehen auf jeder Seite 2 — 3 Venen
unter spitzem Winkel nach dem Rande hin, anastomosiren
aber gar nicht oder nur mit einer feinen Verlängerung, treten unten kaum hervor und sind oben nur schmal eingedrückt.
Die Nebenblätter bestehen nur aus einem pfriemlichen Fortsatz, oder aus dreien, von denen dann der mittlere länger ist,
oder aus zwei einander genäherten, grösseren, sie sind gewöhnlich an der Spitze röthlich oder gelblich, doch verwelkt
später diese Spitze, so dass noch etwas von der rothen Fär-

bung an der zurückbleibenden Spitze zu sehen ist. Der
Blüthenstand ist häufig aus einer terminalen Doldentraube, drei
aus den nächsten Blattwinkeln sich anschliessenden, zusammengesetzt, und bald reich-, bald armblüthig. An der Basis
ihrer kurzen Zweige und der Blumenstiele finden sich auch
kleine Blätter mit Stipeln, oder diese letzteren gleichsam allein
mit einem rothen Rande und stärkerer Behaarung, indem auch
statt der Blätter Stipularbildungen auftreten. Die Blumenstiele sind länger oder kürzer als die Kelche, welche $2^1/_2$
bis $2^3/_4$ Lin. lang, ungefähr $1^1/_2$ Lin. lange, aus breiterer
Basis linearische, zugespitzte, am äussersten Ende zuweilen
rothgefärbte Zipfel haben, in deren zwischenliegenden stumpfen Buchten eine sehr kleine, pfriemliche, kaum zwischen
den Haaren zu unterscheidende Papille sich befindet. Die
ganze, blendend scharlachroth gefärbte Blumenkrone misst
zwischen 9 — 10 Linien, und ist stark roth behaart, die
Röhre ist fast cylindrisch, unten verschmälert, die Zipfel des
Saumes sind breit-eiförmig, spitz, und ihre Spitze kurz
nach innen gebogen. Die länglichen, gelben Antheren erreichen mit ihren oberen Spitzen die Buchten zwischen den
Kronenzipfeln. Ein Gürtel von dichten Haaren ist etwa 3 Lin.
von der Basis entfernt. Der weisse Griffel ist mit den beiden
schmalen, stumpfen und gelben Narbenlappen 5 Lin. lang.
Setzte bis jetzt im Garten keine Frucht an, die überhaupt
bei der gewöhnlichen Gartenkultur selten erscheint, weil die
Sträucher, wenn sie noch im Blühen sind, wieder ausgehoben
werden müssen, um sie vor dem Frost zu schützen.

Die oben citirte Pflanze der Willdenow'schen Sammlung scheint uns gewiss hierher zu gehören, sie ist in der
Kunth'schen nicht vorhanden. Auch C. Ehrenberg sandte
Exemplare von Mineral del Monte in Blume und in Frucht,
ebenso scheint ein Blüthenexemplar, gesammelt im September,

„in campis inter Tepeyanalco et Pinal" hierher zu gehören.

Bouvardia bicolor
Kze. Linn. XX. 24.

Diese Art wurde nach K u n z e a. a. O. im botanischen Garten zu Leipzig aus mexicanischen Saamen erzogen und blühte zuerst im Juli 1845.

K u n z e's B e s c h r e i b u n g: Ein ungefähr 2 Fuss hoher Strauch, mit weisslicher, kahler Rinde, die in der Jugend flaumig-steifhaarig ist. Die gegenständigen Blätter sind eiförmig, zugespitzt, am Grunde fast abgestutzt, oben sammethaarig, unten, besonders an den Adern, grau-steifhaarig und gewimpert; an den Spitzen der Zweige stehen zu dreien gestielte, überhängende Blumen, deren Kronenröhre am Grunde verschmälert, kahl und neunmal länger als die Kelchzipfel ist, die Randzipfel der Krone sind stumpf, mit einem Spitzchen; die Staubgefässe überragen die Kronenröhre. Kommt mit *B. versicolor* Ker. (Bot. Reg. t. 245.) überein in dem meist, aber nicht stets, gelben Kronenrande, der aber aussen, nicht innen diese Farbe zeigt. Die *B. versicolor* unterscheidet sich ferner durch lanzettliche, am Grunde lang verschmälerte Blätter, dreitheilige Doldentrauben und längere Blumenkronen. K e r gebe zweifelhaft als deren Vaterland das südliche Amerika an. Beide Arten müssen noch lebend mit einander verglichen werden. — Weiter ist nichts über diese Art bekannt geworden, welche im botanischen Garten zu Halle noch nicht geblüht hat.

Bouvardia Cavanillessii
DC. prodr. s. *B. multiflora.*

Bouvardia chlorantha

Bertol. in litt. in R. Sch. Mant. in Vol. III. syst. veg. p. **116.**
et fide eorum:

Houstonia chlorantha Bertol. elench.*) p. 5. (excl. syn.
Jacq.), *Ixora americana* Linn. spec. 160? *Ixora alba*
Hort. Ital., *Christimia ochroleuca* Rafin. Annal. gen. 1820.
Août. p. **226.**

Diese von Bertoloni aufgestellte Art ist von DeCandolle ganz übersehen, denn er hat weder sie selbst, noch
eins ihrer Synonyme irgendwo erwähnt.

Bertoloni's Beschreibung: Strauch höher als *B.
triphylla*; Blätter breiter, freudig-grün, unten blass, gegenständig, nicht zu dreien wirtelig, lanzettlich und am
Grunde mehr verschmälert als wirklich gestielt und dunkel-
grün. Blumen doppelt grösser, büschelig-doldentraubig an
den Spitzen der Zweige. Kelch perigyn, mit 4 freien,
lanzettlichen, zugespitzten, aufrecht-abstehenden Abschnitten. Die Röhre der aus Roth ins Gelbliche oder Weissliche gefärbten, kahlen Blumenkrone sehr lang, trich-
terig, mit 3—4-spaltigem Saume, dessen Abschnitte eiförmig, abstehend-zurückgebogen, klein und durch eine kurze, nach innen gebogene Zuspitzung weich-stachelspitzig
sind. Bei den dreispaltigen Corollen sind die 3 Staubgefässe
im Schlunde derselben, indem die Staubfäden fast der ganzen
Länge nach innen angewachsen sind, und die länglichen, auf-
liegenden Antheren hervorragen. Der Griffel ist eingeschlossen, kürzer als die Staubgefässe; Narbe 2-spaltig, mit ei-

---

*) Dieser Tauschkatalog lebender Pflanzen des Gartens zu Bologna
erschien 1820; ob in demselben noch mehr über diese Pflanze
steht, wissen wir nicht, da wir das Buch nie sahen.

förmigen, ebenen, gerade-aufrechten Abschnitten. — Wächst im wärmeren Amerika. ♄.

Diese von B e r t o l o n i herrührende Beschreibung ist nicht genügend, um aus derselben mit Sicherheit zu entnehmen, dass die Pflanze eine *Bouvardia* sei. Das Vaterland ist für eine *Bouvardia* verdächtig, könnte aber wohl zu einer andern *Rubiacea* passen, die Länge der Blumenkrone (wie es scheint, auf zwei. Zoll zu veranschlagen) nähert sie der *B. longiflora*, für welche auch noch verschiedene andere Kennzeichen passen würden, aber die Blumenfarbe scheint eine ganz andere zu sein. Andrerseits könnte man glauben, dass *Ixora alba* der italienischen Gärten dieselbe Pflanze sei, wie die *Houstonia alba* der belgischen, und dann würde *chlorantha* zu *versicolor* gehören, wie nach der Angabe der Blumenfarbe wohl sein könnte, besonders da auch bei *versicolor* das zuweilen vorkommende Fehlen eines Korollenzipfels angezeigt wird; dagegen spricht die Länge der Blumenkrone. Vorläufig ist *B. chlorantha* als eine zweifelhafte Art zu betrachten.

Bouvardia chrysantha

Mart. Delect. sem. hort. Monac. 1848. p. 4. adnot.

M a r t i u s D i a g n.: Kleinstrauchig, kahl, die jüngeren Zweige undeutlich vierkantig; die Blätter (gegenständig oder zu dreien?) etwas lederig, aderlos, lanzettlich, spitz; die Nebenblätter pfriemlich zwischen den Blattstielen und kürzer als diese; Doldentrauben endständig, aufrecht, 7 — 12-blumig; die Zähne des Kelches, welcher 6 — 7mal kürzer als die Blumenkrone ist, lanzettlich, spitz, der Kelchröhre gleichlang; die Blumenkrone goldgelb, mit kurzem, 4 — 5-spaltigem Saum und 4 — 5-kantiger Röhre, der Griffel die 4 — 5 eingeschlossenen Antheren fast überragend. In Mexico bei

Santjaguillo vom Baron Karwinski gefunden. Im Cap-
hause.

Diese Diagnose, welche das Einzige ist, was wir von
dieser Pflanze wissen, giebt weder über die Stellung, noch
über das Grössenverhältniss der Blätter in Länge und Breite
Auskunft, sagt nicht, ob die Corolle im Innern einen Haargürtel besitze oder nicht, enthält aber mehreres Unwesent-
liche, wie die Zahlenverschiedenheit der Blüthentheile, wie
das Verhältniss des Griffels (richtiger wohl des Pistills) und
der Staubgefässe. Offenbar gehört diese Art in die zweite
Abtheilung der Gattung mit gelben und kahlen Blumen, in
welcher sie sich durch die aufrechtstehenden, mehr als drei-,
bis fünfblumigen Doldentrauben auszeichnet.

Bouvardia coccinea
Link s. *ternifolia*.

Bouvardia cordifolia
DC. pr. IV. p. 366. n. 11. *Ixora cordifolia* Fl. Mex. Ic. ined.

D C.'s Diagn.: Halbstrauch; die Blätter gegenständig,
sehr kurz gestielt, herzförmig, spitz; Doldentrauben endständig, sitzend, 6—10blumig, mit einer schmutzig aus dem Gelben in Scharlach übergehend gefärbten Blumenkrone von 6
bis 7 Lin. Länge. — Mexico.

Diese wenigen Worte müssen zur Erkennung dieser Art
genügen, welche der ältere De Candolle aus den nicht edir-
ten Bildern der Flora Mexicana von Mocino und Sessé allein kennen lernte. Der sitzende Blüthenstand kommt bei
einigen Arten, wenn auch nur als Ausnahme, vor, und jeder
Blüthenstand, welcher durch seitliche verstärkt wird, kann
leicht dies Ansehen gewinnen. Herzförmige Blätter sind noch
selten bei den Bouvardien. Von den Dimensionen der Blätter,

des Kelches im Vergleich zur Corolle, von den Kelch- und Kronenzipfeln wären noch einige Notizen aus dem Bilde zu entnehmen gewesen, wenn auch nicht über die Genitalien, die innere Beschaffenheit der Kronenröhre und Frucht Auskunft zu erhalten.war. De Candolle stellt diese Art an das Ende der zweiten Abtheilung, mit nicht gehärteter Kronenröhre und gegenständigen Blättern.

Bouvardia crocata
Van Houtte Cat. 1846.

Nur dem Namen nach bekannt, auch das Vaterland nicht bezeichnet. Wahrscheinlich identisch mit einer der Arten der Abtheilung *Bouvariastrum.*

Bouvardia ? discolor
Hook. et Arn. Bot. Beech. voy. p. 428. in nota n. 3.

Hook. u. Arn. Beschr.: Strauch mit holzigen, hin und her gebogenen (tortuosi) Stengeln; die älteren Zweige mit den Narben der abgefallenen Blätter und Nebenblätter gezeichnet, die jüngeren sehr filzig, fast wollig. Die Blätter gegenständig, eiformig, zugespitzt, kurz gestielt, oben rauchhaarig (hirsuta, in der Beschreibung: mässig behaart), unten weisslich, filzig, bei den jüngeren sehr weiss (in der Beschreibung: „unten wollig und viel blasser, bei den jüngeren rein weiss"), 2—3 Zoll lang, fiederaderig. Die Nebenblätter ei-lanzettförmig, frei (?) abfallend; die Doldentrauben dichtblumig, kopfig (in der Beschreibung: die Blumen dicht gedrängt, so dass die Doldentraube wie ein Köpfchen erscheint) gestielt, endständig, mit Deckblättern. Kelchzipfel lanzettlich, verlängert (in der Beschreibung: verlängert, fast blattformig). Die Blumenkrone ungefähr 1 Zoll lang, weisslich-filzig (in der Beschreibung: durch weissen und wolligen Flaum graulich). — In der Provinz Oaxaca zwischen Tehuantepec und

Voca del Monte von A n d r i e u x (pl. exsicc. Mexic. n. **334.**)
gesammelt und danach beschrieben.

Wir müssen bei dieser Characteristik auf die kleinen
Verschiedenheiten, welche in der Diagnose und der Beschreibung vorkommen, aufmerksam machen. Es scheint der ganze
Artikel nicht mit gehöriger Sorgfalt redigirt. Die dichte Behaarung und die kopfähnlich gedrängt-stehenden Blumen, deren Farbe aber nicht angegeben wird, scheinen die Haupt-
unterschiede dieser Pflanze zu bilden, welche den Verfassern
nicht ganz sicher zu *Bouvardia* zu gehören scheint, ohne
dass sie etwas Bestimmtes darüber angäben. Ueber die Genitalien und Frucht schweigen sie gänzlich. Wahrscheinlich
ist diese Art der zweiten Abtheilung angehörig, wenigstens
deuten die gegenständigen Blätter darauf hin.

Bouvardia flava

Decne. in Van Houtte Flore des serres I. p. **215.** c. icone,
Lindl. Bot. Reg. 1846. Vol. **32.** t. **32.** (Aus der Gärtnerei von
Mr. Glendinning zu Turnham Green.)

D e c a i s n e's B e s c h r e i b u n g: Strauch etwas über 3 F.
(1 Meter) hoch, mit aschgraulicher Rinde am alten Holze
und krautigen, kahlen, etwas röthlichen, jüngeren Zweigen,
die mit bleich-grünen Punkten bestreut sind. Die Blätter gegenständig, oval-lanzettlich, in den kurzen Blattstiel verschmälert, zugespitzt, mit abwärts-gebogener Spitze, fiederadrig, Nerv und Adern oben eingedrückt, unten vorstehend
und dünn behaart, mit am Rande häufigen Haaren, welche
in Wimpern übergehen und auf kleinen Wärzchen sitzen; die
Platte häutig, bleich-grün bei im Schatten gewachsenen
Exemplaren, bei in der Sonne befindlichen roth gefärbt oder
breit mit Roth übergossen oder dunkelroth gefleckt. Blattstiele oben gerinnelt, unten rundlich, am Grunde schwach

verdickt. Die Nebenblätter zwischen den Stengelblättern mehr
oder weniger verwachsen, in **3 — 4** pfriemliche, ungleiche
Zipfel getheilt, von denen der mittlere länger ist, die der
jüngeren Blätter verwachsen, eine mehr oder minder lange
Röhre bildend, in vier lanzettliche Zipfel getheilt, von denen
die seitlichen lanzettlich - blattartig, die beiden mittleren kürzer, linealisch-pfriemlich, selten zweigetheilt sind. Der Blüthen-
stiel ist in der That achselständig an den höchsten Zweigen,
erschien wie endständig aus der Verlängerung der Zweige
(in der Diagnose heissen sie endständig), meist **3**-blumig,
mit fadenformigen und borstenartigen Deckblättchen, durch
eine schöne gelbe Blume geendet, alle Verzweigungen etwas
flaumhaarig. Kelch halbkugelig, mit **4** vortretenden, zu den
Zipfeln gehenden Nerven, welche Zipfel lanzettlich - linealisch,
mit kurzen, weissen Haaren bestreut, zwischen sich kurze
Borsten tragen. Die Blumenkrone ist auf beiden Seiten kahl
und gelb, ihre Röhre misst ungefähr $1\frac{1}{2}$ Zoll (4 Centi-
meter), der Saum ist in ovale, ausgebreitete Zipfel getheilt.
Die länglichen, gelblichen Staubbeutel sind auf der Mitte
ihres Rückens befestigt, fast sitzend. Der Griffel ist ganz
kahl und überragt die Kronenröhre, er ist in zwei längliche,
stigmatöse Zipfel getheilt. Diese Art brachte G h i e s b r e g h t
aus Mexico. (Nach D e c a i s n e in V. Houtte.)

Wir haben diese Art aus dem botanischen Garten zu Berlin erhalten, und geben nur noch eine Beschreibung der Blüthentheile, da wir zu der oben gegebenen Beschreibung nicht viel
hinzufügen könnten.

An den Spitzen der Zweige erscheinen leicht herabgebogen, oder fast hängend, drei cymös gestellte Blumen, an welche sich noch zuweilen **2** einblumige Blüthenstiele aus dem
obersten Blätterpaar anschliessen. Bei dem dreiblumigen

Blüthenstande ist die mittlere Blume die eigentliche terminale, ihr Stiel hat nie Bracteen, die beiden seitlichen sind fast gleichlang, und werden von kurzen, pfriemlichen, stipelartigen Theilen gestützt; die beiden accessorischen Blumen haben entweder wahre (nackte) Blumenstiele, oder falsche in ihrer Mitte häufig mit 2 Bracteen. (Es geht daraus hervor, dass möglicher Weise diese accessorischen Blüthenstiele auch dreiblumig werden können, und so ein neunblumiger Blüthenstand auftreten würde.) Die Blumenstiele sind so lang wie der Kelch, oder mehr oder weniger länger, und mit ihm von kleinen, weichen, abstehenden Haaren besetzt. Die kurze Kelchröhre ist fast halbkugelig, die aufrechten Zipfel ihres Saumes sind schmal, spitz, am Rande kurz gewimpert und 3- bis 4-mal länger als ihre Röhre. Zwischen diesen Zipfeln stehen vielmals kleinere, winzige, fast pfriemliche, bald einfache, bald gedoppelte, bald ganz fehlende Fortsätze (Stipularbildung des Kelchs). Die gelbe Blumenkrone hat eine aus schmaler Basis sich allmählig erweiternde Röhre, welche ungefähr 3-mal so lang als der Kelch ist, und, ausser einer leichten Behäarung innen am untersten Grunde, auf beiden Seiten kahl ist. Die Antheren sind im oberen Theile der Röhre fast sitzend, länglich, fast pfeilförmig, indem ihre beiden graden, untern Zipfel durch eine schmale Bucht getrennt sind, nach oben sich allmählig etwas verjüngen und stumpf endigen, mit ihrer Spitze aber die Basis der Kronenzipfel noch nicht erreichen. Der Griffel ist oben in zwei sigmatöse, keulenförmige Aeste getheilt.

Lindley nennt diese Pflanze „eine kleine Kalthauspflanze“, was wir auch bestätigen können. Solche kleine Exemplare blühen schon ganz reichlich fast bei allen Bouvardien.

Von Schiede ist diese Art bei San José del Oro in der regio frigida im Juni blühend und Frucht tragend gesammelt. Die Behaarung ist zuweilen geringer, als an den Gartenexemplaren, auch variiren die Kelchzipfel in ihrer Länge, so dass sie ⅖ der Blumenkrone erreichen. Die Frucht ist kugelig-zweiknopfig (wie aus 2 Kugeln zusammengesetzt), ungefähr 2½ Lin. hoch, 4 Lin. breit, mit einer ganz glatten, kahlen, fast schwach glänzenden Oberfläche (ähnlich wie bei den Blättern), innerhalb des Kelches schwach gewölbt, der Kelchrand sehr schmal vorstehend, seine langen Zipfel gewöhnlich an der Furche und auf dem Rücken tragend. Die Saamen rund, dünn und concav, mit sehr breitem Flügelrande. — Das einzige Bedenken, welches ich bei der Bestimmung dieser Exemplare gehabt habe, ist die Bezeichnung Schiede's: „floribus coccineis." Unstreitig sind *versicolor* und *mollis* sehr nahe verwandt, aber sie gehören nach genauer Ansicht nicht zu unserer Pflanze, die sich entschieden der *B. flava* anschliesst. Liesse aber das Zusammenauftreten der gelben und rothen Farbe an der Blumenkrone einiger Arten vielleicht vermuthen, dass ein solcher Wechsel der Färbung bei der ganzen Blumenkrone eintreten könnte, so würde jene Bezeichnung der Farbe von keinem Gewichte sein.

Bouvardia glaberrima

Engelm. Sketch of the Bot. of Wislic. exped. **22.** adnot.

Engelm. Diagn.: Ganz kahl, mit aufrechtem, rundem Stengel, zu dreien im Quirl stehenden, kurz-gestielten, eiformig-lanzettlichen, an beiden Enden zugespitzten, offen abstehenden oder herabgebogenen Blättern; mit zusammengesetzter, beblätterter Trugdolde, Kelchzipfel doppelt so lang als die Kelchröhre, Blumenkrone 5 — 6 mal länger als der Kelch, aussen fast kahl, innen sparsam bebartet. Im nördlichen Mexico (bei Cosihuirachi).

Diese Diagnose lässt viel zu wünschen übrig, nämlich
wir vermissen die Angabe der Länge und Breite der Blätter,
der Blumenfarbe, ob die Pflanze ein Strauch oder eine Staude
ist, wo der innere Bart der Corolle sich befinde, wie die
Nebenblätter beschaffen sind. Wir sind daher nur im Stande,
zu vermuthen, dass diese Art wegen der zu dreien gestellten
Blätter in die erste Abtheilung der Gattung gehöre. — Von
Asa Gray wird in einer Note in den Plantae Wrightianae
diese *B. glaberrima* für identisch erklärt mit *B. splendens*
Grah., und dass diese wieder zu der Cavanillesischen
Ixora coccinea gehöre, was wir nicht so unbedingt zugeben
können.

Bouvardia hirtella

HBKth. Nova gen. III. p. 354. (p. 300. ed. major.), Kunth
Syn. III. p. 41.

Kunth's Beschreibung: Strauch; ältere Zweige
rund, kahl, aschgrau; die jüngeren mit kurzen, abstehenden,
weichen Haaren, und kurzen Scheiden, die an der Spitze drei
sehr kleine Blättchen tragen. Die Blätter zu dreien, kurz
gestielt, lanzettlich, an der Spitze pfriemlich-verschmälert,
ganzrandig, am Rande umgebogen, aderig, der Nerv und die
mit ihm fast parallelen Adern vorstehend, Fläche häutig, auf beiden Seiten, aber besonders unten, kurz steifhaarig, 15 — 16 Lin.
lang, 3 — 5 1/2 L. breit. Nebenblätter kurz steifhaarig, ungetheilt,
linealisch-pfriemlich, am Grunde mit den Blattstielen scheidig-
verwachsen. Blumen 10 — 11 Lin. lang, in Doldentrauben.
Kelch 5- bis 6-mal kürzer als die Kronenröhre. Antheren
wenig vortretend. Der Griffel halb so lang als die Kronenröhre. Kelch, Blumenkrone, Staubgefässe und Stengel wie
bei *B. linearis*. — Bei der Hauptstadt Mexico in einer Höhe
von **1168** Toisen von Humboldt und Bonpland im Mai

blühend gesammelt. — Steht der *Aeginetia multiflora* Cav. sehr nahe. Ist vielleicht die *B. hirtella* nebst der *B. angustifolia* nur eine Varietät der *B. linearis*? fragt Kunth am Schlusse der hier wiedergegebenen Beschreibung.

Wenn wir eine im botanischen Garten zu Halle cultivirte Art zu dieser *B. hirtella* rechnen, so stützen wir uns dabei theils auf die Beschreibung, theils auf ein Original-Exemplar im Kunth'schen Herbar, und halten auch diese Art, so gut wie *B. angustifolia* und *B. linearis*, für unterschieden, obwohl nahestehend. Folgende Beschreibung haben wir von der Gartenpflanze entworfen.

Die Pflanze bildet einen 2 Fuss hohen oder etwas höhern Busch, und ist mehr ein Halbstrauch als ein Strauch, da sie eine grosse Menge Wurzeltriebe, dicht bei einander stehend, bildet, und das daraus entstehende Holz von oben her tiefer abstirbt, als bei den andern beiden verwandten Arten, der *B. angustifolia* und *linearis*. Auch hier hat der holzige Theil eine graulich-weisse, ziemlich glatte Rinde. Eine äusserst kurze, aber doch gerade abstehende Behaarung überzieht fast gleichmässig die runden Aeste, die Blätter, die Nebenblätter, die Blumenstiele und Kelche, ist aber an den Aesten etwas kürzer als an den Blättern, auf deren Oberseite sie etwas steifer ist als auf der untern, welche aber dadurch kaum weicher und blasser wird. Die Blätter stehen zu dreien und vieren, sind kurz gestielt, im Ganzen 20 — 24 Linien lang und in der Mitte der Platte oder etwas unter derselben 4 — 6 Linien breit, an kräftigen, sterilen Schössen findet man sie auch bis 34 Lin. lang und 8 Lin. breit (Verhältniss der Breite zur Länge also wie 1 : 4 oder 5), lanzettlich, nach oben länger zugespitzt; der Nerv und die 3 — 4 aus ihm auf jeder Seite entspringenden Hauptadern, welche auf verschiedene Weise verlaufen, verbinden sich selbst gegen den Rand hin

unmittelbar oder durch einen schwächern Ast, ragen auf der
Unterseite hervor, sind oben eingedrückt. Der Blattrand ist
kaum umgebogen, und ist mit steiflichen Härchen, welche
kleine, spitze, dicht gestellte Zähnchen gleichsam bilden, wie
gezähnelt und etwas scharf. Die Nebenblätter treten in verschiedener Bildung auf, in der Mitte, zwischen je 2 Blättern,
steht ein bald längerer, eine Linie langer, bald kürzerer, kaum
eine halbe Linie langer, pfriemlicher Fortsatz, der mit längeren, mehr aufrechten Haaren besetzt ist, und in der Jugend
durch eine kleine, durchscheinende, gelbliche Drüsenbildung
beschlossen wird, welche, später abtrocknend, als ein gelb-
liches Köpfchen erscheint und endlich abfällt; neben diesem
mittleren steht ein ähnlicher, aber vielmals kleinerer, zuweilen kaum bemerklicher, entweder frei oder dem grösseren genähert. Die endständige Traubendolde ist häufig kurz gestielt, und wird daher von den zunächst unter ihr stehenden
Blättern, oder auch wohl von den aus deren Achseln hervor-
wachsenden Zweigen etwas verdeckt. Die Blumenstiele sind
meist etwas länger als der Kelch, der $2\frac{1}{2}$ Lin. im Ganzen
lang, eine umgekehrt-kegelförmige, etwas eckige, eine Linie
lange Röhre hat, und schmale, fast linealische, allmählig sich
spitz zuspitzende, mit grösseren steiflichen Haaren besetzte
Zipfel von $1\frac{1}{2}$ Lin. Länge trägt, in deren breiten, sie tren-
nenden Buchten in der Mitte zuweilen ein nur halb so langer,
pfriemlicher Fortsatz steht (Stipularbildung des Kelchs). Die
Blumenkrone ist 12 Lin. lang oder wenig länger, mit fast
cylindrischer, von dicklichen, rothen Haaren bedeckter Röhre,
mit eiförmigen, spitzen, kaum $1\frac{1}{2}$ Lin. langen Kronenzipfeln. Die Spitzen der Antheren stehen noch $1\frac{1}{2}$ Lin. unter der Schlundmündung, und ein schwach behaarter Gürtel
befindet sich ungefähr 4 Lin. über der Basis der Kronenröhre.
Der Stempel erreicht die Länge der ganzen Blumenkrone, der

Griffel ist unten weisslich, wird dann röthlich, und seine beiden schmal elliptischen, stigmatösen Schenkel sind roth.

Wenn neuerdings Asa Gray in den Plantae Wrightianae p. 80. n. 236. auch *Bouvardia hirtella* HBKth. von Wright gefunden, an den Hügel-Abhängen des Passes an der Limpia im August gesammelt, in Nord-Mexico von Wislicenus und Gregg mitgetheilt, und aus der Umgegend der Hauptstadt Mexico von Gregg, so ist dies eine unseres Bedünkens etwas unsichere Bestimmung, denn der Verf. sagt: „Scheint in die flaumhaarige Varietät, welche *B. Jacquinii* genannt wird, überzugehen. Einige Exemplare der Sammlung von 1851 haben mehr krautige und grade aufrechte Stengel, breitere Blätter, deren obere Wirtel 4—7 Blätter enthalten, und grössere Blumen“, und hierzu in einer Note noch bemerkt: „*Bouvardia glaberrima* Engelm. in Wisl. Neu-Mex. p. 106. ist *B. splendens* Grah. in Bot. Mag., und daher deutlich auch *Houstonia coccinea* Andr. Bot. Repos. t. 106. und *Ixora coccinea* Cav. Icon. 4. t. 305|“, so sieht man daraus, dass der Verf. mit den Schwierigkeiten dieser Gattung nicht vertraut gewesen ist und nur nach dem ersten Anblick geurtheilt hat. Uebrigens wäre es interessant zu wissen, welche Arten so weit nördlich gehen.

Bouvardia hypoleuca

Benth. pl. Hartweg. 288. n. 1605.

Bentham's Beschreibung: Die Zweige grau-flaumig, die Blätter zu dreien oder vieren, linealisch-lanzettlich, am Rande umgeschlagen, oben grünlich, scharf kurzhaarig, unten weiss-filzig; Nebenblätter pfriemlich; Doldentrauben dicht, Blumenkronen steifhaarig. Vielleicht eine Varietät der *B. scabrida* Mart. et Gal., aber die grössten Blätter sind kaum 3 Lin. breit und fast 3 Zoll lang, gewöhnlich 1—2 Zoll lang

und 1 — 2 Lin. breit, durch den weissen Filz der Unterseite
ausgezeichnet. Die Scheide der Nebenblätter sehr kurz, sie
selbst borstenförmig, häufig einzeln, 1 — 3 Lin. lang. Die
Kelchzipfel linien - pfriemförmig, länger als in den meisten
verwandten Arten, aber ihr Verhältniss zur Länge der Blumenkrone scheint bei den Bouvardien sehr veränderlich zu sein.
Die Blumenkrone 9 Lin. lang, scharlachroth, von kurzen,
weisslichen Haaren steifhaarig. Die Kapsel eiförmig, von
den Seiten etwas zusammengedrückt, auf jeder Seite mit einer
Furche. Wächst bei Aguas calientes in Mexico, von Hartweg gesammelt. (Bentham.)

Der Verfasser fühlt selbst die zweifelhafte Stellung, welche diese Art einnimmt, die er hauptsächlich durch die unten
weissfilzigen Blätter unterscheidet, und zunächst mit *B. sca-*
brida, einer ebenfalls zweifelhaften Art, vergleicht. Das Verhältniss der Breite zur Länge der Blätter ist wie **1 : 12**,
was dem bei *B. linearis* entspricht, das Verhältniss des
Kelches zur Blumenkrone hat der Verfasser nicht angegeben,
weil er von der Unsicherheit der Längenvergleichung zwischen
Kelchzipfeln und Corolle oder Corollenröhre (sich überzeugt
hat. Man entgeht dieser Unsicherheit, wenn man das Mittel
zwischen der Länge des ganzen Kelchs zu der der ganzen
Blumenkrone sucht und angiebt. Auch die verschiedene Zahl
der Nebenblätterspitzen deutet der Verfasser an. Wenn er
weisse Haare an der Corolle angiebt, so ist dies wahrscheinlich nur eine Entfärbung derselben durch das Trocknen, da
die Corollenhaare in der Regel ebenso roth wie die Corolle
sind. Von einer innern Behaarung wird nichts gesagt, sie
ist aber wahrscheinlich vorhanden. Die eiförmige Gestalt der
Kapsel verdient Beachtung, da andere Arten eine mehr zusammengedrückt - kugelige besitzen. Der Fundort „Aguas
calientes“ ist sehr ungenau, da es in Mexico verschiedene

warme Quellen giebt, welche diesen Namen führen. Es gehört diese Art offenbar zur Abtheilung *Eubouvardia*.

Bouvardia Jacquinii

HBKth. v. *ternifolia*.

Bouvardia laevis

Mart. et Gal. Bull. de l'acad. de Bruxelles. XI. 236.

Martens Beschreibung: Kahl, mit kurz (2 Lin. langen) gestielten, eiformig-zugespitzten (2 Zoll langen und 1 Zoll und darüber breiten) Blättern, welche unten blasser sind; mit pfriemlichen Nebenblättern, von der Länge der Blattstiele; Blumenstiele endständig, 3-blumig, gemeinsamer 1 ½ Lin. lang, besondere ½ Lin. lang, schlank, kahl; Kelch kahl, mit linealischen, pfriemlichen Zipfeln, die viermal kürzer als die Blumenkrone sind, welche scharlachroth, kahl, zolllang ist und eiförmige, stumpfe Zipfel hat; die Staubgefässe innerhalb des Schlundes sitzend, die Narbe aus zwei Plättchen, in der Kronenröhre eingeschlossen. Wächst bei der Kolonie Zacuapan in Mexico, von Galeotti gesammelt. Soll der *B. triflora* DC. (richtiger HBKth.) verwandt sein. Dies ist bestimmt unrichtig, da *B. triflora* gelbe Blumen hat und keineswegs ein Verhältniss von Breite zur Länge in den Blättern wie 1 : 2 zeigt, auch ganz andere Stipulae besitzt. Offenbar gehört diese Art nicht zu der Abtheilung *Eubouvardia*, obgleich die Blumen scharlachroth gefärbt sein sollen, was vielleicht nur aus den trocknen Exemplaren ersehen ist. Ob die Blätter nur opponirt sind, wird nicht gesagt, doch lässt sich dies aus der Vergleichung mit *triflora* vermuthen. Auch über das Innere der Blumenkrone wird nichts angegeben. Dass diese Art auch strauchig ist, steht zu vermuthen, ebenso, dass ihr die Behaarung nicht gänzlich fehlt. Ob vielleicht *B. versicolor*?

Bouvardia leiantha
Benth. Pl. Hartweg. 583.

Bentham's Diagnose: Blätter zu dreien, eiförmig,
zugespitzt, am Grunde abgerundet oder fast herzförmig, oben
etwas kurzhaarig, unten und die Zweige flaumig - zottig;
Traubendolden fast 3 - theilig; Kelchzipfel fünfmal kürzer als
die kahle Kronenröhre. Wächst in Guatemala, von Hartweg gesammelt. (Bentham) Exemplare, von Warscce-
wicz gesammelt, sind im Königl. Herbarium zu Schöneberg
aus Guatimala und Costa - rica.

Wir fügen zu dieser sehr kurzen Diagnose die Beschreibung nach der im Garten kultivirten Pflanze.

Strauchig. Blätter zu dreien, breit - eiförmig, zugespitzt,
die grössten mit $2\frac{1}{2}$ Zoll langer und $1\frac{1}{2}$ Zoll breiter Platte
(Verhältniss der Breite zur Länge wie $1 : 1\frac{2}{3}$), welche auf
ihrer grünen Oberseite etwas runzelig und schärflich ist, auf
ihrer Unterseite aber weich - flaumig, indem der mit seinen
4 — 5 Hauptvenen stark vortretende und oben eingedrückte
Nerv stärker behaart ist. Die Blumen stehen in reichblumi-
gen, büschelartig erscheinenden Doldentrauben an den Spitzen
des Hauptstengels und der Aeste, sind alle kurz - und fast
gleich gestielt, nachdem die Doldentraube sich wiederholt 2 -
oder 3 - spaltig kurz getheilt hat. Die Blumenstiele, welche
kürzer als die 3 Lin. langen Kelche sind, sind, wie diese,
mit sehr kurzen und kleinen, abstehenden Härchen überstreut,
die Kelchzipfel sind 2 Lin. lang, schmal, spitz, von etwas
längeren Härchen gewimpert, und stumpfe Kanten laufen von
ihnen an der Kelchröhre herab. Die Blumenkrone ist 10 Lin.
lang, aussen scharlachroth, kahl und glatt, mit einer unten
dünneren, ganz allmählig sich erweiternden Röhre und mit
einem aus aufrechten, breit - eiförmigen, spitzen und klein

weichspitzigen, fast 2 Linien langen Zipfeln bestehenden Saum,
welcher innen hellroth ist und von vielen kurzen Längsstrichel-
chen etwas bunt erscheint. Die Staubgefässe sind im Schlunde frei, und mit ihren Staubfäden der Röhre lang herab deutlich angewachsen, und diese ist in der Gegend, wo die Kelchzipfel endigen, mit dichten, weissen Zottenhaaren besetzt. Der
rothe Griffel ist nur halb so lang als die Krone, und hat
2 Narbentheile, welche innen und am Rande mit weisslichem
Narbenzellgewebe bedeckt, aussen aber in der Mitte kahl
und roth sind. Frucht wurde nicht gebildet.

Bouvardia linearis

HBKth. Nov. gen. III. p. 283. (ed. major. p. 299.) Kth. Syn. III.
40, Benth. pl. Hartweg. n. 106, Hook. et Arn. Beech. Voy.
p. 27. n. 1.

Zuerst die Beschreibung Knuth's, dessen Original-
Exemplare wir sowohl aus seiner Sammlung im Königl. Berliner Herbar, als auch im Willdenow'schen Herb. daselbst
n. 2794. unter dem Namen „Aeginetia linifolia: fol. lineari-
lanceolatis corollisque scabris pedunculis subquinquefloris terminalibus axillaribusque" von Willdenow bezeichnet finden,
während die von Bonpland geschriebene Etiquette den Namen: „Aegynetia Cav." trägt.

Knuth's Beschreibung: Ein 6 Fuss hoher und noch
höherer Strauch, mit runden Aesten, welche jung flaumig-
kurzhaarig sind. Die Blätter zu dreien, sehr kurz gestielt,
linealisch, an dem obern Ende spitz pfriemlich, ganzrandig,
der Rand bis zum Mittelnerven umgerollt, mit unten vorste-
hendem Mittelnerven, häutig, oben grün und durch sehr kleine
Haare scharf, unten graulich-kurzhaarig, 12—15 Lin. lang,
1—1½ Lin. breit (Verhältniss der Breite zur Länge also
wie 1 : 12 oder 10). Die Nebenblätter linealisch-pfriemlich,

kurzhaarig, zuweilen 2-spaltig. Die Doldentrauben dreispaltig. Die Blumen 9 — 10 Lin. lang. Die Kelchzipfel
linealisch, an der Spitze schmal pfriemlich, etwas kurzhaarig,
fünfmal kürzer als die Blumenkrone. Diese 8 Lin. lang, ihre
Röhre unterhalb der Mitte, wo die Staubgefässe eingefügt
sind, gehartet, die Zipfel 6- bis 7-mal kürzer als die Röhre.
Die zweispaltige Narbe hervortretend. — In den gemässigten
Gegenden Mexico's bei San Augustin de las Cuevas, Moran
u. s. w., in einer Höhe von 1100 bis 1300 Klaftern, im Mai
blühend von Humboldt und Bonpland gesammelt.

Hooker und Arnott erhielten ihre Exemplare aus der
Gegend zwischen San Blas und Tepic, also von der Ostseite
Mexico's, und fügen hinzu: wahrscheinlich sei diese Pflanze
durch Mexico weit verbreitet, und, wie sie vermuthen, sehr
veränderlich, und, wie Kunth schon erwähne, dass seine
B. angustifolia und *hirtella* wohl nicht von dieser *linearis*
verschieden seien, so glauben sie, dass die letztere durch
die *B. splendens* Grah. (Bot. Mag. t. 3781.) in die *B. Jacquini* HBKth. übergehe.

Der botanische Garten zu Halle erhielt die Pflanze durch
den verstorbenen C. Ehrenberg, und wird dessen Exemplar
noch kultivirt. Es ist ein drei Fuss hoher Strauch, welcher
unten nur einen sich bald verzweigenden Stamm bildet, ohne
besondere Neigung, Wurzelschösse um sich zu erzeugen. Seine
Zweige haben ein Bestreben, sich ziemlich horizontal auszu-
strecken, mögen sie nun Blumen tragen oder nicht, und dies
Bestreben zeigt sich schon an jungen Exemplaren. Die jün-
jeren Zweige sind rund, aber durch kleine erhabene Streifen, welche von den Zwischenräumen der Blätter bis zum
nächsten Blattknoten herablaufen, etwas eckig. Eine sehr
kurze, abstehende Behaarung bedeckt die Zweige, Blumen-

stiele und Kelche; ist auf der Oberseite aus dicken, conischen
Haaren gebildet, welche diese Seite scharf machen, auf der
untern Blattseite aus weicheren, cylindrischen, aber sehr kurzen Härchen, die nur auf dem breit hervortretenden und blas-
seren Nerven etwas länger sind. Die zu dreien stehenden
Blätter sind sehr kurz gestielt, linealisch, da sie aber am
Grunde ein wenig, nach der Spitze hin länger verschmälert
sind, gehen sie ins Lanzettliche über, und zeigen nicht selten
eine Neigung, sich seitwärts (gleichsam schwach sichelförmig)
zu krümmen, ihre Länge beträgt $1\frac{1}{2}-2$ Zoll und eine Linie,
ihre Breite $1\frac{1}{2}-2$ Lin., zuweilen auch wohl ein Geringes
mehr (Verhältniss von Breite zur Länge im Allgemeinen wie
$1:10$ bis 12); sie sind am Rande umgerollt, aber nicht so
stark als Kunth dies nach trocknen Exemplaren angiebt, da
beim Trocknen, besonders wenn die Exemplare nicht gleich
nach dem Abschneiden eingelegt werden, der Rand sich bei
allen Arten etwas stärker umzuschlagen pflegt. Aus dem Nerven treten auf jeder Seite zwei, zuweilen auch drei Hauptvenen unter einem sehr spitzen Winkel hervor, welche sich
dem Rande nähern, ohne jedoch sich deutlich zu verbinden,
sie sind unten kaum bemerkbar, oben aber nebst dem Nerven
eingesenkt und bei durchfallendem Lichte durchscheinend. Die
mit kurzen Härchen besetzten Nebenblätter bestehen entwedei
aus einem einzelnen, aus breiterer oder schmalerer Basis
hervorgehenden, pfriemlichen, bald längern, bald kürzern
Fortsatz, oder aus diesem und kleinen, winzigen, daneben
stehenden oder aus dessen Basis selbst hervorgehenden, alle
haben eine blassere oder rothgefärbte Endspitze, welche später abwelkt. Die Blumen bilden an den Zweigspitzen zweimal gabelspaltige (selten dreispaltige) Traubendolden, deren
Verzweigung sehr kurz ist, daher sie wie Blüthenbüschel erscheinen. Die Kelchröhre ist umgekehrt-kegelig-halbkugelig,

ungefähr 1 Lin. lang, und trägt einen Saum von linealischen,
spitzen, einnervigen, 1 $\frac{3}{4}$ Lin. langen Zipfeln, zwischen welchen pfriemliche, bald grössere, ungefähr den dritten Theil
der Zipfel gleiche, bald sehr kleine, kaum bemerkbare Stipularfortsätze stehen. Die Blumenkrone ist 8 Lin. lang; die
Röhre cylindrisch, kaum nach oben erweitert, aussen mit
dicken, scharlachfarbenen Haaren bedeckt, innen mit einem
dichtzottigen Haargürtel, der fast 3 Lin. über ihrem Grunde
beginnt und sich etwas nach unten herabzieht, versehen. Die
Kronenzipfel sind breit-oval, spitzlich, mit einem sehr kleinen, nach innen gebogenen, weichen Spitzchen endigend. Die
linealischen Antheren stehen mit ihren Spitzen 1 — 2 Linien
von der Mündung der Röhre oder den Buchten zwischen den
Kronenzipfeln ab. Der Stempel erreicht mit seinen beiden
stigmatösen, dicklichen, mehr oder weniger röthlichen Zipfeln
bald die Mündung der Blumenkrone, bald überragt er sie
beinahe.

Einmal sahen wir eine wohl aus zweien zusammenge-
wachsene Blume, mit 7 Kelch- und ebenso vielen Kronenzipfeln und ebenso vielen Antheren, die 2 Linien tiefer als
die Mündung standen, der Fruchtknoten trug aber zwei nicht
verwachsene Griffel.

Zweige und Kelche, letztere auch an ihren Zipfeln und
den Stipularfortsätzen, sind zuweilen mehr oder weniger roth
gefärbt.

Bouvardia longiflora

HBKth. Nov. gen. III. p. 386. (ed. maj. p. 303.) Kth. Syn. III.
42! Hb. Willd. n. 2791. et Kth. c. specim. Humboldt! Hook.
Bot. Mag. t. 4223. (c. diagnosi), Van Houtte Flore des ser-
ser II. 1846. pl. X!, *Aeginetia longiflora* Cav. Anales de
ciencias naturales 3. p. 130. (fide ipsius Cav.) Cav. icon. VI.
p. 51. t. 572. f. 1!

Wenn auch einige Fehler in der Beschreibung von Cavanilles' *Aeginetia longiflora*, wie z. B. die Angabe einer
rothen Farbe bei der getrockneten Blume, vorkommen, und
seine Abbildung auch gerade nicht vorzüglich ist, so ist doch
durch seine Angaben diese schöne Pflanze so genau bezeichnet, dass sie nicht zu verkennen ist. Wenn später, wie wir
schon im allgemeinen Theile mittheilten, im Bot. Mag. Schuppen an der Kronenmündung angegeben wurden, so war dies
offenbar eine Tauschung; wenn die Beschreibungen ferner in
der Schilderung der Stipulae von einander abweichen, wenn
sie endlich auch in Rücksicht auf die Inflorescenz, sowie in
Bezug auf die Grössenverhältnisse der Blumenkrone zum Kelch
Verschiedenheiten brachten, so dass Ch. Lemaire in Van
Houtte's Flore des serres auf diese Abweichungen aufmerksam machte, so deutet dies doch nicht, wir sind davon überzeugt, auf specifische Verschiedenheiten, sondern nur auf eine
gewisse Variabilität, die sich überall in der Stipularbildung
und in der Grösse der Corolle zeigt, und hier noch mehr
auffallen musste, da die Theile viel grösser und also leichter
zu betrachten waren, und darauf, dass die Beschreibung des
Bot. Mag. sich zu sehr an die Abbildung hielt. Die Inflorescenz ist überall eine terminale Endblume, da aber gegen
die Spitze eines Haupttriebes oder Stengels sehr häufig kleine
Seitenäste aus allen Blattwinkeln entstehen, und von diesen
jeder eine Blume bringt, so hat es das Ansehen, als ständen
mehrere Blumen in einem trichotomen, beblätterten Blüthenstande.

Cavanilles hat die Pflanze bei Queretaro und Huano-
juato im October gesammelt, Humboldt und Bonpland
fanden sie in der gemässigten Region Mexico's bei Santa
Anita in einer Höhe von 1170 Klaftern, und sagen, dass sie
bei den Eingebornen „Flor de San Juan" genannt werde.

Hooker erhielt Exemplare aus Guatemala, und kultivirt ward diese *Bouvardia* im Garten des Grafen Derby, in welchen sie von Ifzabal gekommen war. Ausserdem besitzen wir diese „kleine strauchartige Pflanze" von der Cuesta blanca bei Mineral del monte durch C. Ehrenberg in Blüthe und Frucht, und von Dr. Schiede bei Santa Rosa und bei Puerto de Zzmiquilpan in der Regio frigida im Juni blühend gesammelt, mit folgender Notiz: „Rubiacea fruticulosa bipedalis, cor. candida, vespere et nocte odoratissima. Rosa de S. Juan Hispano-Mexicanorum." Auch Baron Karwiński hat Exemplare aus Mexico mitgebracht, wie uns zugekommene Exemplare zeigen.

In ihrer ganzen Erscheinung weicht diese Art so sehr von den übrigen Bouvardien ab, dass man geneigt sein kann, sie generisch zu trennen, während die Frucht keine bemerkbare Abweichung darbietet. Die Hauptmomente der Verschiedenheit wären: die mit dem Blattstiele länger verbundene, gleichsam etwas bauchige, soweit sie ganz ist, ungefähr $1\frac{1}{2}$ Lin. lange, auf jeder Mitte mit einer oder einigen Spitzen ausgehende, locker scheidenartige Stipularbildung, durch deren bleibende Reste an älteren Theilen die Stelle des Knotens immer durch eine Verdickung bezeichnet wird; die einblumigen, terminalen Blumenstiele; die weisse und wohlriechende Corolle mit deren im Verhältniss zu den elliptischen, an beiden Enden etwas spitzlichen Kronenzipfeln ungemein langer Röhre, und die spathelig-lanzettlich-linealischen, ihre Röhre vielmal übertreffenden Kelchzipfel, welche auch bei der Frucht noch vertrocknend sich erhalten, und viel länger als der Fruchtkörper sind. Allerdings wohl nicht hinreichend, um, selbst in Verbindung mit dem 1-blumigen Blüthenstande, bei der sonstigen Uebereinstimmung eine Trennung gut zu heissen.

Bouvardia mollis

Linden's Catal. 1847. (ex h. Lips.)

Manettia myrtifolia Hortorum.

Die beiden unter diesen Namen erhaltenen Pflanzen stimmten bis auf einen Punkt genau überein, bei *mollis* nämlich befanden sich die Antheren in der Mündung der Corollenröhre, das Pistill war aber kürzer; bei der andern standen die Antheren tiefer in der Corollenröhre, aber das Pistill ragte mit seinen zwei schmalen Narbenästen aus derselben hervor, eine Veränderung der Lage, welche auch bei anderen Bouvardien sowohl von Andern, als von mir gesehen, und von keiner Bedeutung für die Unterscheidung ist. Ein kleiner Strauch, von dem man nicht begreift, wie er zu den Namen *mollis* gekommen ist, da er fast ganz kahl ist. Die Blätter gegenständig, kurz gestielt, eiförmig oder breit-elliptisch, zugespitzt, oder ei-lanzettlich, dann meist länger zugespitzt und spitz, immer am Grunde kurz in den Blattstiel zugespitzt, $1\frac{1}{4} - 1\frac{3}{4}$ Zoll lang, 6 — 10 Lin. breit, kleiner nach der Inflorescenz oder auch an der Basis der Zweige. Mittelnerv und gewöhnlich 4 Hauptadern, welche in einem Bogen sich nach oben und der Blattspitze hin biegen, sich aber kaum mit ihren feinen Enden verbinden, nur das oberste Paar bis in die Blattspitze verlaufend, auf der untern, kaum blassern Seite schwach vortretend. Behaarung auf den Blättern, ausser den kleinen Härchen, welche eine ziemlich dichte Einfassung des Randes selbst bilden und auch noch neben ihm vorkommen, fast nicht vorhanden, nur in der Jugend etwas angedeutet. Die Nebenblätter kurz, nur am Grunde mit dem Blattstiele verbunden, meist mit einem freien convexen Rande, der in der Mitte in eine Spitze ausgeht, oder mehrere kleine Spitzchen trägt, jung wenigstens fein behaart. Die Blumen zu dreien oder fünfen an den Spitzen, oder auch in drei drei-

bis vierblumigen Blüthenständen, so dass sie alle drei über
dem letzten Blattpaare stehen, und als eine zweimal dreitheilige, sitzende Doldentraube angesehen werden können; die
ganze Verzweigung nebst den Kelchen und Blumenkronen
kahl, die Blumenstiele meist länger als der 4 Linien lange
Kelch, dessen schmale, fast linealische, spitze Zipfel einen
Mittelnerven haben und 3 Lin. lang sind. Die Blumenkrone
bis **16** Lin. lang, mit cylindrischer, sehr schwach sich von
unten nach oben erweiternder Röhre, mit kurzen, 1 $1/_2$ Lin.
langen, breit - eiförmigen, kurz zugespitzten Zipfeln. Die An-
therenspitzen am Schlunde, der Griffel mit seinen beiden
elliptischen Narbenästen ungefähr bis zur Hälfte der Röhre
reichend. Frucht nicht gesehen.

Mit *B. versicolor*, *flava*, *laevis*, *bicolor* gewiss nahe
verwandt, vielleicht auch mit einer derselben zusammenfallend.

Bouvardia multiflora

Schult. p. et fil. Mantissa in Vol. III. syst. p. 118.

Aeginetia multiflora Cav. Anales de ciencias naturales ·3· p. 131. t. 28. f. 2. (fide Cav. et Schult.) Cav. icon. VI.
p. 52. t. 572. f. 2. (frustulum plantae fructiferum)!

Bouvardia Cavanillesii DC. prodr. IV. p. 366. n. 10!

? *Bouvardia Cavanillesii* Lindl. Journ. of the horticult.
soc. III. 246. (c. icone et Van Houtte flore d. serr. V p. 492
—495 b. (c. icone xylogr.)!

Wenngleich wir wohl einsehen, dass ein Zweig, welcher nur
3 Blumen an den Spitzen seiner Aestchen trägt, eigentlich dann
nur zu dem Namen *multiflora* Veranlassung geben könnte,
wenn die Pflanze über und über mit solchen Blüthenästchen
bedeckt wäre, worüber wir nichts wissen, so können wir
doch nicht den zuerst gegebenen Trivial - Namen verwerfen
und den von De Candolle annehmen. Cavanilles hat

diese Art sehr unvollkommen gekannt, und nur in trocknen, Frucht tragenden Exemplaren gesehen. Er beschreibt sie folgendermassen:

Cavanilles' Beschreibnng: Stengel halbstrauchig, 1 1/2 Fuss hoch, mit gegenständigen Aesten. Blätter gegenständig, eiförmig-lanzettlich, mit vorgezogener Zuspitzung, mit einem ästigen Nerven, unten fast zottig, beinahe 8 Lin. lang, 2 — 3 Lin. breit; Blattstiele kurz, am Grunde durch drei zwischen ihnen stehende spitze Stipulae verbunden. Blumen zu dreien, auf kurzen Blumenstielen. Kapsel queer-eiförmig, wenig grösser als ein Pfefferkorn, durch eine tiefe Furche gleichsam gedoppelt, genabelt, gekrönt mit den vier spitzen, kaum eine Linie langen Kelchzipfeln, an der Spitze durch eine Queerspalte aufspringend; 2-fächrig, Scheidewand entgegengesetzt, Saamenträger eiförmig, einzeln in jedem Fache; Saamen schindelig, ganz so wie bei *B. longiflora*, mit welcher sie zusammen wächst und zusammen Frucht trägt. Für die *B. longiflora* ist als Fundort aber angegeben: Bei Queretaro und Huanajuato, und als Zeit (wohl der Fruchtreife) der Monat October.

Diese Pflanze war also Cavanilles und DeCandolle mit der Frucht bekannt. Lindley hat später eine Abbildung und Bechreibung einer *Bouvardia* gegeben, welche er für die von Cavanilles hielt. Nach dem, was in der Flore des serres aus dieser Quelle, die ich nicht vergleichen konnte, entnommen ist, erfahren wir, dass die Saamen dieser Pflanze von Hartweg im Jahre 1846 mit der Bezeichnung: Bouvardia flore scarlatino et luteo eingesandt waren. In der von der Gartenpflanze gegebenen Beschreibung werden die Blumen nur scharlachroth genannt.

Lindley's Beschreibung (nach d. Fl. des serres): Strauch von freudigem Grün, mit ovalen, kurz gestielten

Blättern, mit Stipeln (jede aus der Vereinigung zweier neben
einander liegenden gebildet), in drei Zähne zertheilt; Blumen
scharlach, röhrig, kahl, von fast 0m,05 Länge. Die Zipfel
des Kronensanms sind sehr spitz, und breiten sich sternförmig ganz flach aus, wenn die Blume vollständig aufge-
blüht ist. Im wilden Zustande bildet die Pflanze einen steifen Busch, dessen kurze, seitliche und aufrechte Zweige sich
jeder durch eine Trugdolde von etwa 9 Blumen enden, bei
der Kulturpflanze ist ihre Tracht fast ebenso zierlich, als
die der *Fuchsia macrostemma.* — Aus dem beigegebenen
Holzschnitt scheint sich eine grosse Kahlheit aller Theile, mit
Ausnahme des Blattrandes, welcher kurz gewimpert dargestellt ist, zu ergeben. Die Blätter sind breit - eiförmig, zugespitzt, mit abgerundeter Basis, etwa 1 1/2 Zoll lang und
nach unten einen Zoll breit; vier Hauptadern entspringen auf
jeder Seite der Mittelrippe. Die Stipularspitzen sind kurz,
die mittlere aber viel länger als die beiden seitlichen. Drei
dreiblumige Cymae stehen an der Spitze des Astes, die mittlere als terminale, die seitlichen als axillare aus dem obersten
Blattpaare; an den Verzweigungen stehen sehr kleine, spa-
telige Bracteen, zwischen sich die Stipula. Der Kelch ist
ungefähr 4 Linien lang, die schmalen, fast linealischen Zipfel
messen 3 Lin. Die Blumenkrone ist 14 Lin. ungefähr lang
und 2 Lin. messen davon ihre Zipfel*), der Griffel mit seinen
beiden stigmatösen Aesten ragt aus der Mündung, ungefähr
so lang als die Kronenzipfel sind, heraus. — Dass dies
schwerlich die Pflanze von Cavanilles sein könne, zeigt
eine Vergleichung der beiden Abbildungen, wie es mir scheint,
auf den ersten Blick. Viel eher möchte ich diese Lindley-

---

*) Die Maasangabe, welche wir oben gaben, scheint einen Druck-
fehler zu enthalten.

sche Pflanze mit *bicolor* und *versicolor* zusammenhalten, denen sie unbedingt ähnlich ist.

In den plantae Hartwegianae steht p. 63. eine *B. Cavanillesii* DC. mit einem Fragezeichen, und dabei heisst es, sie sei dem Gartenexemplare der *B. versicolor* ähnlich, aber die Blätter seien zottiger (wilde Pflanze!)und die Blumenkrone länger, fast 1 1/2 Z. lang. Auch von dem Bilde der *B. triflora* HBKth.*) sei sie nicht sehr verschieden, nur sei an dieser die Länge der Krone zu 5 — 6 L. Länge angegeben. Vielleicht wären alle diese Formen nur Varietäten von *B. versicolor*. — Ohne Vergleichung von Original-Exemplaren und der ursprünglichen Beschreibung ist hier keine Entscheidung zu treffen, und um so weniger, als Kunze's *B. discolor* dabei zur Sprache kommen muss.

Bouvardia mutabilis

h. Berol. ex herbario Regio Berolinensi s. *versicolor*.

Bouvardia ? obovata

HBKth. Nov. Gen. III. p. 385, ed. maj. p. 301, Syn. 3. p. 41, non Benth. pl. Hartweg. n. 99.

Kunth's Beschreibung: Krautig, 1 — 3 Fuss hoch (das Zeichen eines Strauches ist mit einem Fragezeichen am Ende beigefügt), mehrere Stengel treibend, welche kahl (in der Beschreibung; fast kahl, „glabriusculis" in der Diagnose), vierkantig und gestreift sind. Die Blätter zu vieren im Quirl, sehr kurz gestielt, umgekehrt-eiformig-länglich, zugespitzt-weichspitzig, am Grunde verschmälert, netzförmig-geadert, auf beiden Seiten fast kahl, am Rande gezähnelt-scharf, 1 1/2 — 2 Zoll lang. Die Nebenblätter zwischen den Blattstielen lanzettlich-pfriemlich, gezähnt. Doldentrauben dreispaltig. Kelch kahl, mit pfriemlichen Zipfeln. Blumenkrone,

---

*) Dass dies Bild ganz verfehlt sei, wird man bei der Beschreibung der *B. triflora* weiter unten finden.

Genitalien und Frucht nicht gesehen (daher das Fragezeichen). Zwischen Chapoltepec und Sezcuso in Mexico in einer Höhe von 1200 Toisen im Juni v. Humboldt und Bonpland gesammelt.

In dem, was Kunth von dieser Pflanze aussagt, liegt kein Grund, sie nicht für eine *Bouvardia* zu halten, aber freilich blieb Vieles, und zwar von den Hauptsachen unbekannt. Die Blattform mag diese Art auszeichnen, da die grösste Breite des Blattes jenseit der Mitte nach der Spitze desselben zu liegen scheint, während sie gewöhnlich in der Mitte, oder etwas unter derselben, bis zum Grunde zu finden ist. In der Diagnose ist bloss das Wort obovatis zur Bezeichnung der Blätter gebraucht, und dies lässt eine ganz andere und viel abweichendere Blattform vermuthen, als die Beschreibung ergiebt. Auf die Vierzahl, sowie auf die krautigen Stengel ist kein grosses Gewicht zu legen, denn jene ist veränderlich und kann nur Eigenthümlichkeit des Exemplars gewesen sein, krautartige Stengel treibt eine grosse Anzahl strauchiger Bouvardien, wenn sie ins freie Land gepflanzt werden, und diese blühen schon, ehe sie ordentlich verholzen. Es scheint aber in der That auch staudenartige oder, wie man sie auch nennen könnte, halbstrauchige Arten zu geben. Jedenfalls ist *B.? obovata* eine sehr zweifelhafte Art.

Die *B. obovata* aber, welche Bentham in den plant. Hartweg. n. 99. als die Humboldt'sche aufführt, ist nach Hooker, der die Exemplare sah, nichts als seine *B. scabra.*

Bouvardia quaternifolia
DC. pr. IV. p. 365. n. 4.

DeCandolle's Diagnose: Die jüngeren Zweige gestreift-verschmälert (ramulis striato-angustatis), etwas flaumig; die Blätter zu vieren, lanzettlich, zugespitzt, oben fast scharf, unten flaumhaarig; die Traubendolden dreispaltig; die

Kelchzipfel sechsmal kürzer, als die behaarte Kronenröhre.
Strauch um die Stadt Mexico. *Carphalea*? *pubiflora* Fl.
Mex. icon. ined. Die Blumen scharlachfarbig, 12 — 14 Lin.
lang. Ob Varietät von *B. hirtella*? De Candolle, der
diese ungenügende Diagnose gab, sah trockne Exemplare aus
dem Garten zu Mexico, welche ihm Alaman sandte.

Zunächst ist der Ausdruck, welchen wir auch in der
lateinischen Textsprache beifügten, ganz unverständlich, wahrscheinlich soll es statt „angustatis" „angulatis" heissen, denn
ausgelassen scheint nichts zu sein. Dass hier 4 Blätter im
Quirl stehen, kann bei *Bouvardia* nichts bedeuten, da jede
mit drei Quirlblattern diese Erscheinung zeigen kann. Es
bleibt nun noch das Längenverhältniss der Kelchzipfel zur
Kronenröhre übrig. Wenn die Blumenkrone 12 — 14 Lin.
lang ist, so wird die Röhre etwa nur 9 — 12 Linien lang
sein, davon ist der 6te Theil 1 $\frac{1}{2}$ — 2 Lin., eine Lange, welche die Kelchzipfel öfters haben, so wie das ganze Verhältniss nichts Ausgezeichnetes darbietet. Wir glauben daher an
die Selbstständigkeit dieser Art nicht, welche wir aber zu keiner andern Art der Abtheilung *Eubouvardia* stellen können,
da die nöthigen Daten fehlen, und uns weder das Bild, noch
ein sicheres Exemplar zu Gesicht kam. Ein Exemplar nämlich, welches sich im Berliner Herbarium unter dem De Candolle'schen Namen von Herrn Dr. Klotzsch so bezeichnet
findet, und im Juli 1841 aus dem botanischen Garten zu Berlin eingelegt ist, hat zwar je 4 Blätter im Quirl, welche lanzettlich und schärflich oben sind, auch zolllange Blumen hat, aber
die ganze Pflanze ist überall mit ziemlich gleichartigen, sehr
kurzen, dick-konischen Härchen bedeckt, so dass hierin ein
Unterschied liegt, welcher dies Exemplar von der Pflanze,
welche Kunth meint, sicherlich unterscheidet. Die Blätter
haben das Verhältniss der Breite zur Länge wie 1 : 5 $\frac{1}{2}$, und

die Breite, welche in der Mitte ungefähr am grössten ist, beträgt 5 Linien.

Bouvardia quinqueflora

Dehnhardt, Rivista Napolitana I. 3.

Dehnhardt's Diagnose: Die Zweige rund, kahl. Die Blätter gegenständig, lanzettlich, spitz, fast etwas wellig, fast scharf, unten blasser, nervig, mit knorpeligem, gezäheltem Rande. Die endständigen Blumenstiele zu dreien, der mittlere 3-blumig, die seitlichen einblumig; die Blumenkrone safranfarbig, mit bartloser Röhre; die Kapsel 2-fachrig, in jedem Fache ein eiförmiger Saamen. Aus Mexico.

Wir kennen diese Art nur aus der von Walpers mitgetheilten Diagnose, müssen aber nach dieser sie von vornherein aus der Gattung ausscheiden, wenn nicht die einsaamigen Fruchtfächer auf einen Irrthum bei der Untersuchung des Fruchtknotens beruhen (wie dies schon öfter der Fall gewesen ist), obwohl man wohl glauben könnte, dass die Bouvardien in Neapel Sommerwärme genug erhalten, um ihre Saamen zur Reife zu bringen. Ist diese Pflanze aber keine *Bouvardia*, so gehört sie auch nicht zu der ersten Abtheilung der Rubiaceen, sondern zur zweiten, ohne dass sich etwas Sicheres über ihre Stellung angeben liesse. Ist es aber eine *Bouvardia*, so möchte ich sie für *B. flava* oder eine dieser sehr nahe stehende Art halten. Bestätigt sich die letztere Annahme, so würde die Frage entstehen, welcher Name der ältere ist.

Bouvardia scabra

Hook. et Arn. Beech. voy. p. 427. n. 2.

B. obovata Benth. pl. Hartweg. n. 99. an HBKth 3, Hartw. pl. Mex. n. 99.

Hooker's u. Arnott's Beschreibung: Strauch mit runden, flaumig-haarigen Aesten. Blätter zu dreien, sehr kurz gestielt, breit-eiförmig, zugespitzt, 2 — 3 Zoll lang, fiederadrig, flaumig-scharf; Nebenblätter eine breite, die Blattstielbasen verbindende Membran, welche einen graden pfriemlichen oder fast borstenförmigen Zahn trägt, daneben noch eine oder zwei kleinere, fadenartige, welche bald abfallen. Doldentrauben endstandig, dreispaltig, mehrblumig, an der ersten Theilung mit 3 kleinen, linealisch-lanzettlichen Blättchen unterstützt, sowie mit Nebenblättern, denen an den Stengeln ähnlich, aber mit weniger starren Zähnen. Kelchzähne lang-pfriemförmig, hin- und hergebogen. Blumenkrone scharlachroth?, 1 $\frac{1}{2}$ Zoll lang, ganz kahl, mit schlanker, oben erweiterter Röhre und breitlich-eiförmigen, abstehenden Zipfeln.

Zwischen San Blas und Tepic im östlichen Mexico.

Das oben angeführte Citat giebt Hooker als bestimmt zu seiner Pflanze gehörig an, und führt aus, wie die von Kunth beschriebene gleichnamige Pflanze sich von der seinigen unterscheide. Aber auch diese *B. scabra* ist nur mangelhaft bekannt, denn von der inneren Kronenröhre und den Genitalien wird nichts gesagt, auch ist die Blumenfarbe zweifelhaft, wäre sie scharlachroth und dabei die Corolle kahl, so würde diese Art mit der *B. leiantha* viel Aehnlichkeit haben.

Bouvardia scabrida

Mart. et Gal. Bull. d. l'acad. de Bruxelles XI. 237.

Martens' Beschreibung: Strauch mit runden Zweigen, von denen die jüngeren flaumig-steifhaarig sind. Die Blätter zu dreien, fast sitzend, lanzettlich, zugespitzt, am Rande umgebogen, oben und am Rande scharf, etwas kahl, unten dicht flaumig-zottig, graulich, 2 Zoll lang, $\frac{1}{2}$ Zoll breit. Die Doldentrauben fast dreispaltig, mit pfriemlichen

Deckblättern; der Kelch sechsmal kürzer als die kurzhaarige, zolllange Blumenkrone. — Wächst auf Kalk- und Porphyrfelsen in Mexico (Yavezia), von Galeotti gesammelt. Verwandt der *B. triflora* HBKth.

An diese Verwandtschaft glauben wir auch hier nicht, obwohl wir die *B. scabrida* nie sahen, weil nämlich das Bild der *B. triflora* ganz und gar verfehlt ist. Was wir sonst von der Pflanze erfahren, passt auf mehrere andere, und ist ausserordentlich unvollständig oder ungenau, so dass man nichts mit der Pflanze anzufangen weiss, denn es ist sogar nicht einmal gewiss, ob sie in die erste Abtheilung der Gattung gehört, wiewohl es wahrscheinlich ist, ja sogar sehr wahrscheinlich, dass sie mit einer andern Art zusammenfällt. Stipeln, Kelchzähne, Korollensaum, innere Korollenröhre und Genitalien werden mit Stillschweigen übergangen!

Bouvardia splendens
Graham in Hook. bot. Mag. t. 3781.

Graham's Beschreibung: Strauch mit langen, schlauken, weitschweifigen (diffusen) Zweigen, welche reif eine grane und geborstene Rinde haben, jung aber dreikantig, fast kahl, an der Oberseite gefärbt, an der unteren aber grün sind. Nebenblätter pfriemlich, gelegentlich abgestutzt, verlängert, angedrückt. Blätter zu dreien, selten gegenüber, lanzettlich, zugespitzt, stark geadert (damit sind wohl nur die Hauptadern gemeint), auf beiden Flächen scharf, lebhaft grün oben, blass unten. Endständige Doldentrauben mit 3 seitlichen Aesten und einem Hauptstiel, der oft auf dieselbe Weise ein- oder mehrmal getheilt ist. Kelch grün, leicht-scharf, Röhre anhängend, Saum 4 pfriemliche, nach der Spitze auseiander tretende Zipfel, mit sehr kleinen, zwischengestellten Zähnchen am Grunde. Blumenkrone von gleichmässiger, sehr leb-

hafter Scharlachfarbe, welche eine schwache Lackfärbung
bekommt, leicht-scharf; Röhre von gleichem Durchmesser
oben und unten, stumpf-vierkantig, beinahe fünfmal länger
als der Kelch, innen nahe am Grunde gebartet, die 4 Zipfel
des Saumes eiförmig, fast spitz, ausgebreitet. Staubgefässe
vier eingeschlossen; Antheren sitzend, mit ihrer Mitte der Krone
angeheftet in ungefähr drei Viertheilen ihrer Länge; Pollen
gelb. Narbe 2-spaltig, fleischig, drüsig, mit länglichen,
schwach an der Spitze ausgebreiteten Theilen. Griffel in der
Mitte fadenförmig, kahl, an der Spitze hervorragend. Fruchtknoten unterständig, 2-fächrig, kurz ellipsoidisch oder umgekehrt-eiförmig, zusammengedrückt, mit grossem, centralem
Saamenträger; Eichen zahlreich, schindelig, rundum geflügelt,
concaven Schaalen gleichend. — Zwischen dieser Pflanze und
der *B. triphylla* des Botan. Magazine ist eine grosse Aehnlichkeit, aber die erstere hat einen freieren Wuchs, viel leb-
haftere Scharlachfarbe, schmalere, mehr lanzettliche und mehr
zugespitzte und schärfere Blätter, längere Nebenblätter und
einen hervortretenden Griffel, so dass ihre Aufstellung als Art
gerechtfertigt erscheint. Wurde aus dem Chiswick-Garten
von Mr. James M' Nab im September 1838 erhalten, ohne
dass man wusste, woher sie gekommen, und blühte sehr reichlich im Gewächshause des Gartens der Caledonischen Gartenbaugesellschaft im Juli und August. Durch Stecklinge der
Zweige vermehrt sie sich nicht, wohl aber leicht durch kaum
einen halben Zoll lange Wurzelstücke, welche so gelegt werden, dass die Enden an der Oberfläche des Bodens sich befinden. (Beschr. v. Graham in Bot. Mag.)

Die zu dieser Beschreibung gehörige Abbildung hat offenbar nicht dieselbe Blumenfarbe, welche beschrieben wird. Die
grössten abgebildeten Blätter sind beinahe 3 Zoll lang und
8 — 10 Lin. breit, nach der Inflorescenz hin werden sie kleiner.

Die Blumenkrone ist im Ganzen 11 Lin. lang, die Röhre misst deren 8.

Im Bot. Register t. 37. ist angeblich dieselbe Art abgebildet, aber zu einer Var. *splendens* der *B. triphylla* gemacht, die hier abgebildte Pflanze stammt, wie jene des Edinburger Gartens, aus derselben Quelle, nämlich dem Garten der Gartenbaugesellschaft, welchem George Frederick Dickson, Esq., F. H. S., die Saamen derselben übergab. Die beiden Abbildungen unterscheiden sich so stark von einander, dass man glauben kann, dass eine Verwechslung vorgegangen und eine andere *Bouvardia* als *splendens* ausgegeben sei, was um so wahrscheinlicher ist, als bei der einen gesagt wird, man wisse ihren Ursprung nicht, während bei der andern, später erhaltenen dieser Ursprung sicher bekannt war. Durch eine Einwirkung anderer Kultur können diese Formen - und Farbenverschiedenheiten nicht hervorgerufen sein, wenn man auch zugiebt, dass die Farben in beiden nicht ganz naturgetreu sind, da es schwer ist, diese Farben der Bouvardien in ihrer ganzen Pracht und in ihren Abstufungen wiederzugeben. Es ist wohl möglich, dass die Bilder die *angustifolia* und *hirtella* oder irgend eine andere beschriebene Art darstellen, ebenso gut aber möglich, dass sie besondere Formen sind.

Bouvardia strigosa

Benth. pl. Hartweg. 75. n. 530.

Bentham's Beschreibung: Ein 2 — 3 Fuss hoher, sehr ästiger Strauch, mit kahlen, runzeligen Aesten. Die Blätter zu dreien, an den Zweigen zu zweien, gegenständig, eiformig, sehr spitz, 1 — 2 Zoll lang, auf beiden Seiten striegelig - scharf. Blumen wenige an den Spitzen der kleinen Zweige, gedrängt - stehend; die Kelchzipfel lanzettlich - linealisch, blattartig, halb so lang als die 9 Linien lange, am Grunde dünnere, oben breitere, aussen von angedrückten Haaren striegelige Kronenröhre, welche im Schlunde flaumig ist, die Zipfel des Kronensaums umgekehrt-eiförmig, dicklich, vier Lin. lang. Die Kapsel fast kugelig. — Bei Sunil in Guatimala von Hartweg gesammelt.

Was diese Art, welche bis jetzt nur mit diesen Kennzeichen bekannt geworden ist, sehr auszeichnet, ist die Behaarung am Kronenschlunde, welche bei keiner andern Art vorkommt, und die Gestalt der nach oben breiteren Kronenzipfel. Die Breite der Blätter ist nicht angegeben, auch nicht ob sie gestielt sind. Der Nebenblätter geschieht keine Erwähnung, auch die Art der Blüthenstellung ist sehr vag bezeichnet. Von den Staubgefässen und dem Pistill ist gar nicht die Rede, und über die Beschaffenheit der innern, tiefern Korollenröhre schweigt der Verf. ebenfalls. Da nun auch die Blumenfarbe nicht angedeutet ist, so sind wir ganz zweifelhaft, wohin wir diese sonst ausgezeichnete Art stellen sollten, deren Frucht wohl eine nähere Beschreibung verdient hätte, da man in Frage stellen kann, ob diese *B. strigosa* wirklich der Gattung angehört, zu welcher sie gestellt ist. — In den Gärten kommt auch eine *B. strigosa* vor (s. Bosse vollständ. Handb. d. Blumengärtnerei. 4. p. 87.), deren Vaterland unbekannt ist. Ob sie wirklich die Bentham'sche Art ist, haben wir noch nicht untersuchen können, da diese Pflanze noch nicht geblüht hat.

Bouvardia tenuiflora

h. Berol (viva in h. Halensi).

Beschreibung: Ein kleiner Strauch, durch eine kurze, abstehende Behaarung überall bedeckt, und daher etwas schärflich. Die Blätter zu dreien, schmal-lanzettlich, an beiden

Enden aber bedeutender nach oben verschmälert-zugespitzt, am
Rande etwas umgeschlagen, 2 ½ Zoll lang, bis 6 Lin. breit
(Verhältniss der Breite zur Länge wie 1 : 5), aber auch
kürzer und schmaler (Verhältniss wie 1 : 7). Die Nebenblätter ein kleiner Rand, welcher in der Mitte einen oder
einige pfriemliche Fortsätze von verschiedener Länge trägt.
Die Blumen in endständigen, aufrechten, mehrblumigen Doldentrauben. Die Kelchröhre kaum etwas länger als eine Linie,
die Kelchzipfel 2 ½ Lin. lang, ohne Stipularbildung zwischen
sich. Die Blumenkrone 9—10 Lin. lang, scharlachroth, ab-
stehend-kurzhaarig, innen mit einem 3 Linien vom Grunde
entfernten Haargürtel, welcher an den mit der Blumenkrone
verwachsenen Staubfaden sich etwas höher erstreckt, als an
den zwischenliegenden Nerven. Wir haben diese Pflanze erst
einmal blühen sehen, und nicht gleichzeitig mit den übrigen,
so dass eine genaue Vergleichung noch vorbehalten bleibt;
doch scheint sie keine eigene Art zu bilden, sondern zu einer
der andern rothblüthigen zu gehören.

Bouvardia ternifolia Nob.

Ixora ternifolia Cav. Icon. IV. p. 3. t. 305. n. 1797.
(excl. descr. seminum ex DC.)

Ixora americana Jacq. hort. Schoenbr. III. p. 4. t. 257.
ex Willd. En. et DC., Willd. hb. n. 2805, ubi in folio
primo specimen sponte enatum, a Neaco datum, prope
Ixmiquilpan lectum, in fol. secundo plantae hortensis exemplar, stylo exserto pilisque corollae latis, quocum aliud
convenit a Berlandiero lectum (no. 435. environs de Mexi-
que 31. 7. 1827.).

Bouvardia triphylla α. Salisb. Parad. Lond. t. 88. ex DC.
pr, Bot. Reg. t. 107. Bot. Mag. t. 1054.

Bouvardia Jacquini HBKth. Nov. gen. et sp. III. p. 385,
Kth. Syn. 3. p. 41.

Bouvardia coccinea Link. Enum. I. p. 139. et Hortul.

Aeginetia multiflora Hb. W. n. 2792. (specimen Humboldtiannm eodem nomine signatum, foliis quaternis).

Diese nach S w e e t seit 1794 in den englischen Gärten
befindliche Zierpflanze muss, wenn die allegirten Citate sämmtlich zu ihr gehören, welcher Meinung S w e e t nicht ist, indem er *B. triphylla* Salisb. von der *B. Jacquinii* mit den
Abbildungen von J a c q u i n und im Bot. Register scheidet,
den ältesten Trivial - Namen behalten, welchen ihr C a v a n i l l e s gab. L i n k giebt seinen Trivialnamen, weil L i n n é eine
Houstonia coccinea habe, die aber nicht existirt. Vergleicht
man die Exemplare aus verschiedenen Gärten, zu verschiedenen Zeiten gesammelt, so scheint diese Pflanze, wahrscheinlich in Folge der verschiedenen Kultur, sehr zu variiren, so
dass sie nicht allein mit zu dreien, sondern auch zu vieren
und fünfen stehenden Blättern vorkommt, die auch rücksichtlich ihrer Grösse sehr bedeutende Verschiedenheiten zeigen,
und bald viele, bald fast gar keine Haare tragen, wie schon
D e C a n d o l l e erwähnt, der ausserdem zwei Varietäten aufführt.

β. exogyna, mit länglichen, lanzettlichen Blättern und
hervortretenden Griffeln.

γ. ovata, mit eiförmigen, spitzen Blättern. *B. triphylla β.* Salisb. parad. t. 88.

Wir haben das Citat aus H e r n a n d e z, welches D e
C a n d o l l e hier bei dieser Art anführt, fortgelassen, weil es
uns viel zu zweifelhaft erscheint, da überhaupt alle zu dieser
Gruppe gehörigen Arten sich schwer unterscheiden lassen,
und daher auch schon die Ansicht hervorgernfen haben, dass

sie nur Varietäten einer Art seien, einer Ansicht, der wir, nach der Ansicht mehrerer Formen im lebenden Zustande, nicht beistimmen können, da sich dieselben nicht allein stets unterscheiden lassen, sondern auch bei der Kultur verschieden verhalten.

Die beiden S c h u l t e s haben in der Mantissa zum 3ten Bande ihres Systema vegetat. unter *Bouvardia triphylla* zwei V rietäten.

α. floribus coccineis, mit den Citaten von C a v a n i l l e s, S a l i s b u r y, d. Bot. Reg., d. Bot. Mag., L i n k' s u. s. w.

β. floribus rubro-pallescentibus, mit den Citaten von J a c - q u i n, K u n t h u. s. w. Diese letztere habe theils scharlach - weissliche, theils aus der Scharlachfarbe ins Purpurne über- gehende Blumenfarben, während die eigentliche Hauptform grün - scharlachfarbene habe.

Andere Autoren stellen gar keine Varietäten auf. Andere, namentlich die Gartenschriften, wollen noch mehr aufstellen, so hat B o s s e (vollst. Handb. d. Blumengärtnerei I. p. 395. und IV. p.87.) vier Formen! 1. *minor*, die Blumenkrone 9 — 10 Lin. lang (bei der Art 12 Lin.), sehr kurz - und dünn - flaumig, die Kronenzipfel abstehend, fünfmal kürzer als die Röhre; 2. *ovata*, Blätter eiförmig, zugespitzt (*B. triphylla β.* Salisb.); 3. *exogyna* hort. Salm - Dyck, Blätter länglich- lanzettlich, lang zugespitzt, der Griffel hervortretend aus der Röhre; 4. *latifolia* hort., von kräftigerem Wuchse, mit grös- seren Blättern und Blumen.

Wir können jedoch diese Formen nicht als Varietäten unterscheiden, da sie sich an derselben Pflanze zum Theil finden, wenn man die alten Zweige mit ihren Producten und die ungen Wurzelschösse vergleicht. Es ist aber auch mög- lich, dass nahe verwandte Arten zusammengefasst werden.

Kunth beschreibt die von ihm *B. Jacquinii* genannte
Art folgendermassen:

Blätter länglich, spitz, weich stachelspitzig, am Grunde
keilförmig, am Rande nicht umgebogen, netzaderig, Mittelnerv und Hauptadern unten etwas vorstehend, dünnhäutig,
oben fast kahl und grün, unten und am Rande kurz-steifhaarig und blasser, $2 — 2\frac{1}{2}$ Zoll lang, 9 Lin. breit (Verhältniss der Breite zur Länge also ungefähr wie 1 : 3 oder ge-
nauer wie $1 : 2\frac{1}{3} — 3\frac{1}{3}$), Blattstiele $2 — 3$ Lin. lang. Nebenblätter dreispaltig, die Zipfel linealisch, oben verschmälert-
pfriemlich. Doldentrauben fast gabelspaltig, Kelch fünfmal
kürzer als die Blumenkrone, deren Röhre innen über dem
Grunde von weissen Haaren gebartet ist; die Kronenzipfel
sechsmal kürzer als die Röhre. Der Griffel doppelt kürzer
als die Kronenröhre. — Wächst bei der Stadt Mexico in der
Höhe von 1168 Toisen, und blüht im Mai. — Cavanilles
habe die mit Saamen bedeckte Placenta eines jeden Faches
für einen einfachen Saamen gehalten, fügt Kunth hinzu, (ein
Fehler, der, wie es scheint, bei mehreren Autoren vorgekom-
men, und der im jungen Zustande leicht zu begehen ist).

Sonst stimmt die Beschreibung der *Ixora ternifolia* bei
Cavanilles im Ganzen gut mit der Pflanze, die man in den
Gärten so lange als die einzige kultivirte. Er nennt sie einen
$1\frac{1}{2}$ Fuss hohen Halbstrauch mit einfachen Stengeln. Die
Blätter stehen zu dreien, sind fast sitzend, lanzettlich, mit
einem auf jeder Seite ästigen Nerven, kahl, ganzrandig, auf
der Oberseite grün, auf der untern blaugrün. Die Kronenröhre ist 1 Zoll und darüber lang, schlank, abstehend kurzhaarig, innen weisslich und nahe dem Grunde zottig. Der
Griffel reicht mit der Narbe (auf dem Bilde) bis zur Hälfte
der Röhre. Die untersten, grösseren Blättern messen auf

dem Bilde, bei $2\,^1/_2$ Zoll Länge, 8 Lin. in die Breite (das Verhältniss letzterer zu ersterer ist also: $1 : 3\,^3/_4$).

An der *B. Jacquinii* aus dem Berliner botan. Garten, welche wir frisch untersuchten, fanden sich Spuren von Haaren (gleichsam Rudimente derselben), vorzüglich am Rande der Blattstiele und der Kelche, auf der obern Blattfläche an der Mittelrippe und an den Nebenblattern, beide Blattflächen waren auch im jugendlichen Zustande kahl. Die lanzettlichen Blätter hatten ihre grösste Breite in der Mitte oder etwas unter derselben, sie betrug 7 Linien, die Länge 24 Linien (Verhältniss wie $1 : 3\,^3/_7$). Die Kelchröhre war $^3/_4$ Lin. lang und die Kelchzipfel maassen 2 Linien, in den Buchten zwischen denselben waren pfriemförmige, kleine Fortsätze, als Rudimente der Stipeln. Die Blumenröhre hatte eine Länge von 9 — 10 Linien und der Haargürtel war in einer Höhe von drei Linien vom Grunde. Wie schon De Candolle anfuhrt, variirt das gegenseitige Längenverhältniss des Griffels und der Staubgefässe, und dies hat auch einigen Einfluss auf die Gestalt der Korolle. Bei der kultivirten Pflanze unseres Gartens wurden die Blätter bis zu 3 Zoll lang, und erreichten eine Breite von einem Zoll (Verhältniss also $1 : 3$). Die Hauptverschiedenheiten im äussern Ansehen der Exemplare, wie man sie in den Sammlungen findet, rühren gewöhnlich davon her, ob sie Zweige des alten überwinterten Holzes sind, oder neu aufgewachsene üppige Triebe, die meist aus der Wurzel kommen, letztere sind reicher an Blumen, die Blumen sind grösser und die Blätter üppiger, dann auch wohl zu mehr als dreien beisammen.

Wir fügen noch eine Beschreibung einer Pflanze bei, welche ohne Namen im botanischen Garten sich befand, und die wir auch zu dieser Art rechnen, obwohl das Dimensionsverhältniss etwas anders ist.

Strauch von einem Fuss Höhe, mit aufrechter Verzweigung; die Zweige rund, mit Spuren von Kanten; auf ihnen, auf der untern Blattseite, auf Blüthenstielen und Kelchen eine sehr kurze, abstehende, aber gar nicht scharfe Behaarung, am Blatt-, sowie am Kelchrande etwas länger, auf der oberen sattgrünen Blattfläche kürzer, auf der unteren blaugrünlichen weicher. Blätter zu dreien, kurz gestielt, lanzettlich, von der Mitte stärker nach vorn, als nach unten zugespitzt, bald 1½ Zoll lang, 4 — 4½ Lin. breit, bald fast 2 Zoll lang, 6½ — 7 Lin. breit. (Also Verhältniss von Breite zur Länge wie 1 : 4½ oder 4, oder wie 1 : 3½ oder 3²/₇.) Der Mittelnerv unten vortretend, mit 3 — 4 von ihm mehr nach unten ausgehenden und mit ihren Spitzen dem Blattrande folgenden, sich schwach unter einander verbindenden, die Spitze nicht erreichenden Adern, zu denen sich mehr nach vorne hin wohl noch eine gesellt, die aber alle unten nur schwach vortreten, oben eingedrückt sind. Stipularfortsätze pfriemlich, kurzhaarig, bald nur einer, seltner zwei genäherte, zuweilen noch kleinere nebenstehend, oder aus den grösseren hervortretend. Die endständige Doldentraube häufig dreimal dreispaltig, zuerst auch wohl einmal vierspaltig. Kelch umgekehrt-kegelförmig, halbkugelig, die Kelchzipfel doppelt so lang, 1¾ Lin. lang, schmal dreiseitig, spitz, 1-nervig, aufrecht-abstehend, dazwischen winzige oder gar keine Stipularbildungen. Die 9 Zoll lange Blumenkrone scharlachfarben, aussen mit dicken, abstehenden, gleichfarbigen Haaren dicht bedeckt; die Röhre cylindrisch, oben sehr wenig weiter; die Randzipfel breit-eirund, spitzlich, mit einer kurzen, nach innen gebogenen Weichstachelspitze. Der breite Haargürtel innen 3½ Lin. vom Grunde entfernt. Die Spitzen der Antheren sind ungefähr um eine halbe Linie tiefer als die Saumbuchten. Der weissliche Griffel erreicht mit seinen schmalen, rothen Narbenästen beinahe die Länge der Blumenkrone, oder überragt sie.

Ausser etwas mehr Behaarung und etwas längeren Blättern, scheint diese Form ganz mit den übrigen übereinzustimmen.

Bouvardia Jacquinii Linn. V. p. 169. in graminosis apricis pr. Jalapam, von Dr. Schiede gesammelt, ist auch eine solche schmalblättrige Form (exogyna). Sehr gestreckte Internodien und eine wiederholte Theilung der Stengel in 2 oder 3 Zweige, mit dazwischen stehender Inflorescenz, so dass man Blumenknospen und reife Früchte im Verlaufe eines Exemplars findet, zeichnen diese Specimina sehr aus. Das grossblättrigste Exemplar hat $2\frac{1}{2}$ Zoll lange und 7 Lin. breite Blätter, wo sie am entwickeltsten sind, an anderen sind sie $1\frac{1}{2}$ Zoll lang und 4 Lin. breit. In beiden Fällen werden sie nach oben hin kleiner. Die Behaarung ist gering, aber doch stärker als bei den Gartenpflanzen. Die Blumenkrone misst einen Zoll, hat aber auch das schlankere Ansehen wie die ganze Pflanze.

Ein unserm Gartenexemplar sehr ähnliches sammelte Dr. Schiede bei Jetela Xonotla; grösste Blätter $2 - 2\frac{1}{2}$ Zoll lang und 8—10 Lin. breit; Behaarung auf denselben nur angedeutet, am Rande deutlich.

Bouvardia Tolucana

Hook. et Arn. in Beech. voy. p. 427. in nota n. 1!

Hooker's u. Arnott's Beschreibung: Halbstrauch, nämlich unten am Stengel holzig, oben krautig, mit aufrechten, dreispaltigen Zweigen. Die Blätter zu dreien stehend, linealisch-lanzettlich, sitzend, kaum 1 Zoll lang, flaumig-scharf. Nebenblätter breit, häutig, fast zwei Borsten tragend; die Blumen 1 Zoll lang, in endständigen, dreispaltigen Traubendolden; die Kelchzähne kurz; die Blumenkrone mit einer steifen, weissen Behaarung (pubes Flaum setzen wir nicht, da die Steifheit der Haare diesem Begriff widerspricht), die Kronenzipfel kurz (sehr kurz in der Beschreibung), breiteiförmig, fast aufrecht. In Toluca, wo die Pflanze den Namen „trompetillo" führt, von Andrieux (pl. Mex. exsicc. n. 332) gesammelt.

Die weissen Haare der Corolle werden wohl roth gewesen sein, wenn diese roth war, was nicht erwähnt ist. Vom Innern der Blumenkrone und von den Genitalien kein Wort! Man könnte glauben, es sei *B. linearis*, so wenig sagt die dürftige Diagnose, so wenig die fast nichts Neues hinzusetzende Beschreibung. Wenn eine Pflanze suffruticosa genannt wird, so versteht sich von selbst, dass sie unten holzig, oben krautig ist. Nur die in der Beschreibung angegebenen Maasse geben neue Merkmale, aber sehr unvollständige, da die Breite der Blätter nicht angegeben ist, und nur die Länge der ganzen Blume, und man nicht erfährt, wie sich diese 12 Linien auf Kelchröhre, Kelchzähne, Blumenröhre und Blumensaum vertheilen. Es ist wirklich ein Unglück, so armselig ausgestattete Novitäten in die Welt zu setzen, die so lange ein Stein des Anstosses und des Hindernisses sind, bis sich Jemand erbarmt und die Pflanze ordentlich beschreibt oder abbildet.

Bouvardia triflora

HBKth. Nov. gen. III. p. 386. t. 288!, ed. maj. p. 303, Kth. Syn. III. p. 42. Hb. Kth.!

Cestrum spermacocifolium Hb. Willd. n. 4459!, R. Sch. syst. veget. IV. 808!

Dadurch, dass Kunth die Pflanze des Willdenow'schen Herbars für die seinige erkannt hat, und dieselbe Pflanze sich auch in seinem Herbar fand, hat er es möglich gemacht, dieselbe im lebenden Zustande wieder zu erkennen, was mit seinem durchaus unrichtigen Bilde und der Beschreibung nicht möglich war. Wir geben zuerst diese letztere und dann die von uns nach dem Leben entworfene.

Knuth's Beschreibung: Strauch mit runden, kahlen Aesten. Die Blätter lanzettlich-länglich, verschmälert-spitz, am Grunde abgerundet, sehr fein kurzhaarig, 15—16 Lin. lang und 5 Lin. oder ein wenig mehr breit. Die Nebenblätter 2—3-theilig, die Zipfel linealisch-pfriemlich. Blumenstiele endständig, 3—6-blumig, fadenförmig, etwas kurzhaarig, 3—5 Lin. lang. Die Blumen 9 Lin. lang, aufrecht. Die Kelche 3—4-mal kürzer als die Blumenröhre (in der Abbildung behaart). Die Blumenkrone weiss? (weiss in der Abbildung), kahl, getrocknet schwärzlich, mit 5—6 Linien langer Röhre, die Zipfel des Saums viermal kürzer als diese. Die Antheren vortretend. Der Griffel kürzer als die Blumenröhre. — Bei Puenta de la madre de Dios und bei dem Dorfe Totonilco el grande, in der gemässigten Region Mexico's in einer Höhe von 9000 Toisen. Blüht im Juni, gesammelt von Humboldt und Bonpland.

Wir erhielten diesen Strauch durch unsern verstorbenen Freund Carl Ehrenberg ungefähr aus derselben Gegend, und kultiviren ihn nun seit einer Reihe von Jahren wie die übrigen Bouvardien, indem er alljährlich ausgetopft und ins freie Land gepflanzt wird, wo er reichlich blüht, aber noch nie Frucht angesetzt hat, obwohl die Kelche zuweilen noch lange an den Zweigen sitzen bleiben.

Ein Strauch, jetzt von 4 Fuss Höhe, stark verästelt, mit rundlichen, kahlen Zweigen, nie aus seiner Wurzel sprossend und schwer durch Stecklinge zu vermehren. Die Blätter gegenständig, kurz gestielt, dünn, aus eiförmigem Grunde

zugespitzt, spitzlich, der Nerv und die bis zu vieren aus ihm
unter spitzem Winkel hervorgehenden und später sich etwas
nach innen biegenden Hauptadern unten vortretend, oben, besonders nach dem Blattgrunde hin, eingedrückt; die Oberseite grün und kahl, die untere bläulich-grün und mit kleinen Härchen, welche besonders am Grunde der Nerven und
der Hauptadern deutlicher sind, überstreut, der Rand leicht
herabgebogen und durch sehr kleine Härchen gewimpert; die
grössten Blätter 1 $\frac{1}{2}$ Z. lang und 7 — 8 Lin. unten breit. (Verhältniss der Breite zur Lange also wie 1 : 2,5 — 2,25). Der
Blattstiel eine Linie lang, mit abstehenden Flaumhaaren, dicklich, oben fast eben, unten convex. Die Stipula verbindet
die untersten Theile der Blattstiele und verbindet sich mit der
gegenüberstehenden durch einen schmalen, innerhalb der Blatt-
stielbasis verlaufenden Rand; erhebt sich in der Mitte etwa
so lang als der Blattstiel mit einem zweispaltigen Fortsatz,
neben welchem auf jeder Seite noch ein kleinerer, einfacher
steht, alle sind linealisch-pfriemlich oder pfriemlich und sehr
zart flaumhaarig. An den Spitzen der kleineren Seitenzweige
stehen gewöhnlich 3-blumige Blüthenstände, aber nie aufrecht, sondern über-, oder geradezu herabhängend, deren Blumen auf einem sehr kurzen, ungefähr $\frac{1}{2}$ Lin. langen, runden und kahlen Blumenstiel stehen, von denen der mittlere
seine Blumen zuerst entwickelt und nackt ist, die seitlichen
aber jeder eine sehr kurze, ihn halbumfassende, weissliche
Bractee tragen, deren grader Seitenrand mit einigen Zähnchen und einem oder dem andern verlängerten, pfriemlichen
Fortsatz versehen ist. Der Kelch, welcher, wenigstens an seinem untern Theile, mit dem Stiele sehr kurz flaumhaarig und
am Rande gewimpert ist, hat kaum 2 bis gegen 3 Lin. Länge,
und ist bis über die Halfte in 4, zuweilen auch 5 fast lanzettliche, spitzliche Zipfel getheilt, zwischen denen etwas nach

Innen andere, dreimal kleinere, schmale, weissliche liegen,
die aber auch oft fehlen (Stipularbildung am Kelche). Die
grünlich-gelbe Blumenkrone ist ganz kahl, und haucht einen
sehr aegenehmen, wenn auch schwachen Geruch aus; sie hat
ungefähr 1 Zoll Länge, ihre Röhre, etwa 9 Lin. laug, am
Grunde schmaler, erweitert sich allmählig, und geht in die 4
breit-elliptischen, spitzen, ausgebreiteten, 2 Linien langen
Randzipfel aus, welche in der Knospe concav sind und klap-
penartig an einander schliessen, innen am Grunde eine leichte
Furche haben und oben leicht eingebogen sind. Innen ist die
Röhre nach oben kahl, unter der Mitte befinden sich zer-
streute Härchen. Die gelben, auf der Mitte ihres Rückens
an dem sehr kurzen, freien Theile des Staubfadens befestig-
ten Antheren stehen angedrückt an die spitzen Buchten zwischen den Kronenzipfeln, und der mit der Röhre verwachsene
übrige Theil des Staubfadens läuft an derselben wie ein weis-
ser Faden herab. Der fadenförmige, weissliche Griffel ist
mit der Narbe ungefähr bis 7 Lin. lang, das 1 Lin. lange
Stigma besteht aus zwei schmal-elliptischen, sehr stumpfen
Plättchen, welche innen eben und papillös sind, aussen eine
mittlere Längsfurche haben. Ein schmaler, gewimperter Ring
umschliesst die Basis des Griffels locker. Der Fruchtknoten
enthält zwei Fächer, und in jedem derselben einen Saamenträger mit vielen Eychen.

Aus dieser Beschreibung geht hervor, dass die Blumen
in dem Bilde zu gross gezeichnet und fälschlich aufrecht gestellt, so wie weiss gefärbt dargestellt sind. Ferner ist be-
merkenswerth die kleine, die Griffelbasis umgebende Scheide,
welche den ächten Bouvardien fehlt, und welche, wenn sie
mit einer andern Saamen- und Fruchtbildung, die noch ganz
und gar unbekannt ist, vereinigt sein sollte, wohl eine Gat-
tungsverschiedenheit andeuten könnte.

Dr. S c h i e d e sammelte diesen Strauch bei S. José del
Oro, einem nördlich von Zimapan und viel nördlicher von
Mexico belegenen Orte, aber auch ohne Früchte. Es zeich-
net sich derselbe auch durch das bleichere Grün seiner Blätter und die graulich - gelblich - weisse, glatte Rinde aus. Wo
die Aeste aus dem alten Holze hervortreten, und dies ge-
schicht bald einzeln, bald zu mehreren aus den Blattwinkeln,
ist der junge Zweig am Grunde von kurzen, weisslichen,
scheidigen Schuppen umgeben, welche später oft nur theilweise verschwinden und die Knoten etwas verdicken helfen.
Der wilde Strauch ist übrigens, wie wir aus einem Exemplar
ersehen, zuweilen nur 1 Fuss hoch, und gewährt wahrscheinlich einen noch weniger hübschen Anblick als die Gartenpflanze.

Bouvardia versicolor

Ker. Bot. Reg. III. t. 245. (1817.)

B. mutabilis Hort. Berol. fide specim. in Herb. Reg.
Berolin. 1848.

K e r' s B e s c h r e i b u n g: Ein fast holziger, aufrechter,
ästiger, kleiner Strauch mit blasser Rinde; die Zweige gegenständig oder einzeln, die seitlichen aufrecht - abstehend,
rund, kurzwollig (lanuginosi), zuweilen geröthet. Blätter gegenständig, von einander entfernt und ausgebreitet, fest und
härtlich, länglich - oder eiförmig - lanzettlich, dreimal oder noch
mehr so lang als breit (die grösseren fast 2 Zoll lang, also
8 Lin. breit, und das Verhältniss von Breite zur Länge wie
1 : 3), an der Spitze lang, am Grunde kurz verschmälert,
kurzwollig (lanuginosa), oben schärflich. Die Blattstiele durch
Stipularbildung verbunden, vielmal kürzer als ihre Platte,
häufig geröthet. Nebenblätter je zwei pfriemlich - angedrückte.
Die endständigen Blüthenstiele kaum doppelt so lang als die

Blattstiele, drei- bis vielblumig und zugleich dreispaltig, mit
pfriemlichen oder kleinen Blättern gleichenden Deckblättern;
die Blumenstiele kürzer als der Kelch. Die Blumen überhän-
gend, gelb-scharlach (sie gehen von tiefem Gelb in ein tie-
fes Roth über), wenig über 1 Zoll lang, geruchlos. Kelch
kurz, 4-theilig, etwas zottig, offenstehend, die Zipfel lanzettlich-pfriemlich, durch weite Buchten getrennt. Die Blumenkrone röhrig, kahl, stumpf 4-kantig oder zuweilen, wenn
ein Zipfel fehlt, dreikantig, nach unten verschmälert (daher
in der Diagnose keulenförmig-röhrig genannt), innen ganz
kahl, der Saum vielmals kürzer als sie, viertheilig, sehr
offenstehend, mit eiformigen, verschmälerten, gleichen, festen
und etwas derben, zurückgebogenen Zipfeln. Die vier Staubgefässe, wechselnd mit den Kronenzipfeln, so lang als die
Röhre, und dieser mit ihren Staubfäden ganz angewachsen;
die Staubbeutel im Schlunde sitzend, linealisch, braun, an
der Mitte des Rückens befestigt, nach innen gekehrt. Fruchtknoten kurz, umgekehrt-eiförmig, 2-fächrig, 2-saamig; der
fadenformige Griffel kürzer als die Röhre (nach dem Bilde
ist er halb so lang als diese), Narben zwei, weiss, linealisch-
lappenförmig, aufrecht, fast zusammenliegend.

Die Pflanze wurde als *Houstonia alba* aus Gent erhalten, ihr Vaterland ist unbekannt. Der Verf. ist wegen der
Gattung zweifelhaft, da die Zwischenzähne (richtiger Kelch-
stipeln) fehlen, der Fruchtknoten nur 2-fächrig und 2-saamig
scheint und die Blätter nur paarweise stehen.

Was diese letzten Zweifel betrifft, so ist nur der wegen
der einsaamigen Fruchtknotenfächer von Erheblichkeit, und
würde, wenn die Beobachtung richtig wäre, die systematische
Stellung der Pflanze ganz verändern. Aber wir glauben, dass
hier ein Irrthum vorgefallen sei, und dass die Pflanze zu

Bouvardia und zwar in deren zweite Hauptabtheilung gehore, offenbar mit *flava* sehr nahe verwandt.

Von dieser *B. versicolor* haben wir auch wilde Exemplare, von Schiede bei San Francisco Tetecala im Januar blühend gesammelt, deren Blätter nur so gross sind wie die kleineren der Gartenpflanze.

Bouvardia xylosteoides

Hook. et Arn. Voy. Beech. p. 428. in nota n. 3.

Hooker's u. Arnott's Beschreibung: Ein kleiner und, wie es scheint, niedriger Strauch, vom Ansehen mehrerer nordamerikanischer Arten der Gattung *Xylosteum*. Die Blätter zu dreien, mit ihren kurzen Stielen 9 Linien lang, breit-eiförmig, stumpf, unten flaumig-seidig (in der kurzen Beschreibung heissen sie ganz allgemein, weich-flaumig, unten silberig); Nebenblätter breit-eiförmig, häutig, flaumhaarig, 2—3 Borsten tragend. Die Blumen fast kopfförmig, zu 3—6 beisammen sitzend, scheinen ein fast sitzendes Köpfchen zu bilden (doch gewiss an den Spitzen der Zweige). Kelchröhre filzig, Kelchzähne lang, spathelförmig, blattartig; die Blumenkrone filzig-seidig, mit kurzen, eiförmigen Saumzipfeln. — Auf mässig hohen Bergen bei Mitlan in der Provinz Oaxaca von Andrieux gesammelt (pl. Mexic. exsicc. n. 333.).

Von dieser Art ist weder die Form, noch die Farbe, noch die innere Beschaffenheit der Corolle beschrieben, nicht minder fehlt jede Angabe über die Genitalien. Hier, wo so manche Verschiedenheiten von den herrschenden Verhältnissen bei den Bouvardien sich zeigen, wäre es gerade nothwendig gewesen, eine genaue Untersuchung über diejenigen Theile anzustellen, welche uns mit mehr Sicherheit darlegen könnten, ob wir es hier wirklich mit einer *Bouvardia* zu thun haben, woran man nach den vorliegenden Angaben fast zweifeln könnte.

Anhang.

Ausser den Exemplaren, welche wir, wie wir glauben, bekannten Arten sicher angereiht haben, bleiben uns noch verschiedene mexicanische Formen übrig, über welche wir zum Theil zweifelhaft sind, zum Theil aber auch unzweifelhaft neue Arten in ihnen erkennen. Wir theilen sie, je nach der Beschaffenheit ihrer Blumenkronen, in solche, welche behaarte und dann auch gewiss rothe Corollen haben, und in solche, denen die Haare daselbst fehlen und deren Farbe nicht bei allen vom Sammler angedeutet ist.

* *Bouvardiae corolla hirta.*

Bouvardia (an *multiflora*, an nova species, tunc *microphylla* dicenda.)

Wir besitzen nur ein einziges, von Dr. S c h i e d e ohne bestimmte Angabe eines Fundortes gesammeltes Exemplar, welches fast ganz verblüht war. Es hat dasselbe kaum eine Höhe von einem Fuss, ist aber in dieser Länge 5- bis 6- mal tri- oder dichotom verästelt, und alle die zahlreichen Endspitzen sind mit Blumen an den Spitzen besetzt, so dass der Name *multiflora* sehr gut passen würde, obwohl die einzelnen Blüthenstände nicht viel Blumen haben. Die Verästelungen gehen unter spitzem, fast halbrechtem Winkel in die Höhe, sind jung, so wie Blätter, Blattstiele, Blumenstiele, Kelche und Blumenkronen mit kurzen, steiflichen, conischen, gerade-abstehenden Haaren in verschiedenem Maasse bedeckt, später sind die Zweige mit einer schwärzlich-aschgrauen Rinde bedeckt und unbehaart, übrigens rund, und nur an den Knoten durch die Ueberbleibsel der Stipeln etwas verdickt. Die Blätter zu dreien, kurz gestielt, ei-lanzettlich zugespitzt,

am Grunde stumpf oder etwas zugespitzt, am Rande umgeschlagen, der Mittelnerv unten vortretend, Venen unter spitzem
Winkel abgehend, auf jeder Seite ungefähr eine bis zwei
wenig vortretend, oben aber mit dem Nerven etwas eingedrückt. Die Blätter scheinen von derber Substanz, da das Licht
nicht durchscheint, die grössten sind 6 Lin. lang und unter
der Mitte 2 — 2$\frac{1}{2}$ Lin. breit, doch sind die obersten und die
untersten gewöhnlich kleiner, bald mehr in die eiförmige,
bald mehr in die lanzettliche Form übergehend. Stipularfortsätze
scheinen nur einzeln zwischen den Blättern zu sein, wie gewöhnlich von pfriemlicher Gestalt und kürzer als die Blattstiele. Die terminalen, wenig-blumigen Blüthenstände werden gewöhnlich noch durch drei andere aus den höchsten
Blattwinkeln verstärkt, diese sind nur 1 — 3-blumig, bald so
hoch wie der terminale, bald länger oder auch kürzer. Ebenso
veränderlich ist die Länge der Blumenstiele, bald der der
Kelche gleich, bald länger, bald kürzer als diese. Der Kelch
ist 1$\frac{1}{4}$ Lin. lang, mit umgekehrt-kegeliger, $\frac{1}{2}$ Lin. langer
Röhre und verlängert-dreieckigen, von einem erhabenen Ner-
ven, der an der Röhre herabläuft, durchzogenen Zipfeln.
Die Blumenkrone 9 Lin. lang, scharlachroth, mit abstehen-
der, rother, kurzer Behaarung ziemlich dicht bedeckt, mit
fast cylindrischer Röhre und eine Linie langen, stumpflichen
Randzipfeln. Die Antheren liegen mit ihren Spitzen eine
Linie unterhalb der Mündung der Röhre, sind selbst eine
Linie lang. Der dicht behaarte Ring hat seine obere Grenze
ungefähr 2$\frac{1}{2}$ Lin. über dem Grunde der Corolle, ist aber
nur etwa $\frac{3}{4}$ Lin. breit. Der Griffel ragt mit seinen beiden
stigmatösen, kurzen Zipfeln aus der Mündung hervor bis zur
Hälfte der Kronenzipfel. Frucht war nicht vorhanden.

Bei *B. multiflora* sind die Blätter nach der Abbildung
nur wenig grösser als bei der vorliegenden Pflanze, aber sie

sind nur opponirt angegeben, was an unserm Exemplar niemals stattfindet, und dies hat uns doch und um so mehr zweifelhaft gemacht, es geradezu für *B. multiflora* zu erklären, als wir die Frucht nicht sahen.

Bouvardia (*viperalis;* von den Eingebornen „Yerba de la Vibora“ genannt, und von Dr. Schiede bei Jenancingo im Mai mit Blumen und Früchten gesammelt).

Von den drei vorliegenden Exemplaren sind zwei, ungefähr 9 Zoll lange, von unten beblätterte, einfache, an der Spitze Blumen tragende Stengel wahrscheinlich aus der Wurzel entsprossen. Das dritte Exemplar dagegen, fast einen Fuss lang, bietet einen holzigen, runden, blattlosen Stamm, dessen oberes Ende an einem Knoten abgebrochen ist, an den drei folgenden, tiefer stehenden Knoten aber kurze (höchstens 4 Zoll lange) Seitenäste, mit kleinen Blättern getrieben, hat, welche sich durch Blüthenstände endigen, an denen theils Blumen, theils Früchte sind. Die Knoten sind an diesem 2 bis 2 $\frac{1}{2}$ Zoll von einander entfernt, etwas verdickt von den Resten der abgefallenen Blätter und Stipulae, welche, ebenso wie die Glieder selbst, von weisslicher Farbe und kahl sind. Auch hier haben die Blätter, wie an den jungen Zweigen, zu dreien gestanden, ohne dass jedoch aus jedem Blattwinkel sich ein Zweig entwickelt hat, deren Rudimente man wenigstens sieht. Es scheint aus diesen verschiedenen Exemplaren hervorzugehen, dass dieser Strauch theils aus altem Holze, welches seine Blätter im Winter verliert, theils aus der Wurzel neue Blüthenschösse treibt, so wie es die bei uns überwinterten Bouvardien zu thun pflegen. Aeusserst kurze, gerad abstehende Haare bedecken alle Theile und sind, wie häufig, auf der obern Blattseite kürzer, steifer, sie scharf machend, auf der untern dichter und weicher. Die zu dreien stehenden Blätter sind aufrecht, breit-lanzettlich, oder elliptisch-

lanzettlich, in den kurzen Blattstiel verlaufend, am obern
Ende etwas länger zugespitzt, am Rande etwas umgerollt,
was nach der Spitze bei den getrockneten stärker der Fall
ist, wodurch dieselbe schmaler erscheint; ihre ganze Länge
beläuft sich auf 15 — 18 Lin. und ihre grösste Breite, welche eher unter der Mitte liegt, auf 4 — 5 Lin., die der Seitenzweige sind fast nur halb so lang. Die Stipulae bilden
eine ganz kurze, den Stengel umgebende Scheide, an welcher sich zwischen den Blättern ein unten dreiseitiger und
dann langgezogener, pfriemlich auslaufender Fortsatz von verschiedener Länge (bis 3 Lin. lang) erhebt, der unten seitliche, kürzere, pfriemliche Fortsätze hat, und dadurch wie
etwas gefiedert erscheint; aber auch auf dem übrigen Stipularrande kommen noch kleine, pfriemliche Fortsätze in verän-
derlicher Stellung vor, oder fehlen gänzlich. Ausser der
eigentlich terminalen, kurz gestielten Doldentraube treten noch
aus den Winkeln eines nächsten oder zweier genäherten Paare
kleinerer Blätter Doldentrauben hervor, der ersteren bald gleichlang, bald länger, meist nur dreiblumig, seltner mehr Blumen
entwickelnd, wie dies bei der terminalen gewöhnlich der Fall
ist An allen Theilungen sind Spuren von Blättern und Stipeln. Die letzten Blumenstiele sind gewöhnlich kürzer als
der Kelch, welcher ungefahr 3 Linien lang ist und dessen
schmal-lanzettliche, fast linealische spitze Zipfel $\frac{2}{3}$ der ganzen Länge messen, von wenigen steiflichen, sich allmählig
verlierenden Härchen besetzt sind. In den stumpfen Buchten
zwischen den Zipfeln stehen sehr kurze Stipularfortsätze, gewöhnlich einzeln. Die ganze Blumenkrone ist 9 — 10 Lin.
lang, mit ziemlich cylindrischer, unten schmalerer Röhre und
breit-ovalen, wenig spitzlichen, kurzen (etwa 1 Linie langen) Zipfeln, übrigens gewiss scharlachroth und mit kurzen,
stumpf-conischen, jetzt farblosen Härchen besetzt. Ueber die

8 *

Kronenzipfel ragt der ganz kahle Griffel mit seinen beiden, breit-linealischen, stumpflichen, etwa $\frac{1}{3}$ Lin. langen Narben-ästen noch fast $1\frac{1}{2}$ Lin. lang hervor. Der Haarring beginnt etwa **4** Lin. oberhalb der Basis der Kronenröhre, ist nicht sehr dichthaarig und geht, allmählig lichter werdend, nach unten hinab. Die Spitzen der Antheren (welche 1 Lin. ungefähr lang sind) liegen fast **2** Lin. unterhalb der Basis der Kronenzipfel, und bewirken, dass die Röhre an dieser Stelle etwas aufgetrieben ist und sich oberhalb etwas verengt. Die Frucht ist kugelig-**2**-knöpfig, im Quermesser etwas über **3** Lin., im Längsdurchmesser nur **2** Lin messend, bis etwas über die Mitte mit dem Kelch bekleidet, dessen Zipfel dem oben sehr convexen Theil innerhalb derselben ungefähr an Länge gleich kommen, oder wahrscheinlich bei der Reife, die hier noch nicht eingetreten war, kürzer sind.

Wir glauben nicht, dass die hier beschriebene Form eine neue Art bilde, aber wir haben sie gesondert gehalten, weil sie einmal mit einem Namen der Eingebornen bezeichnet war, den wir bei keiner andern antrafen, und dann, weil eine ganze Anzahl Arten noch so unsicher bekannt ist, dass man über sie nichts sagen kann. Wir hoffen, unsere Exemplare so bezeichnet zu haben, dass es nicht schwer halten wird, sie unterzubringen. Der Name Vipernkraut bezieht sich wohl auf irgend eine heilkraftige Wirkungsart dieser Pflanze, wenn er nicht vielleicht durch die aus der rothen Corolle hervorragende zweispaltige Narbe, welche an ein Schlangenmaul mit vorgestreckter Zunge erinnert, entstanden ist.

** *Corollis glabris.*

Bouvardia rosea n. sp.

Bei S. José del Oro, reg. frig., im Juni blühend gesammelt von Dr. Schiede, mit der Note: „Cruseae sp., corolla

elegans rosea", dann bei S. Francisco Jetecala in demselben
Monate blühend und endlich in gleichem Zustande an einem
dritten Orte, als *Bouvardia* bezeichnet.

Diese Art ist gewiss eine *Bouvardia,* wie die Untersuchung der Fruchtknoten lehrte, in denen sich schon die
schalenförmigen Saamenanfänge an den Saamenträgern zeig-
ten. Der für die Bouvardien fremdartige krautige Habitus,
verbunden mit der Blumenfarbe und den schmalen Blättern,
scheinen meinen verstorbenen Freund zu den Glauben veranlasst zu haben, dass er eine *Crusea* vor sich habe.

Die vorhandenen Exemplare bieten mehrere verschiedene
Formen dar, welche sich vornehmlich durch eine etwas verschiedene Blattform und durch grössere oder geringere Entwickelung der Stengel unterscheiden. Aus einem in der Erde
liegenden Rhizom, dessen letzte Endigungen wir nur sahen,
und das im Ganzen dünn, holzig und wegen der kurzen Gliederung, die noch von den mehr oder weniger deutlich erkennbaren Resten von scheidigen Schuppen besetzt wird, kurz hin-
und hergebogen ist, hat da, wo es in die oberirdischen Theile
übergeht, häufig eine noch kürzere Gliederung, oder ist auch
noch ein wenig dicker, oder sendet einige bei einander stehende Aeste aus. Von ihm erhebt sich (zuweilen auch in
der Mitte von einem flach horizontal im Boden verlaufenden)
ein einzelner, oder einige wenige, meist bis auf die Inflorescenz oder ein Paar sterile, seitliche Blattzweige, einfacher
Stengel, der offenbar krautartig ist und alljährlich wieder
abstirbt, so dass diese Art eine wahre Staude darstellt, und
mit verschiedenen Asperula- und Galium-Arten eine gleiche
Entwickelungsweise zeigt. Durch die, von der Mittelrippe der
zu dreien gestellten Blätter herablaufenden, stumpfen und breiten, und durch die, von den Blatträndern sich herabziehenden,
feineren Leisten sind die Glieder kantig und etwas furchig,

vielleicht im trocknen Zustande mehr als im frischen. Behaarung ist an der ganzen Pflanze gar nicht vorhanden, was bei den Bouvardien sonst kaum noch vorkommt, oder sie tritt an jüngeren Theilen, Stengeln und Blättern als eine äusserst winzige, kaum mit der Loupe bemerkbare, aber auch gerade abstehende auf. Die Blätter stehen zu dreien, bei sterilen Stengeln und Zweigen meist genähert, so dass sie oft vielmal länger als die Internodien sind, bei den blüthentragenden Stengeln meist entfernt, und sind dann auch gewöhnlich kleiner, ja sehr vielmal kleiner, als die Internodien, besonders da an den untern Knoten die Blattbildung sehr zurückbleibt, so dass dieselbe 60 — 70 mal kürzer als die 4 — 5 Z. langen Internodien ist. Wie gewöhnlich, sind auch die oberen, der Inflorescenz näher stehenden Blätter kleiner, und da die Stengel überhaupt nur wenige Glieder haben, und also nur die mittleren vollkommene Blätter tragen, so erscheinen sie sehr blattarm und zugleich sehr gestreckt, was nur dadurch etwas versteckt wird, wenn seitliche sterile Aeste vorhanden sind, die aber, da sie nur aus den Winkeln ausgebildeter Blätter hervorkommen, nie häufig sind. Die Inflorescenz besteht ausser der terminalen noch aus einigen, meist 3, lateralen, die sämmtlich lang gestielt sind, so dass die seitlichen ungefähr der mittleren gleichkommen oder seltner sie überragen, oder die sämmtlich nur auf kürzeren Aesten stehen und eine mehr dichte, fast gedrängt-blumige Inflorescenz um so mehr bilden, als in allen Fällen die letzten Verzweigungen doch mehr verkürzt sind, und zuweilen so, dass die Blumen einen Büschel oder eine Art Köpfchen beinahe zu bilden scheinen, während ein mehr oder weniger lockerer Corymbus mit opponirter Verzweigung nach den vorliegenden Exemplaren häufiger zu sein scheint. Die Gestalt der Blatter ist im Allgemeinen linealisch, aber stets mit der Annäherung an die

Lanzettform, da Basis und Spitze und letztere mehr sich verschmälern; je länger das Blatt ist, desto mehr tritt die linealische Form auf, wie wir z. B. Blätter finden, die bei 2 Zoll
Länge noch nicht eine Linie breit sind; während andere bei
$1\frac{1}{2}$ Zoll Länge $1\frac{1}{2}$ Lin. Breite haben; an sterilen Trieben
und Zweigen finden sich dann Blätter von 2 Zoll Länge und
reichlich 2 Lin. Breite, oder sogar entschieden lanzettliche
von $1\frac{1}{2}$ Zoll Länge und 3 Lin. Breite (die grösste Breite
immer etwas unter oder ungefähr in der Mitte), endlich sogar,
durch Nichtausbildung der Spitzen, sich oben abrundende, ins
Elliptische übergehende Formen, die offenbar nur zufällig
sind. Nach der Basis der Stengel und Zweige werden die
Blätter meist ohne Uebergangsform klein, bilden nur kurze
Scheiden mit vortretenden Blatt- und Stipularspitzen. Diese
grosse Mannigfaltigkeit der Blätter zeigt, dass man nur immer die Blätter bestimmter Entwickelungsstellen vergleichen
und zusammenhalten dürfe, wenn man die Identität vorgeleg-
ter Formen untersuchen will. Die Nebenblätter sind klein,
dreieckig, zwischen den Blattern mit ihrer Basis den ganzen
Raum ausfüllend, bald nur wie gleichseitige Dreiecke, bald
verlängert wie gleichschenklige erscheinend, oben in eine
pfriemliche Spitze ausgehend, welche auch in der Jugend an
ihrem Ende drüsig, auch sonst am Rande zuweilen mit kleinen Zähnchen oder Fortsätzen besetzt ist, die aber auch ganz
fehlen können. Die Entwickelung der Stipulae scheint mit
der der Blätter in Uebereinstimmung zu geschehen, denn wo
diese kurz sind, sind es auch jene, und umgekehrt. Da die
Blätter sich nach oben wieder verkürzen, so tritt die Inflorescenz ziemlich nackt hervor, nur schmale, linealische und
kurze Blätter oder Bracteen, welche endlich den Zweigen,
welche sie stützen, gleichlang sind, stehen unter denselben
und den Blumenstielen. Der Kelch ist ganz kahl, $2 - 2\frac{1}{4}$

Lin. lang, mit während des Blühens ziemlich umgekehrt-
kegelförmiger Röhre; die Zipfel gegen $^2/_3$ der ganzen Kelch-
länge messend, länglich, mehr oder weniger spitz. Die Blumenkrone 9—10 Lin. lang, kahl, die Röhre sich allmählig,
aber wenig, nach oben erweiternd, die Zipfel des Saums
etwas über $1^1/_2$ Lin. lang, elliptisch, spitzlich. Die Spitzen
der Staubbeutel in einigen Exemplaren $1^1/_2$ Lin. unter der
Mündung, die ganze innere Röhre 3 Lin. lang vom Grunde
behaart, und der Griffel mit seinen beiden dicklichen Narbenästen so lang als die ganze Blumenkrone, daher, da der
Saum derselben offen steht, lang hervorragend. In anderen
Exemplaren sind die Zipfel der Corolle breiter, mehr eyförmig, die Antheren stehen ihrer ganzen Länge nach aus
der Mündung der Röhre, die sich deutlicher von unten nach
oben erweitert, und der Griffel erreicht mit der Narbe nur
wenig mehr als die halbe Höhe der Röhre. Die Frucht war
nur sehr jung vorhanden.

Bouvardia (*viminalis*. Einige wenige Zweige, von Dr.
Schiede gesammelt, ohne alle weitere Bezeichnung). Da
die Exemplare zwar blühen, aber nur wenige Blätter, zunächst
unter den blühenden Endspitzen, haben, so sind wir über die
eigentliche Blattform nicht recht im Klaren. Die Blumenfarbe
scheint nicht die rothe gewesen zu sein, Behaarung fehlt der
Blumenkrone ganz. Dünne, schlanke, wenig verzweigte Aeste,
zum Theil mit langen Internodien, zum Theil mit kurzen, mit
seltenen, gegenständig oder einzeln hervortretenden Zweigen,
welche im jungen Zustande nebst den Blättern von einer
ziemlich dichten, aber ganz kurzen und nur auf der untern
Blattseite längern und weichern Behaarung bedeckt sind. Die
Blätter stehen zu dreien, sind kurz gestielt, und aus breiterer, sich ein wenig zuspitzender Basis bald breiter, bald
schmaler lanzettlich, spitz-zugespitzt. Die grossten, welche

wir sahen, sind **1** Zoll lang und einen halben Zoll nach unten breit, andere unter dem Blüthenstande sind ebenso lang,
aber nur **3** Lin. breit, noch andere nur **9** Lin. lang und etwa
4 — 5 Lin. breit, die Oberfläche ist von sehr kurzen, zer-
streut stehenden Härchen schärflich, die untere und der Rand
sind mit längeren und dichteren Haaren besetzt, und daher
erstere etwas weisslich. Der die Blattstiele unten verbindende
Stipularrand ist dünnhäutig und trägt eine verschiedene Anzahl pfriemlicher, mit kurzen, steifen Härchen besetzter, kurzer Fortsätze (welche, wie es in einem Falle schien, von
einem grünen Querstreifen ausgehen, der innerhalb der häutigen Stipula von einem Blatte zum andern geht). Die terminale Inflorescenz ist gewöhnlich noch durch drei Zweige
aus den obersten Blattwinkeln verstärkt, aber fast immer
kurzästig, so dass die Blumen fast büschelig corymbös gestellt, aber überall unter ihren Verzweigungen mit kleinen
Bracteen versehen sind. Der Kelch ist mit kurzer, abstehen-
der Behaarung dicht besetzt, ungefähr **2** Lin. lang, die Zipfel
schmal-lanzettlich, fast $^2/_3$ dieser Länge messend. Die Blumenkrone kahl, ungefähr **8** bis gegen **9** Lin. im Ganzen
lang, die Röhre sich von unten nach oben allmählig ein wenig erweiternd und in die breit-ovalen, reichlich **2** Lin. langen und gegen **1** $^1/_2$ Lin. breiten, spitzlichen und mit einem
weichen Stachelspitzchen sich endenden Randzipfel übergehend. Die Spitzen der Antheren wenig mehr als eine halbe
Linie unter der Mündung; der Griffel mit den Narben aber
hervorragend, doch nicht so lang als der Saum. Die Basis
der Kronenröhre ungefähr **1** $^1/_2$ Lin. lang behaart. Frucht
nicht vorhanden.

Bouvardia (*myrtifolia* „Bouv. fl. luteo.“ Schiede).
Gesammelt bei der Hacienda de Cocoyotle im September. Wir
besitzen nur ein Exemplar, welches nicht mit Blumenkronen

versehen ist. Aus einem kurzen, etwas hin- und hergebogc-
nên, ein Paar Linien dicken Wurzelstock erhebt sich ein
einzelner Stengel, welcher sich kaum einen Zoll über der
Erde zuerst und dann noch etwa 2 mal in gegenständige Aestc
theilt, wobei gewöhnlich die Hauptachse früher oder später
abgestorben zu sein scheint, und im Ganzen eine Hohe von
8 Zoll erreicht. Die jungen Zweige sind ganz kahl, rund,
mit 2 feinen, erhabenen Leisten, welche, von der Mitte der
Stipula abwärts verlaufend, eine kleine, schmale Rinne zwischen sich bilden; die Internodien, mit Ausnahme etwa der
untersten, kürzer als die daran stehenden Blätter, welche gegenständig, sehr kurz gestielt, etwas lederartig, aus stumpfer
Basis elliptisch, zugespitzt sind, und nur an dem schwach nach
unten gebogenen Rande durch feine, kurze Härchen gewimpert, sonst aber durchaus kahl erscheinen, sich aber von allen
mir zu Gesicht gekommenen Arten durch ihre gelbgrüne Färbung im trocknen Zustande unterscheiden. Der Mittelnerv
ist oben eingedrückt, durch eine kleine Rinne bezeichnet, unten tritt er zwar breit, aber wenig erhaben hervor, aus ihm
gehen auf jeder Seite 1 oder 2, auf der Unterseite sehr
schwach bemerkliche Venen, welche man auch bei durchfallendem Lichte nur wenig sieht. Die Grösse der Blätter variirt sehr, die kräftigst entwickelten in der Mitte der Zweige
haben 1 — 1 1/2 Zoll Länge und unten gewöhnlich 4 Lin.
Breite. Ein bleicher Stipularrand verbindet die im Ganzen
noch keine Linie langen und mit ihrem freien Theile kaum
die Halfte dieser Lange messenden Blattstielchen, und erhebt
sich zwischen ihnen in einen pfriemlichen Fortsatz, welcher
mit seiner breitern Basis etwa 1 1/2 Lin. lang ist, und neben
sich auf jeder Seite gewöhnlich noch einen kleinern ähnlichen
hat. An den Spitzen der Zweige stehen zwischen den letzten, nur noch einen halben Zoll langen, lanzettlichen Blättern

einige weniger kurz gestielte Blumen in einer Art Traubendolde. Der Kelch ist ganz kahl, mit halbkugeliger Röhre,
die etwa eine halbe Lin. hoch ist und in 4 linealische, spitze
Zipfel ausgeht, welche 3 Lin. und etwas darüber lang sind.
Die Blumenkrone ist, nach den Resten zu urtheilen, kahl gewesen, aber über ihre sonstige Beschaffenheit können wir
nichts sagen, als dass sie im Ganzen nur etwa 10 Lin. lang
gewesen ist und eine schlanke, nach oben sich etwas erweiternde Röhre und einen kurzen Saum gehabt zu haben
scheint. Ihre Farbe war scheinbar eine rein gelbe.

Bouvardia (*Schiedeana*, „Bouvardiae affinis fruticulus
corolla coccinea. Barranca de Tioselo, Aug., rarius." Schiede).
Die Specimina, welche wir von dieser Art haben, sind zwar
im Blühen, aber mit äusserst wenigen und noch jungen, gegenständigen, kurzgestielten, spitzen Blättern versehen, so
dass sich über diese nichts Genaueres angeben lässt. Im
Ganzen haben sie viel Aehnlichkeit mit der *B. triflora*, aber
es schien mir bedenklich, sie zu vereinigen, da der Sammler
von jener die Blumenfarbe als coccineus angiebt, während
er sie bei *triflora* virescens nennt, überdies haben die Blätter
wohl eine mehr ins Rhombische gehende Gestalt und sind
spitzer. Die Blätter werden an dem untern Theile ihrer Stiele
durch eine Stipularmembran verbunden, welche fein behaart
ist und nach oben sich convex oder flach dreiseitig erhebt,
um in einen ziemlich langen, pfriemlichen, fast fadenformigen
Fortsatz auszugehen, der auf jeder Seite noch einen kürzern
ähnlichen neben sich hat. Die Blumen stehen, zu dreien gewöhnlich, an den Spitzen der Zweige, indem zuweilen noch
2 einzelne, länger gestielte aus den obersten Blattwinkeln
hinzukommen; meist sind die dünnen und kahlen Blumenstiele
länger, als der im Ganzen 3 Lin. lange, kahle Kelch, dessen Röhre halbkugelig ist und in lange, schmale und spitze

Zipfel von **2 — 2 ¼** Lin. Länge ausgeht, zwischen welchen
in den ziemlich stumpfen Buchten ganz kleine, pfriemliche
Stipularforfsätze sich gewöhnlich befinden. Die Korolle ist
im Ganzen ungefähr 9 Lin. lang, mit unten zuerst weiterer,
dann zusammengezogener, nach oben allmählig sich etwas
erweiternder, im Ganzen schlanker Röhre, welche in einen,
wie es scheint, aufrecht-abstehenden, aus 4 eyförmig-läng-
lichen, spitzlichen Zipfeln bestehenden Saum ausgeht. Wenig
unterhalb der Mündung liegen die Spitzen der Antheren, und
mit seinen beiden stumpflichen Narbenästen ragt der fein fadenförmige, kahle Griffel noch über den Saum hervor. Im
Innern der Blumenröhre befindet sich, besonders da, wo die
engere Stelle derselben ist, eine Pubescenz, die sich nach oben
und unten verliert, ohne einen deutlich abgesetzten Ring oder
Gürtel zu bilden.

S c h i e d e nennt die Blumen coccinei, was bei den meisten Autoren scharlachroth bedeutet, in welcher Bedeutung
dieser Ausdruck auch bei den Bouvardien gewöhnlich gebraucht wird; von der Scharlachfarbe, welche die Eubouvar-
dien haben, sind die Blumen dieses Strauches aber schwerlich gewesen, sondern sie scheinen, in Verbindung mit einer
dünnen Textur, im Ganzen eine blassrothe Färbung gehabt
zu haben, die nach dem Grunde der Röhre hin noch blasser
ist. Die Blätter sind fast kahl, nur zuweilen sieht man an
den jüngsten auf der Unterseite Spuren einer Behaarung.
Aller Wahrscheinlichkeit nach ist dieser Strauch mit *flava* und
triflora verwandt, aber, soviel ich vergleichen mag, doch
von allen Beschreibungen verschieden.

Es bleibt noch eine Pflanze übrig, die ebenfalls zu *Bouvardia* gezogen werden könnte, doch ist das Exemplar zu

wenig vollständig, um davon sprechen zu können. Schiede nennt sie *Bouvardiae affinis*, und sammelte sie im September bei Cuesta grande de Chiconquiaco.

Nachtrag.

Nachdem das Vorstehende schon grösstentheils gedruckt war, erhielt ich durch die grosse Güte meines verehrten Freundes Hrn. Prof. A. Gray die zweite Abtheilung der Plantae Wrightianae, in welcher S. 67 noch eine neue *Bouvardia* neben zwei bekannten auftritt. Die beiden letzteren sind *B. hirtella* HBK., von Wright im Wild Rose Pass, an dem Limpio und am Rock Creek im Juni gesammelt, und *B. Jacquini* HBK. v. *ovata* DC. pr.?, am Gebirgsabhange bei Santa Cruz, Sonora, im September mit folgender Bemerkung gesammelt: „Einen Fuss hoch, Blumen scharlach.“ Die Identität dieser beiden Arten müssen wir dahin gestellt sein lassen. Die neue Art ist

Bouvardia ovata

Asa Gray in pl. Wrightianae Texano-Neo-Mexic. Part. II.
p. 67.

Krautartig? kahl, die Blätter zu vieren und dreien, eyförmig, an beiden Enden spitz, kaum gestielt, fiedernervig; Stipeln borstlich; Trugdolde vielblumig; Kelchzipfel pfriemlich, fast doppelt so lang als die Kelchröhre und sechsmal kürzer als die innen etwas haarige Kronenröhre. Bergthal zwischen San Pedro und Santa Cruz, Sonora (1117). Stengel einen Fuss hoch und höher, am untern Theile nicht gesehen, aber wahrscheinlich krautig, einfach, nach der Spitze beblättert. Blätter ungefähr so lang als die Zwischenglieder, $1^{3}/_{4} - 2^{1}/_{2}$ Zoll lang und 1 Zoll und mehr breit, am Rande

und ebenso an den Kelchzipfeln sehr klein kurz gewimpert.
Blumenkrone 1 Zoll lang, anscheinend purpurroth, die Zipfel
derselben kurz, eyförmig und stumpf.

Da von einer Behaarung der Corolle nichts gesagt wird,
so scheint diese Art zu den rothblühenden mit kahler Blumenkrone zu gehören (*Eubouvardia* B.), welche nur zwei Arten
enthalten, von denen die *B. scabra* mit der vorstehenden
Pflanze die grössere Aehnlichkeit hat, doch ist von beiden zu
wenig gesagt, um ein bestimmtes Urtheil über sie zu fällen,
und so reiht sich denn die *B. ovata* auch wieder den weniger bekannten Arten an, wo sie ihren Platz neben jenen beiden kahlblumigen einnimmt.

Plantae Wagenerianae Columbicae.

(Continuatio v. Linn. XXV. p. 743—750.)

Monocotyleae, exceptis *Orchideis* a Dre. Reichenbach filio definitis,

auctore

D. F. L. de Schlechtendal.

87. *Scleria hirtella* Sw. — Perennis 2 — 4′, in savannis
lateris meridionalis Sillae de Caracas, alt. 4 — 5000′, Oct.
(n. **388**.)

88. *Scleria melicoides* Schldl. n. sp. — Perennis 2 — 4′ in
savannis lat. merid. Sillae de Caracas, alt. 4—5000′, Oct.
(n. **390**.) — Ad sectionem 3. hujus generis (Kth. En. II.
351.) pertinet, cujus species plures ad *Scl. interruptam*
reducendas esse autumat celeberr. Kunthius.   Quam novam habemus gracilitate superat *Scl. hirtellam* Sw. quacum eodem loco crescit. Caules pluribus foliis obsessos habet inflorescentia terminatos, quae ex pluribus spicularum
fasciculis abinvicem in axi primario remotis constat, subvenientibus axibus secundariis paucis brevibus 1 — 3 cum
inferioribus fasciculis, iterum 1 — 3 fasciculos eodem modo
remotos ferentibus.   An caules solitarii ex rhizomate fors

repente proveniant nescimus, sunt vero glabri, triquetri, ad angulos sub inflorescentia scabri, ceterum maxima ex parte vaginis tecti, superiores eorum partes ad inflorescentiam pertinentes sensim tenuiores et tandem filiformes fiunt atque ad angulos non solum denticulis cartilagineis sed etiam pilis rigidulis brevioribus et longioribus exasperantur. Folia infima ut mos est breviora, dein longiora, sed semper caule multo breviora, erecta; vagina satis arete adpressa, triquetra fere, laevis ad angulos interdum scabriuscula, faciebus paucisulcatis laevibus, laminae opposita sulco superne puberulo ceterum calvo insignis et apice interdum processum parvum breviter convexum puberulum formans (stipula auctor.) saepius vero truncata vel leviter concaviuscule excisa. Lamina linearis, nervo medio in angulum vaginae decurrente carinata, hinc supra canaliculata, sensim acutata, lineam lata, ad 4 et 6 poll. longa, nervis utrinque subquinis tenuioribus et validioribus percursa, margine laevi ad apicem cum carina pilis minutis scabro. Inflorescentia spatium 2—4 pollicum occupat. Spiculae pluriflorae glabrae circ. 2 lin. longae, solitariae, geminae, ternae, fasciculis 3 — 9 lineas inter se distantibus, sessiles breviterve pedicellatae, ex axilla bracteae brevis basi dilatatae, quae, apice mox in acumen subulatum ex nervo abiens medio, subtus carinae in modum ex axeos angulo prominens excurrit. Squamae spicularum late ovatae plus minus acuminatae carinatae fuscae, nervo medio pallidiore in acumen et ultra excurrente, mucronem aristulamve brevem formante, infimae paucae vacuae, una feminea, dein patens et fructum patefaciens, reliquae 5 — 6 masculae arctius se amplexantes et stamina gemina filamentis latis includentes. Achaenium durum, lacteum, nitidum, laevissimum, globosum, basi in brevissimum stipitem trigonum abiéns, apice punctulo orbiculari (ubi stylus erat) interdum prominulo notatum, semine *Sinapis nigrae* paullo minus.

89. *Fimbristylis hispidula* Kth. var. carina c. squamis nigricanti-castaneis nec viridibus s viridescentibus. — Perennis, 2 — 4', in savannis lateris merid. Sillae de Caracas, alt. 40C0', Oct. (n. 389. ex p.)

90. *Isolepis junciformis* HBK. — Perennis, 2 — 4', eodem loco cum praecedente et sub eodem numero.

91. *Dichromena ciliata* Vahl. — Perennis, eodem loco et tempore c. praeced. (n. 386.)

92. *Mitrospora Wageneriana* Schldl. — Perennis, 2', cum praecedentibus in eodem loco collecta. (n. 387.) — Rhizoma breve radices satis validas leviter flexuosas edens, unum paucosve caules profert dense foliatos, foliis infimis jam emortuis et fractis et ex parte detritis inferne per 4 — 6 pollicare spatium quasi denudatos, dein usque ad apicem foliis, primum longis, dein sensim decrescentibus tectos, inferne teretes, superne per inflorescentias trigonos. Folia vaginis suis se invicem tam dense amplectentia, ut vix videre possis breves esse, glabras, striatas, ad orificium cum levi curvatura convexa fere truncatas et fuscescentes. Foliorum lamina sensim diminuitur, quum vero et ultimorum totius plantae fastigium licet breviter superat, axillaresque inflorescentiae quum jam in medio caule incipiunt, foliis immixta apparet inflorescentia. Lamina linearis longissime et tennissime demum, triquetro-acuminata, dorso medio carinata, facie media canaliculata, ceterum planiuscula, glabra, nervis tenuioribus et validioribus pluribus percursa, margine serrulato-scabra, ad 10 poll. longa, vix 2 lin. lata. Inflorescentiae praeter terminalem circ. 10, axillares, spatium $\frac{3}{4}$ pedum circiter occupantes, inferiores magis inter se

remotae, superiores magis approximatae, contiguae, tandem sibi incumbentes. Folia, e quorum axillis prodeunt, sterilibus omnino similia, pilis vero inprimis in infero margine ciliata sunt. Inflorescentia quaelibet e spiculis in racemum simpliciter compositum dispositis formatur. Quaelibet spicula pallida albida anguste acuminata pedicello brevi insidet, qui bractea e latiore basi setiformi laxe pilosa fulcitur intusque gerit folium suum primarium tenue membranaceum apice obtuse bifidum. Racemus pollicaris pyramidatus, ramis paucis (circ. 5) spiculas paucas (ad 5 in infimis et unam alteramve solitariam sub terminali) gerentibus, spiculis cum bracteis suis magis minusve patentibus, rhachibus patentim pilosis. Spicula 2 circ. lineas longa, pedicellus brevissimus, sursum incrassatus; squamae 2 infimae breviores vacuae, reliquae 4—5 hermaphroditae, illarum prima late elliptica nervo excurrente breviter aristata, secunda longior magis acuminata brevius aristata, fertiles squamae oblongae acuminatae. Pistillum ex ovario constat subrotundo compresso, cui insidet styli ceterum filiformis simplicis basis triangularis albida. Stamina duo, dein longe exserta, altero post alterum evoluto, antheris linearibus. Achaenium (immaturum modo visum) obovato-subrotundum compressum, margine acutum?, apice stylo coronatum, coloris fere mellei, striis elevatis videtur longitudinalibus et multo tenerioribus copiosioribusque transversis exsculptum. Setas non vidi, quas in Mitrospora fugaces dicit generis auctor. Cum *Schoeno polyphyllo* Vahlii, qui ad Rhynchosporas a Kunthio, ad Mitrasporam a Neesio ducitur, multis convenit, sed nostra multo tenerior, minor.

93. *Paspalnm conjugatum* Berg. — Perenne, repens, pedale, in fruticetis pr. Maiquetia, Dechr. (n. 283.)

94. *Paspalum campestre* Schldl. n. sp. — Perenne, 2 — 4′,
in savannis lateris merid. Sillae de Caracas, alt. 4 — 5000′.
Sept. (n. 392.) — Caules 1 — 2 nascuntur quotannis ex
rhizomate ut videtur brevi, **2 — 2¹/₂**-pedales, inferne foliorum vaginis dense tecti, foliis cito decrescentibus sum-
mumque internodium fere totum nudum emittentibus. Internodia inferiora brevia, superiora sensim longiora, summum
denique ad pedis longitudinem interdum extensum, omnia
glabra laevia, nodis incrassatis sed plerumque vagina ab-
sconditis. Folia infima florentis plantae plura emarcida
sicca et vario modo diffracta, superiorum lamina vaginam
compressam, striatam, plerumque pilosam (pilis tuberculo
insidentibus), caulem haud includentem superans, complicata, basi vagina vix latior et linea fuscescente ab ea sejuncta, erecta, sensim et acutissime acuminata, subtus
glabra, margine serraturis minutis valde scabra, supra
pilis brevibus adspersa basique saepius pilis longioribus
non minus tuberculo insidentibus et paginam superam in-
trantibus instructa. Ligula margo membranaceus brevissimus fuscescens integer. Inflorescentia 4 — 6-pollicaris e
racemis composita 8 — 10 secundis, breviter pedunculatis,
quorum infimi interdum ad **2¹/₂** poll. longi, superiores
breviores. Pedicelli puberuli, pilis paucis longioribus ad
basin. Rhachis communis vix scabriuscula, leviter sulcata
et alterne sulco exarata, partiales supra planiusculae, flexuosae, nervo medio lato percursae, marginibus leviter incrassatis, subtus alternatim excavatae, spiculis geminis,
altera paullo longius pedicellata, in rhachi alternis, late
ovalibus, obtusis, externe planis, interne convexis, glabris, laevibus; pedicelli sursum curvati, brevissimi, apice
annulo tumidulo cincti. Gluma spathacea infera deest, superior tenuiter membranacea, valde convexa, laevis, glabra,

9 *

nervo medio elevato subcarinata, nervoque marginali elevato
cincta. Gluma flosc. neutrius plana, nervo medio elevato
percursa et margine latius incrassato cincta. Glumae flosc.
hermaphroditi concavae nitidae fuscae, exterior medio convexa, punctis minutissimis impressis notata, basin versus
ex atro-castanea.

95. *Paspalum*, *Axonopus Savannarum* Schldl. n. sp. —
Perenne, eodem loco et tempore ac praeced. (n. 394.) —
Caules solitarii e basi (rhizomate?) tenui vaginis emarcidis
at majori pro parte fractis et fissis vestita adscendentes,
bipedales brevioresve, dimidia parte supera foliis viridibus
dense tecti, ita ut modo summa sub inflorescentia sita pars
dein nuda appareat, ubique laevis et glabra, nodis medio
leviter contractis, interdum pilis erectis adpressis fulvis rigidulis obsessis, saepius omnino glabris. Vaginae compressae nervosae, lamina breviores, tuberculis nunc piliferis nunc nudis, his inter nervos sitis nec tactu percipiendis instructae; simili indumento in lamina quoque obvio, accedentibus aliis pilis majoribus, validiori tuberculo
insidentibus in margine vaginae supero et laminae infero,
quibus haec regio saepe valde pilosa fit, dum aliis in speciminibus nullus fere ibi conspicitur pilus. Vagina apice
contracta margineque tenuiter membranacea saepiusque ibidem colorata in laminam transit 2 — 3 poll. longam, 2
circ. lin. latam, sensim acutissime acuminatam, (in sicco
saltem) complicatam, nervosam, laevem nec margine ut videtur scabram. Ligulae loco pilorum brevium densa series.
Rhachis communis inflorescentiae brevis fere tetraquetra,
angulis prominentibus, faciebus concavis, glabra, semipollicaris. Racemi ex hac nascuntur 5—6, 2—2½ poll.
longi; rhachis eorum breviter flexuosa, supra convexiuscula,
nervo medio lato pallidiore leviter flexuoso percursa, mar-

gine elevato, in altera antica pagina foveis (pro recipien-
dis spiculis) et ad basin pilis instructa, spiculas vix superantibus, pallide aureis, sericeo-micantibus et tuberculo
rubescenti insidentibus. Spiculae anguste ellipticae, leviter
purpurascentes.

96. *Paspalum*, *Ceresia Wageneriana* Schldl. n. sp. — Perenne, solitarie crescens eodem loco et tempore ac praeced.
(n. 396.) — Caules pauci, ex apice rhizomatis ut videtur
repentis, $1\frac{1}{2}$ — 2-pedales, erecti, stricti, graciles, teretes, glabri, sub inflorescentia tantum pilis paucis adspersi,
foliis cito decrescentibus, nunc fere usque ad inflorescentiam vestiti, nunc foliis valde diminutis pro magna parte
denudàti. Nodi haud incrassati. Vaginae lamina breviores,
nervosae, ad margines et in superiore parte pilis longioribus tuberculo insidentibus plus minus obsessae, qui pili et
per totam laminam distributi, in margine majores validiori-
busque tuberculis insidentes exstant, inprimis vero nervos
et nervum primarium paginae externae occupant; tuberculis demum pilis amissis saepius superstitibus partes sca-
briusculas reddentibus. Lamina plerumque convoluta et
subulato-attenuata, inferiorum foliorum ad **6** poll. usque
longa, in supremis tandem dimidium pollicem aequans. Inflorescentiae rhachis communis, brevissima, pilis brevibus
albis erectis dense vestita, basi emittit rhachin specialem
abbreviatam sterilem, ad **3** lin. usque longam, simili modo
membranaceam, coloratam, ciliolatam ut altera fertilis solitaria in summa rhachi posita, cujus dorsi basin rhachin-
que communem illa minor sterilis amplectitur. Racemi fertilis rhachis $1\frac{3}{4}$ — 4 poll. longa, 4 fere lineas lata, complicata, linearis, utroque fine breviter angustata, membranacea, nitida, cuprei fere coloris (ex purpurascenti et violascenti varii), margine nunc integerrimo, nunc irregulariter

obtusissime lobulato, semper minutissime ciliolato; facies ejus extera punctis numerosis albidis sub lente fortiori tecta apparet. Quae rhachis membranacea spiculas includit albas, biseriatim et alternatim dispositas ita ut modo pili earum sericeo-candidi extus conspici possint. Gluma tam unica spathacea, quam floris neutrius huic simillima, est albo-hyalina, margine crassiusculo lutescente undique cincta, pilis candidis sericeis tuberculo insidentibus undique et longioribus apicem versus ciliata, basi valde sed non longius pilosa, fere obovato-lanceolata acuta. Flos fertilis lanceolatus coriaceus albus laevis et glaber, glumis illis exterioribus minor, biglumis, gluma altera convexiuscula, altera plana. Antherae breves, in siccis aurantiacae, stigmate paullo pallidiores.

97. *Paspalum, Ceresia gracilis* Schldl. n. sp. — Perenne, solitarie crescens eodem loco et tempore ac praeced. (n. 397.) — Statura gracili et racemorum specie externa *P. heterotrichum* Trinii Brasiliense aemulatur, vaginarum et foliorum plurimorum glabritie cum *Ceresia eleganti* convenit.

Gramen $1\frac{1}{2}$-pedale. Caules, pauci modo ex eodem rhizomate nasci videntur, graciles, teretes, striati, toti fere glabri, laeves, ad nodos modice incrassatos pilis albis erectis cincti, inferne vaginis plus minus absconditi, mox vero, his brevioribus factis, sensim magis denudati. Vaginae lamina sua breviores, glabrae, caulem amplectentes, margine dense ciliolatae, oris angulis obtusis una cum circulo ligulari exinde oriente pilis longioribus albis erectis dense obsessis. Lamina linearis, longe et subulato-acuminata, in statu sicco praeter basin convoluta, laevis v. interdum ad basin, vel in utraque facie inprimis inferiorum foliorum pube minuta patente vestita, nervo medio paucis-

que lateralibus, omnibus subtus prominulis percursa, maxima usque ad 4 et 5 poll. longa, $1 — 1\frac{1}{2}$ lin. lata, ultimi
folii, plerumque inflorescentiae proximi $1 — 2$ poll. longa
convoluto - subulata. Caulis abhinc pubescit sicut rhachis
fere filiformis, cui insident racemi $2 — 3$, $1\frac{1}{4} — 2$ poll.
longi, quorum rhachis dilatata et complanata nervo dorsali
crasso lato viridi percursa est, margines vero membrana-
ceos habet ex fuscescenti-luteos, nitidos, utrinque angu-
statos, lineares, integerrimos, minutissime ciliolatos, ceterum glabros. Spiculae bifariam et alternatim dispositae
haud omnino occultantur. Spiculae basi pilis albis obsessae, gluma spathacea alba, hyalina, margine densiore
cincta, similis quidem glumae floris neutrius, sed longior
illa et latior, dorso margineque pilis longis (sed longitudine inter se inaequalibus) est tecta, haec vero lanceolata
glabra in margine superiore tantum dense et brevissime
ciliata. Floris hermaphroditi glumae albae lanceolatae glaberrimae apice stigmata emittentes ipsas longitudine aequantia et in statu sicco plus minus ferrugineae.

98. *Panicum bipustulatum* Schldl. n. sp. — Perenne, repens, $1\frac{1}{2}'$, in fruticetis ad Maiquetia, alt. 1000', Novbr.
(n. 58.) — Ex rhizomate tenui glabro ad nodos radicante
horizontali, rami s. caules surgunt pedales circiter, simplices foliosi, apice inflorescentiam gerentes, teretes, patentim
pilosi, pilis tertiam diametri caulis partem aequantibus
albis. Vaginae lamina breviores, inferiorum foliorum dimidiam laminam nondum aequantibus, superiorum eam superantibus, striatis, sparse breviterque praesertim basin versus patentim pilosis, margine oreque dense ciliatis, basi et
nodo dense villosis. Lamina basi brevissime in modum
petioli lati contracta, ceterum latius angustiusve ovalis,
plus minus elongato- et acute acuminata, supra intense

viridis et pilis valde dispersis, quam in reliqua planta longioribus instructa ceterum laevis, subtus glauca glabra
laevisque, creberrimis nervis tenuibus, inter quos in utroque latere circ. 3 paululum validiores animadvertuntur percursa, margine tenuissime serrulato scabra, maxima 2
poll. longa, 8 — 10 lin. lata, superiorum haud multo brevior sed angustior. Inflorescentia terminalis 2 — 5 poll.
longa e ramis solitariis geminisve brevibus secundis componitur, qui rami inferne internodiis rachis sunt breviores,
superius aequales vel iis longiores, nunquam 9 linearum
longitudinem superantes, plerumque breviores, sed haud
multum decrescentes, deplanati sublineares leviter flexuosi,
striati, spiculis pedicellatis secundis aiternis, c. pedicello
linea paullo longioribus.   Pedicellus erectus juxta bracteo-
lam nascitur solitariam spiculamve abortivam e pluribus
glumis constantem, (quae aliis in speciebus evoluta spiculam exhibet sessilem perfectam cum pedicellata consociatam), quod rudimentum pedicello subaequale vel paullo longius ex una alterave anguste lanceolata acuminata gluma,
exteriorique abbreviata subveniente compónitur.   Spicula
ex ellipsoideo-acuminata. Gluma spathacea infera ovalis
acuminata tertiam spiculae partem vix superat, viridis,
uninervis, margine infero patentim sparse ciliato, altera
spathacea spiculam fere aequans late ovalis acuminata tenuiter trinervia, membranacea, dorso convexa, margine ciliata,
minute puberula. Flos neuter biglumis, gluma exterior
spathacea interiori simillima, paululum major et insignis
punctis duobus orbicularibus elevatis lutescentibus, singulo
juxta nervum medium ad duas tertias altitudinis glumae
partes sito, interior tertia parte brevior, angustior, acuta,
tota hyalina binervis. Flos fertilis bivalvis, pallidus, minor quam gluma floris neutrius interior, dimidia linea pau-

lulum longior, anguste ellipticus, acutus, laevis, nitidulus, semen arcte includit. Rachis communis cum partialibus pilis plus minus adspersa est, loco insertionis partialium saepius villis albis notato.

Sine dubio affine videtur *Panico frondescenti* G. F. G. Meyeri in Flora Essequeboensi, quo sub nomine plures species in herbariis reperiuntur ad eandem sectionem pertinentes, quod descripsimus ab omnibus mihi notis recedit habitu graciliore tenuiore, foliis eximie acuminatis, inflorescentiae magis elongatae ramis brevioribus, minori spicularum numero donatis et punctulis duobus (glandulosis?) in floris masculi gluma extera.

99. *Panicum oliganthum* Schldl. n. sp. — Perenne in savannis lateris merid. Sillae de Caracas, alt. 4 — 5000′. (n. 391.) — Rhizoma horizontaliter progrediens, brevem parvumque cespitem efformans, novos caules fasciculosve foliorum ex praecedentibus emittens, ita ut brevi spatio, nullis interpositis articulis, altera ex alterius basi exsurgat gemma, jam a basi vaginis tecta, quae primae breves, mox majores et apice foliaceo brevi instructae, cito in folia transeunt evoluta, quorum vaginae, quae dense et tenuiter sulcatae atque in sulcis pilis subadpressis vestitae, margine anguste membranaceae et in altero saltem orificii angulo auricula erecta hyalino - albo - membranacea oblonga brevi munitae sunt, totum caulem ad paniculam usque et se invicem ita includunt ut nulla caulis pars nec nodi conspici possint. Lamina vero linearis basi obtusa sensim longeque acuminata 7 — 8 poll. longa, 3 — 4 lineas inferne lata, rigida, stricta, plerumque convoluta, extus ut vagina tenuiter sulcata et elevato - striata, glabra, intus eodem modo exsculpta et in sulcis nec non in margine pilis albis sparsis notata, callo parvulo insidentibus. Ligulae loco pilorum

series erectorum dense dispositorum, pilis quoque copiosioribus in utroque infimo margine folii occurrentibus. Caulis cum panicula **2 — 2¹/₂**-pedalis circiter, quae ipsa primum ramis suis inferioribus a summi folii vagina includitur, dein sese pandit et longitudinem 18 pollicum adipiscitur, ramis ejus inferioribus pede longioribus et vario numero verticillatis, superioribus denique solitariis alternis, omnibus bis semel ramosis, ramis ramulisque sub angulo semirecto secedentibus, angulosis, ad angulos pilosis et scabris, valde elongatis, tenuibus et rigidis, saepe flexuosis, ultimis fere capillaribus magisque flexuosis spiculam unicam apice gerentibus; panicula hinc oritur ampla, late expansa sed pauciflora. Spicula circiter trilinearis in ramulo s. pedunculo ad minimum semipollicari et apice incrassato ellipsoidea, utrinque praesertim apice attenuata. Gluma spath. exterior e basi amplexante late ovata acuta, extus convexa et sulcata, subseptemnervia, nervo medio apicem versus inprimis obtuse prominente, glabra laevis, duas tertias spienlae partes aequans; interior omnium longissima late ovata acutius subcuspidato-acuminata, evidentius **7**-nervia, nervis omnibus obtuse prominulis et sulcis igitur ab invicem distinctis, ceterum glabra et laevis. Flos neuter biglumis, gluma extera praecedentibus omnino similis, septemnervia quoque, nervis vero basin versus magis evanidis, magnitudine medium inter utramque tenens, interior multo minor angustior et brevior, albo-hyalina, binervis, apice breviter bifida. Flos fertilis solito more cartilagineo-induratus biglumis, circ. **1³/₄** lin. longus, gluma exteriore ovali, acutiuscula, in dorso valde convexo laevigata nitidula (coloris pallide straminei), ad basin marginis utrinque albo-barbata, pilis brevibus rigidis albis, superioribus erectis adpressis fere, inferioribus in dorsum deflexis.

Panicula et spiculis solitariis earumque compositione cum *P. cannaefolia* Reichenbachii in plantis Weigeltianis Surinamensibus, quod in Trinitatis insula quoque crescit, omnino convenit sed ut alia taceam jam foliis abunde differt, in hac multo latioribus et brevioribus, basi petioli in modum longe contractis, in nostro haud petiolatis omnino linearibus.

100. *Panicum divaricatum* L. — Perenne in fruticetis ad Curucuti, alt. **2**—3000′, Novbr. (n. **119.**)

101. *Setaria glauca* R. Sch. forma gracilis flaccida. — Locis umbrosis ad Maiquetia, Decbr. (n. **208.**)

102. *Oplismenus Humboldtianus* Nees Agr. Bras. — Locis umbrosis ad Maiquetia, Decbr. (n. **210.**)

103. *Dactyloctenium mucronatum* W. — Locis umbrosis pr. Maiquetia, Decbr. (n. **209.**)

104. *Andropogon, Trachypogon, Montufari* HBKth.? — Perenne in savannis lateris merid. Sillae de Caracas, alt. 4000′, Sept. (n. **393.**)

105. *Schizachyrium semiberbe* Nees? — Gregarium, perenne, in savannis lateris merid. Sillae de Caracas, Sept. (n. **395.**)

106. *Anatherum Virginicum* R. Sch. — Perenne pedale in savanna prope Guareyma, alt. 5000′, Oct. (n. **353.**)

107. *Callisia umbellulata* Lam. — Perennis semipedalis flore albo, locis humidis ad Curucuti, alt. **2000′**, Jan. (n. **321.**)

108. *Tradescantia geniculata* Jacq. — Repens ad aquas in via antiqua inter Curucuti et Caracas usque ad Venta, alt. **2**—3000′, Nov. (n. **91.**)

109. *Tradescantia Cumanensis* Kth. — Locus specialis deest. Specimen ad hanc duco speciem propter folia longiora et angustiora; lamina enim majorum 3 — 4 poll. longa, 7—8 lin. lata, in vaginâ semipollicari laxâ, glabra

praeter basin lateris inferioris cum nervo medio puberulam et marginem denticulis acutis albidis dense dispositis scabram. — Sub *Tr. Cumanensis* nomine in horto habemus *Tr. procumbentem* Willdenowii, quae foliis subtus violascentibus caulibusque violaceis gaudet et prope Caracas crescit, accepimus ex horto Berolinensi. Genus novum ex his Kunthii speciebus anomalis formare licebit, quod in speciebus a nobis visis habitum praebet Commelinae alicujus repentis et flores tribus staminibus perfectis barbatis et tribus imperfectis imberbibus insignes, *Descantaria* a nobis nominatum. Reliquae hujus sectionis formae ulteriori examini subjiciendae sunt.

110. *Sabadilla officinarum* Brandt et Ratzeburg. — *Cebadilla* incolarum, planta perennis 3′, flor. albidis; in savannis Cumbre de Caracas, alt. 4000′, Aug. (n. 368.) — De synonymia hujus plantae cfr. Linnaea XVIII. p. 444.

111. *Heteranthera limosa* Vahl. — Perennis, semipedalis, flore coeruleo; in paludibus ad Cabo blanco, alt. 1000′, Jan. (n. 329.)

112. *Sisyrinchium*, an nova species? — Pedale perenne, floribus luteis; in locis siccis apertis pr. Galipan, alt. 4000′, Aug. (n. 344.). — Sisyrinchii species male sunt notae atque ex diagnosibus, uti in libris vulgo offenduntur, haud recognoscendae sunt in statu sicco. Quae suppetunt specimina glabra sunt praeter pilos minutos in superiore foliorum margine atque in spatharum carina marginibusque obvios, lentis ope tantum videndos et tactu percipiendos. Ex radice fibrosa plures oriuntur caules, qui anguste alati, hinc compressi, foliosi, semel bis subdichotome ramosi, ramis apice ex spathis 2 oblongis acuminatis (quarum altera 15 — 16 lin. longa, altera hac 2 — 3 lineis brevior) flores 4 — 6 pedicillatos producentibus. Folia ima 4 — 5 poll.

longa et lineam circiter lata, acute acuminata; caulina plerumque latiora (**2** lin. lata), ejusdem fere longitudinis. Pedicelli fructiferi spathas paululum superant. Capsula globosa diametri bilinearis, glabra, laevis, striis **3** elevatis
filiformibus dehiscentiae locum indicantibus, totidemque sulcis levibus, quibus dissepimentorum loca recognoscuntur;
panca continet semina atra angulato - orbicularia, tuberculata. Florem non vidimus.

113. *Cipura Martinicensis* HBK. — Locus specialis ignotus. Specimen unicum.

114. *Xiphidium paniculatum* Sw. excl. syn. Aubl. — Perenne bipedale floribus albis, in fruticetis pr. La Guayra,
alt: circa 2C00', Decbr. (n. **298.**)

115. *Hypoxis* (species ex minorum numero, pedunculis floribusque hirsutis). — Biennis, 3″, flore luteo; in arenosis
siccis ad Maiquetia, Decbr. (n. **291.**) — Folia 3 poll. circ.
longa, sparse pilosa; pedunculi cum flore $^3/_4$ poll. longi,
perigonio cum ovario **3** lineas haud metiente. Specimen
unicum mancum.

116. *Heliconia* sp. — Planta suffruticosa, 8′, flor. rubris;
locis humidis ad Curucuti, alt. circ. 2000′, Decbr. (u. **288.**)
— Inflorescentiae tantum pars, rhachi flexuosa, spathis
alternis, infima fere 8 - pollicari et basi **2** poll. lata, complicata, superiores sensim decrescunt, dimidio breviores
fiunt et latiores.

117. *Canna* sp. — Frustulum tantum, nullo loco speciali
adjecto. (**218.**)

118. *Maranta* sp. — Perennis, 3′, in locis humidis pr. Maiquetia, Nov. (n. **13.**)

119. *Habenaria triptera* Reichb. fil. var. *heteroglossa.* —
Perennis, pedalis, flor. albidis, ad terram locis humidis
umbrosis pr. Curucuti, alt. **2—3000′**, Nov. (n. **133.**)

120. *Ponthieva glandulosa* R.Br. var. *macra.* — Perennis
pedalis, flor. albis, eodem loco et temp. c. praeced. (n. **132.**)
— Ich vergleiche eine Anzahl Wagener'scher Exemplare,
sie zeichnen sich alle durch schmächtigeren Wuchs, lange
Stengel, kleine Blätter aus. Selbst Hartweg's bei Quito
gesammelte Individuen sind kräftiger (**1436**). Letztere
wurden als *Ponthieva rostrata* Lindl. *β. racemosa* ausgegeben. In der That liegt mir ein Exemplar vor, welches die Mittellappen der Lippe lineal und an der Spitze
wenig verdickt zeigt. Ein anderes, ausserdem völlig gleiches, hat schon breitere Mittellappen. Die Exemplare der
Ponthieva rostrata var. *spicata* sind gradezu gar nicht
von *P. glandulosa* zu unterscheiden. Ich habe zehn Exemplare von derselben Stelle auf Cuba (Cahobac) vor mir,
und meine, dass eine derartige Reihe sehr geeignet sein
muss, Aufschlüsse über die Veränderlichkeit von Organen
zu gewähren. Meine Ansicht wird auch hier bestätigt, und
ich begreife nicht, auf welches andere Merkmal man die
Ponthieva rostrata begründen will.

121. *Spiranthes picta β. grandiflora* Lindl. — Pedalis
perennis, flor. viridescentibus, in umbrosis ad Maiquetia,
alt. **1000′**, Decbr. (n. **261.**)

122. *Microstylis disepala* Rchb. fil. — Perennis semipedalis, floris colore terreno, pr. Curucuti ad terram locis humidis umbrosis, alt. **2 — 3000′**, Nov. (n. **134.**) — Caulis
secundarii internodio cylindraceo, pseudobulboso, pollicari,
vaginis membranaceis, oblongo - triangulis vestito; foliis
evolutis binis e vaginis linearibus in laminas orbiculares
acutas dilatatis, pedunculo elongato (**7**-pollicari) angulato,
apice clavato, racemoso, bracteis lineari - lanceis brevissimis, pedicellis elongatis, floribus posticis, sepalo inferiori
(igitur summo!) oblongo, apice bidentato, sepalo superiori

lanceo triangulo obtusiusculo, tepalis linearibus circinnatis,
labello orbiculari basi obtusissime cordato, margine obsoletissime undulato lobulato, basi pro gynostemio recipiendo
foveato, gynostemio minuto, rostello tridentato. — Die
Pflanze, von der Ein einziges Exemplar vorliegt, hat die
Statur von *Microstylis ophioglossoides* und *Mexicana* Bot.
Reg. 1829. t. 1290, nur ist sie zweiblättrig und die Traube
armblüthig.

123. *Bletia Wageneri* Rchb. fil. (aff. *campanulatae*). —
Perennis, 1 — 2 - ped. floribus rubris (n. 374.) v. ex viridescenti - roseis (n. 375.), in savannis ad Chacao, alt. 4000′,
Aug. (n. 374 et 375). — Foliis oblongis acutis, pedunculo
valido brevioribus, pedunculo subramuloso s. simplici, spica
rariflora, grandiflora, bracteis ovatis setaceo - acuminatis,
ovario perigonio breviore, haud ultra dimidium acquanti-
bus, sepalis tepalisque paulo latioribus oblongis acutis,
labello flabellato, apice trilobo, lobis lateralibus obtuse
triangulis, margine antico crispulis, lobo medio paulo producto, obcordato, margine crispulo, lamellis 3 membranaceis crenatis conspicuis in parte labelli anteriori apicem
usque lobi medii, carinulis in basi vix prominulis, falcata
membranacea in utroque disci latere, columna elevata, alis
subrhombeis prominulis.

Die Blüthe der Pflanze, die ich glaube für *Bletia campanulata* Llav. halten zu dürfen, ergiebt folgende Diagnose:

Bl. campanulata Llav., sepalis lanceolatis, acutis, tepalis obovato - lanceolatis, apice obtuso apiculatis, labello
flabellato trilobo, lobis lateralibus triangulis, lobo medio
longius producto obcordato cum interjecto apiculo, crispulo,
carinulis 5 a basi labelli ad medium usque, ibi in lamellas
petaloïdeas, primum obtusangulas, dein rectas integerrimas
usque ante apicem labelli productis, ibi abrupte desinentibus,

lamellis lateralibus hrevioribus, venulis disci lobi medii
elevatulis; gynostemio clavato, haud conspicue alato. Mexico.
Leibold! Galeotti! — In Gärten geht auch die Antil-
lische *B. patula* Hook. als *Bl. campanulata.*

124. *Govenia tingens* Endl., Poepp. — Perennis, 1 — 2',
flor. ex luteo et rubro variis, locis humidis in Silla de Caracas, alt. 4000', Aug. (n. 371.) — Ich bestimme die vorliegenden Exemplare als *G. tingens* und nicht als *G.
fasciata* Lindl., weil die Fruchtknoten länger sind und der
Umriss der Lippe ein gestieltes Dreieck mit abgerundeten
Ecken der Basis bildet. Die *G. fasciata* Lindl. zeigt viel
kürzere Fruchtknoten und hat die Eigenthümlichkeit, dass
die am Grunde herzförmige Lippe ein abgerundetes Vier-
eck mit Spitzchen bildet.

Nichts ist trauriger, als das Pöppig'sche Bild, wenn
man erst die Original-Pflanze zur Hand hat. Dass es
falsch gemalt ist, ersieht man doch wenigstens aus dem
Texte. Aber — die Analyse!! 1. „Floris diagramma ad
demontrandam mutuam sepalorum positionem." Ich sah nichts
als einen Fruchtknoten mit falsch gezeichneter Säule, Lippe
und drei fadigen Linien; heisst das ein Diagramm? 2. „Idem
apertus." Bis auf die falsche Säulenspitze brauchbar. 3. „Idem,
sepalis supremis et labello demtis, sepalis interioribus vi deflexis." Man erblickt eine rohe Seitenfigur einer ganz andern
Pflanze, wohl der *Govenia barbata.* 4. „sepalorum interius m. a." Sieht ganz anders aus als die Tepala bei Fig. 2,
gehört wohl auch noch zu Fig. 3. 5. „Labellum m. a."
Vorn mit 3 Zähnen und Mittelleiste, die je 2, nach vorn
divergirende, paare Zweige abgiebt. — Alles das ist grund-
falsch. — Die Lippe ist vorn spitz und Leisten giebt es
nicht. 6. „Anthera m. n. et m. a." Zwar falsch, aber rela-
tiv zum Uebrigen immerhin richtig zu nennen. 7. „Pollinis massae item." Diese armen Körper sind collateral, an-
statt incumbent, und haben eine caudicula bifida, als von
einer *Bifrenaria!* — Das heisst also eine Zeichnung!
Und wie drehen sich die Fruchtknoten!! —

Govenia barbata Endl., Popp. ist, beiläufig bemerkt —
Cyrtopera Woodfordii Lindl. —

Die Gesneraceen

des

Königlichen Herbariums und der Gärten zu Berlin

nebst

Beobachtungen über die Familie im Ganzen.

Von

Dr. *Johannes Hanstein.*

(Hierzu Taf. I u. II)

Vorbemerkung.

Die folgende Bearbeitung der Gesneraceen, welche sich vorzugsweise auf das im Königl. Herbarium, im Königl. botanischen Gärten, so wie in den anderen Gärten von Berlin vorhandene reiche Material erstrecken, zugleich aber auch versuchen soll, über die systematische Gliederung der ganzen Familie eine Uebersicht zu geben, ist auf Veranlassung des Herrn Dr. Klotzsch unternommen worden. Die in Gemeinschaft mit demselben gewonnenen systematischen Resultate lege ich hiermit im Besonderen ausgeführt der Oeffentlichkeit vor, indem ich vorweg bemerke, dass das Ganze in drei Abtheilungen erscheinen wird, deren erste eine allgemeine historisch-systematische Uebersicht enthält, während die zweite die Genera und Species aufzählen, und die dritte einige morphologisch - anatomische Beobachtungen hinzufügen wird.

Indem die der vorliegenden Abtheilung beigefügten Tafeln und Uebersichtstabellen schon eine genügende Diagnose aller Sippen und Gattungen geben, so ist diese auch für sich schon vor dem Erscheinen der speciellen Ausführung vorläufig zu einem Ganzen abgeschlossen worden.

I. Abschnitt.

Allgemeine Uebersicht.

Die Gesneraceen gehören zu der Reihe von dikotyledonischen Pflanzen, welche eine schiefe verwachsen - blättrige Blumenkrone haben. Ein Fruchtknoten, der nicht durch eine Scheidewand in zwei Fächer getheilt ist, kleine und zahlreiche Samen, welche einen Eiweisskörper enthalten, zeichnen sie aus. Aber nur durch scheinbar so geringe Kennzeichen von den nahe verwandten Familien der Cyrtandraceen, Bignoniaceen und anderen verschieden, machen sie durch die grosse morphologische Uebereinstimmung, die sich schon dem ersten Anblick leicht kund thut, doch eine gut in sich abgeschlossene und sehr natürliche Gruppe aus.

Die gesnerenartigen Pflanzen sind bald Stauden, bald Halbsträucher, kaum eine oder die andere Art ist ein wirklicher Strauch zu nennen. Die Stauden besitzen theils ein ausdauerndes Rhizom in Gestalt einer kopfförmigen Knolle, theils unter der Erde kriechende verzweigte Stämmchen, die, mit fleischigen Schuppenblättern bedeckt, ein kätzchenförmiges Ansehen haben. Die meist krautigen, oft fleischigen, fast niemals sehr derbholzigen Stengel liegen gern wurzelnd am

Boden, oder klettern an feuchten Gegenständen, an Baum-
stämmen oder zwischen Felsen, sind zum Theil aber auch
aufrecht, obwohl seltener vielästig. Bei den Stauden sterben
sie alljährlich ganz ab, um aus den Knollen oder Kätzchen-
Rhizomen wieder aufzuspriessen, bei den Halbsträuchern bleibt
mehr oder weniger vom unteren Theile selbst lebendig.
Ebenso wie die Blätter, sind sie sehr oft von haariger, nur
zuweilen von glatter und glänzender Oberfläche. Das ganze
Laub- und Stengelwerk hat bei den meisten etwas Weich-
liches. Die Blätter stehen gegenständig in gekreuzten Paa-
ren, seltener zu dreien im Quirl, noch seltener zu vieren,
und haben keine Nebenblätter. Oft sind sie ungleichseitig
und die gegenständigen ungleichpaarig. Sie sind stets einfach und ganz, doch selten ganzrandig, meist länglich, von
starker Aderung und oft runzelig. Ihre Oberfläche ist häufig
von kleinen Borsten tragenden Wärzchen bedeckt.

Die Blumen stehen bald einzeln oder zu einigen in den
Achseln, bald sind sie nach der Stengelspitze zu in Trauben,
Rispen, falschen oder wahren Döldchen vereinigt. Die Kelche, aus fünf verwachsenen oder freien Blättchen, deren eines
unpaar und rückenständig ist, bestehend, sind schief oder
regelmässig, zu sehr mannigfacher Gestalt entwickelt, nicht
selten gefärbt und erweitert und oftmals ausdauernd. Die
Blumenkrone ist fünfgliedrig, wie der Kelch, mit ihm abwechselnd gestellt und daher $^2/_3$ lippig, und schreitet durch
das verschiedenste gegenseitige Verhältniss von Röhre, Schlund
und Saum, von Ober- und Unterlippe durch eine lange Formenreihe vom Radformigen durch das Trichterförmige bis zum
Engröhrigen und zur bauchigen Kruggestalt, sowie vom fast
Regelmässigen zur weit klaffenden Rachenform fort. An der
Basis ist sie häufig hinten hockerig oder gespornt, in der
Mitte oft bauchig und aufgeblasen, vom Saume ragt bald die

Ober- bald die Unterlippe weiter hervor, so dass die Kronen-
öffnung dort mehr nach vorn, hier mehr nach oben schaut.
Oft von zartester Beschaffenheit, ist die Krone dagegen in
anderen Fällen derb, fast fleischig und zottig behaart. Die
blau-rothe Farbenreihe herrscht in ihr, am häufigsten ist
Scharlach- und Purpurroth, weniger häufig reines Blau, noch
seltener Weiss; Gelb kommt nur in einzelnen Fällen vor.

Die Staubgefässe sind durch die verschiedene Ausbildung
der Rücken- und Bauchseite der Blume didynamisch, indem
das oberste oder rückenständige verkümmert, oder es sind
durch noch ferneres Fehlschlagen eines der zwei Paare sogar
nur zwei von ihnen fruchtbar.

Die Staubfäden sind dem Kronengrunde bald mehr, bald
weniger, oft mit angeschwollenen Enden angewachsen. Sie
drehen sich nach dem Aufblühen gern spiralig zusammen, und
zeigen oft sehr eigenthümliche Verschlingungen. Die Antheren sind durch das schwielig verdickte Connexiv, welches
die beiden Fächer oft weit auseinader treibt, und noch ferner
dadurch ausgezeichnet, dass sie zur Blüthezeit fast immer,
bald paarweis, bald alle zugleich mit den Rändern, den
Spitzen oder den ganzen Oberflächen an einander haften. Dadurch bilden sie dann eine prismatische, eine sternförmige
oder eine vierseitig-rechteckige Figur. Die Fächer öffnen
sich der Länge nach durch einen Riss.

Ein vierter Kreis von Blüthengliedern ist zwischen Staubgefässen und Stempeln in Gestalt eines drüsigen Ringes entwickelt,
dessen fünf Theile mit den Kelchblättern abwechselnd vor den
Kronenblättern stehen, und hier weiter, dort weniger weit unter
sich und mit den anderen Blüthenkreisen verwachsen. Im ersten
Falle stellen sie entweder eine ringförmige Haut oder einen sogenannten Discus, im zweiten fünf einzelne Drüsen dar, die in

verschiedener Höhe den Fruchtknoten umstellen. Die zwei
rückenständigen sind fast immer grösser, nicht selten allein
sichtbar, und sehr oft zu einem ungetheilten Drüsenkörper
vereinigt, der dann vor dem verkümmerten Staubgefäss und
zwischen den beiden dorsalen Kronenblättern steht.

Der Stempel ist einfächerig und besteht aus zwei Frucht-
blättern, die ebensoviel wandständige und zwar laterale Pla-
centen bilden, welche stets zu zwei Längslappen auseinander
weichen, und auch ausserdem sehr häufig der Länge nach
zerschlitzt sind. An ihnen stehen die feinen anatropen Samen,
bald über die ganze Oberfläche vertheilt, bald auf gewisse
Linien oder Flächen beschränkt an kleinen Stielchen. Der
Keim in diesen ist von einem Eiweisskörper umgeben. Das
Ovarium ist bei der einen Hälfte der Familie mit den äusseren Blumenkreisen verwachsen, oft nur wenig, oft aber sehr
tief in die Kelchröhre und zwischen den Drüsenkranz eingesenkt, so dass bei einigen Gattungen kaum noch die Spitze,
bei einigen gar nichts hervorragt. Bei der anderen Hälfte
ist es vollkommen frei. Somit sind die Drüsen, wie die übrigen Blumenkreise, bald hypo-, bald peri-, bald epigynisch zu
nennen. In der Jugend oft spitz kegelförmig, nähert sich der
Fruchtknoten mit der Reife fast gewöhnlich der Kugelgestalt,
und wird bei den meisten Gattungen zur Kapsel, bei wenigeren
fleischig und beerenartig. Der Griffel ist lang und stielför-
mig, die Narbe spaltet sich entweder in zwei seitliche Lappen, oder sie erweitert sich zu einem querstehenden Recht-
eck oder zu einer Ellipse, die, durch einen gleichfalls quer-
laufenden Schlitz geöffnet, das Ansehen eines Mundes hat.
Durch Zusammenkrümmen der Lappenränder geht jene in diese
Form über. Zuweilen auch ist die Narbe völlig trichterförmig
oder fast kopfförmig.

In dem weichlich saftigen Gewebe des ganzen Krautes,
in der haarigen, oft rauhen Bekleidung, in der Haltung von
Stengeln, Blättern und Blumen und in dem Ansehen der letzteren selbst drückt sich eine gewisse Eigenthümlichkeit aus,
die in Worten schwer zu beschreiben ist, aber dem Auge
leicht kenntlich wird, so dass man kaum der feineren wissenschaftlichen Merkmale bedarf, um die Gesneraceen von
anderen, im System ihnen nahestehenden Familien zu unterscheiden. Am nächsten treten sie in systematische Berührung
mit den Cyrtandraceen, von denen sie jedoch der eiweiss-
haltige Same, und mit den Bignoniaceen, Scrophularineen und
Orobanchineen, von denen sie das einfächrige Ovarium trennt.

Alle bisher gefundenen Gesneraceen stammen aus Mittel-
und Südamerika, wo sie ihrer verschiedenen Vegetationsart
nach an den mannigfaltigsten Standorten gedeihen, und bis
zur Insel Chiloë südwärts reichen.

Die ersten drei gesnerenartigen Pflanzengattungen sind
von Plumier beschrieben und abgebildet. Unter seinen
„amerikanischen Pflanzen" stellt er drei Arten mit rachenförmigen Kronen zu einem Genus zusammen, dem er nach dem
Züricher Naturforscher Conrad Gesner den Namen *Gesnera* [1])

---

1) Plumier sagt in seinen „Nova plantarum Americanarum ge-
genera." Paris 1703:

„*Gesnera* est plantae genus flore monopetalo, personato, anomalo; ex calyce autem surgit pistillum, posticae floris parti ad
instar clavi infixum. Calyx autem abit deinde in fructum membranaceum, coronatum, in duo loculamenta divisum, seminibus
foetum exiguis."

„*Columnea* est plantae genus flore monopetalo, personato, cujus labium superius nonnihil fornicatum, excavatum, inferius
vero tripartitum. Ex calyce autem surgit pistillum, posticae

giebt. Es sind die Species, die später als *G. humilis*, *arbo-rescens*, *tomentosa* aufgeführt werden. Aus einigen anderen errichtet er die Gattungen *Besleria* und *Columnea*, die erste nach dem Nürnberger Botaniker B a s i l i u s B e s l e r , die zweite nach dem Römer F a b i u s C o l u m n a benannt. Von diesen anfänglichen wenigen Gattungen und Arten, in denen schon die ganze Formenreihe der Familie gleichsam um-schrieben ist, hat sich nun dieselbe durch Auffindung einer sehr grossen Zahl neuer Pflanzen, und zwar besonders in den letzten Jahrzehnden, zu beträchtlichem Umfange ent-wickelt.

So lange die Zahl der bekannten Arten der Familie über-haupt noch eine geringe war, stellte man natürlich mit Recht alles, was im Bau der Hauptorgane wesentlich übereinstimmte, in eine Gattung zusammen. Erst die Uebersicht über eine grössere Reihe von Gestaltungen setzt überhaupt in den Stand, zwischen Dingen, die im Allgemeinen ähnlich sind, treffende Unterschiede zu finden, und wahrzunehmen, welches Organ etwa sehr gleich und übereinstimmend in allen ent-wickelt ist, oder welches in so vielfach und leicht wechseln-der Gestalt auftritt, dass es in vollkommen ähnlichen Arten oder sogar in verschiedenen Individuen derselben Art abwei-chend erscheint, oder welches endlich, in mehrfachen und deutlich unterscheidbaren Formen sich darstellend; für jeden besonderen in der Pflanzengruppe vorkommenden Habitus einen besonderen Ausdruck annimmt.

---

floris parti ad instar clavi infixum, quod deinde abit in fructum globosum, mollem, seminibusque plenum exiguis et oblongis.''

„*Besleria* est plantae genus flore monopetalo, anomalo, tubu-lato, bilabiato aut personato. Ex cujus calyce surgit pistillum posticae floris parti ad instar clavi infixum, quod deinde abit in fructum mollem, carnosum, ovatum seminibusque foetum exiguis.''

Keinesweges lassen sich ja für das ganze Pflanzenreich
allgemein gültige Principien aufstellen, nach denen man in
allen Gruppen die natürlichen Abtheilungen und Unterabtheilungen erkennen könnte. Nur die unbefangene Beobachtung
jeder einzelnen kann das im Einzelnen lehren. So wenig
daher auch den ersten, auf Plumier folgenden Beobachtern
ein Vorwurf daraus erwächst, dass sie gerade in den Gesneraceen die natürliche Sonderung noch nicht genügend getroffen haben, da in dieser Familie die eigentlichen Be-
fruchtungsorgane, auf die man von anderen Pflanzen her besonders zu sehen gewohnt ist, so geringe Unterschiede zeigen, eben so wenig konnte man später bei umfassenderer
Uebersicht an den ersten Abtheilungen halten, wie auch aus
den Untersuchungen von Martius[1], Bentham[2], Decaisne[3] und Regel[4] deutlich hervorgeht.

Ueberall, wo schon die allgemeine Tracht die Gesneraceen-
Arten deutlich und grell zu Gattungen zusammengestellt hat,
stimmen dieselben zuvörderst auch nach der Form der Blüthen-
hüllen überein. Bald, und zwar in den meisten Fällen, ist
es mehr die Blumenkrone, die besonders eigenthümlich erscheint, bald mehr der Kelch. In zweiter Linie werden die
Gattungen durch die Entwickelung des Drüsenringes charakterisirt, doch weniger durchgreifend, da doch in einzelnen
Fällen in demselben Genus abweichende Drüsenbildung erscheint, und andererseits ganze Reihen von Gattungen gleiche

---

1) Martius, Nova genera III. u. a. a. O.

2) Bentham, Plantae Hartwegianae. Lond. 1839. etc.

3) Decaisne, Revue horticole S. 3. T. 2. Dec. 1848. — Annales
d. sc. nat. Aug. 1846.

4) Regel, Flora 32. 33. — Mittheil. d. nat. Ges. in Zürich.
1848. 2. — Bot. Zeit. 1851. — Gartenflora etc.

Drüsen erblicken lassen. Endlich ist freilich auch innerhalb
aller deutlich getrennten Gattungen die Narbenbildung dieselbe, so dass auch diese als bestätigendes Merkmal zu benutzen ist. Da aber die Narbe überhaupt fast nur in zwei
wesentlich verschiedenen Gestalten auftritt, nämlich mund-
förmig oder zweilappig, und diese Formen oft in sehr nahe
verwandten Gattungen neben einander vorkommen, so können
wir sie nicht, wie Regel, als ein durchgreifendes Tren-
nungsmerkmal betrachten, weil wir sonst habituell Aehnliches
scheiden und Verschiedenes zusammenfügen müssten. Vielmehr halten wir Krone und Kelch, — nicht zwar für die
alleinigen Organe zum Erkennen natürlicher Gattungen, —
wohl aber für die wichtigsten und untrüglichsten in dieser
Familie.

Danach genauer ins Auge gefasst, sind denn auch die
drei Plumier'schen Gesneren sehr verschiedene Pflanzen,
die wohl nach dem damaligen Standpunkte der Systematik,
doch nicht nach dem neueren in einem Genus bei einander
stehen können. Aber gerade die grosse Verschiedenheit dieser ersten Arten machte es um so leichter, zwischen die so
weit gesteckten Gattungsgrenzen nun auch ferner eine lange
Reihe nicht minder abweichender Formen unter dem Namen
Gesnera einzuordnen, den zunächst alles erhielt, was aus
dieser Verwandtschaft mit an den Kelch gewachsenem Ovarium aufgefunden wurde.

Linné bringt zu den drei bekannten nur eine neue, *G.
acaulis* Brown, und lässt alle bei einander stehen. Jacquin [1]) bildet von Gesneren nur die *tomentosa* ab, und später erst wird die Gattung von Cavanilles [2]) durch *G. ver-*

1) Jacquin, Select. stirp. Amer. hist. 1763.
2) Cavanilles, Icon. 6. p. 61. t. 584, 585.

ticillata und *tubiflora*, von K u n t h [1]) durch *G. chelonioi-
des, elatior, sylvatica, spicata, ulmifolia, hirsuta, hondensis, mollis, longiflora* und *elongata*, von K e r [2]) durch
G. aggregata, bulbosa und *prasinata* und von Anderen
durch manche andere Art vermehrt.

Wie nun schon jene drei alten Arten unter sich wenig
übereinstimmten, so weichen wiederum diese neuen fast alle
von jenen nicht unerheblich ab, während dagegen die Mehr-
zahl derselben unter sich so viel Aehnlichkeit zeigt, dass sie
auch nach neueren Begriffen eine gut umschriebene Gattung
darstellen.

Dies bemerkte zuerst L i n d l e y [3]), und löste daher die
nicht zu haltende P l u m i e r'sche Gattung *Gesnera* in zwei
neue auf, die er *Codonophora* und *Pentarhaphia* nennt.
Da aber auch hiermit noch nicht genug die unähnlichen Pflanzen gesondert, noch dadurch die Feststellung natürlicher Gattungen erreicht war, so unterwirft M a r t i n s [4]) die bis dahin
bekannt gewordenen Arten einer neuen Revision. Auch er
hält, wie schon L i n d l e y, für nöthig, obgleich gegen das
Prioritätsrecht, jenen Urspecies den Namen *Gesnera* ganz
zu nehmen und ihn den meisten der neueren Arten ausschliesslich zu lassen, da diese in grösserer Zahl gut übereinstimmten und aller Orten, in Gärten und Büchern, schon
unter demselben eingebürgert waren, so dass wohl der Versuch, dieser Mehrheit den gewohnten Namen zu entreissen,

---

1) H u m b o l d t, B o n p l a n d, K u n t h, Nov. gen. et sp. plant.
1817. p. 392 etc. t. 188 etc.

2) K e r, Bot. reg. t. 329. 343. 428.

3) L i n d l e y, Bot. reg. n. 1110.

4) M a r t i u s, Nov. gen. III. p. 27 seq.

um ihn ·für die Minderzahl zu erhalten, kaum gelingen konnte,
und zwar um so weniger, als ja jene älteren einerseits weniger verbreitet waren, und andererseits doch von einander
noch getrennt werden mussten, dergestalt, dass Plumier's
G. humilis dann fast die einzige *Gesnera* geblieben sein
würde. Somit war zu rechtfertigen, dass Martius in diesem Falle das strenge nomenclatorische Recht ausser Acht
liess und auf die Zweckmässigkeit Rücksicht nahm, obgleich
desshalb keinesweges einem ähnlichen, neuerdings in Betreff
einer andern alten Gattung unternommenen Namentausch eine
gleiche Berechtigung zugestanden werden kann. Martius
erkannte gleichsam nur einen verjährten Gebrauch als zu
Recht bestehend an, und glich überdies die Sache dadurch
aus, dass er für einen Theil der alten Arten den Namen
Conradia, nach dem Vornamen jenes Gesner gebildet, vor-
schlug. Den anderen Theil benannte er *Rhytidophyllum*. *G.
humilis* und die Swartzischen Species *G. Craniolaria,
scabra, ventricosa, exserta, calycina* und *pumila* gehör-
ten ihm zu *Conradia* (Fig. 34.), durch die Kennzeichen einer
röhrigen oder glockigen Blumenkrone und eines mangelhaften
Discus vereint. Zu *Rhytidophyllum* (Fig. 30.) dagegen zog
er ·*G. tomentosa* L., *grandis* Sw., und als *Rh. Berteroa-
num* die *G. scabra* Spreng., welche alle eine becherförmige
Krone und einen fleischigen Discus haben. Die Lindley-
schen Genera liess Martius nicht gelten, weil *Codonophora*
zu verschiedene Arten umfasse, der Name ·*Pentarhaphia*
aber überhaupt nicht bezeichnend sei.

Wie die Gesnera - Gattung nach Plumier's Sinne eigentlich die ganze jetzige Gesnereen - Tribus umfasste, so war
nun durch diese Sonderung der zwei Martius'schen Gattungen von denjenigen Arten, die wir nun, ihm folgend, jetzt

Gesnera [1]) nennen, zugleich eine fernere Spaltung der Gesnereen in zwei von ihren Subtribus vorbereitet, indem die
röhrenblüthigen, mit kegelförmigem, halbfreiem Ovarium ver-
sehenen, knolligen Gesnereen den strauchärtigen Conradien
und Rhytidophyllen, deren Fruchtknoten oft ganz im Kelche
versteckt ist, gegenübertreten.

Noch aber blieben unter *Conradia* nach Martius zu
verschiedene Pflanzen vereint, so dass Decaisne [2]) mit
Recht einen Theil derselben für die von Lindley aufgestellte
Gattung *Pentarhaphia*, welche dieser nach dem Typus der
Gesnera Craniolaria, der zweiten Art Plumier's, begründet hatte, wieder in Anspruch nahm, denselben noch eine
Anzahl neuerer Arten von den Antillen hinzufügte, und alle,
als generisch zusammengehörig, durch die Bildung des Kelches, welcher 5 — 10 deutliche Rippen und lange, pfriemliche Lappen hat, und durch die weit vorragenden Antheren
treffend charakterisirte (Fig. 32. A. B.). Das Genus *Conradia*
muss somit, nach der Physiognomie von C. *humilis* (Fig. 34.),
auf solche Arten beschränkt bleiben, die einen kurzzähnigen
Kelch, wie *Rhytidophyllum*, aber eine röhrige, zusammen-
gekrümmte Blumenkrone besitzen. Mithin bildet nun jede der
drei Urarten die Spitze einer der drei Gattungen *Rhytidophyllum* Mart., *Conradia* Mart. und *Pentarhaphia* Lindl.
Noch eine andere cubensische Art, deren Krone den Rhytidophyllen ähnelt, veranlasste Decaisne, durch den dicken,
drüsig - warzigen Kelch mit schmalen Zipfeln, zur Aufstellung
der Gattung *Duchartrea* [3]). (Fig. 31.)

[1] Wir schreiben mit Plumier und Martius *Gesnera*, da zu
der Abänderung in *Gesneria* kein Grund vorliegt.
[2] Decaisne, Monographie du genre Pentarhaphia, Ann. d. sc.
nat. 1846. p. 96. pl. 7.
[3] Ebendaselbst pl. 8.

Nahe mit den vorstehenden Gattungen verwandt ist die
von Hooker[1]) abgebildete *Gesnera Libanensis* Morren, welche nichts weniger ist als eine *Gesnera.* Den Pentarhaphien
und Rhytidophyllen ähnlich, unterscheidet sie sich doch durch
den nicht kantigen Kelch und die eingeschlossenen Antheren von
jener, durch die sehr langröhrige Blumenkrone von dieser,
durch den Drüsenring von beiden. Wir reiben sie unter dem
Namen *Ophianthe* an. (Fig. **33**.)

Als Lindley die Plumier'schen Gesneren in *Codonophora* und *Pentarhaphia* theilte, stellte er in das erste Genus die Species *tomentosa* Plum. und *prasinata* Ker. Mit
Recht erkannte Martius, dass diese beiden für generisch
verschieden zu erachten seien, da die *tomentosa* einen ganz
angewachsenen Fruchtknoten und eine eigenthümliche schief
becherförmige Krone, die *prasinata* einen nur halb angewachsenen Fruchtknoten und eine von unten auf gleichmässig
erweiterte Krone und überdies 5 freie Drüsen besitzt. Er
errichtete also für die *G. tomentosa*, wie schon besprochen,
die Gattung *Rhytidophyllum.* Jedoch ebenso wenig, wie
diese, konnte jene andere bei den eigentlichen Gesneren bleiben, von denen sie sich durch die weit offene, fast glockige
Krone so wie durch den strauchartigen Wuchs sehr merklich unterscheidet, wodurch sie den Rhytidophyllen sehr
nahe tritt. DeCandolle benennt sie, als Section der Gattung *Gesnera*, mit dem Namen *Prasanthea*, unter welchem
Namen sie Decaisne [2]) generisch trennt, doch scheint es,
dass, sobald dieselbe als besondere Gattung angesehen werden soll, sie dann vielmehr auf den älteren, von Lindley

---

1) Hooker, Bot. mag. 4380.

2) Decaisne, in der Revue horticole T. II. S. 3. 1818. p. 467

gegebenen Namen *Codonophora* Anspruch hat, der von M a r -
t i n s aufgegeben, für sie dennoch mit demselben Recht wieder aufgenommen werden muss, mit welchem D e c a i s n e das
Genus *Pentarhaphia* wieder hergestellt hat.   Wir nennen
diese Pflanze daher wieder *Codonophora prasinata* Lindl.
(Fig. 28.)   Eine fernere Species kann ihr bisher nicht zuge-
sellt werden.

Es mögen hier nun gleich noch drei neuere Gattungen Erwähnung finden, die den bisher besprochenen sich gut anschliessen.

Als *Solenophora* (Fig. 36.) beschreibt B e n t h a m[1]) eine
neue Gattung mit trichterförmiger Corolle, ganz in den Kelch
gewachsenem Ovarium und von strauchartigem Habitus.   Durch
das erste Kennzeichen und durch eine Dorsaldrüse generisch
verschieden, reiht sie sich durch die beiden anderen der Rhy-
tidophyllen-Verwandtschaft an.

Eine andere, von F e n z l[2]) beschriebene, strauchige Gattung, *Arctocalyx*, durch glockigen, vielnervigen Kelch ausgezeichnet, hat mit der vorigen die Dorsaldrüse gemein, und
bezeugt überhaupt durch das ganz unterständige Ovarium und
die Gesammttracht, dass sie hierher gehört (Fig. 35.).

Endlich ist die von D e c a i s n e[3]) bekannt gemachte Gattung *Capanea* (Fig. 29.), die durch die eigenthümlich abweichende Tracht an die Gattungen *Drymonia* und *Columnea*
und in der Blüthe an die *Heintzia*, — alle drei aus der
nachher zu besprechenden zweiten Tribus, — erinnert, dennoch wegen ihres am Grunde mit dem Kelch verwachsenen
Fruchtknotens in die Nähe der bisher erwähnten Genera zu

---

1) B e n t h a m, Plant. Hartweg. n. 497.

2) F e n z l, Denkschr. der Kaiserl. Oesterr. Akad. I. 177.

3) D e c a i s n e, Ann. d. sc. nat.

ziehen, unter denen sie durch die Blüthe sich den Rhytidophyllen, durch die freien 5 Drüsen der Codonophora nähert.

Wie in den vorstehenden, so ist auch die Gliederung
unter den Gesneren im engeren Sinne, wie sie Martins gefasst hat, vorgeschritten. Wenn auch im äusseren Ansehen
und in der Blumenbildung keinesweges durchaus unähnlich,
so standen doch in der nun beschränkten Gattung, nachdem
sie durch neuere Entdeckungen noch beträchtlich bereichert
war, wieder zahlreiche Arten bei einander, die sich durch
Uebereinstimmung von Merkmalen im Blüthenbau mit der gesammten Tracht sehr naturgemäss in mehrere Gruppen sondern liessen, und solche Sonderung nothwendig erheischten. ·

Zuerst machte Bentham[1] auf die Verschiedenheit im
Kronensaum aufmerksam, und theilte das Genus darnach in die
Sectionen *Isoloma* (Fig. 17.) und *Corytholoma* (Fig. 20.),
deren jene die Arten mit fast gleicher, diese diejenigen mit
stark rachenförmig zweilippiger Krone umfasst. Damit
allein jedoch war der Sache nicht genug gethan, indem sich
bei genauerem Vergleich sehr deutliche Unterschiede einerseits in der Form der Kronenröhre, dem Drüsenringe und
der Narbe, andererseits in der Stammbildung und dem Wuchs
hervorthun.

·Desshalb sucht zuerst Regel[2] die Gesnera-Gattung
durch Ausscheidung der Genera *Rechsteineria* (Fig. 19.), die
sich durch kleinere Blüthen in langer, gipfelständiger Aehre
und fast sitzende Quirlblätter sehr bestimmt auszeichnet, wie
G. allagophylla Mart., und *Naegelia*, die, wie *G. zebrina*
Paxton, eine fast glockige Krone und einen wenig getheilten

---

1) **Bentham**, Pl. Hartw. p. 230.

2) **Regel**, in der Flora, 31. (1848.) p. 241

Ring besitzt, zu reinigen. Zugleich giebt er der Bentham'schen Section *Isoloma*, welche ihm noch unbekannt, den Namen *Kohleria*, den er jedoch, jenem ältern das Vorrecht lassend, später [1]) zurückzieht. Er wendet ihn dann auf eine abweichende Form, welche er von den Isolomaten trennt, von Neuem an. Demnach heissen nach ihm *Isoloma* (Fig. 14.) die Arten, welche eine oben und unten fast gleiche, gradröhrige Krone mit schmalem, wenig ausgebreitetem Saume haben, wie *G. hirsuta* H. B. Kth., *G. hondensis* Bot Reg., *G. rubricaulis* Kth. et Bonché etc.; *Kohleria* (Fig. 18.) aber diejenigen, deren Kronenröhre über der Basis geknickt, schiefer und meist zugleich kürzer erscheint, wie *K. ignorata* Regel, *G. Seemanni* Bot. mag., *G. Linkiana* Hort. Ber. etc. Nun aber ist der Name *Isoloma* schon von J. Smith im Jahre 1838 an eine Farrengattung vergeben worden, kann also diesen Gesneraceen mit Recht nicht verbleiben. Sie müssen also abermals anders benannt werden, und wir ändern daher „*Isoloma*" in „*Brachyloma*" um. Decaisne [2]) trennt mit eben so gutem Rechte von den übrig bleibenden Gesneren die mit weit klaffendem Rachen, langer, gewölbter Oberlippe und kurzer, fast verstümmelter Unterlippe, und giebt ihnen den Namen *Dircaea* [3]) (Fig. 21.), wegen der an einen Fischkopf erinnernden Kronen - Physiognomie.

Nun bleibt also zwischen den eigentlichen Brachylomaten und Kohlerien, — wie sie Regel genau abgrenzt, — mit fast völlig regelmässigem Kronensaum einerseits, und den stark rachenblüthigen Dircaeen von Decaisne andererseits, ein Bestand von Arten in der Mitte stehen, deren Blüthe, wenn

---

1) Regel, in der Bot. Zeit. 1851. p. 893.

2) J. Smith, Genera filicum.

3) Decaisne, Revue horticole, wie oben.

auch nicht so gleichsaumig wie bei jenen, so doch auch nur
schwach zweilippig, und bei Weitem nicht mit so hochgewölb-
ter, helmförmiger Oberlippe versehen ist, wie bei den Dircaeen. Diesen Rest nun theilt Decaisne, je nachdem in
der Blume nur die zwei Dorsaldrüsen oder alle fünf zur Entwickelung gelangen, abermals in noch zwei Genera, lässt
jenen den alten Namen *Gesnera*, und wendet auf diese die
Bentham'sche Sections-Benennung *Corytholoma* an.

Aber so gut sich dieser letzte von ihm angegebene Unterschied auch den Worten nach ausnimmt, und so haltbar
sich eine gleiche Unterscheidungsart auch in anderen Fällen
erweist, so lässt doch die unbefangene Anschauung der habituellen Verhältnisse dieser fraglichen Species solche Spaltung nicht wohl zu. Denn die Arten, welche Decaisne als
eigentliche Gesneren bei einander lässt, sind unter sich in
ihrem Wuchs viel abweichender, als sie es von den sogenannten Corytholomaten sind, und man würde dem Habitus
nach viel besser jene unter einander, als diese generisch
von jenen sondern. So sind einige Gesneren, die Verwandten
von *G. discolor* Lindl., von hohem, strauchartigem Wuchs,
mit weitschweifigen Blüthenrispen, andere mehr krautig, stau-
dig, wie *G. cochlearis* Hook., *G. rutila* Lindl. etc.; *G. tu-
berosa* Hook. entbehrt eines lang entwickelten Stengels ganz,
und *G. punctata* Hort. ist durch kleine Blüthen und Blätter,
durch zierlichen Wuchs und endlich noch durch zahlreiche
Axelknöspchen, die sonst sich bei den Gesneren kaum finden,
ausgezeichnet. Auch unter den Decaisne'schen Corytholomaten giebt es ähnliche Unterschiede. Man müsste also entweder beide Genera noch ferner in eine Zahl von anderen
scheiden, um auf Abtheilungen zu kommen, die unter sich
gleichwerthig sind, oder man muss *Corytholoma* bei *Gesnera*
lassen, und das Merkmal der grösseren Zahl entwickelter

Drüsen, das, wenn auch sonst wohl, doch in diesem Falle habituell nicht gerechtfertigt wird, nur zur Unterscheidung von Sectionen beachten. Es variiren ja auch die Rechtsteinerien mit **2—5** Drüsen, und der Augenschein hat uns gelehrt, wie in der ganzen engeren Verwandtschaft von *Gesnera* in dem Grade der Drüsenentwickelung Schwankungen häufig sind.

Da sich also unserer Meinung nach jede Spaltung in Genera irgendwie durch die Tracht rechtfertigen muss, so führen wir die Abtheilung *Corytholoma* Decaisne nur als Section unserer Gattung *Gesnera* (Fig. 20.) auf, indem wir derselben, nach obiger Andeutung, noch andere Sectionen, die gleich unterschieden sind, an die Seite ordnen, und nicht so weit gehen wollen, auch diese alle als Genera gelten zu lassen.

Mit besserem Rechte sind endlich noch zwei Arten, *G. pardina* Hook. und *G. elongata* H. B. Kth., als besondere Gattungen, und zwar jene von Decaisne[1]) als *Houttea* (Fig. 26.), diese von Regel[2]) als *Moussonia* (Fig. 27.) beschrieben worden. Die Blüthe der *Houttea* unterscheidet sich von den ächten Gesneren nicht erheblich, etwa durch den längeren, spitzblättrigen, kantigen Kelch, aber ihr Habitus ist abweichend, sie ist mehr strauchig und entbehrt der Knollen. Dasselbe ist bei *Moussonia* der Fall, die überdies noch durch die kurzröhrige, bauchigere Krone kenntlich ist. Die abweichende Vegetationsart beider entfernt sie von den Gesneren und nähert sie der Verwandtschaft der Rhytidophyllen.

Ferner bleibt eine in den Gärten als *Cheirisanthera atrosanguinea* (Fig. 15.) bekannte Art zu erwähnen, die sich, im Habitus den Brachylomaten ähnlich, von ihnen doch

---

1) Decaisne, Revue hort., wie oben.

2) Regel, Flora, wie oben

durch die mangelhaft entwickelten Drüsen, und von *Naegelia*
(Fig. 14.), der sie dadurch nahe kommt, durch die abweichende Kronenform unterscheidet, und somit in Gesellschaft
von einer Reihe sehr ähnlicher Südamerikaner als Genus bestimmt zu charakterisiren ist.   Auch hat R e g e l [1]) neuerdings schon versucht, diese Form als Gattung aufzustellen,
doch hat er die treffenden Charaktere nicht genug herausgefunden, sondern, wie auch an anderen Orten, manches Wichtige bei Seite gelassen und Unwichtiges erwähnt.   Er giebt
ihr den Namen *Heppiella*, und da der oben genannte Garten-
name durch keine Autorität gestützt ist, so sind wir genöthigt,
diesen anzunehmen, obwohl er sich durch seinen barbarischen
Klang und seine sprachlich nicht zu rechtfertigende Bildung
schlecht genug empfiehlt.

Eine neuerdings noch von R e g e l [2]) unter dem Namen
Sciadocalyx Warszewiczii abgebildete Gesneracee, die sich
durch schirmartige Ausbreitung des Kelches kenntlich macht,
steht der Gattung *Brachyloma* so nahe, dass sie ihrer Gruppe
sich anschliesst.

Alle diese aus der M a r t i u s'schen Gattung *Gesnera* her-
vorgegangenen Genera treten nun, im Ganzen betrachtet, mit
Ausnahme weniger rein strauchiger Arten, nach der Bildung
ihrer Wurzelstöcke sehr deutlich in zwei Haufen auseinander,
deren einer ein knolliges Rhizom besitzt, während der andere
zahlreiche, unterirdisch kriechende Stengel von jener oben
erwähnten schuppig kätzchenartigen Bildung entwickelt.

Diese Theilung verdient um so mehr beachtet zu werden,
als sie einerseits von den Abweichungen der Blüthentheile nir-

---

1) R e g e l , Gartenflora, 1853. p. 353.
2) Ebendas. 1853. p. 258. t. 61.

gends durchkreuzt wird, vielmehr darin ihre Bestätigung findet, andererseits der erwähnte zweite Haufen dadurch in eine viel nähere Verwandtschaft mit den demnächst zu besprechenden Gattungen der Achimeneen tritt, als jener erste. Wir betrachten daher diese beiden Gruppen als besondere natürlich getrennte Subtribus, und bezeichnen die Genera: *Dircaea* Dne., *Gesnera* Martins und *Rechsteineria* Rgl. als *Eugesnereae* (Fig. 19 — 21.), während wir unter der Benennung *Brachylomateae* (Fig. 14 — 18.) die Gattungen *Brachyloma*, *Kohleria*, *Sciadocalyx*, *Heppiella* und *Naegelia* Rgl. zusammenfassen.

Diesen standigen Pflanzen gegenüber sind alle oben aus der Verwandtschaft von *Rhytidophyllum* und *Pentarhaphia* angeführte Gattungen von strauchartigem Wuchs, und haben weder Knollen noch Kätzchen-Rhizome. Folgen wir streng diesem so wichtig erscheinenden habituellen Unterschiede, und nehmen auch die eben erwähnten Genera *Moussonia* und *Houttea*, obschon sie immerhin in den Blüthen den Eugesnereen sehr ähnlich sind, ihrer strauchartigen Natur gemäss zu jenen hinüber, so erhalten wir eine dritte natürliche Sippe durch die Vereinigung der Gattungen: *Rhytidophyllum* und *Conradia* Mart., *Pentarhaphia*, *Duchartrea* und *Capanea* Desne., *Codonophora* Lindl., *Ophianthe* n., *Solenophora* Benth., *Arctocalyx* Fuzl, *Houttea* Dcsn. und *Moussonia* Rgl. (Fig. 26 — 36.) — Die meisten derselben zeigen dann auch noch ausser der ähnlichen Tracht das gemeinsame Merkmal des gänzlich in den Kelch gewachsenen Fruchtknotens, wegen dessen sie schon von Walpers [1]) als besondere Tribus betrachtet werden.

---

1) Walpers, Repert. VI. etc.

Von allen den bisher besprochenen Gattungen, die mit
langröhriger und schmalsaumiger Corolle versehen, sind die
trichterartigen oder schief tellerförmigen Blumenkronen der
Sippe der Achimenen deutlich verschieden. Schon von
Brown[1]) unter besonderem Namen beschrieben, ist die noch
jetzt allgemein beliebte *Achimenes coccinea* die älteste Art
dieser Reihe. In seinen „Stirpes novae" abgebildet erhält
sie von L'Héritier[2]) den Namen *Cyrilla pulchella*, und
wird von ihm genauer charakterisirt. Willdenow[3]) nennt
das Genus mit wieder anderem Namen *Trevirana*. Bald unter diesem bald unter jenem dieser drei Namen reihten sich
überall in den Gärten in neuerer Zeit mehrere Arten in zahlreichen Varietäten jener ersten an. Für alle, die generisch
mit derselben wirklich übereinstimmen, behalten wir mit De
Candolle den ältesten Namen *Achimenes* bei. Viele Formen aber haben, abweichend genug, die Aufstellung neuer
Genera veranlasst.

Zuerst nennt Bentham[4]) eine Gattung *Diastema* (Fig.
12.), welche, zwar an Tracht den Achimenen nicht unähnlich,
doch im Blüthengrunde statt des feinen, häutigen Ringes fünf
langgestreckte, deutlich gesonderte Drüsen zeigt. Zu seinen
Arten *D. longiflorum* und *incisum* fügt er mit Recht einige von Pöppig[5]) beschriebene, welche dieser, die freien
Drüsen nicht beachtend, zur Willdenow'schen *Trevirana*
gesellt hatte. Auch Hooker[6]) bildet eine Art dazu, *D. ochro-
lcucum*, ab.

---

1) Brown, Jam. p. 271. t. 30. f. 1.
2) L'Héritier, Stirpes novae (Paris 1784.) p. 147. t. 71.
3) Willdenow, Enum. plant. 638.
4) Bentham, in Bot. of the Voy. of the Sulphur. p. 132.
5) Poeppig et Endlicher, Nov. gen. III. p. 8. t. 207.
6) Hooker, Bot. mag. 4254.

R e g e l trennt ferner von den ächten Achimenen die Arten *A. hirsuta* DC. und *pedunculata* Benth., die einen aufgeblasenen Schlund und einen fleischig - schwieligen Drüsenring besitzen, und nennt sie *Locheria* (Fig. 5.). Eine andere in
jeder Hinsicht weit abweichende Form mit sehr kleinen, stark
zweilippigen Blüthen, deren lange, zierliche Trauben sich
weit über die bodenständigen, grossen, weissfleckigen Blätter
erheben, nennt er *Köllikeria* [1]) (Fig. 2.). Beide Gattungen,
besonders die letzte, sind durch die Tracht gut begründet.

Mit gleichem Rechte scheidet D e c a i s n e [2]) die *A. picta*
unter dem Namen *Tydaea* (Fig. 13.) aus, da sie durch 5
Drüsen von *Achimenes* und *Locheria*, und durch die viel
grössere, schiefere Krone mit weiterer Röhre, wie durch
die ganze Tracht von *Diastema* abweicht.

Ferner giebt er der *A. multiflora* des Bot. Mag. den
generischen Namen *Mandirola* (Fig. 10.) Obwohl diese
Pflanze den Locherien in der Blüthenform ähnelt, so halten
wir dennoch auch diese Scheidung in Ansehung des fein häutigen, gekerbten Drüsenringes und des gesammten Habitus
für genügend gerechtfertigt.

Später stellt wiederum R e g e l [3]) die Gattung *Guthnickia*
(Fig. 6.) auf, die durch das allgemeine an *Mimulus* er-
innernde Ansehen der Blumen erheblich unterschieden, auch
der Diagnostik in der mundförmigen Narbe, der langen,
rachenförmigen Krone und den aufwärts an die Kronenbasis
gewachsenen Staubfäden genügende Kennzeichen bietet. Eine
andere, von W a r s c z e w i c z gesendete Art, die, an Tracht
und Blüthe den Diastematen nicht unähnlich, sich deutlich

---

1) R e g e l, Flora a. a. O.
2) D e c a i s n e, Revue hort. a. a. O.
3) R e g e l, Flora 32. p. 179.

durch den ungetheilten, mauerartig hoch aufstrebenden schwieligen Ring und die gebogene Kronenröhre charakterisirt, be-
neunt er *Dicyrta* (Fig. 7.).

So bleibt also jetzt nur noch eine wahre *Achimenes,*
was eine etwas schief tellerförmige, ziemlich grosse Krone mit
meist enger Röhre, eine zweispaltige Narbe und einen zarten, häutigen Ring um die Griffelbasis hat (Fig. 4.).

Einigen dieser Gattungen nicht unähnlich ist die im Bot.
mag.[1]) abgebildete *Gloxinia fimbriata*, welche durchaus
keine *Gloxinia* ist, und leichter schon den Garten-Namen
einer *Achimenes gloxiniflora* verdiente. Allein auch von
Locheria und *Mandirola*, denen sie am nächsten steht, ist
sie noch verschieden, und zwar von dieser durch den schwieligen Ring, von jener und überhaupt von allen übrigen durch
die ganz eigenthümlich geformte, becherförmige und unregelmässig gefaltete Narbe. Sie muss mithin als Ausdruck einer
besonderen Gattung betrachtet werden, für welche der Name
Plectopoma (Fig. 9.) vorgeschlagen werden mag.

Freilich steht dieser dem allgemeinen Ansehen nach
eine von Seemann[2]) beschriebene, *Scheeria mexicana*
(Fig. 8.) benannte Art sehr nahe, doch können wir sie, der
Abbildung[3]) des Bot. mag. folgend, derselben doch generisch
nicht anschliessen, da die mundförmige Narbe und die rück-
wärts gekrümmte Krone der *Scheeria* einer Vereinigung wi-
dersprechen. Leider hat uns diese letzte lebendig nicht vor-
gelegen, so dass wir fast anstehen, ganz über das Verhältniss beider Pflanzen abzusprechen. Einstweilen mögen sie als
zwei Genera neben einander stehen.

---

1) J. W. Hooker, Bot. mag. 4430.'
· 2) Seemann, in Bot. of the Herald, ined.
3) J. W. Hooker, Bot. mag. 4743.

Zuletzt noch bringen wir eine von C. Ehrenberg aus Mexico mitgebrachte zierliche Pflanzenart mit verkürztem Stengel und langgestielten Glockenblüthen, die einen feinhäutigen Ring, wie die *Achimenes*, einschliessen, unter dem Namen *Eucodonia* (Fig. 3.) in die Nähe der ächten Achimenen.

Alle diese an *Achimenes* angeschlossenen Pflanzen sind nun nicht allein durch die Gestalt der Blumenkrone zusammengebracht worden. Vielmehr tragen sie sämmtlich in ihrem zierlichen Wuchs, den schlanken Stengeln, dem weichen Laubwerk, den ausserordentlich zarten, niemals pelzartig behaarten Blüthen den Ausdruck näherer Verwandtschaft an sich, und gesellen sich so zu einer eigenen Sippe zusammen. Von den Engesnereen durchaus verschieden, den folgenden in der Blumenkronenform sich nähernd, haben sie alle überdies die Rhizom-Kätzchen mit den Brachylomaten gemein. Wir bezeichnen diese Subtribus, die nun die Gattungen *Achimenes* Brown, *Tydaea* Desne., *Diastema* Benth., *Eucodonia* n., *Köllikeria* Rgl., *Locheria* Rgl., *Guthnickia* Rgl., *Dicyrta* Rgl., *Scheeria* Seemann, *Plectopoma* n. und *Mandirola* Desne. umfasst, mit dem Namen der Achimeneen. (Fig. 2 bis 13.)

Schon hat Colla[1]) die Achimeneen als eine besondere Tribus der Gesneraceen aufgestellt. Derselbe kennt aber nur sehr wenige Arten davon, und auch diese, wie es scheint, nicht eben sehr genau. Er vertheilt sie in die Gattungen *Achimenes* und *Trevirana*, und bringt, da er bei der Unzulänglichkeit dessen, was er selbst gesehen hat, nicht übersehen kann, welche Kennzeichen zu natürlicher Sonderung

---

1) Al. Colla, Achimeneae, Gesneriacearum tribus nova etc., in den Memorie d. R. Accad. de sc. di Torino S. 2. T. 10. 1849. p. 203. Dec. 1845.

vorzugsweise zu beachten sind, statt Ordnung nur neue Verwirrung in die Sache. Zu *Achimenes*, welcher er ein zweifächriges Ovarium zuspricht, rechnet er, nach seinen Citaten,
ausser *A. longiflora* noch eine *Locheria*, eine *Tydaea*, eine
Mandirola u. s. w. *Trevirana* nennt er die *Achimenes coccinea* und ein Paar andere. Eine Art, *A. grandiflora*, von
der er unter andern meint, dass ihr Kronensaum $^3/_2$ - lippig
sei, glaubt er generisch als *Salutiaea* trennen zu müssen.
Da sie aber eine ächte und gute *Achimenes* ist, kann diese
Gattung nicht angenommen werden, und zwar um so weniger,
als seine Diagnosen, die sich auf gleichgültige oder sogar
unrichtige Merkmale stützen und wichtige übersehen, unhaltbar sind.

Aber ein anderes Genus noch ist nothwendig hierher zu
ziehen, welches irrthümlich mit fremden Arten verbunden ist.

Zugleich mit *Achimenes* stellte nämlich L'Héritier[1])
eine andere Gattung *Gloxinia* (Fig. 11.) auf, die durch eine
glockenförmig erweiterte Krone von den früher bekannten
Gesneraceen abwich. Die erste Art war *G. maculata*, welcher sich seitdem eine Anzahl fernerer Arten angereiht hat,
die ihr jedoch durch nichts, als durch die Blumenkrone oberflächlich ähnlich sind. Diese neuen sogenannten Gloxinien
(Fig. 25.) haben ein knolliges Rhizom und meist stark behaartes Kraut. Jene ist fast kahl, von schlankerem Wuchs
und mit Schuppenkätzchen versehen, eine durchaus verschiedene Pflanze.

Dies bemerkend schlug daher Decaisne vor, die neueren
Gloxinien als Gattung *Ligeria* von dem alten Genus des
L'Héritier abzusondern. Regel[2]) fand für besser, lieber
den neueren Arten, als der Majorität, den Namen *Gloxinia*

---

1) L'Héritier, Stirp. nov. p. 149.
2) Regel, Saamenkat. d. Zürich. G. 1848. — Bot. Zeit. 1851. p. 891.

zu lassen, und jene *G. maculata Salisia* zu nennen. Da
aber L'Héritier's Beschreibung, an die man sich doch
zunächst halten muss, nach jener ersten Species allein gemacht, auf dieselbe viel besser passt, als auf alle neueren,
und da auch überdies die *maculata* in den Gärten noch ebenso
als *Gloxinia* bekannt ist, wie die übrigen Arten, so liegt
hier weder dem Rechte noch der Zweckmässigkeit nach, wie
etwa in einem oben besprochenen Falle, ein genügender Grund
zu solcher Vertauschung der Namen vor.

Wir folgen daher der Ansicht von Decaisne[1]), indem
wir, mit Umgehung der Regel'schen Benennungsweise, die
alte *G. maculata* nebst der nah verwandten, im Bot. mag.[2])
abgebildeten *pallidiflora* nach wie vor *Gloxinia*, die ge-
sammte übrige Anzahl der neueren Arten aber *Ligeria* nennen. Zugleich müssen wir dann aber jene ächten Gloxinien
(Fig. 11.) in die Sippe der Achimeneen verweisen, denen sie
im Habitus des Laubwerks und der schuppigen Rhizome gleichen, während wir mit den knolligen Ligerien eine neue
Subtribus beginnen.

Wir heissen also *Ligeria* (Fig. 25.) diejenigen Gesneraceen, welche auf kurzem Stamme langgestielte, grosse
Blumen tragen, deren Krone aus enger Basis sich schief
glockenartig erweitert, welche fünf Drüsen um einen zugespitzten Fruchtknoten besitzen.

Von ihnen trennen wir mit Nees[3]), Lindley und Decaisne die Arten, die einen ausgeprägt fünfeckigen oder
gar fünfflügeligen Kelch und eine weniger bauchige, dagegen

---

1) Decaisne, Revue Hort. a. a. O.
2) Bot. mag. 4213.
3) Nees, Ann. d. sc. nat. 6. p. 292.

am Rücken aufgetriebene Krone von meist grünlich bleicher
Farbe' besitzen, als Gattung *Sinningia* (Fig. **24**.) ab. Martins liess die Sinningien bloss als Section der Gloxinien gelten, doch sind sie von den Ligerien ebenso verschieden, wie
manche Gattungen sonst, und können, will man folgerecht
und gleichmässig verfahren, nicht in Gemeinschaft mit jenen
als ein Genus betrachtet werden.

In den Typen der *Gloxinia tubiflora* des Bot. mag.[1]),
deren weisse, tellerförmige Blumen, eine ausnehmend lange
Röhre und statt 5 freier Drüsen durch Verwachsung der **2**
rückenständigen nur **4** besitzen, und der *Gloxinia hirsuta*[2]),
die durch eine kürzere, enge Kronenröhre mit fast flachem
Saume kenntlich ist, finden wir zwei neue Gattungen, deren
erste *Dolichodeira* (Fig. **22**.), wegen der überlangen Blumenröhre, und deren zweite *Stenogastra* (Fig. **23**.), wegen der
bauchlosen Krone, heissen könnte.

Dann bilden die Gattungen *Ligeria* Desne., *Sinningia*
Nees, *Dolichodeira* und *Stenogastra* n., durch ihre grösseren Kronen von den Eugesnereen und durch ihre knolligen
Rhizome von den Achimeneen verschieden, eine besondere natürliche Subtribus, die *Ligerieae* (Fig. **22 — 25**.) genannt
werden mag.

Noch bleibt endlich eine Gattung mit angewachsenem
Ovarium übrig, die sich den bisher entwickelten Sippen auf
keine Weise anschliessen will, nämlich die *Niphaea* (Fig. **1**.),
welche Lindley zuerst im Bot. reg.[3]) abbildet und beschreibt.
Sie ist den kleinen Achimeneen- und Ligerieen-Gattun-
gen in der Tracht nicht ganz unähnlich, steht jedoch mit der

---

1) Hooker, Bot. mag. 3971.
2) Bot. reg. 12. 1004.
3) Lindley, Bot. reg. 1841. 172. — 1842. 5.

röhrenlosen, radförmigen Krone unter allen Gesneraceen allein
da. Als gleichweit von allen andern entfernt, betrachten wir
sie als eine besondere Subtribus *Niphaeeae.* Regel lässt
sich durch die Uebereinstimmung der Narbe und die schein-
bare Aehnlichkeit des perigynischen Ringes bestimmen, diese
Gattung neben *Moussonia* zu stellen, obgleich doch kaum
zwei Gesneraceen-Gattungen in allen anderen Theilen un-
ähnlicher sein können, als diese.

Somit haben sich nun die wenigen ersten Genera zu sehr
zahlreichen Gattungen in sechs Sippschaften gegliedert, indem
sich aus der alten Gesnera-Gattung des Plumier drei Subtribus, die Rhytidophylleen, Eugesnereen und Brachylomateen
entwickelt haben; aus der *Achimenes* Brown's und der ächten *Gloxinia* des L'Héritier die Sippe der Achimeneen,
und aus den unächten Gloxinien die der Ligerieen hervorgegangen und als sechste die Niphaeen hinzugetreten sind.

Zu einer andern, nicht minder umfassenden Gruppe sind
die Genera *Besleria* und *Columnea* Plum. herangewachsen,
welche nun jenen ersten als eine andere Haupt-Tribus gegenübertreten.

Es ist recht auffallend, wie ungleich die Formbeständig-
keit der einzelnen Blüthen-Organe in diesen beiden Abtheilungen der Familie ist. Ein Organ, welches in der einen
dem mannigfachsten Wechsel unterworfen ist, zeigt in der
andern kaum irgend einen geringen Unterschied. In den bisher besprochenen Gattungen, die als Tribus der *Gesnereae*
(Fig. 1—36.) zusammenzufassen sind, spielt die Verschiedenheit der Drüsenentwickelung eine bedeutende Rolle. Bei den
nun folgenden, welche wir mit Martius als *Beslerieae* (Fig.
37—67.) bezeichnen, findet sich mit ausserordentlicher Be-
ständigkeit fast ohne Ausnahme auf der Dorsalseite des Ringes

ein verwachsenes Drüsenpaar entwickelt, während die bauch-
ständigen Drüsen unsichtbar bleiben. Umgekehrt treten dafür in dieser zweiten Tribus Unterschiede in der Insertion
der Staubgefässe auf, die bald einfach dem Kronengrunde
angewachsen, bald zu einer Halbröhre unter einander verbunden sind, welche hier frei das Ovarium umgiebt, dort der
Krone selbst anhängt, während die Staubfäden der Gesnereen fast überall vom untersten Saume der Kronenröhre entspringen. Auch der Kelch zeigt nur hin und wieder bei den
Gesnereen eine auffallende, besonders eigenthümliche Bildung, während gerade er die verschiedenen Gestalten der
Beslerieen vorzugsweise charakterisirt.

Dagegen ist die Blumenkrone in der einen, wie in der
andern Tribus dem merkwürdigsten Formenwechsel unterworfen, und es ist auffallend genug, wie sich dieselben Grund-
gestalten der Krone auf beiden Seiten wiederholen, so dass
sich durch beide Gruppen ein gewisser Parallelismus der
Kronenform verfolgen lässt. Allein während bei den Gesnereen die einzelnen, wenn auch oft kleinen Unterschiede der
Krone fast überall deutlich ausgeprägt sind, und ausserdem
mit den Verschiedenheiten anderer Blüthentheile sowohl als
des ganzen Habitus gruppenweise gut übereinzustimmen pflegen, lässt sich ein Gleiches bei den Beslerieen weniger bemerken. Vielmehr scheint es dem ersten Anblick, als ob in
dieser Tribus, so seltsam und auffallend verschieden auch
die Blumenkrone darin vorkommt, dennoch alle diese abweichenden Gestalten durch leise Uebergänge von Art zu Art
dergestalt mit einander verknüpft wären, dass sich kaum
irgendwo eine berechtigte Grenze mit Schärfe ziehen liesse.
Man hat Mühe, durch genauen Vergleich die lange Reihe zu
scharf umgrenzten und systematisch erkennbaren Gattungen
zu zergliedern, und es wird dies um so schwerer, als auch

die habituellen Unterschiede zwar keinesweges fehlen, aber
doch von Gattung zu Gattung sich oft bedentend verwischen.
Fast überall haben wir es hier mit halbstranchigen Pflanzen
zu thun, die sehr häufig klettern. Knollen sind bisher nur
bei wenigen, kätzchenartige, kriechende Rhizome bei keiner
hierher gehörenden Art gefunden.

Dazu kommt für die sichtende Systematik noch der grosse
Uebelstand, dass die Beslerieen in den Gärten sich lange noch
nicht einer solchen Verbreitung erfreuen, als die Gesneréen.
Es haben uns daher nur von verhältnissmässig viel wenigeren
Arten jener Tribus lebende Pflanzen zu Gebote gestanden,
als von dieser, und die getrockneten lassen, so gut sie erhalten seien, doch oft gar sehr im Stich, wo man von der
Gesammttracht der Pflanze sich ein treues Bild verschaf-
fen will.

Angesichts dieser Schwierigkeiten geben wir daher im
Voraus gern zu, dass die Classification der von uns aufge-
führten Arten dieser zweiten Tribus im Besonderen noch manche Verbesserung wird erfahren können, wenn man erst eine
grössere Menge lebender Beslerieen in den Gärten beobachten
wird, obgleich wir andererseits bei dem bedeutenden Material,
das uns in getrockneten Exemplaren vorliegt, hoffen können,
bei Feststellung der Genera und Vertheilung der Species im
Allgemeinen nicht fehlgegriffen zu haben.

Die meisten hier und da von einzelnen Autoren aufgestellten Gattungen erweisen sich bei näherem Vergleich als
haltbar und richtig, aber zugleich sind aller Orten in die
früher aufgestellten Gattungen eine Menge Arten eingereiht
worden, die, sehr verschieden von ihren älteren Mitarten, die
Gattungscharaktere gänzlich verwischten, und in dieser Tribus
eine Verwirrung hervorriefen, welche die in der vorigen ent-

standene noch bei ·Weitem übertrifft. Um also nicht höchst
abweichende Species in weiten und schlecht-umgrenzten Gattungen neben anderen neuerdings schärfer umzeichneten stehen zu lassen, ist man genöthigt, einzelne jener älteren Genera noch ferner zu theilen, um so auf Gattungen zu kommen, die nicht allein unter sich, sondern auch mit denen der
vorigen Tribus gleichwerthig sind.

Wir halten dafür, dass die Physiognomie dieser einzelnen Gattungen sehr häufig ausser in der Kronenform, die in
der ganzen Familie die erste Rolle spielt, und in einzelnen
anderen Theilen, die hier und dort einen Ausschlag geben,
vorzüglich in der oft sonderbaren Bildung des Kelches ihren
Ausdruck findet, auf den daher besonders zu achten ist.

Wenn nun die Trennung der einzelnen Gattungen schon
schwer ist, so ist es noch mehr die Aufstellung von dergleichen Subtribus, wie sie sich in der ersten Tribus so leicht
und natürlich dem unbefangenen Beobachter fast aufdrängen.
Die ganzen Beslerieen aber etwa als nur eine Subtribus jenen
gleich achten zu wollen, ist wiederum nicht thunlich, weil
einerseits sie ja eine den gesammten Gesnereen gleichlau-
fende entsprechende Formenreihe darstellen, und andererseits
man recht wohl bemerkt, wie sich hier wie dort näher verwandte Genera um gewisse Haupttypen gruppiren, welche an
sich verschieden genug sind, nur dass die Grenzen zwischen
ihnen bei den Beslerieen durch zu viele Uebergangsformen weniger deutlich werden.

Indem wir daher, möglichst der Natur folgend, versucht
haben, solche Haupt-Physiognomien herauszufinden, und um
sie zu ordnen, was zu ihnen gehört, stellen wir dieselben
hier als Subtribus auf, ohne wiederum solche Gliederung als
abgeschlossen ansehen zu wollen. Auch sie überlassen wir

vielmehr ebenso einer auf Beobachtung der Pflanzen in ihrem ganzen Verhalten begründeten fortschreitenden Entwickelung.

Keinesweges aber wolle man die hervorgehobenen künstlichen Merkmale, die, wie es der terminologische Mechanismus eines Systems erfordert, Sippen oder Gattungen auf dem Papier sondern, etwa als die Ursachen der Trennung ansehen. Vielmehr sind diese erst herausgesucht, nachdem nach Ansehen und Bau das Verwandte zusammengefasst worden war.

Und nun zum Einzelnen.

Plumier führt vier Beslerien-Arten auf, die in der Folge zu drei Gattungen auseinander getreten sind, nämlich *B. melittifolia*, *lutea* (α. und β.) und *cristata* L. Seine Gattungs-Diagnose ist so weit, dass noch heute fast die ganze Tribus hineinpassen würde. Es konnte mithin in dieser alten Form die Gattung eben so wenig bestehen bleiben, als seine *Gesnera*. Aber obgleich sie Martins mit bestem Rechte theilte, und, da jede der Urarten auf den Namen *Besleria* gleichen Anspruch erheben konnte, nach eigenem Belieben den Gattungscharakter dergestalt beschränkte und genau feststellte, dass nun, neben einer neu von ihm beschriebenen *B. umbrosa*[1]), die er wohl besonders als Typus betrachtete, nur noch *B. lutea* hineinpasst, so findet man dennoch in Gärten und Werken noch Arten aus den verschiedensten Gattungen als Beslerien aufgeführt.

Eine legitime *Besleria* (Fig. **61.**) darf nach Martius keine Dorsaldrüse, sondern nur einen nackten hypogynischen Ring besitzen, und muss ausserdem einen ganzrandigen Kelch haben, und wir müssen uns, wollen wir nicht in dieser an sich schon schwierigen Tribus in eine endlose generische Con-

---

1) Martius, Nov. gen. III. p. 40. t. 216 etc.

fusion gerathen, bei Sichtung der zahlreichen sogenannten Beslerien durchaus an die Bestimmung halten, die Martius zu geben das Prioritätsrecht hatte. Um noch sicherer eine Grenze ziehen zu können, fügen wir noch als Merkmal die kurzröhrige, fast krugförmige Krone mit nicht zu breitem Saume hinzu.

Aus der *B. cristata* L. dagegen bildet Martius, indem er manche neuen, von ihm gefundenen Species hinzufügt, die Gattung *Alloplectus* (Fig. 50. A. B. C.), nach der Eigenthümlichkeit des weiten, gefärbten, lockern Kelches. Auch bei dieser legen wir auf die röhrenförmige Krone mit schmalem Saume Gewicht.

B. melittifolia L., die erste Art von Plumier, unterscheidet sich durch einen Kelch, der weniger weit und offen als der von *Alloplectus*, aber doch grösser als der von *B. umbrosa* ist, von beiden durch den viel breiteren Kronensaum, und von *Besleria* Mart. noch durch die Dorsaldrüse, die dieser fehlt. *Besleria pulchella* Don [1]) stimmt mit ihr überein, so wie noch manche neuere Species. Beide können daher im Martius'schen Sinne unmöglich noch als Beslerien betrachtet werden, passen aber auch eben so wenig zu seiner Gattung *Episcia*, noch zu sonst einer andern, wenn man auf genaue Diagnosen kommen will. Wir müssen ihnen und ihren Verwandten daher den Namen *Besleria* entziehen, und schlagen vor, dieselben als besondere Gattung mit der Benennung *Skiophila* (Fig. 41.) zu belegen.

Die Pflanzen, die Martius als *Episcia* (Fig. 38.) beschreibt und abbildet, haben wie diese letzten Arten zwar einen sehr weiten Kronensaum, aber ihre Röhre ist schlanker,

1) Bot. mag. 1146.

im Kelch gerade aufrecht und leicht gebogen, der Kelch selbst klein und schmalblättrig. Von eigenthümlichem Habitus, wie die Martius'sche Abbildung zeigt, bilden sie ein gut unterschiedenes Genus.

Zu diesen zieht Hooker [1]) eine Art als *E. bicolor,* die nicht allein in der Tracht sondern auch in der Blumenform und, der erwähnten Abbildung der *E. reptans* zufolge, auch in der Insertion der Staubfäden von ihnen völlig abweicht. Da sie auch zu keiner andern bisher beschriebenen Gattung passt, sondern durch die doppelt gekrümmte, gegen den Schlund hin stark aufgetriebene Kronenröhre mit flach ausgebreitetem Saume deutlich charakterisirt ist, nennen wir sie *Physodeira* (Fig. 40.), und lassen sie als solche in der Nähe der immerhin nah verwandten *Episcia* Mart. stehen.

Wir gesellen ihr eine andere Pflanze zu, die im Bot. mag. [2]) als *Hypocyrta gracilis* Mart. abgebildet wird, aber bei Vergleichung der Abbildungen unmöglich mit dieser Pflanze zusammenzubringen ist, vielmehr in ihrer Kronenform, der Abbildung nach, die jener *Ph. bicolor* genau wiederholt. Freilich scheint im Bilde der Habitus beider Arten verschieden zu sein, so dass erst die Beobachtung der lebenden Pflanze, die uns nicht zugänglich war, entscheiden wird, ob beide wirklich zusammenpassen.

In diese Reihe muss auch eine andere im Bot. Magazine [3]) abgebildete Pflanze gebracht werden, die seltsam genug als *Achimenes cupreata* aufgeführt wird, obgleich sie doch mit der Gattung *Achimenes*, abgesehen von einer ganz oberflächlichen Kronenähnlichkeit, nicht die geringste Ueberein-

---

1) Hooker, Bot. Mag. 1848. 4390.
2) Ebendas. 1850. 4531.
3) Ebendas. 1848. 4312.

stimmung hat, weder im Habitus, noch im Bau des Einzelnen, wie ja das auch Hooker's gute Abbildung selbst deutlich genug zeigt. Der Tracht nach steht sie der *Ep. reptans* Mart. sehr nahe, ist aber doch durch die zweimal gekrümmte Kronenröhre, die schief eingesetzt ist, und durch die unten zusammengewachsenen Staubfäden verschieden. Wir stellen sie als *Cyrtodeira* (Fig. 39.) neben *Episcia* Mart. und *Physodeira* n.

Als *Drymonia calcarata* bildet Martius[1] eine Pflanze ab, die durch die weitglockige, fast gloxinienartige Krone so wie auch durch ihre Tracht überhaupt von den vorigen generisch verschieden ist. Mehrere später entdeckte Arten sind von anderen Autoren diesem Genus beigezählt worden. Unterziehen wir sie alle aber einem genauen Vergleiche, so finden wir in ihnen zwei verschiedene Typen ausgedrückt. Die ächte *Drymonia* Mart. (Fig. 46.) hat eine oben und unten bauchig aufgetriebene Kronenröhre, eine zweilappige Narbe und, — was ihr vor Allem eine besondere Physiognomie verleiht, — einen weiten Kelch mit 5 grossen, meist sehr breiten, schief herzförmigen, ungleichen Blättern. Dazu kommt eine sehr grosse Dorsaldrüse, die von einem deutlichen Ringe noch gleichsam umgürtet wird. So ist es ausser bei *D. calcarata* noch bei *D. serrulata* und *spectabilis* Mart. — Dagegen besitzt *D. punctata* Lindl.[2] nebst mehreren ihres Gleichen eine engere, fast cylindrische Kronenröhre, eine mundförmige Narbe, schmalere Kelchblätter und einen weniger deutlichen Drüsenring. Das Zusammenbleiben so verschiedener Arten würde eine Abgrenzung der Gattung gegen ihre Verwandten unmöglich machen, und wir schlagen

---

1) Martius, Nov. gen. a. a. O.
2) Lindley, Bot. reg. 1843. Misc. 77.

daher vor, indem wir *Drymonia* nur die mit jener ältesten
Martius'schen Art übereinstimmenden nennen, nach dem
Ausdruck von *D. punctata* Lindl. für die Verwandten der-
selben ein anderes Genus, *Alsobia* (Fig. 46.), anzunehmen.

Im Habitus und in der Kronenform den Drymonien und
Alsobien ähnlich sind zwei im Botanical Magazine[1]) abgebildete, der Bentham'schen Gattung *Centrosolenia* zuge-
schriebene Arten, *C. glabra* Benth. (Fig. 43.) und *C. picta* Hook.
Sie zeichnen sich durch schmale Kelchblätter, durch unterhalb röhrig verwachsene Staubfäden und ferner dadurch aus,
dass der so vielen Gattungen eigenen Dorsaldrüse gegenüber
noch eine ventrale zum Vorschein kommt. Obwohl aber
Bentham die *C. glabra* selbst für eine *Centrosolenia* erklärt, so leuchtet doch die generische Zusammengehörigkeit
dieser Pflanzen mit der Bentham'schen *C. hirsuta*[2]), welche überdies auf ein mangelhaftes Exemplar begründet ist,
das der Beschreibung nach im Habitus erheblich abweicht,
durchaus nicht ein. Während wir also diese Arten von Hooker nicht als wirkliche Centrosolenien gelten lassen können,
und überhaupt nicht einmal im Stande sind, diesem Genus
im Systeme der Beschreibung nach einen Platz anzuweisen,
betrachten wir jene neuen Arten für ein Genus für sich,
und nennen es in Bezug auf die grosse Aehnlichkeit mit der
Martius'schen Gattung *Drymonia*, — im Habitus sowohl
wie in der Blumenform, — *Paradrymonia.*

Im Bot. Mag. finden wir zu der *C. glabra* und *C. picta*
noch eine *C. bractescens*[3]) hinzugefügt, welche jedoch wiederum weder zu den Hooker'schen noch zu der Bentham-

---

1) **Hooker**, Bot. mag. 4552 u. 4611.

2) **Bentham**, Lond. Journ. of bot. V. p. 362.

3) **Hooker**, Bot. mag. 4675.

schen Art passt. Die Abbildung zeigt ausser einem eigenthümlichen Habitus einen auffallend abweichenden Kelch, welcher 4 ziemlich gleiche, etwa halbverwachsene Blättchen, und
diesen gegenüber ein fünftes dorsales, bis zum Grunde freies
besitzt, das durch einen herabragenden Kronensporn von den
anderen weggedrängt wird. Eine einzelne Dorsaldrüse und
gewaltig grosse Bracteen tragen zur Unterscheidung dieser
Pflanze bei, die wir als Genus für sich betrachten müssen
und für welche wir den von L i n d e n [1]) aufgestellten Namen
Nautilocalyx, — obwohl ihn H o o k e r nicht mit Unrecht
wenig bezeichnend findet, — wieder aufnehmen. P l a n c h o n [2]),
der diese Pflanze auch zu den Centrosolenien bringt, giebt
ihr als Subgenus den Namen *Ostreochlamys*.

In die Nähe dieser Gattungen gehört auch die von K a r -
s t e n aus Venezuela gesandte und abgebildete *Heintzia
tigrina* (Fig. 42.). Durch die Tracht gut charakterisirt,
lässt sie sich doch für den ersten Anblick kaum durch bestimmte Merkmale von den so nahestehenden Gattungen
Skiophila, *Alsobia* und *Alloplectus* trennen, zeigt sich
aber bei genauerem Vergleich durch die pelzartig behaarte
Krone, von der ersten, den weiteren glockigen Kelch von
der zweiten und den breiten Kronensaum von der letzten ge-
nugsam verschieden.

Alle diese bisher genannten Genera gruppiren sich um
die Typen von *Besleria melittifolia* Pl., (*Skiophila* n.)
Episcia reptans und *Drymonia calcarata* Mart., sie durch
Uebergänge verknüpfend und umstellend. Eine andere Zahl
reiht sich um *Alloplectus* Mart., und geht in ihren Formen
darüber hinaus.

---

1) L i n d e n, Catal. 1851. p. 12.
2) P l a n c h o n, in Flore d. serres VI. livr. 11.

Die mannigfaltigen Arten von *Alloplectus*, deren über-
einstimmende Physiognomie besonders durch den eigenthümlichen
gefärbten, locker die Krone umhüllenden, grossen Kelch be-
dingt ist, zeigen sich in der Krone selbst ziemlich veränderlich. Bald ist dieselbe etwas weiter, bald enger, bald fast
gerade aufrecht, bald schief, sogar fast ganz wagerecht in
den Kelch eingesetzt, mit einem hier mehr, dort nur sehr
wenig geöffneten Saume. Aus fast regelmässiger Walzenform
wird sie je geneigter, desto bauchiger, und nähert sich zuletzt der seltsam aufgeblasenen Blumenform der Hypocyrten
(Fig. 59.). So verschieden aber auch durch diese Wandel-
barkeit der Kronen einzelne Arten, wie *A. speciosus* und
A. dichrous, von einander zu sein scheinen, so will es doch
bis jetzt noch nicht gelingen, zwischen den leisen und mannigfach sich kreuzenden Uebergängen eine zu generischer
Trennung berechtigende Grenzlinie zu ziehen. Wohl jedoch
ist eine solche leicht zwischen *Alloplectus* und einer andern
Martius'schen Gattung, *Hypocyrta*, die jenem sehr nahe
steht, zu finden, da diese stets einen kleinen, ziemlich an-
liegenden, völlig oder fast ganzrandigen Kelch haben. Die
Hypocyrten besitzen alle deutlich krugförmige Blüthen mit
bemerkbarem Bauch. Allein unter ihnen macht sich noch
eine generische Scheidung nöthig. Schon Martius vertheilt
bei Aufstellung dieses Genus die Arten desselben in zwei
Sectionen, und nennt die mit übermässig aufgetriebenem Bau-
che, deren reiner Ausdruck in seiner *H. hirsuta* und ihren
Verwandten vorliegt, *Oncogastra* (Fig. 59.), und *Codonanthe*
(Fig. 60.) dagegen die weniger aufgeblasenen, mehr krug-
förmigen Arten. Angesichts der Wichtigkeit, die wir beim
Ueberschauen der gesammten Formenreihe überhaupt der Kronengestalt beizulegen uns gezwungen sehen, erscheint es nicht
thunlich, Pflanzen mit so ausserordentlich auffallender Blumen-

krone, wie die Oncogastren, als zu derselben Gattung gehörig zu betrachten, wie die Codonanthen, welche den wahren
Beslerien fast zum Verwechseln ähnlich, dieselbe Kronenform,
gleichsam in ebenmässiger Entwickelung darstellen, die in
den Oncogastren als Zerrbild erscheint. Indem wir also allein
diesen letzten, bei welchen der Bauch den Saum an Ausdehnung übertrifft, als den wahren Hypocyrten (Fig. 59.), diese
Benennung, die offenbar auf s i e deutet, lassen, betrachten
wir das Subgenus *Codonanthe* (Fig. 60.) Mart. als 'gleich-
werthige Gattung, kenntlich durch den engeren, vom Saum
an Breite übertroffenen Bauch, und stellen sie zwischen *Hy-*
pocyrta und *Besleria* Mart.

In die Nähe der *Hypocyrta* ist auch die von B e n t h a m[1])
aufgestellte Gattung *Gasteranthus* (Fig. 58.) zu ziehen, deren
Blume gleichsam eine Hypocyrten-Blüthe mit grösserem, hinten herausgestrecktem Sporn ist. Unter dem Namen *Hygea*
(Fig. 62.) werden wir eine chilenische Gattung beschreiben,
deren Krone, sich oberhalb mehr trichterförmig öffnend, den
wahren Beslerien ähnlich ist. Beide Gattungen haben nicht
eben sehr charakteristische Blumenformen, jedoch wird ihre
generische Trennung durch die Tracht der Pflanzen befür-
wortet.

Mehrere von W a r s z e w i c z in Costa Ricca gesammelte Beslerien, die von O e r s t e d[2]) als neue Gattungen benannt sind, nähern sich wegen ihrer weiten, mannigfach gebildeten Kelche mehr den Alloplecten. Unter ihnen ist zunächst *Erythranthus* (Fig. 51.) dieser Gattung am nächsten
verwandt, kenntlich durch den sehr schiefen Kelch und den,
wenn auch kurzen, doch deutlich zweilippigen Kronensaum.

---

1) B e n t h a m, Pl. Hartw. p. 233.
2) O e r s t e d in seinem Herb.

Calanthus (Fig. 53.) hat regelmässig scharf gezähnte, lanzettliche Kelchblätter und eine kurze, kleine, ziemlich gerad
aufrechte Krone; *Stenanthus* (Fig. 54.) längere, pfriemlich
gezähnte Kelchblätter und eine langröhrige, schiefere, unten
gekrümmte Krone.

Eine der letzten Gattung nicht unähnliche andere nennen
wir *Polythysania* (Fig. 55.), weil ihre Kelchblätter, am
Rande eingeschnitten, kleine Büschel langer Franzen tragen,
die schleierartig die Krone umgeben, welche selbst fast horizontal liegt und in einen kurzen, weiten Sporn verlängert ist.

Endlich gehören in diese Verwandtschaft noch eine Reihe
von Pflanzen, die von verschiedenen Autoren als Columneen
beschrieben sind. *Columnea scandens*, die Art, nach welcher Plumier diese Gattung zuerst begründet hat, ist eine
Pflanze mit Blumen von ausdrucksvoller Eigenthümlichkeit.
Die helmförmig aufrechte, schwach zweispaltige, gewölbte
Oberlippe, die zwei seitlichen Lappen der Unterlippe, die
hoch hinauf mit jener verwachsen, endlich der lange, schmale,
vor- oder herabgestreckte mittlere Zipfel derselben, machen
unter allen langröhrigen Blüthen die, welche mit der genannten Urart verwandt sind, leicht kenntlich. So sind *C. Schiedeana* Schldl., *hirsuta* Sw. und andere, die von verschiedenen Autoren der Plumier'schen Gattung mit Recht einge-
ordnet worden. Diesen sind jedoch von Bentham [1] einige
neue Arten beigezählt, unter denen eine, *C. acuminata*, sich
durch einen ganz kurzen, kaum zweilippigen Kronensaum
auszeichnet. Den Unterschied selbst hervorhebend, begründet
derselbe mit dieser Art eine Section, die er **Ortholoma**

---

1) Bentham, Plant. Hartw. p. 232. n. 1261 etc.

(Fig. 56.) benennt. Wollen wir diese jedoch, der wir aus
vorliegendem Material wiederum einige Arten beifügen können, als *Columnea* ansprechen, so würde diese Gattung dann
durchaus alles einheitlichen Ausdrucks entbehren und sich
kaum durch künstliche Merkmale festhalten lassen. Die Blume
des *Ortholoma* ist einer *Hypocyrta* mindestens ebenso ähnlich wie einer *Columnea*, und gleicht vor Allem der Krone
des *Stenanthus* vollkommen. Die wahren Columneen jedoch,
die der *scandens* gleichen, bilden eines der natürlichsten Genera. Demnach ist *Ortholoma* nicht allein, wie Bentham
schon mit Recht wollte, von *Columnea* generisch gänzlich
zu trennen, sondern auch von ihrer Seite in die Nähe der
Hypocyrten zu bringen.

Eben so wenig wie diese *Ortholomata* kann die von
Pöppig [1] abgebildte *C. moesta* als *Columnea* gelten. Der
schmale, absonderlich geformte Kronensaum, die linearen
Kelchblätter und besonders die 5 breiten Drüsen, die Pöppig
darstellt, machen eine solche Vereinigung unmöglich; aber
die letzten Kennzeichen lassen auch nicht zu, sie mit dem
Ortholoma, wie Bentham's Ansicht zu sein scheint, zu ver-
einen. Wir nennen sie, der Abbildung Folge gebend, *Stygnanthe moesta* (Fig. 57.), und setzen sie neben *Ortholoma*.

Noch bildet Hooker [2] eine *C. aureonitens* ab, die
ebenfalls mit den ächten Columneen wenig gemein hat. Eine
kurze Krone, deren äusserst schmaler, fünzähniger Saum
kaum geöffnet ist, blickt wenig aus einem pelzartig behaarten Kelch und ähnlichen Bracteen hervor. Sie wäre noch
eher ein *Alloplectus* oder eine *Codonanthe*, als eine *Columnea*,

---

1) Poeppig et Endlicher, Nov. gen. et sp. III.
2) Hooker, Bot. mag. 4294.

gehört aber auch zu jenen nicht, unterschieden durch die lanzettlichen, langhaarigen, zähnig-eingeschnittenen Kelchzipfel
und die röhrig vereinten Staubgefässe, welches letzte Merkmal allein an *Columnea* erinnert. Daher spricht auch schon
Lemaire [1]), indem er die Hooker'sche Abbildung wiedergiebt, die Vermuthung aus, dass diese Pflanze ein eigenes
Genus ausmache, und schlägt für dasselbe den Namen *Collandra* vor, indem er von der irrigen Ansicht ausgeht, dass
sonst nirgends unter den Gesneraceen röhrig verwachsene Staubgefässe vorkämen, was ja bei den ächten Columneen überall
der Fall ist. Wir behalten also diesen Namen, wenn er auch
desshalb nicht recht trifft, dennoch, die Priorität achtend,
bei, billigen aber nicht zugleich die mit Unrecht unternom-
mene Vertauschung des Species-Namens von Hooker gegen
einen belgischen Gartennamen. Eine zweite, weisshaarige Art,
die kürzlich hier [2]) zur Blüthe gekommen uns vorliegt, gesellen wir ihr als *C. picta* bei, und stellen das Genus in die
Nähe von *Alloplectus.*

Die noch übrigen Columneen (Fig. 66.) haben nun alle
jene ausdrucksvolle Rachenform der Blüthe, und sind überdies in allen Kennzeichen gut übereinstimmend, wenn wir
noch zwei ausnehmen, die Bentham [3]) als *C. campanulata*
und *strigosa* beschreibt. Während nämlich die übrigen Arten
nur **2** verwachsene Dorsaldrüsen besitzen, erscheinen bei diesen **5**, ihre Blumenröhre ist krummer und bauchig aufgeblasen, ihr Helm weniger hoch und ihre Unterlippe nicht ganz
so lang. Diese Unterschiede veranlassen, in ihnen eine besondere Gattung zu sehen, zu deren Charakter die in der

---

1) Ch. Lemaire in Flore d. serres 1847. p. 223.
2) Im Garten des Fabrikbesitzers Nauen in Berlin.
3) Bentham a. a. O.

Flore des serres [1]) abgebildete *Col. aurantiaca* Desne. durchaus zu passen scheint. Aus dieser bildet Planchon das Subgenus *Pentadenia*, welche Benennung wir als treffenden Gattungsnamen für die genannten Arten adoptiren, indem wir noch eine ganz neue, *P. nervosa*, hinzufügen. So charakterisirt bleibt diese Gattung jedoch als näher verwandt bei *Columnea* selbst stehen.

Von den ächten Columneen will Colla [2]) auch noch die *Col. Schiedeana* Schldl. trennen, und giebt ihr den Namen *Loboptera*. Dieselbe entspricht aber in ihrer Blüthen - Physiognomie so wie in den anderen Merkmalen durchaus der Plumier'schen Urart C. *scandens*, und es scheint fast, dass Colla, wenn er sagt, diese Art sei mit Unrecht zur Gattung *Columnea* gebracht und sie müsse wegen ihres absonderlichen Blüthenbaues getrennt werden, — der doch gerade der der ächten Columneen ist, — dieses Genus weder aus Bildern noch aus lebenden Pflanzen, sondern nur aus dem Prodromus des De Candolle kennt, und sich also durch den Wortlaut der Diagnose täuschen lässt. Das wird noch dadurch bestätigt, dass er eine zweite wahre *Columnea*, die *C. crassifolia*, nun ebenfalls *Loboptera* nennen will. Auch dünkt ihn gut, die Species - Namen nach eigenem Belieben umzuändern, und die C. *Schiedeana* nun *longe-pedunculata*, die *crassifolia* aber *subsessilis* zu taufen.

Wir müssen diese Namen als unberechtigt, so wie das Genus überhaupt als unbegründet fallen lassen.

Wie aber die Columneen fremde Arten abgeben müssen, die in eine andere Verwandtschaft zu setzen sind, so muss

---

1) Planchon in Flore des serres VI. p. 45.
2) Colla, Ad Gesneriaceas additiones etc. in d. Mem. d. R. Accad. d. sc. di Torino. S. 2. T. 10. 1849. (Novbr. 1846.) p. 217.

andererseits eine als *Alloplectus* beschriebene, gelbblumige
Art, der *A. repens* [1]) des Botanical Magazine, in ihre Nähe
gezogen werden. Diese Pflanze ist in der Blumenkrone durchaus kein *Alloplectus*. Besonders ihr breiter, deutlich zweilippiger Kronensaum trennt sie weit davon, wie auch die
dem Bilde nach ringförmig aufgeschwollene Basis der Röhre.
Auch der Kelch ist nicht ganz wie bei *Alloplectus*. Von
generischer Vereinigung derselben mit *Columnea* hält freilich
ebenfalls wieder die nicht völlige Uebereinstimmung der Kro-
nenbildung und der weitere, gefärbte Kelch ab. So muss sie
wohl als Genus für sich angesehen werden, und dem Kronensaum, dessen seitliche Lappen flügelartig abstehen, dürfte
der Name *Pterygoloma* (Fig. 64.) entsprechen.

Der Blume dieser Pflanze nicht ganz unähnlich, aber
doch durch den kleineren Kelch, den Einsatz der Staubfäden
verschieden, ist die einer Pflanze aus Chiloë, deren Habitus
überdies ein anderer ist. Wir gesellen sie zu den eben besprochenen Gattungen unter dem Namen *Asteranthera* (Fig.
63.), der durch die sternförmig zusammenhängenden Staubbeutel veranlasst ist.

Die Gattungen *Columnea* Plum., *Pentadenia* Planch.,
Pterygoloma und *Asteranthera* n. gehören also einem gemeinsamen Typus an, welcher in der stark rachenförmigen
Krone sich kund thut, durch die sie von der vorhergehen-
den Verwandtschaft des *Alloplectus* und der *Hypocyrta* unterschieden sind, welche einen stets kurzen, meist fast regelmässigen Kronensaum besitzen.

Somit können wir nun die gesammten bisher aufgeführ-
ten Beslerieen zu drei Sippschaften vereinigen, wenn wir die

---

1) H o o k e r, Bot. mag. 4250.

zuerst erwähnten, *Episcia*, *Skiophila* und *Drymonia* nebst ihrer Verwandtschaft als die eine Sippe der Alloplecten- und Hypocyrten-Gruppe als· einer zweiten und den Columneen-artigen als einer dritten gegenüber zusammenzufassen versuchen.

Auf die Bildung der reifen Frucht, auf welche E n d - l i c h e r [1]) zwei Subtribus der Beslerieen gründet, können wir ein solches Gewicht nicht legen, da sie einerseits mit den anderen Merkmalen zu wenig übereinkommt, und auch andererseits uns der Uebergang von der „capsula" durch eine „capsula baccans" in die „bacca" doch zu allmählich erscheint, als dass er für sich allein zur Ziehung einer Grenzlinie berechtigen könnte.

Vielmehr dürfte die Kronengestalt und besonders der Kronensaum ein passenderes und genügendes Merkmal bieten, wenn wir überschauen, dass bei jenen ersten, die wir kurz mit Drymonieen bezeichnen, die weitere Röhre und der breitere Saum bei im Ganzen grösserer Krone vorherrscht, während die Hypocyrteen engröhrige, krugförmige Blumen mit schmalem Saume haben, die meist kleiner sind. Freilich ist das Weiter und Enger, das Schmaler und Breiter ein unsicheres Ding, und die Gattungen *Besleria* Mart., *Calanthus* Oerst., ja *Alloplectus* Mart. selbst treten von einer Seite, so wie *Skiophila* von der anderen dergestalt auf die Grenze hin, dass man eine Trennungslinie kaum zu gewinnen meint. Nimmt man aber ein festes Maass zu Hülfe und rechnet zu den Drymonieen alle Gattungen, deren Kronensaum die Weite des Röhrenbauches mindestens zweimal übertrifft, und zu den Hypocyrteen die, bei denen der schmale Saum hinter der doppelten Weite der Röhre zurückbleibt, so gelingt es nicht allein, die Grenze zu zie-

---

1) E n d l i c h e r, Gen. plant.

hen, sondern man sieht auch die Gattungen dergestalt hier
aus einander und dort zusammentreten, wie es dem Total-
ausdruck der Pflanzen im Allgemeinen entspricht.

Dann sind *Episcia* Mart., *Cyrtodeira* n., *Physodeira* n.,
Paradrymonia n., *Nautilocalyx* Lindl., *Alsobia* n., *Drymonia* Mart., *Heintzia* Karsten und *Skiophila* n. (Fig. 50
bis 62.) die Genera der Drymonieen, die, unter sich durch
Kreuzung der Kennzeichen mannigfach verknüpft, ein Ganzes
ausmachen, während zu den Hypocyrteen (Fig. 50 — 62.)
einerseits *Alloplectus* Mart., *Erythranthus* Oerst., *Collandra*
Ch. Lem., *Calanthus* Oerst., *Stenanthus* Oerst. und *Polythysania* n. gehören, die durch den grossen und auffallenden
Kelch wieder einander besonders nahe stehen, andererseits
mit enger anschliessendem Kelche die Genera *Ortholoma*
Benth., *Stygnanthe* n., *Gasteranthus* Benth., *Hypocyrta*
Mart., *Codonanthe* Mart., *Besleria* Mart. und *Hygea* n. —
Die vier Gattungen der Columneen (Fig. 63 — 66.) sind schon
oben zusammengestellt.

Aber diese drei Sippen lassen doch, wenn wir sie auf
diese Weise scharf zu umschreiben suchen, einige Genera
ausgeschlossen, die sich in ihre Merkmale nicht fügen wollen.

So ist zunächst die sonderbare Gestalt des *Nematanthus*
(Fig. 48.), einer von Schrader[1] aufgestellten Gattung
mit langgezogener Trichterblüthe, deren schmaler Saum, deren an der Basis enge Röhre sie bestimmt charakterisiren.
Eine andere Gattung bildet Martius[2] als *Tapina* (Fig. 47.)
ab, die eine weitbauchige Röhre mit etwas verengtem Schlunde
und gleichfalls kurzen Saumlappen besitzt. Beide Gattungen

---

1) Schrader in Gött. Anz. 1821. v. 1. p. 719.

2) Martius, Nova gen. a. a. O.

haben einen zu weit geöffneten Schlund und eine zu wenig cylindrische Röhre, um als Hypocyrteen gelten zu können, aber
auch einen Saum, der den Bauch nicht so viel an Breite übertrifft, wie es bei den Drymonieen zu sein pflegt. Wir betrachten sie einstweilen als besondere kleine Sippe der *Nematantheae* (Fig. 47—49.), zweigen jedoch als eigene Gattung eine von Oersted unter dem Namen *N. tetragonus* [1])
abgebildete Pflanze ab, die sich von den ächten Nemananthen
durch einen ungetheilten Saum, der vorn in einen zungen-
förmigen Zipfel ausgezogen ist, unterscheidet, wesshalb sie
Glossoloma (Fig. 49.) heissen kann.

Den nach beiden Seiten hin deutenden Merkmalen folgend, stellen wir die Nemanantheen zwischen Drymonieen und
Hypocyrteen in die Mitte.

Noch bleibt die Gattung *Sarmienta* (Fig. 37.) Ruiz. et
Pav. [2]), eine kleine Gesneraceen-Form, die nur zwei frucht-
bare Staubgefässe trägt, und desshalb von den übrigen abge-
sondert zu werden erheischt. Sie bildet für sich die Subtribus der *Sarmienteae*, und eine neue uns aus dem Humboldt'schen Herbarium vorliegende Pflanze, die eine viel längere Blumenröhre hat und von anderer Tracht ist, scheint
als zweite Gattung hierher zu gehören; doch wagen wir nicht,
auf ein nicht ganz vollständiges getrocknetes Exemplar eine
Gattung zu begründen.

Die Gattung *Mitraria* (Fig 67.), die Cavanilles [3])
abbildet, hat einen Kelch, der durch das Herantreten und
Verwachsen zweier Bracteen völlig gedoppelt erscheint. Ihr
durchaus strauchartiger Wuchs, die kleinen, härteren Blätter

---

1) Oersted in s. Herb.
2) Ruiz et Pavon, Prodr. fl. Per. p. 4.
3) Cavanilles, Icon. 6. p. 67. t. 579.

unterscheiden sie auffallend von fast allen Gesneraceen, an
welche ihre Tracht beim oberflächlichen Beschauen kaum erinnert. Dadurch scheint es nöthig, auch sie als besondere
Subtribus gelten zu lassen, welche zu den Beslerieen zu zäh-
len ist, da ihr Ovarium nicht, wie von anderen Beobachtern
angegeben und abgebildet wird, wirklich mit dem Kelch ein
bemerkenswerthes Stück verwachsen ist, sondern nur an seiner untersten Basis mit ihm zusammenhängt, und der Kelch
seinerseits auch eine eigentliche Röhre nicht bildet.

Es ist schon oben gesagt, dass nicht mit solcher Klarheit und Schärfe, nicht durch so ausdrucksvollen Einklang
zwischen Blumengestalt und Total-Physiognomie der Pflanzen
ausser Zweifel gesetzt, sich unter den Beslerieen natürliche
Gruppen herausheben, wie die Sippen der Gesnereen. Es
ist auch schon bemerkt, wie in den zwei grossen Gruppen,
in die sich die Famile theilt, bei angewachsenem und freiem
Ovarium dieselben Blumenformen eigenthümlich sich wiederholen und gleichsam parallele Entwickelungsreihen darstellen.
Nun zurückblickend, können wir leicht sehen, wie dies nicht
dergestalt einfach geschieht, dass sich Sippe für Sippe der
Einen mit einer der Anderen, ihr gleichsam congruent, pa-
rallisiren liesse. Durch schnellere Uebergänge und häufiger wechselnde Verknüpfung der Verhältnisse in den Blüthen-
hüllkreisen stellen sich verschiedenere Formen in näherer Verwandtschaft bei den Beslerieen heraus, als bei den Gesnereen,
die in einer Sippe auch meist eine gleichere Blüthen-Physio-
gnomie bewahren. Wir meinen nicht, dass wir etwa unter
den Beslerieen die extremsten Kronengestalten, eine enge,
schmalsaumige Röhre unmittelbar neben einer Tellerform,
auf zwei Pflanzen, die an Laubwerk und Wuchs völlige

Ebenbilder wären, auffinden könnten. ̄ Ganz widersprechende
Blüthenformen stehen auch hier nicht auf sonst ganz übereinstimmenden Gewächsen. Nur kann man nicht mit solcher
Sicherheit aus Blatt und Stengel den Blumen-Typus errathen;
nur spielt oft eine Besleriee durch Formenähnlichkeiten nach
zwei, drei Seiten in andere Sippen hinüber; nur finden wir
die Abbilder von Gesnereen, die in ihrer Tribus einander
entfernter stehen, in näher verwandten Beslerieen wieder.

Die eine Hauptgestalt ist die Röhrenform mit kaum offe-
nem Saume, die auf der Gesnereen-Seite in den Subtribus
der Eugesnereen und Brachylomateen, auf der Seite der Beslerieen vorzüglich unter den Hypocyrteen erscheint, langge-
zogen und schiefsaumig bei *Gesnera* dort, bei *Stenanthus,*
Ortholoma und anderen hier; kürzer und gleichsaumiger dort
bei *Rechsteineria, Brachyloma, Kohleria,* hier bei *Codo-*
nanthe und *Besleria.* Mit mannigfacherer Kelchbildung verbunden, ist sie unter den Beslerieen in mehreren Gattungen
entwickelt, als bei den Anderen. Unter den meist unschein-
baren Kelchen der Gesnereen erinnert nur der des *Sciado-*
calyx an *Alloplectus.*

Zum äussersten Extrem der Formenreihe springt die
Röhrenblüthe über in der stark rachenförmigen *Dircaea,* die
andererseits in *Columnea* ihr nicht zu verkennendes Gegen-
bild findet.

Die Röhre wird weiter und öffnet sich zur bauchigen
Glocke in *Ligeria* und *Sinningia,* die sich diesseits in *Dry-*
monia, Alsobia, Paradrymonia wiederfindet, und zwar oft
dergestalt treu, dass man beim ersten Anblick sich beinahe
versucht fühlt, eine *Alsobia* oder eine ächte *Drymonia* für
eine *Ligeria, Paradrymonia* für *Sinningia* anzusehen. Aber
zugleich mit den Ligerien wiederholt die Drymonien-Sippe

auch jene teller- oder trichterförmigen Blüthen der Achimeneen in anderen Gattungen. *Cyrtodeira* sieht bei flüchtigem Beschauen einer *Achimenes* und ihren Verwandten ziemlich ähnlich, so dass man sie bisher sogar dafür gehalten hat. Auch *Episcia* erinnert an diese. *Dicyrta* und *Diastema* finden sich in der *Skiophila* nachgebildet.

An die Rhytidophylleen, deren Blüthen verschiedener sind, lassen sich in manchen Arten in der Beslerieen-Reihe Anklänge finden. *Capanea*, *Rhytidophyllum* ähneln der *Heintzia*; *Solenophora* dem *Nematanthus*; *Houttea*, *Moussonia* wiederum, wie die *Eugesnereen*, denen sie sehr gleichen, einigermassen dem *Ortholoma* und der *Codonanthe*.

Die extreme Gestalt der *Niphaea*, eine Radkrone ohne alle Röhre, hat auf der Beslerien-Seite bisher noch kein Abbild gefunden. Ebenso fehlt der übertrieben aufgeblasenen *Hypocyrta* unter den Gesnereen ein Seitenstück, von denen ihr allenfalls *Conradia* noch am nächsten kommt.

So spielen die Formen wechselnd hinüber und herüber, reihen hier dem oberflächlichsten Anblick mit Leichtigkeit das Verwandte an einander, kreuzen dort wieder, die Einfachheit des Merkmals verhindernd, fast willkürlich durch Gleiches und Ungleiches, und lassen doch schliesslich die innere eigentliche Verwandtschaft meist der Art durchblicken, dass wir meinen, im Allgemeinen dieselbe herausgefunden und der Anordnung der Natur nicht widersprochen zu haben, wenn gleich, wie schon oben zugegeben, die genauere, fortgesetzte Beobachtung vieles Einzelne noch berichtigen, und die Gliederung schärfer und klarer darstellen muss.

Von einem Extrem beginnend, stellen wir die Niphaeen an den Anfang, lassen die Achimeneen und Brachylomateen folgen, so dass die in der Vegetationsart und in der Tracht übereinstimmenden Gattungen beisammen bleiben, gelangen durch die letztgenannten zu den in der Blüthe ähnlichen Eugesnereen, reihen an diese die wiederum ähnlich vegetirenden, durch die Blüthen aber abweichenden Ligerieen, und schliessen die erste Reihe mit den strauchigen Rhytidophylleen. Unter den Beslerieen stehen die Sarmienteen zuerst, Drymonieen, Nematantheen, Hypocyrteen, Columneen schliessen sich in ungefähr ähnlicher Weise wie dort daran, und die sehr entwickelte strauchartige *Mitraria* macht den Beschluss.

So ist die Folge, wenn man von dem scheinbar Unvollkommenen, — denn was ist eigentlich unvollkommener? — den Anfang macht. Umgekehrt hätte man mit den letztgenannten Pflanzen zu beginnen.

Von verschiedenen Autoren sind noch ein Paar Genera aufgeführt, deren hier noch nicht Erwähnung gethan ist, nämlich *Diplocalyx* Presl., *Cremosperma* und *Centrosolenia* Benth., *Hippodamia* Desne. und *Trichantha* Hook. (Fig. 68.). Ihre Stellung im System erhellt aus der Beschreibung nicht zur Genüge, und es sind uns keine lebenden Exemplare und auch eine Abbildung nur von der letzten zugänglich gewesen. Von den beiden ersten bleibt sogar unsicher, ob sie Gesnereen oder Beslerieen seien. *Hippodamia* und *Trichantha* scheinen sich jenen anzuschliessen, die letzte ist vielleicht eine Rhytidophyllee, was aber aus dem unvollkommenen Bilde nicht zu ersehen ist. Die Entscheidung muss einem Botaniker überlassen bleiben, der die Pflanzen lebend oder in genügender Abbildung vor sich hat. — Die Gattungen *Kokoschkinia* Turcz. und *Tussacia* Benth. sind wohl nicht als legitime Gesneraceen zu betrachten, wenigstens liegt kein Beweis dafür vor, und sie müssen somit hier übergangen werden.

In der folgenden Tabelle findet sich nun das bisher Durchgesprochene übersichtlich zusammengestellt. Weil man aus Worten allein, in denen nur flüchtig die nöthigen Merkmale angedeutet werden konnten, unmöglich genaue Vorstellungen der einzelnen Gattungstypen gewinnen kann, so ist versucht worden, in einfachen Zeichnungen, die theils nach der Natur entworfen, theils nach anderen zuverlässigen Abbildungen copirt sind, der abstracten Diagnose eine Ergänzung zu geben. Einzelne bekannte und charakteristische Arten, am liebsten diejenigen, nach denen die Gattungen zuerst aufgestellt, sind denselben als Beispiele beigefügt.

Somit haben wir versucht, möglichst deutlich durch Bild und Wort, wie durch Erinnerung an allgemein bekannte Pflanzen, auszudrücken, was wir nach dem jetzigen Standpunkte der botanischen Systematik in der Familie der Gesneraceen als Gattungen ansehen, was wir für verwandt oder für verschieden-erachten zu müssen glauben. Genaueres wird sich an die demnächst folgende Besprechung der vorliegenden Arten knüpfen.

Tabellarische Uebersicht

der

Sippen und Gattungen.

G e s n e

C o n s p e c t u s

Ovarium calyci adnatum: T r i b u s 1.

Herbae stolonibus squamoso-amentaceis perennes:
- Corolla rotata, — ovarium basi adnatum:
- Corolla hypocraterimorpha, infundibularis, subcampanulata, limbo lato expanso, — ovarium saepius totum, rarius basi adnatum:
- Corolla tubulosa vel subcampanulata, limbo angusto, — ovarium basi adnatum:

Herbae vel suffrutices rhizomate tuberoso perennes:
- Corolla anguste tubulosa, limbo plerumque angusto, — ovarium basi adnatum:
- Corolla campanulata, infundibularis, hypocraterimorpha, limbo lato patente, — ovarium basi adnatum:

Frutices vel suffrutices absque rhizomate:
- Corolla tubulosa, cyathiformis, subcampanulata, — ovarium plerumque calyci plane immersum:

Ovarium liberum: T r i b u s 2.

Antherae 2 fertiles, 3 steriles, — corolla tubulosa:

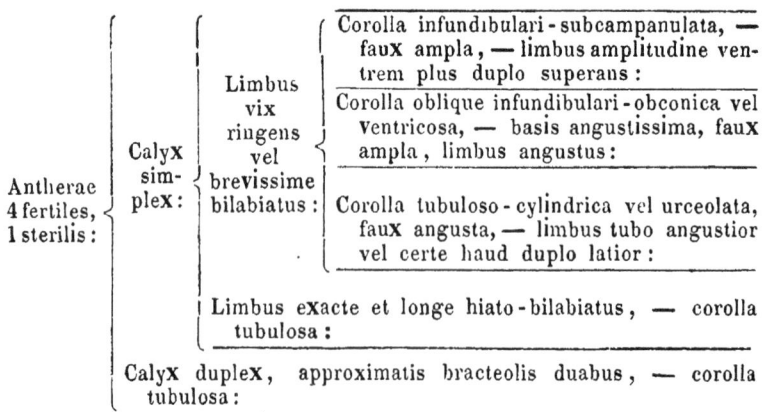

Antherae 4 fertiles, 1 sterilis:

Calyx simplex:

Limbus vix ringens vel brevissime bilabiatus:
- Corolla infundibulari-subcampanulata, — faux ampla, — limbus amplitudine ventrem plus duplo superans:
- Corolla oblique infundibulari-obconica vel ventricosa, — basis angustissima, faux ampla, limbus angustus:
- Corolla tubuloso-cylindrica vel urceolata, faux angusta, — limbus tubo angustior vel certe haud duplo latior:

Limbus exacte et longe hiato-bilabiatus, — corolla tubulosa:

Calyx duplex, approximatis bracteolis duabus, — corolla tubulosa:

r a c e a e.

t r i b u u m.

Gesnereae.

Genera.

Subtribus 1. *Niphaeeae*:	Niphaea Lindl.
Subtr. 2. *Achimeneae*:	Köllikeria Regel, Eucodonia n., Achimenes Brown, Locheria Regel, Guthnickia Regel, Dicyrta Regel, Scheeria Seemann, Plectopoma n., Mandirola Dcsne., Gloxinia Dcsne., Diastema Benth., Tydaea Dcsne.
Subtr. 3. *Brachylomateae*:	Naegelia Rgl., Heppiella Rgl., Sciadocalyx Rgl., Brachyloma n., Kohleria Rgl.
Subtr. 4. *Eugesnereae*:	Rechsteineria Rgl., Gesnera Mart., Dircaea Dcsne.
Subtr. 5. *Ligerieae*:	Dolichodeira n., Stenogastra n., Sinningia Nees, Ligeria Dcsne.
Subtr. 6. *Rhytidophylleae*:	Houttea Dcsne., Moussonia Rgl., Codonophora Lindl., Capanea Dcsne., Rhytidophyllum Mart., Duchartrea Dcsne., Pentarhaphia Dcsne., Ophianthe n., Conradia Mart., Arctocalyx Fenzl., Solenophora Benth.

Beslerieae.

Subtr. 7. *Sarmienteae*:	Sarmienta Ruiz et Pavon.
Subtr. 8. *Drymonieae*:	Episcia Mart., Cyrtodeira n., Physodeira n., Skiophila n., Heintzia Karst., Paradrymonia n., Nautilocalyx Lind., Alsobia n., Drymonia Mart.
Subtr. 9. *Nematantheae*:	Tapina Mart., Nematanthus Schrad., Glossoloma n.
Subtr. 10. *Hypocyrteae*:	Alloplectus Mart., Erythranthus Oerst., Collandra Ch. Lem, Calanthus Oerst., Stenanthus Oerst., Polythysania n., Ortholoma Benth., Stygnanthe n., Gasteranthus Benth., Hypocyrta Mart., Codonanthe Mart., Besleria Mart., Hygea n.
Subtr. 11. *Columneae*:	Asteranthera n., Pterygoloma n., Pentadenia Planch., Columnea Plum.
Subtr. 12. *Mitrarieae*:	Mitraria Cavan.

Conspectus

Subtribus 1.

Calyx parvus, — corolla rotata subaequalis, — annulus tenuissimus subnullus, — stigma capitatum:

Subtribus 2.

Annulus perigynus absque glandulis distinctis:	Annulus integer membranaceus:	Corolla minima, limbo exacte bilabiato, — stigma stomatomorphum:	
		Corolla magna, ex basi campanulata, limbo obliquo patulo, — stigma bifidum:	
		Corolla magna, vix oblique hypocraterimorpha, — stigma bifidum:	
	Annulus subinteger calloso-incrassatus:	Stigma bifidum, — corolla oblique infundibularis, calyce multo longior:	
		Stigma stomatomorphum:	Corolla ringens, calyce multo longior, tubo oblique inserto recto subcylindrico, stamina tubo parte inferiore adnata:
			Corolla parva calyce vix duplo longior, limbo brevi subaequali, stamina ima basi inserta:
			Corolla ringens calyce multo longior, oblique campanulata, tubo ventricoso basi saccato, recurvato:
		Stigma poterimorphum, varie complicatum, — corolla subcampanulata, tubo oblique inserto recto obconico, limbo obliquo denticulato, calyce multo longior:	
	Annulus crenatus membranaceus:	Stigma bilobum, — corolla subcampanulata, limbo patente fimbriato, tubo basi angusto:	
		Stigma stomatomorphum, — corolla campanulata, ventre ex ima basi tubi saccato-inflata, limbo recto vel vix patulo:	
Glandulae 5 distinctae conspicuae:	Corolla in calyce recta, tubo subcylindrico, — ovarium subglobosum, — stigma bilamellatum:		
	Corolla in calyce obliqua, tubo inflato, — ovarium attenuatum, — stigma bifidum:		

g e n e r u m.

N i p h a e e a e.

Genus.	Species typica.
Niphaea Lindl. F. 1.	N. oblonga Lindl. Bot. reg. 1842. 5.

A c h i m e n e a e.

Genera.	Species typicae.
Köllikeria Rgl. F. 2.	K. argyrostigma Rgl., Achimenes argyrostigma Hook.
Eucodonia n. F. 3.	E. Ehrenbergii n. in Herb. Ber.
Achimenes Brown. F. 4.	Ach. coccinea Pers.
Locheria Rgl. F. 5.	L. hirsuta Rgl. Achimenes hirsuta Lindl. Bot. reg. misc. 103. t. 55.
Guthnickia Rgl. F. 6.	G. mimuliflora Rgl Flora 32. p. 179.
Dicyrta Rgl. F. 7.	D. Warszewiczii Rgl. Flora 32. p. 179. Achimenes urticifolia Hort. Ber.
Scheeria Seemann. F. 8.	Sch. Mexicana Seem. Bot. mag. 4743.
Plectopoma n. F. 9.	Pl. fimbriatum n. Gloxinia fimbriata W. J. Hook. Bot. mag. 4430. Achimenes gloxiniflora Hort.
Mandirola Dcsne. F. 10.	M. multiflora Dcsne. Rev. hort. 1848. p. 468. Achimenes multiflora Gard. Bot. mag. 3993.
Gloxinia Dcsne. F. 11.	G. maculata L'Herit. G. pallidiflora Hook. Bot. mag. 4213.
Diastema Benth. F. 12.	D. longiflorum Benth. Pl. Hartw. n 1264. D. ochroleucum Hook. Bot. mag. 4254.
Tydaea Dcsne. F. 13.	T. picta Dcsne, Achimenes picta Benth. Bot. mag. 4126.

Annulus integer vel quinque-crenatus :

   Calyx erectus patulus vel accumbens :

Corolla in calyce subrecta, basi subinaͤequalis, tubo campanulato-cylindrico, ventre inflato, limbo brevi subbilabiato (fauce sursum spectante), — stigma stomatomorphum, — antherae subinclusae, — annulus quinque-crenatus :

Corolla in calyce subrecta, basi subaequatis, tubo cylindrico vel subinflato, limbo subaequali, — stigma stomatomorphum, — antherae subexsertae, — annulus subinteger membranaceus :

Calyx horizontaliter patens, corolla in calyce subrecta, basi subobliqua, tubo fere recto, inflato, fauce constricta, limbo subaequali patente, — stigma bifidum, — antherae inclusae, — annulus crenatus :

Glandulae quinque subaequales :

Corolla in calyce recta, basi aequalis, tubo recto, limbo plerumque exacte aequali, — stigma bifidum :

Corolla in calyce obliqua, basi inaequalis, supra basin infracta, limbo subobliquo, — stigma bifidum :

Tuberis caput depressum, — corolla subbilabiata (galea brevi) vel vix obliqua :

Corolla calyce vix duplo longior, — inflorescentia spiciformis, stigma stomatomorphum, glandulae 2 dorsales majores, 3 ventrales minores :

Corolla calyce multo longior, inflorescentia racemosa, corymbosa, paniculata, — stigma stomatomorphum, glandulae 2 — 5 conspicuae :

Tuberis caput protractum, — corolla hiato-ringens (galea elongato-fornicata, labio inferiore truncato), — glandulae dorsales duae connatae, — stigma stomatomorphum :

Brachylomateae.

Genera.	Species typicae.
Naegelia Rgl. F. 14.	N. zebrina Rgl. Gesnera zebrina Paxton Bot. reg. 16. Bot. mag. 3940.
Heppiella Rgl. F. 15.	H. atrosanguinea Rgl. Gartenfl 1853. t. 70. p. 353. Cheirisanthera atrosanguinea Hort.
Sciadocalyx Rgl. F. 16.	Sc. Warszewiczii Rgl. Gartenflora 1853 p. 358. t. 61.
Brachyloma n. F. 17.	B. hirsutum n. Isoloma hirsutum Rgl. B. Hondense n. Gesnera Hondensis H. B. Kth. Gen. Am. 2 p. 395. t 190.
Kohleria Rgl. F. 18.	K. ignorata Rgl. Gartenflora 1852. I. K Seemanni n. Gesnera Seemanni W. J. H. Bot. mag. 4504.

Eugesnereae.

Genera.	Species typicae.	
Rechsteineria Rgl. F. 19.	R. allagophylla Rgl. Gesnera allagophylla Mart. Bot. mag. 1767.	
Gesnera Mart. F. 20.	Inflorescentia corymboso-paniculata, — caulis suffruticosus, — glandulae 2. Subg. 1. *Thamnocaula* n.	G discolor Lindl. Bot. reg. 63.
	Infl. racemosa, — caulis herbaceus, glandulae 2. Subg. 2. *Eugesnera* n.	G macrostachya Lindl. Bot. reg. 1202. G cochlearis Hook. Bot. mag. 3787.
	Infl. subcorymbosa, — rhizoma acaule, — gland. 2 Subg. 3. *Cryptocaula* n.	G tuberosa Mart. Nov. gen. III. t. 212. Bot. mag. 3664.
	Infl. racemosa, — caulis herbaceus, — gl. 5, 2 dors. connatae vel approximatae Sbg 4. *Corytholoma* Bnth.	G. sceptrum Mart. Nov. gen. III. t. 214 Bot. mag. 3576. G. rupicola Mart. Nov. gen. III. t. 218.
	Infl. racemosa, — caulis herbaceus, gl. 5, 2 dors latiores, — bulbilli axillares. Subg. 5. *Microgesnera* n.	G. punctata Hort. G. gracilis Brongt.
Dircaea Dcsne. F. 21.	D. bulbosa Dcsne., Gesnera bulbosa Gawl. Bot. reg. t. 343. Bot. mag. 3041, 3886.	

Corollae tubus anguste cylindricus:
- Glandulae latae, 2 dorsales connatae, 3 ventrales liberae, — calyx parvulus subaequalis patens, — corollae tubus longissimus, — stigma stomatomorphum:
- Glandulae 5 subulatae distinctae, — calyx parvus oblique subcampanulatus, — corollae tubus brevior, — stigma peltato - stomatomorphum:

Corollae tubus varie inflatus:
- Glandulae 5 subulatae distinctae, — calyx campanulatus plerumque 5 - alatus, — corollae tubus ventre dorsoque varie gibbus vel inflatus, — stigma stomatomorphum, — caulis suffruticosus:
- Glandulae 5 subulatae distinctae, — calyx patulus exalatus, — corollae tubus oblique ventricoso - campanulatus (ex basi angusta sursum paullatim ampliatus), — stigma stomatomorphum, — caulis herbaceus:

Ovarium apice liberum plerumque acutum, glandulis 5 perigynis cinctum:
- Corolla tubulosa, limbo brevi:
  - Corolla longe tubulosa, limbo patente, calyx 5-gonus laciniis longis linearibus, glandulae dorsales majores connatae:
  - Corolla breviter tubulosa subinflata, limbo vix patulo, calycis laciniae breves, gland. subaequales:
- Corolla subcampanulata, limbo amplo:
  - Corolla oblique cyathiformis, calycis laciniae breves ovatae reflexae:
  - Corolla campanulata, calycis laciniae longe lanceolatae patulae:

Ovarium totum calyci submersum, apice annulo plerumque integro coronatum:
- Corolla oblique cyathiformis, stamina haud vel vix exserta:
  - Calycis laciniae ovatae vel oblongae pilosae, stamina corollae alte adnata:
  - Calycis laciniae lineares verrucoso-glandulosae, stamina corollae basi inserta:
- Corolla tubulosa vel subcampanulata, stamina longe exserta:
  - Calycis laciniae longae subulatae:
- Corolla tubulosa, stamina inclusa:
  - Annulus 5-lobus denticulatus, corolla longissime tubulosa, leviter curvata, limbo recto:
  - Annulus subnullus, corolla breviter decurvata sigmoidea, limbo patente:

Ovarium totum calyci submersum, apice disco glandulisque dorsalibus 2 connatis epigynis obtectum:
- Calyx tubuloso-campanulatus amplus, reticulato - venosus, 15-nervius, breviter 5-dentatus, corolla infundibulari-campanulata:
- Calyx longe obconicus, amplus, 5-partitus, laciniis longe lanceolatis acuminatis, corolla oblique infundibularis:

Genera.	Species typicae.
Dolichodeira n. F. 22.	D. tubiflora n. Gloxinia tubiflora Hook. Bot. mag 3971.
Stenogastra n. F. 23.	S. hirsuta n. Gloxinia hirsuta˙ Lodd. Bot. mag. 1004.
Sinningia Nees. F. 24.	S. velutina Lindl. Bot. reg. 1112.
Ligeria Dcsne. F. 25.	L. speciosa Dcsne. Gloxinia speciosa Lodd. Bot. cab. t. 28.

Rhytidophylleae.

Genera.	Species typicae.
Houttea Dcsne. F. 26.	H. pardina Dcsne., Gesnera pardina Hook. Bot. mag. 4348.
Moussonia Rgl. F. 27.	M. elongata **R.** Gesnera elongata H. B. Kth. 2. p. 318. t. 192. Bot. mag. 3725.
Codonophora Lindl. F. 28.	C. prasinata Lindl., Gesnera prasinata Ker. DC
Capanea Dcsne. F. 29.	C. grandiflora Dcsne.
Rhytidophyllum Mart. F. 30.	Rh. tomentosum Mart.
Duchartrea Dcsn. F. 31.	D. viridiflora Dcsne. Ann. d sc. nat. 1846. t. 8.
Pentarhaphia Dcsne. F. 32.	P. calycosa Dcsne., Conradia calycosa Hook. icon III. 689. P florida Dcsne. Ann. d. sc. nat. 1846. t. 7.
Ophianthe n. F. 33.	O. Libanensis n. Gesnera Libanensis Morr. Bot. mag. 4380. Rhytidophyllum floribundum Van Houtte, flore d. serres.
Conradia Mart. F. 34.	C. humilis Mart.
Arctocalyx Fnzl. F. 35.	A. insignis Fnzl. Denkschr.˙ d. Kais. Oesterr. Akad. I. 177.
Solenophora Benth. F. 36.	S. coccinea Benth. Plant. Hartw. 497.

S u b t r i b u s, 7.

Corolla urceolato - tubulosa, supra basin angustata:

S u b t r i b u s 8.

Corolla in calyce fere erecta, oblique hypocraterimorpha, tubo vix curvato, — annulus hypogynus et glandula postica, — stigma bilamellatum, — filamenta basi haud connexa (?):

Corollae tubus basi postice gibbus,
basi sursum, dein deorsum curvatus,
leviter ampliatus, — annulus et glandula, — stigma stomatomorphum, —
filamenta et inter se et cum corolla
basi connata:

Corollae tubus basi subrectus, tum defractus, dein sursum curvatus atque
late inflatus, — annulus et glandula, —
stigma stomatomorphum, — filamenta
et cum corolla et inter se basi connata:

Calyx parvu-
lus, foliolis an-
guste lanceo-
latis patenti-
bus vel recur-
vatis:

Corolla in
calyce ob-
liqua, tubo
varie cur-
vato:

Calycis folia subaequalia,
corolla oblique hypocrateni-
morpha[1]) vel infundibularis :

Corolla oblique infundibularis, tubo sat amplo,
basi obliqua vel subgibba, membranacea, — glandula dorsalis biloba, — stigma stomatomorphum,
— filamenta et inter se et cum corollae basi connata:

Corolla oblique subcampanulata, tubo sat amplo,
basi obliqua, subcoriacea velutino-tomentosa, —
glandula dorsalis profunde bifida, — stigma
stomatomorphum, — filamenta et inter se et cum
corollae basi connata:

Calyx amplus,
foliolis latiori-
bus saepe ova-
tis coloratis-
que, rectis, co-
rollam alte
involucranti-
bus:

Calycis foliola linearia, — corollae tubus basi postice saccatus, subrectus, — glandulae 2, dorsalis atque ventralis, — stigma stomatomorphum,
— filamenta basi in tubum longiorem corollae
adnexum connata:

Calycis foliola colorata, ventralia quatuor alte
connata, quintum dorsale liberum retusum, —
corolla in calyce suberecta, basi postice saccato-
calcarata, — glandula postica, — stigma stomatomorphum, — filamenta basi et inter se et
cum corolla connata:

Calycis foliola omnia libera, dorsale minimum, —
corollae tubus subcylindricus basi postice saccatus, in calyce horizontalis, — glandula postica,
— stigma stomatomorphum, — filamenta basi
et inter se et cum corolla connata:

Calycis foliola
linearia vel
lanceolata, co-
rolla tubo sub
inflato sub-
campanulata:

Calycis foliola inaequalia (dorsale
longe minimum), corolla subcampanulata vel ample tubulosa:

Calycis foliola lata ovata oblique subcordata, corolla ample ven-
tricoso-campanulata, basi postice saccata, ventre dorsoque inflata, — annulus hypogynus postice fissus glandulam dorsalem
amplectans, — stigma bilobum:

1) In genere Heintzia tantum subcampanulata.

Sarmienteae.

Genus.	Species typica.
Sarmienta Ruiz et Pav. F. 37.	S. repens R. et Pav fl Per. 1. p. 8. t. 7. f. b.

Drymonieae.

Genera.	Species typicae.
Episcia Mart. F. 38.	E. reptans Mart nov. gen. III t. 217.
Cyrtodeira n. F. 39.	C. cupreata n., Achimenes cupreata Hook Bot. mag. 4312.
Physodeira n. F. 40.	Ph. bicolor n., Episcia bicolor Hook. Bot. mag. 4390.
Skiophila n. F. 41.	Sk. melittifolia n., Besleria melittifolia L. Episcia melittifolia DC. Sk. pulchella n., Besleria pulchella Donn. Bot. Mag. 1146.
Heintzia Karst. F. 42.	H. tigrina Karst., Gew. Venez. 34. tab 11.
Paradrymonia n. P. 43.	P. glabra n., Centrosolenia glabra Benth Bot. mag. 4552.
Nautilocalyx Linden. F. 44.	N. hastatus Linden. Cat. 1851. p. 12., Centrosolenia bractescens Hook Bot. mag. 4675.
Alsobia n. F. 45.	A. punctata n., Drymonia punctata Lindl. Bot. mag. 4089.
Drymonia Mart. F. 46.	D. calcarata Mart. nov. gen. III. t. 224. D. serrulata Mart., D. bicolor Lindl. Bot. reg. 1838. 4.

Subtribus 9.

Corollae tubus ex basi angusta subito in ventrem amplissimum subglobosum ampliatus, fauce constricta, limbo patulo, — calycis foliola ovata:

Corollae tubus ex an-
gusta basi paullatim
ampliatus, fauce ampla:

> Tubus obconicus, infundibularis, subcampanu-
> latus, limbus recurvus 5-lobus, — calycis
> foliola linearia:
>
> Tubus oblique clavatus, limbus integerrimus, an-
> tice in linguae formam productus, — calycis
> foliola oblonga:

Subtribus 10.

Calyx amplus
patulus, rarius
integerrimus,
plerumque co-
loratus:

Calycis foliola
ovata irregula-
riter dentata
vel crenata,
rarius integer-
rima:

> Calyx subaequalis vel obliquus, corolla tu-
> bulosa, plus minus obliqua, limbo sub-
> aequali:
>
> Calyx valde obliquus, corolla tubulosa, ob-
> liqua, limbo exacte breviter bilabiato:

Calycis foliola
lanceolata
profunde vel
subulato-den-
tata vel incisa:

> Calycis foliola profunde subulato-incisa, ni-
> tido-villosa, — corolla tubulosa, obliqua,
> limbo erecto:
>
> Calycis foliola regulariter acute dentata, —
> corolla brevior tubulosa, limbo patulo sub-
> aequali:
>
> Calycis foliola regulariter subulato-dentata,
> — corolla longior tubulosa, limbo obliquo
> patulo:

Calycis foliola incisa, laciniis in fimbriarum fasciculos disso-
luta, — corolla tubulosa horizontalis, basi dorso saccata,
limbo subobliquo:

Calyx angu-
stus, saepissi-
me accum-
bens, saepius
integerrimus:

Corolla elon-
gato-tubulosa
leviter inflata:

> Calycis foliola lanceolata, — corolla basi
> subaequalis vel gibba, plerumque recurvata,
> limbo obliquo, glandulae dorsales 2 connatae:
>
> Calycis foliola longissime linearia, corolla
> basi subaequalis subrecta, limbo bilabiato,
> glandulae 5 in coronae formam dilatatae:
>
> Cal. foliola oblonga, — corolla basi calca-
> rata, obliqua, limbo subaequali, glandulae
> dorsales (?) 2 connatae:

Corolla bre-
vior urceolata:

Annulus
glandula
instructus:

> Corollae limbus ventre amplo
> porrecto angustior:
>
> Corollae limbus tubum aequans
> vel paullo superans:

Annulus
glandula
carens:

> Corolla subrecta, urceolata, lim-
> bo basique subaequalis:
>
> Cor. tubus recurvatus, sursum
> ampliatus, limbus subringens:

Nematantheae.

Genera.	Species typicae.
Tapina Mart. F. 47.	T. barbata Mart., nov. gen. III. t. 225. 1.
Nematanthus Schrad. F. 48.	N. chloronema Mart., nov. gen. III. t. 220. Bot. mag. 4080.
Glossoloma n. F. 49.	G. tetragonum n., Nematanthus tetragonus Oerst. in herb.

Hypocyrteae.

Genera.	Species typicae.
Alloplectus Mart. F. 50.	A. circinatus Mart. n. gen. III. t. 223. 2. A. speciosus Poepp, A. capitatus Hook. Bot. mag. 4452. A. concolor Hook. Bot mag. 4371.
Erythranthus Oerst. F. 51.	E. coriaceus Oerst. in herb
Collandra Lem. F. 52.	C. aureo-nitens n., C. pilosa Ch. Lem., Fl. d. serres 1847. p. 223. Columnea aureo-nitens Hook. Bot. mag. C. picta n. (ex horto Naueni). 4294.
Calanthus Oerst. F. 53	C. multiflorus Oerst. in herb.
Stenanthus Oerst. F. 54	S. heterophyllus Oerst. in herb.
Polythysania n. F. 55.	P. parviflora n. in herb.
Ortholoma Benth. F. 56	O. acuminatum Benth. in pl. Hartw. 1261.
Stygnanthe n. F. 57.	St. moesta n., Columnea moesta Poepp. nov. gen. 201.
Gasteranthus Benth. F. 58.	G. Quitensis Benth. in pl. Hartw. 1262*. G. pendulus n. in herb. Ber.
Hypocyrta Mart. F. 59.	H. hirsuta Mart. nov. gen. III. t. 222.
Codonanthe Mart. F. 60.	C aggregata Mart nov. gen. III. t. 221. C. gracilis Mart. nov. gen. III. t. 219.
Besleria Mart. F. 61.	B. umbrosa Mart. nov. gen. III. t. 218
Hygea n. F. 62.	H. barbigera n., in herb. Ber.

Subtribus 11.

Corollae laciniae laterales galeae haud adnatae :
{
Dorsales duae in galeam usque ad apicem connatae, tubus basi [subgibbus angustus, —
stamina basi distincta cum rudimento quinti,
antherae stellatim connexae, — glandula dorsalis :

Dorsales ad mediam longitudinem in galeam
connatae, · tubus angustus, basi annulatim
tumidus, — stamina basi in tubum postice
fissum (corollae adhaerentem ?) connata cum
rudimento quinti, antherae quadratim connexae, — glandula dorsalis :
}

Corollae laciniae laterales duae dorsalibus duabus galeam formantibus altius adnatae :
{
Dorsales in galeam usque ad apicem connatae,
tubus subcampanulato-inflatus sigmoideo-cur-
vatus, basi gibbus, — stamina in tubum
postice fissum connata, absque rudimento
quinti, antherae quadratim connexae, — glandulae 5, dorsales 2 in unam connatae :

Dorsales in geleam longissimam erectam usque
ad apicem connatae, tubus angustus, basi
gibbus, — stamina basi in tubum postice
fissum connata, absque rudimento quinti, antherae quadratim connexae, — glandulae dorsales 2, in unam connatae :
}

Subtribus 12.

Calyx approximatis bracteolis duabus duplicatus, — corolla ventricoso-
tubulosa, — stamina corollae alte adnata, — discus hypogynus, —
Frutex microphyllus ramossimus :

C o l u m n e a e.

Genera.	Species typicae.
Asteranthera n. F. 63.	A. Chiloënsis n. in herb Ber.
Pterygoloma n F. 64.	P. repens n , Alloplectus repens Hook. Bot. mag. 4250.
Pentadenia Planchon. F 65.	P. strigosa n , Columnea strigosa Benth. in pl. Hartw. 1262. P. aurantiaca n., Columnea (Subg Pentadenia) aurantiaca Planch, in Fl. d. serres VI. 45.
Columnea Plum. F. 66.	C Schiedeana Schldl Bot. mag. 4045. C scandens L., Plum, Nov. pl Am gen.

M i t r a r i e a e.

Genus.	Species typica.
Mitraria Cav. F. 67.	M. coccinea Cav. Ic. 6. p. 67, t. 579 , Bot. mag. 4462.

Verzeichniss der Abbildungen.

Tafel I. **Gesnereae.**

Niphaeeae.

Fig. 1. *Niphaea rubida* Ch. Lem. — N. d. Natur.

Achimeneae.

Fig. 2· *Köllikeria argyrostigma* Rgl. — N. d. N.

- 3. *Eucodonia Ehrenbergii* n. sp. — N. d. N.

- 4. *Achimenes longiflora* DC. var. *nobilis.* — N. d. N.

- 5. *Locheria hirsuta* Rgl. — N. d. N.

- 6. *Guthnickia cardinalis* n. — N. d. N.

- 7. *Dicyrta Warszewicziana* Rgl. — N. d. N.

- 8. *Scheeria Mexicana* Seem. — Cop. n. Bot. mag. 4743.

- 9. *Plectopoma fimbriatum* n. — N. d. N.

- 10. *Mandirola multiflora* Decaisne. — N. d. N.

- 11. *Gloxinia pallidiflora* Hook. — N. d. N.

- 12. *Diastema maculatum* Benth. — Cop. n. Pöpp. u. Endl., Nov. gen. **3.** t. **207.**

- 13. *Tydaea picta* Desne. — N. d. N.

Brachylomateae.

Fig. 14. *Naegelia zebrina* Rgl. — Cop. n. Bot. mag. **3940.**

- 15. *Heppiella atrosanguinea* Rgl. — N. d. N.

- 16. *Sciadocalyx Warszewiczii* Rgl. — Cop. n. Gartenflora 1853. t. **61.**

- 17. *Brachyloma Hondense* Hort. Ber. — N. d. N.

- 18. *Kohleria Linkiana* n. — N. d. N.

Eugesnereae.

Fig. 19. *Rechsteineria stricta* n. — N. d. N.

- 20. *Gesnera Warszewiczii* n. sp. — N. d. N.

- 21. *Dircaea magnifica* Dcne. — N. d. N.

Ligerieae.

Fig. 22. *Dolichodeira tubiflora* Hook. — Cop. n. Bot. mag. 3971.

- 23. *Stenogastra hirsuta* n. — N. d. N.

- 24. *Sinningia velutina* Lindl. — N. d. N.

- 25. *Ligeria speciosa* Dcsne., var. *magnifica*. — N. d. N.

Rhytidophylleae.

Fig. 26. *Houttea pardina* Dcsne. — N. d. N.

- 27. *Moussonia elongata* Rgl. — Cop. n. Bot. mag. 3725.

- 28. *Codonophora prasinata* Lindl. — N. d. N.

- 29. *Capanea Humboldtii* n. sp. — N. d. N.

- 30. *Rhytidophyllum auriculatum* Hook. — Cop. n. Bot. mag. 3562.

- 31. *Duchartrea viridiflora* Dcsne. — Cop. n. Ann. d. sc. nat. 1846. pl. 8.

- 32. A. *Pentarhaphia calycosa* Dcsne. — Cop. n. Hook., Icon. 3. 689.

- 32. B. *Pentarhaphia florida* Dcsne. — Cop. n. Ann. d. sc. nat. 1846. pl. 7.

- 33. *Ophianthe Libanensis* n. — N. d. N.

- 34. *Conradia humilis* Mart. — Cop. n. Plum., Pl. amer. ic. t. 133.

- 35. *Arctocalyx Endlicherianus* Fenzl. — Cop. n. Fl. d. serres VI. t. 23.

- 36. *Solenophora coccinea* Benth. — N. d. N.

Tafel II. **Beslerieae.**

Sarmienteae.

Fig. 37. *Sarmienta repens* Ruiz et Pav.— Cop. n. Mart.,
Nov. gen. **3**. t. **220**. f. **2**.

Drymonieae.

Fig. 38. *Episcia reptans* Mart. — Cop. n. Mart. Nov.
gen. **3**. t. **217**.

- 39. *Cyrtodeira cupreata* n. — N. d. N.

- 40. *Pysodeira bicolor* n. — N. d. N.

- 41. *Skiophila melittifolia* n. — N. d. N.

- 42. *Heintzia tigrina* Karst. — N. d. N.

- 43. *Paradrymonia glabra* n. — Cop. n. Bot. mag.
4552.

- 44. *Nautilocalyx hastatus* Linden. — Cop. n. Bot.
mag. 4675.

- 45. *Alsobia punctata* n. — N. d. N.

- 46. *Drymonia calcarata* Mart. — Cop. n.–Mart.,
Nov. gen. . t. **224**.

Nematantheae.

Fig. 47. *Tapina barbata* Mart. — Cop. n. Mart., Nov.
gen. **3**. t. **225**.

- 48. *Nematanthus Guilleminianus* H. Ber. — N. d. N.

- 49. *Glossoloma tetragonum* n. sp. — Cop. n.
Oerst., Herb.

Hypocyrteae.

Fig. 50. A. *Alloplectus circinatus* Mart.— Cop. n. Mart.,
Nov. gen. **3**. t. **223**. 2.

- 50. B. *Alloplectus capitatus* Hook. — N. d. N.

- 50. C. *Alloplectus concolor* Hook. — N. d. N.

- 51. *Erythranthus coriaceus* Oerst., n. sp.— Cop. n.
Oerst., Herb.

Fig. 52. *Collandra picta* n. sp. — N. d. N.

- 53. *Calanthus multiflorus* Oerst., n. sp. — Cop. n. Oerst., Herb.

- 54. *Stenanthus heterophyllus* Oerst., n. sp. — Cop. n. Oerst., Herb.

- 55. *Polythysania parviflora* n. sp. — N. d. N.

- 56. *Ortholoma Warszewiczii* n. sp. — N. d. N.

- 57. *Stygnanthe moesta* n. — Cop. n. Poepp. et Endl., Nov. gen. 3. 201.

- 58. *Gasteranthus pendulus* n. sp. — N. d. N.

- 59. *Hypocyrta hirsuta* Mart. — Cop. n. Mart., Nov. gen. 3. t. 222.

- 60. *Codonanthe gracilis* Mart. — Cop. n. Mart., Nov. gen. 3. t. 219.

- 61. *Besleria umbrosa* Mart. — Cop. n. Mart., Nov. gen. 3. t. 218.

- 62. *Hygea barbata* n. sp. — N. d. N.

Columneae.

Fig. 63. *Asteranthera Chiloënsis* n. sp. — N. d. N.

- 64. *Pterygoloma repens* n. — Cop. n. Bot. mag. 4250.

- 65. *Pentadenia nervosa* n. sp. — N. d. N.

- 66. *Columnea Schiedeana* Schldl. — N. d. N.

Mitrarieae.

Fig. 67. *Mitraria coccinea* Cav. — N. d. N. n. Cop. n. Bot. mag. 4462.

———————

Fig. 68. *Trichantha minor* Hook. — Cop. n. Hook., Icon. 3. t. 666.

Anm.: Nur wo es nöthig schien, bezeichnen die Buchstaben *a.* den Kelch, *b.* die Krone, *c.* die Staubgefässe, *d.* den Drusenring, *e.* den Fruchtknoten und *f.* die Narbe.

Stirpium novarum Sylloge.

Edidit

F. A. Guil. Miquel.

Decas prima.

Enckea Kth.

1. Enckea subpanduraeformis, foliis supra partem
unam quartam quintamve obovatam vel subdeltoideam abrupte
utrinque in sinum coarctatis indeque longe lineari-lanceolatis, basi inaequali obtusa tenuiter quintuplinerviis, in parte
lanceolata transverse tenere multinerviis, submembranaceis,
glabris, nascentibus tenerrimis quibusdam pilis subtus insper-
sis, amentis pedunculo glabro petiolum superante suffultis,
rectiusculis, densiuscule puberis, folio brevioribus, subdensifloris,
bracteis conchaeformibus sursum glabris, ovario ovato glabro, stigmatibus 3 brevissimis (albidulis).

*In Jamaicae insulae umbrosis detexit venerat. Wull-
schlägel, S. Fidei Evangelicae Missionarius.* Vidi in
Herb. Martii.

Habitu, ramificatione scil. dichotoma, ramis ramulisque
valde nodosis, nodis perfacile separabilibus, internodiis tenuiter longitrorse striulatis, stipulis parvulis oppositifoliis cur-

vulis hic illic persistentibus, amentorumque ifabrica congeneribus suis quam simillima species, *E. discolori* aliisque ex
angusta foliatarum phalange proxima, longe a totius ordinis
norma discedere videtur foliis prope basin sinu utrinque sub-
panduraeformiter excisis, fere ad trilobatam formam enitenti-
bus, parte scil. infra sinum sublobato - exserta brevem lobu-
lum utrinque exhibente, terminalem longissimum·angustatum-
que fulciente. *Petioli* 1 — 2 lin., *folia* 2 — 3 poll. longa,
basi 2 — 6 lin., superne 1 ½ -- 2 ½ lin. lata, discolora, supra
siccitate subnigrescentia, subtus fusculo - viridula, impunctata,
basi leviter inaequalia, sursum attenuata, marginibus sub-
repanda. *Amenta* cum pedunculo circiter 1 ½ - pollicaria,
juvenilia densiflora subflaccida, adultiora magis stricta, recta,
erecto - patula. *Stamina* 4 subsessilia, ovario regulariter
circumposita, *antheris* fusco - luteis cordatis, loculis connectivo nunc nigrescente diremtis, in fructu vix omnino persistentia.

Analogam simili scil. foliorum forma pandurata imbutam
speciem Piperaceam in *Parte Botanica Itinerarii Anglo-
rum Navis „Herald"*, a cl. B. Seemann edito, nuper
descripsi.

Chavica Miq.

2. **Chavica Hügeliana,** glabra, foliis (superioribus) modice petiolatis e basi parum inaequali ovatis breviter oblique
acuminatis subcoriaceis obsolete pellucido - punctatis praeter
nervulum utrinque e basi unum, tenuiter quintuplinerviis, vix
venosis, amentis masculis, crassiusculis rectiusculis (pedunculo
petiolum circiter aequante) folio brevioribus, bracteis pedicel-
lato - peltatis orbicularibus extus glabris, subtus hirtulis.

In Nova Hollandia ad Port Jackson nob. de Hügel
legit, vidi in *Herb. Zuccarinii*.

Ramuli juniores angulati. *Petioli* 2 — 2¹/₂ lin. longi. *Folia* sup. 2¹/₄ — 2¹/₂. poll. longa, 10 — 11 lin. lata; inferiora desunt. *Amenta* obtusa 1¹/₂ poll. longa. *Bracteae* margine extenuatae et suberosulae. —

Pilea Lindl.

3. Pilea tenerrima, succulenta 1 — 2 poll. alta, pauciramosa, glabra, foliis oppositis in eodem jugo inaequalibus, inferioribus minoribus subrotundatis, superioribus paulo majoribus, 1¹/₂ lin. circiter longis obovato - ellipticis obtusis vel magis rotundatis, basi acutiusculis, integerrimis, obsolete uninerviis, supra versus margines transverse rhaphidose striulatis, petiolis laminam aequantibus vel superantibus, floribus axillaribus glomeratis, densis, subsessilibus, femineis (an omnibus?) sepalo postico cucullato, achaeniis ellipsoideis tumidulis.

Crescit in Antillis insulis minoribus (Hohenacker communicavit).

Radix tenera. *Caulis* erectus filiformis subsimplex vel demum ramulosus. *Folia* haud admodum densa, *petiolis* in eodem jugo inaequilongis sustenta, siccitate pellucida, laete viridia. *Flores masc.* non vidi, *feminei* plerique steriles.

Tabebuia Gom.

4. Tabebuia neurophylla, ramulis griseo - pallidis lenticellosis, petiolis, foliis subtus in nervis nec non inflorescentia parce pilosis, foliis breviter petiolatis bifoliolatis, petiolulis petiolum superantibus, foliolis ovato - oblongis obtusis vel obtusiusculis, basi rotundatis vel leviter emarginatis submembranaceis, supra glabris, praeter basin trinerviam costulis utrinque 2 — 3 adscendentibus, prominentibus et reticulatis, thyrso terminali elongato subdensifloro, calyce brevi inflato - semigloboso submembranaceo, obsolete breviter bilabiato vel fere irregulariter denticulato, corollae tubo inferne angusto brevi sursum infundibuliformi glabro, limbo extus pulverulento-tomentello, labio infero **3**-lobo.

In Surinamo legit A. Kappler (n. 1957).

Petioli **2**—**3** lin., *petioluli* **3**—**5** lin. longi, facile exarticulati. *Foliola* circiter 4 poll. longa. *Thyrsus* 6-pollicaris, ramosus. *Calyx* **1** $^1/_3$ lin. circiter longus, in alabastro jam fere patens. *Alabastra corollae* elliptica inferne glabra, superne subito dense leprosula. *Corolla* sub anthesi pollicaris, labio superiore erecto, inferiore deorsum vergente, fauce obliqua.

Hippocratea L.

5. Hippocratea Kappleriana, foliis breviter petiolatis ovato-oblongis breviter acuminatis, praeter basin rotundatam late crenato-repandis, subcoriaceis, glabris, costis utrinque **3**—**4** patule adscendentibus utrinque reticulatis, cymis corymbosis laxis pedunculatis axillaribus folio brevioribus et terminalibus folia depauperata superantibus, sepalis subrotundis majorem partem membranaceis denticulatis, petalis his multo longioribus hic illic denticulatis.

Frutex scandens albiflorus, in Surinami regionibus interioribus ad flumen Marowyne crescens (Kappler n. 1972).

Petioli semiteretes antice canaliculati, acute marginati **1** $^1/_2$—**3** lin. longi. *Folia* 6 — 6 $^1/_2$ poll. longa, **2** $^3/_4$ — **3** poll. lata, laete viridia. *Pedunculi* articulati, articulo ultimo (seu *pedicello*) calycem vix aequante. *Petala* **2** lin. quidquam excedentia. *Stamina* calycem aequant.

Cissus Linn.

6. Cissus haematantha, ramulis glabris, petiolis foliisque subtus praesertim in nervis tenerrime puberulis, his longiter · petiolatis trifoliolatis, foliolis membranaceo - coriaceis, supra punctulatis, acuminatissimis, remote exserte denticulatis, sessilibus, medio late elliptico basi cuneato, lateralibus brevioribus extrorsum valde dilatatis obliquis, cymis axillaribus compositis densifloris longe pedunculatis, vel terminalibus brevioribus ob folia depauperata superne etiam deficientia paniculato - confertis thyrsoideis, rubrifloris, calyce subtruncato.

Crescit in Surinamo interiore ad Maipuribi - Kreek (A. Kappler n. 1959).

Petioli 3 — 3½ poll., *foliola media* 5 poll. longa, 2½ lata, *lateralia* 3¾ longa, 2 lata, subtus pallidiora, costulis 6—4 erecto - patulis. *Inflorescentiae* cum pedunculo 4 — 5 - pollicares. *Flores* breviter pedicellati. *Calyx* semiglobosus, superne leviter contractus, obsolete denticulatus, ovarium aequans. *Stylus* brevis. —

7. **Cissus nilagirica,** glabra, ramis petiolisque nigro - verrucosis, foliis pedato - 5 -, raro 3 - foliolatis, (seu bigeminatis cum centrali solitario aut simpliciter ternatis) obovato - vel elliptico - oblongis obtuse apiculatis vel acutis, remote exserte subglandulose denticulatis, breviter petiolulatis, pedunculis 4 — 5 - partitis, ramis apice umbellato - floriferis, floribus brevissime pedicellatis, calyce brevi lato 4 - denticulato, petalis ter breviore, staminibus ovarium aequantibus, stylo crasso brevi, stigmate capitellato umbilicato.

Crescit ad Melur in montibus Nilagiri, m. April. florens et baccifera, incolis Narale dicta. (Metz *pl. Nil.* ed. Hohenacker n. 1473.)

Rourea.

8. **Rourea surinamensis,** foliis alternis vel raro superne suboppositis unijugo - pinnatis cum impari bis terve majori, foliolis breviter petiolulatis crasse rigide coriaceis glabris

nitidis ovatis vel ellipticis breviter oblique acuminatis, basi rotundatis, marginibus recurvis, utrinque reticulatis, paniculis terminalibus aggregatis a basi floriferis, compositis, pedicellis simplicibus vel divisis, calyce campanulato, lobis ovato‑acutiusculis apice villosulis.

Arbor floribus albis in regionibus interioribus Surinami ad flumen Maipuribi, m. Sept. flor. (Kappler n. 1969.)

Ramuli infra foliorum insertionem leviter compressi. *Petioli* rigidi lignosi $1\frac{1}{2}-1$ poll. longi, laeves. *Petioluli* semiteretes transverse rugosi, siccitate nigrescentes, $1-1\frac{1}{2}$ lin. longi. *Foliola* $4-3$ poll. longa, $2\frac{1}{2}-1\frac{1}{2}$ lata, basi antice subcanaliculata. *Paniculae* $2-3$ poll. longae. *Pedicelli* tenues. *Calyx* lineam excedens, membranaceus. —

Tragia Linn.

9. **Tragia bicolor**, griseo‑ et croceo‑villosa (pilis stellatis et simplicibus, setisque rigidioribus), foliis e basi leviter cordata ovatis subacuminatis argute serratis, 3‑ sub‑5‑nerviis, supra griseo‑villosulis, subtus incanis intermixta pube crocea, spicis folia aequantibus, bracteis linearibus, sepalis fem. lanceolatis bicuspidibus dense incano‑ et croceo‑villosis alboque setosis, capsulis pulchre croceis.

Crescit ad Arrehatti montium Nilagiri, m. Majo, incolis Urumulli. (Metz l. c. n. 1552.)

Volubilis, caulibus parce villosis. Folia 2‑pollicaria. Styli crassi glabri.

Euphorbia Linn.

10. **Euphorbia alsinoides**, radice elongata tenuiter subfusiformi, caulibus pluribus decumbentibus parce ramosis subherbaceis, junioribus, petiolis, foliis subtus et inflorescentia villosulis, foliis brevissime petiolatis oppositis inaequilateris

lato-ellipticis obtusis, crenato-serrulatis, margine interiore versus basin integerrimis, sexnerviis et venulosis, pellucido-punctatis, supra glabris, stipulis parvulis basi callosis superne ciliato-laceris, cymis umbellatis axillaribus et terminalibus breviter pedunculatis folio brevioribus dense villosis, capsulis glabrescentibus laevibus.

Crescit prope Kaity montium Nilagiri. (*Metz l. c. n. 1557.*)

Caules fere pedales, internodiis **1—3**-pollicaribus. *Petioli* $^1/_3$—$^1/_2$ lin. longi. *Folia* **4—6** lin. longa, **$2^1/_2$—3** lin. lata subtus pallida. *Stipulae* basi fuscae, incrassatae. *Capsulae* juniores villosae, maturae fere glabrae.

Mense Decembris 1853.

Excerpta observationum de Rafflesia Rochussenii femina editarum*), cum annotatione epicritica.

Auctore

F. A. G. Miquel.

Quatnor hactenus Rafflesiae species innotuerant, quarum duae: *Rafflesia Arnoldi* et *Rafflesia Patma*, accurate jam notae, duae aliae vero, *Rafflesia Horsfieldii* R. Br. (Transact. Linn. Societ. Lond. XIX. 242.) ex insula Java, et *Raffl. Cumingii* ej. l. c. (*R. manillana Teschem. in Boston Journ. of Nat. Histor. IV. 63. Tab. 6., Annals and Magaz. of Nat. Histor. X. 381. Tab. VI.*) ex insula Samar Philippinarum nondum ab omni parte illustratae exstant. His nuper addita est *Rafflesia Rochussenii*, ab Horti Buitenzorgensis hortulanis Teysman et Binnendyck in sylvis ad radices montis Manellawangi in insula Java detecta. (*Natuurkundig Tydschrift voor Neêrlandsch Indië, Tom. I. p. 425. Tab. I et II.*)

De *R. Horsfieldii* nil relatum inveni nisi brevissimam Brownii phrasin: „dioica? stylis indefinite numerosis: cen-

---

*) Analect. bot. Ind. III.

tralibus confertis (floris diametro semipedali)." — „Java: Dr. Horsfield, qui alabastra solum detexit et depingi curavit." — „Observ. Species dubia a sequente diversa numero et ordinatione stylorum (fide iconis ineditae Dr. Horsfield)."

R. Cumingii, a cl. Hugh Cuming detecta, primum a Domino J. E. Teschemacher sub *manillanae* improprio nomine proposita est. Specimen masc. tantum examinavit. Ill. Brown plura et feminea etiam dein examinans, sic eam describit: „dioica, antheris 10 — 12, stylis antheras numero vix superantibus abbreviatis, exterioribus (saepius 10) simplici serie; interioribus (1 — 3) invicem subaequi - distantibus, annulo baseos columnae unico, perianthii tubo intus ramentaceo (diametro floris semipedali)." — „Descr. Planta dioica *R. Arnoldi* multoties minor, diametro floris expansi sexpollicari, caeterum ante expansionem *externe* similis ut ovum ovo, indusio e cortice *Vitis* aut *Cissi* formato rugoso sed vix reticulato; interne convenit corona fancis indivisa, tubo intus ramentaceo: differt annulo baseos columnae unico (exteriore *R. Arnoldi* deficiente), antheris maris paucioribus (10 — 12), stylis utriusque sexus vix antheras numero superantibus, haud confertis sed subsimplici serie circulari propius limbo quam centro dispositis, cum nonnullis (1 — 3) centralibus invicem distinctis et fere aequidistantibus, omnibus abbreviatis crassitie dimidium longitudinis subaequante, apice pilis brevibus acutis rigidulis barbato; femina absque antherarum rudimentis: ovarii cavitatibus stylos manifeste superantibus et tam numerosis in centro et versus peripheriam ut in *R. Arnoldi*." — De *specimine masc.* cl. Teschemacher haec adhuc refert: „the interior of these divisions of the perianth is marked by tubercles of various forms, as in the other species." — „The column has a convexe disc, surrounded by a raised edge; on the surface of this column are

eleven processes differing from each other slightly in size
and form, the summits of which are entire and hispid, the
hairs much resembling pistillary projections. One of the processes is in the centre, the other ten arranged around it at
about an equal distance between it and the raised edge." —
„The anthers, which are of the same form, with pores and
cells, lihe those of the other species described, are ten in
number, and are also suspended from the underside of the
upper edge of the column, in open cavities formed in the
lower part or base of it; both edges of the open part of
these cavities are covered with hairs resembling those on the
lips of the processes on the disc, and that part of the tube
of the perianth opposite to these openings is studded with
thick, capillary hairs, each terminated by what is apparently
a glandular knob."

Si cum his comparamus quae de *R. Rochussenii mare*
l. c. in Diario Indico Horti Buitenzorgensis Hortulani com-
municaverant, dubitari fere posset, an haec ab *R. Cumingii*
specifice sit distincta. *Flos* expansus statuitur 14$\frac{1}{2}$ centim.
in diametro, itaque circiter sexpollicaris; *perianthii laciniae*
6$\frac{1}{2}$ centim. longae, 8 — 9 latae; faucis diameter 5$\frac{1}{2}$ centim. *Columnae centralis* pars inter basis annulum et verti-
cis discum **2** centim. *Discus* **7** centim. in diam., supra *processubus styliformibus* fere orbatus, unico tantum, lineam
longo, in centro obvio; area (plaga) stellato-rubra in medio
disco subalbido eleganter picta, radiis **5** singulis **2**$\frac{1}{2}$ cent.
longis; margo disci elevatus, saturatius coloratus. Perian-
thium intus *verrucis capitellatis*, **1 — 6** lin. longis, **1** lin.
crassis, cylindraceis, inferne longioribus obtectum. Floris
color saturate ruber, verruculis in superficie segmentorum
perianthii obviis adhuc saturatioribus, quam eae in *R. Patma*
observatae, multum minoribus. Ex icone ab auctoribus pro-

poşita *stirpem masculinam* iis obviam fuisse luculenter apparet. *Ovarium* sterile. *Antherae* 15 satis approximatae, fossulis, columnae sulcis respondentibus inque margine piliferis, exceptae.

Certiores inter utramqne speciem notae differentiales e *stirpibus femineis* derivandae. Ex insula Java plura specimina viva, *Cissi serrulatae* 'Roxb. radicibus insidentia, accepimus. Nuperrime emortua jam haec dissecans, omnia *feminea* esse vidi. — *Alabastra* alia admodum juvenilia erant, alia fere adulta. Illa e radice semipollicaris crassitiei erumpentia, 1 — 1 $^1/_2$ poll. in diametro, cupulae dimidiam partem adhuc immersa, obovoideo-globosa, iis *R. Patmae*, infra commemorandis, simillima, imo externe fere aequalia dicenda. *Cupula* radici, cui innititur, multo crassior, quare ab ea magis quam *R. Arnoldi* separata, semiglobosa, integra vel margine obsolete trilobulata, externe corticis textu mutato, cum stirpe parasitica confluente griseo, verrucoso-areolato, haud admodum regulariter reticulato, obducta et eo propemodum constans, intus laevis cum bracteis confluens. *Bracteae* seu *squamae* forma, compage et colore ab iis *R. Patmae* haud distinctae, exteriores minutae, sequentes sensim majores, 14 alabastri in apice v. c. imbricatae sunt, increscente stirpe, a se invicem magis removentur. — *Alabastrum provectius* circiter tripollicare in diam., radici haud crassiori quam praecedentia insertum, *cupulae* pollicari innixum; *squamae* majores, rigidiores, purpurascenti-fuscae, nervosae, in superficie utraque, praesertim exteriore, propter cellulas subprominulas exilissime subareolatae, stomatibus orbatae. *Perianthii* limbi segmenta arctissime imbricata, subcompicta, in sectione transversa rubra, cito decolorata. *Ovarium* majorem partem destructum. *Tubus perianthii* ventricosus *ramentis* nunc adhuc parvis intus obsessus. *An-*

15 *

nulus in basi angustus. *Columna centralis* 1 $\frac{1}{4}$ — vix **2** lin. alta, **9** lin. crassa, lateribus sulcata, sulcis sursum profundioribus, apice expansa in *discum* 1 $\frac{3}{4}$ poll. diam., suborbicularem, supra convexiusculum, ipso centro saltem depressum, margine acuto, extus quasi striato elevato, cinctum, subtus planiusculum et acuto haud prominente margine, qui a superiore, planâ facie laterali separatur, donatum, **1** lin. circiter crassum, intus carnosum pallidum, extus coloratum, quod video omnino e cellulis parenchymaticis conflatum, subtus numerosis glandulis stipitatis quasi furfuraceum, supra versus centrum, remotius a margine *papillas* seu *processus styliformes juveniles* obfert, quorum **10** fere in lineâ circulari, **3** in centro dispositi, alii satis manifesti, alii nudo oculo fere indistincti, omnes $\frac{1}{2}$ lineâ subbreviores, apice nudi. Subtus ubi discus cum columna conjungitur, *androceum rudimentarium* latet, at distinctissimum, eo loco scil. duplex quasi marginulus in disco observatur, sinuosus, sulcis columnae respondens, nudo oculo distinctus, at vix elevatus, sulculum deplanatum angustum formans, cui *antherae* **15** *nanae*, obovoideae, apice obtuso-impressae, $\frac{1}{3}$ lin. crassae, intus cellulosae, infiguntur, quae singulae columnae sulcorum supremo sinulo recipiuntur. — In *alabastro* fere adulto, **3** $\frac{1}{2}$ poll. diam. quidquam excedente, *squamae* jam remotiores, unde sex tantum in vertice imbricatae sunt, *perianthii tubus* intus ramulis seu processubus parvis subcylindricis apice capitellatis e contextu celluloso satis firmo constantibus (quorum inferiores longiores, supremi tantum verrucaeformes) obductus. In vertice tubi foramen rotundum (seu faux), *perianthii laciniis* superpositis imbricatis, intus tenere papillosis, occlusum, margine interiore liberum, unde coronulam planam circa faucem in flore aperto adesse conjicitur. *Annulus horizontalis* acutiusculus e columna centrali quasi continuus, prope angulum externum ad basin perigonii liber. *Discus* 2 ¹/₂ poll. in diam., **2 — 3** lin. crassus, supra con-vexo-planus, *duplicato margine* elevato cinctus (inferiore scil. supra jam memorato ad superiorem nunc valde approxi-mato) quorum *exterior* lineam altus, acutus, integerrimus, nudus, *interior* magis extenuatus, extrorsum striulatus, acie subcrenulata pilis brevibus rigidulis, iis processuum styliformium omnino aequalibus, serialiter aut interrupte fascicula-tim dispositis, instructus. In disci superficiei area stellata colorata haud amplius observatur (qualem T e y s m. et B i n-nend. in stirpe mare viderant); sed versus centrum plaga angulata laevior cernitur, an e pressione segmentorum limbi? *Processus styliformes*, probabiliter nondum prorsus effor-mati, pauci, nunc **6**, alii conico-cylindrici lineam longi apice piliferi, alii verrucaeformes piliferi, alii ad pilorum fascicu-lum sessilem reducti, pauci in centro, reliqui circa hos sub-circulariter remotius a margine dispositi. Disci pagina infe-rior convexa glandulis aureo-fuscis stipitatis densiusculo ob-sita, hinc quasi furfuracea, ubi cum columna conjungitur, marginulum striaeformi-elevatum circularem leviter sinuosum ohfert, *antheras* **15** *nanas* papillaeformes, fere **3** lin. a se-met invicem distantes, apice retuso-impresso deorsum spe-ctantes, haud immersas nec sulcis receptas nec pilis circum-datas, ¹/₃ lin. crassas, ferentem. *Ovarium* partim destru-ctum, semisuperum fere, 1 ²/₃ poll. latum, **1** altum, nunc excavatum fere, placentis et ovulis in massam nigram diffor-mem contractis; attamen aqua madefactae partes discernen-dae. *Ovula* iis *R. Arnoldi* simillima.

Rafflesia Cumingii et *R. Rochussenii* jam sic discri-minandae:

· *R. Cumingii*, dioica, antheris **10 — 12**, processubus styliformibus antheras numero vix superantibus abbreviatis:

exterioribus (saepius **10**) simplici serie haud procul a margine, interioribus (**1 — 3**) invicem subaequidistantibus, annulo circa basin columnae unico, perianthii tubo intus ramentaceo, femina absque antherarum rudimentis (diametro floris semipedali).

R. Rochussenii, dioica, antheris **15 — 16**, processubus styliformibus antherarum numero paucioribus abbreviatis versus centrum dispositis, disci margine duplicato, annulo circa basin columnae unico, perianthii tubo intus ramentaceo, femina antherarum rudimentis papillaeformibus (diametro floris semipedali). — Num margo disci duplex in *R. Cumingii* etiam adsit, non satis liqnet.

Rafflesia Horsfieldii, secundum alabastri iconem paucis tantum descripta, diametro floris semipedali dicto, cum duabus praecedentibus congruere videtur, numero et dispositione processuum_ styliformium tamen longe distat. Cum de ramentorum praesentia etiam nihil relatum sit, de ejus et *R. Patmae* discrimine judicari non potest. Processuum styliforformium numero ac situ ambae valde congruere videntur, illamque pro *alabastro R. Patmae* quis habere posset. — Alabastra *R. Patmae*, in Spiritu Vini servata, dissecui et processus illos numerosiores, magis inaequales, haud adeo regulariter dispositos video quam in *Blumei Flor. Javae Tab. II.* delineantur. Magis congruit *figura altera Tab. III.*, ubi **28** adsunt; in meis **26 — 30** offendi. — *Rafflesiam Patmam* dioicam esse censendam, R. B r o w n nuper in Societate Linnaeana Londinensi exposuit et in meis speciminibus ita esse video. B l u m e u s olim hermaphroditam credidit. Quum autem in hac specie, pariter ac in *R. Rochussenii* et *R. Arnoldi*, in maribus processus illi styliformes, pro stylis hactenus habiti, adsint, et in feminis antherae depauperatae, sed genuinis simillimae, stirps itaque fere *hermaphrodito-dioica* dicit possit, aequus judex errorem B l u m e i, qui primus accuratiores mirabilis hujus conformationis analyses pro illo tempore laude dignas edidit, in opprobrium haud vertat. Si attenta mente descriptionem, a cl. B l u m e in Flora Javae propositam legas, utrumque quidem sexum ab eo examinatum fuisse, conspicias, sed sexus discrimen praetervidit. In speciminibus meis video *antheras* 30, *fossulis* disco subtus insculptis immersas, columnae sulcis profundis respondentibus, ovoideo-subangulatas, ore circulari jam hiantes, 1 lineâ paulo majores. *Fossulae* singulae *processu* (vel quasi membranâ) triangulari separantur, quae in columnae sulcorum dissepimentum altum et complanatum (unde columna quasi alato-sulcata) transit. *Pili* rigiduli parvi, iis processuum styliformium omnimodo aequales, in dissepimentorum acie et fossularum marginibus obvii. *Annuli* circa columnae basin duo, in fundo floris, exterior latior. *Ovarium* in *fl. masc. farctum, sterile.*

Quo loco in *Rafflesiae* fiore *stigma* quaerendum sit, quo modo foecundatio obtineat, minime adhuc constat. Si disci processus styliformes *stylum* et pilos in corum apice obvios *stigma* vocare velis, totum discum stigma habere fere oportet, nam processuum illorum textura anatomica a reliqua disci compage nulla ratione differt et ejusmodi pili in disci margine et circa fossarum antheriferarum margines et in columnae lateribus adsunt et in stirpibus masculis nunquam desunt, imo majori perinde copia quam in feminis offenduntur *).

---

*) Apud *R. Br. l. c p.* 225. legitur: Another point, which in my former paper I considered doubtful, namely the seat or limit of the stigmata, is not even now satisfactorily established; for the

Cellulae quibus processus illi conflati sunt, ejusdem omnino formae et indolis sunt ac illae quibus discus componitur; parenchymaticae sunt cellulae haud admodum regulares, arete junctae, exteriores paullo firmiores. Textum ita dictum conductorum nullibi reperi. — Pili, recentes examinati, rigiduli, e basi subtumida anguste conici, vix acuti, recti vel leviter curvati, subpellucidi, alii laeves, alii extus materie quadam, quasi gummi exsiccato, obducti. Cum papillis stigmaticis sane comparari non possunt. — Si pollen respiciamus simplex, viscosum, ex antheris delabens et floris fundum petens, quomodo ad disci superficiem pervenire possit, vix etiam intelligatur, nisi insectorum auxilio hac in re aliquid tribuere velis.

Praecedentes observationes anno 1851 in *Anal. Ind. Parte III.* communicavi, adjecta icone *stirpis feminae R. Rochussenii.* — Eo fere tempore quo ego in Horto nostro botanico Rafflesiam investigaveram, Domini J. E. Teysmann et S. Binnendyck stirpem etiam feminam in insula Java exploraverunt, factasque de illa observationes in diario laudato Tom. II. publici juris fecerunt. In disci superficie processus styliformes nullos, ne rudimentum quidem, se invenisse, affirmant. Ego autem in omnibus a me examinatis

---

slender processes forming the hispid tips of the supposed styles, which have so much the appearance of the ultimate divisions of stigmata, are merely hairs of a very simple structure, and exactly resembling those found in other parts of the column . . . . A slight difference, indeed, seems to exist between the tissue of the apices of the styles and the other parts of their surface, hardly sufficient, however, to prove it to be stigma, though this is no doubt the probable seat of that organ." —

speciminibus inveneram, licet parvas et paucas, obiter in-
tuentis oculos effugientes. — Eo loco ubi in specimine ma-
sculino antheras viderant, inveniebant tredecim corpuscula,
quae iis nunc glandulae audiunt, vel quae etiam pro stigmatibus habere vellent. Loquuntur etiam de fibroso quasi textu
qui ex harum glandularum insertione inde introrsum versus
ovarium tendit, cujus autem accuratior descriptio deest. Quid-
quid vero sit, facile intelligitur ejus functionem nequaquam
inservire posse ad pollen versus ovula perducendum. — *Sunt
autem*, ut supra demonstravi, *corpuscula illa nil nisi floris feminei antherae abortivae*, situ, forma, tota structura
a genuinis floris masculi antheris nulla parte diversae, minores saltem et pollen non formantes, quales in millenis mo-
noicis dioicisve plantis novimus, et quas „nanas" vocare solent botanici, et in ipsis *R. Arnoldi* et *R. Palma* etiam
exstant.

De *Rafflesia Palma* et *R. Rochussenii*, secundum
icones et observationes, ab Horti Buitenzorgensis peritissimis
hortulanis missas et secundum specimina etiam, a cl. J u n g -
h u h n lecta, a. 1853 dissertationem scripsit gallico sermone
cl. W. H. d e V r i e s e*), in qua auctor verbis quidem, non
autem argumentis botanicis *meam* de antheris abortivis in
Rafflesiis femineis sententiam impugnat. Primum moneam,
thesin ita impugnatam, primum a R o b. B r o w n i o, *R. Arnoldi feminam* describente, propositam fuisse, qui abortivas
antheras dicit easdem omnino partes quas ego in *R. Ro-*

---

*) Mémoire sur les Rafflesias Rochussenii et Palma, d'après les
recherches faites aux îles de Java et de Noessa Kambangan et
au Jardin de l'université de Leide; dédié à Son Excellence M.
J. J. R o c h u s s e n, par W. H. d e V r i e s e. — Arnz. Leide et
Düsseldorf.

chussenii tales statueram. „Hae partes nil obferunt (in-
quit de Vriese), quod antheris possit comparari, nisi huc
referas situm, interna enim fabrica est plane homogenea.“ —
Alio loco dicit: „Antherae verae esse mihi non videntur,
Quod efficio ex speciminibus masculinis ejusdem gradus evolutionis. Utrum vero sint antherarum, id est sexus mascu-
lini in foeminis rudimenta, non magis affirmare ausim.“ . . .
„contextu plane homogoneo constituta.“ — „La nature des
organes tuberculiformes sous le disque de la colonne est in-
connue. Il n'est pas prouvé, que ces protubérances soient
des organes mâles; ni qu'ils soient analogues au sexe mâle.“
— Respondeo: organum dicitur abortivum si ad functionem
primariam explendam hand sufficit. — Stamen abortivum vo-
catur vel nanum, si in anthera pollen non efformatur. — Organorum abortivorum natura dijudicatur ex *situ,* confirmatur
formae et fabricae similitudine. — Haec manifestissime va-
lent de antheris nanis in *Rafflesiis feminis* ab illustri
Brownio et nuper a me detectis, descriptis et delineatis. —
Nemo unquam de horum organorum natura dubia movit et
absque ulla dubitatione Brownius ea statim antheras nanas
declaravit. Stirpem femineam *Rafflesiae Arnoldi* describens
ea vocat: „*rudimenta minuta papillaeformia polline destituta antherarum.*“ — Iis ita admissis Rafflesias *physio-
logice* dioicas esse, lubenter peritus quisque concedat, nec
contrarium ego unquam statuere volui. Explicare saltem
volui quo modo factum sit, ut cl. Blume, qui antheras nanas *R. Patmae* femineae, easque magnas, a genuinis polli-
niferis floris maris haud distinxit, has stirpes hermaphroditas
nuncupaverit.

Amstelaedami, 1853.

Plantae Muellerianae.

Orchideae.

Auctore

Lindley.

Dipodium R. Brown.

1. **D. punctatum** R. Br. prodr. p. **331.** Lindl. gen. et spec. Orchid. p. **186.**

Macdonaldia Gunn.

1. **M. antennifera** Lindl. Bot. Reg. App. n. **219.** t. **9.**

Van Diemensland (Stuart). Sandplaine, Nov. (Dr. Behr). Macclesfield, in fruticetis collium, Octob. Brighton, Austral. fel., Octob.

Pterostylis R. Brown.

1. **P. grandiflora** R. Br. prodr. p. **327.** Lindl. gen. et spec. Orchid. p. **387.**

Lofty-ranges, et in saxosis muscosis umbrosis montium Bugle-range, August.

„Bulbus compresso-globosus.‟

2. **P. squamata** R. Br. prodr. p. **327.** Lindl. l. c. p. **388.**

Lofty-ranges, perraro.

3. **P. longifolia** R. Br. prodr. p. **327**. Lindl. l. c. p. **388**.
Inter sinum Rivoli-bai et montem Gambir, Octob.

4. **P. vittata** Lindl. l. c. p. **389**. *P. praecocissima* F.
Müll. in sehed. (ex parte).
Nov. Holland. austral.

5. **P. obtusa** R. Br. prodr. p. **327**. Lindl. l. c. p. **389**.
Van Diemensland (Stuart).

6. **P. furcata** Lindl. l. c. p. **390**.
Van Diemensland (Stuart).

7. **P, cucullata** R. Br. prodr. p. **327**. Lindl. l. c. p. **390**.
Van Diemensland (Stuart).

8. **P. mutica** R. Br. prodr. p. **328**. Lindl. l. c. p. **390**.
Van Diemensland (Stuart). Inter montem Gambir et sinum Rivoli-bay, in solo sicco argillaceo.
„Labellum tactu lenissimo irritabile puncto nigro terminatum."

9. **P. Mitchellii** Lindl. forma major.
Port Lincoln.

10. **P. curta** R. Br. prodr. p. **326**. Lindl. l. c. p. **390**.
Van Diemensland (Stuart). Barossa - ranges et Bugle -
ranges.

11. **P. pedunculata** R. Br. prodr. p. **326**. Lindl. l. c.
p. **391**.
Van Diemensland (Stuart).

12. **P. nana** R. Br. prodr. p. **327**. Lindl. l. c. p. **391**.
Bugle - ranges.

Lyperanthus R. Brown.

1. **L. nigricans** R. Br. prodr. p. **325**. Lindl. l. c. p. **382**.
Trans fl. Murray.

Corysanthes R. Brown.

1. C. unguiculata R. Br. prodr. p. **328**. Lindl. l. c.
p. **394**.

Van Diemensland (Stuart). In graminosis ante montes
Barossa - range, Sept.

Microtis R. Brown.

1. M. pulchella R. Br. prodr. p. **321**. Lindl. l. c. p. **395**.

Van Diemensland (Stuart). In graminosis fertilibus ad
fluv. Torrens, Novemb. In locis umbrosis humidis in collibus
lapidosis Lofty - range, Decemb. Ad fluv. Yarra, Austral. fel.,
Octob.

2. M. rara R. Br. prodr. p. **321**. Lindl. l. c. p. **396**. *M.
frutetorum* Schldl. Linn. XX. p. **568**.

Ad Gawlertown, Novbr. (Dr. Behr.)

Cyrtostylis R. Brown.

1. C. reniformis R. Br. prodr. p. **322**. Lindl. l. c. p. **398**.

Van Diemensland (Stuart), Lofty - ranges.

Leptoceras Lindl.

1. L. Menziesii Lindl. l. c. p. **416**. *Caladenia Menziesii* R. Br. prodr. p. **325**.

Georgetown, Van Diemensland (Stuart), Nova Holland.
austro - oriental. (Dr. F. Müller).

Caladenia R. Brown.

1. C. carnea R. Br. prodr. p. **323**. Lindl. l. c. p. **417**.
(*C. alata* F. Müll. in sched.)

Van Diemensland (Stuart). In planitiebus haud procul
ab urbe Adelaïde, Novbr. Bugle - ranges. Barossa - range, ad
rad. montium, Sept. Inter montem Gambir et sinum Rivoli -
bay, Sept. In umbrosis montium Lofty - range, Novbr.

„Ovarium puberulum, perianthii foliola extus flavescenti-pallida viridiuscula, costa rubro-brunnea, intus albida, labellum striis sanguineis et glandulis pedicellatis flavis."

2. C. coerulea R. Br. l. c. Lindl. l. c.

Lofty-ranges, August. Longmeil, Sept. Thirdkreek, August. Macclesfield, Sept. Gawler-town, in pratis, Aug. Encounter-bay, Sept.

„Perianthium coeruleum basi pallidius, labellum purpureo-striatum."

3. C. mollis Lindl. l. c. p. **419.** (*C. carnea* F. Müll. in sched.)

Van Diemensland (Stuart). In graminosis juxta urbem Adelaïde, Sept. Guichen-bay. Bethania.

4. C. filifera Lindl. l. c. p. **421.**

Encounter-bay.

5. C. clavigera A. Cunn. Lindl. l. c. p. **422.**

Van Diemensland (Stuart).

6. C. dilatata R. Br. l. c. Lindl. l. c.

Lofty-range, frequenter, Australia felix.

7. C. Patersonii R. Br. l. c. Lindl. l. c.

Van Diemensland (Stuart).

8. C. spec. nov.

Nov. Holl. austr.

Glossodia R. Brown.

1. G. major R. Br. prodr. p. **325.** Lindl. l. c. p. **423.**

Van Diemensland (Stuart). Encounter-bay, Bugle-range.

„Flores coerulei, extus pallidi vel virescentes. Labellum extra medium album barbatum, appendicis apice vitellino."

Eriochilus R. Brown.

1. E. autumnalis R. Br. prodr. p. **323.** Lindl. l. c. p. **427.**

Van Diemensland (Stuart). Sandberg. Nov. Holl. austr.
(Dr. Behr). Lofty - range.

„Supremum petalum et lateralia interna atropurpurea,
lateralia externa alba, labelli discus virescens purpureo-
punctatus" (Dr. Behr).

Spiranthes Rich.

1. **S. australis** Lindl. Bot. Reg. 823.

Van Diemensland. (Stuart).

Diuris Smith.

1. **D. maculata** Sm. Exot. Bot. t. 30. Lindl. gen. et spec.
Orchid. p. 507.

Van Diemensland (Stuart). ·

2. **D. pardina** Lindl. l. c.

Van Diemensland (Stuart). In collibus versus Firstkreek,
August. Bugle - range, Sept., Oct. Lofty - range, Aug.

3. **D. palustris** Lindl. l. c.

Van Diemensland (Stuart). Prope pagum Lyndock - valley, in graminosis, vere.

4. **D. lanceolata** Lindl. l. c. p. 508.

Van Diemensland (Stuart). Ad pedes montium Barossa-
range, Sept. In montibus Bugle-range, Sept.

„Corolla sulphurea extus basi purpurea vel nigricante,
laciniis 2 angustis virescentibus; labellum superne margine
atro-sanguineo, appendicibus protractis fimbriatis, fimbriis
atro-sanguineis.

5. **D. elongata** Swartz var. Lindl. l. c. **D. lilacina** F.
Müll. msc.

Australia felix.

D..lilacina Ferd. Muell. scapo bivaginoso 1 — 4-lloro,
foliis canaliculato-linearibus scapum dimidium aequantibus,
foliolorum perianthii exteriorum 2 anticis parallelo-dependen-

tibus labellum quater quinquiesve superantibus, perianthii foliolis interioribus obovatis acutis unguiculatis, labello basi
intus manifeste bicarinato, lobis ejusdem lateralibus rotundatis intermedio saltem duplo brevioribus, columnae laciniis lanceolatis breviter acuminatis apice denticulatis antice prope
basin flavam crispatis, postice unidentatis vel integerrimis,
antheram aequantibus. In pratis prope Melbourne rara. Herba
semi - — sesquipedalis glabra. Tubera 1''' longa ad medium fere
bifida. Folia nitidula carinata striata. Scapus teres apice
vix angulatus vaginis duabus amplexus vel folio caulino imo
trivaginatus. Foliola perigonii exteriora antica e rubello viridia canaliculata sensim acutata satis laxa 1 $\frac{1}{2}$'' et ultra
longa, posticum rotundo - ovatum apice acuto recurvulum adscendens semipollicare — 8''', latissime et breviter unguiculatum, excepta basi fuscescente vix virente amoene lilacinum
aeque ac laminae paris foliolorum interiorum, quae obsoletissime denticulatae vel integerrimae sunt vel basi dente unico
prominente instructae valde retrorsum patent et margine pallescente perparum secus unguem vero saturate atro - rubrum
fere 3''' longum conspicue conflectuntur. Labelli lamina intermedia horizontalis semiorbiculata, plica acute supra prominente tota longitudine carinata, saturatius lilacina quam reliquae floris parte s. Unguis labelli cuneatus, lamina aequilongus, carinis duabus crassis albidis prope carinulam tertiam
interstantem llavis, praeterea rubro - maculatus, margine lilacino. Laciniae labelli laterales adscendentes oblongo - obovatae
obtusissimae lilacinae saturate venosae postice et prope basin
albidae 3''' longae. Columnae appendices albae basi flavae
et hinc antice paucis flexuris crispae.

An vera *D. elongata* Sw., quam recognoscere diagnosis
Brunoniana haud sufficit.

Anth.: Oct., Nov.

6. D. sulphurea R. Br. l. c. Lindl. l. c. *D. oculata*
F. Müll.

Ad ripam graminosam fluv. Yarra, Octob.

D. oculata Ferd. Muell. foliis lato-linearibus canaliculatis scapum **2—5-, 2 - 6 -**florum bivaginatum aequantibus,
labelli intus ecarinati lobo intermedio basi glabro, lateralibus
fere semi-orbiculatis eroso-denticulatis recurvulis (fere triplo)
saltem duplo longiore, foliolis perianthii interioribus lanceolato - ovatis acutis, foliolis exterioribus anticis cruciatis labell-
lum paene duplo superantibus, columnae laciniis falcato-lan-
ceolatis acuminatis anthera paulo longioribus integerrimis.
Parce occurrit in collibus graminosis ad Yarra flumen. Herba
sesquipedalis pedalis vel humilior. Tubera oblonga saepe ultra
1″ metientia. Folia basin versus ad ½″ lata hinc saepius
rubro-maculata sensim apicetenus angustiora, carinata nervis subtus prominentibus percursa. Scapus teres obsoletissime angulatus. Germen oblongum basi attenuatum circit.
5-lineare leviter curvatum manifeste sulcatum. Pedicellus infimus saepe pollicaris nunc longior bractea vaginante etiam
superatus. Pedicelli reliqui breviores. Perigonii foliola antica deflexa canaliculata acuta, lineam — 1½ lata, 7—11‴
longa, apice flava ceteroquin fusca nisi extus virentia, superum foliolum adscendens 6 — 9‴ longum ovatum luteum basin versus maculis **2** magnis atro-fuscis oblique signatum,
hinc breviter angustatum. Paris foliolorum interiorum laminae luteae immaculatae demum horizontaliter patentes, unguibus atro-fuscis bis pluriesve longiores circiter semiunciales.
Labelli lobus medius replicatus, si explanatur, ovato-rhom-
beus, (in basin) e medio cuneatam contractus apice emargina-
tus luteus maculis fuscis fere zonatis variegatus circiter 4‴
longus in speciminibus giganteis scilicet major. Lobi latera-

les erectiusculi fusci marginem versus lutescentes columnae appendiculas flavas raro maculatas duplo superantes.

Anth.: Octob., Novbr.

7. D. corymbosa Lindl. l. c. forma minor.

Encounter-bay. Rivoli-bay.

Orthoceras R. Brown.

1. O. strictum R. Br. prodr. p. 317. Lindl. l. c. p. 512.

Sandscrub, Janr. (Dr. Behr). Encounter-bay, Port Lincoln.

Prasophyllum R. Brown.

1. P. nigricans R. Br. prodr. p. 317? Lindl. l. c. p. 513.

Van Diemensland (Stuart). Bugle-range, Novbr.

„Flores virides uti labellum, antherae apice fuscae.‟

2. P. truncatum Lindl. l. c.

Van Diemensland (Stuart).

3. P. patens R. Br. l. c. Lindl. l. c.

Van Diemensland (Stuart). Mons Gambir. Lofty-ranges. Australia felix.

4. P. australe R. Br. l. c. Lindl. l. c.

Van Diemensland (Stuart).

5. P. fuscum R. Br. l. c. Lindl. l. c.

Pine forest, Gawlertown, Nov. (Dr. Behr). Boston point (Wilhelmi).

Thelymitra Forst.

1. T. versicolor Lindl. l. c. p. 520.

Van Diemensland (Stuart). Bugle ranges.

2. T. aristata Lindl. l. c. p. 521. var.

Van Diemensland (Stuart). Mount Gambir. Bugle-ranges. Rivoli-bay.

3. T. canaliculata R. Br. l. c. Lindl. l. c. *T. lilacina* F. Müll. msc.

In collibus dumosis inter Melbourne et Brighton, rara.

„Perigonium patulum immaculatum cucullum duplo superans, cuculli laciniae laterales penicillatae, intermedia trifida, hujus lobuli laterales apice erosi, medio integro denticulato dorso cristato longiores. Spica pauciflora. Folium lineari-canaliculatum scapo brevius. — Follola perigonii squalide violacea exteriora extus margine pallida dorso erubescentia basi virentia." F. Müller.

Junceae.
Auctore
E. Meyer.

Juncus L.
A. *Aphylli.*
a. Triandri.

1. **J. communis** mihi. *β. effusus.*

  J. effusus L.
    ββ. subglomeratus.
    γ. robustus.
  J. robustus mihi quondam.

Forma mihi antea ignota, flore fructuque omnino non diversa a legitimo *Junco communi,* spatha subpungente, anthelaeque ramificatione simillima *Junco maritimo.* An hybrida stirps?

Ad rivulos montium Lofty-ranges, Novbr. (F. Müller). Fiedler's Section, Novbr. (Dr. Behr). Van Diemensland (Stuart). *ββ. γ.* et forma nova, Van Diemensland (Stuart).

2. **J. pallidus** R. Br. prodr. n. 258.

  In Tonunda exsiccante, Decbr. (Dr. Behr.) Torrensriver.

b. Hexandri.

3. J. vaginatus R. Br. prodr. p. **258.**

Van Diemensland (Stuart). Ad aquas Tonundae, Novbr. (Dr. Behr).

4. J. pauciflorus R. Br. prodr. p. **259.**

Van Diemensland (Stuart). Schlincken's Thal, in aqua, Novbr. (Dr. Behr).

B. *Foliis teretibus enodulosis.*

5. J. maritimus Lamarck. R. Br. prodr. p. **259.**

Ad flum. Torrens, Janr. Dombey-bay. Ad ripam rupestrem rivuli Crystal brook, Octob. In syrtibus inundatis prope St. Kilda. Austr. felix.

C. *Foliis teretibus nodulosis.*

6. J. Holoschoenus R. Br. prodr. p. **259**? Nisi nova species. Ex speciminibus praematuris species exacte definiri nequit, sed habitus *J. Holoschoenum* esse suadet.

Australia felix, in inundatis.

7. J. prismatocarpus R. Br. prodr. p. **259.**

Van Diemensland (Stuart). In rivulo Tonunda exsiccante, Dec. (Dr. Behr). In stagnulis prope Nelshabe, Octob. et in locis humidis depressis haud procul a flumine Onkaparinga, Martio.

D. *Foliis canaliculatis planisve.*

8. J. planifolius R. Br. prodr. p. **259.**

Van Diemensland (Stuart). Schlinken's Schlucht, ad aquas, Janr. (Dr. Behr). Australia felix (Dr. F. Müller).

9. J. caespititius mihi in Lehmann. plant. Preissian. II. p. 46.

In valle juxta montem Lofty, Decbr. Thirdkreek, Janr. In ndis virgultorum ostium fluminis Yarra versus.

10. **J. falcatus** mihi in reliq. Haenkean. I. p. 144. *J. agrostophyllus* F. Müll. mscr.

Van Diemensland (Stuart).

Est planta exacte eadem, quam *Junci falcati* nomine ex Unalaschka, insula Sitcha et California quondam descripsi.

11. **J. revolutus** R. Br. prodr. p. 259. *J. Brownii* F. Müll.

Ad rivum Tamar, Van Diemensland (Stuart). Ad ostia fluminis Yarra, Austral. fel. (Dr. F. Müller).

Cl. Müller nomen mutandum esse censuit utpote ineptum, quia folia non revoluta sed convoluta essent. Mihi aptissimum videtur. Sunt enim folia canaliculata quidem, sed trinervia, nervis lateralibus praesertim inferne crassiusculis, quo fit, ut margines inferne haud raro plus minusve retrahantur, et tunc propter nervos ipsos inferne prominentes foliorum revolutorum speciem prae se ferant.

12. **J. bufonius** L.

Schlincken's Thal, Nov. (Dr. Behr). Van Diemensland (Stuart). Adelaïde. Austral. felix.

Forma robustior, floribus saepe magis coadunatis, in Australasia frequentissima, quam cl. R. Brown *Junci plebeji* nomine salutavit, desideratur.

Luzula.

1. **L. campestris** Desv. *β. multiflora.* — *ββ.* var. *pallescens* Wahlenberg.

Speciminula tenuitate insignia.

Adelaïde. Encounter - bay, Aug., Sept. *ββ.* in Van Diemensland (Stuart).

Epacrideae.

Auctore

Sonder.

Styphelia R. Brown.

1. S. adscendens R. Br. prodr. p. 537.

Van Diemensland (Stuart).

Astroloma R. Brown.

1. A. humifusum R. Br. prodr. p. 538. Bot. Mag. t. 1439. *Styphelia procumbens* Sieb. Fl. Nov. Holl. exs. n. 65.

Van Diemensland (Stuart). Macclesfield. Lofty-range. Rivoli-bay, nec non in regionibus interioribus. In clivis siccis prope Plenty-creek, Austr. fel. Flores aestate.

2. A. Baxteri Cunningh. DC. prodr. VII. 2. p. 739. var.? *A. halmaturorum* F. Müll. mscr.]

Kangaroo-island.

Frutex erectus, 5-pedalis. Flores in spec. desunt.

3. A. pallidum R. Br. l. c. Sond. Pl. Preiss. I. p. 300.

Barossa, Janr. (Dr. Behr). In jugo montis Kaiserstuhl, April. Mount Barker, Sept. fruct. Ad vias per valles in vicinia rivuli Thirdkreek, Janr. In montibus versus lacum Victoriae, April. In monte Torrens, Lofty-range, Mart. Inter Macclesfield et Villunga. Aestate.

Stenanthera R. Brown.

1. S. pinifolia R. Br. l. c. p. 538. Sieb. Fl. Nov. Holl. exs. n. 70.

Van Diemensland ad flumen Sti. Pauli, rara. (Stuart).

Frutex pedalis robustus.

2. S. conostephioides Sond. Pl. Preiss. I. p. 296. in nota. *Pentataphrus Behrii* Schldl. Linn. XX. p. 618.

Sandberg, April (Dr. Behr). Gnichen-bay. Encounter-bay. In arenosis pr. Tonunda, Juli. Lofty-ranges, Mart., Majo. In mont. graminosis versus Hahndorf, April. In monte Kaiserstuhl, April. In monte Torrens, Mart. (Dr. F. Müller). In scrub of Concorara mense Juli, leg. Schulzen.

Frutex 1—2-pedalis, strictus. Variat: foliis calycibus-que puberulis et glabris.

Brachyloma Sond.

1. B. ericoides Sond. *Lobopogon ericoides* Schldl. Linn. XX. p. 620.

Murray-scrub, Gawler-town, August.

Differt primo adspectu a **B. Preissii** Sond. Pl. Preiss. I. p. 305. foliis multo minoribus magis lanceolatis basique atte-nuatis, et pedunculis brevioribus.

Drupa in **B. ericoide** calycem aequans, depresso-globosa, in sicco pentagona, 5-locularis, 5-sperma, putamine osseo solido.

Cyathodes R. Brown.

1. C. glauca R. Br. l. c. p. 539. Labill. Nov. Holl. I. p. 57. t. 81.

Van Diemensland (Stuart).

2. C. straminea R. Br. l. c. p. 539.

Van Diemensland (Stuart).

3. C. adscendens Hook. fil. Lond. Journ. Bot. Vol. VI. p. 268.

Van Diemensland (Stuart).

4. C. parvifolia R. Br. l. c. p. 540.

Van Diemensland (Stuart).

Lissanthe R. Brown.

1. L. strigosa R. Br. prodr. p. 540.

Van Diemensland (Stuart). Onkaparinga (Nov. Holl. austr.).

2. L. divaricata Hook. fil. Lond. Journ. VI. p. 269.

Van Diemensland (Stuart).

3. L. montana R. Br. l. c.

Van Diemensland (Stuart).

4. L. ciliata R. Br. l. c. p. 541.

Van Diemensland (Stuart).

Leucopogon R. Br.

1. L. australis R. Br. l. c. p. 541.

Van Diemensland (Stuart).

2. L. Richei R. Br. l. c. *Styphelia Richei* Labill. Nov. Holl. I. p. 44. t. 60.

Van Diemensland (Stuart). Guichen-bay, Jul., August. Rivoli-bay. In sinu St. Vincentii, Sept. Port Lincoln. In syrtibus prope St. Kilda, Austr. fel., Sept.

3. L. apiculatus R. Br. l. c. p. 542.

α. Ramulis foliisque glabris. *L. concurvus* F. Müll. msc.

β. Ramis foliisque villosis. *L. villifer* F. Müll. msc.

In arenosis districtus juxta sinum Encounter-bay siti. Novemb.

Spicae terminales et axillares folio breviores. Drupa deest. An omnino eadem ac Browniana planta?

4. L. trichocarpus R. Br. l. c. p. 543. *Styphelia trichocarpa* Labill. Nov. Holl. I. p. 47. t. 66.

Van Diemensland (Stuart).

5. L. Hookeri Sond. *L. obtusatus* Hook. fil. Lond. Journ. VI. p. 269.

Van Diemensland (Stuart).

6. L. virgatus R. Br. l. c. p. 543. *Styphelia virgata* Labill. Nov. Holl. I. p. 46. t. 64.

Yorktown, Van Diemensland, Novbr. (Stuart). Bethania et ad Guichen-bay in solo humido, April — Aug. (Osswald).

Barossà-range, Dec., Jan. (Dr. Behr). Scrub of Concorara, Nov. Holl. austro-orient, Jul. (Schulzen). In montibus prope oppidulum Macclesfield, April. Ad rivulum Thirdkreek, Aug. In montibus Lofty-range satis vulgaris, Mart., Nov. In planitiebus arenosis ad lacum Victoriae, April. Montem Gambir versus. Encounter-bay, Aug.

7. L. collinus Roem. et Schult. *β. Brownii* DC. prodr. VII. **2.** p. 748. *L. collinus* R. Br. l. c.

Van Diemensland (Stuart).

8. L. cordifolius Lindl. Annal. scienc. nat. ser. 2. XV. p. 62. (*L. rotundifolius* in sched.)

Gawlertown, Janr., Mart. (Dr. Behr). Boston-point. Ad fl. Murray in fruticetis prope Wellington, Majo.

Frutex hominem altus. Flores albi axillares solitarii vel pedunculis bifloris insidentes. Drupa calycem duplo superans globosa magnitudine pisi mediocris coerulea, stylo glabro aequilongo stigmateque dilatato superata. *L. rotundifolio* R. Br. affinis.

9. L. Stuartii F. Müll. in sched. *Pentachondra mucronata* Hook. fil. Lond. Journ. VI. **270.**

Van Diemensland (Stuart).

Drupa 3—5-locularis.

10. L. astrolomioides F. Müll. ramulis glabris, foliis subsessilibus ovatis acuminato-pungentibus convolutis glabris margine denticulatis supra laevibus subtus striatis pallidioribus, floribus axillaribus subternis, folio subbrevioribus, bracteis minute apiculatis, calycibus acuminatis, stylo piloso, drupa oblonga striata glabra sub-4-loculari.

α. Foliis imbricatis.

β. Foliis patulis.

Astroloma dasystylis F. Müll. in sched. antea.

In fruticetis montibusque lapidosis prope urbem Adelaïde, Nov. Villunga versus, Febr. Lofty-range. Marble-range. Encounter-bay. Kangaroo-island, in siccis collium.

Frutex **1 — 2**-pedalis, erectus, ramosissimus, rigidus, glaber, facie *Astrolom. serratifolii* Sond. (*Stomarrh. serratifolii* DC.) Rami cinérascentes cum ramulis vitellinis glabri. Folia ovata vel ovalia, apice in mucronem pungentem acuminata, margine denticulato-scabrida, supra concava viridia laevissima, subtus convexa glaucescentia, striata, striis divergentibus, 6 lin. longa, 2 lin. lata. Floses odori. Bracteae calyce triplo breviores. Calyx glaber, pergamenus, 2 lin. longus, sepalis lanceolatis. Corollae tubus calycem aequans, lobis acuminatis patentibus, barba brevi erecta, apice summo nudis. Stamina inclusa. Discus hypogynus 5-lobatus. Ovarium glabrum. Stylus pilosus, stigmate dilatato. Drupa oblonga, 3 lin. longa, 1—2 lin. crassa, glabra, nitidula, striata, apice umbonata plerumque 2- vel 3-locularis.

A simili *L. conostephioide* DC. foliis multo majoribus, a *L. rufo* Lindl. ramulis glabris et foliis magis acuminatis facile distinguitur.

Monotoca R. Brown.

1. **M. lineata** R. Br. l. c. p. 547. *Styphelia glauca* Labill. Nov. Holl. I. p. 45. t. 61.

Van Diemensland (Stuart).

2. **M. empetrifolia** R. Br. l. c.

Van Diemensland (Stuart).

Acrotriche R. Brown.

1. **A. serrulata** R. Br. l. c. p. 547. *Styphelia serrulata* Labill. Nov. Holl. I. p. 45. t. 62.

In locis montanis sterilibus cum *Eucalypta fabrorum* Schldl., August. Disappointment, Austr. fel., in locis siccis umbrosis.

2. A. patula R. Br. l. c.

In syrtibus et collibus ad sinum Holdfastbay, Augusto
(Dr: F. Müller). Boston-point (Wilhelmi).

Frutex humilis vel pluripedalis ramis divaricatis cinerascentibus rimosis glabris, ramulis minutissime velutinis.
Folia brevissime petiolata ovato-acuminata vel ovato-lanceolata in mucronem pungentem pallidum angustata, glabra,
margine integerrima, supra laevissima nitida, planiuscula,
subtus pallidiora striata, striis lateralibus divergentibus, circ.
6 lin. longa, 2 — 2½ lin. lata, viridia demum fulvescentia.
Spicae in ramis ramulisque obviae, axillares, folio breviores,
8—10-florae. Calyx glaber, 1 lin. longus, bracteas 2 subcarinatas duplo superans. Corolla infundibuliformis calyce
duplo longior, limbi lobis patulis apice penicillato-barbatis.
Drupa calycem aequans, turbinata apice truncata, stylo brevi
terminata, glabra.

3. A. subcordata DC. l. c. p. 757. *A. ovalifolia* R. Br.
l. c. Hook. bot. mag. t. 3171.

Encounter-bay.

4. A. ramiflora R. Br. l. c. p. 547. *Froebelia fasciculiflora* Regel, Gartenflora 1852. tab. XVIII.

In montibus altis sterilibus. Lofty-ranges, praesertim
locis umbrosis, August.

Fruticulus divaricatus. Flores suaveolentes ante anthesin
rubri, sub florescentia colore *Andromedae polifoliae*. Calyx
et corollae enim apice roseae, haec medio albida subdiaphana
Barba corollae alba. Antherae fulvae. Drupae edules, sapore grato, ab incolis „Corinths‘‘ vocatae.

5. A. depressa R. Br. l. c. p. 548?

Sandscrub prope Tonundam. Kangaroo-island. Flores
in speciminibus desunt. Drupae ex cl. Müller rubrae, edules,
ab incolis „Cranberry“ dictae.

Decaspora R. Brown.

1. **D. thymifolia** R. Br. l. c. p. 548.

Van Diemenland (Stuart).

Pentachondra R. Brown.

1. **P. pumila** R. Br. l. c. p. 549.

Van Diemensland (Stuart).

Huic proxima est *P. vaccinioides* (*Leucopogon vacci-*
nioides Sond. in Plant. Preiss. I. p. 325. in adnot.), quae
foliis triplo majoribus oblongis subtus 5—7-lineatis differt.

Epacris Cavan.

1. **E. Gunnii** Hook. fil. Lond. Journ. VI. p. 272. *E. car-*
diophylla F. Müll. in sebed. "

Van Diemensland (Stuart).

Species *E. rivulari* Sieb. Fl. exs. Nov. Holl. n. 91.
valde affinis.

2. **E. impressa** Labill. Nov. Holl. I. p. 43. t. 58. R. Br.
l. c. p. 551.

β. Parviflora Lindl.

Van Diemensland (Stuart). Concarara (Schulzen). In
montibus prope pagum Lobethal, Majo. Encounter-bai.
Lofty-range, April. In locis sterilibus montanis praesertim
inter frutices montis Barkeri, Mart. *β.* Van Diemensland
(Stuart).

3. **E. ceraeflora** Grah. Hook. bot. mag. t. 3243.

Van Diemensland (Stuart). In collibus humilibus dumosis, rarius in pratis humidis prope Brighton, Australia felix,
Novbr.

4. **E. Mülleri** Sond. ramulis flaccidis glaberrimis, foliis
petiolatis crassiusculis ovatis obtusis subtus uninerviis carinatis glabris, floribus in axillis foliorum supremorum solitariis

vel ramulos terminantibus subconfertis, pedicellis gracilibus folio longioribus multibracteatis, bracteis calycibusque acutis.

In montibus coeruleis leg. Gower.

Frutex erectiusculus glaberrimus, ramis nigricantibus, ramulis subvitellinis. Folia 1 $\frac{1}{2}$ lin. longa, lineam lata, breviter petiolata, patula, glabra, supra et margine laevia. Flores in apicibus ramulorum axillares solitarii, vel terminales aggregati. Pedunculus gracilis, multibracteolatus, bracteolis· acutis coloratis calyce conformibus. Calycis foliola ovata acuta margine vix ciliolata. Corollae tubus calycem aequans, lobi patentes obtusiusculi. Filamenta brevia adnata, antheris ovato-oblongis. Stylus brevissimus. Stigma capitatum.

Distinguitur ab *E. rigida* Sieb.! fl. exs. Nov. Holl. n.90. ramis flaccidis glaberrimis, foliis margine non ciliolatis scabriusculis, pedunculis plus duplo longioribus, bracteis calycibusque acutis.

5. **E. obtusifolia** Smith exot. bot. t. 40. Sieber fl. exs. Nov. Holl. n. 84.

Ad margines paludum inundatos ante Brighton, Austr. felix, cum *Sprengelia incarnata*, Oct., Nov.

Frutex subsimplex satis strictus 2—4' altus.

6. **E. lanuginosa** Labill. Nov. Holl. I. 42. t. 57.

Van Diemensland (Stuart).

7. **E. myrtifolia** Labill. Nov. Holl. I. 41. t. 55.

Ad sinum ostrearum, Van Diemensland (Stuart).

Folia in spec. Stuartianis, quam in Gunnianis parum longiora saepeque in mucronem angustata; an forsan nova species?

8. **E. exserta** R. Br. l. c. p. 551.

Van Diemensland (Stuart).

9. E. serpyllifolia R. Br. l. c.

Van Diemensland (Stuart).

Sprengelia Smith.

1' S. incarnata Sm. R. Br. l. c. p. 555. Sieber. fl. exs.
Nov. Holl. n. **72.**

Van Diemensland (Stuart). In locis ndis tractus litoralis
Encounter-bay, Decbr. Carex creek, Nov. Holl. austr., Apr.
Ad margines paludum prope Brighton, Austr. fel., Octob.

2. S. montana R. Br. l. c.

Van Diemensland (Stuart).

3. S. ponceletioides Sond. caule diffuso, ramulis erectis,
foliis basi cucullatis linearibus acumine subulato mucronato
patulo, floribus terminalibus solitariis, calycibus coloratis, antheris connatis imberbibus.

Ponceletia monticola Cunn. DC. prodr. VII. **2.** p. **768?**

In montibus coeruleis Nov. Holl. oriental.

Fruticulus humilis diffusus semipedalis, ramulis tenuibus
glaberrimis nitidulis, demum denudatis subannulatis. Folia
saepius disticha, basi ovata vaginantia, in acumen subulatum
angustata margine albida integerrima, glabra, **2 — 3** lin.
longa. Flores ramulos terminantes solitarii majusculi (**5** lin.
longi) fere *Ponceletiae sprengelioides.* Calyx acuminatus
coloratus extus striatus, bracteis foliaceis basi latiore hyalino-
marginatis cinctus. Corolla rosea quinquepartita, lobis lanceolatis imberbibus calycem aequantibus. Filamenta hypo-
gyna glabra; antherae lineares connatae glabrae stylum glabrum basi saepe tortum cingentes. Squamae hypogynae nullae. Capsula calyce quadruplo brevior 5-locularis 5-valvis
glabra.

Cystanthe R. Brown.

1. C. sprengelioides R. Br. prodr. p. 555. *β.* foliis brevioribus magis erectis.

Van Diemensland (Stuart).

Richea R. Brown.

1. R. dracophylla R. Br. l. c.

Van Diemensland.

2. R. scoparia Hook. fil.! Lond. Journ. VI. p. 273.

Van Diemensland (Stuart).

Die Gattungen Paspalum und Panicum

nach Steudel's Synopsis plant. Glumac., nebst einem Verzeichnisse der Namen der Arten und der Synonyme von Paspalum nach Kunth und Steudel.

Die beiden Gattungen Paspalum und Panicum scheinen wegen der grossen Zahl der zu ihnen gerechneten Arten, wegen der Seltenheit von Autor - Exemplaren, so wie von Arten überhaupt in den Herbarien, wegen der mangelhaften Beschreibungen älterer Autoren, wegen der geringen Zahl in botanischen Gärten kultivirter Formem sehr grosse Schwierigkeiten darzubieten, welche auch durch die neueste Bearbeitung Steudel's (Synopsis plantarum glumacearum Fasc. 1 et II.) keineswegs beseitigt, ja, man möchte fast behaupten, eher vermehrt worden sind.

Was die Unterschiede beider genannten Gattungen zunächst betrifft, so sind dieselben in Steudel's Werk so wenig bestimmt dargestellt, dass man nicht weiss, ob diese Gattungen mehr in Folge eines dunkeln Gefühls, oder nach wirklichen Characteren aus einander gehalten sind. Es schien zweckmässig, um diese Charactere herauszufinden, die Gattungskennzeichen beider übersichtlich zu vereinigen, was wir auf die Weise zu erreichen suchten, dass wir den ausführlicher gehaltenen Gattungscharacter von Paspalum zum Grunde legten, und diejenigen Charactere, welche beiden Generibus gemeinsam zukommen, durch Cursivschrift andeuteten, diejenigen aber, welche für Panicum allein oder verschieden angegeben sind, in Klammern eingeschlossen beifügten. Was also in Folgendem ausserhalb der Klammern steht, gehört Paspalum an, was cursiv gedruckt ist, gilt von Panicum.

Spiculae in racemis simplicibus solitariis v. digitatis vel alternis v. jubato-paniculatis ad axin partialem plerumque complanatam, interdum foliaceam, unilaterales v. regulariter 2-, 3-, 4-seriales, plus minus imbricatae, sessiles l. brevipedunculatae clausae hermaphroditae *biflorae* [*nudae*]; *flore infero* 1- [1 — 2] *paleaceo* [*masculo v.*] *neutro membranaceo mutico;* supero bipaleaceo hermaphrodito; gluma 1, (rarissime accedente inferiore minuta), superior longitudine floris neutrius [*glumae* 2 *inaequales membranaceae concavae muticae*]. *Floris hermaphroditi* paleae [*valvulae*] 2 *coriaceae muticae* [*concavae, rarissimae*) membranaceae*], *inferior* concava *superiorem* binerviam [*parinerviam*] *amplectens. Stamina* 3. *Ovarium glabrum. Styli* 2 *terminales* [*elongati*] liberi. *Stigmata* aspergilliformia [*penicilliformia, pilis simplicibus denticulatis*]. *Squamulae* 2, integrae glabrae, *carnosae,* truncatae v. *dolabriformes* [*vel truncato* 2 — 3-*lobae, collaterales*]. *Caryopsis* oblonga v. orbicularis depressiuscula [*glabra embrione parallele compressiuscula*] *paleis* induratis inclusa [*arcte inclusa libera*]. — [*Inflorescentia: racemus, thyrsus juba v. panicula*].

---

*) Wohl Druckfehler für rarissime.

Zuvörderst ist die grosse Ungleichheit bei der Behandlung auffallend. Bei *Paspalum* wird die Inflorescenz am Eingange ausführlicher dargestellt, bei *Panicum* ist sie ganz kurz am Ende abgefertigt, in beiden Darstellungsweisen wendet der Verfasser *Termini* an, welche in seiner am Anfange des Werkes stehenden Characteristik nicht genannt werden, und welche überhaupt noch wenig Eingang gefunden haben, so dass sie selbst in dem 1839 erschienenen Wörterbuche von Bischoff nicht zu finden sind, obwohl sie von Trinius schon 1824 aufgestellt wurden. Ueberhaupt dürfte wohl die Berechtigung aller dieser Ausdrücke für die Gras-Inflorescenz in Zweifel gezogen werden. Eine ausführliche Discussion darüber würde hier zu weit führen, wir bemerken daher bloss, dass bei allen diesen Inflorescenzen eine Mittel- oder Hauptachse vorhanden ist, welche sich bald als eine verkürzte, bald als eine lang ausgedehnte kund giebt, welche bald durch allmählig sich verkürzende Glieder gegliedert ist, bald eine scharfe Gliederung vermissen lässt. Diese Achse trägt Seitenachsen, welche, abgesehen davon, ob sie aus einer gegliederten oder nicht gegliederten Hauptachse hervorgehen, einander sehr genähert stehen können, oder in allmählig geringer werdenden oder unregelmässig grossen Entfernungen über einander stehen, welche ferner entweder einzeln oder zu zweien, dreien oder mehr neben einander aus der Achse hervortreten. Diese ersten Nebenachsen verhalten sich, einmal oder wiederholt, ebenso wie die Hauptachse, oder auf eine andere Weise, und Letzteres ist in diesen beiden Gattungen häufig der Fall, namentlich bei Paspalum, während bei Panicum der ganze Inflorescenzenkreis der Gräser beinahe durchschritten wird. Da nun das Aehrchen (spicula, locusta) gleich dem Köpfchen als etwas Ganzes, gleichsam wie eine einzelne Blume, betrachtet wird, so muss angegeben werden, auf

welche Weise diese Aehrchen an den Achsen der verschiedenen Ordnungen befestigt sind, was denn nicht immer auf dieselbe Weise geschieht, wie bei den durch sehr bestimmte Termini bezeichneten Inflorescenzen anderer Pflanzen, denn wenn
z. B. eine Achse zugleich mit ungestielten und gestielten Aehrchen besetzt ist, was man gewöhnlich als einen Racemus zu
bezeichnen pflegt, so ist dies weder ein Racemus, noch eine
Spica, sondern eine Combination von beiden. Es bedarf daher
die Inflorescenz der Gräser einer andern Terminologie, wenn
man nämlich für gewisse Combinationen besondere Ausdrücke
der Kürze wegen einführen will, oder man muss genau angeben, wie der Blüthenstand zusammengesetzt sei. .

Ein zweiter Fehler, welcher in obiger Characteristik
nicht allein, sondern überhaupt begangen wird, scheint uns die
Verwendung desselben Terminus für verschiedene Theile, so
wie verschiedener Termini für denselben Gegenstand. Der
Terminus palea wird für dreierlei verschiedene Dinge in der
Botanik verwendet, einmal für eine den Haaren verwandte
Bildung bei den Farrn, und hier möge er bestehen bleiben;
dann bei den Compositen als Bezeichnung der Bracteolae
zwischen den einzelnen Blumen, wo er schon verworfen ist,
aber auch oft noch gebraucht wird; drittens bei den Gräsern,
um zwei Blattbildungen zu bezeichnen, welche, unter sich
verschiedener Natur, zunächst die eigentliche Blume um-
schliessen. Hier muss ein anderer Terminus zur Geltung kommen, und es war Sache des Monographen, hierauf zu achten. In der oben angeführten Characteristik ist bei Panicum
der Ausdruck valvulae gebraucht, wo bei Paspalum paleae
gesetzt wurde, was der Verf. damit entschuldigen wird, dass
beide Ausdrücke ja in dem Familiencharacter neben einander
als Synonyme stehen.

Gehen wir nun auf die Charactere selbst ein, so heissen die Spiculae bei Paspalum „clausae, hermaphroditae biflorae, flore inf. unipaleaceo neutro membranaceo mutico, superiore bipaleaceo hermaphrodito." Was die Ausdrücke clausae und hermaphroditae hier sollen, ist nicht recht einzusehen. Die Spiculae sind nicht immer clausae, geschlossen, denn sie öffnen sich bei. allen Gräsern zur Zeit des eigentlichen Blühens, und zwitterig kann man das Aehrchen doch nicht nennen, wenn es eine geschlechtslose Blume neben einer zwitterigen enthält. Die geschlechtslose Blume soll nur eine Spelze bei Paspalum haben, eine oder zwei bei Panicum, in welcher Gattung sich dann auch noch Staubfäden bei einer Anzahl Arten einfinden. Hier giebt es also keine durchgreifende Verschiedenheit. Eben so wenig kann man nach der vorliegenden Fassung einen Unterschied aus den Verhältnissen der Glumae oder der scheidenartigen, das Aehrchen am Grunde umgebenden Blättchen entnehmen, denn die eine dieser Glumae ist constant vorhanden, die zweite ist bei Paspalum zwar meist nicht da, kommt doch aber vor, und bei den Panicum-Arten erscheint sie auch zuweilen nicht! Wo ist da eine Grenze? — Dass bei den Zwitterblumen die höhere Spelze hier binervia, dort parinervia heisst, wird wohl keinen Unterschied begründen sollen, denn mehr als ein Paar Nerven kommen hier nicht vor. Stigmata aspergilliformia und penicilliformia sind sehr wenig von einander verschieden, und könnten für sich keine Geltung gewinnen, aber es ist sogar nicht einmal richtig, dass die Panica nur pinselförmige Narben hätten (man sehe nur Taf. X. bei Pal. Beauv. und andere Abbildungen). Auch die Squamulae, mögen sie einfach abgestutzt oder an der Abstutzungsfläche noch mit **2** oder **3** Läppchen versehen sein, sind um so weniger entscheidend für eine Trennung, weil auch bei denen von Paspalum solche

Vorsprünge zu finden sind. Somit bliebe uns nur noch die
Caryopsis und bei dieser auch nur die forma depressiuscula
(bei Paspalum) und embrioni parallele compressiuscula übrig,
da Alles andere, nur in verschiedener Fassung, dasselbe aussagt. Bei Paspalum soll also die Frucht etwas von oben
herab niedergedrückt, bei Panicum von den Seiten (auf deren
einer der Embryo unten liegt) etwas zusammengedrückt sein.
Das Letztere ist das bei den Gräsern Gewöhnliche und auch,
wie es mir scheint, bei Paspalum Vorkommende, nur pflegt
die Frucht und das ganze Aehrchen etwas rundlich zu sein,
aber das lässt sich doch nicht durch niedergedrückt bezeichnen, eben so wenig wenn die Frucht oben ein wenig zwischen den Griffeln wie abgestutzt ist, denn sie ist doch
hauptsächlich von ihrer äussern und innern Seite zusammengedrückt, und zwar in der Weise, dass die Embryonalseite
gerader, die entgegengesetzte mehr oder weniger convex ist.
Diese den ächten Paspalum - Arten zustehende Bildung geht
bei anderen schon mehr in die bei Panicum gewöhnliche
spitzere über, und somit schwindet auch diese Verschiedenheit unter den Händen in Nichts zusammen, und beide Gattungen müssten danach vereinigt werden. Diese Vereinigung
würde die Schwierigkeiten noch vermehren, man würde 1000
Arten und darüber wieder in kleinere Abtheilungen bringen
müssen, die eben so gut als Gattungen fungiren könnten, bei
welchen, so wie es schon bei Panicum geschehen ist und auch
bei Paspalum war, die Inflorescenz mit in den Bereich der
Characteristik gezogen würde, so aber, dass die Erscheinun-
gen, welche sie bietet, sehr genau und richtig aufgefasst
werden müssten. Das Hin - und Herwerfen vieler Arten von
Paspalum zu Panicum und umgekehrt, die Lostrennung einzelner
Gattungen, welche von Anderen nur für Sectionen der beiden
grossen gehalten werden, alles dies deutet darauf hin, dass

hier Trennungen ebenso nothwendig sind, als bei anderen
Gruppen der Pflanzen - und Thierwelt. Die grösste Schwierigkeit bietet die grosse Zahl wenig genau gekannter, schlecht
beschriebener, gar nicht abgebildeter Pflanzen, welche als ein
Residuum übrig bleiben werden, aber es scheint besser, diese
moles iners mit herumzuschleppen, als das Ganze in dieser
trostlosen Gestalt zu belassen.

Das Namensverzeichniss der Paspala-Arten, welche K u n t h
und neuerdings S t e n d e l aufstellten, haben wir so sorgfältig als möglich ausgezogen und derartig eingerichtet, dass
die beigesetzten Zahlen die Nummer anzeigen, unter welcher
die Art bei K u n t h und bei S t e n d e l steht (die magere Ziffer
bezeichnet K u n t h's En., die fettere S t e n d e l's Syn.); dass die
Synonyme, welche jeder der beiden Autoren bei der Species auf-
stellt, in Parenthese eingeschlossen sind; dass das Vaterland,
sobald beide Autoren übereinstimmen, ohne Bezeichnung beigefügt ist, dass aber bei einer Abweichung die Angabe eines
Jeden besonders aufgeführt und der Autor dabei angegeben
ist. Die Synonyme sind mit in Reihe und Glied gestellt, soweit sie nämlich unter den Gattungsbegriff Paspalum gehen,
und dann durch ein Gleichheitszeichen auf die Art zurückgeführt, zu welcher sie nach den Autoren gehören. Eigene Bemerkungen haben wir fast ganz ausgeschlossen, aber die einfache Durchsicht des Verzeichnisses wird schon Manches bemerklich machen, was eine Bemerkung oder eine Erinnerung
verdient.

Index nominum specierum et synonymorum generis Paspali ex Kunthio et Steudelio excerptorum.

abstrusum Trin. **11.** Brasil.

acuminatum Raddi. 60. **214.** Brasil.

adelogaeum Steud. **149.** Java? Japonia?

adpressum Rich. = Panicum paspaloides.

affine Steud. **112.** Oaxaca Mex.

africanum Poir. 148. **254.** Africa.

alternans Steud. **145.** Louisiana.

altissimum Leconte 118. **246.** Carolina bor.

amazonicum Trin. **91.** fluv. Amaz.

ambiguum DC. = Panicum glabrum.

ammodes Trin. **17. 138.** Brasil.

ancylocarpum Nees. **156.** Brasil.

angustifolium Leconte. **116. 244.** Amer. sept.

angustifolium Nees = Neesii Steud.

annulatum Flügge = Eriochloa? ann. (Kth.) = Helopus annulatus (Steud.).

appendiculatum Presl. 166. **256.** Panama.

arenarium Schrad. 111. **20.** Brasil.

argyrocondylon Steud. **83.** Guiana.

aristatum Moench = Beckmannia erucaeformis.

arundinaceum Poir. 127. **250.** Carolina.

aspidiotes Trin. **48.** Brasil.

atrocarpum Steud. **132.** Patria? hb. d'Urville.

attenuatum Presl (tenue Willd. hb. nec Gaertn.) 165. **229 b.** Peruv..

aureum HBK. (Axonopus aureus P. B., Pasp. immersum Nees?)
168. Nov. Granata, Brasilia. = Panicum aureum (Steud.).

auriculatum Presl. 90. **190.** Luzonia.

axicilium Steud. **59.** St. Cathar. Brasil.

barbatum Nees. (barbigerum Kth.) **99.** Brasil.

barbatum Schult. (obtusifolium Raddi, Helopus barbatus Trin.)
83. = Helopus barbatus Trin. (Steud.)

barbigerum Kth. (barbatum Schult.) 34. = Helopus barbatus
Trin. (Steud.)

bicorne Kth.? sec. Hassk. pl. Jav. rar. = Panicum timorense Kth. (Steud.)

bicorne Lam. = Panicum bicorne Kth.

bicrurulum Salzm. **63.** Brasil.

bifarium Edgew. (an brevifolium Flügg. v. Milium filiforme
Roxb.?) **229.** Ind. or.

biglume Steud. (Pasp. stoloniferum h. Gotting.) **110.** Patria?

bistipulatum Hochst. **178.** Surinam.

blepharophorum R. Sch. = ciliatum HBK. — **139.** Nov. Granat., Brasil.

Bonplandianum Flgge. 18. **134.** Quito.

borbonicum Steud. **161.** Patria?, Hb. Paris.

Boryanum Presl 82. **189.** Luzonia.

Boscianum Flügge 97. **217.** Carolina.

bracteatum Duf. = Michauxianum Kth.

brevifolium Flügge (excl. syn.) 56. Ind. or., Ins. Mauritii =
Panicum parvulum Trin. (Steud.)

caespitosum Flügge (dissectum Sw.) **122**; absque illo synonymo Steud. **128.** S. Domingo, Essequebo.

caespitosum Hochst. = humile Steud.

campestre Trin. **70.** Brasil.

canaliculatum Nees 7. **78.** Brasil.

candidum Kth. (Reimaria candida Flügge) **20.** absque hoc synonymo Steud. **210.** Quito.

canescens Nees 1/3. Brasilia. = Panicum chrysodactylon Trin. (Steud.)

capillare Lam. **62. 9.** Amer. calid.

carinatum Flügge 5. (stellatum Trin.) **163.** Bras.

carolinianum Poir. = filiforme Sw. prodr.

cartilagineum Presl 91. **191.** Ins. Marian., Luzon.

castaneum Remy **194.** Bolivia.

chepica Steud. **68.** Chile, Ins. J. Fernand.

chinense Nees msc. a Panico filiformi ex. Nees msc. distinguitur. (Steud.)

chrysostachyum Schrad. 172. Brasil. = Panicum chrys. Trin. (Steud.)

chrysotrichum Presl 167. **1.** Luzon.

ciliare DC. = Panicum ciliare Retz s. Digitaria auct.

ciliatifolium Mx. = setaceum Mx.

ciliatum HBK. (blepharophorum R. Sch.) **11.** = blepharophorum R. Sch. **139.**

ciliatum Lam. = conjugatum Berg.

? cochinchinense W. (Phleum coch. Lour.) **179.** (an Rottboelliae sp.?) **262.** Cochinch.

cognatissimum Steud. **23.** Guayaquil.

cognatum Steud. **172.** Java.

Commersonii Lam. = scrobiculatum L.

Commersonii Zuccagni = membranaceum Lam.

commutatum Nees (dissectum L.?, Flügge?) **94.** (dissectum Trin.) **177.** Brasilia.

compactum Roth. (Panicum imperfectum Roxb. ined.) 150. absque hoc synon. ap. Steud. **209.** Ind. orient.

complanatum Nees 59. **88.** Brasil.

compressicaule Raddi = paniculatum L.

compressum Nees = platycaule Poir.

compressum Presl (compressum Sw. in hb. Willd. sed vix platycaule Poir.) **231.**

concinnum Steud. (Digitaria conc. Schrad.) **43.** Patria ? h. Gott.

confertum Leconte 156. **233.** Georgia Am. sept.

conjugatum Berg (ciliatum Lam., tenue Gaertn.) **75.** (tenue Gaertn.) **62.** Amer. calidior, Juss. Ind. occident., Mexico, Africa aequinoct. ex Kth. — Am. austr. ex Steud.

conjugatum Sieb. = Sieberianum Steud.

consanguineum Kth. (Digitaria cons. Gaudich., Digitaria villosa Pers.?) 41. (Digitaria cons. Gaud.) **224.** Inss. Molucc. et Sandwic.

conspersum Schrad. 162. **199.** Brasil. — *β.* spiculis glabris (latifolium Spr., platyphyllum Schult.). Brasilia Kth. — haec varietas a' Steudelio non additur.

convexum Flügge 131. **193.** Mexico. (Stendel auctorem habet H. B. Nov. gen. nec Flügge).

corcovadense Raddi (an plantagineum Nees? cui subjungitur a Kunthio). — (plantagineum Nees) **124.** Brasil.

coromandelianum Lam. (scrobiculatum L.?) 99. **236,** Ind. orient.

oorymbosum Kth. (Panicum corymbosum Roxb., Axinopus? corymbosus Schult.) 51. mont. Circar. — ad Panica refert Steud. (Pan. corymbosum Roxb.)

coryphaeum Trin. 124. **122.** Brasil.

cristatum Trin. **114.** Chile.

cubense Spr. 175. Cuba et inss. vicinae (a Steudelio omissum).

Cumingii Nees mss. **103.** Valparaiso Chile.

Curtisianum Steud. **147.** Carolina.

curvistachyum Raddi = Panicum decumbens R. Sch.

cynosuroides Brot. = Spartina stricta Roth.

Dactylon Lam. = Cynodon Dactylon Pers.

dasyphyllum Ell. 107. Amer. bor. (Omissum a Steudelio).

debile Mx. = setaceum Mx.

debile Poir. excl. syn. Linn. et Burm. (Panicum debile Desf.,
.Digit^aria deb. W., Panicum filiforme Poir. It.) 38. Barba-
ria pr. La Calle in litorali = Panicum deb. (Steud.)

debile Mühlenb. = longepedunculatum Leconte.

decumbens Sw. = Panicum decumbens Rz. P.

Delochei Steud. 101. Montevideo.

densum Poir. (millegranum Schrad.?, virgatum β. Linnaeanum
Raddi) 149. (vulnerans Salzm., omissis reliq. synon.) 115.
— Portorico, Brasil. ex Kth. — Ind. occid., Brasil., Surin.
ex Steud.

denticulatum Trin. 147. 127. Amer. aequin. — β. ciliata Kth.
Brasilia.

depauperatum Presl 23. 211. Peruv.

depressum Steud. (obtusifolium Raddi) 53. Lonisiana.

didactylon Salzm. hb. = vaginatum Sw.

difforme Leconte 113. 241. Amer. septentr.

Digitaria Poir. = Michauxianum Kth.

digitatum Kth. (Milium digitatum Sw., Axinopus digitatus R.
Sch., Digitaria jamaicensis Spr., Agrostis dig. Poir.) 42.
(Milium dig. Sw. omissis reliq. synon.) 225. Jamaica.

dilatatum Poir. (platense Spr., ovatum Nees) 141. (absque
illis synon.) 157. — Buenos Ayres, Montevideo ex Kth. —
Amer. sept. ex Steud.

dissectum Kniph. — Eleusine indica L.

dissectum L. spec. W. (excl. syn.) 93. (omissis synon. prae_
ter Lin. et Trin. ic.) 133. Amer. austral.

dissectum L. syst. = commutatum Nees.

dissectum Sw. = caespitosum Flügge.

dissitiflorum Trin. 8. **89.** Brasil.

distachyum Poit. **52.** S. Domingo.

distans Nees 49. Brasil. = Panicum fimbriatum Kth. (Steud.)

distichophyllum HBK. (polyphyllum Nees) 6. **77.** Nov. Granata , Brasil.

distichum · Burm. (longiflorum Retz) 80. (absque illo synon. Steud.) **188.** — Ind. or., ins. Mauritii, Luzon? ex Kth. — Ind. or., ins. Maur. ex Steud.

distichum Houtt. = Eriochloa villosa Kth..

distichum Leconte = Michauxianum Kth.

distichum Sw. = notatum Flügge.

dolichostachyum Trin. = pellitum Nees.

dubium DC. 109. **239.** Patria? Kth. — Amer. sept. (Steud.)

effusum Nees mss. **47.** Brasil.

elegans Flügge (pubescens hortul., tenellum h. Paris., W.) 138. (tenellum hort.) **123.** Patria?

elegantulum Presl (tenue W. hb. nec Gaertn.) 164. (absque synon. apud Steud.) **228.** Peru.

elongatum Spr. mss. = ferrugineum Trin.

eminens Nees 30. **108.** Brasil. (aequator. Kth.)

erianthum Nees 15. **142.** Brasil. — Var. an spec. distincta? ap. Steud.

eriophorum Schult. = lanatum Spr. (Kth.) — (lanatum Spr.) **257.** Bras. austr. Rio grande.

eucomum Nees. 13. **64.** Brasil. (austr. Kth.)

exaltatum Presl 160. Chile (ap. Stendel omissum).

exaratum Presl 198. Chile (ap. Stendel omissum).

exasperatum Nees (Cabrera chrysoblepharis Lag.) 171. Brasil. = Panicum chrysoblepharum Lag. sub Cabrera (Steud.).

exile Rippist (Kippist?) **137.** Sierra Leone.

extenuatum Nees 61. **28.** Brasil.

falcatum Nees mss. **216.** Brasil.

familiare Steud. (an virgati var.?) **118.** Columb.

fasciculatum W. Flügge 27. **100.** Brasil.

fastigiatum Nees 9. **66.** Brasil.

Fernandezianum Colla **233.** Chile.

ferrugineum Trin. (quadrifarium h. Ber., an Lagascae R. Sch.?, elongatum Spr. mss.) 145. Montevideo (ap. Steud. omissum).

filifolium Nees mss. **85.** Brasil.

filifolium Raddi errore typogr. pro fissifolium in indice Kunthiano.

filiforme Jacq. errore typograph. pro Panicum filiforme Jacq. in indice Kunthiano.

filiforme Sw. prodr. (Panicum fil. L, Digitaria fil. Mühlenb., Paspalum carolinianum Poir., Milium paniceum Sw., Syntherisma villosa Walt., Digitaria villosa Pers., Digitaria pilosa Mx. nec W., Agrostis lenta Aiton) 40. Carolina, Georgia, Mexico, Jamaica, China?, Luzonia? = Panicum filiforme L. ex Steud. relictis synon. plur.

filiforme Sw. Flora nec Flügge = Swartzianum Flügge.

filostachyum Rich. (Paspal. n. 365. Sieb. fl. mixta) **54.** Inss. Antillae.

fimbriatum HBK. 139. **205.** Nov. Granata, Bras.

firmum Trin. 143. **175.** Ins. Maurit. Kth. — Inss. Mascaren. Steud.

fissifolium Raddi 65. **234.** Brasil.

flaccidum Nees 53. **81.** Brasil.

flavum Presl 161. **40.** Patria?

flexuosum Klein in hb. W. 92. **222.** Luzonia.

floridanum Mx. = macrospermum Flügge ex Kth. — **146.** Florida, Louisiana, Virginia.

fluitans Kth. (Ceresia fluitans Ell., Paspalum mucronatum
Mühlenb.) 2. **46.** Georgia, Carolina.

foliosum Kth. (Digitaria foliosa Lag.) 85. (Michauxiani var.?)
58. Havanna.

Forsterianum Flügge (undulatum Spr. nec Poir.) 129. **252.**
Nov. Caledon.

foveolatum Steud. **76.** Guiana (vix P. Metzii Steud. var. ex ipso.)

fragile Steud. **19.** Venezuela.

Frankii Steud. (repens Frank.) **45.** Neu-Orleans.

frumentaceum Rottb. = scrobiculatum L.

furcatum Flügge 87. **56.** Carolina (et Mexico Kth.).

fuscum Presl. 43. Luzonia?, Peruvia?, Mexico. = Panicum
violascens Kth. (Steud.)

Gardnerianum Nees mss. **208.** Brasil.

geminiflorum Steud. **126.** Brasil.

geniculatum Steud. **21.** Guiana gall.

glabrum Poir. 125. (ischnocaulon Trin.) **159.** Portorico, S.
Thomas, Hispaniola ex Kth. — Amer. austr. ex Steud.

globosum Rasp. = Airopsis globosa.

gracile Leconte = tenue Kth.

gracile Rudge 19. (pyramidale Nees) **173.** Guiana (et Brasilia, Steud.).

granulare Trin. 71. **3.** Ind. orient.

guadalupense Steud. **26.** Guadalupa.

guttatum Trin. 14. **69.** Brasil.

Haenkeanum Presl 72. **186.** Peruv.

hemisphaericum Poir. = paniculatum L.

heterophyllum Poir. 126. **249.** S. Domingo.

heteropodium Steud. (supinum Sieb. hb. Maur.) **39.** Ins.
Maurit.

heterotrichum Trin. **170 b.** Brasil.

hirsutum Poir. = setaceum Mx.

hirsutum Retz. 1i9. **247.** China.

hirtigluma Steud. **25.** Surinam.

hirtum HBK. **28. 129.** Nov. Granat.

Humboldtianum Flügge 10. **67.** Quito, Mexico.

humile Steud. (caespitosum Hochst. in pl. Kappl. non Flügge) **131.** Surinam.

hyalinum Nees 67. **29.** Brasilia. — c. var. ap. Steud.

Jardini Steud. 24. Guinea.

immersum Nees = aureum HBK. (Kth.) = Panicum immersum Trin., Steud.

imperfectum Roxb. = compactum Roth.

inaequale Lk. (Digitaria inaequalis Spr., Lk.) 52. Manilla (a Steudelio omissum).

inaequivalve Raddi·50. **152.** Brasil.

incertum R. Sch. (leptostachyum DC.) 110. **240.** Patria?

infirmum R. Sch. = setaceum Mx.

iridifolium Poepp. **90.** Peru.

ischnocaulon Trin. 36. Ind. or. = glabrum Poir. ap. Steud.

Kappleri Hochst. **65.** Surinam.

Kleinianum Presl 81. (vaginatum Sw. sec. Thiele sed vix) **182.** — Ind. or., Kth. — Peru, Ind. or., Steud.

koleopodum Steud. **27.** Guadalupa.

Kora W. = scrobiculatum L.

lachneum Nees **143.** Brasil.

laeve Mx. 88. **144.** Georgia.

Lagascae R. Sch. (α. Lagascae R. Sch., pubescens Lag., Meyerianum Spr. — β. racemis compos. etc.) 163. — (absque syn. praeter primum) **119.** — Havana, Montevideo, ex Kth. — Brasil., Chile ex Steud.

anatum HBK. = Milium lanatum R. Sch.

lanatum Spr. (eriophorum Schult.) 176. Rio grande. = eriophorum Schult. ap. Steud.

lanceolatum Mik. 154. Brasilia (ap. Steud. omissum).

lanciflorum Trin. **164.** Brasil.

lanuginosum Nees 39. **102.** Brasil.

lasiogonum Lk. 105. **237.** Patria?

laticulmum Spr. = platycaule Poir.

latifolium Leconte 114. **242.** Carolina.

latifolium Spr. = conspersum Schrad. *β*.

laxiflorum Trin. **95.** Brasil.

laxum Lam. (an virgatum L. excl. syn. Sloane?) 153. **255.**
   Amer. merid.

laxum Rich. = Richardi Stend.

Leconteanum Schult. (undulosum Leconte) 115. (undulatum
   Lec.) **243.** Amer. sept.

lenticulare HBK. 151. **195.** Nova Andulasia.

lentiferum Lam. (an praecox Walt., Mx.?) 133. **148.** Carolina ex Kth. Amer. sept. ex Steud.

lentiginosum Presl 135. **204.** Mexico.

leptostachyum DC. = incertum R. Sch.

leptostachyum Flügge 37. **200.** Venezuela.

leucotrichum Steud. **2.** Montevideo.

ligulare Nees 55. **84.** Brasil.

lineare Trin. an = Neesii Kth.?

littorale (vaginatum var. t. Nees) 76. Nova Holl., ins. Maurit. = vaginatum Sw. ex Steud.

longepedunculatum Leconte (debile Mühlenb.) 112. **197.** Carolina bor.

longiflorum Presl 212. Ind. or. = Panicum parvulum Trin.,
   (Steud.)

longiflorum Retz = distichum Burm.

longifolium hortul. = scrobiculatum L.

longifolium Roxb. 101. **180.** Sumatra? ex Kth. — Inss. Molucc., Java ex Steud.

longifolium Steud. **72**. Cuba.

longissimum Hochst. **34**. Guadalupa.

macrophyllum HBK. **132**. **203**. Nov. Granata.

macropodium Steud. **38**. Guayaquil.

macrospermum Flügge (floridanum Mx.) 130. (absque synon.)
192. Carolina, Florida, Georgia (Kth.) — Carolina (Steud.).

maculosum Trin. = notatum Flügge. v. β.

malacophyllum Trin. **35**. Brasil.

mandioccanum Trin. (α. mandiocc. Trin. mss., strictum Spr.?)
(β. undulatum Poir.) 158. — (absque synon. et varr.)
130. Brasil.

marginatum Remy = Remyi Steud.

marginatum Trin. **32**. **92**. Brasil.

maritimum Trin. **94**. Bahia Bras.

mauritanicum Nees (an orbiculare Forst.?) 136. Ins. Maurit., Madagascar.

melanospermum Poir. 98. **227**. Cayenna.

membranaceum Lam. (Ceresia elegans Pers., Pasp. Commersonii Zuccagni nec Lam.) 1. (Ceresia elegans P. B.) **167**.
Peruv.

membranaceum Walt. = Walterianum Schult.

metabolon Steud. (Carex longifolia Sieb. Agrost.) **41**. Nov.
Holland.

Metzii Steud. (scrobiculatum Hochst. in pl. exs. ind.) **75**.
Mont. Nilagir.

Meyerianum Spr. = Lagascae R. Sch.

Michauxianum Kth. (D. Digitaria Poir., bracteatum Duf.,
distichum Leconte, Milium paspaloides Elliot., Digitaria
pasp. Mx., Milium distichum Mühlenb., Panicum digitarioides Rasp.) 81. (c. solis syn. Mx. et Ell.) **57**. — Amer.
bor., Brasil., ins. Maurit. (Kth.) — Amer. austr., sept. (Steud.).

microstachyum Presl **24. 201.** Patria? (Kth.) Amer. austr.? (Steud.).

miliaceum Spr. = milioideum Desv.

milioideum Desv. (miliaceum Spr.) **128.** (absque synon. Spreng.) **251.** Portorico.

millegranum Schrad. = densum Poir.

minimum Nees **187.** Peruv.

minutiflorum Steud. **6.** China c. var. ex Japon.

minutum Trin. **16.** Peruv.

molle Poir. 63. **262.** Ins. St. Thomae Antill.

molle Presl = mollicomum Kth.

mollicomum Kth. (molle Presl) 46. **221.** Luzon.

mollipilum Steud. **60.** Japon.

mononeuron Steud. **106.** Oaxaca Mex.

montevidense Spr. = undulatum Poir.

mucronatum Mühlenb. Cat. = fluitans Kth.

mucronatum Mühlenb. Descr. (natans Leconte, paniculatum Walt.) 137. Georgia, ad Mississ. = Pasp. fluitans Kth. (Steud.).

multicaule Poir. 70. **4.** Brasil.

multispica Steud. (guineense Steud. mss.) **22.** Guinea. — Var. (polystachyum Salzm. hb.) Bahia Bras.

natans Leconte = mucronatum Mühlenb. Descr.

Neesii Kth. (angustifolium Nees, lineare Trin.) 54. (absque synon. Trinii) **79.** Brasil.

nematodes Schult. (an Paspali spec.?, Milium filiforme Roxb., Digitaria Roxburghii Spr.) 177. **258.** Ind. orient.

notatum Flügge (distichum **L.?**, Sw.) c. var. β. (maculosum Trin.) **77.** (nullo synon. nullaque var. adject.) **50.** — Ins. S. Thomae, Brasil., Mexico, Carolina (Kth.) — Brasil. (Steud.)

nutans Lam. = Panicum decumbens R. Sch.

oaxacense Steud. **73**. Oaxaca Mex.

obscurum Nees **206**. Brasil.

obtusifolium Raddi = barbatum Schult. (Kth.) = ? depressum Steud. (Steud.)

oligostachyum Salzm. hb. **93**. Bahia Bras.

orbiculare Forst. = scrobiculatum L. (Kth.) — (Kora W., P.
B. fl. d'Ow.) **135**. Ins. Mariann., Nov. Holl.

orbiculatum Poir. = pusillum Vent.

orizaeforme Steud. **162**. Montevideo.

orthos Schult. = tenue Kth.

ovale Nees **86**. Brasil.

ovatum Nees = dilatatum Poir.

oxyanthum Steud. **154**. Paraguay.

pachyrrhizum Steud. **104**. Arigna Chile, Valdivia.

pallidum HBK. **21. 174**. Quito.

paniculatum Lam. = quadrifarium Lam.

paniculatum L. (hemisphaericum Poir., compressicaule Raddi,
strictum Pers.) **134**. — (absque synon. praeter Trin. icon.)
32. — America calidior et insulae (Kth.). — Amer. austr.
(Steud.)

paniculatum Walt. = mucronatum Mühlenb.

papillosum Spr. **69**. — (Pasp. horticola Salzm. hb.) **5**. Brasilia
(Kth.). — Bahia Bras. (Steud.)

paradisiacum Steud. **105**. Valparaiso Chile.

parviflorum Rohde **68**. — (vestitum Steud. in hb. Lenorm.)
18. — Portorico, Brasilia (Kth.). — Amer. austr., Cal-
cutta (Steud.).

patulum Hornem. **136**. Patria?

pectinatum Nees **12. 49**. Brasil.

pedunculare Presl **142. 207**. Patria? (Kth.). — Amer. austr.?
(Steud.)

pedunculatum Poir. = Panicum decumbens R. Sch.

pellitum Nees (dolichostachyum Trin. mss.) **31.** (absque illo
synon., sed Trin. icon.) **107.** Brasil.

penicillatum Hook. fil. **210.** Charles Island.

pilosum Lam. 120· **261.** — Amer. calidior (Kth.). — patria
nulla (Steud.).

plantagineum Nees (corcovadense Raddi? Trin.?) **123.** =
corcovadense Raddi **124.** Brasil.

platense Spr. = dilatatum Poir.

platycaule Poir. (compressum Nees, platycaule *β.* Flügge,
laticulmum Spr., tristachyum Lam., Milium compressum Sw.,
Digitaria Domingensis Desv.) **57.** — (c. solo syn. P. compressum Nees) **87.** — Jamaica, Portorico, Hispaniola,
Quito, Peruvia, Brasilia et ? Mexico (Kth.). — Amer.
austr. (Steud.).

platycaule *α.* Flügge = platyculmum Pet. Th.

platycaule *β.* Flügge = platycaule Poir.

platyculmum Pet. Thouars (platycaule *α.* Flügge) **58.** (absque
illo synon.) **202.** Ins. Mauritii.

platyphyllum Schult. = conspersum Schrad. *β.*

plicatulum Mx. = undulatum Poir. (Kth.). — propria species
absque synonymo **153.** Amer. sept. et austr.

plicatum Pers. = undulatum Poir.

pluriracemosum Steud. **160.** Inss. Philippin.

Poiretii R. Sch. (gracile Poir.) 64. **184.** S. Domingo.

polydactylum Steud. (Agrostis polydactyla Salzm. hb.) **36.**
Bahia Brasil.

polyphyllum Nees = distichophyllum HBK.

polystachyum R. Br. 95. **226.** Nov. Holl.

polystachyum Salzm. hb. = multispica Steud.

praecox Walt. = ?lentiferum Lam.

Preslii Kth. (pubescens Presl) 44. **220.** Peruv.

pressum Nees **98**. Brasil.

puberulum R. Sch. = pubescens R. Br.

pubescens R. Br. (puberulum R. Sch.) 96. **235**. Nov. Holl.

pubescens hortul. = elegans Flügge.

pubescens Lag. = Lagascae R. Scch.

pubescens Presl = Preslii Kth.

pubescens W. = setaceum Mx.

pubiflorum Rupr. spec. indescr. ap. Steud. ad finem.

pubifolium Presl 159. **155**. Peruvia.

pulchellum HBK. (Reimaria elegans Flügge) 66. (absque illo synon.) **185**. Cumana, ripae Orinoci (Kth.). — Amer. austr. (Steud.).

pulchrum W. (Digitaria aurea Spr. excl. syn. Kth. et Lag.) 169. — pulchrum Nees (qui auctor nomen ex hb. Willd. hausit) = Panicum aureum Trin. (Steud.).

pumilum Nees (c. var. α. et β.) **78**; (absque varietatibus) **30**. Bahia Brasil.

punctatum Flügge = Eriochloa punctata Hamilt.

purpurascens Ell. (virgatum Walt.) 155. (absque illo synonymo) **113**. Georgia, Carolina (Kth.).— Amer. sept. (Steud.).

purpureum Rz. Pav. = stoloniferum Bosc.

pusillum Vent. (orbiculatum Poir.) 73. (orbiculare Poir.) **16**. Ins. S. Thomae, Portorico, Mexico (Kth.).— Amer. austr. (Steud.).

pyramidale Nees **22**. Ad flum. Amazonum = gracile Rudge (Steud.). Guiana, Brasil.

quadrifarium h. Berol. = ferrugineum Trin.

quadrifarium Lam. (paniculatum Lam. excl. syn. — dilatato affine Kth., virgati var.? Flügge) 144. (absque illis synon.) **176**. — Montevideo (Kth.), Brasil. (Steud.).

racemosum Jacq. = stoloniferum Bosc.

radiatum Trin. cat. dupl. = Panicum holothyrsum Trin. (Steud.).

ramosissimum Nees 170. Brasilia = Panicum aureum Trin. (Steud.)

rectum Nees 82. Brasil.

reduncum Nees mss. 215. Brasil.

remotum Remy 196. Bolivia.

Remyi Steud. (marginatum Remy) 166. Bolivia.

Renggeri Steud. 13. Paraguay.

repens Berg. 25. 213. Guiana (Kth.). — Surinam, Guiana (Steud.).

repens Frank = Frankii Steud.

rhizomatosum Steud. 10. Guadalupa.

Richardi Steud. (laxum Rich. non Lam.) Inss. Antillae.

riparium Nees 121. 248. ad flum. Amazonum (Kth.). — Brasil. (Steud.).

rudimentosum Steud. 111. Oaxaca Mex.

rufum Nees mss. 141. Brasil.

rupestre Trin. 15. Cuba.

saccharoides Nees = Panicum sacchar. Kth. — (Panicum sacchar. Kth.) 96. Ind. occid.

sanguinale α. Lam. = Panicum sanguinale L.

sanguinale β. Lam. = Panicum aegyptiacum Retz.

sanguinale Schult. = Urochloa panicoides P. B.

sanguinolentum Trin. 16. 140. Brasil.

scalare Trin. 31. Brasil.

sciaphilum Steud. (umbrosum Salzm. non Trin.) 33. Bahia, Bras.

scoparium Flügge 29. 181. Nova Andalus., prov. flum. nigri, Peruvia (Kth.). — Amer. austr. (Steud.).

scrobiculatum Hochst. = Metzii Steud.

scrobiculatum Houtt. = scrobiculatum L. var.

scrobiculatum L. (α. scrobic. L. Mant., frumentaceum Rotll., Commersonii Lam. nec Zuccagni, Kora W. sp. pl. — β. Kora

W. en., longifolium hortul. — γ. orbiculare Forst. — δ.)
89. — (c. citátis L. et Trin. ic. (perperam radice repente);
coromandelinum Lam.?). — Africa aeq., Ins. Mauritii, Nov.
Holl., Austral., Inss. Mariannae et Philipp. (Kth.). — Ind.
or., Nov. Holl. (Steud.).

scrobiculatum Zoll. = Zollingeri Steud.

scutatum Nees 140. **151.** Brasil.

serotinum Flügge (Syntherisma ser. Walt., Digitaria ser. Mx.,
Digitaria pilosa W. en. nec Mx.) 45. Carolina = Panicum
serotinum Trin. (Steud.).

serpens Nees **74. 12.** Brasil.

serpentinum Hochst. **80.** Surinam.

setaceum Mx. (hirsutum Poir. excl. syn. Retz, pubescens W.,
supinum Bosc., ciliatifolium Mx., debile Mx., infirmum R.
Sch. — β.) 103. — (ciliatifolium Mx., supinum Bosc., pro-
tensum Trin.) **125.** — Carolina, Hispaniola (Kth.). —
Amer. austr. et sept. (Steud.).

siccum Nees **33. 120.** Brasil.

Sieberianum Steud. (conjugatum Sieb. Agrost.) **14.** Nov.
Holl.

singulare Lk. 104. **259.** Brasil.

spathaceum Poir. 106. **260.** America (St. Thomas) (Kth.). —
America (Steud.).

squamatum Steud. **71.** Guinea.

stellatum Flügge (c. var. β.) 4. — (var.: cujabense Trin. ic.)
165. — Nov. Granata, Brasilia (Kth.). Brasil. (Steud.)

stoloniferum Bosc. (racemosum Jacq., purpureum Rz. Pavon.,
Milium latifolium Cav.) 26. — (Milium latifolium Cav., Mai-
zilla Schldl.) **109.** — Nova Caesarea, Peruvia, Quito (Kth.).
— Peru, Chile (Steud.).

strictum Brot. = Spartina stricta Roth.

strictum Pers. = paniculatum L.

strictum Spr. = mandioccanum Trin.

succinctum Trin. = Eriochloa succincta· Kth.

suffultum Mix. 35. 97. Brasil.

sumatrense Roth. 100. 218. Ind. or.

superbum Spr. = Eustachys distichophylla Nees.

supinum Bosc. = setaceum Mx.

supinum Hornem. (an dubium DC.?) 108. 238. Amer. sept.

supinum Sieb. = heteropodium Steud.

Swartzianum Flügge (filiforme Sw. nec Flügge) 102. 7. Ind.
   occid.

taphrophyllum Steud.. (Sieb. ll. mixt. 365.) 42. Martinica.

tectum Steud. 179. Florida.

tenax Trin. 150. Nov. Zeeland.

tenellum h. Paris. = elegans Flügge.

tenue Gaertn. = conjugatum Berg.

tenue Kth. (gracile Leconte, orthos Schult.) 117. — (c. solo
   priore synon.) 245. — Pensylv., Nov. Caesar., Georgia
   (Kth.). — Amer. sept. (Steud.).

tenue W. hb. = elegantulum Presl (Kth.) — = attenuatum
   Presl (Steud.).

Thouarsianum Flügge 48. 44. Madagascar. (err. typogr.
   Thouansian. ap. Steud.).

Thunbergii Kth. (ubi?) (dissectum Thbg. non L.) 168. Japon.

tomentosum Poir. 174. 230. Patria?

trachycoleon Steud. 169. Venezuela.

triglume Steud. 158. Oaxaca Mex.

tristachyum Lam. = platycaule Poir.

tristachyum Leconte (Digitaria tristachya Schult.) 86. (absque illo synon) 61. Georgia Amer. sept.

umbellatum Lam. = Cynodon Dactylon Pers.

umbrosum Salzm. hb. = sciaphilum Steud.

umbrosum Trin. 121. Brasil.

undulatum Poir. (plicatulum Mx., plicatum Pers., virgatum Leconte, montevidense Spr.) 157. Amer. merid. et bor. — simul = var. β. P. mandioccaui Trin., Kth. n. 158.

undulatum Spr. = Forsterianum Flügge.

undulatum Leconte (ap. Steud.) = Leconteanum Schult.

undulosum Leconte (ap. Kth.) = Leconteanum Schult.

Urvillei Steud. an virgati var.? 117. Patria?

vaginatum Ell. = Walterianum Schult.

vaginatum Sw. (c. tribus varr.) 79. — (didactylon Salzm. hb. Var. fol. longior.: littorale R. Br., Trin.) 51. — America merid. et bor., Jamaica, Ins. Mauritii, Tranquebaria, Nov. Holl., Africa aequin. (Kth.). — Amer. austr., Ind. or., Afr. aequin., Nov. Holl. (Steud.).

vaginiflorum Steud. 37. Guiana.

variegatum Lk. 146. (P. Lagascae R. S. sec. Trin. mspt.) 253. Patria?

velutinum Kth. (an Paspalum?, Milium velutinum DC., Milium filiforme Sessé) 178. Mexico.

vestitum Steud. in hb. = parviflorum Rohde.

villifolium Steud. 55. Brasil.?

villosum Thbg. = Eriochloa villosa Kth.

virgatum Leconte = undulatum Poir.

virgatum Lin. 152. 116. — Amer. calidior c. insulis, Mexico (Kth.). — Amer. austr., Mexico (Steud.).

virgatum Walt. = purpurascens Ell.

virgatum β. Raddi = densum Poir.

Walterianum Schult. (membranaceum Walt., vaginatum Ell.) 3. — (scrobiculatum Lin. sec. Hassk.) 170. — Georgia, Carolina.

Zollingeri Steud. (scrobiculatum Zolling.) 172. Java.

Nachträgliche Bemerkungen.

Aus diesem Verzeichnisse ergiebt sich, wie es nicht anders zu erwarten war, dass die Zahl der Arten in den **20** Jahren, welche zwischen dem Erscheinen der beiden von mir benutzten Zusammenstellungen liegen, bedeutend angewachsen ist, dass aber der Fortschritt in der speciellen Kenntniss der Arten selbst nicht viel weiter vorrückte. Die Zweifel, welche in Kunth's Arbeit gefunden werden, sind keineswegs gelöst, die zweifelhaften Arten nicht sicher gestellt, die Synonymie nicht immer berichtigt. Im Allgemeinen hat S t e n d e l eine weniger grosse Zahl von Synonymen beigefügt als K u n t h, ob nur der Kürze wegen oder weil sie ihm nicht hinreichend gesichert erschienen, müssen wir dahin gestellt sein lassen. Einige Arten, welche K u n t h anführt, sind, wie es scheint, von S t e n d e l ganz übersehen, denn ich glaube nicht, dass diese fehlenden alle von mir übersehen sind, was übrigens wohl mit einzelnen der Fall sein könnte, da die Grenzen der Gattung Paspalum bei beiden Autoren nicht ein gleiches Gebiet umfassen, und daher auch die benachbarten Gattungen durchgesehen werden mussten. Eine geringere Anzahl von Synonymen bietet also S t e n d e l's Werk, in welchem auch die Angabe des Vaterlands noch mehr verallgemeinert zu sein pflegt, statt dass sie hätte etwas genauer berücksichtigt werden sollen, wie es doch zur richtigen Beurtheilung der geographischen Verhältnisse nothwendig gewesen wäre. Zuweilen differiren die Angaben beider Schriftsteller so, dass man auf die Quellen zurückgehen muss, um zu erfahren, welche Angaben die richtigen sind. Von keinem beider Autoren ist

angegeben, welche Arten er selbst in trocknen oder frischen
Exemplaren gesehen hat, oder welche er nur aus den Büchern
kennen lernte, obwohl dies, wie es mir scheinen will, doch
von Interesse gewesen wäre, und von um so grösserem, wenn
angegeben wäre, wo diese Exemplare sich befinden, oder von
wem sie herrühren oder gesammelt wären, so wie es auch
bei den Citaten nützlich gewesen wäre, nach dem Vorgange
von DeCandolle's Prodromus, durch ein Ausrufungszeichen
zu zeigen, welche derselben vom Verfasser selbst gesehen
waren und welche nicht. Vollends fehlen die Angaben über
die Standorte, welche diese Gräser lieben, da man darüber
überhaupt fast gar nichts weiss, und den Sammlern und Rei-
senden vielfach der Vorwurf gemacht werden muss, dass sie
auf die Boden- und anderen Verhältnisse, unter denen die
Pflanzen auftreten, nicht achten, was zu bemerken doch auf
Reisen keine zu grossen Schwierigkeiten macht, wenn man
sich bestimmter Zeichen für diese Verhältnisse bedient. Auch
die Angabe der Dauer dürfte oftmals eine unrichtige sein, da
die meisten Arten erst im trocknen Zustande gesehen und
beschrieben sind, und die Zahl der in Gärten kultivirten eine
verschwindend kleine genannt werden kann.

Kunth hat bei Paspalum gar keine Eintheilung versucht, die
von Steudel angewandte ist ganz unbequem und unpraktisch,
eine bloss künstliche, die man jetzt nicht mehr finden sollte, wo
eine natürliche Gruppirung als das Ziel der systematischen Botanik erkannt ist. Nees hatte in dieser Beziehung (in der Agro-
stologia Brasiliens) schon einen richtigen Weg eingeschlagen,
auf welchem Steudel hätte weiter gehen können. — Dass
wohl noch manche Arten zusammenfallen werden, ist mehr
als wahrscheinlich, aber nur mit Hülfe von Original-Exemplaren oder Abbildungen und Beschreibungen, welche genügend
sind, mit Sicherheit zu erweisen und diese Aufgabe, wie

überhaupt eine vollständige gründliche Bearbeitung erst durch Benutzung der grossen Herbarien zu erreichen.

Wir werden hoffentlich später ein ähnliches Verzeichniss von Panicum mittheilen können, und gelegentlich weitere Vorschläge zur Aufstellung natürlicher Gruppen und Gattungen bei diesen Gräsern vorlegen.

De ramificatione monstrosa in arbore Sumatrana observata.

Auctore

F. A. Guil. Miquel.

(Cum tabula III.)

In ramis arboris sexagintapedalis, probabiliter e Classe Columniferarum*), in districtu Batta insulae Sumatra crescentis, mense Januario singularem detexit indefessus Dr. F. Junghuhn naturae formatricis progeniem, vehementer adeo a frondosae arboris partibus reliquis abhorrescentem, simulque conformatione perquam regulari et omnimodo constanti, nec non colore fusco-lutescente oculos allicientem, ut normale quoddam organon sibi obviam esse fere credens, floribus forsan accensendum, carpta ejus specimina herbario suo inseruit. Nec perinde miremur, si botanicis, qui omni apparatu

---

*) Sterculiacea, Buettneriacea vel Tiliacea! ex habitu, stipulis parvis deciduis, pube stellata. — Folia ovata vel elliptico-ovata acuminata, subintegerrima, repandula cum denticulis fere obsoletis, costulata, 3—4 poll. longa, adulta fere glabra. Gemmae axillares ellipsoideae a dorso leviter compressae, cum rudimento alterius gemmae inter petiolum et gemmam normalem.

necessario armati, miraculum Sumatranum accuratius exami-
naverunt, fucum factum fuisse compertum habeamus. — Ta-
bulam autem scriptiunculae meae adjectam, prius inspicere
velis, lector benevole, ut consentientem Te habeam, si
oculis intuentibus tantummodo judicare concessum foret, eum
vix castigandum esse, qui cum Lichenibus ramosis, cum Ra-
malinae seu Everniae specie, hanc naturae indicae progeniem
comparaverit, vel inauditae cujusdam Loranthaceae novitatem
se adspicere crediderit, vel de novo Rhizanthearum genere
cogitaverit, aut, si constantem e foliorum axillis ortum ani-
madverterit, arboris ipsius organon nuncupaverit, cum inflo-
rescentiis ramosis v. c. quarundam Artocarpearum (ex. gr.
Dicranostachydis) comparandum. — Quum primum specimina
manu tenerem, insertionis locum constantem et formae in
omnibus congruentem similitudinem vidissem, de monstro co-
gitare vix ausus fui. Oculis manibusque autem armatis certiora edoctus sum. Quae viderim jam enarrare liceat:

1) Occurrunt monstri specimina in ramis diversae aetatis,
in ipsis ultimis ramulis superne folia adhuc ferentibus, in biennibus triennibusque, semper exacte e gemmae axillaris loco
protrusa.

2) Quae in ramis annuis adsunt, minora et teneriora de-
prehendo quam quae in biennibus et haec iterum minora quam
quae in triennibus occurrunt. Aetatis differentiae indubiae
exinde facile agnoscuntur.

3) Ubi monstrum excrevit, gemmae nullam vestigium
superest.

4) Qua causa gemma (foliifera vel florifera?) periit vel
ita in monstrum excrevit, non constat. Video hic vel illic
locum, quo gemmae non efformaturae evanuerint, quidquam
tumentem, cortice leviter protruso ac disrupto, et sectione in-

stituta telam, subjacentem anctam novam quasi creationem
enitentem. Hinc aliqua cum veri specie concludendum, mon-
stra esse ipsarum gemmarum casu destructarum progeniem,
gemmam ipsam iis autem semper antecedere. Insectorum
ictus vel ova nusquam invenire potui.

5) Ramulus annuus infra vel supra monstri insertionem
haud tumet; annosiores autem constanti, quantum e meis
speciminibus judicare licitum est, lege inferne praeter nor-
mam tumescentes, supra vero contracti apparent. Tumescen-
tia haud plane absimilis est illis tumoribus, quae e radicibus
intrusis Loranthacearum oriri solent, unice tamen constat
aucto ligni caeteroquin normalis incremento.

6) Ramis haud extus saltem adhaerent aut breviori nexu
tantum cum iis junctae deprehenduntur, sed axium lateralium
more connexae sunt, fibris scil. ligneis unitis corticisque involucro e ramo continuato exteriorem seu dorsalem excrescen-
tiarum superficiem obducente.

7) Omnibus his excrescentiis eadem est ramificatio, color
et structura.

8) Quum illae ramorum annosiorum majores, rigidiores,
crassiores, magisque lignosae sint quam juniorum, eas ultra
annuae vegetationis terminum existere et increscere constat.

9) Ipsius arboris partes esse, sed in legitima organorum
serie heterogeneas, e praecedentibus satis liquet.

10) Basis ima omnibus est cylindrica, brevissima, omnino
axis normalis in modum composita, extus saltem denso pilorum stellatorum diutius persistentium tomento fusco-luteolo
obducta. In innovationibus arboris legitimis simile est indumentum, sed laxius citiusque deciduum. Pili (fig. E. a.) plane
iidem, scil. stellati e 5—6 vel etiam 2—8 radiis simplicibus
rectis vel leviter curvulis, non articulatis hyalino-diaphanis

vacuis vel nucleis pulchre luteis per seriem simplicem dispositis (cellulae filiales verum indistinctae) farctis, luteo‑colo‑
ratis, inaequilongis, erecto‑patulis communi basi distincta
vulgo etiam luteolo‑farcta, ellipsoidea vel brevi‑conica uni‑
tis. — Statim supra brevem illam basin in .tres, quatuor,
quinque, imo fere sex partitiones longitrorse finduntur campa‑
nae ad directionem divergentes singulasque quotam exhibentes
basis cylindricae partem, pagina exteriore convexâ ·cortice
dense pilifero obductas, interiore superficie canaliculatim con‑
cavatâ, tela cellulosa albida haud crassa sed satis firma, me‑
dullae scil. parte superstite, investitas, intus autem fibris
ligneis compositas.

10) Singulae partitiones per longiora breviorave inter‑
valla, eodem modo in duas angustiores dichotome finduntur,
et repetitur haec dichotomia ad quintum, sextum septimumve
gradum usque, segmentis superioribus continuo angustatis,
caeteroquin omnino consimilibus; ultimarum apices emarginati,
dein bifidi atque bipartiti sunt; partitionibus accrescentibus
dichotomiae obtinent. Incrementum longitudinale itaque puncto
vegetationis terminali obtecto peragitur, radicum quarundam
more etiam iteratim bipartito.

11) Comparatis speciminibus in ramis diversae aetatis
obviis, ea in junioribus inserta reliquis non valde breviora
inveniuntur: incrementum longitudinale itaque primo anno ma‑
jori cum energeia perfici videtur quam sequentibus. Attamen
sequentibus etiam annis adhuc continuari, majori dichotomiarum
numero in senioribus observato efficitur. Incrementum trans‑
versale autem, ut in internodiis dicotyleis fieri solet, conti‑
nuum est stratis extus auctis, quod maxime confirmatur com‑
paratis sectionibus transversis partium inferiorum lignosarum
et superiorum multo tenuiorum et adhuc herbacearum.

13) Specimina juniora quater vel quinquies bifurcata, 5 centimetra, vetustiora, ad septimum gradum partita, jam 9 centim. alta offendo.

14) In segmentis transversis (fig. *E.*) et longitrorsis (fig. *H.*) partitionis quarti ordinis in juniore specimine, 400es circiter sub microscopio auctis, conspiciuntur:

a) Pilorum tomentum corticem obducens, pilis stellatis basi communi prominula insertis (conf. §. 10. p. 287.).

b) Cortex e cellulis parvis pachytichis parenchymaticis luteocoloratis parum translucidis compositus.

c) Libri tenue stratum, cellulis elongatis angustis et quidquam compressis uni - vel vulgo biseriatis.

d) Zona e cellulis mollissimis pressione sub exsiccatione peracta nimis difformibus non accurate definiendis conflata, angusta, opaca, regionem exhibens cambialem.

e) Lignum, in quo vasorum lumina admodum inaequalia, in universum vero perangusta, et non nisi augmento 500 diam. fere adhibito, satis perspicue conspici possunt; sunt vasa satis pachyticha punctata, punctis rotundis vel transverse ellipticis plerumque densis, sed etiam dissitis, per series transversas annulares vel spirales dispositis. Vasa plurima, licet in universum valde angusta, per intervalla (quoties in singulo vase, non perscrutatus sum) subito dilatantur, ellipsoideam fere expansionem obferunt ibique nequaquam punctata sunt, sed in parietibus caeterum satis diaphanis annulata vel plane spirifera deprehenduntur. Nulla autem inveniuntur vasa quae per totum snum decursum spiralia aut annulata sint. — Caeterum aliquot fibrae impunctatae reliquis interpositae sunt. — Radii medullares haud admodum distincti, nec tamen desunt.

f) Ultimum stratum, medullae parte superstite constitutum, cellulas obfert incrassatas parietibus canaliferis indeque punctatis; extimae magis complanatae laevem efficiunt strati superficiem, e qua vero hic illic cellulae subglobosae solitariae geminaeve tenerae hyalinae emergunt, cum subjacentibus non nisi leviter connexae, hymenium fungorum basidiosporum e longinquo in mentem revocantes. — In apicibus partitionum ultimis sub strato hoc medullari fasciculi vasorum separati simplices vel dichotomi decurrunt, extus tanquam striae albidae visibiles (fig. *D'*).

15) Organorum appendicularium nullum vestigium ullibi obvium.

16) Structura ipsorum ramorum arboris omnino analoga est, iisdem telis conflata.

17) In casu nostro itaque gemmarum axillarium (foliiferarum vel floriferarum?) probabiliter fere destructarum vel ab initio inde abnormium, perversa evolutio, qua axis in longitudinem excrescens, longitrorse fissus, segmentis continuo bifurcatis, elongatus vegetatione terminali increscens, demtis internodiorum limitibus cum suppressa omni organorum appendicularium evolutione. Ramificationes non axes completos, sed segmenta longitrorsa saltem efficiunt, formae semicylindrico-canaliculatae, hinc cortice, illinc medulla obducta. Cortex cum aetate parum mutatur, juvenili pilorum indumento persistente; lignum normaliter accrescit et indurescit. — Cum polycladia vel fasciatione haec progenies abnormis comparari non potest.

Tabula adjecta (III.) monstrat:

A. Ramulum arboris foliiferum, in cujus parte inferiore.

B. Juvenilis **excrescentia,** naturali magn., cum apicibus paullo auctis *B′, B′.*

C. et *D.* **Excrescentiae** provectiores, n. m., in ramo anno-siore, infra insertionem tumente. *C′, C′* apices aucta magn. — *D′* apex fortins auctus, a facie interna ad fasciculos vasorum monstrandos.

E. F. Sectiones transv. et longitrorsae, §. 10. p. 288*) de-scriptae.

G. Segmentum ligni, cum radiis medullaribus parallelum, 4COes anctum.

H. Vasa punctata, medio (*) annuli- vel spirifera, magis adhuc aucta. Parietes punctati, infra focum demissi, ad-spectum reticulatum offerunt (**).

---

*) Sphalmate 10) et 11) in pagina 288 pro 11) et 12) posita sunt.

De Salviae specie Mexicana,

disserit

D. F. L. de Schlechtendal.

Variis Salviae generis abundat formis imperium Mexicanum, quarum plures florum splendore et magnitudine oculos allicientes hortorum nostrorum decus sunt, relicto earum haud exiguo numero, quae corollis quidem amoene coloratis et pictis sed parvis sese praebent. Inter quas ignobiliores collocanda erit species, quam benevolentiae clar. Schaffner e regione circa urbem Mexico debeo. In sectionis septimae Benthamianae paragrapha secunda : *Membranaceae*, ubi septem species enumerantur, quarum sex Mexico patriam habent, sexta vicinam Guatemalam, haec forma locum obtinet, sed vix novam proclamare audeo, quamvis distinguere possum.

Salviae capitatae nomen ei dabimus propter inflorescentiam ex unico duobusve verticillastris sibi approximatis compositam, quae capitulum longo pedunculo innixum mentiri videtur.

Planta tota 5—6-pollicaris simplicissima (ut videtur annua). Radix oblique descendens semipollicem circiter longa, ramis multis longioribus iterumque ramosis augetur et in caulem transit quadrangulum, inter angulos obtusos ex petiolorum conjunctione canaliculo angusto notatum et pilis brevibus,

in canaliculo densioribus hirtellum. Foliorum paria duo infima
desunt, tertii, quarti et quinti paris adsunt folia, quae inferne
longius inter se distant quam superius et petiolum habent
pilis brevibus densius obsessum intermixtis interdum longioribus, lamina sua dimidia in inferioribus vix v. paullo, in superioribus multo breviorem. Lamina late ovata vel ovata,
acutiuscula vel subacuminata, basi nunc obtusa et subtruncata sed in medio leviter in petiolum protracta, praeter basin
integerrimam dentibus fere creniformibus cincta, membranacea, fere concolor, supra pilis brevibus albis quam in caule
majoribus et crassioribus adspersa, subtus et ad marginem
minoribus. Pili ex simplici cellularum serie compositi. Pedunculus inde ab ultimo foliorum pari circiter $1\frac{1}{2} — 2$ poll.
longus. Verticillastri pluri- et densiflori. Folia floralia semirotunda medio acuminata acuta, plus minus acutis et pilo terminatis dentibus cincta, reticulato - venosa, longioribus pilis
quam reliquae partes sed in rete vasculoso inprimis adspersa, calycibus paululum breviora. Calyx angustus inferne
attenuatus, nervosus, nervis aliquot inter se irregulariter anastomosantibus, simili modo ut folia floralia pilosus, subbila-
biatus, labio supero ex unico dente acuto paululum latiore
constante, infero ex duobus, acutiore et profundiore quam ab
postico inter se sinu distantibus, et nervo medio percursis,
dum in postico nervi duo haud satis perspicue dignoscendi
sunt. Corolla coerulea calyce angustior, ringens bilabiata,
labio supero parvo erecto leviter cucullato, inferiore multo
longiore horizontaliter porrecto trilobo, lobis lateralibus brevibus rotundatis, medio substipitato subreniformi, bilobo et
denticulato. Tubus intus nudus calycem longitudine aequat.
Superficies corollae externa pilis minutis glanduliferis hinc
inde adspersa est. Stamina duo, connectivis antice deflexis
sublinearibus longe connatis, altero apice libero antheriferis.

Stylus apice bifidus, ramo superiore longiore subulato acuto, inferiore abbreviato ad apicem paululum dilatato.   Achaenia immatura oblonga laevia.

Qua cum descriptione si Mexicanas comparas species affines mox videbis tanta cum iis junctam esse nostram affinitate, ut so lummodo statura minor et caulis simplicitas et indumenti ratio eam distinguere videantur.   Quae differentiae quum forsan horti cultura vel in solo fertiliori evanescere possint, haud sufficere videntur pro specifico charactere.   *S. hyptoides*, cujus iconem videre haud contigit, offert caulem virgato - ramosum, 1—1 ½ pedalem, folia multo majora, corollam glabram et calycem vix superantem.   *S. bupleuroidi* est ramositas singularis ex diagnosi sola vix rite percipienda.   *S. lasiocephala* verticillastris albo - lanatis differre videtur.   *S. Mocinoi* corollis majoribus, calycibus canescentibus et racemi simplicis verticillastris remotis distat.   Reliquae longius recedunt.   Semina matura descriptae planta, fortassis exspectanda et in horto colenda, mox ostenderent, utrum formam nanam, ex omni parte simpliciorem, alius jam notae lusum, vel propriam speciem declarare debemus.

Ueber

die Formen der Blätter und die Anwendung der naturhistorischen Methode auf die Phytographie,

von

Ludwig von Farkas-Vukotinovic,

Mitglied der kroatisch-slavonischen Landwirthschaftsgesellschaft zu Agram und des zoologisch-botanischen Vereins in Wien.

Vorwort.

Die Hauptzüge zu der gegenwärtigen Abhandlung habe ich in meiner kroatischen Muttersprache entworfen — da aber die Zahl der Botaniker in Croatien und Slavonien gegenwärtig noch ziemlich klein ist, so entschloss ich mich, dieselbe in deutscher Sprache dem Urtheile der Botaniker vorzulegen. Es mag vielleicht gewagt von mir sein, auf dem Felde aufzutreten, auf welchem so viele gelehrte Naturforscher Grosses leisteten, aber ich baue auf eine freundliche Aufnahme um so mehr, weil ich einzig und allein die Absicht hege, für die Wissenschaft einen vielleicht nicht ganz unnützen Beitrag zu liefern.

Eine jede Neuerung, wenn sie nicht ganz sinn- und grundlos ist, erzeugt gewöhnlich eine Opposition oder doch Wiederlegungen; sie hat aber schon dadurch theilweise eine Resultat erzielt, wenn sie zu Erläuterungen Anlass gegeben hat. Wenn dieses auch hier der Fall wäre, so kann es mir nicht anders als angenehm sein, wenn ich die Meinung competenter Richter über meine Ansichten vernehmen werde. Einem Jeden ist seine durchdachte und feste Meinung theuer, und ich stehe auch nicht so leicht von meinen Grundsätzen ab; wenn man mich aber eines Besseren belehren wird, so bin ich bereit, den besseren Ansichten zu huldigen; vor der Hand aber kann ich mich mit den Grundsätzen der jetzigen Botanik durchaus nicht befreunden.

Als ich im Beginn meiner jetzigen Lieblingsstudien, nämlich der Mineralogie und Geognosie, unter anderen mehreren Werken die herrlichen Grundsätze in der Mohs'schen Mineralogie gewahr wurde, da konnte ich mich von denselben nicht mehr trennen; dieser Scharfsinn, diese so richtig aufgestellten und angewandten Wahrheiten überzeugten mich so, dass ich nicht im mindesten zweifle, dass diese Grundsätze auf das ganze Naturreich anzuwenden wären, ja sogar, dass sie als die allein richtigen angewendet werden müssen.

Kreutz in Croatien, am 1. März 1854.

Der Verfasser.

Formenlehre der Blätter.

§. 1. Jene Linie, welche das Blatt von allen Seiten einschliesst und über welche hinaus die Kontinuität der Blattsubstanz aufhört, bildet: *die Gestalt des Blattes.*

§. 2. Die Beschaffenheit der das Blatt einschliessenden Randlinie kann verschiedenartig sein. Sie ist der Erfahrung nach gleichförmig oder ungleichförmig laufend, durch regelmässige oder unregelmässige Einschnitte oder Biegungen bezeichnet.

§. 3. Diese Verschiedenheiten der Randlinie werden auf folgende Hauptkonstruktionen zurückgeführt:

Wenn die Randlinie gleichförmig zuläuft, ist sie: *ganzrandig, integerrima.*

Wenn sie regelmässig zugerundete Einschnitte besitzt, ist sie: *gekerbt, crenata.*

Varietäten hiervon sind *kleingekerbt, minute crenata* oder *crenulata,* und *grossgekerbt, grosse crenata..*

Wenn die Randlinie regelmässig zugespitzte Einschnitte, die nach Aussen hin Ecken bilden, besitzt, so ist sie: *gezähnt, dentata.*

Varietäten hiervon sind: *kleingezähnt, denticulata; tiefgezähnt* oder *gesägt, serrata;* buchtig gezähnt, *sinuatodentata* oder *runcinata.*

Wenn die Randlinie behaart ist, heisst sie *gewimpert, ciliata;* wenn sie aber mit steifen oder stechenden Spitzen versehen ist, dann wird sie *stechend, mucronata* oder *aculeata* genannt.

Ausser diesen kann es vielleicht noch einige weniger wesentliche Verhältnisse der Randlinie geben, welche aus der Erfahrung zu schöpfen und mit einem passenden Worte zu benennen sind; so könnte man auch sagen z. B. *ungleich gezähnt* oder *gekerbt*, *inaequaliter dentata* und *crenata*, oder *doppelt gezähnt*, *duplicato - dentata*, *serrata*, *crenulata* u. s. w.

§. 4. Die hier angeführten Eigenschaften der Randlinie eines Blattes sind alle, welche ihr zukommen; die anderartigen Verhältnisse, welche noch allenfalls an ihr wahrgenommen werden können, beziehen sich nicht mehr auf dieselbe, vielmehr sind sie eine Eigenschaft der Blattform selbst, welche durch eine solche Beschaffenheit hervorgebracht wird.

§. 5. Die Randlinie ist in Hinsicht der Gestalt des Blattes der wesentlichste Theil, weil von ihrer Beschaffenheit lediglich dieselbe abhängt.

Im Laufe der Randlinie giebt es ausserdem noch zwei Hauptpunkte, welche die Basis aller Formenmodifikationen bedingen; diese sind: der *Sitz* oder *basis* und der *Gipfel*, *apex*.

Der *Sitz* ist der untere Punkt, an welchen das Blatt an seinen Stiel angeheftet ist, der *Gipfel* aber der entgegengesetzte höchste oder weiteste Punkt des Blattes.

Der Sitz kann sein:

1) *eben* oder *gleichförmig*, *basis plana*, wie z. B. *Salix reticulata*, *Cotoneaster tomentosa*, *Aronia Amelanchier*;

2) *einschiessend* (in den Blattstiel), *influens*; z. B. *Rosa pyrenaica*, *Cannabis sativa*, *Sorbus Aria*, *Cardamine trifolia*, *Rhamnus cathartica*, *Medicago maculata*, *Alnus glutinosa*;

3) *eingeschnitten*, *incisa*; z. B. *Urtica dioica, Homogyne alpina*, *Lysimachia Nummularia*, *Geum urbanum*, u. s. w.;

4) *eingebuchtet*, *sinuata*; z. B. *Asarum europaeum*, *Glechoma hirsutum*, *Aristolochia longa*, *Laserpitium
asperum*, *Senecio alpinus* und *cordatus* Rchb., u. s. w.;

5) *Gezogen* (in den Blattstiel) *protracta*; z. B. *Hieracium
murorum*, *Cineraria spathulaefolia*, *Senecio Doria*,
Bupleurum falcatum, *Cardamine trifolia*, *Arabis
Turrita*, *Heleborus niger*.

Der Gipfel ist:

1) *gerundet*, *apex sphaericus* und *rotundatus*; z. B.
Lysimachia Nummularia, *Homogyne sylvestris*, *Asarum europaeum*, *Glechoma hirsutum*, *Aristolochia
longa*, *Laserpitium asperum*, *Stachys alpina*, *Rosa
pyrenaica*, u. s. w.;

2) *stumpf*, *obtusus*; z. B. *Cotoneaster tomentosa*, *Cineraria spathulaefolia*, *Senecio Doria*, *Bupleurum falcatum*, *Rhamnus cathartica*;

3) *scharf*, *acutus*; z. B. *Senecio alpinus*, *Urtica urens*,
Hieracium murorum, *Arabis Turrita*, *Helleborus niger*, *Rubus discolor*, *Geum urbanum*, *Acer monspessulanum* und *platanoides*;

4) *gespitzt*, *acuminatus*; z. B. *Pulmonaria mollis*, *Parietaria officinalis*, *Sagittaria sagittifolia*, *Crataegus
nigra*, *Cucumis sativus*, *Bryonia dioica*, *Delphinium
intermedium*, *Astrantia major*;

5) *eingedrückt*, *retusus*; z. B. *Medicago maculata*, *Buxus
sempervirens*, *Alnus glutinosa*.

§. 6. Die Natur hat die Blätter so geschaffen, dass
beim Anblick einiger in uns die Vorstellung von einer beinahe

regelmässigen oder symmetrischen, — bei _ anderen wieder einer aus mehreren einfachen zusammengesetzten Gestalt entsteht, bei anderen endlich das Dasein einer regelmässigen oder symmetrischen Gestaltung gänzlich vermisst wird.

In Folge dieser natürlichen Eigenschaft werden alle Blätter in drei Hauptklassen eingetheilt:

a) in *einfache* oder *eingestaltige* Blätter, *folia haplomorpha*;

b) in *vielgestaltige*, *folia polymorpha*;

c) in *ungestaltige*, *folia amorpha*.

Folia haplomorpha.

§. 7. Die den Rand des Blattes einfassende Linie kann gleichförmig fortlaufen oder sie kann regelmässige, zugerundete oder spitzige Einschnitte derart besitzen, dass man sich über ihre hervorragenden höchsten Endpunkte eine solche zweite ideale Linie denken kann, dass diese der Hauptform, welche sich bei der Anschauung des Blattes ergiebt, vollkommen entspreche; in welchem Falle die Linie, welche wir uns an den unteren Ecken oder Biegungen der Einschnitte als untere Randlinie vorstellen, mit der oberen idealen Linie eine parallele Stellung einnehmen wird.

Die kleinlichen Verschiedenheiten, welche sich an einer gekerbten oder gezähnten Randlinie bei einem Blatte zeigen, lassen sich durch die einfache und natürliche Kombination aufheben, dass nämlich die obere ideale Randlinie dieselbe Gestalt bezeichne, welche die untere ideale wiedergiebt, — beide aber der Grundform des Blattes entsprechen. Die Blätter von *Asarum europaeum*, *Glechoma hirsutum*, *Aristolochia longa*, *Laserpitium asperum*, *Senecio alpinus*, *Stachys alpina*, *Rosa pyrenaica*, *Urtica urens*, *Betonica officinalis*, *Hieracium murorum*, *Urtica dioica*, *Cannabis sativa* liefern den Beweis dazu.

§. 8. Da es aber unbezweifelbar wahr ist, dass es noch viele andere Blätter gebe, welche eine den hier angeführten zwölf Blättertypen gleiche oder ähnliche Konstruktion besitzen, so entsteht hieraus eine grosse Klasse von Blättern, nämlich die der Haplomorphen, in welche alle durch die oben angeführten Merkmale characterisirten, uns bekannten Blätter, so wie auch diejenigen, die wir allenfalls erkennen sollten, gehören müssen.

§. 9. Bei aller Einfachheit der Gestalt oder Haplomorphie der Blätter zeigen diese dennoch eine so bedeutende Verschiedenheit zwischen sich, dass es unmöglich wird, sie als identisch anzunehmen; es ist daher nothwendig, diese Verschiedenheit näher zu beleuchten.

§. 10. Es hat jedenfalls seine Schwierigkeit, die Formen der Blätter nach fest bezeichneten Regeln zu ordnen, weil diese nicht jene Regelmässigkeit besitzen, durch welche sich die Krystallgestalten der Mineralien auszeichnen; es zeigt sich aber dennoch bei vielen Blättern eine entschiedene Tendenz zur Nachahmung gewisser geometrischer Formen und eine Approximation an dieselben; es kömmt daher darauf an, diese Approximation aufzusuchen, da, wo sie vorhanden ist, hervorzuheben, und die Begriffe hiervon auf die bezügliche regelmässige Gestalt zu leiten. — Andere Blätter zeigen sich als nachahmende Gestalten von solchen Dingen, über deren Form kein Zweifel entstehen kann, — noch andere Blätterformen endlich sind so allgemein bekannt oder sie gehören einer ganzen Pflanzenfamilie an, so dass bei ihrer Nennung keine irreführende Vorstellung möglich ist.

Eintheilung der haplomorphen Blätter.

§. 11. Die haplomorphen Blätter zerfallen in folgende Formen:

a) *Sphaerisch;* sphärisch ist das Blatt, wenn die senkrechte Linie vom Gipfel bis zum Sitze des Blattes, kürzer ist, als die horizontale Linie, welche das Blatt in seiner grössten Breite schneidet; wie es z. B. die Blätter von *Caltha palustris* und *Asarum europaeum* zeigen; die das Blatt umfassende Randlinie ist stets von den beiden Endpunkten des diametralen horizontalen Durchschnittes gegen den Gipfel nach aufwärts und gegen den Sitz des Blattes nach abwärts eine sphärische, die sich jedesmal am Gipfel mit der ihr entgegenkommenden Linie gleichförmig vereinigt und in sie verläuft; am Sitze des Blattes aber mit runden, mehr oder weniger tiefen, lappenartigen, eingebuchteten Einschnitten endigt, oder endlich ohne jede Veränderung ihrer Lage dem Blattstiele gleichförmig zuläuft; z. B. *Caltha palustris, Asarum europaeum* und *Salix reticulata, Lysimachia Nummularia.*

Bei den ganzrandigen Blättern ist ihre Gestalt voll und ganz durch die Einfassungslinie bezeichnet; bei den gekerbten und gezähnten Blättern ist sie nicht vollkommen ausgesprochen, sie ist bloss durch die Endpunkte der höchsten Einschnitte und Einbiegungen, welche als vereinzelte Punkte der die wahre Gestalt beschreibenden idealen Randlinie zu betrachten sind, angedeutet; diese ideale Linie bezeichnet die wahre einfache Gestalt des Blattes, und weiset ihm zugleich seinen bestimmten Platz zwischen den sphärischen Blättern an; wie z. B. *Homogyne alpina* und *sylvestris, Malva parviflora.*

Ein *Folium sphaericum* ist folglich:

Folium diametro horizontali longiore quam verticali, linea marginali utrinque sphaerica in apicem rotundatum confluente, basi sinuata, incisa, vel plana.

Die Modificationen der Randlinie und des Sitzes am sphärischen Blatte können folgende sein:

1) Folium sphaericum integerrimum; *Salix reticulata, Asarum europaeum, Lysimachia Nummularia.*

2) Folium sphaericum crenatum; *Glechoma hirsutum* und
   Caltha palustris.

3) Folium sphaericum dentatum; *Petasites albus, Homogyne alpina* und *sylvestris.*

4) Folium sphaericum basi sinuata; *Caltha palustris, Asarum europaeum, Petasites albus, Malva parviflora.*

5) Folium sphaericum basi plana; *Salix reticulata, Lysimachia Nummularia.*

Man wird also bei einer Pflanzen - Diagnose z. B. sagen
können: foliis sphaericis basi sinuatis, dentatis, — oder fol.
sph. basi plana, integerrimis, ciliatis, tomentosis, oder sinuato-
dentatis, mucronulatis, u. s. w.

An der Definition des sphärischen Blattes ist nichts zu
ändern, denn wenn man von den Begriffen, die in Folge dieser Definition vom sphärischen Blatte entstehen, etwas weg-
nehmen oder hinzufügen wollte, so würde man das Grund-
wesen verändern, wo es dann kein sphärisches Blatt mehr
wäre.

Die Natur hat dem sphärischen Blatte in seiner Form die
Tendenz zur Nachahmung eines Zirkels aufgedrückt, da aber
diese Nachahmung nirgends bis zur Vollkommenheit gediehen
ist, so muss sie dort ihre Grenze haben, wo sie aufhört
ihrem Vorbilde ähnlich zu werden; im vorliegenden Falle hört
ein sphärisches Blatt einem Zirkel ähnlich zu sein dann auf,
wenn die diametrale vertikale Linie länger ist als die horizontale, weil sich dadurch das Blatt verlängert und die Annäherung an den Zirkel mehr und mehr schwindet. — Die

Einbuchtung am Sitze eines sphärischen Blattes macht keinen
wesentlichen Unterschied, weil erstens: ein sphärisches Blatt
nur ein zirkelähnliches und kein vollkommener Zirkel ist;
zweitens: weil die Unterbrechung der Blattsubstanz am Sitze
des Blattes durch Verlängerung einer idealen Linie ersetzt
werden kann, was im Falle eines verlängerten Blattes, ohne
einen Theil der Blattsubstanz selbst ausscheiden zu müssen,
durchaus nicht geschehen könnte, und so die Form des Blattes gänzlich zerstören würde.

b) *Oval.* Oval ist das Blatt, wenn sein diametraler ver-
tikaler Durchschnitt, vom Gipfel bis zum Sitze des Blattes
gezogen, länger ist, als die durch die Mitte gedachte diametrale horizontale Linie, und welches von kurven Randlinien
derart eingefasst ist, dass diese am Gipfel zugerundet, stumpf
oder eingedrückt, am Sitze des Blattes aber gleichförmig und
eben oder in den Stiel einfliessend einlaufen; z. B. *Rosa pyrenaica, Salix reticulata, Sorbus Aria, Cotoneaster
tomentosa, Aronia Amelanchier, Rhamnus cathartica,
Buxus sempervirens, Alnus glutinosa.*

Was in Hinsicht der ganzrandigen, gekerbten und gezähnten Blätter bei der Beschreibung des sphärischen Blattes
angeführt wurde, gilt auch hier ebenso, wie bei allen noch
unten anzuführenden Blättern.

Ein Folium ovale ist also ein:
*Folium diametro verticali longiore, quam horizontali,
linea marginali utrinque curva in apice rotundato obtuso, vel retuso connexa, basi plana vel in petiolum
influente.*

Die verschiedenen Variationen der Randlinie bleiben dieselben, wie solche beim sphärischen Blatte angegeben wurden; es ist ein folium ovale crenatum oder dentatum, apice

rotundato oder retuso, — basi plana oder in petiolum influente, u. s. w.

Die ovale Form kann nur durch die Verlängerung der
vertikalen Durchschnittslinie hervorgebracht werden, wo dann
die horizontale stets kürzer bleibt; der Gipfel des Blattes muss
stumpf oder zugerundet sein, weil bei einer anderartigen Konstruktion eine neue Gestalt entsteht, welche die Vorstellung
von einer ovalen Form verwischt; der Gipfel kann jedoch
auch eingedrückt sein, weil man sich über diese Lücke eine
Linie denken kann, die gewissermassen den Mangel der voll-
kommenen Blattausbildung ersetzt und ihn mit der Hauptform
in Einklang bringt. Eben so verhält es sich mit dem Sitz
des Blattes, der keine andere ausser den oben angeführten
zwei Konstruktionen bei einem ovalen Blatte haben kann,
weil sonst eine Vermischung der Blattformen erfolgen würde.

c) *Lanzettlich.* Lanzettlich ist das Blatt, wenn seine
kurven, rundgebogenen oder wenig geneigten, fast parallelen
Randlinien gegen den Gipfel derart laufen, dass sie dort eine
kurze oder verlängerte Spitze bilden, am Sitze des Blattes
aber sich gleichförmig, eben begegnen oder in den Stiel ein-
fliessen; z. B. *Cannabis sativa, Myrtus communis, Mercurialis ovata, Parietaria officinalis, Salix Russeliana,
Rubus discolor.*

Bei den lanzettlichen Blätterformen findet eine reihenweise Abstufung von einem breiten oder oval-lanzettlichen
Blatte bis zu einem schmal-lanzettlichen statt, und es sind
natürlich diese Verhältnisse bei der Blätterbeschreibung mit
einem charakteristischen Worte zu bezeichnen. — Es ist noch
zu bemerken, dass bei den lanzettlichen Blättern, wie auch
bei allen anderen, die noch zur Klasse der Haplomorphen gehören, das Verhältniss des vertikalen Diameters zum horizontalen stets dasselbe sei, wie bei einem ovalen Blatte; weil

alle diese Blätterformen eine längliche Konstruktion haben, folglich eine grössere Länge als Breite haben müssen.

Folium lanceolátum ist ein:

Folium diametro verticali longiore, quam horizontali, linea marginali utrinque curva; rotundato-inclinata, vel paralleliformiter in apicem acutum vel acuminatum concurrente, basi plana vel in petiolum influente.

Die Variationen dieser Blätterformen wird man z. B. folgendermassen angeben können:

Foliis ovali-lanceolatis, acuminatis, integerrimis; *Myrtus communis, Parietaria officinalis.*

Foliis ovali-lanc. acutis, inaequaliter dentatis; *Rubus discolor.*

Foliis anguste lanc. integerrimis, acutis; *Salix Russeliana.*

Fol. anguste lanc. serratis, acuminatis; *Cannabis sativa.*

Man könnte vielleicht bei der Aufstellung der lanzettlichen Blätter sich veranlasst fühlen, die Bemerkung zu machen, dass die Vorstellung von einer Lanze, nach der man die Blätter benennt, ungewiss und schwankend sei, indem es so verschiedenartig konstruirte Lanzen gäbe, und man nicht wisse, welche Lanzenform für den Botaniker maassgebend sei; — allein man kann darauf entgegnen, dass es sich hier nicht um die Lanzen selbst handle, die noch so verschiedenartig sein mögen, sondern dass man hier bloss von Blättern rede, die ebenfalls verschiedene Varietäten besitzen, und zwar nur insofern rede, als sie bei aller ihrer Verschiedenheit dennoch in der Hauptform den ebenso verschiedenen Lanzenarten wieder in ihrer Hauptform entsprechen; und wenn man dann noch alle Blätter, die zu den lanzettartigen gezählt werden, in Praxis wird kennen lernen, so wird man um so weniger darüber in Zweifel gerathen können, weil in der Beschreibung des lanzettlichen Blattes die charakteristischen Kennzeichen genügend angegeben sind.

d) *Herzförmig.* Herzförmig ist das Blatt, wenn sich am Sitze desselben seine kurven Randlinien derart vereini_gen, dass sie daselbst eine rundliche Einbuchtung bilden, oder in zugerundeten oder gerade eingeschnittenen Lappen einfallen, am Gipfel zugerundet oder stumpf in einander verlaufen, oder aber in einen scharfen oder langgespitzten Winkel enden; z. B. *Aristolochia longa*, *Laserpitium asperum*, *Senecio alpinus*, *Stachys alpina*, *Betonica officinalis*, *Urtica dioica*.

Die Form eines herzförmigen Blattes ist der Grundidee nach ein ovales Blatt, von diesem jedoch wesentlich durch die Gestaltung seiner Basis verschieden, und eben die Gestaltung der Basis macht diese Art Blätter der allgemein bekannten Form, in welcher man gewöhnlich ein Herz bildlich darzustellen pflegt, so ähnlich, dass man durchaus keinem schwankenden Begriffe Raum geben kann, wenn man diesen Blättern den Namen „herzförmig" beilegt.

Ein Folium cordatum oder cordiforme ist daher:

Folium diametro verticali longiore quam horizontali, linea marginali utrinque curva in apicem rotundatum, obtusum, acutum vel acuminatum, in basin vero rotundato-, vel inciso-lobatam, vel sinuatam influente.

Es findet hier bei manchen Blättern gewissermassen ein Spiel der Natur statt; wir sehen, dass einige Blätter in der Gegend des Gipfels viel breiter sind, als in ihrer Mitte, gegen den Sitz zu nach abwärts aber schmäler werden, und am Gipfel selbst eingedrückt oder rundlich eingeschnitten sind; diese Blätter erhalten dadurch die Form eines zu den oben beschriebenen Formen umgekehrt gestellten Herzens; sie sind ihrem Wesen nach nichts anderes, als ein herzförmiges Blatt

20 *

mit einer verkehrten Stellung, sie können also nicht als eine eigene - selbstständige Blätter - Art angenommen werden, sondern sie bilden eine blosse Varietät der herzförmigen Blätter, die wir, wie schon bis jetzt üblich, mit der Benennung „*verkehrt - herzförmig*" benennen wollen; fol. subcordatum Beispiele hiervon sind *Medicago*, *Trifolium* und *Oxalis*.

e) *Spatelförmig*. Spatelförmig ist das Blatt, wenn seine kurven oder rundlich gebogenen Randlinien sich in einen zugerundeten, stumpfen, eingedrückten, scharfen oder langgestreckten, spitzigen Gipfel begegnen, am Sitze des Blattes aber in den Stiel gezogen sind und an beiden Seiten desselben nach abwärts laufen; z. B. *Hieracium murorum, Cineraria spathulaefolia, Senecio Doria, Bupleurum falcatum, Pulmonaria mollis, Arabis Turrita, Helleborus niger.*

Die spatelförmigen Blätter sind ihrer Hauptform nach zwar nichts anderes als ovale oder lanzettförmige Blätter, weil sie sich aber durch ihren gezogenen Sitz von den übrigen Blättern hinlänglich unterscheiden, und in der Natur vielfach vorkommen, so hat man jedenfalls einen Grund, sie in eine eigene Art zusammenzufassen.

Ein Folium spathulatum ist ein:

Folium diametro verticali longiore quam horizontali, linea marginali utrinque curva, vel rotundato-inclinata, apicem rotundatum, obtusum, emarginatum, acutum vel acuminatum formante, basi in petiolum utrinque protracta et decurrente.

Die Varietäten von dieser Blattform sind gewöhnlich zusammengesetzte Formen, und sie können folgenderweise angegeben werden.

Folium ovali-spathulatum apice rotundato integerrimum; *Cineraria spathulaefolia, Bupleurum foliatum.*

Folium. ovali - spathulatum apice obtuso, sinuato - denticulatum; *Senecio Doria.*

Folium lanceolato - spathulatum apice acuto sinuato - denticulatum; *Arabis Turrita.*

Folium lanceolato - spathulatum apice acuminato, integerrimum; *Pulmonaria mollis.*

Folium lanceolato - spathulatum apice acuto superne inaequaliter dentatum; *Helleborus niger.*

Bei den ovalen, lanzettförmigen und spatelförmigen Blättern ist noch zu bemerken, dass bei einigen an der Basis
selbst oder am Blattstiel, knapp unter der Basis, lappenartige,
regelmässig gegenüberstehende, häufig aber auch ungestaltige
Anhängsel vorkommen, die an der Gestalt des Blattes übrigens durchaus nichts ändern, daher mit derselben auch nicht
wesentlich verbunden sind; sie sind jedoch in manchen Fällen
charakteristisch, und verdienen bei der Beschreibung angeführt zu werden; diese Art Basis wird gewöhnlich basis auriculata genannt. Sind diese Lappen etwas tiefer unter dem
Blattsitze am Stiel angeheftet, so wird eine derartige Basis
eine appendiculata genannt; Beispiele hiervon kommen bei
sehr vielen Pflanzen vor; in der Familie der Tetradynamen
u. s. w.

Die Reihe der haplomorphen Blätter schliesst eine Blätter-
Art, welche sich durch eine besondere Einfachheit in ihrer
Gestalt auszeichnet und einer ganzen Pflanzen-Familie eigenthümlich ist, obwohl sie bei anderen Pflanzen-Familien ebenfalls vorkommt; diese ist die Blätter-Art der Gräser. Sie
haben alle eine schmale, mehr oder weniger verlängerte, lau-
zettliche Form, und sind so allgemein bekannt, dass man
füglich ihre Definition unterlassen kann.

f) Diese Blätterform wird die *grasartige, grasför-
mige* genannt; *folia graminea.* Zur Bezeichnung der Unter-

schiede sind hauptsächlich folgende Benennungen gebraucht worden, die auch fernerhin angewendet werden können.

1) *Langgestreckte* oder *bandförmige*, fol. taeniata; z. B. bei *Holcus, Bromus, Panicum*; auch bei *Phragmites, Iris graminea, Crocus iridiflorus, banaticus* u. s. w.

2) *Runde, hohle* oder *cylindrische*; *teretia, fistulosa, cylindrica*; z. B. *Allium, Juncus* u. s. w.

3) *Linige, linearia*; z. B. bei vielen *Caricineen, Festuca glauca*, auch bei *Gallium* und einigen *Plantagineen* u. s. w.

4) *Haarförmige, capillaria*; z. B. *Aira capillaris*; auch bei *Myriophyllum, Ranunculus fluitans* u. s. w.

g) An diese Blätterart schliessen sich zuletzt die nadelartigen Blättergebilde der *Taxineen* und *Strobilaceen* u. s. w. an, die ebenfalls unter dem Namen „*Nadeln*“ allgemein bekannt sind. Sie werden *folia acerosa* genannt; sie sind:

runde, teretia, dreikantige, triquetra; z. B. bei *Juniperus macrocarpa, Juniperus comuunis*;

rinnenförmige, canaliculata; z. B. *Pinus sylvestris*;

geflochten, textilia, z. B. *Juniperus Sabina*;

geschuppt, squamosa; z. B. *Salicornia.* (Obwohl *Salicornia* zu den oben angeführten Familien nicht gezählt wird, so gehören ihre Blätter dennoch in diese Abtheilung.)

Folia polymorpha.

§. 12. Die das Blatt einfassende Randlinie kann gleichförmig oder ungleichförmig mit grösseren Einschnitten oder Biegungen derart fortlaufen, dass ihr Lauf mehrfache, gleichartige Gestalten beschreibt; in welchem Falle die Linie, welche wir uns über die höchsten Endpunkte dieser Einschnitte oder Biegungen denken, eine ganz andere Gestalt bezeich-

net, als es die ursprüngliche des Blattes ist; auch kann man
an den unteren Endpunkten der oben erwähnten Einschnitte
oder Biegungen mit der obern idealen Linie keine zweite pa-
rallel ziehen.

§. 13. Aus dem Gesagten wird klar, dass ein so kon-
formirtes Blatt in keinem Falle die Eigenschaft besitze, eine
Einfachheit der Gestalt aufzuweisen, denn die Verschiedenheiten sind in dieser Hinsicht so gross, dass sie sich durch
keine Kombination ausgleichen lassen. Ein solches Blatt zer-
fällt in mehrere Theile, deren jeder für sich eine eigene,
mehr oder weniger vollkommene Gestalt bildet.

§. 14. Die polymorphen Blätter charakterisiren sich dadurch, dass die Gestalt des Blattes sowohl im Ganzen, als
auch in ihren einzelnen Theilen eine regelmässig oder sich
symmetrisch annähernd gebildete Zusammensetzung besitzet, und
dass sich dadurch in der Wiederholung der Formen eine ein-
heitliche, wohl ausgedrückte Tendenz ausspricht. Beispiele
von polymorphen Blättern sind: *Aconitum variegatum, Sorbus torminalis, Acer monspessulanum, Leonurus Cardiaca,
Quercus Esculus, Anthriscus, Chaerophyllum, Geum urbanum, Sagittaria sagittifolia, Anemone Hepatica, Humulus Lupulus, Acer platanoides, Crataegus nigra, Acer
campestre, Cucumis sativus, Bryonia dioica, Delphinium
intermedium, Astrantia major.*

Eintheilung der polymorphen Blätter.

§. 15. Die polymorphen Blätter sind sehr zahlreich,
sie besitzen meistentheils eine bewundernswerthe Regelmässigkeit, und gehören zu den schönsten, welche die Natur schuf;
und eben darum, weil sie eine so ausgezeichnete Regelmässigkeit oder Symmetrie besitzen, können sie leichter in eine ge-
eignete Ordnung gebracht werden. Es sind folgende Arten:

a) *Dreieckig*; dreieckig ist das Blatt, wenn die Randlinie gleichförmig oder ungleichförmig derart läuft, dass sie
das Blatt in drei Theile theilt, und an den drei Theilen je
drei schärfe oder spitzige Gipfel bildet; die Basis kann verschieden sein; z. B. *Leonurus Cardiaca, Sagittaria sagittifolia, Humulus Lupulus.*

Es ist natürlich zu bemerken, dass es einerlei sei, ob
das Blatt ganzrandig gezähnt oder gekerbt sei, denn dies ist,
wie schon angedeutet wurde, eine Eigenschaft der Randlinie,
die auf die Gestalt selbst keinen Einfluss hat. —

Die dreieckigen Blätter charakterisiren sich durch ihre
dreifache Theilung und drei spitzigen Gipfel, so dass über
sie kaum ein Zweifel wird entstehen können.

Ein Folium trigonum ist ein:

*Folium tripartitum apicibus acutis vel acuminatis,
basi varia.*

Varietäten hiervon sind:

Folium trigonum acutum basi longissime angulata, incisa,
integerrimum; *Sagittaria sagittifolia.*

Folium trig. apice acuminato, dentatum, basi rotundata,
Humulus Lupulus; oder basi plana, *Leonurus Cardiaca.*

Wenn die Dreiecke am Gipfel ungleich sind, so kann
man die Bemerkung beisetzen: apicibus inaequalibus; z. B.
Humulus Lupulus; auch ist zu bemerken, dass bei allen
polymorphen Blättern stets so viel Hauptnerven angedeutet
dastehen, als das Blatt vollkommen ausgebildete Theile oder
eine entschiedene Tendenz hierzu besitzt.

Auf die fol. trigona (da ich mich nicht entsinne, ein vier-
eckiges Blatt gesehen zu haben) kommen die

b) *fünfeckigen* Blätter, welche, obwohl sie nicht jedesmal vollkommen regelmässig von Gestalt sind, dennoch

eine symmetrische Bildung haben; die Theilung in fünf Ecken
bildende Gestalten ist entweder ziemlich vollständig ausgesprochen, wie an *Kitaibelia vitifolia* und *Bryonia dioica*
zu sehen ist; oder sie ist wohl markirt angedeutet, so zwar
dass die Spitzen kennbar hervortreten, indem sich die Ecken
als Hauptpunkte zu den sein sollenden Theilen des Blattes
herausstellen. Zur sicheren Auffindung der Ecken soll man
zu den schärfer oder vollkommner ausgesprochenen, deren
man sicherlich zwei finden wird, an der entgegengesetzten
Seite zwei andere Ecken suchen, wo man sie auch, als den
ersteren korrespondirend, jedesmal bemerken wird. Das Blatt
von *Cucumis* ist eins von den minder regelmässig gestalteten;
es giebt aber eben bei *Cucumis sativus* wieder andere Blätter, bei welchen die Regelmässigkeit viel vollkommner hervortritt.

Ein Folium *pentagonum* ist ein:
*Folium quinquepartitum, partitionibus plus minus per-
fectis, apices acutos, vel acuminatos formantibus, basi
varie constructa.*

Bei der Beschreibung der Varietäten wird man sich folgendermassen ausdrücken können:
Folium pentagonum perfecte quinquepartitum, inaequaliter
serratum v. dentatum, apicibus acutis, basi rotundato-incisa,
Fol. pentag. perfecte quinquepartitum, denticulatum, apicibus acuminatis, basi sinuata; *Begonia dioica.*
Folium pentag. imperfecte quinquepartitum, inaequaliter
sinuato-dentatum, apicibus acuminatis, basi sinuata; *Cucumis
sativus.*

c) *Vieleckig*; vieleckig ist das Blatt, wenn es mehr
als fünf Ecken bildet und nebstbei tief in die Substanz eingeschnitten ist, so dass diese scharfen Einschnitte scharfe,

aus der Blattsubstanz hervorragende, spitzige Theile bilden; z. B. *Sorbus torminalis*; auch bei *Hibiscus Abelmoschus* und andern Pflanzen kommt diese Blattform vor. Es ist gewissermassen ein gezähntes Blatt, bei dem aber die einzelnen zahnartigen Einschnitte so gross und von einander so getrennt sind, dass sie für sich selbst eine Gestalt bilden.

Ein-Folium *polygonum* ist ein:

Folium multipartitum, partitionibus apice acutis v. acuminatis, basi varia.

Den eckigen Blättern sind die gelappten entgegengesetzt.

Lappig ist das Blatt, wenn seine Theile von zugerundeten oder krummlaufenden Randlinien eingefasst sind, die Gipfel aber stumpf oder rundlich bleiben.

d) *Dreilappig*, wenn es aus drei Lappen besteht; z. B. *Acer monspessulanum, Anemone Hepatica, Acer platanoides.*

Folium trilobum est folium tripartitum, lobis linea marginali curva, v. rotundata inclusis, apicibus obtusis v. rotundatis, basi varia; z. B.:

Fol. trilobum apicibus rotundatis, basi cordata; *Acer monspessulanum, Anemone Hepatica, Humulus Lupulus, Acer platanoides*; — oder apicibus acutis; *Acer monspessulanum*; — apicibus rotundatis basi influente; *Cardamine trifolia.*

Fol. trilobum lobis rotundatis, apicibus acutis, basi sinuata; *Anemone Hepatica.*

e) *Fünflappig*, quinquelobum; z. B. *Acer campestre.*

f) *Viellappig*, multilobum, bei welchen die Randlinie mehrere Lappen beschreibt, welche eine rundliche Einbiegung oder Einbuchtung haben; z. B.:

Fol. multilobum, integerrimum, apice rotundato, basi plana; *Quercus Esculus.*

Fol. multilobum, dentatum, apice acuto, basi influente; *Crataégus nigra.*

g) *Geschlitzt;* geschlitzt ist das Blatt, wenn seine scharfen Einschnitte das Blatt derart theilen, dass diese bis an die Blattrippe, dessen Sitz oder bis über die Mitte der Blattsubstanz hinab, von oben oder seitwärts oder beides zugleich reichen, in welchem Falle die Randlinie vielfältige, meistens regelmässige oder symmetrische Spitzen bildet, oder aber am Gipfel der Schlitze zugerundet, gezähnt oder gekerbt ist; z. B. *Aconitum variegatum, Geum urbanum, Xanthium spinosum, Delphinium intermedium, Astrantia major.*

Die geschlitzten Blätter besitzen sehr schöne Formen, welche zwar selten eine vollkommene Regelmässigkeit, aber um so mehr Symmetrie haben.

Folium laciniatum est: folium partitum, partitionibus profunde costam usque, basin aut ultra medium folii acute incisis, linea marginali multifarie angulosa, laciniis acuminatis angustis, v. latioribus, dentatis, crenatis; basi varia; z. B.

Folium laciniatum, profunde incisum, acuminatum, multifarie angulosum, basi sinuata; *Aconitum variegatum;* — basi plana; *Delphinium intermedium.*

Folium laciniatum tripartitum, acuminatum, aculeatum, basi influente; *Xanthium spinosum.*

Fol. laciniatum, laciniis superne inaequaliter dentatis, basin usque incisis, basi influente; *Geum urbanum;* — oder quinquepartitum, sphaeroideum, inaequaliter dentatum, basi rotundata; *Acer campestre, Astrantia major.*

h) *Gefiederte* Blätter sind einfache, reihenweise an einem gemeinsamen Stiel angeheftete Blättchen; sie gehören

ihrer Form nach in die Klasse der haplomorphen Blätter;
sie werden hier angeführt, weil sie vermöge ihrer Anheftung
an einen gemeinsamen Stiel ein zusammengesetztes Blatt bilden, welches der Vorstellung eines polymorphen Blattes gleich-
kommt. Die Beschreibung der Formen von den einzelnen
Blättchen ist zwischen den haplomorphen Blättern zu finden.

Es sind z. B. folia pinnata ovalia; *Astragalus glycyphyllos*, — fol. pinn. lanceolata; *Oxytropis uralensis*, —
fol. pinn. lanceolata inaequaliter dentata; *Anthriscus*, *Geum
urbanum*, — fol. gramineo-pinnata v. gram.-bipinnata, *Chaerophyllum*, — oder fol. lanceolato-pinnata, grosse dentata,
Libanotis montana, — oder fol. pinnatifido-pinnata lanceolata, inaequaliter dentata, *Chaerophyllum temulum* u. s. w.

i) *Geschlitzt-gefiedert*; geschlitzt-gefiedert ist das
Blatt, wenn seine Theile Blätter bildende Einschnitte derart
erzeugen, dass die längs der Mittelrippe an beiden Seiten
laufende Blattsubstanz nur in einer schmalen Ausdehnung vorhanden ist; die *geschlitzt-gefiederten* Blätter unterscheiden
sich von den gefiederten dadurch, dass die einzelnen blatt-
artigen Gebilde nicht mittelst eigener Blattstielchen und nicht
an einem gemeinsamen Stiele angeheftet sind, sondern dass
sie aus der Blattsubstanz selbst hervorgehen; z. B. *Scabiosa
arvensis*, *Chrysanthemum macrophyllum*, *Achillea tana-
cetifolia*, auch *Chaerophyllum temulum*.

Ein *Folium pinnatifidum* ist ein:
*Folium partitum, partitionibus profunde costam ver-
sus elongatis, ibique substantia foliari utrinque connexis, basi rotundata v. influente.*

Die oft wiederholten Ausdrücke bei der Bezeichnung der
verschiedenen Varietäten bleiben dieselben.

Folia amorpha.

§. 16. Die das Blatt einfassende Randlinie kann gleichförmig oder ungleichförmig mit grösseren Einschnitten oder Biegungen derart fortlaufen, dass sie das Blatt in gänzlich unähnliche und gegenseitig unsymmetrische Theile schneidet.

§. 17. Einem so konformirten Blatte geht die Regelmässigkeit der Form im Ganzen und die Gleichheit oder Symmetrie in seinen Einzelnheiten ab, und da die Vorstellung, welche ein solches Blatt in uns hervorbringt, unfähig ist, dem Begriffe eines einfachen regelmässigen, noch eines zusammengesetzten regelmässigen oder symmetrischen Blattes zu entsprechen, so geht daraus hervor, dass ein solches Blatt weder eine regelmässige, noch symmetrische, sondern eine unregelmässige Gestalt habe, d. h. eine ungestaltige oder amorphe.

§. 18. Wir haben die Blätter nach ihren Formen betrachtet, und in der Regelmässigkeit oder Symmetrie dieser Formen Anhaltpunkte gesucht zu deren Unterscheidung; die amorphen Blätter bieten keine derlei Anhaltpunkte dar, weil sie regellos, gewissermassen zufällig und willkürlich in Hinsicht ihrer Gestaltung entstanden sind, und es fehlt ihnen gerade diejenige Eigenschaft, die zu bestimmen wäre, *nämlich eine Regelmässigkeit der Gestalt.* Alle hierher gehörenden Blätter zeichnen sich bloss dadurch aus, dass sie ungestaltig und veränderlich sind, und je mehr man sie genauer beobachtet, um so mehr wird man von ihrer Ungleichheit und Veränderlichkeit überzeugt; selbst an einer und derselben Pflanze besitzen die Blätter sehr häufig die verschiedensten Modifikationen, z. B. *Quercus pubescens.*

§. 19. Alle Blätter von ungestaltigen Formen fallen demnach in eine Klasse der Amorphen derart zusammen, dass hier keine weitere Eintheilung stattfinden kann; denn bei

jedem Versuche zu einer weitern Eintheilung stösst man nur
stets auf den einen bleibenden Charakter des Amorphismus,
während alle anderen Eigenschaften unbeständig sind. Da
aber die amorphen Blätter bei ihren vielen Variationen natür-
licherweise nicht identisch sein können, und man sie dennoch
kennen muss, so ist es nothwendig, zu untersuchen, worin
der Grund ihrer Regellosigkeit liege.

§. 20. Bei einer genauen Betrachtung der amorphen
Blätter wird man gewahr, dass diese Verschiedenheit und Regellosigkeit von der Randlinie herkomme, welche, wie §. 5.
gesagt wurde, der Hauptfaktor in der Gestaltbildung ist.

§. 21. Nach der Beschaffenheit der Randlinie werden
die Varietäten der amorphen Blätter bezeichnet, und zwar:

a) *ausgeschnitten, excisa*: wenn das Blatt in rundliche, eckige, verschiedenartig gestaltete Lappen ausgeschnitten ist; z. B.:

Fol. amorphum lobato - excisum, integerrimum, basi plana;
Quercus pubescens und *pedunculata.*

Fol. amorphum, angulose - excisum; v. pinnatifido - excisum mucronatum; *Cirsium decoloratum* und *acaule*; oder:
glabrum, paucidentatum; *Hyoseris foetida.*

b) *Zernagt, erosa* vel *lacera*: wenn das Blatt bald
eckige, bald runde, grössere oder kleinere Einschnitte und
Biegungen hat; z. B. *lacerum* sind gewöhnlich Zernagungen
in grösseren Dimensionen.

Fol. amorphum erosum apice acuto, basi in petiolum protracta; *Crepis rigida.*

Fol. amorphum lacerum, apice acuto, basi in petiolum
protracta; *Cichorium Intybus.*

c) *gefingert, digitata*: wenn das Blatt in dünne
Theile so zerschnitten ist, dass dieselben fingerartig empor-

stehen; oder aus einer grösseren Blattsubstanz fingerartig gestaltete Blättchentheile sich erheben, oder abstehen; z. B.:

Fol. amorphum, digitatum divaricatum, v. ramosum, v. patens; *Peucedanum sibiricum.*

Fol. amorphum digitatum, foliolis brevibus, compressis etc.; *Saxifraga cymosa.*

Fol. amorphum paucidigitatum, simplex, angustum, hastaeforme; *Leontodon hyoseroides.*

Fol. amorphum digitatum, lobis digitatis sparsis, latis; mucronatum apice rotundato, basi in petiolum protracta, latissima; *Dipsacus laciniatus.*

d) *Ausgeschweift, repanda:* wenn das Blatt eingebuchtet ist, und diese Einbuchtungen in scharfen oder stumpfen Ecken endigen; z. B.:

Fol. amorphum repandum, apice acuto, basi in petiolum protracta; *Crepis biennis.*

Fol. amorphum repandum, superne integerrimum, acutum; incisione infima semilunata longius prostante; basi rotundata; *Crepis lacera.*

Fol. amorphum, pinnatifido-repandum; apice acuminato, basi in petiolum protracta, auriculata, *Crepis lacera;* — oder apice acuto, basi appendiculata, *Carduus radiatus.*

e) *Geflügelt, alata:* wenn das Blatt an seiner in den Blattstiel verlängerten Substanz grosse Lappen hat, welche sich flügelartig gegenüber stehen oder abwechselnd an den Blattstiel angeheftet sind; z. B.:

Fol. amorphum alatum, alis oppositis, pauci-dentatum, apice obtuso, basi in petiolum protracta, auriculata; *Lactuca stricta.*

Fol. amorphum alatum, alis alternis, dentatum, mucronatum, apice acuto, basi in petiolum protracta; *Cirsium oleraceum.*

f) *Geschnitten, scissa*: wenn das Blatt durch scharfe Einschnitte ungleich getheilt ist; z. B.:

Folium amorphum, scissum, partitionibus lobatis, integerrimis; basi rotundata; *Aquilegia pyrenaica.*

Zum Schlusse ist hier noch eine Blattform angeführt, welche, wenn sie vollkommen ausgebildet wäre, in die Klasse der polymorphen Blätter, und zwar zur Art der Fol. trigona gebören müsste; weil aber die Natur hier eine besondere Laune an den Tag legte, und dieses Blatt wie kopflos liess, so kann man es füglich ein Folium amorphum truncatum nennen; es ist das Blatt von *Liriodendron tulipiferum*

§. 22. Die grosse Regellosigkeit der amorphen Blätter bringt es mit sich, dass man viel Zeit und grosse Aufmerksamkeit anwenden muss, um sie alle kennen zu lernen; es bleibt demnach der Erfahrung anheimgestellt, zu erkennen, wie viele Hauptvarietäten es zwischen den amorphen Blättern gebe, an welche sich die übrigen anknüpfen lassen.

Uebrigens, wie man sich immer bemühen sollte, man wird die amorphen Blätter nie genau zu kennen und zu ordnen im Stande sein, weil so wie bis jetzt unzählige Varietäten existirten, auch in Zukunft stets neue entstehen werden. Um sie in gewisse Abtheilungen zu bringen, haben wir nur eine Hauptnorm zu suchen, von welcher die Natur niemals abgeht; diese Hauptnorm im Allgemeinen ist aber auch der einzige Leitfaden, den wir bei der Charakterisirung der Varietäten gebrauchen können.

§. 23. Abgesehen davon, dass, nach der Eintheilung der Blätter in drei Klassen, diese leichter zu überblicken und zu erkennen sind, ist es nicht minder von Wichtigkeit für eine Naturgeschichte der Pflanzen, dass man die Klassen der Blätter, ihre Arten und Varietäten kenne und die aufgestellte

Nomenclatur genau halte; es ist zwar nicht nothwendig, dass
man den Namen der ersten und zweiten Blätter-Klasse bei
den Beschreibungen der Pflanzen-Arten anführt, weil es sich
von selbst ergiebt, dass z. B. ein Folium sphaericum einge-
staltig und ein Folium trilobum mehrgestaltig sei, — aber
es ist nothwendig, dass man diess bei der Aufstellung der
Charaktere für die Familie und das Genus thue, wo es dann
mit einem Worte wird ausgedrückt werden können, welche
Klasse von Blättern bei einer Familie oder Genus vorkommt;
z. B.: wenn ich für eine Familie die Charaktere aufzustellen
habe, so sage ich unter anderen naturhistorischen Eigenschaften, welche diese Familie charakterisiren, z. B. folia
haplomorpha oder polymorpha; und hiermit hat man hinlänglich gesagt, weil alle Blätterformen, welche bei den Gattungen und Arten dieser Familie vorkommen, einzig und allein
in diese Klassen gehören müssen; bei den amorphen Blättern
ist aber der Klassenname stets anzuführen, weil er der einzige ist, der den Charakter des Blattes ausdrückt, und es
giebt für dasselbe keine weitere Eintheilung, folglich auch
keinen Namen.

§. 24. Wenn eine Blattform selbst oder eine ihrer Varietäten so charakteristisch gestaltet ist, oder auch sonst welche ausgezeichnete Eigenschaft besitzt, dass sich dadurch eine
Pflanze zwischen anderen Arten in der ganzen Gattung unterscheidet, so muss man natürlich diese Pflanze nach dem Blatte
oder dessen allfälligem Merkmale benennen; da soll man aber
nicht, wie es so häufig der Fall ist, die Benennung des Blattes einfach hinstellen und sagen z. B. *Euphorbia retusa*,
denn man kann nicht wissen, worauf sich dieses retusa bezieht; vielmehr es würde besser sein zu sagen: retusifolia;
die Nomenklatur soll stets so beschaffen sein, dass sie den Charakter der Species treffend ausdrücke; die Namen der Blätter-

Arten sind demnach so eingerichtet, dass man sie überall mit dem Worte: folium verbinden und auf diese Weise bei den Benennungen der Pflanzen gebrauchen kann; wo diess nicht ganz thunlich oder genug wohlklingend wäre, da ist es gerathen, griechische Worte zu gebrauchen; so kann man z. B. sagen: sphaerophyllum, trigonophyllum, polygonophyllum, kentrophyllum u. s. w.; ferner: ovalifolium, cordifolium, graminifolium, spathulaefolium, trilobifolium, excisifolium, lacerifolium, alatifolium u. s. w.

Man soll sich aber stets enthalten, Benennungen aus lateinischen und griechischen Worten zusammenzusetzen; und die Benennungen der Species und Abarten immer so machen, dass sie entweder ganz lateinisch oder ganz griechisch sind.

Monographia generis Campanula.

Specierum ad hocce pertinentium secundum principia historiae naturalis concinnata.

Genus **Campanula.**

Characteres generici.

Flores: campanulati, simplices, terminales, axillares, racemosi, paniculati, spicati; corollae integrae, incisae petalis oralibus, lanceolatis.

Color: coeruleus, lilacinus, ochroleucus, albus.

Caulis: simplex, ramosus.

Folia: haplomorpha: ovalia, lanceolata, cordata, spathulata; — polymorpha: pentagona.

Radix: tenuis, fibrosa; lignosa, ramosa, napiformis, fusiformis, obliqua, repens.

Plantae glaberrimae, hirtae, lanatae, tomentosae, hispidae.

S p e c i e s.

1. **Campanula grammosepala** Vukot.

Characteres specifici.

Flores campanulati simplices, laxe racemoso-paniculati, coloris coerulei; stylo corollam acquante; excedente. *Calyx* quinquefidus, sepalis linearibus subulatis. *Caules* simplices; plures ex eadem radice, ramosi. *Folia* radicalia cordata auriculata; lanceolata; spathulata; longe petiolata; caulina anguste lanceolata; spathulata; ovalia; graminea ac linearia, breve petiolata; sessilia; integerrima; crenulata; dentata. —

Radix tenuis, repens, fibrosa. *Floret* Majo — Augusto. *Plantae* graciles, humiles, prostratae; strictae; glabrae; pubescentes hirtae. *Locus natalis*: in alpinis et subalpinis, in rupium fissuris, in pratis siccis.

Characteribus his distincta species aliquas mutuo attamen transitu junctas continet varietates, quas modo sequenti dividere juvabit:

a) *Campanula grammosepala lobophylla* Vukot. — (*C. rotundifolia* L.)

Foliis radicalibus cordatis, sphaeroideis, apice obtusis, paucidenticulatis, basi profunde sinuata auriculata; — demum acutis, cordatis, dentatis. Caule paniculato, floribundo. Locus natalis: in fissuris rupium, in pratis et pascuis alpinis et subalpinis, in Austria, Styria, Carniolia, Tyroli, Moravia, Croatia in montibus Kalnik.

Huc refertur: *C. rotundifolia lancifolia* D. fl., *C. reniformis* Pers., *C. velutina* DC., *C. Hostii* Baumg. Vide Rchb. **299.** et Koch pag. **537.**

b) *Campanula grammosepala cardiophylla* Vukot. (*C. pusilla* Hänk., *C. macorrhiza* Gay, *C. carnica* Schiede, *C. linifolia* W., *C. Scheuchzeri* Vill. — Syn. *C. caespitosa* Vill., *C. linifolia* Lam., *C. linifolia* DC., *C. Valdensis* All., *C. linifolia* Scop., *C. rotundifolia gracilis* Avé Lall.) Vide Rchb. p. **298. 99.** Koch p. **536. 37. 38.**

Foliis radicalibus cordatis, dentatis, serratis. Locus natalis: in rupium fissuris, in alpinis et subalpinis pascuis atque pratis siccis, in Austria, Styria, Carinthia, Carniolia, Salisburgo.

c) *Campanula grammosepala spathiphylla* Vukot. (*C. Zoysii* Wulff, *C. pulla* L., *C. caespitosa* Scop., *C. pubescens* Schm., *C. Baumgartenii* Beck, *C. Waldsteiniana*

R, S. — Syn. et Variet.: *C. antirrhina* Schleich., *C. uniflora* Schult., *C. Bellardi* All., *C. flexuosa* W. K., C. rupestris* Host.) Vide Rchb. p. 298. 99. Koch 536. 37.

. Foliis radicalibus spathulatis. Locus natalis: in rupestribus alpium Carinthiae, Styriae, Carnioliae, Austriae, Salisburgi.

C. microphylla Kit. mihi ignota ex visu; huic tamen varietati judicio meo adnumeranda.

d) *Campanula grammosepala leptophylla* Vukot. (*C. excisa* Schleich.)

Foliis omnibus gramineis, angustis, linearibus. Locus natalis in rupium fissuris ad moles glaciales in montibus Helvetiae australis. Vide Rchb. p. 299. Koch p. 536.

2. Campanula pentagonophylla Vukot. (*Wahlenbergia hederacea* Schrad.)

Characteres specifici.

Flos: campanulatus, color dilute coeruleus; stylo corollam non excedente. *Calyx* quinquefidus, sepalis linearibus. *Folia*: parvula, pentagona; juniora trigona, acuminata, basi influente v. incisa. *Caulis*: filiformis, prostratus, ramosus, radicans, pedunculis elongatis. *Radix*: capillaris. Floret Junio — Augusto. *Planta* gracilis, prostrata, glabra. Locus natalis: in turfosis et uliginosis in Germania.

Syn.: *Camp. hederacea* L., *Schultesia hederacea* Rth. — Rchb. p. 305. Koch p. 544.

3. Campanula brachysepala Vukot. (C. *Morettiana* Rchb. p. 299. 300.)

Characteres specifici.

Flos: campanulatus, speciosus, erectus, coeruleus; stylo corolla multo breviore. *Calyx* quinquefidus, sepalis acuminatis corolla triplo brevioribus; *foliis radic.* cordatis longepetiolatis; *caulinis*: ovalibus, supremis lanceolatis, breve-petiolatis, paucidentatis v. serratis. *Caulis*: simplex, erectus, filiformis, uni-—biflorus. *Radix*: filiformis, fibrósa. Floret Jul., August. ‒ *Planta* humilis, gracilis, tota pubescens, ciliata. Locus natalis: in rupium fissuris, in Týroli australi.

Syn.: C. *filiformis* Morett., C. *pulla* Pollin. Rchb. p. 299. 300. Koch p. 510.

4. **Campanula rosulata** Vukot. (*C. cenisia* All.)
Characteres specifici.

Flos: campanulatus, cyaneus; stylo corollam aequante. *Calyx* quinquefidus, sepalis acuminatis, hispidis. *Caulis*: tenuis, humilis, simplex uniflorus. *F₀lia radicalia*: spathulata apice obtuso, passim umbilicari; rosulata; *caulina*: angustiora, acuta sessilia. *Radix* filiformis repens. *Floret* Julio, Aug. Planta gracilis, humilis totaque hispidula. Locus natalis: in summis alpium jugis in Helvetia australi et occidentali; in Monte Cenisio Pedemontii et in Sabaudia. — Rchb. p. 300. Koch p. 541.

4. **Campanula graminifolia** Wald. Kit.
Characteres specifici.

Flores: campanulati simplices; capitati, terminales; coerulei; lilacini; sordidi; stylo corollam non aequante; superante. *Calyx* quinquef. sepalis basi latis, apicem versus attenuatis, corollam paene aequantibus; longe superantibus; viridibus; purpurascentibus. *Caulis*: simplex; incurvatus; flexuosus; prostratus; radicem versus in caudicem lignosum increscens. *Folia*: graminea, linearia; anguste taeniata; acuminata; obtusa; plana; canaliculata. *Radix*: tenuis; filiformis; crassior; repens; lignosa. *Floret* a Junio — Aug. *Plantae* humiles; prostratae; repentes; hirtae; setoso-ciliatae. Locus natalis: in alpinis et subalpinis, in pascuis saxosis.

Varietates.

a) *C. graminifolia linearifolia* Vukot. (*C. pumilio* Portschl., *Edrianthus dalmaticus* DC.)

Sepalis et bracteis lineari-acuminatis, foliis tenuissimis, floribus subsolitariis. — In Dalmatia in monte Biokovo.

Syn.: *C. silenifolia* Host. Rchb. p. **301**. *Edrianthus dalmaticus* DC.

b) *C. graminifolia setifolia* Vukot. (*C. graminifolia* L. et W. Kit. Rchb. p. **301**.)

Foliis gramineis, canaliculatis, setoso-ciliatis, bracteis longissimis, virescentibus. — In Croatia ad flumen et Segniam; ad Tergestum, in Vojvodina.

Syn.: *Edrianthus tenuifolius* DC. — *C. graminifolia* Host. Koch p. **543**.

c) *C. graminifolia sordidifolia* Vukot. (*C. tenuifolia* W. Kit., *Edrianthus Kitaibelii* Koch. Rchb. p. **301**. Koch p. **513**.

Foliis anguste taeniatis, molliter ciliatis; sepalis latis, bracteisque longe attenuatis, rubescentibus; floribus sordide lilacinis. In Croatia militari, in monte Plivivica et ad Tergestum.

d) *C. graminifolia serpyllifolia* Viv.

Foliis gramineis, spathulaeformibus, obtusis, ciliatis; bracteis calycibusve purpurascentibus. In Dalmatia et ad Tergestum. Rchb. p. **299**.

6. Campanula sessiliflora Vukot. (*C. Raineri* Perp.)

Ch. sp. *Flos:* campanulatus, speciosus, coeruleus, sessilis; stylo non exserto. *Calyx:* quinquef. sepalis ovali-acuminatis, pauci-dentatis. *Caulis:* simplex, incurvatus, flexuosus, uniflorus, raro biflorus. *Folia radicalia:* spathulata, pauci-dentata, apice rotundata, longe petiolata; *caulina* breve petiolata, suprema sessilia in laxam comam conferta.

Radix: comosa. Floret Majo, Junio. *Planta* humilis, bi- — tripollicaris, pubescens. Loc. nat.: in rupestribus ad Corni di Canzo, ad lacum Como; in Dalmatia. Rchb. p. 300. Koch p. 540.

7. Campanula cordifolia Vukot. (C. *carpathica* L.) Rchb. p. 300.

Ch. sp. *Flos*: campanulatus, speciosus, coeruleus; stylo corollam non excedente. *Calyx*: quinquef. sepalis attenuatis, acuminatis. *Caulis*: simplex, flexuosus, incurvatus, dichotomus, pedunculis longis, filiformibus. *Folia*: cordata dentata, crenata, inferiora longe, superiora breve petiolata. *Radix*: obliqua, repens, ramosa, fibrosa. Floret Julio. *Planta* graeilis, pedalis et ultra, hirto-ciliata. Loc. nat.: in Carpathis in Hungaria et Transsylvania. Rchb. p. 300.

8. Campanula ramosissima Sibth.

Ch. sp. *Flos*: campanulatus, coeruleus; corolla patellari; stylo non prostante. *Calyx*: quinquef. sepalis attenuatis, acuminatis, corollam aequantibus, serrulatis, striatis. *Caulis*: diffusus, furcatus, pedunculis longis, unifloris. *Folia*: inferiora spathulata, *caulina* amplexicaulia, crenata. *Radix* mihi ignota. Floret Majo, Junio. *Planta* humilis, laxe hirta, calyce hispido. Loc. nat.: in Lombardia, ad Veronam.

Syn.: C. *Lorei* Poll. Rchb. p. 301.

9. Campanula suaveolens Willd.

Ch. sp. *Flores*: campanulati, paniculati, pallide coerulei, odorati; stylo corollam longe excedente. *Calyx*: quinquef. sepalis brevibus, pauci-serratis. *Caulis* simplex, superne ramosus, strictus, subflexuosus. *Folia*: lanceolata, argute serrata, superiora minora, sparsa, inferiora numerosa, conferta, sessilia. *Radix*: fusiformis. Floret Julio, Augusto. *Planta* pedalis, bipedalis, glabra. Loc. nat.: in

Hungaria, Transsylvania, Viennae ad Mosbrunn', in Silesia, Bohemia, Italia ad Roveredo et Novaram.

Syn.: *Adenophora suaveolens* Fisch., *Adenophora communis* Fisch., *Camp. intermedia* Schult., *C. Fischeri* R. et S., *C. liliflora* R. et S., *C. suaveolens* Schrad., *C. lilifolia* Jacq., *Adenophora lilifolia* DC., *C. lilifolia* L. — Rchb. p. 304. Koch p. 543.

10. Campanula patula L.

Ch. sp. *Flores*: campanulati, paniculati, coerulei, rarius albi, stylo corollam non superante. *Calyx*: quinquef. sepalis linearibus, elongatis, rectis, reflexis. *Caules*: virides, rubentes, simplices, plures ex eadem radice, plerumque graciles, superne in ramulos divisi, patentes, pedunculi tenues, filiformes. *Folia: radicalia* copiosa, spathulata, rotundata, obtusa; crenulata. *Caulina*: sparsa, lanceolata sessilia. *Radix*: tenuis fibrosa. Floret Junio — Aug. *Planta* gracilis, pedalis, bipedalis, glabra, hirta. Loc. nat.: in incultis, dumetis, ac pratis siccis omn. prov. Syn. *C. decurrens* Thore, *C. dasycarpa* Kit. Rchb. p. 301.

Variat: calyce hirsuto *C. patula dasycarpa* (*hirtosepala*) D. fl. — Ramis filiformibus, floribus parvulis. *C. patula flaccida* Wallr. *C. neglecta* R. et S. Koch p. 541.

11. Campanula macrorrhiza Vukot.

Ch. sp. *Flores*: campanulati, simplices; terminales, axillares; spicae - paniculaeformes; cernui, nutantes; coerulei; viridi - ochroleuci, albi; corollae petalis glabris; laxe pilosis; apice densius barbatis; stylo corollam aequante; excedente. *Calyx*: quinquef. sepalis acuminatis, sinubus auriculatis, reflexis. *Caules*: simplices; numerosi ex eadem radice, ramosi, multifidi. *Folia: radicalia* spathulata; *caulina*: lineari - lanceolata; angustius spathulata, sessilia, integerrima, undulata, crenulata; inaequaliter dentata. *Radix*: superne squamosa, lignosa, longa, plurimis pedalis, ramosa. Floret Junio — Aug. *Plantae* humiles, pedales, lanato - villosae, hirtae, hispidae, setoso - ciliatae. Loc. nat.: in alpinis et pratis petrosis.

Varietates.

a) C. *macrorrhiza chymatophylla* Vukot. (*C. sibirica* L.) Foliis rad. spathulatis, obtusis, rotundatis, denticulatis undulatis; caulinis anguste lanceolatis, sessilibus. Caulibus plerumque pluribus, ramosis, paniculatis, floribus longe pedunculatis nutantibus. Planta hispidula. In montibus saxosis Austriae, Hungariae, Silesiae, Istriae et Tyrolis australis. — Rchb. p. 304. Koch p. 543.

b) *C. macrorrhiza polycaulis* Vukot. (*C. alpina* Jacq.) Foliis anguste spathulatis integerrimis; caulibus numerosis; planta humilis, lanato - villosa, floribus cernuis. In montibus Austriae, Styriae, Salisburgi, Hungariae et Helvetiae. — Rchb. p. 304. Koch p. 542.

c) *Campanula macrorrhiza pogonopetala* Vukot. (*C. barbata* L.) Foliis spathulatis integerrimis, floribus nutantibus, petalis apice barbatis. In alpinis et subalpinis Moraviae, Silesiae et Helvetiae. Rchb. p. 304. Koch p. 542.

d) *Campanula macrorrhiza thyrsoidea* L. (*C. thyrsoidea* L., C. *spicata* L.). Floribus spicatis, thyrsoideis, coloris viridi-ochroleuci, calyce sepalis latis, attenuatis; foliis spathulatis, plerumque confertis; caule crassiore. In alpibus Austriae, Carnioliae, Carinthiae, Croatiae, Salisburgi, Tyrolis. Rchb. p. 303. Koch p. 541.

C. spicata inflorescentiam habet laxiorem, corollas coeruleas v. albas.

e) C. *macrorrhiza trianthemos* Vukot. (*C. divergens* W.) Caule simplici, superne in ramos divergente, foliis radicalibus spathulatis, rotundatis, inaequaliter crenatis, pedunculis axillaribus trifloris, terminalibus secundis nutantibus. In saxosis in Vojvodina, in Dalmatia, Transsylvania.

Syn. C. *spathulata* W. K., *C. pannonica* Kit. Rchb. p. 304.

C. *mollis* L. Rchb. p. 304. no. 2061. mihi ignota; ex diagnosi concludere liceret, huic fortasse speciei audnumerandam.

12. Campanula oxyphylla Vukot.

Ch. sp. *Flores*: campanulati, racemoso-paniculati, coerulei; stylo corollam excedente. *Calyx*: quinquefidus, sepalis angustis, longis, acutis, glabris; pubescentibus, ciliatis. *Caules*: simplices; numerosi, adscendentes, inclinati, prostrati, striati, graciles. *Folia radicalia*: cordata, duplicato-acute et inaequaliter dentata, numerosa, longe petiolata, altitudinem caulium subaequantia. *Caulina*: conformia, sed minora, breve petiolata, sparsa. *Radix*: ramosa, fibrosa. Floret Majo — Julium. *Plantae* graciles, ad summum pedales, caespitosae, foliosae, glabrae pubescentes. Loc. nat.: in saxis, petris, rupium fissuris provinciarum calidiorum.

Varietates.

a) *C. oxyphylla leiophylla* Vukot. (*C. muralis* Portschl.) Foliis pedunculis atque calycibus glabris. In rupium fissuris et locis petrosis, in Lombardia, Dalmatia, Croatia ad Karlobago.

Syn. *C. Portenschlagiana* R. S., *C. floribunda* Viv., *C. isophylla* Viv., *C. Elatines* L., *C. Elatines* Sieb. Rchb. p. 300.

b) *C. oxyphylla lasiopetala* Vukot. (*C. Garganica* Ten., *C. elatinoides* Pollin.) Foliis pedunculis atque foliis pubescentibus, hirtis; calyce lanato, ciliato. In rupium fissuris, cum praecedente, in Lombardia, Dalmatia, Croatia.

Syn. *C. Elatines* Ten. Koch. p. 540. Rchb. p. 300. —
C. diffusa Vahl. Rchb. p. 300. no. 2029. mihi non est
cognita; crederem horsum spectare.

13. Campanula racemosa Vukot.

Ch. sp. *Flores*: campanulati racemosi; racemoso - paniculati; coerulei; violacei; stylo corollam acquante; superante.
Calyx: quinquef. sepalis lanceolatis, acuminatis; lineari-elongatis. *Caulis*: simplex, teres, strictus; flexuosus. *Folia*:
inferiora cordata; lanceolata; spathulata; petiolata; *caulina*:
superiora lanceolata; linearia; decrescentia; sessilia, amplexicaulia; crenata; serrata. *Radix*: obliqua; tenuis; fibrosa.
Floret Junio, Julio. *Plantae* pedales, bipedales; hirtae, se-
tosae, ciliatae; subtus pubescentes. Loc. nat.: in vineis,
agris et sylvis montosis.

Varietates:

a) *C. racemosa laxiflora* Vukot. (*C. rapunculoides* L.,
C. trachelioides M. B., *C. crenata* Lk.) Foliis inferioribus
cordatis, inflorescentia laxe racemosa. — In collibus, sylvis,
montosis hinc inde in omn. prov.

Syn. C. *Lychnitis* Horn., C. *ukrainica* Spr., *C. macrostachya*, *C. ukrainica* Bess., C. *neglecta* Bess. Rchb. p.
302. 3. Koch p. 539.

b) *C. racemosa arctiflora* Vukot. (C. *simplex* DC., *C.
bononiensis* L.) Foliis lanceolatis, inaequaliter dentatis,
campanulis minoribus in racemum densiorem confertis. In
pratis siccis, collibus apricis, sylvarum oris et vineis; hinc
inde in omn. prov.

Syn. *C. Thaliana* Rchb., *C. media* Jacq., *C. Thaliana*
Wallr. Rchb. p. 303. Koch p. 538.

c) *C. racemosa paniculaeformis* Vukot. (*C. Rapunculus* L., C. *rhomboidalis* L.) Foliis inferioribus spathulatis

angustioribus, vel latioribus serratis; flores laxe racemoso-paniculati, calycis sepalis lineari-subulato elongatis, rectis v. reflexis. Hinc inde in omn. prov.

d) *C. racemosa grandiflora* Vukot. (*C. persicifolia* L.) Foliis inferioribus spathulatis, superioribus caulinis angustioribus, imo linearibus, calycibus glabris v. hispidis; racemo paucifloro, floribus speciosis, violaceis. In sylvis montosis omn. prov.

Syn. *C. hispida* Lej., *C. grandiflora* DC., *C. decurrens* Mill., *C. pumila* Schm., *C. Stevenii* M. D., *C. eriocarpa* D. fl. Rchb. p. 301. et Addenda p. 858. Koch p. 54.

14. **Campanula umbellulifera** Vukot.
(*C. pyramidalis* L.)

Ch. sp. *Flores*: campanulati, racemosi, breve pedunculati, in umbellulas laterales bi- — trifloras connexi, coerulei; stylo corolla longiore. *Calyx*: quinquef. sepalis acuminatis, corolla multo brevioribus. *Caulis*: simplex radicem versus increscens, carnosus, striatus. *Folia radicalia*: cordata, nonnulla lanceolata, longe petiolata; *caulina*: lanceolata brevius petiolata, suprema sessilia; omnia serrata, inaequaliter crenata. *Radix*: fusiformis, crassa, fibrosa. Floret Julio, Aug. *Planta* bipedalis erecta, laete virens, succosa, lactescens; glabra. Loc. nat.: in rupibus, locis petrosis et muris; in Carniolia ad Idriam, Littorali Croatico ad flumen et Carlobago; in Lombardia et Sabaudia.

Syn. *C. lactescens foetidior* Clus. Rchb. p. 303. Koch p. 540.

15. **Campanula cephalaria** Vukot.

Ch. sp. *Flores*: campanulati, in capitula terminalia et axillaria congesti; saturate pallide coerulei; stylo corollam aequante; excedente. *Calyx*: quinquef. sepalis basi latis apirem versus attenuatis. *Caulis:* simplex, cylindricus, angulatus, striatus, subflexuosus; viridis, glaucescens; rubens. *Folia radicalia:* lanceolata; spathulata; cordata; longe petiolata; *caulina:* lanceolata; cordata breve petiolata; sessilia; amplexicaulia; inaequaliter dentata; crenata. *Radix:* napi-fusiformis; repens; fibrosa. Floret Junio — Augusto. *Plantae* pedales, bi- — tripedales; hispidae; farinosae; tomentosae. Loc. nat.: in pratis siccis, in umbrosis, dumetis atque sylvis.

V a r i e t a t e s.

a) *C. cephalaria macrophylla* Schlosser. (*C. cervicaria* L.) Foliis radicalibus spathulatis, longis, superioribus sessilibus, amplexicaulibus; — hispida ex toto; radice napi- aut fusiformi. Vere *macrophylla* vel etiam *longifolia* per cl. D. S c h l o s s e r vocata *Campanula* est forma omnibus foliis longissimis, flore axillari capitato uno alterove*)

b) *C. cephalaria polyanthemos* Vukot. (*C. multiflora* W. K., *C. lingulata* W. K.) Caule ad medietatem usque floribus axillaribus referto. In Vojvodina ad Versetzinum, Hungaria ad Arádinum, et Croatia ad Crisium.

Syn.: *C. cervicaria multiflora* Rchb., *C. macrostachya* Willd., *C. cervicaria imbricata* Koch. Rchb. p. 302.

c) *C. cephalaria cardiophylla* Vukot. (*C. aggregata* Balb., *C. speciosa* Hornem.) Foliis cordatis, floribus pallidius violaceis, radice obliqua, fibrosa. In partibus australioribus; in Croatia, in pratis siccis et locis sterilibus; folia radicalia sub anthesi plerumque evanescunt. Planta glaucescens v. farinosa.

Syn.: *C. farinosa* Andrz., *C. salviaefolia* Wallr. Rchb. p. 302. Koch p. 542.

---

*) Observata est foliis turionum sterilium cordatis, in quod ultra inquirendum.

d) *C. cephalaria ovaliphylla* Vukot. (*C. glomerata* L., *C. elliptica* Kit.) Foliis ovalibus. In locis herbidis, ad oras sylvarum hinc inde in omn. prov.

Syn.: *C. congesta* R. et S. Rchb. p. 302. Koch p. 542.

e) *C. cephalaria gnaphalophylla* Vuk. (*C. petraea* L.) Foliis spathulatis, dentatis, subtus tomentosis. In Italia et Helvetia australi. Rchb. p. 302. Koch sub nomine *C. petracae* Schm. p. 542.

Campanulam foliosam Ten. non possideo, verum horsum pertinere censeo.

16. **Campanula serratifolia** Vukot.

Ch. sp. *Flores*: campanulati, axillares, terminales; corollae magnae dilute lilacinae, albae, petala obtusa; acuminata; glabra; hirto ciliata; stylo non excedente. *Calyx*: quinquef. sepalis acuminatis; glabris; ciliatis hispidis. *Caulis*: simplex, strictus; teres; angulatus; saepe coloratus, striatus. *Folia radicalia*: cordata; lanceolata; acuminata; longe petiolata; *caulina*: breve petiolata; sessilia; omnia acute duplicato serrata. *Radix*: ramosa, fibrosa. Floret Julio, Aug. *Plantae* altae, bi-—tripedales; glabrae; hispidulae. Loc. nat.: in sylvis montosis omn. prov.

Varietates.

a) *C. serratifolia ciliato-sepala* Vukot. (*C. Trachelium* L., *C. urticifolia* Schm.) Foliis radicalibus cordatis, caule hispido, sepalis ciliatis. Rchb. p. 303. Koch p. 593.

b) *C. serratifolia acutipetala* Vuk. (*C. latifolia* L.) Foliis lanceolatis acuminatis, caule et calyce glabris, corollis maximis, petalis acuminatis. Rchb. p. 303. Koch p. 539.

Campanula Erinus L. v. *Roncela Erinus* Dumort., ad genus praesens non spectat; reliquae vero Campanularum species aut varietates hic non enumerare juxta adhibita principia verae historiae naturalis facile poterunt suo loco poni et nomine characteristico insigniri. Mihi omnes hujus generis plantae constare eo minus possunt, cum in dies novae producantur et nominum varietas increscat.

Terminologie.

Die Bestimmung der Terminologie ist: *die Eigenschaften, welche die Naturprodukte in ihrem ursprünglichen
Naturzustande besitzen, zu untersuchen.* Die Terminologie erkennt, untersucht, trennt und verbindet diese Eigenschaften, sie handelt nach festgesetzten Grundsätzen, und
giebt den Eigenschaften eigene Benennungen. Diese Benennungen sind wissenschaftliche Ausdrücke, aus welchen die
so genannte Kunstsprache besteht; diese Ausdrücke dürfen
nicht geändert, nicht verwechselt oder willkürlich gedeutet
werden, weil sonst die Begriffe ihre bezeichneten Grenzen
verlieren und die Wissenschaft dadurch schwankend und undeutlich wird. — Die Kunstsprache selbst kann verbessert
und vermehrt werden in dem Grade, als sich die wissenschaftlichen Erfahrungen vermehren und die Begriffe erweitern.

Bevor sich die Terminologie in die Untersuchung der
naturhistorischen Eigenschaften einlassen kann, muss der Begriff des Individuums gegeben werden. Das Individuum im
Allgemeinen ist jedes einzelne Ding, welches durch alle seine
Merkmale bestimmt werden und für sich einen Gegenstand
zu wissenschaftlichen Betrachtungen geben kann. Die Wissenschaft muss das Individuum nach denjenigen Eigenschaften,
auf welche sie ihre Untersuchung richtet, näher bestimmen, und die hieraus entstehenden Begriffe vollkommen entwickeln.

In der Naturgeschichte ist das Individuum ein einzelnes
Wesen oder ein Naturprodukt, welches durch alle seine naturhistorischen Eigenschaften bestimmt werden kann, und dadurch fähig wird, für sich allein ein Gegenstand der naturhistorischen Betrachtung zu sein; in der Naturgeschichte der
Pflanzen also ist es die *Pflanze*.

Der Inbegriff aller naturhistorischen Eigenschaften einer
Pflanze schliesst zugleich die Gestalt derselben ein; die Pflanze
muss also durch die Gestalt als ein Ganzes begrenzt und bestimmt sein, wenn sie als ein Individuum betrachtet sein soll.
— Diese Gestalt ist aber bloss die *ursprüngliche*, das heisst
diejenige, welche die Pflanze in und während ihrer Entstehung
angenommen hat.

Von den naturhistorischen Eigenschaften haben wir zu
wiederholtenmalen Erwähnung gemacht, es ist also nothwendig,
zu erklären, was eine naturhistorische Eigenschaft sei.

Eine naturhistorische Eigenschaft inbesondere in der Botanik ist: *jene Eigenschaft, welche an irgend einer
Pflanze in ihrem ursprünglichen Zustande erkannt werden kann, ohne dass diese Eigenschaft durch die Betrachtung oder Untersuchung diesen ihren ursprünglichen Zustand verlässt, oder eine solche Eigenschaft, die
es wenigstens gestattet, dass sie, wenn sie auch den ursprünglichen Zustand verlassen hat, in denselben zurück-
zukehren im Stande ist.* —

Die Feststellung des Begriffes einer naturhistorischen
Eigenschaft ist eins der Grundprinzipien für den ganzen wissenschaftlichen Bau einer Naturgeschichte des Pflanzenreiches,
weil davon der Standpunkt abhängt, von welchem aus die
vegetabilischen Individuen betrachtet, benannt und klassifizirt
werden sollen.

Die Naturgeschichte der Pflanzen hat es einzig und allein mit Individuen zu thun, und zwar so, wie sie sich in ihrem ursprünglichen Naturzustande befinden; sie fragt nicht nach der Ursache und der Art ihrer Entstehung, sie untersucht nicht den innern Organismus und dessen Funktionen, denn sie ist auf die Betrachtung der naturhistorischen Eigenschaften beschränkt, welche keine anderen sein können, als diejenigen, die dem Individuo in seinem ursprünglichen Zustande eigen sind.

Wenn man daher eine Pflanze bei ihrer Betrachtung derart behandelt, dass man z. B. ihren inneren Bau untersucht, die Blüthen, den Blumenboden, die Staubgefässe zerlegt oder zerreist, so zieht man solche Eigenschaften zu Rathe, welche keine naturhistorischen Eigenschaften sind, weil sie die Pflanze in einen Zustand versetzen, der kein ursprünglicher ist. — Ein solches Verfahren kann zwar auch Gegenstand einer wissenschaftlichen Untersuchung sein, gehört aber nicht zur Naturgeschichte der Pflanzen, wohl aber zum Studium des Pflanzenorganismus, mit dem sich die Pflanzenanatomie zu beschäftigen hat; eben so verhält es sich mit den Gesetzen des vegetabilischen Lebens, welches die Pflanzenphysiologie betrachtet, u. s. w.

Die Naturgeschichte hat sich ausschliesslich an die Grundsätze der *Einerleiheit*, *Gleichartigkeit* und *Aehnlichkeit* zu halten, und nach den aus diesen Grundsätzen geschöpften Begriffen die Naturprodukte zu erkennen, zu bestimmen und zu ordnen, *denn die Naturgeschichte ist die Wissenschaft, welche die Naturprodukte anschaulich darstellt, sie vergleicht, und nach den oben angedeuteten Grundsätzen benennt und ordnet, ohne sie aus ihrem ursprünglichen Zustande in einen andern zu versetzen.*

Die Pflanze oder das vegetabilische Individuum soll in ihrem vollkommensten Zustande der naturhistorischen Betrachtung unterzogen werden.

Die Pflanze als ein vegetabilisches Naturprodukt hat im Gegensatze zu den anorganischen Naturprodukten, die starr und ohne alle bewegende, aus sich selbst hervorgehende Lebensthätigkeit sind, einen gewissen Lebenslauf, und während desselben gewisse Entwickelungsperioden; die Pflanzen keimen, entwickeln sich, wachsen, blühen, tragen Früchte und Saamen, stehen dann still und sterben ab. Es giebt also verschiedene Momente im Leben einer Pflanze; diese verschiedenen Momente können aber nicht Gegenstand einer naturhistorischen Betrachtung sein, weil die Begriffe, die wir aus derlei Betrachtungen schöpfen würden, nicht beständig, nicht vollkommen wären, da die betrachteten Individuen selbst keine Vollkommenheit hätten. Wir würden z. B. bei einer keimenden Pflanze nichts als zarte Keime, unvollkommene Keimblättchen sehen, die in der nächsten Entwickelungsstufe eine andere Form bekämen; später würden wir einen Stengel und einige Blätter erblicken, zuletzt Knospen und endlich Blüthen und Früchte beobachten; und wenn wir diesem Laufe folgen, so beobachten wir den Wachsthum einer Pflanze, und werden uns dann von dem, was die Naturgeschichte sein soll, bedeutend entfernt haben. Also nur dann, wenn die Pflanze ihre höchste Entwickelungsstufe erreicht hat, und als ein vollkommen ausgebildetes Naturprodukt dasteht, kann sie Gegenstand einer naturhistorischen Betrachtung sein.

Dieser Höhepunkt, dieser vollkommen ausgebildete Zustand ist bei den meisten Pflanzen die Zeit der Blüthe oder der Fruchtbildung, oder, wo beide Momente

22 *

*gleichzeitig eintreten, die Blüthe und Fruchtbildung zu-
gleich.*

Eine Pflanze besitzt so viele naturhistorische Eigenschaften, welche der naturhistorischen Betrachtung unterzogen werden können und müssen, dass es gar nicht nothwendig ist,
bei der Pflanzenphytographie zu anderweitigen Mitteln zu
greifen, weil dadurch eine Verwirrung hervorgebracht würde,
wie sie sich auch wirklich in die Botanik eingeschlichen hat.

Die Haupttheile einer Pflanze und die darauf haftenden
naturhistorischen Eigenschaften sind beiläufig folgende: die
Wurzel mit allen ihren Bestandtheilen, der *Stengel*, die
Stiele, *Zweige* und *Aeste*, die *Blätter*, die *Kelche*, die
Blüthen und ihre Bestandtheile, insofern sie naturhistorische
Eigenschaften sind, die *Blumenkrone*, die *Oberfläche* der
ganzen Pflanze, die *Farbe*, der *Geruch*.

*Die aus der naturhistorischen Betrachtung geschöpf-
ten und mit Worten benannten Begriffe bilden die Terminologie.*

Die Terminologie in ihren Einzelnheiten durchzuführen,
ist nicht der Zweck der gegenwärtigen Schrift; die oben angeführten Grundsätze sollen bloss eine Aufklärung darüber
geben, welches Verfahren bei der Monographie der *Campanula* beobachtet wurde. Diese Monographie, welche nach
der naturhistorischen Methode ausgearbeitet ist, hat nur als
ein Versuch und zugleich als Beispiel zu dienen, dass diese
Methode auch auf das Pflanzenreich wirklich angewendet
werden könne, und dass durch sie viel mehr Einfachheit und
Klarheit in die Wissenschaft gebracht werde. — Wenn diess
gerade hier nicht der Fall sein sollte, so ist die Schuld nicht
der Methode, sondern vielmehr einer vielleicht misslungenen
Durchführung zuzuschreiben.

Die naturhistorische Species besteht aus gleichartigen Individuen, das heisst aus solchen Individuen, bei welchen die Verschiedenheit ihrer naturhistorischen Eigenschaften durch gegenseitige Uebergänge einerseits verbunden, andererseits gehoben werden können. Natürlich müssen die Grenzen der Uebergänge in dem Pflanzenreiche etwas beengt werden, weil man sonst in den Fehler gerathen könnte, zu viele Pflanzen zusammenzuziehen; man soll also nicht die Glieder einer Uebergangsreihe mit den Gliedern einer andern Uebergangsreihe zu einer Species verbinden, weil die Pflanzenformen als organische Naturprodukte nicht jene geometrisch abgezirkelten Gestalten besitzen, die den mineralischen Krystallen eigen sind; folglich bei den Pflanzen derlei Kombinationen nicht anzuwenden sind.

Die durch naturhistorische Aehnlichkeit verbundenen Species bilden das Genus, und die durch die naturhistorische Aehnlichkeit verbundenen Genera bilden die Familie.

Wenn man mit Anwendung des Prinzips der *naturhistorischen Aehnlichkeit* zu dem Genus *Campanula* ein zweites sucht, so wird man sich bald überzeugen, dass ein *Phyteuma* und *Jasione* gar keine Aehnlichkeit mit der *Campanula* hat; und es ist nicht nothwendig, in Einzelnheiten einzugehen, weil man schon bei der ersten Anschauung gewahr werden muss, dass diese zwei Genera der *Campanula* ganz unähnlich sind; die Aehnlichkeit selbst lässt sich nach keinen Regeln beschreiben oder feststellen, sie liegt in der Natur der Dinge und in unserem Erkenntnissvermögen, wir können dieses nicht ergründen, wir können uns bloss die Ursachen davon erklären; im vorliegenden Falle liegt die Ursache in der Blüthe und ihrer Konformation, die bei *Jasione* und *Phyteuma* von der der *Campanula* ganz verschieden ist; die Charak-

tere, nach welchen Jussien seine Ordnung oder. Familie der
Campanulaceen zusammensetzte, sind keine naturhistorischen
Charaktere, weil sie sich auf keine naturhistorischen Eigenschaften beziehen, *und so ist auch diese Ordnung keine
natürliche, sondern eine künstliche;* wie diess bei sehr vielen anderen Familien der Fall ist.

Eine glockentragende Blume, wie es eine *Campanula*
ist, kann keine Aehnlichkeit ausser mit einer ebenfalls glockenartig blühenden Pflanze haben; *weil die naturhistorische
Aehnlichkeit der Lebensbegriff ist von solchen Eigenschaften, vermöge welcher gewisse Individuen nach einem
gemeinsamen Vorbilde, nach einer Normalidee entstanden
zu sein scheinen;* dieses Vorbild findet man in allen einzelnen Individiduen mehr oder weniger ausgesprochen, und findet es auch als Inbegriff bei allen zusammen. Wenn man
eine *Campanula racemosa arctifolia* (*C. simplex* oder *bononiensis*) nimmt, und sie neben eine *Digitalis lutea* stellt,
so wird man sich gewiss überzeugen, dass nebst allen bedeutenden Verschiedenheiten dennoch etwas an diesen Pflanzen sei, was sie gegenseitig sich näher bringt, als ein *Hieracium, Ranunculus, Allium, Dentaria* u. s. w.; und in
der That zwischen dem Genus *Digitalis* und dem Genus
Campanula besteht eine entfernte Aehnlichkeit, die, wenn
sie auch noch so entfernt ist, jedenfalls verwandter genannt
werden muss, als diess mit allen anderen Pflanzen der Fall
ist; die Ursache davon liegt in dem Umstande, dass die
Digitalis ebenfalls eine Glockenblume ist, und es folgt
daraus, dass zwischen diesen zwei Gattungen eine generische
Aehnlichkeit bestehe, und dass sie zu einer Familie gehören. — Eben so verhält es sich mit *Atropa, Scopolina,
Nicandra, Mandragora, Hyoscyamus, Symphytum, Leu-*

cojum, Convallaria, Muscari und *Hyacinthus.* — Es
darf gar nicht befremden, dass *Leucojum, Convallaria,
Muscari* und *Hyacinthus* hier genannt werden, denn es
handelt sich um eine naturhistorische Anschauung der Individuen und um ihre Eintheilung nach dem Prinzipe der
Aehnlichkeit; ein *Leucojum* z. B. hat gewiss einen besseren
Platz in der Familie der Adenophoren (so nennen wir die
glockentragenden Pflanzen), als in der Familie der Narcis-
seen .... Wie steht z. B. ein *Bulbocodium* in der Familie
der Juncaceen? — Welch' ein Unterschied ist nicht zwischen
den meisten zur Familie der Urticeen gehörigen Gattungen?
— z. B. *Ficus, Morus, Humulus, Cannabis, Celtis, Ulmus* und *Urtica* und *Parietaria*? , . . Und dennoch hat
man sie künstlich in eine Familie zusammengebracht, wo sich
gewiss gegen eine solche unnatürliche Verbindung die naturhistorische Anschauung und die daraus gezogenen Begriffe
sträuben müssen! — Mit eben demselben Rechte und noch
mehr kann man eine Familien-Eintheilung nach den oben
angedeuteten Grundsätzen bewerkstelligen, weil sie naturgetreu ist, und zugleich, nach strengen Grundsätzen geordnet, allen Anforderungen der Naturgeschichte entspricht. —

Was die Aufstellung der gesammten Familie *Adenophora* betrifft, ob von den oben angeführten Gattungen alle
oder nur einige, ob vielleicht noch andere dazu gehören sollten? . . dabei muss man sich nach gar keinen botanischen
Büchern, wohl aber einzig und allein nach der Natur rich-
ten; die Natur allein wird es zeigen, wohin welche Pflanze
nach ihren naturhistorischen Eigenschaften einzureihen sei;
bei einem solchen Verfahren können die übrigens in ihrer
Art und nach ihren Grundsätzen vortrefflichen botanischen

Werke eine sehr gute Aushilfe gewähren, aber an die dort
befolgten Grundsätze hat man sich gar nicht zu halten, weil
die künstlichen — obwohl natürlich genannten — Systeme
DeCandolle's, Jussieu's und Reichenbach's dem
reinen naturhistorischen Systeme ganz entgegengesetzt sind.

Plantae Muellerianae.

Atherospermeae.

Atherosperma Labill.

1. **A. moschatum** Lab. Nov. Holl. II. p. 74. t. 224.
Van Diemensland (Stuart).

Thymeleae.

Auctore

Meisner.

Pimelea Bks. et Soland.

1. P. (Malistachys) axiflora Ferd. Müller! excepto
calyce glaberrima, ramis gracillimis laxe foliosis, foliis oppositis patulis herbaceis sessilibus linearibus (1 — 2 poll. longis, 1 — 2 lin. latis) utrinque attenuatis acutis subtus obsolete venosis, capitulis axillaribus sessilibus exinvolucratis
multifloris, calyce sericeo-incano haud articulato (3 lin. longo), lobis oblongis obtusis tubo vix dimidio brevioribus antheras exsertas superantibus, filamentis styloque inclusis. —
Australia felix, Sept. 1852. — Affinis *P. drupaceae* et *my-
rianthae*, sed jam foliorum forma et glabritie distincta.

2. P. (Micranthae) parvifolia Meisn. n. sp., fruticulosa, humilis, ramulis gracilibus corymbosis dichotomisve,

junioribus minute puberulis, foliis oppositis coriaceis sessilibus ovalibus utrinque obtusis glaberrimis subtus prominulo
1-nerviis pauciveniisque, junioribus imbricatis, involucralibus
4 conformibus v. paullo latioribus capitulum (terminale) pauciflorum subsuperantibus, calyce infundibuliformi ʻ(2 lin. longo)
haud? articulato sericeo-tomentoso, lobis ovalibus tubum subaequalibus, genitalibus inclusis, receptaculo hemisphaerico
velutino. — Port Lincoln, Janr. 1852. — *P. dichotoma* Ferd.
Müll.! (non Schldl.). — A simillima *P. flava* R. Br. differt:
ramificatione minus regulari, foliis haud coerulescentibus subtus venosis et calyce fere ⅓ minore. Cl. Schlechtendal a *P.*
dichotoma sua nostram non distinxisse videtur, quum illi
tribuerit folia saepe haud coerulescentia et nonnunquam venosa.

3. **P. (Micranthae) Hewardiana** Meisn. in DC. prodr.
ined., erecta, ramosissima, ramulis gracilibus, junioribus pu-
herulis, foliis oppositis sessilibus subcoriaceis oblongo-lanceolatis (3—5 lin. longis, ʻ 1—2 lin. latis) acutiusculis muticis glaberrimis obsolete penniveniis, floralibus conformibus
aequalibus v. majoribus capitulo sessili 6—10-floro multo
longioribus, calyce subsericeo (1 lin. longo, continuo?) lobis
ovalibus obtusis tubum aequantibus genitalia exserta parum
superantibus, receptaculo hemisphaerico tomentoso. — In N.
Hollandia orientali interiore 1835. S T. Mitchell!

β. ? *elachantha*, foliis oblongo-linearibus obtusiusculis (2—3 lin. longis, 1 lin. latis) aveniis, crassioribus. —
Australia felix. — *P. elachantha* Ferd. Müll.! mss. — Forsan n. sp., in specim. melioribus iterum examinanda.

4. **P. (Micranthae) pygmaea** Ferd. Müll. et Stuart!
mss., caespitoso-fruticulosa nana dense foliosa glabra, foliis
oppositis sessilibus subcoriaceis ovalibus acutiusculis (2 lin.
longis, 1—1½ lin. latis) aveniis subtus 1-nerviis longiuscule

ciliatis imbricatis demum patulis, floralibus conformibus aequalibus flore- terminali solitario subbrevioribus, calyce infundibuliformi (2 ¹/₂ lin. longo) lobis ovalibus obtusis medio dorso apiceque pilosiusculis tubo glabro dimidio brevioribus antheras exsertas superantibus, stylo incluso. — Tasmannia (Stuart!). — Species insignis, aff. *P. serpyllifoliae*, sed foliis ciliatis, capitulo 1-floro, calyce majore et fere glabro optime distincta.

5. P. (Imbricatae) viminea Schldl.! in Linnaea XX. p. 583. — Adelaïde, Ferd. Müll.! et Dr. Behr.

6. P. (Imbricatae) petraea Meisn., n. sp., fruticulosa, corymboso-ramulosa, ramulis conferte foliosis pubescentibus, foliis sparsis subcoriaceis linearibus acutiusculis basi vix angustata obtusis (4—8 lin. longis, ²/₃—1 lin. latis) 1-nerviis aveniis parce albido-pilosis margine dense villosis demum glabrescentibus, floralibus conformibus aequalibus capitulo terminali subgloboso dense multifloro brevioribus, calyce semipollicari, tubo patenti-villoso, fauce limboque extus pube brevi parca subsericeo glabrescente, lobis lanceolatis obtusis tubo subtriplo brevioribus genitalia exserta aequantibus. — Salt Creek prope Adelaïde, Nov., et in mont. petraeis prope Cudnaka etc. — „P. octophylla et ejusd. β. acutifolia“ Ferd. Müll.! sp. unicum in Hb. Sond.— A simillima *P. nana* Grah. differt pube molliori breviori et subadpressa. calyce involucrum ¹/₃ — ¹/₂ superante lobisque obtusis. A *P. octophylla* recedit calyce paullo minore, tubo patenti-piloso, limbo glabriusculo etc. — Variat foliis plus minus attenuato-acutis, pubescentia densiore v. rariore.

7. P. (Heterolaena) petrophila Ferd. Müll.! mss., ramulis dichotomo-corymbosis, junioribus sericeo-puberulis, foliis oppósitis sessilibus coriaceis oblongis utrinque subacutis muticis glabris (4 — 6 lin. longis, **2** lin. latis) dorso dense prominulo-penninerviis (exsiccatione coerulescentibus) involucralibus paullo latioribus capitulum subsuperantibus utrinque glaberrimis, receptaculo ovato-globoso tomentoso, calyce sericeo (**3**$\frac{1}{2}$ lin. longo) infra articulationem tumidulo adpresse piloso demum glabrescente, lobis oblongis obtusis stylum exsertum parum superantibus, antheris semiinclusis. — Flinders Ranges, in montibus altioribus, Cudnaka, Mount Remarkable, Octob. — Aff. *P. ligustrinae* et *nervosae*, — ab utraque distincta involucro intus haud pubescente, a posteriore insuper foliis latioribus, distinctius venosis, ramulis pubescentibus etc.

8. **P. (Heterolaena) stricta** Meisn., n. sp., ramulis erectis strictis gracilibus glabris, foliis oppositis sessilibus erectis herbaceis lanceolatis subacuminato-acutiusculis planis glaberrimis (8 — 12 lin. longis, **1** — **2** lin. latis) obsolete 1-nerviis aveniis, involucralibus **4** late ovatis acuminato-acutis capitulo demum $\frac{1}{4}$ brevioribus extus glabris obsolete venosis intus sericeis, margine angustissime diaphano-scariosis, calyce dense sericeo (**6** — **7** lin. longo), tubi basi persistente longius erecto-pilosa, lobis oblongis obtusis tubo gracili subtriplo brevioribus genitalia exserta ´parum superantibus. — Lofty Range, Adelaïde, Julio. — *P. angustifolia* F. Müll.! mss. (non R. Br.). — Accedit ad **P. Preissii** et *flavam*, sed pluribus notis distincta.

9. **P. (Heterolaena) nutans** Meisn., n. sp., ramulis gracilibus fastigiatis glabris, foliis oppositis subsessilibus herbaceis (6 — 9 lin. longis, $\frac{2}{3}$ — 1 $\frac{1}{2}$ lin. latis) linearibus obtusiusculis basi attenuatis 1-nerviis (passim obsoletissime venosis) glabris, involucralibus 4 late ovatis breve acuminatis 1-nerviis aveniis (basi v. etiam margine sanguineis) capitulum inclinatum aequantibus utrinque glaberrimis, recepta-

culo subgloboso velutino, calyce gracili parce subsericeo (5—
6 lin. longo), basi persistente longius hirsuto-pilosa demum
glabrescente, lobis lanceolatis obtusiusculis tubo quadruplo
brevioribus stylo superatis, antheris semiexsertis. — Tasmannia, circa George Town, Gunn n. 623! Stuart! — *P.*
linifolia Ferd. Müll.! Gunn! (non Smith). — Simillima quidem *P. linifoliae,* sed floribus minoribus parce pubescentibus, stylo exserto et capitulis nutantibus facile dignoscenda.

10. P. (Heterolaena) elata Ferd. Müll.! mss., ramis
virgatis gracilibus glabris, foliis oppositis subcoriaceis lanceolatis attenuato-acutis basi obtusa subito in petiolum brevissimum contractis planis glaberrimis 1-nerviis subaveniis
(9—18 lin. longis, 2—4 lin. latis) involucralibus 4 ovatis
aveniis (6—7 lin. longis, 5—6 lin. latis, purpurascentibus)
capitulum aequantibus utrinque glaberrimis, calyce infundibuliformi sericeo-puberulo (6 lin. longo), basi persistente longius pilosa, lobis oblongis obtusiusculis genitalia exserta di-
midiumque tubum subaequantibus. — Rivoli Bai, lat. 37° 30″,
long. 140°. — Foliis ad *P. ligustrinam,* capitulis ad *P.*
nutantem accedit, ab utraque tamen facile distinguenda.
(Vidi sp. unicum in Hb. Sond.)

11. P. (Heterolaena) glauca R. Br. — Van Diemensland, sand hills, north west coast, a very unusual
situation (Stuart). Fiedler's Section, Dec. (Dr. Behr). Inter
pagum Hindmarsh et locum maritimum North-arm, April
(Wilhelmi). Reedy-creek, April (Dr. Hillebrand). Ad flumen Gawler, Janr. (Büttner). In litore arenoso sinus marit.
Holdfastbay, d. 10. Febr. In via ad lacum Victoriae secundum rivulum, d. 28. April. In monte Torrens haud rara,
Martio. Ad fl. Light-river, Decemb. Mount Gambir. Gnichen-
bai. Third creek, Febr. (Dr. F. Müll.).

12. P. (Heterolaena) glauca *γ.* **? subenervia** nob. foliis (marginibus involutis) supra concavis, dorso convexis, nervo obsoleto, receptaculo longe barbato. — Forsan n. sp. Specim. deflorata. — Port Lincoln. „*P. glauca*" Ferd. Müller

13. P. flava R. Br. *β.* **diosmifolia** Meisn. in Schldl. Bot. Zeitg. 1848. p. 396. — *P. flava* F. Müll. Tasmannia bor. (Stuart). *P. dichotoma* Schldl. Behr! ex Austr. merid. Murray scrub. (nec specim. ex Port Lincoln).

14. P. humilis R. Br. Ferd. Müll.! — Gnichen-bai, in syrtibus, Febr., Mart. In nemorosis versus pag. Lindoc valley, Sept. (Dr. F. Müller). Van Diemensland (Stuart).

15. P. humilis *β.* **myrtifolia** Meisn. — *P. myrtifolia* Schldl. Ferd. Müll.! — Gawlertown, Tonunda, in locis sabulosis et elevatioribus, Nov. (Dr. Behr). Bugle-range et ad Melbourne (Dr. Müller).

16. P. octophylla R. Br. — „*P. Behrii* Schldl." Ferd. Müll.! Port Lincoln (Wilhelmi). Scrub of Concorara et in Nov. Holland. austr. passim.

17. P. microcephala R. Br. *β.* **elongata** Meisn., ramulis gracilibus (pedalibus) laxis, foliis elongato-linearibus (usque ad 15 lin. longis, 1 — 1$\frac{1}{2}$ lin. latis) receptaculo subgloboso-ovato tomentoso, fructu demum glabro. — Ad Murray River, ad rupes versus Morunde, April (Dr. Behr) et ad Flinders Range, Oct. 1851. — „*P. distinctissima*" F. Müll.! *Aschenfeldtia pimeleoides* Ferd. Müll.! mss.

18. P. serpyllifolia R. Br. (et Ferd. Müller!). Golf St. Vincent, Sept. Rivoli-bai. Port Lincoln.

19. P. (Micranthae) simplex Ferd. Müll.! mss., caule herbaceo simplici filiformi erecto (spithamaeo) apice pauciramoso parce pilosiusculo, inferne glabro, foliis sparsis

linearibus obtusiusculis planis glabris subenerviis (**3 — 5** lin.
longis, $1/_2$ — **1** lin. latis, junioribus parce adpresso-pilosis)
involucralibus conformibus, capitulis terminalibus paucifloris
folia paullo superantibus, calyce parvulo (articulato?) fauce
angustata, lobis sericeis ovato-oblongis dimidium tubum subaequantibus, genitalibus inclusis. — Regiones interiores Australiae merid., ad Cudnaka etc. — Proxime accedit ad *P.*
propinquam A. Cunn.

20. P. (Epallage) micrantha F. Müll.! mss., fruticulosa, humilis, corymboso-ramosa, foliis oppositis sparsisque
sessilibus herbaceis oblongo-lanceolatis obtusis (unguiculari-
bus) planis 1-nerviis utrinque ramulisque dense cano-pube-
scentibus (junioribus subsericeis) floralibus ovatis, capitulis
terminalibus et in summis axillis sessilibus, calycibus rectis
involucro $1/_3$ longioribus dense sericeo-incanis, tubo articulato tumidulo, lobis exiguis, genitalibus inclusis. — Ultra
Saltcreek, Nov. (Dr. Behr). Circa Enfield, Austral. aur.
Janr. (Dr. F. Müller). — Aff. *P. propinquae* A. Cunn.

21. P. (Epallage) gracilis R. Br. Ferd. Müll.! — Australia felix.

22. P. (Epallage) gracilis β. **sericea** Meisn., ramulis
calycibusque dense sericeis. — „*P. gracilis*" Ferd. Müll.
(ex parte). In pratis ad Darbent-creek, Oct. 1852.

23. P. (Epallage) Mülleri Meisn., n. sp., fruticosa, ramosa, foliis oppositis subcoriaceis sessilibus obovatis et oblongo-lanceolatis obtusis basi attenuatis planis obsolete 1-
nerviis aveniis adpresse cano-pilosis supra mox glabris, involucralibus conformibus capitulo (terminali) parum brevioribus, calyce recto (flavo) tubo angusto minute sericeo-puberulo, lobis aequalibus glabriusculis tubo vix dimidio brevioribus oblongis obtusis, genitalibus inclusis. — Holdfast-bai (F.

Müll.) inter Gawlertown et Lyndoch-Valley, Novemb. (Behr!) — „*P. gracilis*" Ferd. Müll. (ex. parte).

24. P. (Micranthae) pauciflora R. Br. Stuart (e Tasmannia, — ex parte, alterum specim. ad *P. gracilem* spectat).

25. P. (Imbricatae) phylicoides Meisn. in Pl. Preiss. 2. p. 271. — „*P. curviflora*" Ferd. Müll.! Guichen-bay, Rivoli-bay, et ad fl. Onkaparinga, in montibus, Dec.

26. P. sericea R. Br.

Van Diemensland (Stuart).

27. P. incana R. Br.

Van Diemensland (Stuart).

28. P. nivea R. Br.

Van Diemensland (Stuart).

29. P. drupacea Lab. Nov. Holl. I. p. 10. t. 7.

Van Diemensland (Stuart).

30. P. ligustrina Lab. Nov. Holl. I. p. 9. t. 3.

Van Diemensland (Stuart).

31. P. cernua R. Br.

Van Diemensland (Stuart).

Proteaceae.

Auctore

Meisner.

Banksia L.

1. B. ornata Ferd. Müll., n. sp., ramulis cano-tomentosis, foliis cuneato-oblongis truncatis dense spinescenti-serratis (sinubus rotundatis) supra laevibus aveniis glabris nitidis subtus costato-venosis punctato-tomentosis (lacunis minutis tomentosis, nervo venisque glabris) spicis cylindricis, squamis ovatis acuminatis patulis dense rufo-barbatis, calycibus polli-

caribus, unguibus filiformibus laciniisque lanceolatis subulato-
acuminatis patulo - villosis, stylo calycem superante tenui glaberrimo, stigmate vix incrassato cylindraceo brevi sulcato
basi obsolete noduloso. — Versus Villnugam et in fruticetis
montium Marble - ranges, Febr. — Species insignis, aff. *B.*
mediae et *B. Baueri*, ab illa praecipue calyce longiore et
stigmate haud capitato, ab hac calycis aristis styloque multo
brevioribus etc. bene distincta.

2. **B. prionophylla** Ferd. Müll. (specim. steril.) est verisimiliter *B. littoralis* R. Br., stirps junior, ramulis patenti-
pilosis, — absque flore haud certe dignoscenda.

Australia felix.

3. **B. australis** R. Br. *B. integrifolia* Schldl.

Van Diemensland (Stuart). In montosis pr. Bethaniam,
Jan. (Dr. Behr). — Prope rivulum Tonunda alibique communis, Jan. florens, Marble - range.

Persoonia Sm.

4. **P. juniperina** Labill. glabrescens et pubescens.

Van Diemensland (Stuart). Ad Brighton.

Ab hac non differt „*P. surrecta*" F. Müll. Lofty-ranges,
Decemb.

5. **P. pubes** F. Müll. (specimen unicum *Tasmanicum* sine
fl. nec fr.) est verisim. *P. juniperinae* forma densius pubescens.

Conospermum Sm.

6. **C. patens** Schldl.

Pine forest inter Gawlertown et Lyndoc-valley, Nov. (Dr.
Behr). Villnuga, Febr. Fift-creek, Marble - range.

Adenanthos Labill.

7. **A. terminalis** R. Br. forma glabrescens.

Villnuga. Encounter - bay versus, August. Ad pedes
montium Marble - ranges.

8. **A. terminalis** var. **plumosa** Meisn. in DC. prodr.
ined. var. *pubescens* F. Müll.

Encounter-bay. Kangaroo-island.

Isopogon R. Br.

9. **I. horridus** F. Müll. est *I. ceratophyllus* R. Br. et
Meisn. ibid.

In montibus Lofty-range, Mart. Third-creek.

Grevillea R. Br.

10. **G. tenuifolia** R. Br.

Van Diemensland (Stuart). Gunn. n. 534.

11. **G. australis** R. Br. var. *β*. Hook. fil.

Van Diemensland (Stuart).

12. **G. australis** var. *γ*. **planifolia** Hook. fil.

Barossa-range.

13. **G. lavandulacea** Schldl. certe!

α. angustifolia Meisn. Forsan n. sp.

Reedy-creek, trans fl. Murray. Fiedler's Section, Sandplaine ad Tonunda (Dr. Behr). Macclesfield, ad montes, Sept.
Lightriver. Versus Bethaniam. In montosis ad rivulum Salt-
creek, Jul.

β. lanceolata Meisn.

Ad pedes montium Barossa-range, Sept. Hake's place,
Sept. Hope-valley, Aug. In vicinia montis Murrhead in
campis sterilibus, Octob. Lobethal, Jun.

γ. latifolia Meisn.

Lofty-ranges. Ad pagum Kensington, Febr.

14. **G. Latrobei** Meisn. (Australia felix) et *G. lavandulacea forma angustifolia* Ferd. Müll. Ora austral.

15. **G. alpestris** Meisn. in Hook. Journ. 1852. p. 187. —
G. Dallachiana F. Müll.! Austr. felix, Sept.

16. G. ilicifolia R. Br. Ferd. Müll. Certe! *G. Behrii* Schldl.

Variat: *α. attenuata* et *β. dilatata* Meisn.

Gawlertown, Nov. (Dr. Behr). In arenosis ad ll. Murray (parte inferiore), Octob. Boston point. Port Lincoln. Scrub near Brighton. Kangaroo-island.

17. G. repens Ferd. Müll., ramis elongatis subsimplicibus procumbentibus foliisque mox glabratis, his oblongo-subhastatis sinuato-dentatis nervosis venosisque basi cuneato-integris, dentibus spinescenti-mucronatis, racemis secundi- et multifloris axillaribus terminalibusque folio brevioribus sericeo-canescentibus, bracteis fugacibus, calycibus pedicello longioribus stylo glabro bis terve superatis, germine breviter stipitato sericeo, stigmate oblique laterali ovato umbonato.

In collibus humilibus glareoso-argillaceis ad Watts-river (J. Dallachi); similibus locis ad Loddan flumen.

Frutex speciosus supra humum longe lateque repit. Rami elongati, tennes, in juventute parum angulati, pilis canis fuscescentibus subsericeo-strigulosi aeque ac foliorum juvenilium paginae praesertim infera. Rami demum teretes et glabri. Folia tenni-coriacea, oblonga, vel, si basis dilatatur, hastato-oblonga, margine undulata, praeter basin cuneato-triangularem in petiolum brevem desinentem, integerrimam, grosse sinuato-dentata; sinubus dentem minutum proferentibus, dentibus omnibus spinescenti-mucronatis. Longitudo foliorum inter **2 — 4″** variat, immo major est in statu valde provecto; latitudo rarius pollicem excedit et sensim apicem versus decrescit; superficies aliquanto splendens, facies infera pallidior nitoris expers. Nervus medius crassus infra prominens; venae primariae patentes cum venulis anastomosantibus folia reddunt reticulata. Racemi $1\frac{1}{2}$—**2**-unciales recurvati; pedunculi $\frac{1}{2}$—**1″** longi, cum pedicellis circ. **2‴**

23 *

longis reclinatis divaricatisve rhachi nec non calycibus sericeo-
canis aetate paulo calvescentes. Calyx 4—5''' longus initio
recurvatus pistillo duplo interdum triplo longiore superatur.
Bracteolae circ. 1''' longae ovato-lanceolatae, nervo prominulo excurrente longe acutatae ceteroquin fugacissimae. Calycis tubus satis inflatus. Germen cum stipite 1''' paulo breviore albido-subsericeum. Stylus puniceus subglaber adscendens, stigma gerens in apice lateraliter situm, $^1/_2$''' longum
glabrum concavum ovale centro umbonatum. Glandula hypo-
gyna antica auricularis parva glabra. Folliculus deest.

Characteribus maxime *G. ilicifoliae* R. Br. similis,
praeterea cum *G. longifolia* R. Br. aliquot signis specificis convenire videtur (F. Müller).

18. **G. (Conogyne) triternata** R. Br.
Nov. Holl. interior. (Unicum, sine nom.)

19. **G. (Plagiopoda) rigidissima** Ferd. Müll.!, n. sp.,
ramis nigricantibus, junioribus cinereo-tomentellis, foliis subsessilibus rigidissimis ultra medium 3-partitis glabris margine arcte revolutis supra convexis enerviis subtus bisulcis,
laciniis divaricatis linearibus mucronato-pungentibus, intermedia paullo longiore, racemis axillaribus brevibus folium
superantibus, pedicellis calyce duplo brevioribus cum eo minute subsericeo-puberulis, calyce demum subrecto intus glaberrimo, tubo basi attenuato ovarii stipiti longiuscule adnato
apice angustato limbi laciniis multo longiore, pistillo glaberrimo calycem demum dimidio superante, stigmate semi-laterali
orbiculari convexo, glandula calycis fundo adnata obsoleta.

Pine forest, Gawlertown, Novemb. (Dr. Behr).

Species distinctissima, foliis quodammodo accedens ad *G.
Hügelii, armigeram* etc., caeterum vero longe discrepans.

20. **G. aspera** R. Br. Ferd. Müll.! — Port Lincoln. Vera
planta Brownii! Ab hac, ut recte observat cl. Ferd. Müller,

specifice distincta est *G. aspera β. linearis* Meisn. in Pl.
Preiss. 1. p. 537, quae nunc *G. Meisneriana* F. Müll.

21. G. (Ptychocarpa) chrysophaea Ferd. Müller, ramulis gracilibus tomentosis, foliis coriaceis subsessilibus ovali-
oblongis (uncialibus) acutiusculis submuticis margine recurvis
supra nitidis laevibus obsolete venosis glabris, subtus velutino - tomentosis, racemis terminalibus subsessilibus umbelliformibus recurvis basifloris dense ferrugineo - lanatis, pedicellis flore quadruplo brevioribus, calyce semiunciali inflato
incurvo basi gibbo pistillo sessili villoso demum $1/4$ superato,
stigmate laterali late obovato convexo glabro, folliculo . . . . .

In Australia felici.

Admodum similis *G. floribundae* R. Br., sed pluribus
notis distinctissima.

22. G. (Lissostylis) ramulosa Ferd. Müll., foliis rigidis
patulis recurvisve lineari - subulatis mucronatis laevibus supra
convexis enerviis subtus margine arcte revoluto unisulcis, junioribus fasciculatis ramulisque cano - pubescentibus, racemis
axillaribus folium subaequantibus paucifloris patulis basi paucifoliis, pedicellis flore multo brevioribus rhachique subsericeo-
incanis, calycis limbo globoso dense sericeo - cano in tubum
glabrescentem arcte incurvo, ovario subsessili sericeo, stylo
calycem duplo superante glabro, stigmate terminali oblique truncato subrotundo.

Encounter - bay (Stuart).

Aff. *G. nutanti* Meisn. in Hook. Lond. Journ. 1852. p. 187.

23. G. (Lissostylis) scabrella Meisn. l. c.?

Australia felix (specim. unicum, juvenile).

„*G. pubescens*" F. Müller.

Aff. *G. ericifoliae* R. Br.

24. G. (Lissostylis) Stuartii Meisn., n. sp. ined., ramulis gracillimis teretibus subsericeo - tomentellis, foliis her-

baccis linearibus pungenti - mucronatis margine leviter recurvis subtus sericeis, racemis axillaribus folio brevioribus umbelliformibus basi paucifoliis, pedicellis calycibusque aequilongis sericeis, pistillo glaberrimo calycem demum dimidio superante, ovario stipite suo longiore, stigmate terminali obliquo ovali umbonato. — Tasmannia, Stuart.

G. amplifica Ferd. Müller!

A simillima *G. lineari* distinguitur ramulis haud angulatis, foliorum margine leviter recurvo nec refracto, floribus paullo minoribus, etc.

25. G. (Lissostylis) micrantha Meis., n. sp. ined., ramulis gracilibus teretibus adpresse pilosiusculis, foliis subulato-linearibus mucronato-acutatis glabris margine arcte revoluto obtuso scabriusculis subtus bisulcis, racemis terminalibus umbelliformibus brevissime pedunculatis, pedicellis floribusque subaequilongis sericeis, calyce parvulo intus glaberrimo demum recto, pistillo sessili glabro calycem subaequante sesquilineari, stigmate terminali obliquo orbiculari, folliculo....

Australia felix.

„*G. tenuifolia?*" F. Müller (non R. Br.).

Proxima *G. parviflorae* R. Br., sed pluribus notis, pistillo sessili, ramulis pubescentibus, foliis etc. distincta.

Hakea Schrad.

26. H. purpurea Hook.! in Mitchell Exped. trop. Austr. 1848. p. 348.

Grevillea (Sciadanthus) trisecta F. Müll.! Exacte convenit cum pl. Mitchell. n. 399!

Locus natalis incertus.

27. H. patula? v. *microcarpa?* R. Br. — Sp. unicum florif. sine fr., haud certe determinandum.

28. **H. pugioniformis** Cav. *β*. R. Br.

„ *H. parilis* Kn. et Salisb." F. Müll. (Steril.)

Van Diemensland (Stuart).

29. „**H. flexilis** R.Br." Ferd. Müll. (Specim. unic. flor. sine fr.) Forsan n. sp. ex specim. suppetente non tute dignoscenda.

30. **H. rostrata** F. Müll., n. sp., ramulis gracilibus teretibus apice cinereo-tomentellis, foliis patulis elongato-filiformibus mucronato-acutatis teretibus exsulcis laevibus glabris, fasciculis axillaribus sessilibus sericeis, pedicellis calyce subbrevioribus, pistillo sessili glabro calycem demum breviter superante, stigmate terminali conico-capitato, capsula ovalioblonga falcata compressa ecalcarata rugosa rostro adscendente lato compresso acuminata, seminis ala falcato-oblonga nucleo duplo longiore et secus marginem ejus superiorem angustissime decurrente.

Lofty-range, Adelaïde.

Aff. *H. leucopterae* et *obliquae*, sed capsula non gibbosa etc. distincta.

Inter Gawlertown et Lyndocvalley, Sept. In region. steril. inter frutices versus Macclesfield. In campis versus Hake's place, Sept. Lofty- et Bugle-ranges. Scrub of Concorara, Guichen-bay.

31. **H. semiplana** Ferd. Müll., n. sp., glaberrima, ramulis gracilibus dense foliosis, foliis uncialibus filiformibus mucronatis laevibus basi attenuatis, aliis teretibus basi supra 1-sulcis, aliis (praecipue adultis) compressis anguste linearibus enerviis dorso convexis supra subplanis, floribus . . . . ., capsula sessili folia subaequante ovata acutiuscula crostri ecalcarata, basi incrassata verrucosa, apice compressa laevigata, seminis ala ovata nucleo paullo majore et secus ejus marginem ad basin usque anguste decurrente.

Brighton, Australia felix, Octob.

Ab affinibus *H. nodosa* et *flexili* differt foliis ex parte *egregie* (nec „parum") compressis, capsulae seminisque forma, et a priore praeterea glabritie.

32. H. stricta F. Müll., n. sp., glabra, ramulis gracilibus teretibus (cinereis) foliis sesqui-uncialibus teretibus rectis acutato-mucronatis exsulcis laevibus basi attenuatis, floribus . . . . ., capsula (solitaria) pedunculata folio duplo breviore ovata laevi apice leviter bifariam compressa truncata et breviter bicorni, seminis ala ovata nucleo obliquo duplo majore.

North West Band, Murray-river.

Non satis nota, capsulae forma ad *H. Preissii* accedens, sed foliis etc. diversa.

33. H. rugosa R. Br. Procul dubio vera planta Brownii.

In fruticetis steril. Bugle-range, Sept. Ad viam inter urbem Adelaïde et montem Lofty passim, Dec. In arenosis depressis inter frutices haud procul a lacu Victoriae, April. In fruticetis ad fl. Murray haud longe a Wellington, Mai. Port Lincoln.

34. H. carinata F. Müll., n. sp., ramulis gracilibus apice subsericeo-puberulis, foliis rigidis linearibus mucronatis utrinque attenuatis subincrassato-marginatis laevibus glabris, nervo subtus fortiter prominente supra obsoleto, involucri ovati squamis subrotundis glabris, fasciculis axillaribus sessilibus, calyce parvo pistilloque aequilongo glabris, stigmate terminali disciformi conico-mucronato, capsula ovata acuminata ecalcarata laevi, seminis nucleo alam ovatam subaequante utrinque anguste alato.

Lofty-range, Adelaïde, Octob. Brighton, Austr. fel., Octob.

Simillima *H. corymbosae*, sed rami mox glabri, folia minus crassa, nunquam spathulata, involucrum glabrum etc. Formae *α.* et *β.* satis discrepant, sed ab ipso inventore ad eandem stirpem pertinere traduntur.

α. planifolia Meisn., foliis elongato-linearibus planis (3—5 poll. longis, $2\frac{1}{2}$—5 lin. latis) margine vix incrassato. (Flor. glabri, caps. ignota.)

β. trigonophylla Meisn., foliis anguste linearibus ($1\frac{1}{2}$—$2\frac{1}{2}$ poll. longis, 1—$1\frac{1}{2}$ lin. latis) planis v. saepius carinato-triquetris margine incrassatis.

35. **H. microcarpa** R. Br.
Van Diemensland (Stuart).

Orites R. Br.

36. **O. revoluta** R. Br.
Van Diemensland (Stuart).
37. **O. acicularis** R. Br.
Van Diemensland (Stuart).

Telopea R. Br.

38. **T. truncata** R. Br.
Van Diemensland (Stuart).

Lomatia R. Br.

39. **L. tinctoria** R. Br.
Van Diemensland (Stuart).

Bellendenia R. Br.

40. **B. montana** R. Br.
Van Diemensland (Stuart).

Polygoneae.

Auctore

Meisner.

Mühlenbeckia Meisn.

1. M. florulenta Meisn., n. sp., fruticulosa ramosissima glaberrima, ramis divaricatis sulcato-striatis, ochreis deciduis, foliis lanceolatis obtusis attenuato-subsessilibus enerviis deciduis, racemis terminalibus lateralibusque interruptis (foliis dilapsis paniculas breves simulantibus) bracteis fulvo-hyalinis ovatis acutis plurifloris pedicellos bracteolatos subaequantibus, calyce 5-partito patente, staminibus 8 exsertis, pistilli rudimento nullo? — Fem. ignota.

Dombey-bay.

Polygonum junceum Ferd. Müll.! (non Cunningh.).

2. M. parvifolia Meisn. in DC. prodr. XIV. ined., fruticosa humilis erecta glaberrima, ramulis tenuibus (hand volubilibus) ochreis angustis internodio brevioribus petiolum aequantibus diu persistentibus, foliis subcoriaceis orbicularibus ovalibusve obtusissimis (hand cordatis) integerrimis subaveniis (3—5 lin. longis, petiolo 1—2 lin. longo) floribus in summis axillis 2—3 fasciculatis, pedicellis ochrea sublongioribus.

Circa Port Jackson (A. Cunningh.!), in Tasmannia (Gunn!), ibid. (Stuart!).

Polygonum depressum A. Cunn.! mss. — *P. (Mühlenb.) microphyllum* Ferd. Müll. mss.! — *M. axillaris* Hook. fil.?, cujus diagnosis tamen nonnihil recedit. — Variat: *α. caespitosa* F. Müll., statura 1—2-pollicari dense ramosa, et *β. expansa* F. Müll. caulibus subspithamaeis laxe ramosis diffusis.

3. M. adpressa Meisn.

α. rotundifolia Meisn. — Port Lincoln et Tasmannia (forma major). Adelaïde et Encounter-bay (F. Müll.) (forma minor).

β. hastifolia Meisn. (*M. hastifolia* Ferd. Müller!). Murray-river, Wellington (F. Müll.) et Tasmannia (Stuart!)

Rumex L.

4. R. Brownii Campd.

Tonunda et Adelaïde (F. Müller!), Port Lincoln (Wilhelmi), Schinken's Schlucht (Dr. Behr), Van Diemensland (Stuart).

5. R. Acetosella L.

In planitie prope Adelaïde, rara.

6. R. crispus L.

Adelaïde. Introductus.

Emex Neck.

7. E. australis Steinh.

In arenosis sinus Holdfastbay, Mart.

Polygonum L.

8. P. (Persicaria) lapathifolium L.

Nov. Holl. austr.

9. P. minus Huds.

Van Diemensland (Stuart). Ad fl. Gawler et Murray (Dr. Behr). In sabuloso-glareosis ad fl. Torrens, Janr., et ad rivula juxta montem Lofty, Decbr.

10. P. prostratum R. Br.

Van Diemensland (Stuart). Ad Murray-river, Febr.

11. P. (Avicularia) aviculare L.

In locis cultis, Fiedler's Section, Janr. (Dr. Behr). Ad fl. Torrens, Janr. Bugle-range, April.

12. P. (Avicularia) Cunninghami Meísn. in DC. prodr. XIV. ined. (*P. junceum* A. Cunn.! Ferd. Müller ex parte, non Ledeb.)

In inundatis exsiccantibus subsalsis sinum Holdfastbay versus, Decbr. Ad fl. Murray prope mont. Beevor, Febr. In arenosis depressis lacum Alexandrinae versus, April. In arvis ad Capunda-mine, April (Dr. Müller). Salt-creek (Dr. Behr).

13. P. (Tiniaria) Convolvulus L.

Van Diemensland (Stuart).

De plantis variis Mexicanis,

disserit

D. F. L. de Schlechtendal.

Filices.

Trichomanes olivaceum Kze. mss. Klotzsch in Linn.
XX. p. 437. Species haec nt videtur indescripta paucis tantum verbis a Klotzschia a *Tr. pyxidifero* distinguitur, quocum et nos ipsi, dubitantes quidem, ante plures annos (v. Linn.
V. p. 618. n. 805. *Tr. pyxidiferum* L.?) commiscuimus, sed
nunc, haud omnis dubii expertes, distinguimus. In Hookeri
speciebus filicum haud reperimus. Specimina Moritziana ad
Meridam Columbiae lecta plurima cum Schiedeanis olim et
Schaffnerianis Mexicanis nuper receptis comparavimus nullaque
obstante graviori nota conjungimus. Caulis repit, sed haud
longe se extendit, ramosus est et pilis aterrimis densis in basin petiolorum plus minus alte adscendentibus tegitur. Folia
fere 4-pollicaria, petiolo pollicari, laminae bipinnatifidae pinnulis nunc semel furcatis, laciniis linearibus obtusis et fere
semper emarginatis, inaequilongis, nunc bis furcatis, laciniis
tunc angustioribus, quod in speciminibus Mexicanis saepius
accidit. Involucra fere libera ex interiore latere pinnarum

plerumque orientia, anguste campaniformia, basi acuta in ve-
nam transeuntia, limbo orbiculari brevi patulo semper libero
nunquam ut in *Tr. pyxidato* cum angusta laminae parte juxta
receptaculum adscendente juncta, inferiore involucri parte nunc
brevi tantum spatio, nunc nullo modo laminae angusto margine fulta. Receptaculum crassiusculum plerumque fractum
longe exsertum, pars enim prominens involucro duplo longior*). Color totius plantae obscure viridis v. olivaceo-viridis, qui multo pallidior in *Tr. pyxidifero* exsiccato vero,
quod ex insula Trinitatis clar. Cruegeri donum accepimus, qui
adscripsit „color in viva planta aeruginosus." Varius si vario exsiccandi modo produceretur in eadem specie color, uti
jam e paucis quae possidemus exemplis videtur, involucra si
longius et brevius in eadem specie e lamina emergere possint, si receptaculorum longitudo variabilis esset, *Tr. olivaceum* cum supra citato synonymo ad *Tr. pyxidiferum* re-
ducendum fore haud denegarem.

Trichomanes sinuosum Rich., Hook. sp. fil. 1. p. 120.
n. 23.

Julio mense prope Huatusco et Mirador in regione calida
Mexicani imperii leg. clar. Schaffner solummodo in Filicibus
arhoreis obvium.

Forma elongata, foliis 6 pollices longis, 7—10 lin. latis, lamina usque ad basin petioli hinc brevissime nudi decurrente**). Pili di- et trichotomi rufescentes cellulosi subsessiles per marginem et venas sparsi, densius in caule re-

---

*) In vero *Tr. pyxidifero* nunquam receptacula longissima vidimus
qualia celeb. Greville (Hook. et Grev. Icon. Fil. t. 206.) de-
pingit.

**) Octo pollices longam et novem lineas latam, lamina haud us-
que ad basin decurrente ex Trinitatis insula ad arborum truncos
lectam habemus.

pante dispositi sunt. Involucra in apicibus loborum lateralium gemina solitariave, haec in apice venae medianae venulas laterales emittentis sed apice simplicis, illa in utroque apice venae apice bifidae, ceterum lateralibus venulis instructae. Peruviana et Guadalupensia comparavimus specimina.

Trichomanes Krausii Hook. et Grev. Icon. fil. t. 149, Hook. fil. sp. 1. p. 120. n. 21.

Ad Huatusco in regione calida regni Mexicani leg. clar. Schaffner.

Speciminum comparatio cum iconibus *Tr. Krausii* et *quercifolii* dubium me reliquit, utrum illi an huic adnumerarem, sed inspectis iis ab amicissimo nostro Kunzeo mihi quondam traditis ex insula Guadalupa ortis aliisque ex insula Trinitatis cum definitione b. Kunzii acceptis (ubi in truncis emortuis arborum crescit) dubia solvebantur et *Tr. Krausii* addere placuit. Variabilem autem stirpem esse jam ex paucis quas comparare licuit exemplaribus elucet. Caulis repit et denso tomento nigricante tegitur, quod in petiolum plerumque brevissimum et in basin nervi plus minus alte adscendit, dum reliquae partes, exceptis paucis pilis stellatis nigricantibus sessilibus in pinnarum margine obviis, glabrae reperiuntur. Folia plantae Mexicanae $1-1\frac{1}{2}''$ longa sunt et $4-10$ lin. lata, fere usque ad costam pinnatifida, laciniae patulae sinubus angustis segregatae plerumque obtusae interdum et acutiusculae, plerumque grosse quasi et irregulariter serratae, serraturis obtusis nunc magis prominentibus nunc fere obsoletis. Receptacula summitatem folii versus nascuntur ex summis lateralibus laciniis supremaque terminali, nunc libera prostant nunc ex dimidia parte immersa sunt, in altero tantum latere diachymatis margine cincta, graciliora quam in Guadalupensibus et labiis amplioribus semirotundis terminata. Receptacula ubi prominent multo breviora sunt quam in *quercifolio* cui longissima nec plana deficientia ut in icone pinguntur, sed in Guadalupensibus eodem modo hic fracta illic praesentia.

Trichomanes apodum Hook. et Grev. ic. t. 117, Hook. sp. fl. 1. p. 117. n. 12.

In terra calida Mexici pr. Huatusco leg. W. Schaffner.

Caulis per pedis spatium repit in cortice, ramosque profert laterales breviores, tomento denso nigro v. atrofusco sicut petioli brevissimi obductus. Folia semipollicaria et breviora, bene in icone Grevilleana depicta. Pili plerumque geminatim conjuncti in aliis speciminibus rari adsunt in aliis desunt. Involucrum in apice nervi et venarum primi ordinis solitarium, nunc totum emersum, nunc ad medium usque cum lamina conjunctum, labiis orificii semirotundis, margine extimo fusco tinctis, quod ex aetate provectiore dependere videtur, quum rubra dicantur in descriptione iconi adjecta et receptaculum quum jam fractum sit in pluribus. Ex insula Barbados ad hunc usque diem tantum nota nunc in adjacente continente reperta est species praetervisu facilis.

Trichomanes Schaffneri Schldl.; caulis repens tomentosus; folia petiolata ovalia s. elongato-elliptica, basi plus mius acuta, margine repanda v. sublobulata, nervo medio usque ad apicem procurrente, venis lateralibus simplicibus furcatisve, pilis parcis geminis solitariisve nigricantibus marginalibus, involucrum laminae apici immersum, labiis depresso-convexis patulis libere prominentibus; receptaculum (haud exsertum?).

Hanc quoque prope Huatusco in regione calida Mexici situm legit clar. W. Schaffner, cujus nomine ornavimus.

Minima inter generis species *Tr. pusilli* aemula, maximum enim quod vidimus folium 4 lin. c. petiolo perbrevi longum et 1 $\frac{1}{2}$ lin. latum, alia minora et minima ita ut videre

possis fere orbicularia diametri haud 1½ lin. attingentis;
caulem fere **2** pollices longum repentem et ramosum depre-
hendimus. Venae ex nervo demissae acuto sub angulo ad-
scendunt semel bisve furcatae. Receptaculum si folii parvita-
tum respicis sat magnum, ex toto fere campanulatum basi
acuta nervo insidens. Color et textura ut in reliquis speciebus parvifoliis.

Obs. De *Tr. trichoideo* Sw. jam ex regno Mexicano
noto supplendum videtur: involucra semper nasci in interiore
pinnarum primariarum latere nunc solitaria, nunc plura, segmenta folii lineari-capillaria haud esse sed angustissime
linearia.

Hymenophyllum hirsutum Sw., Hook. sp. fil. p. 88.
n. 5.

E regione calida Mexici prope Huatusco leg. cl. Schaffner.

Specimina minora adhuc illis a Grevilleo depictis (Ic. fil.
t. 84.) attamen fructifera. Pili stellati in icone fere sessiles
in speciminibus plerumque evidenter stipitati. Folia pinnatifida, basi magis acutata, qualia in superioribus iconis figuris
depicta sunt.

Hymenophyllum polyanthos Sw.; Hook. sp. fil. I.
p. 106. n. 62. cum Swartziana planta jungit *H. Jalapense*
olim a Chamissone mecum propositum. Involucrorum figuram
differentem video in specimine Columbiae atque insulae Trinitatis, ubi labia late ovata acuminata, in jalapensi, ubi late
ovalia obtusa, dum in nuper a cl. Schaffnero acceptis fere rotunda apparent. Sin igitur formae illae australiores veram
Swartzianam praebent plantam, differentem crederem, ut jam
prius diximus, a Mexicana stirpe.

Obs. Hym. ciliatum Swartz a celeb. Hookero jam e
Mexicanis terris visum est, nos quoque ex eadem regione
accepimus.

Phanerogamae.

Mirabilis inter Hydrocotyles species a Richardio olim depicta est *H. lineata* Mx. (Monogr. d. g. Hydrocot. f. **38.**), quae serius *Crantziae* sub nomine a Nuttallio inter genera Umbellatarum recepta, a Candollio in Prodromo Hydrocotylis postposita est; qui auctor simul dubium movit de hujus generis affinitate et loco inter Umbellatas.   Hanc primam detextam secunda secuta est ad Buenos Ayres a Tweedieo lecta, quam Hookerus pater cum Arnottio sub nomine *Cr. attenuatae* brevissimis verbis proposuerat (v. Hook. Bot. Misc. III. (nec II. ut false notavit Walpersius) p. **346.** n. **554.**) Distinguitur foliis elongatis attenuatis pedunculo triplo longioribus additurque: absque dubio Crantziam esse, eadem enim peculiari foliorum structura gaudere, qua *Cr. linearis* Americae septentrionalis, sed eximie diversam esse foliis multo longioribus attenuatis.   Quibus ex verbis dubium remanet, cujusnam longitudinis esse tam folia quam pedunculi. Mensuram si fecissent et adjecissent auctores illi, utilius fuisset quam anglico idiomate diagnosin repetere.   Nova enim, ut videtur, hujus generis species, benevole a clar. Schaffnero ex Mexicano imperio nobiscum communicata, simili modo ut Bonariensis foliis apice attenuatis instructa, his solummodo foliis pedunculo (plus triplo) multoties longioribus distinguenda videtur, quae nota diagnostica aliis forsan auctoribus hand tanti esse videtur, ut ad condendam speciem sufficiat. Supervenit patria utriusque speciei longe abinvicem distans, in pÏanta aquatica hand tanti quam in terrestribus ponderis.

Crantzia Schaffneriana, foliis cylindricis apice breviter angustatis acutiusculis pedunculo brevissimo multoties longioribus;

α. subterrestris foliis anguste cylindricis ad **2** poll. longis, ¹/₃ lin. crassis;

β. aquatica foliis late cylindricis ad 6 poll. longis, **1 — 2** lin. crassis.

In lacu (laguna) ad urbem Mexico detexit cl. Schaffner, formam *α.* in ripae locis humidis rariorem reperit, formam *β.* in aqua natantem (uti videtur locis profundius aqua tectis radicantem) et semper sterilem.

Planta glaberrima rhizomate repente, ex nodis folia fasciculata et pedunculos floriferos edente.

Forma *α.* Rhizoma albidum, 4 poll. et ultra longum, breviter articulatum, articulis pollice brevioribus, ad nodos radicularum albidarum fasciculos inprimis ex latere infero in terram emittens, haud dubie ramosum, sursum fasciculos foliorum 3 — 4 proferens, hinc inde una alterave terminali inflorescentia inter ipsa (oppositifolia?) proveniente auctos 'Semel inflorescentiae pedunculum lateraliter juxta foliorum fasciculum orientem videbam. Folia cylindracea (in sicco omnino linearia apparent), apice breviter attenuata et obtusinscula, basi breviter vaginantia et hinc dilatata, vaginae marginibus membranaceis albidis, obtuso angulo apice finitis, intus septis transversis pluribus, 8 — 11 numeravimus, vario modo inter se distantibus notata, quae septa exsiccatione folii extus prominent, in viva planta forsan haud conspicua, tactu tamen percipienda sunt. Pedunculi breves primum erecti, dein ut videtur deflexi s. deorsum et saepe vario modo curvati ut fructus maturos terrae inserant. Pedunculi umbellae simplicis, paucos flores (3 — 6) proferentis, 2 — 3 lin. longi, dein sub grossificatione duplo longiores; involucrum e foliolis paucis late ovatis margine albo-hyalinis, mox saltem sub incipiente grossificatione deciduis. Flores parvi albi primum breviter pedicellati. Fructus pedicello quam pedunculus multo breviore insidentes, depresso-subglobosi, a lateribus compressiusculi, stylis brevibus primum ex stylopodio depresso erectis dein divaricatis coronati, undique obtuse costati, calycis margine exiguo superne circa discum cincti, jugis primariis dorsalibus tribus convexis, medio vix majore, duobus reliquis latioribus marginantibus spongiosis et sulco - levi longitudinali fere in duo minora partitis, valleculis angustis univittatis (vittis in sect. transv. punctiformibus intense fuscis); commissurae vittis **2** basi apiceque convergentibus medium spatium includentibus dum margo latior albida a jugis lateralibus marginantibus formatur.

Sectio transversalis hujus fructus multo magis convenit cum illa Amminearum, quam cum ea Hydrocotyles; Kochii fig. 54. *Cicutae virosae* respondet sectioni transversali *Crantziae* praeter juga marginantia in hac multo magis prosilientia. Recte igitur censet C a n d o l l i u s pater removendam esse *Crantziam* ab *Hydrocotyleis*.

Forma β. rhizoma possidet ultra lineam crassum, articulis pollicaribus, ad nodos circumcirca radicularum corona cinctis, unicum folium basi vaginatum elongatum (6 poll. longum et $1\frac{1}{2}$ lin. crassum vidimus) gerentibus, cujus septa simili modo distributa, interdum $1\frac{1}{2}$ poll. inter se distant.

Echites (?) bignoniaeflora n. sp.

Novum potius genus sistere videtur haec stirps, quam Echitidis speciem, cujus generis in secundae sectionis Orthocaulon paragr. altera collocanda erit. Specimen habemus unicum a clar. Schaffnero lectum, nec fructiferum.

Frutex (vix scandens) glaber, ramis junioribus viridescentibus (teretibus?), articulatis, ad nodos phyllulis declivi-prominentibus et margine cinctis notatis, nodis ipsis vix crassioribus, lenticellis crebris late ovalibus albidis irregulariter dispersis. Internodia brevia et longitudine valde inaequalia. Folia breviter petiolata, petiolo 3 — 4 lin. metiente basi dilatato, subtus convexo, supra plano et angustissime membranaceo-marginato; lamina late lanceolato - elliptica, utrinque sed ad basin magis acutata et fere acuminata, 4 pollicibus paullo longior majorique latitudine 1³/₄ poll. metiente supra medium sita; utraque facies viridis et glabra, inferá vero pallidior. Nervus venaeque primariae circ. 10 — 12 (quibus paucae minus conspicuae in apice accedunt) ex eo prodeuntes patulae utrinque prominulae (in sicco) et pallidiores, venis arcuatim in margine procurrentibus nec invicem conspicue nexis, venulae paucae hinc rete late areolatum formantes. Petiolorum oppositorum bascos margine connectuntur dilatata, qui cum eo cicatricem folii delapsi cingente junctus est, intus munitur serie densa processuum minutorum subulatorum, in veterioribus perulis magis conspicuorum. Folii margo extimus angustissimus lutescens semipellucidus. Inflorescentia ex duobus ramulis in apice rami inter ramos 2 sibi oppositos producitur, inferne simplicibus et foliis nonnullis jam deciduis instructis, apice breviter bifidis bifloris, flore altero prius florente ut videtur terminali, altero laterali serius; bracteis oppositis (jam deciduis) ad basin partitionis et una alterave alterna mox decidua late ovato - triangula, in medio crassior obscurius tincta, in lateribus magis membranacea et semipellucida pedunculo inserta, quarum altior sita sub calyce saepius posita est.

Calyx e sepalis 5, tam forma quam longitudine inaequalibus, 6 — 7 lin. longis, glabris nitidulis, exterioribus ovatis acutis bracteae similibus sed majoribus, interioribus tribus magis in formam late - spathulatam vergentibus, omnibus intus ad basin linea glandularum subulatarum (dentiformium

quasi) dense dispositarum instructis, una alterave ad marginem sepalorum interdum altius posita. Corollae tubus basi
angustus, dein longius ampliatus et simul leviter infundibularis et usque ad limbnm ultra pollicem latum bipollicaris. Stamina in angusta inferna tubi parte fere semipollicari; antherae **2**$\frac{1}{2}$ lin. longae, basi acutissime bifidae, angulo inter
crures affixae, apice acutissimae. Striae 5 dense villosae antherarum circiter longitudine et cum iis alternae sunt, tota reliqua corolla glabra. Laciniae dextrorsum versae et tortae, basi
angustiores, apice dilatatae obtusae. Serins simili modo ac
folia bracteaeque sepala juxta glandularum seriem rumpunt et
decidunt, prius, dejecta corolla, extus flectuntur. In flore de-
florato ovaria vides duo brevia basi conjuncta, apice abinvicem patula, late ovata brevi-acuminata (styli basi ut videtur
superstite, qui ipse longitudine circ. staminum stigmate sub-
capitato subbilobo terminatur), quae basi calycis obconica intus
glandulis cincta at vix proprio nectario annulari cinguntur.

Sagina procumbens L. Prope Huatusco. Junio flor.,
leg. W. Schaffner. — Exacte eadem ac nostra germanica,
de qua haud semper dici potest petala dimidio calyci aequalia esse.

Drymaria cordata HBK. var. *pilosa*: caules et folia
patentim pilosa et ciliata, pedunculi calycesque breviter glan-
duloso-pubescentes. Ad nullam melius quam ad cordatam ducere possum. Planta 6-pollicaris a basi multicaulis.

Sericographis Mohintli Moç. et Sess. sub Justicia in
Fl. mex. ic. ined. Nomen ineditum nostro prius in publicum
prolato praeferebatur a Neesio. Descriptionem florum addimus: Corollae tubus 10 lin. longus, ex basi angusta leviter

inflatus, intus cingulo lato dense fere sericeo - villoso paululum supra basin nudam ornatus; limbo bilabiato 4 lin. longo,
labio supero integro acutiusculo, infero breviter obtuse trilobo, interius ex medio ejus nervo pinnatim - ramoso subreti-
enlato.   Stamina longitudine labii superioris, fauce libera
absque rudimento alterius paris.   Antherae suboblique cordatae, apicibus basalibus et terminali acutis, loculis connectivo
inferne latiore discretis et leviter divergentibus, altero paululum altiore. Stylus longitudine staminum, apice stigmatifero
primum deorsum curvato, dein erecto, stigmate sublanceo-
lato subpatente nec erecto. Capsula junior oblonga acuta.

Bignonia (§. 4. *Conjugatae*) **acutistipula** n. sp. —
Scandens, fruticosa glaberrima; folia petiolata bifoliolata,
cirrhosa, foliola petiolulata, late elliptica basi obtusa v. subcordata saepius leviter obliqua, apice plus minus acuminata,
cirrhus terminalis trifidus nunc evolutus nunc suppressus, dein
(an semper?) deficiens; pseudo - stipulae late lanceolatae subulato - acuminatae; flores nonnulli pedunculati in ramulo laterali
brevissimo paucifolio, pedunculis simplicibus ramosisve 1 — 3-
floris, calyx membranaceus amplus, inaequaliter 5 - dentatus;
corolla bipollicaris, capsula subpedalis septem lin. lata, apice
acutiuscula.

Rami lignosi teretes, superficie tenuiter et longitudinalitei
reticulato - rimosa, ex pallida epidermide et dilute cinnamomeo
peridermate cum lenticellis orbicularibus elevatis pallide cinnamomeis constante; ramorum herbaceorum superficie longitudinaliter sulcata, angulis 2 a basi foliorum decurrentibus obtuse
prominulis.   Petioli folii adulti pollicares, petioluli 5 lin.
longi teretiusculi, cirrhus medius terminalis, nunc processus

tenuis subulati in modum excurrens, nunc abbreviatus et trifidus vix petiolulis longior, nunc perfecte evolutus trifidus, ramis apicem versus paululum latioribus, apice ipso acuto cur-
vulo. Lamina $2^{1}/_{2}$ circ. pollices longa, 14 — 18 lin. medio
lata, asymmetrica, dimidio exteriore paululum latiore et basi
aliquantulum producto. Nervus venaeque primariae utrinque
et subtus magis prominulae, superficies lucidula, facies infera paullo pallidior. Folia et omnes partes rami nascentis
exsiccata fere nigra sunt; sub terminali innovatione laterales
oriuntur ramuli, inflorescentiam producentes, abbreviati pauci-
foliati vel steriles foliosi, foliis perfectis veterioribus nunc
praesentibus nunc jam delapsis. Stipulae sic dictae, sibi
oppositae reperiuntur in axilla foliorum nec ad petioli latera
et certissime nil sunt nisi foliorum ramuli futuri par primum
imperfectum, sunt enim ellipticae acuminatae, acumine subulato plerumque hamatim curvato (an cirrhus?), circ. $1^{1}/_{2}$ lin.
latae. Ramuli florentes compositi sunt ex axi brevi, in quo
folia duo opposita tresque pedunculi trifidi triflori, floribus
omnibus vero hand semper evolutis, accedente interdum folio
uno alterove. Bracteae angustae, ut videtur cito deciduae, pedunculos fulciunt. Calyx 5 lin altus, late campanulatus,
multo latior corolla, tenuiter membranaceus, apice obliquus,
dente scilicet postico altiore reliquis et latiore, reliquis tribus
saepius quodammodo irregularibus. Corolla ex toto bipollicaris, tubo basi angusto dein dilatato, hac dilatata parte dein
fere cylindracea et in limbum semipollicarem margine tenuiter
et dense ciliolatum iterum dilatata. Stamina fauce breviora,
stylus circ. $1^{1}/_{1}$ poll. longus, stigmate e lamellis 2 lanceolatis acutis terminatus. Capsulae unicam valvulam vidimus,
quae 11 poll. longa, 6 — 7 lin. lata, plana, media linea elevata versus basin crassiore notata erat, basi obtusa, apice
sensim attenuata in apicem obtusum, tota haud stricta sed

leviter hinc inde curvata, extus nigra fere, intus fuscescens. Semina non vidimus.

Ardisia revoluta HBKth. Nos ipsi de planta olim a Schiedeo nostro accepta florigera dubii haesitavimus utrum eadem sit ac Kunthii fructigera. Dubium ab Alph. De Candolle haud solutum ad nos redit; iterum enim floriferum specimen habemus, quod cum prius accepto haud omnino convenit, quamvis simillimum. Folia et corolla punctata sunt, flores 3 lin. longi, petala dein deflexa, stamina erecta, filamenta, si a basi usque ad insertionem antherae longitudinem metiris, antheris sunt aequilonga vel aliquantulum breviora (in prius accepta autem filamenta sunt brevissima in anthera bilineari magisque apice attenuata sed hoc ex statu evolutionis pendere posset, specimina enim prius accepta hinc inde flores primos aperiunt, nuper commissum flores paucos sub anthesi habet, plures defloratos, antherae loculis rimula terminali oblique extus versa poriformi apertis. Fructus junior globosus apiculatus. — Rhachis c. ramis compressa forsan serius magis angulata evadit, ramuli autem inprimis compressi in siccis apparent.

Wigandia macrophylla Schldl. Cham. in Linn. VII. p. 382. Clar. Choisy hanc nostram speciem varietatem *β. Wig. Kunthii*, quae ipsa est *W. urens* Kunthiana, dicit, sed sphalmate infelici quum in diagnosi numerus omissus sit, haec intelligi nequit. In specimine nuper a Schaffnero accepto omnia ut olim descripsimus reperimus, quare speciem nostram restituere nec varietatis loco recognoscere studemus. Niveum molleque tomentum, quod faciem aversam foliorum petiolos juniores, inflorescentiae ramos, alabastra juniora dense obducit, serius tandem in nervo venisque primariis in petiolis etc. deteritur, in petiolo et caule longioribus et rigidioribus pilis augetur, una cum foliis maximis pedalibus, dentibus acutis, calycis laciniis filiformibus fere hanc illico distinguunt ut jam prius diximus. Clar. Choisy nostram plantam haud vidisse videtur.

Auctoris cel. F. Liebmannii benevolentia dissertationem ejus accepimus: *Mexicos Halvgraes bearbeidede efter Forgaengernes og egne Materialier* etc., quae seorsim impressa Hafniae a. 1850 in lucem prodiit, et sollertissimam Cyperoidearum tam Mexicanarum ab ipso quam Nicaraguensium et Costaricensium nec non antillanarum quarundam a clar. Oerstedio congestarum disquisitionem praebet, in qua id solummodo monendum erit, cl. Junghuhnium omnium Cyperoidearum olim a me cum Chamissone in Linnaea ex collectione Schiedeana enumeratarum dictum esse auctorem, qui modo Cyperi genus, ut in adnotatione ad pag. **23.** expressis verbis notatum est, tunc temporis tractavit. Paucas quas hoc anno a clar. Schaffnero accepimus Cyperoideas hac dissertatione duce adnectimus Mexicanas.

Carex Mexicana Presl, Liebm. p. 83. n. 18.

Dichromena radicans Ch. Schldl., nec Jungh., Liebm. p. 59. n. 1. Ex autopsia speciminum Vahlii *Dichr. puberae* cl. Liebmannius hanc speciem distinctam censet, sed Vahlii nomen triviale restituendum erat pro illo a Neesio dato *D. Humboldtiana.*

Mitrospora polyphylla Vahl (*Rhynchospora*) Liebm. p. 65, *Rhynchospora adulta* Schldl. bot. Ztg. ad Vahlianam plantam pertinet ut e comparatione speciminis nostri a cel. Liebmannio erutum est.

Isolepis Humboldtii R. Sch., Kth. En. II. p. 203. n. 50.
Hujus speciei specimina Humboldtiana vidimus et Trinitensia
majora. Tota planta tenerior quam *Sc. subsquarrosus* Mühlenbergii cujus spicae intensiore colore fusco gaudent et squamarum apicibus haud ita protractis nec tam extus flexis ac
in hac. Specimina Mexicana achaenia habent valde pallida
ita ut pallide fusca haud nominare possis. *Is. caespitula*
Liebm., quam benevole nobiscum communicavit auctor ab utraque optime differt.

Heleocharis truncata Schldl. bot. Ztg., *Limnochloa*
truncata Liebm. p. 56. n. 3.

Kyllingia caespitosa Nees Fl. Bras. Liebm. p. 45. n. 1.
Magnitudine valde variam habemus, bipollicarem, 6 — 8 - pollicarem et sesquipedalem, aucta longitudine caulium fertilium
amplitudo capitulorum haud augetur.

Cyperi species plures cum *Marisco* tantopere conveniunt
ut florum spiculam componentium neglecto numero confundere
potes, quod Junghuhnio accidit mihique specimina ab eo
unam in speciem congesta haud accurate inspicienti. Cel.
Liebmannius, cui specimina a Junghuhnio definita tradidi, per-
spexit sub *Cypero* ejus *thyrsifloro* alterum specimen Cyperum esse, alterum Mariscum, illique datum nomen servavit,
huic vero *Marisci longiradiati* Liebm. l. c. p. 44. n. 10.
nomen indidit. Sed aliam possidemus stirpem, quam nec huic
nec alii decem Liebmannianarum subjungere possumus quare descriptionem addimus.

Mariscus Schaffnerianus n. sp. Specimina fere annuae stirpis videntur sed perennem et caespitose crescentem
censemus. Caulis $3/_4$ ped. altus, simplicissimus, ima basi
vix leviter incrassatus et radiculis pluribus flexuosis terrae in-
fixus, inferne foliorum vaginis obductus, superne liber trigonus

laevis. Folia 4—5 laminigera, accedentibus paucis vaginis, caule nunc breviora nunc longiora, cum vagina truncata, plerumque purpurascenti, glabra laevique laminaque multo breviore; linearia, sensim attenuata, margine infero laevi, supero cum superficie et quo altius eo magis scabra, trinervia, nervo medio subtus prominulo leviter carinata. Involucri 5-phylli folia valde inaequalia, maximum 3—4-pollicare ceterum foliis similia. Ochreae truncatae bidentatae. Umbella 5-radiata, radiis inaequalibus ex majore parte spicigeris ita ut paucae tantum spicarum compositarum breviter pedunculatae pollicem longae, reliquae sessiles et breviores sint. Spiculae horizontaliter patentes vel leviter deorsum versae, rhachidi angulatae laevi parvis intervallis adnatae, numero variae, nunc viginti vix plures, nunc ad novem interdum reductae, oblongae subcylindricae acutae, sub anthesi 3 lin. circ. longae, bractea suffultae quae in inferioribus multo longior ex latiore basi in apicem filiformem excurrit, in superioribus brevior ovato-oblonga acuta obtusave, margine albido hyalino. Squamae quatuor, inferior c. bractea alterna, ovata obtusa binervis margine hyalina, reliquae tres ex basi latiore oblongae obtusiusculae dorso convexae, 1½ lin. longae, multinerves, nervo medio validiore viridi, lateralibus tenerioribus ferrugineo-fuscis, duae inferiores genitalia foventes, ultima vacua. Stamina 3, filamentis valde elongatis. Ovarium trigonum obtusiusculum mucronulatum, pallidum, alis albidomembranaceis convexiusculis rhachidis amplexum, squama sua brevius. Stylus filiformis in ramos tres stigmatosos tenues filiformes partitus.

Numero radiorum et magnitudine totius plantae convenire videtur cum cel. Liebmannii *Marisco ambiguo*, sed pluribus aliis notis tam diversus, ut conjunctionem dissuaderet. A *M.*

pallente Liebm. longius distat numero radiorum et involucri foliorum et spicularum.

Habemus praeterea specimen unicum nec omni modo satis completum Marisci tam *Marisco Mutisii* HBK., quam *M.* *tribrachiato* Liebm. (l. c. p. 42. a Mag. Oersted. pr. Aguacate in Costa rica lecto) simile, quod describere sed denominare non audemus.

Rhizoma videtur repens, radiculae crassiusculae ex basi caulis paululum incrassata et ex rhizomatis, ut videtur, apice brevi curvatura se erigente exeunt. Caulis bipedalis, in inferiore parte vaginis tectus dein nudus trigonus laevis glaberque. Vaginae exterae brunnescentes aphyllae, superiores sensim longius laminigerae cum processu oppositifolio (convexo?). Lamina foliorum **3** lin. lata (longitudinem ejus metiri nequimus, quum apices desint) margine et pagina supera sursum scabris, praeter nervum medium subtus prominentem, utrinque nervi tres quatuorve in superficie prominuli. Umbella **6-**radiata radiis inaequilongis, spicis compositis basi ramosis v. non ramosis, pedunculatis v. sessilibus, elongatis **50 — 60** spiculas patentes vel leviter reflexas ferentibus; involucrum e foliis circ. **5** valde inaequalibus, maximum externum **9 1/2** poll. altum, **3** lin. latum, longe acuminatum valde scabrum, sequens ex parte ruptum, tertium vix radium longiorem superans qui **3 1/4** poll. longus, pedunculari parte bipollicari, duo sequentes radii hoc paullo minores, paullo brevius pedunculati et ut ille basi spicae ramulis paucis **3, 2, 1** deflexo-patentibus et suffulciente involucello paucifolio deflexo instructi, foliis hujus involucelli fere aristaeformibus scabris. Duo reliqui radii simplici spica et brevioribus pedunculis instructi sunt; terminalis vero spica basi ramosa sessilis centrum occupat. Spiculae **1 3/4 — 2** lin. longae, bractea e basi latiore longius breviusve subulata, altius e sola basi latiore constante suffultae. Squamae praeter primariam brevem ovatam obtusam vacuam tres lineas longae, ²/₃ lin. latae, late ovatae obtusiusculae ventricoso-compressae (naviculares) nervo medio viridi, lateribus latis dilute fuscescentibus plurinerviis, denique quarta angusta sterilis. Stamina tria. Ovarium ellipsoideo-trigonum, utrinque acutiusculum pallidum, stylo in tres ramos stigmatosos partito. Rhachis alis albido-membranaceis.

Tertia adest species quae ad *Cyperum strigosum* quodammodo accedit, de qua vero verba facere non audemus, specimen enim ex prato messo desumtum videtur. Fors serius meliora omnium harum specierum exemplaria offeret collector.

Monstera deliciosa Lieb. in pagina nona dissertationis „Om Mexicos Aroïdeer" (8vo. p. 15.) nescio quo anno scriptae, hoc nomen gerit planta, quae variis nominibus ornata in hortis nostris occurrit. Primum sub nomine *Philodendrum pertusum* Kth. et Bouché a. 1848 in indice seminum horti botanici Berolinensis apparuit, deinde a C. Kochio Bot. Ztg. 1852. p. 277. *Monstera Lennea* insolito more nominabatur. Sed tertium addendum certissimum synonymon nomen a viro clar. Dre. Gutierrez datum: *Tornelia fragrans* Gut. in honorem viri excell. T o r n e l i a (ministro de la guerra y director del celebre colegio de Minerali) Mexicani. De usu spadicis, jam a cel. Liebm unio l. c. commemorato, haec nobis scripsit clar. Schaffnerus: „Diese Pflanze wächst wild im Staate von Veracruz*), und wird deren Frucht als Lecker-

---

*) Liebmannius dicit eam crescere in cordillera occidentali civ. Oajaca eodem tractu quo *Cheirostemon platanoides* reperitur. alt. 5—7000 pedum.

bissen mit **3 — 4 — 6** Realen (ein Real gleich **16** Kreuzer) bezahlt, man hat sich aber sehr in Acht zu nehmen, sie nicht ungewaschen zu essen, denn der Blüthenstaub bringt eine Halsentzündung hervor, wie mir dies selbst begegnet ist; im Vergleich mit einer piña, Ananas, und einer Anone wird sie piñanona-genannt." Planta in caldariis nostris insigni modo crescens, praesertim si parieti humenti adposita longissimas validissimasque radiculas per parietem demittit, pulcherrima et maxima folia eleganter pertusa*) in valido petiolo sca- brido expandit.

Inter Paspala olim in Linnaea definita (VI. p. **31** et **32.**) male pro *P. furcato* habuimus, quod *P. obtusifolium* Raddi fuit, nec non *P. plicatulo* Mx. subjunximus et *P. den- ticulatum* Trin. (Act. Petrop. 1834. Tom. III. p. **156**, Icon. XI. **123.**) ut nos docuit ipse agrostologus amicus. Nonnulla supersunt praeter *P. paniculatum* L., nova: *Pasp. lividum* Trin. mss. scilicet, *P. senescens* ejusd. et *P. abbreviatum* ejusd. Hic prioris adjungimus descriptionem.

Paspalum lividum Trin. mss. Perenne. Ex radice fibris pluribus composita plures oriuntur caules, rarius toti erecti, plerumque adscendentes vel longius horizontaliter procurren- tes, apice adscendentes florigeri v. ramos steriles foliiferos edentes, 8 — **12** poll. longi, glabri, nodis nunc coloratis nunc decoloribus, inferne breviter articulati et foliis dense tecti, ultra supremum folium tandem nudi. Vaginae infimae articu- lis plerumque longiores, lamina breviores, superae denique lamina sua multo, tandem multoties longiores, compressae ca-

---

*) Foramina extima serius transeunt in sinus marginales, angu- stus enim margo eas extus cingens finditur, ut in aliis quoque plantis fit, ubi partes in juniori statu cohaerentes in seriore ab- invicem segregantur.

rinatae, margine membranaceae, glabrae, v. rarius pilis paucis adspersae.   Lamina linearis longe acuminata, paululum
complicata et nervo prominente carinata, nunc in utraque nunc
in supera tantum facie pilosa nunc fere glabra, margine inprimis apicem versus serraturis minutis scabro, longitudinis
ad summum 1 $\frac{1}{2}$ pollicaris plerumque minoris et latitudinis
lineae.   Ligula brevis membranacea obtusa subvenientibus pilis
paucis in eadem regione inprimis ad latera.   Spicae 2 — 5
alternae erectae rhachi appressae secundae 6 — 15 lin. longae.   Spiculae coloris ex lutescenti, viridescenti, violascenti,
purpurascenti vario hinc lividi, geminatim brevissime pedicellatae, dense quadriseriales, lineam longae $\frac{2}{3}$ lin. latae, late
ovales, acutiusculae glabrae, glumis omnibus aequilongis et
ejusdem fere formae, involucrali trinervia convexa membranacea, nervis lateralibus submarginalibus, gluma floris neutrius
plana medio tenuiter uninervia, glumis flor. fruct. coriaceis
stramineis lucidulis minutissime punctulatis.   Rhachidis planae margo nunc glaber nunc uno alterove raro pilo solitario
instructus est.

Ad Hacienda de la Laguna, Jul. leg. Dr. Schiede et ad
balnea prope Reglam C. Ehrenberg.

Studiorum phytographicorum

de

Marchia Brandenburgensi specimen.

Continens florae Marchicae cum adjacentibus comparationem.

Auctore

Dr. *Paulus Fr. Aug. Ascherson.*

Praefatio.

Sumite materiam vestris, qui scribitis, aequam
viribus, —
Horat. epist. ad Pisones 38.

Dissertationis scribendae argumentum utrum ex scientia aut arte medica an ex scientiae naturalis aliqua disciplina peterem, diu mecum deliberavi. Perdifficile enim illud mihi videbatur, quum quadriennii brevi spatio non mihi contigisset ut novi quidquam et memoria digni observarem: materiam ergo ex ea scientia, quae jam antiquitus „amabilis" titulo ornabatur, desumere malui quam artis medicae gravitatem „culpa deterere ingeni." Quum enim jam diu praecipue patrii soli phytographiae operam dedissem et, quaenam ejus pars maxime sit idonea, quae dissertationis inauguralis angusto spatio tractaretur, animo penderem, dubitanti quasi divinitus occurrit commentatio ab amic. G. Ritschl in gymnasii Friderici Guilelmi Posnaniensis programmate anno 1851 edita qua phytographus ille doctissimus et sagacissimus stirpes

quae circa Germaniac et Sarmatiae confinia, ergo in provincia Posnaniensi, Polonia, Silesia, Marchia, Borussia habi-
tant accuratissime enumeravit earumque quas Cl. Grisebach
vegetationis lineas appellavit describere inchoavit.   Facturus
enim nunc operae pretium mihi videbar si opusculo meo pro-
vincias, quarum vegetationem Viri Doctiss. Grisebach (Göt-
tinger Studien 1847) et Ritschl perscrutati sunt, quasi con-
jungerem; quod si impetrassem tota Germania borealis phyto-
grapho quasi certum horizontem praeberet.   Sed quum ad
rem accessissem paullo post intellexi non esse id opus unius
semestris horarum subsicivarum.   Quum enim regionum, quarum plantas inquisiturus eram partem valde exiguam oculis
meis inspexissem, agri Berlinensis scilicet partem circa urbem ipsam sitam et pauca Marchiae loca, Hercyniam silvam
vero semel tantum in extrema pueritia, Pomeraniam, Saxo-
niam hodierno peregrinandi more pervolaverim magis quam
peragraverim, Silesiam tandem et provinciam Posnaniensem
nunquam pedibus tetigerim, florae satis parvam partem ipse
vidi.   Itaque floras et plantarum catalogos recentiores fere
omnes, qui de regionibus illis exstant pervolvi et singularum stirpium l. n. excerpsi.   Sed tantum aberat ut hac re
quasi certum operis fundamentum jecisse mihi viderer, ut,
quantis erroribus plantarum propagationis scientia adhuc labo-
ret inter hoc opus demum intelligerem.   Quis enim negat inter opera praeclara, et summo ingenii acumine et summo veri
studio elaborata, ex quibus inprimis Cl. Wimmer flora Silesiae, Cl. Garcke flora Halensis, Cl. G. F. W. Meyer
flora Hanoverana excursoria, Cl. Ritschl fl. Posnaniensis
afferri debent, nonnulla quoque exstare minus accurate con-
scripta ab auctoribus, qui veri minus quam miri curiosi multa
falsa traditione recepta perperam propagaverint.   Fieri ergo
non potuit quin in sequentibus pagellis rebus certis aliquid in-

certi vel prorsus falsi immisceretur, quo ad quaestiones per-
ficiendas phytographicas uti non licet. Nonnulli botanici quibus gratias habeo quam maximas de earum regionum, quarum catalogi causis supra dictis fidem habent minorem, vegetatione certiora mecum communicavere: quos ut insignem erga
me favorem continuent intimo ex animo oro et spero fore ut
alii quoque in scientiae commodum idem faciant. Quorum
ante oculos hoc opellum perveniet eos maxime obtestor ut
perinde ac illi mihi faveant. Omnes autem lectores benevo-
los oro ut de erroribus humanae imbecillitatis memores leni-
ter judicent eosque aut publice aut privatim corrigendos mihi
demonstrent. Mox enim si vires sufficiant quaestiones de Germaniae septentr.-orient. vegetationis lineis suscepturus ero.

Introductio.

- Germania septentr. or. cujus vegetationem pagellis insequentibus enumerare conatus sum componitur planitiei Germa-
nicae parte multo majore et margine Germaniae mediae elatioris, qui ad juga montium quae dicuntur Europae diagona-
lia pertinet. Nemini autem dubium esse potest quin in spatio
tam vasto plantae satis multae propagationis finibus constrin-
gantur: regionum septentr.-occ. praecipue et mer.-or. florae
satis discrepant: attamen discrimina ad floras naturales cir-
cumscribendas non sufficiunt et gravissimae exceptiones hanc
separationem vetant. Lusatia e. g. nonnullas alit stirpes praeter
hanc regionem fl. septentr.-occ. peculiares alias ab l. n. illis longo
intervallo separatis alias quasi angusta fascia cum iis con-
junctas: inter has Genista anglica et Erica Tetralix, quae in
Silesiam usque propagatur, inter illas Myrica Gale afferatur.
Rectius florae planitiei et montana distingui possunt: hujus

plantas aliquot proprias in columna (30.) **27.** enumeravi: at
carum fines difficillime crunt circumscribendi. Itaque ut quamvis imperfecte tamen aliquantulo plantarum propagatio per-
spiciatur 6 regiones fere aequalis spatii ad fines politicos quos
nonnullis locis paullulum mutandos putavi, definivi.

1) M. (Marchia.) Circumscribitur Albi flumine a pago Elster
   supra Wittenberg urbem sito usque ad Lenzen, finibus politicis
   provinciae Brandenburgensis usque ad Oder fluvium pr. pagum Tschicherzig, fluvio illo usque ad canalem Friderici
   Guilelmi, hoc canale, Spree fluvio usque ad civitatem Luch-
   ben, Berste rivulo usque ad oppidum Golssen, tandem
   linea recta abhinc ad Elster pagum.

2) S. S. (Saxonia superior.) Circumscr. Sala fluvio inde ab
   ostio usque ad fluvium Weisse Elster, hoc usque ad fon-
   tem, radicibus montium metalliferorum (Erzgebirge) et
   Lusaticorum Bohemiam versus i. e. linea conjungente
   oppida Schoenberg, Bleystadt, Schlackenwerth, Kommotau, Tetschen, Kamnitz, Reichenberg usque ad montem
   Tafelfichte, fluvio Queis usque ad ostium, fluvio Bober
   abhinc usque ad ostium, M. finibus supra descriptis usque ad Salae ostium.

3) S. I. (Saxoniae inferior.) Circumscr. Sala fluvio ab ostio
   Salzke fluvii usque ad Albim, flumine hoc usque ad oppidum Artlenburg, linea abhinc conjungente civitates Lueneburg, Celle, Hannover, Gronau, Osterode, Nordhausen, Sangerhausen, Eisleben usque ad lacum salsum, hoc
   lacu, Salzke fluvio.

4) B. (regio Baltica). Pomerania et magni ducatus Mecklen-
   burgenses adjecta regni Hanoverani exigua parte cis Albim sita et territorio Luebeckensi cis Trave fluvium sito.

5) P. Provincia Posnaniensis cum Borussiae particula, quae

aquas in Oder fluvium effundit j. e. circulis Deutsch-
Cronensi et Flatowiensi.

6) S. Silesia exclusis Lusatiae superioris parte ad hanc provinciam pertinente et monte Babia Gora Galliciae, ad-
jeeta provinciae Brandenburgensis particula inter fluvios
Bober et Oder sita.

Species fere omnes secundum amic. Dr. G a r c k e „Flora
von Nord- und Mitteldeutschland." 3. Aufl. Berlin 1854. de-
terminavi: paucas tantum formas ab eo aliis speciebus con-
junctas quasi proprias species conservavi, quod etsi characteribus constantibus distingui vix possunt, tamen fere semper
diversa terrarum spatia incolunt, e. g. *Gentianam germanicam*, *Scabiosam ochroleucam*. Unicum tantum *Seseli
sibiricum* Garcke secundum Cl. Wallr. cum S. *Libanotide*
Koch conjunxi: Cl. Garcke nunc idem censet eique senten-
tiae nemo certe qui *S. sibirici* quod dicitur satis integra
exemplaria viderit, contra dicet „quamvis — jactes et genus
et nomen inutile." (Horat. carm. I, 14.)

Plantas, quarum l. n. ab auctoribus satis accurate indi-
cantur, in verborum contextu attuli: eas contra quae in universum tantum afferuntur etsi minime vulgares in annotatione
notavi, a qua ratione semel tantum aut bis consulto discessi.

Libri aliaque subsidia, quibus usus sum:
M.

D i e t r i c h, Flora Marchica. Berl. 1841. Auctor maxima cum
benignitate plantas Marchicas rariores Herb. suo asservatas adspiciendas mihi permisit.

S c h r a m m, Beiträge zur Flora der Mark Brandenburg.
Oesterreich. bot. Wochenblatt. 1852. Auctor sagacissimus in
Germania boreali primus indicat *Sparganium affine* et
genuinam *Spergulam | entandram* L.

Cl. Ruthe de plantis nonnullis flora sua indicatis notitiam
optatissimam mihi dedit: item de aliis nonnullis quas filius
ejus pr. Baerwalde invenerat, inter quas *Campanula latifolia*, certiorem me fecit.

Inter eos, qui liberalissime quae in fl. M. observaverant,
mecum communicavere inprimis afferendi sunt:

H. Hertzsch, florae indagator sagacissimus, regionem circa
Friesack diligentissime perscrutatus est; tum Neudamm habitans, illius regionis plantarum, quas aut ipse legit, aut
a Rothe aliisque accepit, copiosam notitiam collegit. Tandem herbosam circa Angermuende regionem, ubi nunc degit, quam ut cum eo peragrarem nuper mihi contigit, perquisivit: observationes catalogo locupletissimo conscriptas
mihi misit. Non paucas species in M. primum eum de-
texisse ut antea jam in S. et B. infra videbimus.

Cl. J. N. Buck, botanicorum Marchicorum Nestor dignissi-
mus plantas, quas pr. Francof. nuper observavit, inter
scribendum mecum communicavit.

Fr. Reinhardt, primum ad Wittbrietzen pr. Beelitz deinde
pr. Oranienburg, tum circa Schermeisel, prope Freienwalde
denique ubi nunc habitat plantas collegit. *Veronicam mon-
tanam* et *Chaerophyllum hirsutum* primus detexit. Botanicus ille doctus et florae patriae amantissimus antea jam
subsidio in commentatione „de Marchiae plantis extraneae
originis" tributo me obligavit.

Fr. Sechans, nunc in urbe Stettin degens regionem circa Lunow, ubi educabatur, diligentissime perquisivit item regionem
circa Schwedt visitavit. Florae M. *Crepidem foetidam,
Juncum atratum, Chrysanthemum corymbosum* addidit.

Gaehde, pr. Oranienburg antea, tum pr. Alt-Landsberg, ubi
nunc degit florae operam dedit. *Alyssum minimum* primus et usque ad hoc tempus solus observavit.

Notitiam porro de flora Rathenowiensi ab amic. P a a l -
z o w accepi, item nonnullas plantas Havelbergenses a V o g t
collectas, qui *Sisymbrium Loeselii* et *Galium Cruciatam*
primus detexit. W e i l a n d notitiam dedit de floris circa Potsdam et Crossen. Alios suo quemque loco laudavi. Nonnullas
plantas quoque nondum publici juris factas ex *Herb. reg.*
cognovi, imprimis *Tillaeam muscosam.* De fl. Albis ripae
dextrae consultavi Cl. S c h k u h r bot. Handbuch, Cl. R e i c h e n -
b a c h Fl. Saxonicam (qui plantas quoque circa Belzig et
Jueterbogk a Cl. Rbh. lectas primus publici juris fecit).
S c h w a b e Floram Anhaltinam. S c h o l l e r Fl. Barbiensem.
S c h a t z Fl. v. Halberstadt.

S. S.

R e i c h e n b a c h, Flora Saxonica. 2. Aufl. Dresden u. Leipz.
1844. Rchb.
R a b e n h o r s t, Flora Lusatica. Leipz. 1839. 1840. Rbh.
G a r c k e, Flora von Halle. Halle 1848.
S c h w a b e, Flora Anhaltina. Berol. 1838. 39.
S c h o l l e r, Flora Barbiensis. Lipsiae 1775. Supplem. Barbii
1787.

Fl. saltuum qui S. S. mer. cingunt partis Bohemicae mu-
tuatus sum ex: O r t m a n n, Flora von Carlsbad. M. W i n k -
l e r, zur Pflanzengeographie des nördl. Böhmens. Oesterreich.
bot. Wochenbl. 1853. K a r l, Nordböhmen und seine Flora.
Oesterreich. bot. Wochenbl. 1852. Haec commentatio fl. regionis circa Fugan, pagum in Bohemiae angulo extremo septentr. versus situm tractat, illa fl. Teplitziensem. De flora
Goerlitziensi nonnulla mecum communicavere commilitiones
J o c h m a n n et K o e h l e r.

S. I.

G. F. W. M e y e r, Flora Hanoverana excursoria. Goett. 1849.
l. n. nonnulla ex ejusdem auct. Chloride Hanoverana excerpsi.

Schatz, Flora v. Halberstadt. Halberst. 1854.

Hampe, prodromus florae Hercynicae. Linnaea 1837. Dessen Jahresbericht über die Fl. Hercyn. Linnaea 1838 — 43.

Wallroth, σχόλιον zu des Hrn. Hampe prodromus etc. Linnaea 1840. Wallr.

Scholler, Schwabe, Garcke, libri supra laudati ex parte huc pertinent.

Bertram, Beitrag zur Flora von Magdeburg im Jahresbericht des naturwissenschaftl. Vereins zu Halle. 1851. Auctor de nonnullis plantas notitiam accuratiorem mihi dedit.

Robolsky, Flora von Neuhaldensleben. 2. Aufl. (annus edit. 2. non ind. 1. 1843.) Ry.

De flora Braunschweigiensi cura magistri dilectissimi A. Braun notitias locupletissimas accepi a Cl. Prof. Blasio: De plantis fl. Magdeburgensis multa mecum communicavit amic. F. Hartmann.

B.

Schmidt, Flora von Pommern u. Rügen. 2. Aufl. Durchges. von Dr. Baumgardt. Stettin 1848. Amic. Hertzsch et Seehaus quae pr. Stettin et Swinemünde detexerunt liberalissime mecum communicaverunt: ille quoque adnotationem criticam de plantis a Rostkovio et Schmidt indicatis eo graviorem quod Herb. Rostkoviani partem ut adspiceret ei contigit, mihi dedit. Nonnulla etiam a Cl. Ritschl accepi.

Langmann, Flora der Grossherzogthümer Mecklenburg. Neustrelitz 1841.

Haecker, Lübeckische Flora. Lübeck 1844.

Boll, Archiv für Freunde der Naturwissenschaft in Mecklenburg. 1. bis 5. Heft.

Amic. Dr. Griewank, nonnullam notitiam mihi et Doctori Garcke dedit ab eoque multas rariores plantas hujus terrae accepi.

P.

Ritschl, Flora des Grossherzogthums Posen. Berlin 1850.
Amic. auctor quae ex hoc anno observavit et litteris com-
misit liberalissime mecum communicavit: item plantarum
hujus provinciae rariorum fere omnium specimen accepi. R.

Pauca quae de fl. circulorum Deutsch-Cronensis et Flatowien-
sis usque ad hoc tempus constant ex Cl. de Klinggraeff,
Nachtrag zur Flora von Preussen. Marienwerder 1854. excerpsi.

S.

Wimmer, Flora von Schlesien. Breslau, Ratibor n. Pless.
1840. — Dessen Ergänzungsband. Bresl. 1845.

Verhandlungen der *schles. Gesellschaft* für vaterländische
Cultur. 1845—1853.

Denkschrift bei der 50jähr. Jubelfeier der schles. Gesellsch. etc.
Breslau 1853.

In universum multum debeo dilectissimis magistris Cl.
Prof. A. Braun et Dr. Caspary, amic. Dr. Garcke, qui
libros fere omnes supra laudatos mihi praestitit et multis
praeterea, aliis rebus me adjuvit, amic. Dr. Bolle, Bauer,
Winkler qui insigni comitate multa ex herbariis, quae aut
ipsi detexerunt aut ab aliis acceperunt, mecum communicavere. Omnibus his viris de me et opello meo optime meritis
gratias ago quam maximas ac semper habebo.

Verborum abbreviatorum explicatio.

att. attingit.

B. regio Baltica vide supra.

det. detexit.

f. fines.

fl. flora.

Herb. Herbarium.

Herb. reg. Herbarium regium
 Berolinense.

ind. indicatur.

l. n. locus natalis.

M. Marchia vid. supra.

Meckl. magni ducatus Meck-
 lenburgenses.

mer. meridionalis.

occ. occidentalis.

or. orientalis.

p. paene.

P. magnus ducatus Posnaniensis.

pl. l. pluribus locis.

Pom. Pomerania.

pr. prope.

q. sp. quasi spontanea.

R. Ritschl.

Rbh. Rabenhorst.

Rchb. Reichenbach.

Ry. Robolsky.

S. Silesia.

septentr. septentrionalis.

S. I. Saxonia inferior v. supr.

S. S. Saxonia superior v. supr.

t. teste.

Tr. Trzemesznensi.

v. vix.

Wallr. Wallroth.

Signa quibus usus sum.

!! significat me plantam loco ind. invenisse.

! - - me specimen siccatum hoc loco lectum vidisse.

× - - *plantam hybridam.*

+ - - *plantam quasi-spontaneam factam*

(1.) 1. In M. S.S. S.I. B. P. S. crescunt:

1. Thalictrum aquilegifolium L. 2. minus L. 3. flexuosum Bernh. 4. flavum L. 5. Anemone Hepatica L. 6. vernalis L.* 7. pratensis L. 8. nemorosa L. 9. ranunculoides L. 10. Adonis aestivalis L. 11. Myosurus minimus L. 12. Ranunculus aquatilis L. 13. divaricatus Schrank. 14. fluitans Lmk. 15. Flammula L. 16. Lingua L. 17. Ficaria L. 18. auricomus L. 19. acer L. 20· lanuginosus L. 21. polyanthemos L. 22. repens L. 23. bulbosus L. 24. philonotis Ehrh. 25. arvensis L. 26. sceleratus L. 27. Caltha palustris L. 28. Trollius europaeus L. 29. Nigella arvensis L. 30. Aquilegia vulgaris L. 31. Delphinium Consolida L. 32. Actaea spicata L. 33. Nymphaea alba L. 34. Nuphar luteum Sm. 35. Papaver Argemone L. 36. Rhoeas L. 37. dubium L. 38. Chelidonium majus L. 39. Corydalis cava Schw. et K. 40. intermedia Mer. 41. Fumaria officinalis L. 42. Vaillantii Loisl.* 43. Nasturtium officinale R. Br. 44. amphibium R. Br. 44a. ⨯ *anceps Rchb.** 45. silvestre R. Br. 46. palustre DC. 47. Barbarea vulgaris R. Br. 48. stricta Andrzj. 49. Turritis glabra L. 50. Arabis hirsuta Scop. 51. arenosa Scop.* 52. Cardamine silvatica Lk.* 53. hirsuta L. 54. pratensis L. 55. amara L. 56. Dentaria bulbifera L.* 57. Sisymbrium officinale Scop. 58. Sophia L. 59. Alliaria Scop. 60. Thalianum Gaud. 61. Erysimum cheiranthoides L. 61a. + *Brassica Rapa* L. 62. Sinapis arvensis L. 62a. + *alba* L. 63. Alyssum calycinum L. 64. Farsetia incana R. Br. 65. Draba verna L. 65a. + *Coch-*

learia Armoracia L. 66. Camelina sativa Crantz. 66 a.
+ *dentata* Pers. 67. Thlaspi arvense L. * 68. Teesdalea
nudicaulis R. Br. 69. Lepidium campestre R. Br. 70. rude-
rale L. 71. Capsella bursa pastoris Mnch. 72. Coronopus
Ruellii All. 73. Neslea paniculata Desv. 74. Raphanistrum
Lampsana Gaertn. 75. Helianthemum vulgare Gaertn. 76.
Viola palustris L. 77. hirta L. 78. odorata L. 79. arenaria DC. 80. silvestris Lmk. 81. canina L. 82. recta Garcke.
83. mirabilis L. 84. tricolor L. 85. Reseda Luteola L. 86.
Drosera rotundifolia L. 87. anglica Huds. 88. Parnassia palustris L. 89. Polygala vulgaris L. 90. comosa Schkuhr.
91. amara L. * 92. Gypsophila fastigiata L. 93. muralis L.
94. Dianthus prolifer L. 95. Armeria L. * 96. Carthusia-
norum L. 97. deltoides L. 98. superbus L. 99. Saponaria
officinalis L. 100. Cucubalus baccifer L. * 101. Silene Oti-
tes Sm. 102. inflata Sm. 103. nutans L. 104. noctiflora L.
105. Viscaria vulgaris Roehling. 106. Agrostemma flos cuculi
Don. 107. Lychnis alba Mill. 108. rubra P. M. E. 109. Gi-
thago segetum Desf. 110. Sagina procumbens L. 111. nodosa Bartl. 112. Spergula arvensis L. 113. Morisonii Bo-
reau. 114. Spergularia rubra Presl. 115. Alsine viscosa
Schreb. 116. Moehringia trinervia Clairv. 117. Arenaria serpyllifolia L. 118. Holosteum umbellatum L. 119. Stellaria
nemorum L. 120. media Vill. 121. Holostea L. 122. glauca
Wither. 123. graminea L. 124. uliginosa Murr. 125. crassifolia Ehrh. 126. Malachium aquaticum Fr. 127. Cerastium
brachypetalum Desp. * 128. semidecandrum L. 129. triviale
Lk. 130. arvense L. * 131. Elatine Alsinastrum L. * 132.
Linum catharticum L. 133. Radiola linoides Gmel. 134. Malva
Alcea L. 135. silvestris L. 136. neglecta Wallr. 137. rotundifolia L. (Fr.) 138. Tilia ulmifolia Scop. 139. Hypericum perforatum L. 140. quadrangulum L. 111. tetrapterum Fr.

142. humifusum L. 143. montanum L. 144. Acer Pseudo-
platanus L.* 145. platanoides L. 146. campestre L. 147. Geranium pratense L. 148. palustre L. 149. sanguineum L.
150. pusillum L. 151. dissectum L. 152. columbinum L.
153. molle L. 154. Robertianum L. 155. Erodium cicuta-
rium L'Her. 156. Impatiens noli tangere L. 157. Oxalis Acetosella L. 157a. + *stricta* L. 158. Euonymus europaea L.
159. Rhamnus cathartica L. 160. Frangula L. 161. Saro-
thamnus scoparius Koch. 162. Genista tinctoria L. 163. germanica L. 164. Ononis spinosa L. 165. repens L. 166. An-
thyllis Vulneraria L. 166a. + *Medicago sativa* L. 166 b.
✕ *media* Pers. 167. falcata L. 168. lupulina L. 169. minima Lmk. 170. Melilotus dentata Pers. 171. macrorrhiza
Pers. 172. officinalis Desr. 173. alba Desr. 174. Trifolium
pratense L. 175. alpestre L. 176. arvense L. 177. medium
L.* 178. rubens L. 179. fragiferum L. 180. montanum L.
181. repens L. 182. hybridum L. 183. agrarium L. 184.
procumbens L. 185. filiforme L. 186. Lotus corniculatus L.
187. uliginosus Schkuhr. 188. Tetragonolobus siliquosus Roth.*
189. Astragalus Cicer L. 190. glycyphyllos L. 191. Coronilla varia L. 192. Ornithopus perpusillus L. 193. Vicia
dumetorum L. 194. Cracca L. 195. tenuifolia Roth. 196.
villosa Roth.* 197. sepium L. 197a. + *sativa* L. 198. angustifolia Roth. 199. lathyroides L. 200. Ervum silvaticum
Peterm. 201. cassubicum Peterm. 202. hirsutum L. 203. te-
traspermum L. 204. Lathyrus tuberosus L. 205. pratensis L.
206. silvester L. 207. paluster L. 208. vernus Bernh. 209.
niger Wimm. 210. montanus Bernh.* 211. Prunus spinosa
L. 212. Padus L. 213. Spiraea Ulmaria L. 214. Filipen-
dula L. 215. Geum urbanum L. 215a. ✕ *intermedium*
auct.* 216. rivale L. 217. Rubus fruticosus L. 218. caesius L. 219. saxatilis L. 220. Idaeus L. 221. Fragaria vesca L.

222. elatior Ehrh. 223. collina Ehrh. 224. Comarum palustre L. 225. Potentilla supina L. 226. norvegica L.* 227. rupestris L. 228. Anserina L. 229. argentea L. 230. reptans L. 231. procumbens Sibth. 232. Tormentilla Sibth. 233. verna L. 234. cinerea Chaix. 235. opaca L. 236. alba L. 237. Agrimonia Eupatoria L. 238. Rosa canina L. 239. rubiginosa L. 240. tomentosa Sm. 241. Alchemilla vulgaris L. 242. arvensis Scop. 243. Sanguisorba officinalis L. 244. Poterium Sanguisorba L.* 245. Crataegus oxyacantha L. 246. monogyna Jcq. 247. Pirus communis L. 248. Malus L.* 249. Sorbus aucuparia L. 250. Epilobium angustifolium L. 251. hirsutum L. (ex parte). 252. parviflorum Schreb. 253. montanum L. 254. roseum Schreb. 255. adnatum Griseb.* 256. palustre L. 256 a. + Oenothera biennis L. 257. Circaea lutetiana L. 258. intermedia Ehrh.* 259. alpina L. 260. Trapa natans L. 261. Myriophyllum verticillatum L. 262. spicatum L. 263. Hippuris vulgaris L. 264. Callitriche vernalis Kuetz. 265. Ceratophyllum demersum L. 266. Lythrum Salicaria L. 267. Peplis Portula L. 268. Bryonia alba L. 269. Corrigiola litoralis L.* 270. Herniaria glabra L. 271. Illecebrum verticillatum L.* 272. Scleranthus annuus L. 273. perennis L. 274. Sedum maximum Sutt. 275. acre L. 276. boloniense Loisl. 277. reflexum L. 278. Sempervivum soboliferum Sims.* 279. Ribes Grossularia L. 280. nigrum L. 281. rubrum L. 282. Saxifraga tridactylites L. 283. granulata L. 284. Chrysosplenium alternifolium L. 285. Hydrocotyle vulgaris L. 286. Sanicula europaea L. 287. Cicuta virosa L. 288. Falcacia Rivini Host. 289. Aegopodium Podagraria L. 290. Carum Carvi L. 291. Pimpinella magna L. 292. Saxifraga L. 293. nigra Willd. 294. Berula angustifolia Koch. 295. Sium latifolium L. 296. Oenanthe fistulosa L. 297. Phellandrium Lmk. 298. Aethusa Cynapium L. 299. Seseli

annuum L. 300. Libanotis Koch.* 301. Cnidium venosum
Koch. 302. Selinum Carvifolia L. 303. Angelica silvestris L.
304. Peucedanum Cervaria Lapeyr. 305. Oreoselinum Much.
306. Thysselinum palustre Hoffm. 307. Pastinaca sativa L.
308. Heracleum Sphondylium L. 309. Laserpicium latifolium
L.* 310. prutenicum L. 311. Daucus Carota L.* 312. Torilis Anthriscus Gmel. 313. Scandix pecten Veneris L. 314.
Anthriscus silvestris Hoffm. 314a. + *Cerefolium* Hoffm.
315. vulgaris Pers.* 316. Chaerophyllum temulum L. 317.
bulbosum L. 318. Conium maculatum L. 319. Hedera Helix
L. 320. Cornus sanguinea L. 321. Viscum album L.* 322.
Adoxa Moschatellina L. 323. Sambucus nigra L. 324. Viburnum Opulus L. 325. Lonicera Xylosteum L. 326. Linnaea
borealis Gron. 327. Asperula tinctoria L. 328. odorata L.
329. Galium Aparine L. 330. uliginosum L. 331. palustre L.
332. boreale L. 333. verum L. 334. Mollugo L. 335. silvaticum L. 336. Valeriana officinalis L. 337. dioica L. 338.
Valerianella olitoria Much. 339. dentata Poll. 340. Auricula
DC. 341. Dipsacus silvester Mill. 342. Knautia arvensis Coul-
ter. 343. Succisa pratensis Much. 344. Scabiosa Columba-
ria L. 345. suaveolens Desf. 346. Eupatorium cannabinum L.
347. Tussilago Farfara L. 348. Petasites officinalis Much.
349. Linosyris vulgaris Cass. 350. Aster Amellus L. 351. Bel-
lis perennis L. 351a. + *Erigeron canadensis* L. 352.
acer L. 353. Solidago virga aurea L. 354. Inula salicina L.
355. Britannica L. 356. Pulicaria vulgaris Gaertn. 357. Bi-
dens tripartita L. 358. cernua L. 359. Filago arvensis Fr.
360. minima Fr. 361. Gnaphalium silvaticum L. 362. uliginosum L. 363. luteo-album L. 364. dioicum L. 365. He-
lichrysum arenarium DC. 365a. + *Artemisia Absinthium* L.
366. campestris L. 367. vulgaris L. 368. Tanacetum vulgare L. 369. Achillea Ptarmica L. 370. Millefolium L. 371.

Anthemis tinctoria L. **372.** arvensis L. **373.** Cotula L. **374.**
Matricaria Chamomilla L. **375.** Chrysanthemum Leucanthemum L. **375**a. + *Parthenium* L.* **376.** inodorum L. **377.**
Senecio paluster DC. **378.** vulgaris L. **379.** viscosus L.
380. silvaticus L. **381.** erucifolius L.* **382.** Jacobaea L.
383. saracenicus L. **384.** paludosus L. **385.** Cirsium lanceolatum Scop. **386.** palustre Scop. **387.** acaule All. **388.** oleraceum Scop. **389.** arvense Scop. **390.** Carduus acanthoides
L.* **391.** crispus L.* **392.** nutans L. **393.** Onopordon Acan-
thium L. **394.** Lappa major Gaertn. **395.** minor DC. **396.**
tomentosa Lmk. **397.** Carlina vulgaris L. **398.** Serratula tinctoria L. **399.** Centaurea Jacea L. **400.** Cyanus L. **401.** Scabiosa L. **402.** maculosa Lmk. **403.** Lampsana communis L.
404. Arnoseris minima E. Meyer. **405.** Cichorium Intybus L.
406. Leontodon auctumnalis L. **407.** hastilis L. **408.** Picris
hieracioides L. **409.** Tragopogon major Jcq. **410.** pratensis
L.* **411.** Scorzonera humilis L. **412.** purpurea L.* **413.**
Hypochaeris glabra L. **414.** radicata L. **415.** Achyrophorus
maculatus Scop. **416.** Taraxacum officinale Web. **417.** Chon-
drilla juncea L. **418.** Lactuca Scariola L. **419.** muralis Less.
420. Sonchus oleraceus L. **421.** asper Vill. **422.** arvensis L.
423. Crepis praemorsa Tausch. **424.** biennis L. **425.** tectorum L. **426.** virens Vill. **427.** paludosa Mnch. **428.** Hieracium Pilosella L. **428**a. × *bifurcum* M. B.* **429.** Auricula L. **430.** praealtum Vill. **431.** Rothianum Wallr. **432.**
collinum Gochn. **433.** murorum L. **434.** vulgatum Fr. **435.**
boreale Fr. **436.** rigidum Hartm. **437.** umbellatum L. **438.**
Xanthium strumarium L. **439.** Jasione montana L. **440.** Phyteuma spicatum L. **441.** Campanula rotundifolia L. **442.** bononiensis L. **443.** rapunculoides **444.** Trachelium L. **445.** patula L. **446.** Rapunculus L.* **447.** persicifolia L. **448.** Cervicaria L. **449.** glomerata L. **450.** Vaccinium Myrtillus L.

451. uliginosum L.*   452. vitis Idaea L.   453. Oxycoccos L.
454. Arctostaphylos uva ursi Spreng.   455. Andromeda poli-
folia L.❀   456. Calluna vulgaris Salisb.   457. Ledum palustre
L. 458. Pirola rotundifolia L.   459. chlorantha Sw.   460. minor L.   461. secunda L.   462. uniflora L.   463. umbellata L.
464. Monotropa Hypopitys L.   465. Fraxinus excelsior L.
466. Cynanchum Vincetoxicum R. Br.   467. Vinca minor L.
468. Menyanthes trifoliata L.   469. Gentiana cruciata L.*
470. Pneumonanthe L. 471. Amarella L.   472. Erythraea Cen-
taurium Pers.   473. pulchella Fr.   474. Convolvulus sepium L.
475. arvensis L.   476. Cuscuta europaea L.   477. Epithymum
L.*   477 a. + *Epilinum* Weihe.   478. Asperugo procumbens
L.   479. Echinospermum Lappula Lehm.   480. Cynoglossum
officinale L.   481. Anchusa officinalis L.   482. arvensis M.B.
483. Symphytum officinale L.   484. Echium vulgare L.   485.
Pulmonaria officinalis L.*   486. angustifolia L.   487. Lithospermum officinale L.   488. arvense L.   489. Myosotis palustris Wither.   490. caespitosa Schultz.   491. stricta Lk.   492.
versicolor Sm.   493. hispida Schldl. pat.   494. intermedia Lk.
495. sparsiflora Mik.   496. Solanum nigrum L.   497. humile
Bernh.   498. Dulcamara L.   499. Hyoscyamus niger L   499 a.
+ *Datura Strammonium* L.   500. Verbascum Schraderi G.
Meyer.   501. thapsiforme Schrad.   502. phlomoides L.   503.
Lychnitis L.   504. nigrum L.   505. Scrophularia nodosa L.
506. Ehrharti Stev.   507. Gratiola officinalis L.   508. Digitalis ambigua Murr.   509. Antirrhinum Orontium L.   510. Linaria Elatine Mill.   511. minor Mill.   512. arvensis Desf.*
513. vulgaris Mill.   514. Veronica scutellata L.   515. Anagallis L.   516. Beccabunga L.   517. Chamaedrys L.   518. officinalis L.*   519. latifolia L.❀   520. longifolia L.   521. spicata L.   522. serpyllifolia L.   523. arvensis L.*   524. verna L.
525. triphyllos L.   526. agrestis L.   527. polita Fr.   528. Bux-

baumii Ten.* 529. hederifolia L. 530. Limosella aquatica L.
531. Lathraea squamaria L. 532. Melampyrum cristatum L.*
533. arvense L. 534. nemorosum L. 535. pratense L. 536.
Pedicularis silvatica L. 537. palustris L. 538. Alectorolophus minor Wimm. et Grab. 539. major Rchb. 540. Euphrasia officinalis·L. 541. Odontites L. 542. Mentha silvestris L.
543. aquatica L. 544. arvensis L. 545. Lycopus europaeus
L.* 546. Salvia pratensis L. 547. Origanum vulgare L.
548. Thymus Serpyllum L. 549. Calamintha Acinos Clairv.
550. Clinopodium vulgare L. 551. Nepeta Cataria L. 552 Glechoma hederacea L. 553. Lamium amplexicaule L. 554. purpureum L. 555. maculatum L. 556. album L. 557. Gale-
obdolon luteum Huds. 558. Galeopsis Ladanum L. 559. Te-
trahit L. 560. bifida de Boenn.* 561. versicolor Curt. 562.
pubescens Bess. 563. Stachys germanica L. 564 silvatica L.
565. palustris L. 566. arvensis L. 567. annua L. 568. recta L.
569. Betonica officinalis L. 570. Marrubium vulgare L. 571.
Ballota nigra L. 572. Leonurus Cardiaca L. 573. Chaiturus
Marrubiastrum Rchb. 574. Scutellaria galericulata L. 575.
hastifolia L. 576. Prunella vulgaris L. 577. grandiflora Jcq.
578. Ajuga genevensis L. 579. reptans L. 580. Teucrium
Scordium L.* 581. Verbena officinalis L. 582. Pinguicula
vulgaris L. 583. Utricularia vulgaris L. 584. minor L. 585.
Trientalis europaea L. 586. Lysimachia thyrsiflora L. 587.
vulgaris L. 588. Nummularia L. 589. Anagallis phoenicea
Lmk.* 590. Centunculus minimus L. 591. Primula officinalis Jcq. 592. Hottonia palustris L.* 593. Glaux maritima L.*
594. Statice Armeria L. 595. Plantago major L. 596. media L. 597. lanceolata L. 598. arenaria W. K. 599. Amarantus Blitum L. 600. Polycnemum arvense L.* 601. Chenopodium hybridum L. 602. urbicum L. 603. murale L.*
604. album L. 605. ficifolium Sm.* 606. glaucum L. 607.

polyspermum L. 608. Vulvaria L. 609. Blitum bonus Henricus C. A. Meyer. 610. rubrum Rchb. 610a. + *Atriplex hortense* L. 611. nitens Rebent. 612. patulum L. 613. hastatum L. 614. roseum L.* 615. Rumex maritimus L. 616. conglomeratus Murr. 617. sanguineus L. 618. obtusifolius L. 619. crispus L. 620. Hydrolapathum Huds. 621. Acetosa L. 622. Acetosella L. 623. Polygonum Bistorta L. 624. amphibium L. 625. lapathifolium L. 626. Persicaria L. 627. Hydropiper L. 628. minus Huds. 629. aviculare L. 630. Convolvulus L. 631. dumetorum L. 632. Thesium intermedium Schrad. 633. ebracteatum Hayne. 633a. + *Aristolochia Clematitis* L. 634. Euphorbia helioscopia L. 635. palustris L. 636. Cyparissias L. 637. Esula L. 638. Peplus L. 639. exigua L.* 639a. + *Lathyris* L. 640. Mercurialis perennis L. 641. annua L.* 642. Urtica urens L. 643. dioica L. 643a. + *Cannabis sativa* L. 644. Humulus Lupulus L. 645. Ulmus campestris L. 646. effusa Willd. 647. Fagus silvatica L. 648. Quercus Robur L. 649. sessiliflora Sm. 650. Corylus Avellana L. 651. Carpinus Betulus L. 652. Salix pentandra L. 652a. × *cuspidata* Schultz. 653. fragilis L. 654. alba L. 655. amygdalina L. 656. purpurea L. 657. viminalis L. 658. cinerea L.* 659. Caprea L.* 660. aurita L. 660a. × *ambigua* Ehrh. 661. repens L. 661a. + *Populus alba* L. 661b. × *canescens* Sm. 661c. + *nigra* L. 662. tremula L. 663. Betula alba L. 664. pubescens Ehrh. 665. Alnus incana DC. 666. glutinosa Gaertn. 667. Juniperus communis L. 668. Pinus silvestris L. 669. Stratiotes aloides L. 670. Hydrocharis morsus ranae L. 671. Alisma Plantago L. 672. Sagittaria sagittifolia L. 673. Butomus umbellatus L. 674. Scheuchzeria palustris L.* 675. Triglochin maritimum L. 676. palustre L. 677. Potamogeton natans L. 678. rufescens Schrad. 679. gramineus L. 680.

26*

lucens L.* 681. perfoliatus L. 682. compressus L. (Fr)
683. obtusifolius M. et K. 684. pusillus L. 685. pectinatus L.
686. Najas major Roth.* 687. Lemna trisulca L. 688. polyrrhiza L. 689. minor L. 690. gibba L. 691. Typha latifolia L. 692. angustifolia L. 693. Sparganium ramosum Huds.
694. simplex Huds. 695. minimum Fr. 696. Calla palustris L.
697. Acorus Calamus L. 698. Orchis purpurea Huds. 699.
tridentata Scop. 700. coriophora L. * 701. Morio L. 702.
maculata L. 703. latifolia L. 704. incarnata L.* 705. Gymnadenia conopsea R. Br. 706. Platanthera bifolia Rchb. 707.
montana Rchb. fil.* 708. Herminium Monorchis R. Br. 709.
Cephalanthera grandiflora Bab. 710. rubra Rich. 711. Epipactis Helleborine Crtz. 712. palustris Crtz. 713. Listera
ovata R. Br. 714. Neottia nidus avis Rich. 715. Corallorrhiza
innata R. Br. 716. Liparis Loeselii Rich. 717. Cypripedium
Calceolus L. 718. Iris Pseudacorus L. 719. sibirica L. 720.
Asparagus officinalis L. 721. Paris quadrifolia L. 722. Convallaria Polygonatum L. 723. multiflora L. 724. majalis L.
725. Smilacina bifolia Desf. 726. Lilium Martagon L. 727.
Anthericum ramosum L. 728. Ornithogalum umbellatum L.
728 a. + *nutans* L. 729. Gagea pratensis Schult. 730. arvensis Schult. 731. minima Schult. 732. lutea Schult. 733.
Allium ursinum L. 734. acutangulum Schrad. 735. fallax
Schult. 736. vineale L. 737. Scorodoprasum L. 738. oleraceum L. 739. Juncus conglomeratus L. 740. effusus L.
741. glaucus Ehrh. 742. articulatus L. 743. alpinus Vill.
744. supinus Mnch. 745. squarrosus L.* 746. compressus
Jcq. 747. bufonius L. 748. Luzula pilosa Willd. 749. campestris DC. 750. multiflora Lej. 751. Cyperus flavescens L.
752. fuscus L. 753. Heleocharis palustris R. Br. 754. uni-
glumis Lk. 755. acicularis R. Br. 756. Scirpus pauciflorus
Lightf. 757. setaceus L. 758. lacustris L. 759. Tabernae-

montani Gmel. **760.** maritimus L. **761.** silvaticus L. **762.**
compressus Pers. **763.** Eriophorum vaginatum L. **764.** latifolium Hoppe. **765.** polystachyum L. spec. **766.** gracile Koch.
767. Carex dioica L. **768.** disticha Huds. **769.** arenaria L.
770. vulpina L. **771.** muricata L.* **772.** teretiuscula Good·
773. paniculata L. **774.** paradoxa Willd. **775.** Schreberi Schrank.
776. remota L. **777.** stellulata Good. **778.** leporina L. **779.**
elongata L.* **780.** canescens L. **781.** stricta Good. **782.** vulgaris Fr. **783.** acuta L. **784.** limosa L.* **785.** pilulifera L.
786. montana L. **787.** ericetorum Poll. **788.** praecox Jcq.
789. digitata L. **790.** panicea L. **791.** glauca Scop. **792.**
pallescens L. **793.** flava L. **794.** Oederi Ehrh. **795.** distans L.
796. Hornschuchiana Hoppe.* **797.** silvatica Huds. **798.** Pseu-
docyperus L. **799.** ampullacea Good. **800.** vesicaria L. **801·**
paludosa Good. **802.** riparia Curt. **803.** filiformis L. **804.**
hirta L. **805.** Panicum sanguinale L. **806.** filiforme Garcke.
807. crus galli L. **808.** Setaria verticillata P. B. **809.** viridis P. B. **810.** glauca P. B.* **811.** Phalaris arundinacea L.
812. Anthoxanthum odoratum L. **813.** Alopecurus pratensis L.
814. geniculatus L. **815.** fulvus Sm. **816.** Phleum Boehmeri
Wib. ·**817·** Phleum pratense L. **818.** Leersia oryzoides Sw.
819. Agrostis vulgaris Wither. **820.** alba L. **821.** canina L.
822. Apera spica venti P. B.* **823.** Calamagrostis lanceolata Roth. **824.** epigeios Roth. **825.** arundinacea Roth. **826.**
Milium effusum L. **827.** Phragmites communis Trin. **828.**
Koeleria cristata Pers. **829.** glauca DC.* **830** Aira caespitosa L.* **831.** Corynephorus canescens P. B. **832.** Holcus
lanatus L. **833.** mollis L. **834.** Arrhenatherum elatius M.
et K. **834 a.** + *Avena strigosa* Schreb.* **834 b.** + *fatua* L.
835. pubescens L. **836.** pratensis L.* **837.** flavescens L.*
838. caryophyllea Web. **839.** praecox P. B. **840.** Triodia
decumbens P.B. **841.** Melica uniflora Retz.* **842.** nutans L.

843. Briza media L. 844. Poa annua L. 845. nemoralis L. 846. serotina Ehrh. 847. trivialis L. 848. pratensis L. 849. compressa L. 850. Glyceria altissima Garcke. 851. fluitans R. Br. 852. distans Wahlenb. 853. aquatica Presl. 854. Molinia coerulea Mnch. 855. Dactylis glomerata L. 856. Cynosurus cristatus L. 857. Festuca ovina L. 858. duriuscula L. syst. 859. rubra L. 860. gigantea Vill. 861. arundinacea Schreb. 862. elatior L. 863. Brachypodium silvaticum R. et Sch. 864. pinnatum P. B. 865. Bromus secalinus L. 866. racemosus L.* 867. mollis L. 868. arvensis L. 869. asper Murr. 870. inermis Leyss. 871. sterilis L. 872. tectorum L. 873. Triticum repens L. 874. caninum Schreb. 875. Elymus arenarius L. 876. Hordeum murinum L. 877. Lolium perenne L. 878. temulentum L. 878 a. + *linicola* Sonder. 879. Nardus stricta L. 880. Equisetum arvense L.* 881. silvaticum L. 882. palustre L. 883. limosum L. 884. hiemale L. 885. Botrychium Lunaria Sw. 886. Ophioglossum vulgatum L. 887. Polypodium vulgare L. 888. Dryopteris L.* 889. Polystichum filix mas Roth.* 890. Asplenium Trichomanes L. 891. filix femina Bernh. 892. Pteris aquilina L.

(2.) 2. In S. S. S. I. B. P. S.:

893. Geranium silvaticum L. 894. Rubus thyrsoideus Wimm.* 895. Sorbus torminalis Crtz.* 896. Ribes alpinum L. 897. Daphne Mezereum L. 898. Epipactis atrorubens Schultz.* 899. Scirpus radicans Schkuhr.* 900. Carex cyperoides L.*

(3.) 3. In M. S. I. B. P. S.:

901. Archangelica officinalis Hoffm.* 902. Inula Helenium L.* 902 a. × *Salix Smithiana* Willd.* 903. Alopecurus agrestis L.*

(4.) 4. In M. S. S. B. P. S.:

904. Anemone patens L.* 905. Dianthus arenarius L.

906. Silene gallica L.   907. chlorantha Ehrh.   908. Cerastium glutinosum Fr.*   909. Astragalus arenarius L.   910. Sedum villosum L.*   911. Sweertia perennis L.*   912. Orobanche ramosa L.*   913. Utricularia intermedia Hayne.*   914. Salix rosmarinifolia L.*   915. Juncus atratus Krock.*   916. Hierochloa odorata Wahlenb.*   917. Calamagrostis neglecta Fl. Wett.

(5.) 5. In M. S.S. S.I. P. S.:

918. Thalictrum angustifolium Jcq.*   919. Barbarea arcuata Rchb.   920. Lythrum Hyssopifolia L.   920 a. + *Portulaca oleracea* L.*   921. Silaus pratensis Bess. 921 a.>< *Galium ochroleucum* Wolf.   922. Inula hirta L.*   923. Tragopogon orientalis L.   924. Hieracium cymosum L.*   925. Pirola media Sw.*   926. Amarantus retroflexus L.   927. Asarum europaeum L.* 927 a. >< *Salix undulata* Ehrh. 927 b. >< *rubra* Huds.   928. Orchis ustulata L.*   929. Carex tomentosa L.*

(6.) 6. In M. S.S. SI. B. S.:

930. Anemone *silvestris* L.* 931. Cardamine impatiens L. 932. Erysimum hieracifolium L.* 933. Saponaria Vaccaria L. 934. Sagina apetala L.   935. Cerastium glomeratum Thuill. 936. Elatine Hydropiper L.   937. Tilia platyphyllos Scop. 938. Hypericum hirsutum L.   939. Genista pilosa L. 940. Ervum pisiforme Peterm.   941. Prunus avium L.*   942. Rubus corylifolius Sm.* 943. Epilobium obscurum Schreb.   944. Ceratophyllum submersum L.   945. Montia minor Gmel.   946. Chrysosplenium oppositifolium L.* . 947. Bupleurum tenuissimum L.   948. rotundifolium L.   949. Caucalis daucoides L. 950. Sambucus Ebulus L.*   951. Lonicera Periclymenum L.* 952. Sherardia arvensis L.   953. Asperula cynanchica L. 954. Galium rotundifolium L.* 955. saxatile L. 956. silvestre Poll. 957. Dipsacus pilosus L.   957 a. + *Galinsogca parviflora*

Cav.* 958. Filago germanica L.* 959. Chrysanthemum corymbosum L.* 960. Arnica montana L. 960 a. + *Echinops*
sphaerocephalus L. 961. Campanula latifolia L.* 962. Erica
Tetralix L. 963. Gentiana campestris L. 964. Myosotis silvatica Hoffm. 965. Solanum miniatum Bernh. 965 a. + *Scrophularia vernalis* L. 966. Veronica montana L.* 967. Orobanche Galii Duby.* 968. rubens Wallr.* 969. coerulea Vill.
970. Mentha Pulegium L. 971. Lysimachia nemorum L.*
972. Anagallis coerulea Schreb. 973. Primula elatior Jcq.
974. Plantago maritima L. 975. Chenopodium opulifolium
Schrad. 976. Rumex aquaticus L.* 977. Polygonum mite
Schrank. 978. Parietaria erecta M. et K. 979. Potamogeton
acutifolius Lk. 980. Zannichellia palustris L.* 981. Arum
maculatum L. 982. Orchis mascula L. 983. laxiflora Lmk.*
984. Epipogon aphyllus Sw. 985. Cephalanthera Xiphophyl-
lum Rchb. fil. 986. Spiranthes auctumnalis Rich.* 987. Allium Schoenoprasum L.* 988. Juncus filiformis L. 989. capitatus Weigel.* 990. silvaticus Reich. 991. obtusiflorus Ehrh.
992. Tenageia Ehrh. 993. Luzula angustifolia Garcke.* 994.
Rhynchospora alba Vahl.* 995. Heleocharis ovata R. Br. 996.
Scirpus caespitosus L.* 997. Carex pulicaris L. 998. brizoides L. 998 a. × *fulva* Good. 999. Aira flexuosa L.*
1000. Poa bulbosa L. 1001. Festuca silvatica Vill.* 1002.
Bromus commutatus Schrad. 1003. erectus Huds. 1004. Equisetum pratense Ehrh. 1005. Lycopodium Selago L. 1006. an-
notinum L. 1007. inundatum L. 1008. clavatum L. 1009. Cha-
maecyparissus A. Br.* 1010. complanatum L.* 1011. Os-
munda regalis L. 1012. Polypodium Phegopteris L. 1013.
Polystichum Thelypteris Roth. 1014. Oreopteris DC. 1015.
cristatum Roth. 1016. spinulosum DC. 1017. Cystopteris fragilis Bernh. 1018. Asplenium Ruta muraria L. 1019. Blech-
num Spicant Roth.

(7.) **7.** In M. S. S. S. I. B. P.:

1020. Anemone Pulsatilla L.* **1020 a.** + *Berberis vulgaris* L.. **1021.** Sisymbrium Loeselii L.* **1022.** Spergularia marina Garcke. **1023.** Althaea officinalis L.* **1023 a.** + *Pisum arvense* L.* **1024.** Callitriche stagnalis Scop. **1025** platycarpa Kuetz. **1026.** Senecio aquaticus Huds. **1027.** Xanthium riparium Lasch.* **1028.** Salicornia herbacea L.* **1029.** Cladium Mariscus R Br.* **1030.** Scirpus rufus Schrad.* **1031.** Ammophila arenaria Lk.*

(8.) In S. I. B. P. S. et
(9.) In S. S. B. P. S. vacat.
(10.) **8.** In S. S. S. I. P. S.:

1032. Lavatera thuringiaca L.* **1033.** Potentilla recta L.* **1034.** Astrantia major L. **1034 a.** + *Myrrhis odorata* Scop. **1035.** Petasites albus Gaertn.* **1036.** Carlina acaulis L. **1037.** Crepis succisaefolia Tausch. **1038.** Gentiana germanica Willd.* **1039.** Carex caespitosa L. (Fr.)*

(11.) **9.** In S. S. S. I. B. S.:

1040. Trifolium striatum L. **1041.** spadiceum L. **1041 a.** + *Sedum album* L.* **1042.** Imperatoria Ostruthium L. **1043.** Asperula arvensis L.* **1044.** Valerianella carinata Loisl.* **1045.** Senecio Fuchsii Gmel.* **1046.** Empetrum nigrum L. **1047.** Taxus baccata L.* **1048.** Listera cordata R. Br. **1049.** Convallaria verticillata L.*. **1050.** Rhynchospora fusca R. et Sch.* **1051.** Carex polyrrhiza Wallr.* **1052.** Calamagrostis Halleriana DC. **1053.** Poa sudetica Haenke. **1054.** Elymus europaeus L. **1055.** Equisetum Telmateia Ehrh.*

(12.) In S. S. S. I. B. P. vacat.
(13.) **10.** In M. B. P. S.:

1056. Potentilla collina Wib.* **1057.** Saxifraga Hirculus L.* **1058.** Eryngium planum L.* **1059.** Campanula sibirica L.*

(14.) 11. In M. S.1. P. S.:

1059 a. ✕ *Hieracium auriculaeforme* Fr.* 1059 b.
✕ *Salix longifolia* Host. (*acuminata* Koch non Sm.*)

(15.) 12. In M. S.1. B. S.:

1060. Astragalus hypoglottis L. 1061. Limnanthemum
nymphoides Lk.*

(16.) 13. In M. S.1. B. P.:

1062. Adonis vernalis L.* 1063. Potamogeton fluitans Roth.
1064. Muscari botryoides Mill.*

(17.) 14. In M. S.S. P. S.:

1065. Arabis Gerardi Bess. 1066. Chaerophyllum aro-
maticum L. 1067. Euphorbia lucida W. K.* 1068. Salix nigricans Fr.* 1069. Gladiolus paluster Gaud.* 1070. imbricatus L. 1071. Tofieldia calyculata Wahlenb.

(18) 15. In M. S.S. B. S.:

1072. Elatine triandra Schk. 1073. Rubus glandulosus
Bell. (Bellardi W. et N.*) 1074. Potamogeton trichoides Cham.
et Schldl.* 1075. Najas minor All.* 1076. Goodyera repens
R. Br. 1077. Carex Davalliana Sm. 1078. Salvinia natans
Hoffm.* 1079. Botrychium Matricariae Spreng. (rutaefolium
A. Br.*)

(19.) 16. In M. S.S. B. P.:

1080. Alisma parnassifolium L.*

(20.) 17. In M. S.S. S.1. S.:

1081. Clematis recta L. 1082. Erysimum orientale R. Br.
1083. Alyssum montanum L. 1084. Biscutella laevigata L.*
1085. Dianthus caesius Sm. 1086. Moenchia erecta Fl. Wett.*
1087. Elatine hexandra DC.* 1087 a. + *Spiraea salicifolia*
L. 1088. Bupleurum falcatum L. 1089. Galium Cruciata Scop.*
1089 a. *Aster salignus* Willd.* 1090. Inula Conyza DC.
1091. Hieracium stoloniflorum W. K.* 1092. Phyteuma orbi-

culare L.* **1093.** Nonnea pulla DC.* **1094.** Verbascum phoe_
niceum L.* **1095.** Blattaria L.* **1095**a. + *Linaria Cym-
balaria* Mill.* **1096.** Melittis Melissophyllum L.* **1097.** Thesium alpinum L.* **1098.** Euphorbia platyphyllos L. **1099.** dul_
cis Jcq. **1099**a × *Salix hippophaefolia* Thuill. **1100.** Orchis sambucina L. **1101.** Colchicum auctumnale L.* **1102.** Carex Buxbaumii Wahlenb. **1103** maxima Scop.* **1104.** Melica ciliata L. **1105.** Festuca Myuros Ehrh. **1106.** Aspidium
lobatum Sw.* **1107.** Asplenium Adiantum nigrum L.

(21.) 18. In M. S.S. S.I. P.:
1107a. + *Stenactis annua* Cass.

(22.) 19. In M. S.S. S.l. B.:
1107b. + *Diplotaxis tenuifolia* DC. **1108.** Drosera intermedia Hayne.* **1109.** Hypericum pulchrum L.* **1110.** Ulex
europaeus L. **1111.** Genista anglica L.* **1112.** Oxytropis
pilosa DC. **1113.** Agrimonia odorata Mill.* **1113**a. + *Oenothera muricata* L.* **1114.** Bryonia dioica Jcq. **1115.** Eryngium campestre L.* **1116.** Apium graveolens L.* **1117.** Peucedanum officinale L.* **1118.** Petasites tomentosus DC. **1119.**
Aster Tripolium L. **1120.** Pulicaria dysenterica Gaertn. **1121.**
Chrysanthemum segetum L.* **1122.** Jurinea cyanoides Rchb.*
1123. Thrincia hirta Roth. **1124.** Sonchus paluster L. **1125.**
Crepis foetida L.* **1126.** Erythraea linariifolia Pers. **1127.**
Solanum villosum Lmk. **1128.** Veronica prostrata L.* **1129.**
praecox All. **1130.** opaca Fr. **1131.** Orobanche arenaria
Borkh.* **1132.** Euphrasia lutea L. **1133.** Ajuga pyramidalis L.* **1134.** Teucrium Scorodonia L.* **1135.** Samolus Va-
lerandi L. **1136.** Litorella lacustris L. **1137.** Salsola Kali L.
1138. Rumex paluster Sm. **1138**a. × *pratensis* M. et K.
1138b.+*Polygonum tataricum* L. **1139.** Alisma natans L. **1140.**
Potamogeton nitens Web.* **1141.** praelongus Wulf. **1142.** Ma-

laxis paludosa Sw. 1143. Anthericum Liliago L. 1144. Gagea spathacea Schult.* 1145. Schoenus nigricans L. 1146. Carex supina Wahlenb. 1147. Stipa pennata L.* 1148. capillata L.* 1149. Festuca loliacea auct.* 1150. Pilularia globulifera L.*

(23.) 20. In B. P. S.:
1151. Microstylis monophyllos Lindl.

(24.) 21. In SI. P. S.:
1152. Thalictrum simplex L.* 1152 a. ✕ *Hieracium acutifolium* Vill. 1152 b. ✕ *floribundum* Wimm. et Gr.* 1153. Orobanche rapum Genistae Thuill.

(25.) 22. In S.I. B. S.:
1154. Potentilla Fragariastrum Ehrh. *

(26.) 25. In S.I. B. P.:
1155. Spergularia media Garcke. *

(27.) 24. In S.S. P. S.:
1156. Ononis arvensis L. syst.* 1157. Androsace septentrionalis L.

(28.) 25. In S.S. B. S.:
1158. Aconitum Napellus L. 1159. Viola uliginosa Schrad.* 1160. Trifolium ochroleucum L. 1161. Rubus villicaulis Koehler.

(29.) 26. In S.S. B. P.:
1161 a. + *Diplotaxis muralis* DC.* 1162. Callitriche hamulata Kuetz.* 1162 a. + *Tragopogon porrifolius* L* 1163. Schoenus ferrugineus L.* 1164. Carex axillaris Good.*

(30.) 27. In S.S S.I. S.:
1165. Ranunculus aconitifolius L. 1166. illyricus L. 1167. nemorosus DC.* 1168. Helleborus viridis L.* 1169. Aconitum Stoerkeanum Rchb. 1170. variegatum L. 1171. Lycoctonum L. 1171 a. + *Fumaria caprcolata* L. 1172. Ara-

bis Halleri L.* 1173. Lunaria redixiva L. 1174. Thlaspi perfoliatum L. 1175. Lepidium Draba L. 1176. Reseda lutea L.* 1177. Onobrychis sativa Lmk.* 1178. Spiraea Aruncus L.* 1179. Rosa alpina L 1180. Cotoneaster vulgaris Lindl. 1181. Sorbus Aria Crtz.* 1182. Epilobium nutans Schmidt. 1183. Montia rivularis Gmel. 1183a + *Polycarpon tetraphyllum* L. fil. 1184. Saxifraga caespitosa L. 1185. Bupleurum longifolium L. 1186. Meum athamanticum Jcq. 1187. Chaerophyllum hirsutum L.* 1188. Sambucus racemosa L.* 1189. Senecio nemorensis L. 1190. Centaurea phrygia L. 1191. Mulgedium alpinum Cass. 1192. Hieracium pallidum Bivon. 1193. Echinospermum deflexum Lehm. 1194. Omphalodes scorpioides Lehm. 1195. Atropa Belladonna L.* 1196. Linaria spuria Mill.* 1197. Melampyrum silvaticum L.* 1198. Alectorolophus hirsutus All. 1199. alpinus Garcke. 1200. Stachys alpina L. 1201. Teucrium Botrys L. 1202. Thesium montanum Ehrh. 1203. pratense Ehrh. 1204. Salix phylicifolia L.* 1205. Betula nana L.* 1206. Pinus Abies L.* 1207. Gymnadenia albida Rich.* 1208. Platanthera viridis Lindl. 1209. Iris bohemica Schmidt. 1210. Leucoium vernum L.* 1211. Tulipa silvestris L* 1211a. + *Scilla amoena* L. 1212. Muscari comosum Mill. 1213. racemosum Mill. 1214. Luzula silvatica Gaud.* 1215. Carex pauciflora Lightf. 1215a. + *Eragrostis poaeoides* P. B. 1216. Lycopodium alpinum L. 1217. Selaginella spinulosa A. Br. 1218. Polypodium Robertianum Hoffm. 1219. alpestre Hoppe. 1220. Asplenium viride Huds. 1221. Breynii Retz.* 1222. septentrionale Sw. 1223. Struthiopteris germanica Willd.

(31.) In S.S. S.I. P. vacat.

(32.) 28. In S.S. S.I. B.:

1223a. + *Erodium moschatum* L'Her.* 1223b. + *Oxalis corniculata* L.* 1224. Rubus affinis W. et N. 1225.

Sprengelii W. et N.* **1226.** Sedum purpurascens Koch.* **1227.**
Galium parisiense L. **1227**a. + *Blitum virgatum* L. **1228.**
Obione pedunculata Moq.-Tand. **1229.** Myrica Gale L. **1230.**
Orchis fusca Jcq. **1231.** Ophrys muscifera Huds. **1232.** Jun-
cus Gerardi Loisl.* **1233.** Calamagrostis varia Lk. **1234.**
Hordeum secalinum Schreb.

(**33.**) **29.** In M. P. S.:
1235. Glyceria plicata Fr.*

(**34.**) **30.** In M. B. S.:
1236. Cuscuta monogyna Vahl. **1236**a. + *Veronica pe-
regrina* L.* **1237.** Allium carinatum L.* **1238.** Carex chor-
dorrhiza Ehrh. **1239.** Botrychium rutaceum Sw. (matricariae-
folium A. Br.)*

(**35.**) In M. B. P. vacat.

(**36.**) **31.** In M. S.I. S.:
1240. Corydalis solida Sm.* **1241.** Anacamptis pyramidalis Rich.*   -

(**37.**) In M. S.I. P. vacat.

(**38.**) **32.** In M. S.I. B.:
1242. Ranunculus hederaceus L.   **1243.** Callitriche auctumnalis L.* **1244.** Helosciadium repens Koch.* **1245.** Ilex
Aquifolium L. **1246.** Atriplex Calotheca Fr.* **1246**a. ⨯*Salix
angustifolia* Wulf.*

(**39.**) **33.** In M. S.S. S.:
1247. Cardamine parviflora L.   **1248.** Geranium divaricatum Ehrh. **1249.** Cytisus nigricans L.* **1250.** Lathyrus
Nissolia L.* **1251.** Rubus vulgaris W. et N.* **1252.** Koeh-
leri W. et N.*   **1253.** Ceratophyllum platyacanthum Cham.
1254. Symphytum tuberosum L.*   **1255.** Orchis globosa L.*
1256. Scirpus Holoschoenus L.*

(40.) 34. In M. S.S. P.:

1257. Osteiicum palustre Bess.* 1257 a. + *Aster bru-
malis* Nees.*

(41.) 35. In M. S.S. B.:

1258. Hieracium sabaudum L. spec.* 1258 a. + *Iris
germanica* L.* 1259. Panicum ciliare Retz.

(42.) 36. In M. S.S. S.I.:

1260. Papaper hybridum L.* · 1261. Corydalis pumila
Host* 1262. Erysimum virgatum Roth. 1263. Malva moschata L. 1264. Geranium rotundifolium L.* 1265. Tordy-
lium maximum L. 1266. Torilis helvetica Gm.* 1267. Chaerophyllum aureum L.* 1267 a. + *Galium saccharatum* All.*
1268. tricorne Wither. 1269. Androsace elongata L* 1270.
Atriplex tataricum L.* 1270 a. >< *Salix mollissima* Ehrh.*
1271. Scirpus supinus L.* 1272. Carex ligerica Gay.* 1273.
humilis Leyss.* 1274. Festuca sciuroides Roth.*

(43.) 27. In P. S.:

1275. Ranunculus cassubicus L.* 1276. Dentaria glandulosa W.K.* 1277. Cytisus capitatus Jcq.* 1278. Adenophora lilifolia Ledeb. 1278 a. >< *Salix Pontederana* Schleich.
1279. dasyclados Wimm. 1280. depressa L.* 1280 a. >< *Do-
niana* Sm.* 1281. Hierochloa australis R. et Sch.

(44.) 38. In B. S.:

1282. Nuphar pumilum Sm. 1283. Rubus Radula W. et N.*
1284. Chamaemorus L.* 1284 a. >< *Mentha nepetoides* Lej.
1285. Salix acutifolia Willd.* 1286. daphnoides Vill.* 1287.
Narcissus Pseudonarcissus L.* 1288. Eriophorum alpinum L.*
1289. microstachya Ehrh.*

(45.) 39. In B. P.:

1290. Centaurea austriaca Willd. 1290 a. >< *Lamium intermedium* Fr.*

(46.) 40. In S.I. S.:

1291. Anemone alpina L. **1292.** Alsine verna Bartl.
1293. Lathyrus heterophyllus L.* **1294.** Aster alpinus L.
1295. Cirsium eriophorum Scop.* **1296.** Hieracium aurantiacum L. **1297.** alpinum L. **1298.** Gentiana ciliata L.* **1299.**
Ajuga Chamaepitys Schreb. **1300.** Rumex arifolius All. **1301.**
Euphorbia amygdaloides L. **1302.** Salix hastata L. **1303.**
Carex rigida Good. **1304.** sparsiflora Stendel.- **1305.** Poa alpina L. **1306.** Woodsia hyperborea Koch.*

(47.) In S.I. P. vacat.

(48.) 41. In S.I. B.:

1307. Helosciadium inundatum Koch. **1303.** Artemisia
maritima L. **1309.** Senecio campester DC. **1309 a.** + *Hel-
minthia echioides* Gaertn.* **1310.** Lobelia Dortmanna L.
1311. Cicendia filiformis Rchb. **1312.** Polemonium coeruleum L.
1312 a. ✕ *Lamium incisum* Willd.* **1313.** Galeopsis ochroleuca Link.* **1314.** Utricularia neglecta Lehm. **1315.** Plantago Coronopus L. **1316.** Chenopodina maritima Moq.-Tand.
1316 a. ✕ *Rumex maximus* Schreb. **1317.** Alisma rannn-
culoides L. **1318.** Ruppia rostellata Koch. **1319.** Fritillaria
Meleagris L. **1320.** Scirpus parvulus R. et Sch. **1321.** Carex
strigosa Huds.* **1322.** Calamagrostis litorea DC.

(49.) 42. In S.S. S.:

1323. Nasturtium austriacum Crtz. **1324.** Dentaria enneaphyllos L. **1325.** Viola biflora L. **1326.** Stellaria Frie-
seana Ser.* **1327.** Geranium phaeum L.* **1328.** pyrenaicum L.* **1329.** Rubus Schleicheri W. et N.* **1330** hirtus W.
K. (W. et N.*) **1331.** Potentilla canescens Bess.* **1332.** Rosa
gallica L. **1333.** Epilobium trigonum Schrk. **1334.** origani-
folium Lmk. **1335.** Lonicera nigra L. **1336.** Homogyne alpina Cass. **1337.** Gnaphalium norvegicum Gunn. **1338.** Se-

necio crispatus DC. **1339.** Cirsium canum M. B. **1340.** heterophyllum All. **1341.** rivulare Lk.* **1342.** Carduus Personata Jcq. **1343.** Prenanthes purpurea L.* **1344.** Gentiana asclepiadea L.* **1345.** Cerinthe minor L.* **1345** a. + *Antirrhinum majus* L.* **1346.** Salvia verticillata L.* **1347.** Parietaria ramiflora Much. **1348.** Pinus Mughus Scop. **1349.** Picea L.* **1350.** Orchis pallens L. **1351.** Galanthus nivalis L.* **1352.** Streptopus amplexifolius DC. **1353**˙ Scilla bifolia L.* **1354.** Veratrum album L. **1355.** Aspidium angulare Kit.*

(50.) **43.** In S. S. P.
1355 a. + *Iberis amara* L.

(51.) **44.** In S. S. B.:
1355 b. + *Fumaria densiflora* DC. **1356.** Rubus discolor W. et N.* **1356** a. + *Valerianella coronata* DC. **1356** b. + *Rudbeckia laciniata* L. **1357.** Zannichellia pedicellata Fr. **1358.** Leucoium aestivum L.

(52.) **45.** In S. S. S. I.:
1359. Fumaria Wirtgeni Koch. **1359** a. + *Cheiranthus Cheiri* L. **1360.** Arabis sagittata DC.* **1361.** Sisymbrium austriacum Jcq. **1362.** Erysimum crepidifolium Rchb.* **1363.** Draba muralis L. **1364.** Spergularia segetalis Fenzl. **1365.** Alsine tenuifolia Whlbg. **1366.** Geranium lucidum L. **1367.** Dictamnus albus L.* **1367** a. + *Medicago denticulata* Willd. **1368.** Astragalus exscapus L.* **1368** a. + *Ervum monanthos* L.* **1369.** Prunus insititia L.* **1369** a + *Cerasus* L. **1369** b. + *Rosa pimpinellifolia* DC. **1369** c. + *turbinata* Ait. **1370.** Mespilus germanica L.* **1371.** Dantia palustris Karsch.* **1372.** Seseli Hippomarathrum L.* **1373.** Turgenia latifolia Hoffm. **1374.** Cornus mas L. **1375.** Asperula galioides M. B. **1376.** Inula germanica L.* **1377.** Artemisia pontica L.*

1378. Achillea nobilis L.*   1379. Cirsium bulbosum DC.*
1380. Centaurea Calcitrapa L.*   1381. Podospermum laciniatum DC.*   1382. Lactuca saligna L.   1383. stricta W. K.
1384. perennis L.   1385. Phyteuma nigrum Schmidt.   1386.
Specularia Speculum Alph. DC.*   1387. Ligustrum vulgare L.*
1388. Lithospermum purpureo-coeruleum L.*   1389. Physalis Alkekengi L.*   1390. Digitalis purpurea L.   1391. Veronica spuria L.   1392. Euphrasia serotina Lmk.   1393. Salvia silvestris L.*   1394. Teucrium Chamaedrys L.   1395. Rumex domesticus Hartm.   1396. Euphorbia Gerardiana Jcq.
1397. Potamogeton plantagineus du Croz.   1398. densus L.*
1399. Lilium bulbiferum L.   1400. Andropogon Ischaemum L.
1401. Poa dura Scop.*   1402.   Grammites Ceterach Sw.*

(53.) 46.   In M. S.:

1402 a. + *Geranium sibiricum* L.   1403. Asperula Aparine Schott.*   1404. Senecio barbareaefolius Krock.*   1404 a.
+ *Xanthium spinosum* L.*   1404 b. ╳ *Vaccinium intermedium* Ruthé.   1405. Gentiana verna L.   1406. Orobanche
pallidiflora Wimm. et Grab.*   1406 a. ╳ *Equisetum inundatum* Lasch.

(54.) 47.   In M. P.:

1406 b. + *Erucastrum Pollichii* Sch. et Sp.*   1407.
Silene tatarica Pers.   1408. Spergula pentandra L.*   1409.
Potamogeton mucronatus Schrad.*

(55.) 48.   In M. B.:

1410. Barbarea praecox R. Br.*   1410 a. + *Elsholzia
cristata* Willd.*   1410 b. ╳ *Stachys ambigua* Sm.*   1411.
Primula farinosa L.   1412. Betula humilis Schrk.   1413. Najas flexilis Rostk. et Schm.*   1414. Gladiolus communis L.
1415. Phleum arenarium L.   1416. Festuca borealis M. et K.

(56.) 49.   In M. S. l.:

1416 a. + *Impatiens parviflora* DC.*   1417. Hieracium

ramosum W. K.* 1418. Gagea saxatilis Koch.* 1418 a.
$\times$ *Juncus diffusus* Hoppe.*

(57.) 50. In M. S. S.:

1419. Nasturtium pyrenaicum R. Br.* 1420. Thlaspi alpestre L.* 1421. Helianthemum guttatum Mill.* 1422. Bul-
liarda aquatica DC.* 1422 a. + *Aster parviflorus* Nees.*
1422 b. + *Rumex scutatus* L.

(58.) 51. In S. sola:

1423. Anemone narcissiflora L. 1424. Isopyrum tha-
lictroides L.* 1425. Delphinium elatum L.* 1426. Nymphaea semiaperta Klinggr. 1427. Arabis alpina L.* ˙1428˙
Cardamine resedifolia L. 1429. trifolia L. 1430. Erysimum
repandum L.* 1431. Viola lutea Sm. 1432. Aldrovanda ve-
siculosa Lmk. 1433. Sagina saxatilis Wimm. 1434. subulata Torrey et Gray. 1435. Moehringia muscosa L. 1436.
Stellaria viscida M. B. 1437. Euonymus verrucosa Scop.*
1438. Cytisus ratisbonensis Schaeff. 1439. Galega officinalis
L.* 1440. Hedysarum obscurum L. 1441. Lathyrus hirsutus
L. 1441 a. $\times$ *Geum inclinatum* Schleich. 1442. montanum L.
1443. Rubus Reichenbachii W. et N. 1444. pygmaeus W. et
N. 1445. Potentilla aurea L.* 1446. Alchemilla fissa Schumm.
1447. Epilobium Dodonaei Vill. 1448. anagallidifolium Lmk.*
1449. lineare Muchl. 1450. Myricaria germanica Desv. 1451.
Herniaria hirsuta L.* 1452. Rhodiola rosea L. 1453. Sedum rubens Haenke. 1454. Ribes petraeum Wulf.* 1455.
Saxifraga Aïzoon Jcq. 1456. oppositifolia L. 1457. bryoi-
des L. 1458. muscoides Wulf. 1459. umbrosa L. 1460. nivalis L. 1461. Hacquetia Epipactis DC. 1462. Athamanta
cretensis L. 1463. Meum Mutellina Gaertn. 1464. Coniose-
linum tataricum Fischer. 1465. Laserpicium Archangelica
Wulf. 1466. Pleurospermum austriacum Hoffm.* 1467. Galium

27 *

vernum Scop. 1468. Valeriana tripteris L. 1469. Dipsacus laciniatus L. 1470. Scabiosa Incida Vill. 1471. Adenostyles albifrons Rchb. 1472. Gnaphalium supinum L. 1473. Doronicum austriacum Jcq. 1474. Senecio subalpinus Koch. 1475. Cirsium pannonicum Gaud.* 1476. Centaurea nigra L. 1477. montana L.* 1478. Achyrophorus helvetiens Scop. 1479. Crepis setosa Hall. fil.* 1480. grandiflora Tausch. 1481. sibirica L. 1482. Hieracium nigrescens Willd. 1483. villosum L.* 1483 a. ✕ *sudeticum* Sternb. 1484. prenanthoides Vill. 1485. cydoniaefolium Vill. 1486. carpaticum Bess.* 1487. Campanula barbata L. 1488. Gentiana punctata L. 1489. Scrophularia Scopolii Hoppe. 1490. Veronica bellidioides L. 1491. alpina L. 1492. Lindernia pyxidaria L.* 1493. Orobanche pruinosa Lapeyr. 1494. Tozzia alpina L. 1495. Pedicularis sudetica Willd. 1496. Bartschia alpina L. 1497. Salvia glutinosa L.* 1498. Nepeta nuda L.* 1499. Androsace obtusifolia All. 1500. Primula minima L.* 1501. Plantago montana Lmk. 1502. Rumex alpinus L. 1503. Euphorbia stricta L. 1504. procera M. B. 1504 a. ✕ *Salix patula* Ser. 1504 b. ✕ *Seringeana* Gand. 1505. incana L. 1506. silesiaca Willd.* 1507. myrtilloides L. 1507 a. ✕ *finmarchica* Fr. 1508. Lapponum L. 1509. herbacea L. 1509 a. ✕ *Alnus pubescens* Tausch.* 1510. Juniperus nana Willd. 1511. Lemna arrhiza L. 1512. Crocus vernus All. 1513. Iris Fieberi Seidl. 1514. graminea L. 1515. Gagea bohemica Schult.* 1516. Allium Victorialis L. 1517. Juncus trifidus L. 1518. Luznla spicata DC. 1519. Scirpus Michelianus L.* 1520. Carex rupestris All. 1521. helvola Blytt. 1522. atrata L. 1523. irrigua Sm. 1524. pilosa Scop.* 1525. capillaris L. 1525 a. ✕ *aristata* Siegert. 1525 b. ✕ *evoluta* Hartm. 1526. Phleum alpinum L.* 1527. Agrostis alpina Scop. 1528. rupestris All. 1529. Avena planiculmis Schrad. 1530. Poa laxa

Haenke.* **1531.** caesia Sm. **1532.** Festuca varia Haenke.
1533. Equisetum trachyodon A. Br. **1534.** Aspidium Lonchitis
Sw. **1535.** Cystopteris montana Lk.* **1536.** Allosorus crispus
Bernh.

(59.) **52.** In P. sola:

1536 a. + *Silene conica* L.* **1537.** Senecio vernalis W. K.*

(60.) **53.** In B. sola:

1538. Ranunculus marinus (Fr.) Hartm.* **1538a. +** *Eranthis*
hiemalis Salisb. **1539.** Cochlearia officinalis L. **1540.** anglica L. **1541.** danica L. **1542.** Lepidium latifolium L. *
1542 a. + *Coronopus didymus* Sm. **1543.** Bunias orientalis
L.* **1544.** Cakile maritima Scop. **1545.** Crambe maritima L.
1546. Silene viscosa Pers. **1547.** Sagina stricta Fr. **1548.**
Honckenya peploides Ehrh. **1549.** Pisum maritimum L. **1550.**
Rubus horridus Hartm. **1551.** thyrsiflorus W. et N.* **1552.**
rudis W. et N. **1552a. +** *Rosa lucida* Ehrh. **1553.** Eryngium maritimum L. **1554.** Oenanthe Lachenalii Gmel. **1555.**
Cornus suecica L. **1556.** Hieracium virescens Sond.* **1557.**
Linaria odora Chav. **1558.** Pedicularis sceptrum Carolinum L.
1559. Euphrasia verna Bell.* **1560.** Primula acaulis Jcq.
1561. Statice maritima Mill.* **1562.** Limonium L. **1563.**
Obione portulacoides Moq.- Tand. **1564.** Atriplex litorale L.
1565. Hippophaë rhamnoides L. **1566.** Hydrilla dentata Caspary. **1567.** Ruppia maritima L.* **1568.** Zannichellia poly-
carpa Nolte.* **1569.** Zostera marina L.* **1570.** Ophrys api-
fera Huds.* **1571.** Allium suaveolens Jcq. **1572.** Juncus maritimus Lmk. **1573.** balticus Willd. **1574.** Scirpus Rothii
Hoppe.* **1575.** Carex loliacea L. **1576.** extensa Good.*
1577. Ammophila baltica Lk. **1577a. +** *Poa procumbens*
Curt. **1578.** Glyceria maritima M. et K. **1578 a. +** *Gaudinia*
fragilis P. B. **1579.** Triticum junceum L. **1579 a.** ✕ *strictum*
Deth. **1580.** acutum DC.* **1580 a. +** *Hordeum maritimum*

Wither. 1581. Lolium italicum A. Br.* 1582. Lepturus incurvatus Trin.

(61.) 54. In SI. sola:

1583. Clematis Vitalba L.* 1584. Adonis flammea Jcq. 1585. Ranunculus Baudotii Godr.* 1586. confervoides Fr.* 1587. Glaucium luteum Scop. 1588. corniculatum Curt. 1589. Arabis brassicaeformis Wallr. 1590. auriculata Lmk. 1591. petraea Lmk. 1592. Erysimum odoratum Ehrh.* 1593. Brassica nigra Koch.* 1593 a. + *Erucastrum obtusangulum* Rchb.* 1594. Subularia aquatica L.* 1595. Hutchinsia petraea R. Br.* 1596. Capsella procumbens Fr. 1597. Rapistrum perenne All. 1597 a. + *rugosum* All. 1598. Helianthemum Fumana Mill.* 1599. Gypsophila repens L. 1600. Dianthus barbatus L.* 1601. Silene Armeria L.* 1602. Hypericum elegans Steph.* 1603. elodes L. 1603 a. + *Medicago apiculata* Willd. 1604. Coronilla montana Scop.* 1605. Hippocrepis comosa L.* 1605 a. ✕ *Potentilla splendens* Ramond.* 1606. Rosa cinnamomea L.* 1607. arvensis Huds. 1608. Sorbus domestica L. 1609. Myriophyllum alterniflorum DC.* 1610. Siler trilobum Scop. 1611. Viburnum Lantana L.* 1612. Artemisia rupestris L. 1613. laciniata Willd. 1614. Cotula coronopifolia L.* 1615. Senecio spathulaefolius DC.* 1616. Scorzonera hispanica L. 1617. Hieracium caesium Fr. 1618. Retzii Fr. 1619. Cynoglossum montanum Lmk. 1620. Orobanche loricata Rchb. 1621. Picridis F. W. Schultz. 1122. minor Sutt. 1622 a. + *Marrubium pannonicum* Rchb. 1622 b. + *creticum* Mill. 1623. Prunella alba Pall. 1624. Teucrium montanum L.* 1625. Statice Halleri Garcke. 1625 a. + *Urtica pilulifera* L.* 1626. Potamogeton spathulatus Schrad. 1627. Himantoglossum hircinum Spreng.* 1628. Epipactis microphylla Ehrh. 1629. Allium sphaerocephalum L.* 1630. Narthecium ossifragum Huds.*

1631. Heleocharis multicaulis Koch. **1632.** Scirpus fluitans L.*
1633. Carex heleonastes Ehrh. **1634.** ornithopoda Willd.*
1635. Phleum asperum Vill. **1636.** Sesleria coerulea Ard.
1637. Avena tennis Much.* **1637**a. + *Eragrostis mega-*
stachya Lk. **1638.** Bromus brachystachys Hornung. **1639.**
Equisetum variegatum Schleich.* **1640.** Scolopendrium officinarum Sw.*

(62.) 55. In S.S. sola:

1640a. + *Corydalis lutea* DC.* **1641.** Nasturtium ar-
moracoides Tausch.* **1642.** Sisymbrium strictissimum L.*
1643. Alyssum saxatile L. **1644.** Isatis tinctoria L.* **1645.**
Viola collina Bess.* **1646.** Polygala Chamaebuxus L.* **1647.**
Dianthus Seguierii Vill. **1648.** Silene nemoralis W. K.* **1649.**
Linum tenuifolium L.* **1650.** Geranium bohemicum L. **1650**a.
+ *Rhus Toxicodendron* L.* **1651.** Cytisus sagittalis Koch.
1652. Trifolium parviflorum Ehrh.* **1653.** elegans Savi.
1653a. + *Ervum gracile* DC. **1654.** Lathyrus Aphaca L.
1655. Prunus Chamaecerasus Jcq.* **1656.** Rubus vestitus W.
et N.* **1657.** silvaticus W. et N. **1658.** fusco-ater W. et N.*
1658a. ⨯ *Potentilla mixta* Nolte. **1659.** Rosa pomifera
Hermann.* **1660.** Epilobium lanceolatum Seb. et Maur. **1661.**
Knautia silvatica Duby.* **1662.** Anthemis austriaca Jcq. **1663.**
Lactuca viminea C. H. Schultz. **1664.** Erica carnea L.* **1665.**
Gentiana obtusifolia Willd. **1666.** Linaria genistifolia Mill.*
1667. Dracocephalum Ruyschiana L. **1667**a. + *Hyssopus*
officinalis L.* **1668.** Scutellaria minor L. **1669.** Potamogeton oblongus Viv.* **1670.** Gymnadenia odoratissima Rich.*
1670a. + *Iris pumila* L. **1671.** Juncus tennis Willd. **1672.**
Scirpus Duvalii Hoppe.* **1673.** Carex obtusata Liljebl. **1673**a.
+ *Avena hybrida* Peterm. **1674.** Eragrostis pilosa P. B.*
1675. Bromus serotinus Beneken. **1676.** Hymenophyllum tun-
bridgense Sw.

(63.) 56. In M. sola:

1676 a. + *Sisymbrium Irio* L.*   **1677.** pannonicum Jcq.
1677 a. + *Alyssum minimum* Willd.*   **1678.** Viola suavis
M. B.   **1679.** Anthriscus nemorosa M. B.   **1679** a. + *Matricaria discoidea* DC.*   **1680.** Orobanche Epithymum DC.   **1681.**
Buekiana Koch.   **1682.** Potamogeton rutilus Wolfg.*   **1683.**
marinus L.*   **1684.** Sparganium affine Schnizl.*   **1685.** Ophrys
fuciflora Rchb.   **1686.** Allium rotundum L.*   **1687.** Cynodon
Dactylon Pers.

Adnotatio.

6. S.I. Praeter notissimum l. n. ad f. ipsos situm pr.
Trebel crescit quoque pr. Calvoerde t. Cl. Blasio; ind. pr.
Neuhaldensleben. Ry.   **42.** M. pr. Brandenburg t. Schramm.
pr. Belzig t. Cl. Rbh. apud Rchb.   **44** a. Hoc nomine conjunguntur variae Nasturtii formae hybridae inter amphibium, silvestre, palustre; certe duo: N. amphibium — silvestre l. n.
certus: M. pr. Berlin ante portam Unterbaum! det. Cl. A.
Braun cujus insigni erga me humanitati specimen debeo, et
N. silvestre - palustre. (Sisymbrium anceps Wahlenb.) B. Rostock. P. pr. Posen! det. Cl. R.   **51.** S. l. f. v. att. pr. Barby.
52. M. forma typica: Finkenkrug inter Spandau et Nauen!
Herb. reg. de hujus stirpis intra fl. M. variationibus alio loco
forsan uberius disseram.   **56.** P. ad Lubostron pr. Labiszyn in
circulo Szubiniensi Cujaviae t. Cl. R.   **67.** Thlaspi alliaceum L.
S.I. Here. mer. t. Cl. Wallr. ubi?   **91.** Polygala depressa
Wender. S.S. f. p. att. pr. Weida.   S.I.? Cl. Meyer l. n. non
affert S. ind. Iserwiese.   **95.** P. pr. Schwerin t. Cl. R.   **100.**
P. pr. Posen plura l. n. det. Cl. R. crescit quoque alibi in
provincia.   **127.** P. pr. Deutsch-Crone t. Cl. Klinggraeff.

130. Cerastium alpinum L. extra f. S. in monte Babia Gora.
131. P. pr. Schwerin t. Cl. R. 144. P. pr. Posen pl. l. det.
Cl. Ritschl indigenam. 177. Trifolium expansum W. K. S. I.
Herc. mer.-occ. t. Cl. Wallr. ubi? 188. P. pr. Posen p. l.
e. g. Minikowo! det. Cl. R. 196. S. I. f. v. att. pr. Hitzacker,
ad Grieben p. Tangermuende. 210. P. in silvis pr. Schoenlanke det. Cl. R. 215 a. M. forma utraque, G. urbanum-
rivale (Willdenowii Buek) l. n. notis, et G. rivale-urbanum
(intermedium Ehrh.) pr. Alt-Landsberg! det. Gaehde. P. forma utraque pr. Posen! det. Cl. R. 226. S. I. l. n. a cl. Meyer
commemoratus ad fl. B. pertinet. Wipperteich pr. Vorsfelde
in ducatu Braunschweigensi t. Cl. Blasio. 244. Poterium polygamum W. K. S. I. Herc. mer. t. Cl. Wallr. ubi? 258. Py-
rus Polleria L. unicum exemplar S. I. Herc. mer. observavit
Cl. Wallr. ubi? Amelanchier vulgaris Mnch. S. I. f. mer. p.
att. t. Cl. Wallr. ubi? 255. P. pr. Posen pl. l. det. Cl. R.
Deutsch-Crone. 258. P. pr. Schocken t. Cl. R. 269. P. pr.
Posen ad fluvium Wartam! det. Cl. R. 271. P. pr. Bronisze-
wice in circulo Pleszewiensi t. Cl. R. 278. M. Burgwald pr.
Reppen! Buek. certe indigena, quum in omnibus provinciis
circum nostram crescat. P. pr. Posen pl. l. det. Cl. R. item
indigenam. Sempervivum hirtum L. S. S. f. p. att. pr. Schlackenwerth Bohemiae. Culta in oppido Lauban in muris t. Cl.
Rbh. apud Rchb. S. montanum L. extra S. f. in Babia Gora.
300. M. Himmelstaedt pr. Landsberg t. Rebentisch. P. pr.
Schocken! det. Jensen pr. Posen! pl. l. det. Cl. R. Variat
secundum Cl. Wallr. (Linnaea 1840. p. 563.): α. decussata
(Libanotis montana Koch.), β. simplex (L. sibirica Koch.).
Hanc formam β. vidi: B. Streckelsberg in insula Usedom!
leg. amic. Dr. Bolle, et ex fl. P. ubi α. nondum reperta est.
303. M. pr. Baruth t. Cl. Rchb. 311. Orlaya grandiflora
Hoffm. S. I. f. p. att. pr. Nordhausen t. Cl. Wallr. 815. P.

pr. Posen det. Cl. R. **321.** Loranthus europaeus Jcq. procul
accedit ad f. S. S. in imis montium metalliferorum radicibus ad Kosten pr. Teplitz! det. M. Winkler. **375** a. S. forsan indigena pr. Charlottenbrunn? **381.** P. pr. Posen ad
Minikowo! det. Cl. R. **390.** Carduus pycnocephalus Jcq. advena olim B. pr. Swinemuende et a me frustra quaesita et
teste amic. Hertzsch recentiore tempore jam non inventa est.
391. P. pr. Posen pl. l. det. Cl. R. **410.** Tragopogon floc-
cosus W. K. B. pr. Ostswine recentiori tempore frustra quaeri-
tur, t. Hertzsch. **412.** S. S. f. v. att. Mittelholz pr. Halle.
428 a. Copiosis observationibus a Cl. Ritschl institutis mihi
persuasum est exstare in Hieracio genere inprimis Piloselloi-
deis multas formas hybridas. Sed quum illa res etsi perspicua a paucis adhuc agnoscatur praeterea Cl. Grisebach mo-
nographiam secutus sub nomine Hieracii auriculaeformis Fr.
hybridas inter H. Pilosellam et Auriculam, H. bifurci M. B.
hybridas inter H. Pilosellam et cymosum vel Rothianum, H.
acutifolii Vill. hybridas inter H. Pilosellam et praealtum attuli.
H. bifurcum vidi M. pr. Driesen: det. Cl. Lasch. (H. cymosum - Pilosella et Rothianum - Pilosella.) S. I. pr. Magdeburg
in muris!! (unicum quod inveni specimen in „Zeitschrift für
die gesammten Naturwissenschaften.“ 1853. p. 228. falso H.
praealtum - Pilosella appellavi. Cl. Ritschl in eo H. Rothianum - Pilosella agnovit. P. H. cymosum Pilosella pr. Posen
pl. l. e. g. Annaberg! H. Rothianum - Pilosella Bollechowo!
Cl. R. det. **446.** P. pr. Posen pl. l. det. Cl. R. **451.** P. intra
f. provinciae pr. Schoenlanke det. Cl. R. **455.** Andromeda calyculata L. non jam pr. Greifswald invenitur: fl. B. vix indigena. **469.** P. pr. Trzemeszno leg. Cl. R. **477.** P. pr. Posen pl. l. det. Cl. R. **485.** Pulmonaria saccharata fl. B. (Schrei
p. Garz! R. Hertzsch, Koernicke) nihil aliud est nisi P. officinalis
foliis maculatis: eadem forma crescit M. ad Lunow pr. Oderberg!!

512. Linaria striata DC. S. I. Herc. mer. q. sp. t. Cl. Wallr. ubi?
518. Veronica aphylla L. extra f. S. in Babia Gora. 519.
V. austriaca L. v. dentata Schmidt ind. S. S. pr. Drebkau,
Gassen S. pr. Troppau t. Cl. Koch certe eadem planta quam
Cl. Wimmer sub nomine V. prostratae dubitans affert. 523.
acinifolia L. S. I. Herc. mer.-or. olim t. Cl. Wallr. 528.
S. I. pr. Braunschweig. t. Cl. Blasio. 532. P. pr. Schwerin
t. Cl. R. 545. Lycopus exaltatus L. fil. S. S. f. p. att. pr.
Bodenbach Bohemiae det. M. Winkler. M. an S. S.? pr. Wittenberg det. Cl. Schkuhr. an postea visa? 560. P. pr. Posen
et Hammer in circulo Czarnikowiensi det. Cl. R.; an forma praecedentis? 580. Teucrium scordioides Schreb. S. I.
Herc. mer. t. Cl. Wallr. ubi? 589. Anagallis tenella L. S. S.
pr. Geithayn olim reperta?? 592. Soldanella alpina L. extra
f. S. in Babia Gora. Hanc insignem stirpem S. S. Welsche
Kamm pr. Weissbach se invenisse commilito quidam mihi per-
suaserat: specimine viso Prenanthes purpurea L. agnita est.
593. P. Słonawy inter Exin et Szubin Cujaviae t. Cl. R. Glo-
bularia vulgaris L. S. I.-f. p. att. pr. Bennstedt pr. Halle
pr. Sandersleben et Bernburg Schwabe. Cl. Hampe eam inter plantas Hercynicas affert; ubi? 600. Polycnemum majus
A. Br. S. I. pr. Westerhausen et Osterwieck t. Cl. Meyer,
Hampe et Schatz de ea tacent: hic l. n. indicatis P. arvense
affert. Kochia Scoparia Schrad. ad f. S. S. pr. Bodenbach
advena in aggere viae ferratae S. I. olim ad lacum salsum.
Echinopsilon hirsutum Moq.-Tand. B. olim pr. Warnemuende;
in insula Usedom Pomeraniae? 603. P. pr. Pleschen et Schwerin t. Cl. R. 605. P. pr. Posen unico loco detexit det. Cl.
R. 614. Atriplex laciniatum L. S. I. Ad lacum salsum nunquam denuo inventa, pr. Salzdahlum olim t. Cl. Blasio. B.
pr. Warnemunde post Detharding a nemine reperta. Pomeraniae dubia civis. 639. Euphorbia falcata L. M. inter Thyrow

et Trebbin leg. Cl. Fr. Otto anno 1813 proelii apud Gr. Beeren commissi tempore stipendia meritus.   Ex hoc tempore hoc
loco neque quaesita neque reperta est;   donec ergo vera indigena probetur omittenda.   S. S. ind. pr. Neuhaldensleben.
Ry. **641.** P. pr. Posen denno copiosam invenit Cl. B.. **658.**
Salix holosericea Willd.   M. pr. Berlin ad Treptow pauca
culta individua. B. Meckl. pr. Krickow indigena? P. culta. **659.**
S. grandifolia Ser. ind. S. S. pr. Dippoldiswalde, Tharandt,
Freiberg.   **674.** S. I. pr. Braunschweig am tauben See t. Cl.
Blasio f. mer. p. att. t. Cl. Wallr. ubi? **680.** Potamogeton
decipiens Nolte. B. f. p. att. in lacu Schallsee. **686.** P. Haec
stirps, pr. Meseritz crescit t. Cl. R. non Najas minor in provincia adhuc invenienda; N. major praeterea in lacu Goplo et
pr. Posen ad Strzeszyno. **700.** P. Pom. pr. Schoenwerder l.
Cl. Rostkovius 1836 t. am. Hertzsch. **704.** Orchis Traun-
steineri Saut. certe hujus speciei forma crescit M. pr. Neudamm! Rothe (Herb. Hertzsch) et β. pr. Noerenberg! ubi in
planitie baltica primus det. amic. Hertzsch.   Exemplaria cum
Tiroliensibus congruunt t. Cl. A. Braun. **707.** M. Lindholz
pr. Paulinenau! Ritter; det. Hertzsch. **745.** P. ad Minikowo pr.
Posen det. Cl. R. pr. Schwerin. **771.** Carex divulsa Good. S. S.
Cl. Rchb. olim det. pr. Leipzig: post eum reperta esse non
videtur.   B. ind. Meckl. ubi? **779.** P. pr. Posen pl. l. det.
Cl. R.; Schocken. **784.** Carex laxa Wahlenb. B. ind. Greifswald. **796.** C. binervis Sm.   S. I. Herc. t. Cl. Wallr. ubi?
810. Setaria italica P. B.   S. I. Herc. mer. quasi civis facta
t. Cl. Wallr. ubi? **822.** Apera interrupta P. B. S. I. Herc.
mer. t. Cl. Wallr. ubi? **829.** P. pr. Posen certus l. n.   Vor
dem Eichwald. t. Cl. R.   **830.** Aira Wibeliana Sond. B. in
litore Meckl. t. Cl. Roeper. ubi? **834a.** Avena brevis Roth.
B. ind. Meckl. ubi? **834b.** P. pr. Posen inter Kuhndorf et
Jerzyc det. Cl. R.   **836.** Avena versicolor Vill. ind. B. Schrei,

Pomellen?? **837.** P. pr. Dentsch-Crone. **841.** P. in silva
Boguniewiensi det. Cl. R. **866.** P. pr. Posen pl. l. det. Cl.
R. **880—887.** P. Circa Posen crescunt t. Cl. R. **888.** P. in
silva Boguniewiensi det. Cl. R. **889 — 892.** Circa Posen
crescunt t. Cl. R. **894.** M. pr. Neudamm t. Hertzsch; specimen nondum vidi. **895.** M. ind. pr. Leitzkau t. Scholler et
Schwabe. **898.** P. pr. Obrcycko t. Cl. R. **899.** L. n. originalis hujns plantae est M pr. Wittenberg ad Albim sub Pie-
stritz; nescio an recentiori tempore r. perta sit. **900** M. ad
Albim pr. Wittenberg post Cl. Schkuhr a nemine ut videtur
reperta; ind. pr. Friedrikenberg Schwabe. S. I. Schapenbruch-
teich pr. Braunschweig t. Cl. Blasio. **901.** S. S. f. p. att.
Isergebirge. Multis locis Lusatiae culta et q. sp. an nullibi
indigena? **902.** An nullibi in S. S. indigena? pl. l. Lusatiae
t. Cl. Rbh. q. sp. **902 a.** M. pr. Berlin. pl. l.!! culta, pr.
Frankfurt, Buek t. Cl. Wimmer. **903.** S. S. dubia civis pr.
Leipzig? **904. 905.** S. I. ind. pr. Neuhaldensleben. Ry. **908.**
Hanc plantam in S. I. inveniri Cl. Meyer negat. Here. mer.
t. Cl. Wallr. ubi? **910.** Sedum annuum L. S. S. f. p. att. ad
Mittelgrund pr. Tetschen Bohemiae t. M. Winkler. **911.** P.
pr. Posen pl. l. det. Cl. R. **912.** P. pr. Schwerin t. Cl. R.
913. S. I. Herc. mer.-occ. t. Cl. Wallr. ubi? **914.** S. I. ind.
pr. Neuhaldensleben. Ry. **915.** M. Trossin pr. Baerwalde!
det. Schaede (Herb. Dietrich). Luedersdorf pr. Angermuende
det. Seehaus. pr. Magdeburg inter urbem et Friedrich-Wil-
helmsbruecke t. Schatz. **916.** P. pr. Posen det. Cl. R. S. I
ind. ad f. pr. Barby. **918.** B. ind. pr. Stolp. **920 a.** P. pr.
Posen t. Cl. R. Nekla in circulo Szrodensi. **922.** B. dubia
civis quum ab amic. Hertzsch mihi missum specimen
Herb. Rostkoviani! sit Inula Britannica L. **924.** = Hieracium
collinum apud Dietr. Vidi ex fl. M.: Frankfurt! Buek. Driesen! Lasch. **925.** B. Meckl. pr. Liepen t. Cl. Betcke non

jam invenienda. **927.** B. f. p. att. pr. Lauenburg. **928.** P. pr.
Posen pl. l. e. g. pr. Minikowo! det. Cl. R. **929.** B. dubia
civis; in Herb. Rostkoviano sub nomine hujus speciei asser-
vantur C. praecox et C. polyrrhiza Wallr. v. infra. P. pr. Posen pl. l.! det. Cl. R. **950.** P. ind. pr. Meseritz. Cl. R. specimen nondum vidit. **932. 941.** P. ind. in fl. Tr. **942.** P.
ind. pr. Krotoschin. **940.** M. Specke pr. Wittenberg t. Cl.
Schkuhr. **950.** P. ind. in fl. Tr. **951.** P. ind. pr. Schocken;
Cl. R. specimen nondum vidit. **954.** M. ind. pr. Brueck a
Cl. Ruthe, pr. Nedlitz a Scholler et Schwabe sub nomine Aspe-
rulae laevigatae L.; pr. Wittenberg ad Koepnick t. Cl. Schkuhr.
Schlesche Forst; Brandsheide pr. Belzig t. Cl. Rchb. **957** a.
S. Breslau circa hortum botanicum q. sp. t. Winkler. **958.**
P. planta pr. Meseritz leeta erat Filago minima Fr.; ind. in
fl. T. **959.** M. pr. Schwedt det. Seehaus. Apollensberg pr.
Wittenberg t Cl. Schkuhr. B. pr. Garz det. Seehaus. **961.**
M. Hanc stirpem pr. Baerwalde crescere Cl. Ruthe certio-
rem me fecit. f. mer. forsan att. pr. Golssen t. Cl. Rbh. **966.**
M. pr. Schermeisel! det. amic. Reinhardt. **967.** P. ind. in fl.
Tr. **968.** P. ind. pr. Meseritz sed Cl. R. specimen nondum
vidit. **971—973. 976. 980. 983. 986.** P. ind. in fl. Tr. **987.**
M. in ripa Albis dextra pr. Wittenberg! Liebe, Magdeburg!!
Havelberg! Lehmann, Herb. reg. **989. 990.** P. ind. in fl. Tr.
993. Luzula spadicea DC. extra f. S. in Babia Gora. **994.**
P. ind. in fl. Tr. **996.** M. pr. Belzig, Baruth t. Cl. Rbh.
Ragoesen t. Schwabe. **999.** P. ind. in fl. Tr. **1001.** M. Zotzen
pr. Friesack! det. amic. Hertzsch. **1009.** M. pr. Potsdam!!
pr. Neudamm! in M. primus invenit Hertzsch. S. S. Dresdner
Heide! Rchb. fil. (Herb. Bolle). Hohnstein! (Herb. Garcke.)
Schneeberg! (a Cl. Buek accepi). **1010.** M. vidi: Oranien-
burg! Gaehde. Rathenow! Paalzow. Neudamm! Rothe (Herb.
Hertzsch). S. S. Hohnstein! (Herb. Garcke). Fugau! Lorinser

(Herb. Bolle). 1020. S. dubia civis pr. Birnbacumel, Teschen.
1021. M. Magdeburg bei der Citadelle!! Havelberg! Vogt,
Ritter. 1022. P. Słonawy t. Cl. R. 1023. P. pr. Inowraclaw,
Kruszvic t. Cl. R. Althaea hirsuta L. S. I. Benzingerode pr.
Wernigerode q. sp. 1023 a. — 1025. An vere deficiunt in fl.
S.? 1027. M. Ad fluvium Oder: pr. Frankfurt! Buek. Wrietzen! Schaede. (Herb. Bauer.) Freienwalde!! Oderberg!! Lunow!! pr. Neudamm t. Hertzsch, pr. Baerwalde t. Ruthe fil.
pr. Driesen det. Lasch. (l. u. originalis), ad Albim pr. Wittenberg! Liebe. Wittenberge! Arndt; pr. Berlin pl. 1 !! S. S.
pr. Dresden! (Herb. Bauer.) extra f. pr. Leitmeritz Bobe-
miae!! S. I. pr. Magdeburg ad pagum Salbke det. Cl. A.
Braun et Grisebach. B. Mescherin pr. Garz det. Jaenicke t.
Hertzsch. P. pr. Posen pl. l. et pr. Samter det. Cl. R. 1028.
Słonawy! Cl. R. communicavit mecum. 1029. P. pr. Posen
bei der Ziegelflèche t. Cl. R. 1030. P. Słonawy t. Cl. R.
1031. P. pr. Hammer in circulo Czarnikowiensi det. Cl. R.;
Sch.verin. 1032. S. S. f. v. alt. ad Gutenberg pr. Halle, p.
alt. pr. Eisenberg. P. pr. Lubostron t. Cl. R. 1033. M.? pr.
Landsberg t. Rebentisch. conf. comment. meam in „Zeitschrift
für die gesammten Naturwissenschaften." 1854. p. 444. S. I.
pr. Wolfenbuettel indigena t. Cl. Blasio. B. pr. Ludwigslust! Arndt ad aggerem viae ferratae legit. An prope alionbi
indigena? P. pr. Trzemeszno leg. Cl. R. Potentilla pilosa
Willd. ind. a Cl. Hampe. S. I. Blechhuette pr. Quedlinburg,
quam Schatz silentio praetermisit. 1035. P. pr. Trzemeszno.
Cl. R. vidit specimen a Pampuch collectum. 1038. B. ind.
pl. l. fl. Pom. 1039. P. pr. Posen! multis locis det. Cl. R.
1041 a. S. S. f. p. att. certe indigena pr. Tetschen!! Tollenstein! non dubito quin itidem in carum regionum quae montibus saxosis gaudent, (S. S. S. I. S.) aliqua parte sit indigena, ut verisimillime Botzenberg pr. Fugan, Karl.

1043. P. ind. in fl. Tr. 1044. M.? pr. Berlin in horto botanico frequens t. Cl. Bauer et Dietrich aliunde non vidi. S.
in acre Kynast! det. Jaenicke. (Herb. Winkler.) 1045. B. f.
v. att. pr. Boitzenburg. 1047. Hanc arborem P. pr. Baleze-
wo in circulo Szubiniensi crescere Cl. R. ab architecto quodam audivit: specimen nondum vidit. 1049. P. ind. in fl. Tr.
1050. M. dubia civis; Cl. Ruthe eam non vidit; pr. Zerbst,
Hundeluft t. Schwabe; ad f. pr. Trebatsch t. Cl. Rbh. 1051.
B. Schrei pr. Garz! Carex tomentosa Rostk.! in schedula
speciminis quod amic. Hertzsch mihi misit. 1055. M. ind. pr.
Zerbst. Schwabe. 1056. S.I. Herc. mer. t. Cl. Wallr. ubi?
B. pr. Noerenberg! det. Hertzsch. 1057. S.I.? forsan pr.
Zorge Herc.? 1058. B. in insula Wollin contra Swinemuende
t. Seehaus. Hertzsch. 1059. B. Pom. pr. Tantow t. Hertzsch.
1059 a. M. pr. Driesen! det. Cl. Lasch. P. pr. Posen! det.
Cl. R. 1059 b. P. pr. Posen ad Kobylepole! Hammer det.
Cl. R. 1061. S.I. f. v. att. ad Crüden pr. Wittenberge!
Arndt, Dannenberg, Hitzacker, Artlenburg. 1062. P. pr. Me-
seritz t. Cl. R. 1064. S.S. f. p. alt. pr. Eisenberg. S.I. pr.
Ballenstedt, Neindorf t. Schatz q. sp. sed verisimilius aeque
ac alibi indigena. P. pr. Posen det. Cl. R. 1067. S.S. f.
v. att. pr. Neuzelle. 1068. M. pr. Berlin pl. l. e. g. pr. Wil-
mersdorf!! P. pr. Posen et Hammer! det. Cl. R. 1069. P.
pr. Posen det. Cl. R. 1073. M. Kornhorst pr. Friesack!
Ritter. (Herb. Hertzsch.) S.I. ind. a Cl. Meyer ubi? 1074.
S.S. pr. Pirna! det. Huebner. (Herb. Bauer.) pr. Dresden!
Rchb. fil. (Herb. Bolle.) B. Meckl. ind. inter Weisdin et Neu-
strelitz. Pom. pr. Stettin: Malzmühle, Frauendorf t. amic.
Hertzsch. S. Grüneiche pr. Breslau! Winkler. 1075. S.S.
f. v. att. in lacu Schwielochsee. P. vide 686. 1078. B. pr.
Stettin t. Hertzsch. pr. Putbus t. Cl. R. 1079. M. pr.
Oranienburg! (Herb. Gaehde); forma typica a defuncto

Dr. Homann quondam leeta; pr. Neudamm! Rothe (Herb. Hertzsch) forma pumila = Botrychium Kannenbergii Klinsm. 1080. P. pr. Schwerin t. Cl. R. 1084. M. Kluskrug pr. Magdeburg t. Schatz. pr. Barby denno invenit Cl. Grisebach pr. Zerbst t. Schwabe. 1086. M. praeter l. n. pr. Gross-Behnitz ubi planta denno reperta non videtur: Nonnendorf pr. Jüterbogk et Hagelsberger Birken pr. Belzig t. Cl. Rbh. apud Rchb. pr. Zerbst t. Schwabe. 1087. S. I. Wipperteich pr. Vorsfelde t. Cl. Blasio. 1087 a. M. Grunewald pr. Berlin!! pr. Prenzlau t. Gerhardt 1089. M. juxta Albim tantum: pr. Wittenberg! pl. l. Liebe; pr. Magdeburg!! pr. Havelberg! Vogt. 1089 a. P. ind. in fl. Tr. 1091. M. pr. Frankfurt! Buek. = Hieracium bifurcum apud Dietrich. Planta pr. Alt-Landsberg crescens quam accepi e manu inventoris, Gaehde, non est forma typica. B. ind. pr. Lutheran in dominio Luebz; si errore typographico tantum, de qua re vix dubito, apud Langmann et Boll H. stoloniferum legitur. 1092. M. Niebelhorst pr. Treuenbrietzen! det. Pauckert. 1093. B. ind. Meckl. pr. Dargun certe non indigena. 1094. M. pr. Gommern t. Schatz. Tochheim pr. Barby, Scholler; t. Schatz denno inventa; ad Mahlsdorf pr. Golssen f. att. t. Cl. Rbh. — Schoeneberg pr. Berlin et pr. Potsdam q. sp. 1095. Verbascum orientale M. B. ind. B. Pom. pr. Leese, Swinemuende?? 1095 a. M. Wittenberg! Liebe, conf. comment. meam l. c. p. 452. 1096. P. ind. in fl. Tr. 1097. M. pr. Friesack! pl. l. det. Hertzsch. Rathenow! Schramm. Genthin! Schiede. Herb. reg. 1101. P. ind in fl. Tr. Wollstein? 1103. M. pr. Berlin et Frankfurt tempore recentiore non jam lecta videtur. Brandsheide pr. Belzig t. Cl. Rbh. apud Rchb. 1106. M. pr. Pritzhagen t. Cl. Kunze. In Herb. Dietrich vidi specimen quod accepit pr. Pritzhagen lectum. Et ipse pro Aspid. angulari Kit. (Braunii Spenn.) agnovi et Cl. A. Braun candem edidit sententiam.

Utraque sitne species Marchica necne annis insequentibus in-
dagandum. 1108. S. dubia civis pr. Bunzlau, Iserwiese. 1109.
M. f. v. att. ad Schoenwalde pr. Luebben t. Cl. Rbh. 1111.
1112. S. dubiae cives pr. Troppau. 1113. M. Finkenkrug!!
det. Cl. Koernicke. 1113 a. Non invenitur nisi circa Albis
alveum: ergo M. S.I. B. tangit tantum. M. ad Herrnkrug
pr. Magdeburg t. Schatz. 1115. P. pr. Posen olim; nunc non
jam inventa. S. dubia civis pr. Breslau semel. Teschen. 1116.
Sazlbrunn pr. Treuenbrietzen! Reinhardt ad Tremsdorf pr.
Saarmund t. Cl. Ruthe. 1117. M. f. v. att. Magdeburg
t. Schatz et Havelberg! Krause (Herb. Dietrich). B. f.
v. att. pr. Boitzenburg. Peucedanum Chabraei Rchb. t. Cl.
Dietrich in Marchia non crescit. 1121. P. ind. in fl. Tr.;
forsan ad Klęka pr. Neustadt (ad Wartam). Cl. R. nondum
vidit. S. pauca exemplaria interdum pr. Breslau lecta. 1122.
M. Tochheim et Goednitz pr. Barby t. Scholler; t. Schatz
denno inventa. 1125. M. pr. Frankfurt! Buek; semel tantum lecta; pr. Lunow det. Seehaus, nunc jam eradicata videtur; pr. Zehden t. Schaede. B. pr. Tantow det. Seehaus.
1128. S. dubia civis pr. Troppau. 1131. M. pr. Frankfurt!
det. Buek. pr. Brandenburg! et Baumgartenbrueck! t. Schramm.
1133. S. S. in montium metalliferorum parte Bohemica ut .vi-
detur non rara, e. g. pr. Schlackenwerth, pr. Kommotau t.
Knaf. pr. Eichwald amic. Dr. Bolle legit. 1134. S. dubia
civis pr. Schoenau. 1140. S. I. pr. Celle! Herb. Winkl.; ind.
pr. Neuhaldensleben. Ry. 1144. M. Brandsheide t. Cl. Rbh.
apud Rchb. 1147. S.S. f. v. att. pr. Dessau, Plesern, Gera.
1148. S.S. f. v. att. ad Trotha pr. Halle. '1149· M. pr. Friesack det. Hertzsch. P. Cl. Ritschl mecum communicavit F.
elatioris L. formas depauperatas pr. Posen lectas quas pro
hac F. loliacea auct. habet: quod nolim nunc jam contendere
1150. B. pr. Malchin t. Dr. Griewank. 1152. P. pr. Milos-

law t. Cl. R. **1152** b. P. pr. Strzeszyno‑Muehle! det. Cl. R.
1154. S. S. f. p. att. ad Meilitz pr. Weida, pr. Gera. B. f.
v. att. pr. Dassow. **1155.** P. Słonawy t. Cl. R. **1156.** M.
specimen genuinum nondum vidi. B. ind. Meckl. Brusdorfer
Holz: praeterea Ononidis species indefinita (hircina an anti‑
quorum apud Langmann?) in Albis aggeribus. **1159.** P. ind.
in fl. Tr. Viola epipsila Ledeb. an eadem quae V. palustri‑
uliginosa Wimm. quae crescit S. ad Winow pr. Oppeln. **1161** a.
pr. Posen in vallo! R. **1162.** M. specimen nondum vidi.
S. I. Herc. t. Cl. Wallr. ubi? **1162** a. In his provinciis ut
videtur permanens; pauca exemplaria interdum q. sp. lecta
M. S. I. Here. t. Cl. Wallr. ubi? S. **1163.** M. pr. Prenzlau
secundum Cl. Schrader fl. Germanicam; ex hoc tempore quan‑
tum scio non reperta; pr. Zerbst t. Schwabe. **1164.** S. I. f.
p. att. pr. Wuhlenburg. P. Splawie pr. Posen! det. Cl. R.
1167. B. ind. Meckl. ubi? P. Annaberg haec stirps non
crescit sed varietas R. polyanthemi t. Cl. R. **1168.** M. ad Tor‑
now pr. Neustadt‑Eberswalde, ad Molchow pr. Neu‑Ruppin,
Jehserigerhuetten pr. Belzig t. Cl. Rbh. apud Rchb. q. sp. B.
pr. Luebsee. Helleborus niger L. S. dubia civis im Gesenke?
1172. P. forsan in provincia sed de l. n. nihil constat. **1176.**
B. Verisimillime advena tantum. P. q. sp. nunc nondum de‑
nuo reperta. **1177.** Culta et copiose q. sp. M. B. P. **1178.**
S. I. pr. Hessen in ducatu Braunschweigiensi t. Cl. Blasio. P.
pr. Krotoschin vix indigena. **1181.** P. Niwka pr. Moschin;
an indigena? **1187.** M. ind. ab amic. Reinhardt pr. Scher‑
meisel sed specimen nondum vidi. **1188.** P. pr. Krotoschin
vix indigena. **1195.** M. pl. l. regionis Priegnitz! (Herb.
Dietrich) Schwedt. v. indigena. B. Pom. Julow pr. Stettin
plantata quondam non jam invenitur t. Cl. R. Meckl. pl. l.
an indigena? P. ind. pr. Pudewitz sed Cl. R. nondum vidit.
1196. S. S. f. v. att. ad Klein‑Doelzig pr. Leipzig. **1197.**

M. ind. a Cl. Ruthe et Schaede im Blumenthal pr. Strausberg.
P. ind. in fl. Tr. 1204. M. pr. Berlin ad Treplow!! plantata (S.
laurina Sm.) pr. Frankfurt an indigena? B. pr. Swinemuende,
in insula Bugia indigena? 1205. P. ind. in ll. Tr. 1206. B.
Meckl. hinc inde, t. Cl. Boll culta. Pinus Larix L. S. pr.
Jägerndorf, Herlitz, Freudenthal etc. forsan indigena? alibi
hinc inde plantata. 1207. 1208. M. ind. pr. Belzig t. Cl.
Rbh. apud Rchb. Nigritella angustifolia Rich. S. dubia civis in montibus Czantory et Praszywa pr. Teschen. 1210.
M. ind. pr. Burghagen an indigena? B. pr. Dassow q. sp.
1211. M. pr. Frankfurt, Brandenburg! B pr. Rostock, Dassow,
P. pr. Krotoschin q. sp. 1214. B. ind. pr. Schlawe, Cöslin, Poll-
now, Greifswald. 1221. 1222. P. ind. Bresewitz pr. Neu-Branden-
burg. 1223a. S l. Wolfenbüttel t. Cl. Blasio. 1225. M. ind.
pr. Friesack ab amic. Hertzsch; specimen nondum vidi. 1226.
Sedum Fabaria Koch extra f. S. in Babia Gora. S. Cepaca
L. olim S. l. ad lacum salsum? 1227a. P. ind. in fl. Tr.
S. pauca exemplaria interdum pr. Breslau lecta (Holzhof!
Winkler). Blitum capitatum L. S. S. q. sp. Cl. Rchb. ubi?
1232. S. S. f. v. att. ad Dieskau pr. Halle. 1235. M. pr.
Frankfurt det. Cl. Buek. t. Cl. Dr. Garcke. 1236a. M. pr.
Potsdam in seminario reg.! (Landes-Baumschule) q. sp. Radicke. B. Stettin in horto pharmacopolae aulici q. sp. t.
amic. Hertzsch. 1237. S. S. f. p. att. pr. Schlackenwerth.
1239. B. pr. Warnemuende t. Dr. Griewank; Nehmitz pr.
Stettin! det. Hertzsch. 1240. M. pr. Berlin im Thiergarten!
olim (Herb. Dietrich), nunc eradicata; item pr. Prenzlau l. n.
cultura destituto in hortis! tantum colitur (specimen debeo
Gerhardt, Viro de M. septentr. fl. optime merito). Est Fumaria Halleri Willd. prodr. fl. berol. no. 704. „distinctissima
bracteis incisis." In herbario ejus pluribus hujus speciei exemplaribus unicum Coryd. intermediae Mer. immixtum specimen certe

casu eo pervenit. B. ind. Hiddensee etc. specimine non viso afferre
non audeo, quum saepius cum Cor. pumila Host. commutata
sit; vid. 1261. **1241.** B. ind. Meckl. ubi? P. ind. pr. Meseritz, Cl. R. specimen nondum vidit. **1242.** M. pr. Magdeburg ad Randau t. Bertram; in rivo Berste t. Cl. Rbh. **1243.**
M. pr. Potsdam! pl. l. det. Def. Oenicke. S. S. ind. pr. Luckau, Chemnitz; Fugan, Karl. **1244.** S. S. ind. pr. Dessau
ad Schierau, Schwabe; f. forsan att. pr. Golssen t. Cl. Rbh.
1246. S. S. ind. in Lusatia t. Cl. Rbh.? **1246a.** M. pr. Driesen det. Cl. Lasch t. Cl. Wimmer. **1249.** P. ind. in fl. Tr.
1250. M. pr. Magdeburg ad Friedrichstadt **2** locis satis copiose!! **1251.** M. ad Bellevue pr. Berlin!! S. I. ind. a Cl.
Meyer ubi? P. ind. pr. Krotoschin. **1252.** M. pr. Spandau
det. Cl. Sonder. **1254.** Haec stirps P. pr. Krotoschin non
crescit sed S. orientale L. pr. hoc oppidum pl. l. q. sp. t.
Cl. R. **1255.** M. pr. Frankfurt! Buck. recentiore tempore
jam non lecta videtur item S. I. Ochsenberg pr. Stassfurt.
1256. P. ind. pr. Fraustadt; Cl. R. specimen nondum vidit.
1257. S. I. Herc. mer. olim t. Cl. Wallr. ubi? P. pr. Posen!
pl. l. det. Cl. R. **1257a.** M. pr. Berlin ad Bellevue!! det.
amie. Dr. Bolle. S. S. ad f. pr. Tetschen! det. M. Winkler.
P. pr. Posen ad Schilling det. Cl. R. **1258.** B. pr. Ludwigslust det. Schreiber t. Cl. Garcke; pr. Noerenberg! det. Hertzsch.
1258a. S. I. ind. a Cl. Meyer ubi? **1260.** B.? pr. Malchin
valde dubia. **1261.** M. pr. Frankfurt ad Unterkrug!! det. Cl.
Buck. Cor. solida apud Dietrich. S. S. f. v. att. ad Seeben
pr. Halle. **1264.** M. pr. Frankfurt! det. Cl. Buck. **1266.** M.
pr. Berlin in colle Kreuzberg!! det. Cl. Bauer; ind. jam a
Rebentisch in fl. Berlinensi ubi? S. S. f. v. att. pr. Halle.
S. I. pr. Rollsdorf, Steigerthal. **1267.** M. pr. Frankfurt! denuo invenit Cl. Buck. S. pr. Johannesbad recentiore tempore non lecta. **1267a.** M. pr. Frankfurt! det. Cl. Buck.

1269. S. dubia civis pr. Teschen. 1270. M. pr. Wittenberg!
Liebe. 1270 a. P. culta. 1271. B. ind. ad fossam Randow.
1272. = Carex pseudo-arenaria Rchb. M. pr. Berlin pl. l.
e. g. Fuchsberge!! beim zoolog. Garten!! Cl. A. Braun primus recte dignovit: cum exemplaribus Andégavensibus! (Herb.
A. Braun) nostratia plane congruunt; pr. Driesen! det. Lasch,
accepi a Cl. Buek sub nomine Car. Schreberi-arenariae; =
C. schoenoides Lasch. non Host. C. schoenoides Rebent. an
eadem planta? S. I. pr. Hannover t. Cl. Lang. ad Albis ripam t. Cl. Grisebach (mecum communicavit Cl. Braun). 1273.
S. valde dubia civis Iserwiese? 1274. M. ad Schoeneberg
pr. Berlin! Rach. (Herb. Bolle) det. Cl. Bauer. B. ind. pr.
Doberan. 1275. P. ad Splawie pr. Posen det. Cl. R. pr.
Nekla in circulo Szrodensi! R. 1276. P. Cl. R. specimen
vidit quod inter Mielzyn et Powidz se collegisse Pampuch
dicit; = D. enneaphyllos fl. Tr. 1277. P. in provincia certe
inventa t. Cl. R. 1280. P. pr. Posen pl. l. e. g. Sytkowo!
det. Cl. R. 1280 a. S. I. Herc. mer. t. Cl. Wallr. ubi? P. pr.
Posen pl. l. e. g. Golęcin! det. Cl. R. 1283. S. S. ind. pr.
Fugan, Karl. S. I. ind. a Cl. Meyer ubi? 1284. B. in turfosis pr. Swinemnende! det. amic. Dr. Bolle. 1285. M. pr.
Berlin paucae arbores plantatae: item P. pr. Posen. 1286.
P. inter Hammer et Czarnikow det. Cl. R.; an indigena? a
1285. v. diversa. 1287. B. in insula Rugia t. Cl. R. pr. Stolp-
muende etc. t. Schramm indigena. 1288. S. I. Brocken 1811 t. Cl.
Wallr. ex hoc tempore non reperta videtur. 1289. S. S. ind.
in Lusatia pr. Gahro, Kasel. S. I. f. p. att. pr. Munster.
1290 a. S. I. ind. pr. Hitzacker, quem l. n. Cl. Meyer in Chlor.
han. affert in fl. exc. silentio praetermisit. Herc. mer. t. Cl.
Wallr. ubi? P. in urbe Posen! det. Cl. R. 1293. M. ind. pr.
Perleberg? S. Geiersberg! Wichura (Herb. Winkler), Hertzsch;
et alibi. = Lathyrus latifolius Wimm. quod Cl. Wimmer ipse

dicit. **1295.** S. S. f. p. att. pr. Schlackenwerth!! **1298.** S. S.
f. p. att. pr. Eisenberg, Schlackenwerth! Bodenbach. **1306.** S. S.
f. p. att. in monte Tollenstein. **1309** a. In S. I. et B. persistere
dicitur; alibi cum segete introducta e. g. M. pr. Werneuchen!
Gaehde, at nimis fugax hospes. **1312** a. S. S. pr. Dresden
t. Cl. R. hortorum aufuga? an alicubi in hac provincia indigena? **1313·** S. S. pr. Weissagk et Gr. Luebbenau Cl. Rbh.
interdum pauca exemplaria legit; an prope alicubi indigena?
ind. pr. Fugan, Karl. **1321.** B. in silva pr. Doberan! Hem-
pel; det. Cl. Roeper. **1326.** B. f. p. att. pr. Crummesse pr.
Luebeck. **1327.** S. I. Blankenburg q. sp. Elm t. Cl. Blasio
an indigena? B. pr. Ludwigslust! Arndt q. sp. **1328.** M.
Charlottenburg!! Senzke pr. Friesack! Ritter. Frankfurt!
Buck. q. sp. S. I. Blankenburg, Wernigerode, Ballenstaedt,
Hitzacker q. sp. B. Frauendorf pr. Stettin q. sp.? P. ind. in
fl. Tr.; in S. S. et S. vera indigena? **1329.** Rubus apiculatus W. et N. S. S. ind. pr. Georgswalde, Karl. S.? an R.
Schleicheri v. aciculatus Wimm. pr. Oppeln, Zobten. **1330.**
P. ind. pr. Krotoschin (Rubus hybridus Vill. haec species an
R. Bellardi W. et N.?). **1331.** S. I. f. mer. p. att. t. Cl. Wallr.
ubi? **1341.** P. ind. in fl. Tr. **1343.** S. I. Cl. Wallr. in Herc.
or. olim invenit; nunc eradicata; ubi? **1344.** S. S. f. v. att.
Tafelfichte. **1345.** P. pr. Meseritz q. sp. **1345** a. S. I. Herc.
t. Cl. Hampe et Meyer ubi? P. ind. in fl. Tr. **1346.** Cum
segete aliunde introducta: M. Barsikow pr. Neustadt ad Dosse!
(Herb. Gaehde) pr. Berlin pl. l. semel tantum reperta. S. I.
pr. Magdeburg, Halberstadt, Braunschweig, Hildesheim, Hannover hinc inde persistens. B. Stoewen pr. Stettin t. Hertzsch.
P. Annaberg an indigena? ind. in fl. Tr. **1349.** Culta S. I.
Herc. P. pr. Kobylegora in circulo Schildbergensi v. indigena. **1351.** M. ind. pr. Burghagen, Beelitz an indigena?
S. S. pr. Goerlitz! t. Koehler inventore indigena pr. Fugan,

Karl; f. p. att. ad Gessmesgruen pr. Schlackenwerth. S. I. ind.
pr. Salzwedel, Klinke, Deetzer Warte, Tangermuende an
spontanea? q. sp. pr. Hildesheim! Schlauter, Hannover,
Braunschweig. B. pr. Neu‑Brandenburg q. sp. P. ind. in fl.
Tr. pr. Bromberg? 1353. S. I. f. p. att. pr. Bleicherode.
Crescit quoque t. Cl. Dietrich M. an S. S.? pr. Wittenberg
l. n. accuratum indagare non potui. 1355. vide. 1106. 1356.
S. I. ind. a Cl. Meyer ubi? 1360. Arabis sagittata ll. posu.
est forma Ar. Gerardi t. Cl. R. 1362. S. S. f. v. att. pr.
Rothenburg, Coennern! Trebnitz. 1367. S. S. f. v. att. Mit‑
telholz pr. Halle, Warta pr. Schlackenwerth, Ronstock
pr. Bodenbach. B. Julow pr. Stettin plantata olim non jam
invenitur t. am. Hertzsch. 1368. S. S. f. v. att. pr. Wettin,
Alsleben. 1368 a. Culta et pauca exemplaria hinc inde q. sp.
inventa M. P. t. Cl. R. 1369. M. ind. pr. Brandenburg t.
Schramm an indigena? 1370. M. pl. l. q. sp. 1371. M. f. for‑
san att. ad Hartmannsdorf pr. Luebben. 1372. S. S. pr. Luckau!
Lessing Herb. reg. l. n. accuratius adhuc indagandus; ind. pr.
Reibersdorf. 1376. S. S. f. v. att. Roeglitz pr. Leipzig; p. att.
pr. Eisenberg. 1377. M. pr. Oderberg!! q. sp. S. ad Strau‑
pitz pr. Hirschberg! vix indigena. 1378. S. S. f. v. att. ad
Gutenberg pr. Halle. 1379. B. Pom. Hof, Cammin? S. Ba‑
berhaeuser? 1380. B. pr. Swinemuende! Schramm; certe ad‑
vena: nunc t. am. Hertzsch non jam invenitur. P. pr. Posen
non jam reperta t. Cl. R. 1381. M. ind. pr. Belzig t. Cl. Rbh.
apud Rchb. pr. Spandau v. indigena semel tantum lecta. S. S.
f. v. att. pr. Wettin; Bodenbach t. Winkler. Gassen? S.
dubia civis. Groeditzberg, Hartmannsdorf pr. Bunzlau? 1386.
M. ind. pr. Belzig t. Cl. Rbh. apud Rchb. pr. Berlin ad Britz,
Charlottenburg! Reinhardt v. indigena. S. dubia civis pr. Bres‑
au, Pitschen? Specularia hybrida Alph. DC. S. I. Here.
occ. rara t. Cl. Wallr. ubi? S. dubia civis pr. Schweidnitz.

1387. M. B. P. S. frequens culta et hinc inde q. sp. 1388.
S. S. f. v. att. Mittelholz pr. Halle, p. att. pr. Eisenberg. 1389.
M. pr. Potsdam, Nauen, Neustadt-Eberswalde, Frankfurt!
q. sp. B. pr. Rostock, Sternberg q. sp. 1393. Cum segete
interdum aliunde importata: M. pr. Barsikow! ad Tempelhof
pr. Berlin, Mehrow pr. Alt-Landsberg! Gaehde. B. Stoewen
pr. Stettin t. Hertzsch. 1398. B. ind. Pom. pr. Gollnow,
Varchmin, Wundichow. Meckl. ubi? 1401. M. ind. pr. Wal-
ternienburg, Scholler. 1402. S. S. pr. Halle in saxis ad Gie-
bichenstein unicum exemplar t. Cl. Garcke; nunc jam eradicata. 1403. M. pr. Frankfurt! det. Cl. Buck. P. ind. in fl.
Tr. 1404. S. I. ind. pr. Hannover, Elze, Ockerthal a Cl.
Meyer an eadem planta? B. ind. Pom. ad Mescherin pr. Garz
t. Hertzsch. Meckl. pr. Mirow. P. Sen. erraticus fl. posu·
est forma S. aquatici Huds. t. Cl. R. 1404a. M. pr. Frankfurt! det. Cl. Buck; pr. Neudamm t. Hertzsch; pr. Brandenburg! Schramm. S. S. f. p. att. pr. Bodenbach t. Winkler pr.
Reichenberg! 1406. S. I.? forsan pr. Ilfeld t. Cl. Grisebach.
1406b. M. pr. Frankfurt! det. Cl. Buck. Berlin im Lustgar-
ten!! ex anno 1844 Winkler quotannis ibi pauca exemplaria
observavit. S. I. f. p. att. ad Koelme pr. Halle. Herc. or. t.
Cl. Wallr. ubi? 1408. M. pr. Brandenburg! det. Schramm.
P. pr. Radzim det. Cl. R. 1409. M. pr. Berlin Tegler-See!
Tasdorf! det. Cl. Bauer pr. Rudow! det. A. Grunow (Herb.
Bolle, Bauer) in fluvio Spree bei den Zelten! Kunth. Herb.
reg. dignovit Cl. Koernicke; pr. Werder! Schramm. P. pr.
Posen det. Cl. R. 1410. S. S. ind. pr. Fugan, Karl. B. l. n.
certus: pr. Dassow, t. Dr. Griewank. 1410a. M. pr. Neudamm t. Hertzsch; Cunersdorf! Schaede; Wichmannsdorf
t. Gerhardt q. sp. 1410b. M. pr. Frankfurt recentiore tem-
pere ut videtur non reperta. S. I. Herc. mer. t. Cl. Wallr·
ubi? 1413. Hanc rarissimam plantulam antea jam a Cl.

Mund pr. Angermuende lectam (conf. Cl. de Schlechtendal
annot. de Najade majore Linnaea 1834) denno invenit
Hertzsch in lacu Paarstein copiose! 1416 a. M. pr. Berlin!! et Frankfurt! Buck q. sp.; jam per decennium sed
non admodum copiose invenienda. 1417. M. t. Cl. Grisebach
l. n. nondum compertum habeo. 1418. M. pr. Potsdam ad
Neue Palais in glareosis! Winkler det. Oenicke, pr. Magdeburg in collibus ad Koenigsborn unicum exemplar olim lectum
t. Dr. Fischer. 1418 a. M. pr. Driesen! det. Cl. Lasch. (Herb.
Dietr.) 1419. Amic. F. Hartmann in Germania boreali primus det. M. pr. Magdeburg ad viam Berlin ducentem inter
Friedrichstadt et Friedrich - Wilhelmsbrücke.. Post aliquot
annos hoc loco non jam inveniebatur: juxta Friedrichstadt
anno 1851 Bertram legit. S. S. inter Acken et Loederitz Cl.
Grisebach copiose invenit unde exemplaria Magdeburgensia
Albis inundationibus tantum transportata videntur. S. l. Herc.
mer. - or. t. Cl. Wallr. ubi? 1420. M. pr. Barby a Cl. Grisebach denuo inventa; Specke pr. Wittenberg t. Cl. Schkuhr
(sub nomine T. montani L.). S. dubia civis pr. Troppau.
1421. M. praeter nobilem illum l. n. pr. Teuchel! ubi vanda-
lica exstirpatione paene eradicata videtur: pr. Luckenwalde
ad pagum Felgentreu! det. Ritter pr. Mittenwalde lectam accepit quondam Schoen t. Cl. Ruthe. In collibus pr. Krausnick
t. Cl. Rbh. 1422. Tillaea muscosa L. M. Kesselgrund ad Nie-
dergoersdorf pr. Jueterbogk! Lantzsch. Herb. reg. donec denne
inveniatur nondum afferenda. 1422 a. M. pr. Berlin Thiergarten!! unico loco copiose. In comment. mea l. c. p. 448. falso
A. leucanthemum Desf. appellavi qui crescebat olim ad fluvium
Spree pr. Moabit! Winkler, nunc pauca exemplaria juxta A.
parviflorum inveniuntur. S. S. ad f. pr. Tetschen! det. M. Winkler. 1424. P. ind. in fl. Tr. 1425. S. I. in monte Herzberg
pr. Ilfeld q. sp. t. Cl. Wallr. 1427. S. I. Herc. mer. - occ.

t. Cl. Wall. ubi? 1430. S.S. pr. Dresden advena olim t. Cl.
Rchb., ex Bohemia transportata. S.l. Herc. mer.-or. t. Cl.
Wallr. ubi? 1437. 1438. P. ind. in fl. Tr. 1439. M. S.S.
B. hine inde q. sp. S.I. et P. non ind. sed certe non deficit. 1445. Potentilla salisburgensis Haenke, extra f. S. in
Babia Gora. 1448. S.S.? an Epilobium alpinum apud Rchb.
ex parte? indicatum pr. Karlsfeld, Fichtelberg, Gottesgab, Plat-
ten, Johann Georgenstadt eique E. nutans quasi formam vul-
gatiorem subjungit, quod Örtmann ind. pr. Gottesgab. 1451.
S.S. Lusatiae dubia civis pr. Priebus, Hoernitz, Gassen?
1454. B. ind. Pom. pr. Stolp, Weitenhagen, Schoenwalde;
P. Hellefeld pr. Krotoschin; in utraque provincia vix indigena. 1466. S.I. f. p. att. pr. Frankenhausen. 1475. S.S.
f. pr. att. pr. Tetschen ad Pfaffendorf! det. M. Winkler. 1476.
S.S. ind. pr. Georgswalde, Karl. 1477. S.I. ind. pr. Ballenstaedt, Falkenstein, Schwabe affertur quoque a Cl. Hampe
inter plantas Hercynicas: a Cl. Meyer et Schatz silentio
praetermissa. P. pr. Posen: Annaberg 1845. Cl.' R. pauca
exemplaria legit postea discipulus quidam inter Rosen- et
Wolfsmuehle; an indigena? 1479. Crepis rhoeadifolia M. B.
S.S. f. p. att. ad Tobkowitz ad Ronstock pr. Tetschen! det.
M. Winkler. 1483. S. S. valde dubia civis. Geisingberg?
1486. H. lycopifolium Frochl. B. olim pr. Stettin nunc non
jam invenitur. 1492. M. ad ripam Albis pr. Wittenberg t.
Cl. Schkuhr sed postea ut videtur a nemine reperta. 1497.
M. in nemore ad Wagenitz pr. Friesack q. sp. P. pr. Krotoschin q. sp. Salvia officinalis L. S. I. Herc. mer. q. sp.
t. Cl. Wallr. ubi? 1498. S. I. pr. Wernigerode ad Benzingerode q. sp. olim t. Schatz. 1500. Primula Auricula L. S.
Schneegrube olim lecta, recentiori tempore non reperta.
1506. = S. sphacelata Sm. t. Cl. Wimmer, quam S.I. Herc.
crescere conjectatur. Cl. Meyer S. sphacelatam Sm. S. gran-

difoliae Scr. homonymon subjungit: an S. Caprea c. montana
ejus. S.l. pr. Wernigerode cum S. silesiaca congruat? 1509 a.
Planta a Cl. A. Braun. M. Jungfernheide pr. Berlin! lecta est
t. eodem Alnus autumnalis Hartig., ibi copiose plantata. Alni
pubescentis pauca exemplaria pr. Schoenhausen culta inveniri
inter Aln. glutinosam et incanam, magister dilectissimus certiorem me fecit. 1515. S.S. ind. pr. **Dohna** sed postea nunquam **reperta.** 1519. M. ad Albim pr. **Wittenberg** a Cl.
Schkuhr lecta recentiori tempore nondum reperta. 1524. S.l.
f. p. att. pr. Cattlenburg inter Foerste et Dorste, ubi recentiori tempore nondum lecta. 1526. Chamagrostis minima
Borkh. S.S. ind. pr. Oranienbaum. Schwabe. 1530. B. ind.
Pom.?? 1535. Cystopteris alpina Lk. S. valde dubia civis
pr. Gerlachsdorf, Lampersdorf. 1536 a. Hinc inde pauca exemplaria segete aliena importantur e. g. M. ad **Rixdorf!** pr.
Berlin, Krauss 1853, Mueller 1854. 1537. B. pr. Wolgast
1854 unicum exemplar vidit Marsson S. multis locis reperta
pr. **Rosenberg,** Troppau, Ober-Glogau, Oppeln, Gleiwitz, sed
nullibi permanens. 1538. B. pr. Wolgast! in aqua subsalsa
det. Bauer cujus egregiae erga me humanitati specimen debeo.
1542. S. pr. Ottmachau in muris q. !sp. 1543. P. ind. pr.
Bromberg. Cl. R. nondum vidit specimen. 1551. Rubus nemorosus Hayne (R. caesius b. nemorosus Meyer) a Cl. Meyer
ind. S.l. ubi? 1556. B. pr. Noerenberg! det. am. Hertzsch ad
f. pr. Ratzeburg det. Cl. Sonder. 1559. B. pr. Wolgast! det.
Marsson (Herb. Bauer); Greifswald! Bauer. 1561. B. in insula
Rugia pr. Wittower Faehre! det. amic. Dr. Bolle 1846 Meckl.
ind.? an Statice Armeria β. pubescens Detharding? 1567.
M. ind. pr. Neu-Ruppin. 1568. B. pr. Swinemuende! det.
Hertzsch. 1569. Zostera nana Roth. B. ind. pr. Warnemuende.
1570. S.l. ap. att. f. pr. Foerste. B. Stubnitz in insula Rugia! det. Krause. (Herb. Dietrich.) 1574. B. pr. Swinemuende!

det. Hertzsch et Hess. f. p. att. pr. Lauenburg t. Cl. Grisebach. **1576.** S. valde dubia civis pr. Troppau. **1580.** Triticum rigidum Schrad. ind. B. pr. Weitenhagen, Colberg. T.
pungens Pers. ind. B. pr. Colberg. T. glaucum Desf. ind.
S. I. juxta lacum salsum inter Seeburg et Erdeborn t. Cl.
Wallr. sched. crit. postea non reperta, ut videtur. B. Pom.
pr. Gotzlow, Swinemuende, Weitenhagen. Meckl. t. Cl. Roeper ubi? **1581.** M. pr. Pótsdam q. sp. in horto regio Sans-
souci! Radicke. **1583.** P. pr. Krotoschin q. sp. **1585.** S. l.
in lacu salso pr. Roeblingen! det. Cl. A. Braun 1853, qui
solita erga me benignitate specimen mecum communicavit; t.
Cl. Fries a Ranunculo marino specie diversa. **1586·** S. l.
in fossis ad Seeburg juxta lacum salsum! det. Cl. A. Braun
1853; t. Cl. Fries = R. Drouetii F. W. Schultz. **1592.** S. S.
ad Albim supra Pillnitz pr. Soebrigen semel observavit bea-
tus Saxoniae Rex: certe Albis inundationibus ex Bohemia
allutum: item Erysimum canescens Roth. contra Soebrigen
pr. Zschieren, quod in Bohemia quantum scio nondum ob-
servatum est. **1593.** In provinciis ceteris q. sp. non rara.
S. non ind. sed vix deficit. In S. I. vera indigena? **1593 a.**
Erucastrum incanum Koch. S. I. Herc. mer. t. Cl. Wallr.
hinc inde q. sp. ubi? (Pr. Sondershausen inven. amic. Th.
Irmisch). **1594.** M. an S. S.? pr. Wittenberg t. Cl. Koch
quo auctore? S. I. Wipperteich pr. Vorsfelde t. Cl. Blasio.
1595. S. S. ind. pr. Muldenstein, Loebejuen, Schwabe. **1598.**
S. I. pr. Sandersleben Cl. Hornung invenit t. Cl. Gareke.
Alte Stolberg pr. Stempeda t. Cl. Grisebach. H. oelandicum
Wahlenb. S. I. f. p. att. ad Koelme pr. Halle; a Cl. Hampe
inter plantas Hercynicas affertur; ubi? **1600.** M. in pinetis
ad Senzke pr. Friesack q. sp. copiose t. Hertzsch. B. Neme-
rower Holz pr. Neu-Brandenburg q. sp. **1601.** In provinciis ceteris hinc inde q. sp. S. non ind. **1602.** S.I. pr. Hil-

desheim! Schlanter; t. Cl. Meyer nunc eradicata f. p. att. ad
Bennstedt pr. Halle.　1604. Coronilla vaginalis Lmk. S. l.
Herc. mer. unico loco t. Cl. Wallr. ubi?　1605. M. ind. pr.
Sperenberg; Cl. Ruthe specimen non vidit.　1605 a. Praeter
nobilem illum l. n. pr. Steigerthal: Lechelnholz pr. Braun-
schweig t. Cl. Blasio.　1606. In regionibus ceteris hinc inde
q. sp. P. pr. Posen t. Cl. R.　1609. S. I. Wipperteich t. Cl.
Blasio; f. p. att. pr. Hermannsburg.　1611. S. S. f. p. att. pr.
Eisenberg.　1614. S. I. pr. Lueneburg! Herb. Arndt.　1615.
S. S. f. p. att. pr. Eisenberg.　1624. S. dubia civis pr. Trop-
pau.　1625 a. S. S. pr. Luckau an nunc quoque? ad Pillnitz
et Brockwitz pr. Dresden semel reperta.　B. Garz in coemeterio nunc non jam invenienda t. Hertzsch.　1627. S. ind.
Polkwitzer Haide.　1629. M. ad Rummelsburg pr. Berlin!
Lessing Herb. reg. postea non reperta; an indigena?　1630.
B. Meckl. in turfosis inv. Cl. Nolte ubi?　1632. B. ind.
Meckl. ad Krebsfoerde pr. Schwerin an recentiore tempore
reperta?　1634. S. S. f. p. att. pr. Schlackenwerth.　Carex
nitida Host. S. I. Herc. mer. t. Cl. Wallr. ubi? 1637. S. S. f. p.
att. pr. Himmelstein, Warta, Schlackenwerth, Osseg pr. Teplitz.
B. ind. pr. Doberan, Schwerin. 1639. M. ind. Rhinluch. 1640. S. S.?
ad Rothenburg pr. Coennern t. Cl. Sprengel. Cl. Gärcke non
reperit f. p. att. pr. Waldeck in fl. Jenensi.　1640 a. Corydalis claviculata DC. S. I. f. p. att. Radbruch in regione
Lueneburgiensi t. Cl. Grisebach.　1641. S. I. Herc. mer. t.
Cl. Wallr. ubi?　1642. M. pr. Berlin in nemore ad Schoenhausen! Filly det. Cl. Bauer; v. indigena.　1644. S. pr. Breslau q. sp. semel lecta.　1645. S. I. Herc. mer. t. Cl. Wallr.
ubi? (pr. Sondershausen! det. amic. Irmisch).　1646. S. S.
pr. Plauen Voigtlandiae inter Krieschwitz et Voigtsgruen! det.
H. de Chamisso fil. et Freytag.　1648. B. ind. Pom. Schwo-
chow pr. Pyritz. S. ind. pr. Troppau.　1649. S. S. pr.

Wettin det. Cl. Garcke. S. I. Herc. t. Cl. Hampe et Blasio
ubi? 1650a. S. S. pr. Cotbus in suburbio q. sp. t. Jaenicke.
1652. S. I. pr. Barby t. Cl. Meyer quo auctore? 1655. S. I.
in f. or. t. Cl. Wallr. ubi? 1656. M. accepi specimen ab
Hertzsch pr. Friesack lectum quod cum exemplari R. vestiti
Weiheano! (Herb. reg.) et R. hirsuti Wirtgeniano! (Herb.
Winkler) satis bene congruit: viva accuratius observanda
planta. S. I. t. Cl. Meyer ubi? 1658. Rubus infestus W.
et N. ind. S. S. pr. Fugau, Karl. 1659. M. pr. Friesack
in coemeterio q. sp.! Ritter. S. I. t. Cl. Meyer q. sp. ubi?
P. pr. Posen: Ludwigshoche, Radojewo q. sp. t. Cl. R.
1661. M. ind. pr. Jeritsch, Zahna t. Cl. Schkuhr. Baruth
t. Metsch; specimen nondum vidi. 1664. S. dubia civis
pr. Einsiedel. Azalea procumbens L. ind. S. Hockschar.
1666. S. I. Herc. septentr. - or. t. Cl. Wallr. ubi? 1667a.
S. I. Herc. mer. q. sp. t. Cl. Wallr. ubi? 1669. S. S. Egel-
see pr. Pirna! det. Huebner. (Herb. Bauer.) S. I. f. p. att. pr.
Hermannsburg. B. Pom. ind. ubi? 1670. B. ind. pr. Stolp
ad Zirchow. 1672. S. I. f. p. att. Lauenbruch pr. Lueneburg. 1674. S. I. Westerhausen pr. Halberstadt t. Schatz
q. sp. 1676a. M. pr. Berlin 3 locis!! conf. comment. meam
l. c. p. 439. 1677a. pr. M. pr. Alt - Landsberg! ante aliquot annos Gaehde unico loco copiose invenit hanc raram
plantulam quae sitne vera indigena an casu importata accuratius observandum, quum inventor eam per plures annos
nec quaesiverit nec repererit. 1679a. M. pr. Berlin in pago
Schoeneberg!! ex anno 1852 copiosissime observatur. Confer. Cl. A. Braun comment. Berliner botan. Zeitung 1852. pr.
Frankfurt! Buek. 1682. M. pr. Berlin ad Tempelhof! det.
Cl. Bauer 1832. Conf. Cl. Sonder fl. hamb. Crescit quoque t. Cl. Rchb. B. Meckl. ubi? 1683. = P. filiformis
Pers. M. Witwen - See ad Baerenbusch pr. Rheinsberg!

det. A. Grunow 1849. (Herb. Bolle, Bauer.) Ex lacu
Botzsee! inter Alt - Landsberg et Strausberg Gaéhde insignem formam mecum communicavit, cujus characteres
alii sunt Potamog. pectinati, alii marini: forte eandem plantam quam Cl. Koch. S. S. pr. Leipzig ad Stoetteritz collectam possedit. Harum specierum utri rectius subjungatur
accuratior observatio docebit. S. l. f. p. att. pr. Brackede.
(aquam dulcem, ut videtur, solam incolit). B. Meckl. ind. in
lacu Tollense pr. Rehse. 1684. M. pr. Berlin Cl. Buek olim
invenit t. Cl. Garcke; denno nondum reperta; planta quam
Schramm pr. Brandenburg! invenit est Sp. simplicis forma;
crescit quoque t. Cl. Rchb. S. l. ? Mannsfeld, sed l. n. accuratius compertum non habeo; a Sparganio natanti L. Sp. affine t. Cl. Fries diversum. 1656. B. ind. pr. Stettin, an
recentiore tempore observata?

Addenda.

Postquam hasce pagellas prelo tradidi, nonnulla plantarum minus vulgatarum l. n. mihi innotuere, quae hoc loco
subjungi forsan lectoribus non displicebit. Praeter viros supra
laudatos ex hoc tempore praecipue me adjuverunt:

M. Winkler, nunc Giesmannsdorf pr. Neisse degens, qui
cura fratris mihi amicissimi l. n. plantarum in Bohemia
septentr. a se inventarum accuratius mihi descripsit.

Ritter, usque ad hanc diem Friesack habitans antea jam
multa speciosissima plantarum exemplaria, quas ipse aut
Hertzsch detexit, mecum communicavit: nunc *Trifolio ochro-
leuco* ejus industria reperto gaudeo.

Gerhardt, Prenzlau habitans regionis illius vegetationem
indagavit observationesque suas mecum communicare inchoavit.

Schramm, florae Pomeranicae olim diligentissimus cultor
plantas herbario suo asservatas, quum nuper eum in urbe
Brandenburg, ubi nunc degit, adirem, liberalissime mecum
communicavit. Regionem circa hanc urbem sitam diligentissime perquisivit: jam denno *Thalictrum simplex* et
Rumicem maximum et *Inulam germanicam* addidit.

Praeterea quae Schaede in „Oesterreich. bot. Wochenblatt"
de flora circa Oder fluvium disseruit, perlegi. Multas rariores plantas invenit in hac regione, cujus alteram partem celeberrimi olim botanici de Schlechtendal, de
Chamisso, alii peragraverant, altera prorsus ignota erat.
Nuperrime ab eo multas plantas rariores ibi collectas accepi.

Thalictrum simplex L. (1152.) M. Bredower Forst pr.
Nauen! det. Schramm; ergo ante 1059 a. inseratur.

T. angustifolium Jcq. (918.) B. Stargard! Schramm. Pyritz! (Herb. Schramm). = T. galioides fl. pom.; ergo post
3 ins.

Arabis brassicaeformis Wallr. (1589.) S.S. f. p. att. ad
Kosten pr. Teplitz t. M. Winkler.

Polygala depressa Wender. S.S. in turfosis pr. Zinnwald!
det.! M. Winkler. S. Hirschkamm pr. Freiwaldau! Wichura
1851. (Herb. A. Winkler); ergo post 1325 ins

Dianthus caesius Sm. (1085) B. Pom. Eichberge! Rostkovius; accepi ab amic. Hertzsch. Est D. plumarius Rostk.
et Schm.; t. Schmidt denuo non repertus.

Agrostemma Coronaria L. Ad f S.S. pr. Bodenbach in
lapicidinis t. M. Winkler q. sp.

Alsine tenuifolia Wahlenb. (1365.) S. Riemberg pr. Breslau! Krause. (Herb. A. Winkler); ergo post 1176 ins.

Rhus Toxicodendron L. (1650 a.) M. in nemore ad Cuners
dorf pr. Wrietzen t. Schaede q. sp.; ergo post 1421 ins.

Trifolium ochroleucum L. (1160.) M. ad Stechow inter
Rathenow et Friesack! det. Ritter; ergo post **1072** ins.

Orobus albus L. fil. S. S. f. p. att. pr. Tetschen t. Malinsky.
(Oesterr. bot. Wochenblatt 1854.)

Rubus tomentosus Borkh. S. S. f. p. att. Sperlingstein pr.
Tetschen! M. Winkler. (Herb. A. Winkler).

Epilobium tetragonum L. (E. Lamyi Schultz Bip.) M. Brandenburg! Schramm. Driesen! Lasch (Rchb. ll. germ. exsicc.
Herb. Schramm); ergo post 1678 ins. E. adnatum Griseb.
(**255.**) ex fl. M. vidi: Brandenburg! Schramm; Rueders-
dorfer Kalkbrueche !! Driesen! Lasch. (E. tetragonum Rchb.
fl. germ. exsicc. Herb. reg.)

Seseli glaucum Rostk. et Schm. ex regione circa Stettin!
(Herb. reg.) non est planta Jacquini sed forma S. annui L.
(**299.**) quod secundum sententiam a Cl. Sprengel editam Rostkovius ipse contendit in schedula exemplaris in Herb. reg.
asservati.

Myrrhis odorata Scop. (1034 a.) S. S. in montis Tafelfichte
radicibus (ad f. S.) t. amic. Hertzsch indigena; ergo post
1660 ins.

Dipsacus laciniatus L. (1469.) S. S. f. p. att ad Pfaffendorf
pr. Tetschen t. M. Winkler.

Inula germanica L. (1376.) M. Ad lacum pr. Glindow ab
urbe Potsdam Occidentem versus! det. Schramm; ergo post
1268 ins.

Senecio barbareaefolius Krock. (1404.) B. pr. Gollnow!
Schramm; ergo ante **1236** ins.

Centaurea austriaca Willd. (**1290.**) S. pr. Altwasser! Schramm;
ergo ante **1151** ins.

Campanulam sibiricam L. (1059.) nunc ipse vidi ex fl. B.
Pom. Cunowsche Ziegelei pr. Stargard! Schramm.

Euphrasia serotina Lmk. (**1392.**) expungatur: planta in Germania boreali crescens (etiam M. pr. Brandenburg! Schramm) certe nihil est nisi forma auctumnalis E. Odontitis L. (**541.**) et diversa a planta australi, cujus exemplaria vidi Tirolensia! Veronensia! Dalmatica! quae ipsa ab E. Odontite specie vix differt.

Rumex maximus Schreb. (**1316a.**) M. ad Rathenow versus Hohennauen! det. Schramm; ergo post **1246** ins.

Urtica pilulifera L. (**1625a.**) B. in oppido Garz! Schramm. Crescit non in coemeterio (nostro sermone Kirch hof) sed circa ecclesiam (nostro sermone Kirch platz); forsan nunc quoque invenitur.

Potamogeton marinus L. (**1683.**) B. Pom. in lacu pr. Binow! Hertzsch, Schramm; ergo post **1412** ins.

Carex Michelii Host. S.S. f. p. att. pr. Tetschen t. Malinsky. (Oesterr. bot. Wochenblatt **1854**).

Avena versicolor fl. sedin. (Schrei pr. Garz! Schramm) non est planta Villarsii sed A. pubescens L. (**835.**)

Equisetum paleaceum Schleich. (**1533.** = E. trachyodon A. Br. E. Mackaii Newm.) M. ad ripam arenosam Havel fluvii pr. Potsdam! det. A. Winkler, et pr. Brandenburg! Schramm; exemplaria plane congruunt cum Silesicis, quae vidi: Mirkauer Wald pr. Hundsfeld! Hertzsch; ergo post **1406a.** ins.

Isoëtes lacustris L. B. Pom. Krebssee pr. Heringsdorf! Marsson (Herb. Bauer); ergo post **1582** ins.

Corollarium

observationum in plantas hortenses Halae Saxonum anno MDCCCLIV et jam prius cultas institutarum

a

Schlechtendalio.

———————

In seminum per annum MDCCCLIV in horto nostro botanico Halensi collectōrum indice nuper edito plures tam novas quam dubias nunc paululum adumbrandas nunc accuratius describendas enumeravimus plantas, de quibus fusius loqui indicis volumen emendationibus nonnullis jam repletum me impedivit, quae ut hoc loco subjungam atque cum aliis botanicis communicem studeo. Plura reposui denno observanda, accuratius investiganda, serins tractanda. Multae tamen indici illi insertae sunt stirpes, aliis ab hortis botanicis nec non ab hortulanis variis acceptae, haud omnis dubii expertes, quas curis posterioribus relinquo, omnes enim jam nunc tractare et critico oculo perlustrare nec temporis angustiae, nec subsidia literaria permittunt. Novas nec solummodo habitu suo excellentes florumque pulchritudine oculos alliecientes plantas in hortos botanicos introducere semper mihi curae cordique fuit ut jam nimis divulgatorum omnibusque in hortis sese repetentium vegetabilium numerus formis novis nondum visis aliquid incrementi capiat. Ordinem in indice propositum sequor, non-nullasque praeterea addo stirpes in horto cultas, quarum exigua seminum copia pro sementi propria vix sufficit. Consueto favore haec conamina accipiatis.

Sexto ante Calendas Febr. a. MDCCCLV.

Monocotyleae.

Commelineae.

Commelinarum tubera fasciculata in speciebus nostris hortensibus admodum diversa ad species distinguendas in auxilium sunt vocanda. Species omnes sub diu in humo arearum nullo modo diligentius tractatarum cultae uberrime floruerant characteresque suos servaverant.

Comm. clandestina. Tubera cylindracea apice leviter angustata dein per spatium pollicare breviusve ad **2** lin. crassa, dein sensim in radiculam longissimam tenuem excurrentia. Color ut in radice *Brassicae Rapae* var. *marchicae.* Tuberum numerus in singulis plantis varius.

Comm. intermedia. Tubera iis praecedentis speciei simillima ejusdemque magnitudinis, color vero aliquantulum nigricans.

Comm. coelestis. Tubera copiosa, **3** lin. crássa, **3 —** 4 poll. longa, cylindracea, utrinque sed apice paullo longius attenuata. Color sordide fuscescens.

Comm. stricta. Quam hoc sub nomine ad hunc usque diem coluimus speciem veram *C. strictam* auctorum non credimus, sed prob dolor desunt nobis opera ad rem dilucidandam necessaria.

Tubera 4 — 7 poll. longa, apice longissime attenuata, dein leviter incrassata et ad **2** lin. crassa, hinc longissime elongato-clavata videntur. Color dilute fuscus.

Comm. pallida W. Fructu indehiscente et seminum diversa fabrica haec species propriam sectionem vel forsan melius novi generis typum praebere videtur, cui nomen *Athyrocarpus* damus. Ad Aclisiam, Polliam, Lamprocarpum non solum fructu semper clauso accedit, sed etiam colore ejus primum viridi, dein coerulescente plumbeo. Willdenowii icon in Hort. Berol. t. 87. nostram plantam satis bene repraesentat, sed Kunthii diagnosis haud omnino quadrat. Species enim ponitur in primae sectionis cohorte secunda in qua pedunculi in qualibet spatha subsolitarii, altero sterili, stipitiformi, in nostra autem stirpe hic alter sterilis non adest alterque flores duos tantum offert, nec ad quatuor usque. Stamina generis esse notat Kunthius, sed in nostra quinque tantum adesse videntur quorum tria fertilia, duo more Commelinarum corpore antheroideo terminantur. Utrum *C. rubens* Redonté Lil. t. **367** synonymon sit nescimus. Ex nomine Aclisia florida in horto Berolinensi olim (a. **1837**) ut ex Kunthio discimus dato concludere liceret hanc nostram esse plantam, cujus descriptionem accuratiorem serius dabimus.

Dichorisandra marginata Schldl. *D. ovalifolia* h. Jen. nec Presl in Rel. Haenk. l. p. 140 descripta, ex habitu ad genus relata, e specimine nec flores nec fructus praebente, omnibus partibus multo minore et tenuiore, et omnium partium ratione diverso. *D. thyrsiflora*, cujus iconem in Bot. Mag. depositam videre licuit, nec Mikanii originariam, forsan illo loco repetitam, quum hujus auctoris descriptio jam *l.* c. depromta sit, foliorum differt dimensione **10** p. longa, **2** p. lata, nec **12** — **13** p. longa, 4 lin., lata; inflorescentia latiore ampliore, floribus atroviolaceis quidem sed minus clausis; staminibus duobus lateralibus porrectis, reliquis, nec omnibus conniventibus; differt forsitan et defectu punctorum et lineolarum albarum in caule vaginisque, et pube versus marginem superficiei foliorum nulla, quum de hisce notis nihil in descriptione *D. thyrsifoliae* dicatur. Ut melius comparari possit planta nostra descriptionem addere placet.

Caulis florifer quotannis ex rhizomate oritur tripedalis, basi lin. 9 crassus, teres, excepta inflorescentia terminali simplex, vaginis circ. 14 tectus, quarum inferiores aphyllae, dein lamina brevi, mox aucta et ad summum 13 poll. longa et in medio 4 p. lata instructae sunt; foliis superioribus magis inter se approximatis, internodiis brevioribus. Internodia viridia, lineolis albis longitudinalibus interdum seriatim confluentibus dense picta ad basin (intra vaginam) purpureo-violacea nec lineolis picta, maxima 3 — 4 poll. longa, pilis brevibus patentibus, satis aequaliter dispersis puberula. Vaginae arcte adpressae, circ. 1 1/4 p. longae brevioresque, truncatae, glabrae, vel nonnisi in parte laminae opposita pilis minutis patentibus puberulae, striis longitudinalibus viridibus percursae, quarum interstitia punctis maculisque albis, striarum modo dense conjunctis saepeque confluentibus eleganter sunt picta. Vaginae margo fere glaber, purpurascens et extimus simul fere emarcidus. Lamina elliptico-oblonga, acute acuminata, basi longius attenuata, parte infima, 1/2 p. lata lateque canaliculata haud petioliformi, utrinque est fere glabra, supra viridis, subtus punctis minutissimis albidis (stomatibus) adspersa, glaucescens praeter nervum medium subtus prominentem nonnullosque tenuiores utrinque percurrentes, qui nervi omnes venis frequentissimis obliquis (sola pubescentia videndis) conjunguntur. Pubes minuta, vix tactu percipienda et oculo armato tantum videnda superioris paginae regionem

marginalem occupat, margine ipso angustissime albo - membranaceo, accedente interdum striola purpurascente interna.
Foliorum superiorum lamina cito decrescit, brevior fit et angustior; ejusmodi folia minora duo adsunt, alterum fere 6-
pollicare, pollicem latum, vagina donatum, alterum evagina-
tum, a basi 3 lin. lata acute acuminatum, bracteis infimis
inflorescentiae ramos fulcientibus simillimum, quas inferas aliae
sequuntur sensim minores. Inflorescentia 5 poll. longa, vix
duobus pollicibus latior, ramis primariis vix semipollicaribus,
flores paucos breviter pedicellatos bracteis latiusculis stipatos
ferentibus. Tota ramificatio pubescit et ex purpureo est violacea. Calycis sepala tria crassiuscula, valde convexa et
apice fere cucullata, intus alba, extus violascentia, superum
paullo majus, 5 lin. longum. Petala pulchre et intense violacea, sepalis alterna iisque longiora, apice obtusato extus
flexa, ungue angustato pallidiore. Stamina 6, duplici serie
disposita medium spatium occupant, filamenta omnium brevissima, latiuscula albida; quae stamina basi corollae inserta
sunt paululum majora et brevioribus filamentis insident. Antherae omnium aequales, sulphureae, ex latiore obtusa et ex-
eisa basi sensim angustatae, interne sulco medio latiore et
profundiore et in utraque ejusdem lateris parte iterum sulco
instructa, quo loculamento duo lateralia ab invicem segregantur, quae hic non confluunt. Pistilli modo rudimentum parvum aderat, quo evenit, ut fructus nullus appareret omnesque
flores a pedicellis violaceis dejicerentur.

Dichorisandra picta Hortul. et Hook. Bot. Mag.

Specimen in horto nostro florens altitudinis vix semipedalis duos caules (vel potius ramos taleae) praebuit, alterum
florentem, alterum sterilem; in utriusque basi vagina aderat,
apice acuta ex purpurascenti-fusca, marcescens, circ. $3/_4$ p.
longa; ex ea in caule florifero exsurgebat internodium $1 1/_2$

pollicibus paulo brevius, omnino viride, in caule sterili fere
2 ¹/₂ pollices longum viride, purpureo colore affusum et lineolis numerosis albis angustis utrinque acutis, paululum elevatis
(lenticellis?) longitudinaliter pictum, vagina secunda sequebatur ex viridi et purpureo variegata, arcte amplectens, oblique truncata, loco laminae in acumen abiens, margine tenniter ciliata atque in latere laminae opposito tenuiter puberula, cujus pubis vestigia et in subjacente articulo conspicere
potes. In caule florente proximum folium laminam praebuit
in vagina, in cujus basi ramus prodiit ex vaginae apertura
superne acuta (adspectum caulis offerente), cujus margines
laterales extus flexi anguste emarcidi erant.   Ramus hic inferne duas vaginas habuit absque lamina, quibus perfecta folia succedebant, vagina inferior brevior paululum ad sinistrum
latus lineae medianae folii materni posita erat. Foliorum perfectorum vaginae brevissimis pilis adspersae sunt, in margine
evidentius ciliatae, ubi in laminam transeunt in partem—petiolarem mox se expandentem contractae ; lamina utrinque glabra, late elliptica acuminata, circ. 4¹/₂ poll. longa, 2¹/₂ p.
medio lata, supra obscure, subtus glauco - viridis, colore purpureo medium haud occupante nunc magis striarum sub forma, nunc fere totam paginam obducente, in junioribus foliis
in utraque pagina conspicuo, in adultis supra in fuscum, demum in obscure viridem colorem vergente, in pagina infera
vero semper insigni. Inflorescentia panicula brevis breviterque pedunculata, vix bipollicaris, ramis horizontaliter patentibus e cymis parvis, infimis trifloris et in altero latere tantum (ut in Commelinis) evolutis, componitur, quae quo simpliciores cymulae fiunt eo magis racemi faciem inflorescentiae praebent.
Bracteae vaginantes, longe acuminatae, ciliatae, mox marcescentes (hinc fuscae) et dejectae bases ramorum qui cum rhachi
pubescunt, suffulciunt. Calyx viridis ¹/₂ pollicaris , sepalis

tribus oblongis extus convexis apice paululum cucullatis. Petala 9 circ. lin. longa, medio 4 lin. lata, basi angustata, apice obtusa, margine tenuiter undulata, lilacina, colore hoc supra basin, quae albido-virescens ut sepalorum interna pagina, quasi truncato. Stamina 6 erecta; filamenta cylindrica alba inferne recta, dein a medio circiter leviter extus curvata; antherae e basi lata truncata (angulo utroque basali leviter protracto) sensim angustiora, fere 3 lin. longa, inferne circ. usque ad medium pallide lutea, dein coeruleo-lilacina. Pistillum in medio rectum, staminibus aequilongum, ovarium ovatum trigono-pyramidale viride in stylum superne pallide lilacinum excurrens, qui stigmate truncato vix 3-lobo terminatur. Fructus non habuimus.

Dich. leucophthalmos Hook. Bot. Mag. t. 4733. huic **D.** *pictae* maximopere affinis, inflorescentia radicali nec terminali illico distinguenda est.

Gramineae.

Digitaria Pseudo-Durva Nees? Polymorphae uti videtur et latius per Indiam orientalem divulgatae speciei, varia synonyma amplectenti interea addere placet gramen ex semine enatum, quod ex montibus Nilagiricis accepit hortus Halensis botanicus Descriptionem Roxburghii de *Panico* suo *lineari* hujus speciei synonymo pluribus notis recedentem legimus et miramur, Neesium in diagnosi racemorum minorem numerum (2—4 nec 2—6) indicasse et Chinae incolam, casu tantum in hortum botanicum Calcuttensem introductam. Gluma involucrans extera „very minute" dicitur a Roxburghio, „brevissima retusa amplectens demum evanida" a Neesio, at in nostro gramine nullum ejus rudimentum adest, nisi margo exiguus in pedicello sursum crassiori remanens postquam spicula dejecta est. „Spiculis solitariis

imbricatis" in diagnosi Neesiana legimus, „the flowers pedi-
celled les regularly paired" dicit Roxburghius, quae
omnia et de nostro dicere potes, cui et glumae, involucralis
altera cum gluma floris neutrius, inter se et cum fertili aequales, cui spiculae minutiores quam in affinibus. (Pan. dactylo,
ciliari, filiformi et aegyptiaco ex Roxb.) Quibus praemissis
nunc addimus descriptionem plantae nostrae sub div cum aliis
Digitariis cultae.

Gramen **12 — 15** poll. altum, ex ima basi ramosum, ramos quoque ex foliorum caulis primarii vaginis edens, laeve
et glabrum praeter pilos paucos patentes ad basin vaginarum
(nec in nodis ipsis omnino glabris) et in utroque summo vaginae margine usque ad laminae basin, praeter pilos in inflorescentia obvios, omnibus his pilis nunc obviis nunc raris,
nunc deficientibus. Caules teres laevis interdum ut vaginae
foliaque ex violaceo-purpurascens. Foliorum evolutorum lamina vagina suā longior, **4 — 5''** longa, **2 — 3'''** basi-lata
(summorum vero multo brevior), linearis longe acuminata, basi
aliquantulum rotundata, utrinque et margine laevis, nervo
medio subtus prominulo subcarinata, supra plano-canalicu-
lata, nervis multis, inter quos utrinque 4 circ. validiores occurrunt, percursa, utraque in pagina aequali modo intense
viridis. Ligula margo lineam circiter altus, truncatus vel
convexiusculus. Inflorescentia e racemis **6 — 7** irregulariter
racemose dispositis composita vario modo sibi approximatis,
infimis (interdum geminis inaequalibus) usque ad $2\frac{3}{4}$ poll.
longis, superioribus paullo brevioribus linearibus; rhachis
communis brevis angulata laevis, interdum paululum flexuosa.
Rhachides racemorum lineares planae, apicem versus leviter
flexuosae, margine pilis minutis erectis scabrae, nervo medio
lato pallido prominente percursae, margine utroque viridi,
extimo albido. Spiculae alternae per duas series dense posi-

tae, altera subsessili breviusve pedicellata altera longius, vix lineam longae, late lanceolatae. Gluma involucralis extera nulla, interna et gluma floris neutrius unica cum glumis floris fertilis latitudine et longitudine fere aequales, membranaceae albidae, nervis 5 viridibus percursae, margine ciliatae, nervis nunc fere nudis, nunc breviter pubescentibus, nunc densioribus villis (in statu sicco maturo magis conspicuis) obsessis. Quae indumenti diversitas in uno eodemque racemo inflorescentiae obvia; seriori auctumno observatae spiculae glabriores videbantur, quam aestate collectae, quod casu forsitan. Glumae floris fertilis laeves testaceo-nigricantes, in statu maturo longitudinaliter striatae. Stigmata purpurea ex apice emergunt. Antherae breves.

Panicum (Echinochloa) hispidulum Retz.

Gramen cujus semina ex montibus Nilagiricis acceperat hortus Halensis tam cum diagnosi Neesiana (in Fl. Afr. austr. illustr. 1. p. 475), quam cum specimine Drègeano in Africa australi collecto bene convenit, licet spiculae dicantur subsessiles, quas in specimine pedicellatas observas; nec in culto specimine me tangit aristarum defectus, quae in affini *Ech. crus galli* in mucrones longitudinis variabilis mutantur, ut cuivis autumnales campos lustranti notissimum est. Ipsa cel. Retzii descriptio, quam justo breviorem et incompletam declarare haud piget, nullo modo recedit.

Roxburghii *Panicum cuspidatum* non minus eadem esse videtur species, quod ex descriptione habitum optime delineante concludimus, id vero mirum videtur, celeberrimum auctorem *Panicum* suum *cuspidatum* distinxisse ab *P. hispidulo* Retzii aliaque in sectione collocasse, illud enim locum tenet in sectione spicae alternae, in uno tantum latere secundae tribuuntur, hoc vero in ea sectione positum est,

ubi spicae alternae quidem sed undique versac sunt. Roxburghius *P. hispidulum* snum *P. frumentaceo* tanta affi-
nitáte junctum declarat, ut status ejus spontaneus esse posset, quod de nostro vix diceremus. De nomine dato igitur
aliquantulum incerti et dubii sumus, synonyma quoque addere
certa non valemus, quare melius duximus accuratam descriptionem graminis addere, quod intimo naturali nexu cum aliis
junctum generi *Echinochloae* inserendum est, cui et *P. co-*
lonum, Crus, galli frumentaceum aliaque injungenda sunt.
En descriptione plantae nostrae.

Gramen a basi ramosum, hinc multicaule, caulibus ex
omni fere axilla ramos edentibus, qui prodeuntes folium snum
deflectunt et ab eo amplectuntur, saepius inflorescentia demum
ut caules terminantur. Totum glabrum praeter vaginas primarias pilis patentibus obsessas in caulibus brevissimis subteretibus. Vaginae compressae, dorso carinatae, tenuissime
striatae, margine angustissimo albo membranaceo. Lamina
vagina longior, 6 — 8 - pollicaris, 3 — 4 lin. lata, linearis,
longe acuminata, laevis glabraque, margine scabro, angustissime albo - cartilagineo, minutissime serrulato. Loco ligulae
macula albida. Inflorescentia cujus pedunculus ex ultimo folio
exsertus, glaber, laevis, inde ab infimo ramo usque ad apicem
eire. 4 poll. longa. Rami breves patentes vel erecto - patentes, deorsum secundi, inferiores eire. semipollicares, ab invicem remoti, superiores sensim breviores magisque approximati, tandem minuti, subcontigui. Rhachis communis angulosa fere glabra, partiales flexuosi angusti hirtelli, basi pilis
aliquot stipati. Spiculae geminae ternae pedicellatae vel subsessiles, pedicello (delapsa spicula) patella orbiculari minuta
terminato. Spiculae facile, virides adhuc, deciduunt, linea
paululum longiores, late ovoïdeae, acuminatae, hirtellae. Gluma extima late ovata, acuminata, interdum submucronata,

dimidiam adjacentem sterilem aequans, trinervia, hirtella, interior superior late ovata acuminata et mucronata, valde convexa, 5-nervia, nervis **2** accessoriis imperfectis in superiore tantum parte inter medium nervum huicque proximos remotiores conspicuis, hirtella et in margine superiore pilis nonnullis rigidulis et validioribus, brevibus quidem ciliata. Flos sterilis biglumis, gluma extera similis majori involucrali sed plana, ceterum eodem modo nervis percursa et hirtella. Flos fertilis late ovoideus, acuminatus, biglumis, laevis, nitens, punctulis numerossimis pallidis in superficie ex viridescente - grisea pictus, 5-nervius, nervis **3** mediis sibi approximatis, duobus reliquis marginem versus sitis. Interdum flores duo fertiles occurrunt in spicula, flore sterili tunc quoque biglumi sed valde convexo totaque spicula hinc quasi inflata. Stigmata violacea. Caryopsis subrotunda laevissima hyalina, in latere dorsali convexior quam in ventrali ad cujus basin adest foveola dum in dorsali area embryonalis magna opaca ultra dimidiam caryopsidis longitudinem occupans.

Echinochloa frumentacea huic speciei valde affinis, sed altior nec tam a basi ramosa, racemis crassioribus, valde sursum curvatis, fructu glumis incluso lutescente nec cinerascente satis diversa videtur. Addimus quae notavimus de planta culta.

Gramen pluripedale, a basi erectum strictum, ramosum quidem sed haud a basi, omnino glabrum praeter infimas vaginas primarias pilis patentibus tectas. Foliorum tota facies ac in *Ech. hispidula*, at ut tota planta validior est et folia longiora et latiora sunt, ad **15** usque poll. longa et **9** lin. lata, alia angustiora quidem **5** lin. lata, eadem autem longitudine gaudentia, superficies eorum pilis minutissimis antrorsum versis scabriuscula, pagina aversa glabra, margo evidentius et densius serrulato - ciliolatus. Ligula nulla. Panicula vix 5 poll. longa, ramis infimis ad 9 lin. longis, magis inter se remotis, superioribus sensim decrescentibus mox sibi approximatis, aliis pseudoverticillatis, aliis demum solitariis, omnibus ad basin pilis aliquot stipatis, angustis leviter flexuosis hirtellis erecto - patulis, dein magis sese erigentibus et sursum curvatis, spiculis deorsum versis (ramis hinc secundifloris) quadrifariam dispositis densis. Spiculae maturae haud sua sponte decidunt sed vi avellendae sunt, brevissime pedicellatae v. subsessiles, hirtellae. Gluma invol. extera amplectens subrotundo - ovata acutiuscula breviter mucronata 3 - nervis; altera florem fertilem subaequans 5-nervis, nervis viridibus sub apice mucroniformi inter se connexis. Flos sterilis biglumis, gluma extera praecedenti et nervis similis sed evidentius mucronata, interna brevior pellucida binervia. Flos fertilis late ovalis, gluma externa valde convexa subcarinata et mucronulata, interna plana, utraque tenuissime longitudinaliter striata, matura coloris straminei, punctulis numerosissimis minutissimis viridibus plus minus oparata et lucidula.

Setaria dasyura h. Hal.

Quo si utimur Willdenowiano nomine quondam in herbario dato, Neesium sequimur in Fl. Afr. austr. illustr. p. 56, cujus specimina Africana inter plantas Drègeanas comparare licuit, nec ipsius Willdenowii plantam nec *P. geniculatum* Lamarckii v. potius Poiretii in Encyclopaedia methodica olim primum ex insulis Antillanis descriptam, quae huic dasyuro ab aliis subjungitur, dum ab aliis melius ad *Setariam Tejucensem* reducenda videtur, quod speciminum autopsia extricatu erit facile. Nostra planta ex montibus Nilagiricis originem ducens cum abyssinica quoque affinitatem magnam habuit planta, quam Steudelius nunc *P. chrysanthum* nominat, sed modus crescendi erectus, statura altior

hujus plantae, cujus exempla sponte enata atque in horto
nostro ex seminibus horti Wratislaviensis culta comparare
licuit, removent ab nostra indica, quae adscendens, geniculata et radiculas ad genicula agens cespitem format, qui sub
diu cultus fructus non perfecit. Genicula obscure colorata
glabra sunt et non minus vaginae, quarum in orificio utrinque prominet barba pilorum alborum brevium s. extremi fines
ligulae brevis in pilos densissime dispositos albos solutae.
Lamina vero, quae duplo et ultra longior quam vagina, a
qua maculis duabus triangularibus utrinque a margine inci-
pientibus et usque ad nervum medium progredientibus segre-
gatur, pilis nonnullis elongatis albis vario modo per basin
superficiei in nervis dispositis, in reliqua pagina sensim acute
attenuata haud obviis notatur. Caulis sub inflorescentia anguste cylindracea spiciformi $2\frac{1}{4}$ — 5 poll. longa, et matura
vix 3 lin. crassa, tenuiter sulcatus laevis, pube rhachin te-
gente interdum jam sub ramulis conspicua. Ramuli spiculam
unicam gerunt - pluresque setulas nunc aureas nunc purpurascentes s. ex purpurascente et viridi varias; qui varius
color tam a maturitate, quam ab temperie et insolatione pendere videtur. Setulae ex toto scabrae vix spiculis duplo longiores sunt. Gluma involucralis extera tertiam partem spiculae paululum superans late ovata acutiuscula mucronata 3-
nervia laevis, altera dimidiam spiculam paulo superans ejusdem fere formae, 5 - nervis. Gluma externa floris neutrius
magnitudine fertilem aequans et fere mucrone suo superans,
late ovalis acutiuscula mucronata 5 - nervis laevis, interna solito more minor valde hyalina binervis. Glumae floris fertilis
sub maturitate fuscae s. nigricantes dense transverse et satis
profunde corrugatae, rugis transverse et dense impresso striatis, quod fortiori sub lente conspicies eandemque in planta
Africana sculpturam videbis.

Irideae.

Iris triflora Balb.

Nomen primum apparuit in Supplemento ad Willdenowii enumerationem a patre editam, sed absque auctore et
patria, dein in Linkii enumeratione (1821), qui nullum auctorem addit patriamque Italiam et speciem *Ir. acutae* valde affi-
nem dicit. *Ir. triflorae* Willd. nomen possidet in Mantissa prima Roemeri et Schultesii (1822), dein cum Balbisii
auctoritate, addito synonymo Réd. Lil. t. 481. In altero
tomo partis primae specierum plantarum a Dietrichio edito
descripta est. In Bertolonii Flora Italica non reperitur. Iconem non vidimus, descriptionem novam addimus.

Folia caule longiora, leviter spiraliter torta, apice leviter falcatim flexo acuto, glauca, $3 - 3\frac{1}{2}$ lin. lata. Caulis
florifer ex compresso teres, basi foliis duobus brevibus 3—4-
pollicaribus et duobus infimis minoribus marcescentibus instructus est, paullo infra medium in ramos duos unifloros
partitus, qui ex spatha angusta diphylla (foliis acutis subaequalibus viridibus) prodeunt, ramus alter prius fiorens folio
suo spathaceo brevior, alter longior. Germen elongatum tubo
paucas lineas alto multoties longius, prius pollice, dein pollicibus 2 longius; sulcis sex longitudinalibus percursum, obtuse sexjugum, utrinque attenuatum. Corolla bipollicaris,
laciniis lanceolato-spathulatis, basi longe et anguste attenuatis, omnibus pallide coeruleis (colore *Iridis pallidae*) oblique reticulato-striatis, exteris inferne lutescentibus, dein albidis et coeruleo-reticulatis, interioribus pallide quidem sed intensius quam deflexae exterae coloratis apice obtusiusculis emarginatis. Stigmatum laciniae quam dimidia petala longiores
pallide coeruleae, profunde bifidae, lacinia altera super alteram incumbente, apice acutae et irregulariter extus dentibus
paucis vel lacinulis paucis (una alterave) angustis.

Dicotyleae.

Amarantaceae.

Achyranthes rubro-fusca Wight Icon. V. t. 1778!*).

Plantam ex seminibus Nilagiricis [enatam **Wightii** speciem hábemus, quamvis pauca in descriptione nostra ab iconis figuris quibusdam, nulla descriptione uberiore adumbratis abhorrent. En descriptionem nostram plantae in caldario cultae.

Caulis annuus, patulo-ramosus, pluripedalis cum ramis tetragonus, puberulus, viridis v. ex viridi-purpurascens, articulatus, articulorum basi ad nodos leviter incrassatos sanguineo-purpurea, parte sub linea folia connectente sita angustiore sanguinea. Folia (superiora tantum aderant in florente planta quae infera omnia dejecerat) petiolata, petiolo semi-

---

*) Haec verba ab auctore pro diagnosi et descriptione traduntur:
„Herbaceous; stem erect, ramous, round, pubescent, branches ascending, leaves ovate acuminate, short petiolated, finely pubescent on both sides; spikes virgate compact; flowers shining pale greenish, awn of the bractea as long as the limb; calyx larger than the bracts; sepals 3-nerved, glabrous; staminodes truncated fimbriated on the margin, about half the length of the filaments; style equaling the stamens. Neilgherries in moist scil. This species seems in appearance nearly allied to *A. fruticosa* that is so far as can be learned from written characters, but is abundantly distinct as shown by the analysis of the flowers. Fig. 8. in the plate represents the albumen highly magnified which appears to consist of an congeries of minute globular grains giving a cellular appearance to the magnified representation. The stem and the branches of the growing plant have a reddish brown colour, whence the name, in drying the red tinge fades and the brown becomes deeper."

pollicari sanguineo viridive; lamina late ovalis apice leviter acuminata, basi longius in petiolum cuneata, $2\frac{1}{4} - 2\frac{3}{4}$ poll. longa, 15 — 20 lin. lata, in parte basali inferiore attenuata undulata, utrinque molliuscule pubescens, nervo cum venis primariis et secundariis subtus prominentibus, supra impressis; superficie viridiore hinc oblique lineata; pagina aversa **pallidior** ad nervum venasque pilis longioribus patulis obsessa. Spicae in omnibus ramis cauleque terminales, 2 — 5 - pollicares, 3 circ. lineas crassae, acutae, floribus superne densis, inferne plus minus inter se remotis ex viridi sanguinolentis. Rachis densius pubescens. Bracteae involucrantes ad summum duas tertias perigonii partes aequant, laterales ex basi latiore ovata tenuiter hyalina complanato - subulatae, nervo medio longe excurrente munitae, aliae oblongae perigonii phyllis magis similes at tenuiores. Quae phylla sepalave oblonga basi obtusa, sensim longe et ovato - acuminata, $2\frac{1}{2}$ lin. longa, 3 - nervia, nervo medio lateralibus validiore, margine — albo scarioso. Cupula cum filamentis $1\frac{1}{2}$ lin. longa, rubro - purpurea, basi pallidior, filamentis subulatis, dimidiis staminodia interjecta subaequantibus, quorum lamina subquadrata inferne leviter angustata, apice laciniata, laciniis mediis paucis basi connatis (s. unica) subulatis s. irregulari modo quandoque digitatim partitis, intensius coloratis et validioribus quam laciniae laterales, quae solitariae v. paucae albidae breviores et tenuiores cum reliquo margine et facie pilis minutis albis pellucidis sparse obsitae et ciliatae sunt, nulla alia appendicula hisce in staminodiis observanda. Ovarium obconoïdeum inferne albidum supra cum stylo recto subulato ex rubro purpureum.

Asperifoliae.

Anchusa undulata L. ex Graecia accepta valde similis est nostrae *A. officinali* (saepius in hortis botanicis pro alia specie vendita) sed bene diversam se praebet. Floris limbus —, quem inde ab impressionibus externis fornices indicantibus incipientem judico, — haud amplior, sed tubus longior, ita ut *A. undulatae* limbus corollae fere dimidium tubum aequat. Calyx *A. undulatae* longior, extus pilis rigidiusculis basi tuberculatis obsessus, sed quum et corollae tubus longior sit in utraque specie calycis longitudo tubum corollae vix superat. Stigma *A. undulatae* in medio globosum et linea media impressa (sulculo) subdidymum, in *A. officinali* sulcus profundus duo stigmata depresso-globosa quasi separat, quae hinc fere lateralia apparent.

Nonnea setosa R. Sch.?

Dubii hoc nomine signavimus plantam, quae sponte sua quasi in horto excrevit et a *N. lutea* quotannis se disseminante satis diversa erat. Utrum ad *N. setosam* an ad *N. flavescentem* Fisch. et Meyer pertineat ex Candollii diagnosibus nec ex descriptionibus suppetentibus eruere valuimus. Nova si esset species (differt enim ex diagnosibus jam praesentia pilorum glandulosorum ut alia taceam), *N. ochroleucam* nominare placet. En descriptionem accuratiorem.

Multicaulis annua; rami, qui caules fingunt, adscendentes erective angulati, setis raris longioribus patentibus et pilis crebris brevioribus, apice glandula minuta hyalina terminatis tecti. Folia inferiora oblonga, digitum et ultra longa et latitudine digiti, acutiuscula, basi augustiore sessilia, nervo medio subtus prominente, margine repando et setis paucis majoribus remote ciliato, superficie intensius viridi pilis minoribus et setis paucis majoribus valde sparsis nullisque glanduliferis obtecta, pagina infera inprimis ad nervum pilis similibus obsessa. Folia superiora sensim breviora et basi haud angustata, denique bracteantia in racemo bifido trifidove ex

lata ovataque basi (subcordata si mavis) acutata, multo breviora et glanduloso-pilosa. Calyces primum erecti dein deflexi, ex ovata basi in lacinias 5 valde acuminatas ultra medium intrantes partiti, angulati, angulis medias lacinias petentibus, quae apicibus suis sinus inter corollae lacinias attingunt, setisque paucis in angulo medio pilisque patentibus glan-
duligeris undique dense sunt tectae. Corollae tubus inferne
cylindricus, levissime sursum incrassatus, dein constrictus,
foveolis scilicet 5 impressis extus notatus ibidemque viridescens, nunc limbus oritur infundibularis in lacinias 5 breves obtusissimas, partem infundibularem dimidiam aequantes
partitus. Ad infundibuli basin foveis externis respondent fornices 5 latiusculae, subbilobae, pilis longis obsessae. Antherae nigricantes cum his alternae, filamentis brevioribus insidentes, quae in leviter inflata supera tubi parte affixa sunt.
Tubum si nominas corollae partem inferiorem fere aequaliter
cylindricam ad stricturam viridem usque, hic tubus ejusdem
fere longitudinis est ac superior pars s. limbus, sin vero corollae lacinias obtusas limbum haberes, hic limbus tertiam
corollae partem occupat. Calycis fructiferi dentes primum
aliquantulum conniventes sed nequaquam clausi, semi-aperti,
dein vero, nuculis jam nigricantibus, calyx fit campanulatus
apicesque laciniarum extus flectuntur et tunc uuculae cito decidunt. Nuculae immaturae virides, maturae ex toto atrae
videntur sed punctulis numerosis rotundatis pallidis variegatae
sunt et exsiccatae totae pallidiores apparent, oblongae, compressiusculae, interne carinatae, carina per apicem in latus
oppositum et oblique decurrente, basi constrictae et margine
elevato nunc rugoso insidentes, ceterum leviter longitudinaliter
elevato-reticulatae pilisque raris brevibus patentibus adspersae. Strophiolum crassum albidum obtusum ex fovea basali
paululum in recenti, longius in exsiccato fructu prominet.

In *N. lutea* tubus corollae cylindricus longior limbo infondibulari cujus laciniae tertiam partem longitudinis ejus aequant. Fornices brevissimae rotundato-bilobae laciniis oppositae, staminibus alternis et paullo profundius impositis, antheris nigricantibus. Nuculae minores quam praecedentis et inprimis angustiores, ex sordide cinerascenti-lutescente, striolis minutis numerosis opacis interdum in figuras irregulares confluentibus pictae, obsolete reticulatae laevesve carina quoque obsoletiore. .

Compositae.

Amblyolepis setigera DC. pr. V. 667.

In generis charactere involucrum biseriale describitur sed ex errore ut videtur, interius enim non adest, sed celeberrimus auctor pappo inter squamas exteriores conspicuo deceptus esse videtur. Flores radii feminei [e brevi tubo unilabiati s. lingulati, quod labium formam praebet squamarum in alis Lepidopterorum obviarum, truncatam apice et trilobam; percursum est nervis duobus sinus petentibus bipartitis, ramis his loborum apices attingentibus ibidemque [cum nervis loborum apices petentibus sese jungentibus. Quae corollae dein longitudinaliter convolutae rubescentes et stellae radiis adinstar sese pandunt. Achaenia in receptaculo convexo sessilia fere ellipsoidea, basi acutiuscula, margine supero truncata, pappi squamas late rotundatas hyalinas ferentia, 10-costata, costis albidis crassis et adpresso-pilosis, interstitiis angustissimis viridibus.

Hebeclinium macrophyllum DC. pr. V. p. 136. —

Semina sub nomine Japote e Columbia accepta. Folia trinervia et saepius simul varie triplinervia h. e.: venis oppositis et varie alternis, proximis sibi approximatis. Foliorum superficies nequaquam glabra, sed pilis minutis apice cras-

sioribus molliter pubescens, in pagina infera et glandulae pellucidae frequentes, hinc folia trita suaveolentia.

Heliopsis canescens HBK. ? Differt nostra a *canescente*
càule sub foliis haud bifariam sed undique pilis patentibus
obsesso, achaeniis vix subdrupaceis rugosis, quibus propius accedit ad H. hortorum vulgarem, quam *H. laevem* Pers.
nominavimus. Ex Columbia semina accepimus, at planta in
caldario culta, Acaris vexata , pauca tantum semina dedit.

Tota herba patentim villosa, villositate juniorum partium
molliore, 3 - pedalis circiter, foliis ramisque oppositis. Caulis cum ramis tetragonus. Folia petiolata, late ovata acuta
acuminatave, trinervia, margine serrata v. crenato - serrata,
supra scabra et nervo venisque majoribus impressis reticulata,
subtus iisdem prominentibus notata, pallidiora et paulo molliora, maxima 3 poll. longa, basi 2 p. lata, petiolo sesqui-
pollicari canaliculato, dorso convexo. Pedunculi elongati terminales, vel ramo altero dein excrescente spurie axillares,
monocephali, apice sensim incrassati et inanes. Capitulum
minus quam in *Heliopside laevi*, homochroum. Involucrum
subbiseriale breviter pubescens, foliolis ut in *H. laevi* basi
connatis, exteris paulo majoribus, apice latioribus obtusis acu-
tiusculisque, 3 - nerviis, pubescentibus, apice patentibus, interioribus paucis minoribus, acutioribus cum externis fere alternantibus, saepius irregulari modo dispositis. Paleae in receptaculo convexo carinatae compressiusculae late lineares
apice acutae, persistentes, margine carinaque sursum saltem
ciliatae flores semiamplectantes. Flores radii numero variabiles, uniseriales v. biseriales (pluribus tunc deficientibus) feminei lingulati, lingula làte lineari obtusiuscule triloba; flores disci hermaphroditi, numerosi, tubulosi, glabri apice obtuse 5 - lobi, lobis patulis. Antherae nigrae, polline flavo,

dein exsertae. Styli rami longi filiformes, extus curvati apice conici. Achaenia disci subcompresso - tetragona, utrinque - obtusa, superne paululum crassiora, angulis plus minus prominulis, faciebus inter se fere aequalibus linea media elevata plus minus conspicua longitudinali percursis, ceterum rugosulis et pilis paucissimis subtilibus interdum adspersis, $^6/_5$ lin. longa et $^1/_2$ lin. sursum lata, brunnea opaca, area terminali vix margine brevissimo cincta, albida. Radii achaenia facies praebent valde inaequales, unam latissimam, oppositam angustissimam, interjectas inter se aequales, ita ut fere trigonam formam possideant, ceterum majora sunt pallidiora et paullo magis pilosula. — In vulgari nostra hortensi *H. laevi* lingula tam arcte cum fructu cohaeret, ut serius, corollae parte superiore jam emarcida et abrupta, basis ejus persistat, quod sectionis characteri apud Candollium „ligulae super ovarium 'articulatae“ non respondet; hujus speciei achaenia extera fere trigona, interiora compresso tetragona, margine brevissimo in florente planta magis conspicuo coronata.

Macrorrhynchum aurantiacum verum, cultu difficiliorem, florentem et fructus ferentem habuimus, floris colore ex rubro - aurantiaco optime distinctum ab iis speciebus, quae *laevigati* et *pterocarpi* sub nominibus a celeb. viris Fischer et Meyer sejunctae luteo florum colore conveniunt. Praeter colorem florendi tempore, capitulorum quoque forma, habitu jam a prima juventute diverso, achaeniisque inter se differunt, quae achaenia in omnibus tenuia, subcylindracea, utrinque acuta, sensim in rostrum filiforme elongatum excurrunt, cujus apex iterum in patellam (ex qua radii pappi exeunt) dilatatur. Hoc autem modo in singulis speciebus diversa apparent achaenia;

M. aurantiacus F. et M. coloris sordide straminei, cum rostro filiformi laevigato **6** lin. longa, corporis trilinearis costis obtusis paululum dilutioribus, sulcis interjectis angustis nunc pluribus nunc paucioribus pilis erectis, brevissimis obsessis.

M. Chilensis Less. (*laevigatus* F. et M.?) coloris pallide foenarii, cum rostro filiformi tenuiter serrulato 6 — 7 lin· longa, corporis circ. trilinearis costis nunc crassioribus, sulcis interjectis obsoletioribus, nunc angustioribus, sulcis profundioribus, fere semper glaberrimis.

M. pterocarpus F. et M., coloris ex rubescente straminei .v. omnino purpurei, cum rostro filiformi tenuissime serrulato 6 lin. longis, corporis 2 — 2¹/₂ linearis costis anguste alatis (subundulatis), sulcis interjectis profundioribus glabris.

Fructuum diversus status in ˙*M. Chilensi* prius observatus dubium me reddidit de specifica dignitate *M. pterocarpi* tunc temporis nondum visi, quam vero nunc agnosco speciem. Nomen a L e s s i n g i o primum datum restituo, quum planta ejus ut ex descriptione generis pateat, fructuum costis gaudeat „suberoso-callosis" s. latioribus obtusis· et floribus luteis.

Jasmineae.

B o l i v a r i a.

Genus olim (Linn. I. p. **207**. Tab. IV. f. **1**.) a C h a m i s-s o n e mecum conditum, duabus speciebus illustratum, *Calyptrospermi* nomine serius a clar. D i e t r i c h sine omni jure signatum, cum *Menodora* Humboldtii et Kunthii, cujus capsula alio modo dehiscit, postea a cel. L i n d l e y incaute connexum a cl. G r i s e b a c h i o cum *Menodora* in propria familia *Bolivariaceae* consociatum, in C a n d o l l i i prodromo (VIII. p. **315**.) inter Jasmineas, uti a nobis jam propositum erat, enumeratum, quatuor h. l. praebet species in duas sectiones partitas, alteram calyce 5-lobo duas regionum austro-americanarum incolas a nosmet ipsis primum descriptas amplectentem, alteram calyce 10 — 11-lobo duas alteras continentem species, quarum prima regio-

nem australem civ. Rio de la Plata ad pedem orientalem montium Cordilleras habitat, altera in regno Mexicano prope
Oaxaca provenit et patria sua calyceque multipartito ad Me-
nodoras Mexicanas propius accedit.   Quinta insuper species
primae sectionis a cl. B e n t h a m in Hook. Lond. Journ. of
Bot. V. p. 190. c. ic. t. V. e Patagonia a M i d d l e t o n i o
lecta innotuit.   Sexta denique mirum in modum Africae australis cives sectioni secundae addenda species sub *Menodorae*
Africanae nomine a cel. H o o k e r o in iconibus plantarum
tab. 586. figura et verbis illustrata est.   Septimam ejusdem
secundae sectionis nunc offerimus e Boliviano semine enatam
et in olla sub diu cultam.   En ejus descriptionem:

Bolivaria pinnatifida Schldl.

Tota planta coloris glaucescentis.   Ex basi lignescente
simplici rami plures cauliformes erecti, ad summum semi-
pedales, teretiusculi v. obscure quadranguli (internodiis scilicet inde a foliorum oppositione leviter excavatis) pube tenuissima brevissima obducti, inferne simplices dein ex flore terminali semel, bis et saepius *bifidi*, ramis angulo valde acuto
inter se discedentibus, floris pedunculo hinc extus curvato,
quum spatium inter ramos haud sufficiat pro floris amplitudine.   Haec dichotomia non semper exacta, quum folia superiora non semper exacte sibi opposita sint, quod in inferioribus fere semper accidit; lloris pedunculus igitur interdum per
spatium breve alteri ramo adhaeret.

Folia sessilia basi breviter attenuata, inferiora opposita,
superiora interdum alterna, omnia trifida et quam plurimum
pinnatifida, laciniis tunc 5, omnibus lato-linearibus, plerumque apicem versus leviter dilatatis, apice acutiusculo, summo
nunc pallidiore nunc leviter colorato; laciniis inferioribus saepius lacinula in extero margine auctis, impari quoque terminali interdum lacinula laterali minuta.   Nervus medius venae-

que primariae in lacinias progredientes supra leviter impressa
subtus prominula sunt. Color glaucescens in utraque pagina
fere idem, non solum pube minuta sparsa vix discernen-
da, sed quoque ipsius folii haud membranacei potius crassiusculi colore producitur. Praeter haec folia magis evoluta,
pinnatifida alia reperies ubi rami incipiunt simpliciora, cuneata, v. elongato-cuneata, apice 3-loba v. tridentata, in
ramis secundi et serioris ordinis habeo quoque folia oblonga,
basi attenuata, utrinque dentibus paucis nunc fere obsoletis,
nunc evidentioribus. Planta tota junior habitu suo Verbenas
nonnullas illius regionis Americae australis in mentem revocans
folia praebet iis Verbenarum quarundam tam forma quam
magnitudine valde similia; quae enim majoris amplitudi-
nis sunt, ad 10 lin. sunt longa, et inter laciniarum infimarum
apices 7 lin. lata, laciniis ipsis et mediana folii parte circ.
$^3/_4$ lin. latis.

Pedunculus 4 lin. circ. longus, teres, leviter sulcatus,
ebracteatus, sensim in calycem paene ad basin usque hexa-
sepalum abiens, primum erectus, dein sensim magis magisque
basi deflexus, serius basi erectus, apice deorsum curvatus
ita ut flos primum erectus deinde cernuus sit corollaque dejecta calyx cernuus maneat. Sepala angusta, dorso carinata,
intus canaliculata, acutiuscula, margine extimo anguste membranaceo, et interdum repando, inaequilonga, numero variabilia, ad minimum 5, fere semper plura, erecto-patula ut
caulis cum pedunculo pubescentia, aestivatione leviter contorta
quandoque et colorata. Corolla intus lutea, extus plus minus sanguinea, tubo luteo, primum calyce brevior dein eum
aequans. Tubus basi brevissime ampliatus, tennior, membranaceus, ovarium cingens, dein angustior, sensim infundibularis,
parte tubi suprema usque ad hanc partem dilatatam pilis sursum erectis majoribus et brevioribus sparsis intus instructa,

limbo dimidiam corollae longitudinem aequante (**2** lin. longo)
in lacinias **5 — 6** ovales obtusiusculas nunc integras, nunc
uno alterove lobulo instructas, interdum fere trilobas, aestivatione subquincunciali subcontortas partito. Quinque si adsunt
corollae laciniae, duas tantum in alabastro vides externas
sanguineas (ita ut corollam in alabastro sanguineo · rubram
crederes), duaé sunt internae et quinta altero ·margine sub
interna, altero supra externam posita est; sex si adsunt
laciniae, · duae sunt externae, duae internae et duae reliquae
altero margine tegunt, altero teguntur.   Aderat quoque· corolla laciniis quatuor, quarum una latior e duabus, uti ex
apicibus duobus liberis concludere licet, connata fuit.   Stamina duo laciniis exteris fere opposita, filamentis usque ad
basin corollae conspicuis, in superiore infundibulari parte
ejus liberis. Antherae crassiusculae ovales, biloculares, luteae, $1/_2$ lin. longae, dorso supra basin affixae, in fauce corollae cum stigmate sitae.   Stylus viridis fere **2** lin. longus,
apice leviter crassior in stigmata duo brevia leviter extus
curvata partitus. Ovarium in fundo calycis dein excrescit in
capsulam calyce patente persistente cinctam, ratione totius
plantae magnam, fere usque ad basin dicoccam, bilocularem,
loculis medio circumscissis, margine crassiusculo, - capsulae
inferioris parte paululum magis cuneato - hemisphaerica, superiore, ut videtur tenuiore, exactius hemisphaerica obtusa,
utraque sub maturitate straminea pellucida laevi, plicis irregularibus longitudinalibus exsiccatione instructa. Loculamenta
4 v. **3** ovula continentia, matura semen unum alterumve per-
diderant, quae magna late ovalia extero latere convexa sunt,
interno faciebus duabus planiusculis nunc aequilatis, nunc in-
aequilatis mediam carinam formantibus trigona fiunt et testa
spongiosa eleganter impresso-areolata (simili modo ut in prima
specie a nobis descripta depictum ·est) configurata extus ve-

stuuntur. Longitudinem trium linearum et paullo ultra habent, latitudine in medio duas lineas superant.

Flos plerumque semiclausus reperitur, laciniis corollae haud arete sibi incumbentibus at faucem inspicere impedientibus. Aperitur corolla dum pedunculus erectus stat si solis radiis circa meridiem tangitur.

Labiatae.

Plectranthus (Junio florens).

Plectranthi speciem hanc rite determinare saepius frustra tentavimus. Sect. I. Isodon ex calycis corollaeque structura eam absque dubio recipiet, sed cuinam trium paragraphorum adscribenda sit, me fugit. Pedunculus communis rami pedicellique in prima paragrapho elongati desiderantur, corollae tubus rectus declinatus, ad hanc igitur non pertinet. In secunda iidem characteres sed corollae tubus supra basin abrupte defractus, quae notae responderent si elongatos tam ramos quam pedicellos dicere possem. Tertia denique verticillastros poscit multifloros subconfertos in racemos elongatos dispositos, cymarum pedunculum communem (an totius inflorescentiae?) subnullum, ramos plus minus elongatos, pedicellos abbreviatos et corollae tubum versus medium defractum, quae notae in nostra specie haud reperiuntur. Icones plurium non exstant nec descriptiones.

Fruticosus pluripedalis ramosus, rami juniores tetragoni, angulis leviter prominulis et densius longiusque pilosis quam reliquae partes, quae omnes tomento tenui denso molli e pilis brevibus albis apice curvulis rectisve in pagina aversa paullo longioribus sunt tectae. Folia opposita petiolata, ovata acuminata, basi breviter v. brevissime in petiolum cuneata, hinc nunc magis in subrhombeam formam vergunt, nunc in subcordatam. Nervus venaeque primariae secundariae et tertiariae supra im-

pressa subtus valde prominent redduntque folium rugosum;
crenae marginales dense dispositae imam basin et apicem
non occupant; ceterum magnitudine folia valde variant, lamina
pollicari et pluripollicari, petiolo fere semper pollicari. Racemi terminales in summo caule et in ramis e cymulis breviter pedicellatis axillaribus compositi, quarum infimae ex
axillis foliorum diminutorum, sequentes ex axillis bractearum
sensim e foliis mutuatarum, — dein sessilium et minutarum
proveniunt omnesque inflorescentiam cylindraceam satis densi-
floram obtusam constituunt. Cymulae pedunculus bilinearis
breviorve, pedicelli inaequilongi breviores. Calyx semper nutans, cylindraceus, leviter sursum curvatus **2** lin. longus, breviter pilosus intermixtis pilis longioribus, ad tertiam usque
partem in lacinias **5** ovatas acutiusculas subaequales partitus,
quarum tres sursum flexae labium superum efformant. Corollae tubus basi brevissime cylindricus (hac parte $\frac{1}{3}$ lin.
longa), dein contractus, tunc ampliatus, superne obtuse gib-
bosus, albidus, totus **2** lin. longus, pilis brevibus patentibus
vestitus. Labium superum **3**-lobum, lobo medio intensius
coeruleo-colorato et striis quatuor brevibus intensissime ex
violaceo-coeruleis ad basin picto, profunde emarginato lobis
obtusis (his scilicet verum labium superum constituentibus),
lobis lateralibus obliquis obtusis (lobos laterales labii inferioris revera formantibus), omnibus ad tubum subreflexo-erectis,
medio magis erecto, lateralibus magis reflexis. Labium inferum (veri inferi lobus medius) porrectum, integrum, ex latiore
basi sensim attenuatum, apice obtusum, canaliculatum, marginibus sursum inflexis paullo intensius coeruleum quam lobi
laterales qui pallide coerulescunt. Lobi omnes corollae intus
glabri extus pilosi; tubus intus glaber, pilis paucis brevissimis in basi tubi inflata. Stamina in excavatione labii inferi
cum stylo porrecta, apicem ejus haud attingunt. Filamenta

glabra ex angustata tubi parte nascuntur. Antherae 1-locu-
lares fere-atrae, polline aurantiaco.

De hac aliisque *Plectranthi* speciebus in horto Halensi
cultis serius disserere amplioresque descriptiones dare studemus, hujus generis enim species asiaticae ex diagnosibus in Candollii prodromo depositis, majore pro parte ex
Wallichii plantis Asiaticis rarioribus verbotenus repetitis,
haud rite recognoscendae videantur.

Scutellaria violacea Hayne, Wall. DC. pr. XII. p. 418.
n. **29.**

Nonnulla addere placet in planta hortensi observata. Folia rugosa lucidula ut planta tota pilis albis rigidulis hispidula, cui indumento intermixti reperiuntur pili apice glandula
alba terminati in caule, qui cum calycibus purpurascens, in
calycibus, in corollae extera parte.. Calycis labium anticum
truncatum, posticum ovatum acutiusculum et squama valde
convexa semirotunda dorsali auctum. Corolla ex albo et
rubro-lilacino varia, tubus 4 lin. longus dorso coloratus, labium superum cum duobus lobis lateralibus brevibus sibi ad-
positis et reflexis intense coloratum, inferum late ovatum obtusum 3 lin. longum album, margine late et levissime purpurascente.

Oenothereae.

Ludwigia parviflora Roxb. fl. Ind. I. p. 440?

Quam ex semine in m. Nilagiricis collecto in caldario
coluimus Ludwigiam ad *L. parvifloram* Roxburghii quidem
duximus, sed pluribus dubiis vexati, nec flores sessiles reperimus sed brevissime pedunculatos, quales Candollius in
specimine Wallichiano ex horto Calcuttensi accepto vidit,
nec calycem basi bibracteatum, generi adscriptum, sed quantum videre licet omnino ebracteatum, nec folia in apicibus

ramorum tam parva atque approximata ut spicas foliosas
simulentur, quod ex cultura in caldario per hyemem continuata pendere posset.   Quae omnia, adjunctis illis notis in
descriptione Wallichiana haud memoratis, si repetita disse-
minatione haud mutarentur, me persuaderent speciem esse
novam, cui *L. ebracteatae* nomen jam nunc vindicarem.
Descriptionem haud satis perfectam addimus:

Caulis angulatus, ad angulos apicem versus pilis minutis
scabriusculus, superne ramosus, caule ramisque erectis. Folia exceptis infimis alterna, breviter petiolata, elliptico - lanceolata, basi in petiolum longius attenuata, apice acutiuscula,
pagina utraque glaberrima, subtus pallidiora, margine brevissime ciliolata et glandulis minutis inter se distantibus rubris instructa.   Ad basin petiolorum utrinque glandula parva
rubra subconica.   Flores brevissime pedunculati ebracteati
calycis tubo obtuse tetragono, laciniis late triangularibus acutis, trinerviis, margine utroque triglandulosis, glandulis rubris.
Petala late ovalia subunguiculata, sepala aequantia, concava
lutea.   Stamina quatuor sepalis opposita longitudine styli
stigmate crasso capitato terminati.   Glandulae duae inter stamina, quas glandulas margo brevissimus, brevissime erecto -
ciliolatus cingit.   Fructus descriptionem serius dabimus, facta
cum aliarum specierum fructus comparatione.

Scrofularineae.

Alonsoa canlialata Rz. Pav. DC. prodr. X. p. **250.** —
Semina hujus plantae sub nomine: *Alonsoae parviflorae* e
Columbia accepimus.

Stirps glabra praeter locum conjunctionis foliorum, ubi
pili nonnulli albi capitellati reperiuntur, et praeter totam inflorescentiam, in qua axis, pedunculi, bracteae, calyces, ex-

tera pàrs corollae pilis albis apice glandulosis patentibus sunt
tecta. Caulis junior anguste ad angulos alatus, ima basi teres
et fruticosus. Folia nullo modo incisa, sed breviter late cur-
vilineo - serrata, serraturis saepius brevissime apiculatis, nervo
venis venulisque supra impressis subtus prominentibus rugo-
sula. Sepala subaequalia ovata acuta corolla breviora. Corolla bilabiata, labium superum, quod inferum in flore videtur,
bilobum, lobi depresso - semirotundi et breviores quam lobi
proximi labii inferi (quod in flore superum), qui rotundati
sunt, lobo medio dilatato obtuso. Stamina deflexo - curvula.
Stylus primum recte porrectus dein deflexus hamatus. Capsula ex ovata basi attenuata, compressa, obtusiuscula, in
lateribus latioribus sulco notata, omnino glabra.

Solaneae.

Solanum Berterii H. Par.

In Steudelii nomenclatore, cujus pars altera jam anno
1841 edita est, nomen hujus *Solani* reperimus addito citato:
„H. Par. (ed. 3. 427. nomen). ☉ Chili“, quae repetens cel.
Dunalius in prodromo Candolleano (XIII. 376. sub no.
905.) addit: „sed non adest in Desf. cat. h. Par. ed. 3.“
quod verum, catalogus enim Parisiis a. 1829 editus paginas
416. tantum continet, nec in serie generum et specierum, nec
in additamento, nec inter descriptiones nomen illud reperien-
dum. Speciem vero hujus nominis in horto Parisiensi jam
per annos cultam facili negotio in hortum Monspeliensem de-
ducere potuisset celeberrimus monographus, quod omnino ne-
glexisse, nec in herbario quodam gallico hanc ignobilem aliisque affinibus arcte consociatam speciem reperisse videtur. Ut
melius cognoscatur haec stirps descriptionem addimus plantae
horti Parisiensis apud nos sub diu cum aliis Maurellis cultae.

Inquirendum est utrum haec Americae incola specie convenire posset cum aliis ejusdem terrae formis colore fructuum
rubro insignibus: *S. rubrum* Milleri annua planta ex India
occidentali, *S. rubrum* Linnaei in Speciebus plantarum dere-
lictum ab ipso anctore et *S. erythrocarpum* Meyeri quod foliis integerrimis, floribus minutis, baccis pisi minoris magnitudine lutescenti-rubris et caule perenni cum Linnaeano *S.*
rubro satis incognito convenire videtur, a describenda planta
Chilensi annua jam duratione satis distincta apparent.

Colore baccarum *S. Berterii* affine est *S. villoso*, at
diversum: statura graciliore, caule ramisque tenuioribus, ex
toto atropurpureo-coloratis, ad angulos tuberculato-pilosis,
ceterum cum petiolis et pedunculis et calycibus pilis brevibus
sursum curvulis pubescenti-scabriusculis (indumentum *S. vil-*
losi e pilis rectis patentibus subulatis densis, cum glandulis
intermixtis subsessilibus formatur), foliis paullo angustioribus
integerrimis vel basi dente uno alterove sinuato notatis, utraque pagina pilis brevibus subadpressis sed inferne densius adspersa. — Racemuli extrafoliacei pauciflori, pedunculus semipollicaris, pedicelli ejusdem longitudinis, 2 — 4, interdum
paululum deflexi, sensim incrassati. Calycis laciniae ellipticae acutiusculae, utrinque pilosae dein sub fructu recurvae.
Corolla 4 circ. lineas alta extus pubescens (in *S. villoso* extus patentim pilosa), laciniis acute triangularibus, basi obtuse repando-dilatatis, albis, linea media violacea ex basilari
macula lutea progrediente notatis, 1½ lin. longis v. paullo
longioribus, sinu acute inciso inter se sejunctis. Filamenta
tertiam circiter antherarum partem aequantia, intus pilosa.
Stylus inferne patentim pilosus, stigmate suo capitato viridi
stamina vix superat. Baccae ejusdem coloris ac *S. villosi* at
minores. Folia superiora (in planta jam fructus maturos prae-

bente) cum petiolo **7 — 8** lin. longo, **24 — 26** lin. longa, **10**
circ. lineas basi lata erant. Semina circ. $^6/_7$ lin. longa, $^2/_3$
lin. lata, rotundato - obovata lenticulari - compressa, parte radiculari oblique prominente, coloris fuscescenti - pallidi, tenuiter scrobiculata.

Solanum Karstenii Dun. in DC. prodr. XIII. p. 151.
n. **347.**

Celeb. hujus speciei auctor ex specimine fructifero flores
nimis juveniles gerente exstruxit, quare ex viva florente planta,
quam candem censemus, nonnulla addere placet.

Frutex pilis ramosis (fere ut in Verbascis) tomentum molle
nunc brevius nunc longius et densius componentibus tectus.
Folia petiolata lanceolato - oblonga v. obovato - lanceolato - oblonga, basi longe in petiolum attenuata, magnitudine valde
varia, minora **3 — 4** poll. longa, **6 — 9** lin. lata, majora **6 $^1/_2$**
poll. longa, **16 — 18** p. lata, plus minus acuta integerrima,
v. irregulariter repanda utrinque **7 — 10** - venia, nervo venisque supra impressis, subtus prominentibus. In superficie pili
stipitati pauciradiato - stellati breviores dispersi sunt, in
aversa pagina autem majores multiradiati tomentum lutescens
efficiunt. Si folia gemina sunt, alterum multoties minus nunc
majori simillimum, nunc magis obovatum obtusum. Cymae
extraaxillares **2 — 3 -**, rarius **6 -** florae, breviter pedunculatae,
pedicellis **6** fere lin. longis sub calyce sensim crassioribus,
deflexis. Calycis stellatim expansi laciniae angustae lineares
obtusae **2** lin. longae. Corolla alba, laciniis oblongo - ovatis
acutis, apice puberulis, ceterum fere glabris. Antherae vitel-
linae biporosae. Stylus albus his longior, corollam longitudine aequans.

Solanum Nilagiricum n. sp.

In Maurellarum farragine nullam reperimus speciem cui nostram stirpem addere possumus, quare melius duximus novam descriptione fultam proponere speciem, quae miniato colore baccarum *S. miniato* similis diversa est alio indumento, foliis integerrimis v. obsolete paucidentatis, fructibus minoribus, alio modo rubro-coloratis, seminibus minoribus.

Caulis annuus patentim ramosus, fusco-purpureus, angulatus, adpresse pubescens, pube e pilis parvis sursum curvulis et adpressis aliisque minutis globoso-capitellatis constante, angulis prominulis dentatis et pilis majoribus tuberculo saepius insidentibus instructis. Folia petiolata solitaria, lamina ovata, acuminata (acumine obtusiusculo) basi subobliqua et ex obtusiore sua infera parte repentine et anguste fere usque ad insertionem petioli decurrens nunc integerrima, nunc in altero nunc in utroque baseos latere dente uno alterove obsoleto instructa, nervo venisque primariis utrinque subquinis supra impressis, subtus prominentibus, utrinque supra vero parcius quam infra pilosis, pilis incurvis tuberculo insidentibus per nervum in inferiore pagina et per petiolum obviis. Petiolus circ. $3/4$ p., lamina $2 - 2\frac{1}{2}$ poll. longa et $14 - 16$ inferne lata. Racemuli pedunculati extrafoliacei pauci ($4 - 5$) flori, pedunculo $4 - 5$ lin. longo, pedicellis paululum inter se distantibus sub anthesi $2 - 3$ circ. lineas longis, sensim sub calyce incrassatis et deorsum curvis. Calycis laciniae ellipticae acutiusculae ciliatae et eodem modo pilosae ac tota ramificatio. Corolla tres lineas alta, laciniis triangulis, acutis albis semper nervo medio violaceo percursis, violaceo colore inprimis apicem et marginem effuse tingente; basis intus viridescens extus lutescens. Antherae lineam longae dimidias lacinias aequantes, intense luteae, poris 2 transversis apice apertae; filamentum $^1/_4$ lin longum patentim pilosum. Stylus stamina superat, cylindricus, supra basin mox leviter incrassatus et paullo ultra medium decrescens, patentim pilosus; stigma capitatum viride. Baccae parvae globosae (minores quam in reliquis fructu luteo rubroque gaudentibus mihi notis), primum virides, dein in luteum transeuntes colorem, tandem miniatae. Semina compressa subrotundo-obovata interdum leviter cuneata pallide fuscescentia, longiore diametro circiter $^4/_5$ lin. longa, transversali $^2/_3$ lin. metientia, radicula obtuse quandoque obsolete prominula, superficie tenuissime scrobiculata. — In *S. miniato* semina majora lin. longa, $^4/_5$ lin. lata pallidiora evidentius scrobiculata, parte radiculari obtusa quidem sed distinctius prominente, forma totius seminis hinc magis in oblique piriformem vergente.

In aliis quoque speciebus Maurellarum diagnosticas notas ex seminibus haurire potes, quae ut illae ex flore desumendae immerito neglectae sunt. Per multos annos Maurellae plures in horto Halensi cultae nunquam sese in aliam formam transmutaverunt, characteresque suos servaverunt.

Umbellatae.

Acanthopleura involucrata C. Koch in Botan. Ztg. VII. p. 468. *Cachrys involucrata* Pall. in h. Wirceburg. a. 1851.

Cl. C. Kochii ex auctoritate hanc umbelliferam plantam pro Pallasii *C. involucrata* ex herb. Willdenowiano primum innotescente et ut videtur descriptione haud satis exacta adumbrata interea habemus, ipsius C. Kochii esse *Acanthopleuram* non dubitamus. Descriptionem brevem addimus in horto jam prius factam.

Involucrum polyphyllum curvato-patens, et ut saepius occurrit folio vaginae brevi insidenti auctum, e foliolis e lata basi acuminatis acutis, interdum una alterave apicis incisura bi- et trifidis. Radii sulcato-angulati, angulis lateris interioris denticulorum cartilagineorum albidorum seriebus scabris. Involucellum e foliolis multis late lanceolatis longe attenuato-acuminatis, pedunculos (radiolos) superantibus eodem modo denticulis scabris. Fructus a dorso compressus, calycis margine exiguo, stylopodio depresso fere semirotundo, stylis deflexis basi latioribus. Spermophorum bifidum filiforme. Juga 5 primaria alaeformia, margine divaricato-dentato, breviora quam juga 4 secundaria simili modo alaeformia quorum margo irregulariter denticulatus et sinuosus. Vitta transverse dissecta triangularis sub quosvis jugo secundario. Commissura plana, jugis primariis marginantibus distinctis, vittis duabus in sectione transversa compresso-ellipticis. Omnia juga quasi cartilaginea et ad basin fructus producta et connata, ita ut pedunculus in fovea a margine elevato tuberculoso cincta inseratur.

Exeunte Augusto fructifera erat planta, quam anno 1851 e semine educavimus.

Bupleurum glaucum Robill. et Cast. in DC. fl. fr. Suppl. p. 516, Gren. et Godr. Fl. d. Fr. 1. p. 724.

Cel. Reichenbachii icon hujus plantae in Iconographiae T. II. tab. 168. fig. 299a. B. C. p. 60. minus bene convenit cum planta nostra e Graecia absque nomine accepta, quam cl. Gussonii icon in plantis rarioribus tab. 23. f. 2. data et optima cel. Bertolonii descriptio in Flora sua Italica, qui auctor fructus *B. glauci* globosos describit, optime distinguendos ab oblongis *B. semicompositi* L. cui cel.

Reichenbachius in supra citato opere Tab. **183.** fig. **320.**
321. A. B. C. fructus eodem modo globosos et exasperatos
delineavit. Nec haec nec illa Reichenbachii tabula in
cel. vir. Grenier et Godron opere „Flore de France" citatur, ubi *B. glaucum* quidem, sed haud *B. semicomposi-*
tum enumeratur, quod tamen ex Reichenbachio Monspelii
crescit.

Violarieae.

Viola epipsila v. Klinggräff Nachtr. z. Flora v. Preussen p. **13.**

Specimina ab hujus Florae auctore accepta in olla colimus. Cum descriptione a Kochio in Sturmii Flora data
folia conveniunt, flores vero haud unicolores pallide lilacini,
sed petalum impar venis saturatioribus pictum. Sepala haud
obtusa, sed ex late - lanceolato acuminata et glandula minuta
lutescente apicali sessili terminata. Calcar obtusum lilacinum
s. potius maculis minutis variae formae satis densis et lilacinis variegatum, appendicibus obtusis latis sepalorum paululum longius. Stigma depresso - rotundatum medio leviter impressum (hinc margine obtuso cinctum) et processu tubuli-
formi deorsum producto in infero latere instructum, dum
latus oppositum supra stylum prominet; omnes stigmatis partes glabrae laeves. Stipulae ovatae acuminatae integerrimae
v. glandulosis dentibus brevibus marginalibus instructae, concavae, liberae. Dentes s. crenae foliorum depressae, apice
glandulifero incurvae.

Ledebourii *V. epipsilam* esse, ut jam in litteris
l. c. dixi, haud negarem, *V. palustri* absque dubio co-
gnata sed diversa.

Urticaceae.

Pouzolzia rhexioides Kze.? h. Lips.

Plantam hoc sub nomine nullibi reperiendo acceptam distribuimus, alio loco fusins de genere locuturi et speciem hanc describemus. Est tetrandra, fructu gaudet late alato. Beatum Kunzium specici auctorem esse band certum est. In caldario culta quotannis floret primis anni mensibus.

Musci frondosi Australasiae ab Drc. Ferd. Müller lecti,

auctoribus

Carolo Müller Halensi et *E. Hampe* Blankenburgensi.

Sphagnaceae.

1. Sphagnum cymbifolioides C. Müll. in Musc. Moss-man.

In monte Aberdeen Austr. felic. c. fruct. unico deoperculato.

Phascaceae.

2. Phascum cylindricum Tayl. = *Tetrapterum australe* Hmp.

Ad Yarra flumen.

3. Astomum Krauseanum Hmp.

Australia felix, c. Funaria intermixtum.

Leucobryaceae.

4. Leucobryum brachyphyllum Hmp.

In vall. humid. umbros. mont. Dandenong ranges, Januar, 1853 c. fruct. deoperculatis.

β. var. *major sterilis.*

Australia felix, sine loco indicato.

Funariaceae.

5. Physcomitrium integrifolium Nobis.

Physc. spathulato simillimum; foliis magnis concavis e basi brevi oblonga late ovatis obtusiusculis integris laxe reticulatis chlorophyllosis, nervo ante apicem abrupto viridi; theca magna cyathiformis.

Australia felix: Delatite, rarum. **18. Mart. 1853.**

6. Entosthodon Taylori C. M. Syn. I. p. 122.

Goulbourn river et Yarra.

7. Ent. clavaeformis Nobis.

Laxe cespitosus; caulis rosulato - foliosus brevis; folia late - oblongo - acuminata apice denticulata abruptinervia laxe - reticulata; theca in seta longiuscula flavida erecta clavaeformis subcernua; operculo brevissime conico; calyptra dimidiata glabra; peristomium simplex.

Torrens river.

E. radianti proximus, sed jam theca erecta differt.

8. Funaria sphaerocarpa C. M. loco citato.

In Australiae felicis et Tasmaniae diversis locis.

9. Fun. Tasmanica Nobis.

Caulis rosulato - foliosus; folia late oblongo - ovata longe acuminata serrulata laxissime reticulata celeriter emolientia nervo ante apicem evanido; theca longisetacea elongata apophysato - clavata erecta, sicca et evacuata angustata, tum cernua glabra; peristomium duplex.

Van Diemensland, inter *Targioniam Tasmanicam. Funariae hibernicae* similis.

10. Fun. subnuda Taylor.

Barossa range.

11. Fun. glabra Taylor.

Muddy creek.

Splachnaceae.

12. Dissodon cuspidatus C. M.

In Tasmania.

13. Diss. plagiopus ejusd.

Bunip creek.

β. *minor.*

Irish town.

Pottiaceae.

14. Pottia inflexa C. M.

Syn. *Gymnostomum inflexum* Taylor. Lond. journ. of bot. 1846.

Gawler river.

15. Encalypta Tasmanica Nobis. *E. vulgaris* var. Hpe. prius.

E. vulgari simillima, differt: foliis latioribus crassioribus plerumque obtusioribus, cellulis mollibus pachydermibus tum incrassatis vix chlorophyllosis.

16. Anacalypta cespitulosa Nobis.

A. cespitosae simillima, humilior: folia oblongo-lanceolata, margine ubique revoluta, nervo excurrente tenui fusco breviter mucronata, inaequaliter concava integerrima, e cellulis minutis basi rectangularibus flavidulis superne subopacis tenuissime papillosis areolata; perichaetialia fere conformia; theca in seta brevi rubente erecta minute ovalis vernicoso-brunnescens, operculo breviter conico-obliquo, peristomio brevi opaco.

Lofty range.

17. Barbula calycina Schwaegr.

In diversis locis: Muddy creek, Dandenong creek, Lofty range et Kaiserstuhl.

18. Barb. subtorquata Nobis.

Virens, dense cespitosa, caulis robustus erectus dichotomo-divisus densifolius; folia sicca semi-torquata, madefacta strictissima e basi paulisper recurva latiuscule-lanceolata longe acuminata, nervo crasso fuscescente excedente pungentia, margine ubique leviter revoluta subpapillosa, profunde canaliculato-concava, e cellulis minutis obscuris albescentibus ubique aequalibus composita; superiora longitudinaliter plicata; theca in ped. longissimo gracillimo flexuoso erecta anguste cylindracea minuta brunnescens annulata; operculo obliquo subulato.

In Monte Gambier.

Priori similis, sed satis diversa!

19. Barb. torquata Tayl.

Mount Gambier et ad Glenely river.

20. Barb. Australasiae Hook. et Grev.

Sivoli-bay, Glenely river, Gawlertown, Barossa range, Mount Gambier.

21. Barb. crassinervia Tayl.

Ad flum. Yarra et Gawlertown.

22. Barb. breviseta Nobis.

Dioica, caulis humilis; folia magna dense conferta superne laxiora, e basi longe oblonga subspathulato-ovata acuminata margine erecta glabra, apice denticulata, nervo excedente, arista basi rufa superne hyalina elongata sublaevi terminata, subcymbiformi-concava membranacea, e cellulis basi pellucidis parenchymaticis superne utriculo primordiali instructis (nec obscuris nec papillosis) composita; theca in ped. brevi flavo recto oblonga conico-operculata.

In monte Gambier.

B. laevipilae similis.

23. Barb. fleximarginata Nobis.

B. Preissianae simillima; dioica, folia madefacta stricta, nunquam recurva, aequaliter lato-oblonga obtusiuscula vix acuminata, nervo fusco excedente in mucronem brevissimum subserrulatum producto, margine supra basin hyalinam et laxe reticulatam revoluto hic illic flexuoso; theca in ped. longiusculo rubro recta cylindracea subarcuata brunnescens; operculo conico acuminato pallidiori, annulo duplici, peristomio basi breviter tubuloso, superne dense convoluto.

In Australia felici c. sequente commixta.

A *B. Preissiana* jam foliis strictis primo intuitu differt.

24. Barb. panduraefolia Nobis.

Dioica, dense cespitosa humilis; folia parva late-oblonga panduraeformi - excavata, superiora magis aequalia, omnia obtusissime - rotundata, nervo rubro in aristam longam hyalinam sublaevem producto, margine integerrimo ubique fere revoluto, cellulis basi laxis teneris hyalinis elongatis, superne obscuris; theca in pedicello breviusculo rubro laevi erecta aequaliter oblonga coriacea brunnescens, operculo conico aciculata, annulo duplici, peristomio basi tubuloso albido superne dense convoluto.

Cum priori sub nom. *B. laevipila* simili missa. Ab omnibus congeneribus foliis panduraeformibus differt.

25. Barb. pseudo - pilifera Nobis.

B. piliferae Hook. simillima; dioica, folia nervo laevi excedente rufo mucronata vel pungentia, nunquam pilo longo terminata, e cellulis magnis basi elongatis laxis superne grosse parenchymaticis grosse papillosis (nec opacis) areolata, margine hic illic maxime revoluta, humefacta magis erecta, perichaetialia in cylindrum exsertum congesta, ubique fere laxe reticulata, longe acuminata rufo - aristata.

In Tasmania.

Bryaceae.

26. Bryum (Dicranobryum) Preissianum Hmp.

Rivoli - bay.

27. Bryum (Senodictyon sericeum) Nob.

Br. pyriformi simillimum et proximum, sed differt: foliis multo brevioribus subsecundis lineari-setaceis, nervo *crassiore* excurrente folii *basin* fere totam occupante; theca in ped. flavo - rubente longiusculo geniculato adscendente nutante minore; operculo conico, peristomii dentibus pallidis externis *angustis*, internis *integris* hiantibus angustissimis valde *sulcatis*, ciliis *singulis* interpositis. Satis diversum a *B. pyriformi* L.

In Tasmania.

28. Bryum argenteum L.

Adelaïde.

29. Bryum pachytheca C. M. Synops.

Mount Gambier, Brown's hill creek, Torrens et Yarra river.

30. Bryum subaeneum Nob.

Dioicum, cespites laxe cohaerentes, masculi pusilli densiores, feminei altiores laxiores, omnes subaenei; caulis sterilis-gracilis flaccidus semipollicaris, apice coma densiore coronatus; folia caulina latiuscule - lanceolato - acuminata, nervo crasso calloso flavido longe excedente pungentia, basi subtruncata caviuscula, margine ubique anguste revoluta subintegerrima, cellulis parvis angustis densis inanibus basi parum laxioribus virentibus instructa; perichaetium radicale, caules gracillimos 1 — 2, foliis multo angustioribus longe pellucide et anguste reticulatis, emittens; folia perichaetialia conformia; theca in ped. longissimo gracillimo rubro flexuoso nutans dolioliformi - oblonga basi torosa rugulosa impressa fuscescenti - rubra; peristomium *Br. atropurpurei.*

In Australia ˙felici aliis *Bryis* intermixtum lectum. *Bryo pachythecae* proximum, statura vero robustiore, foliis majoribus margine revolutis pungentibus, setaque longissima primo visu jam recedens. Ex habitu ad *Bryum dichotomum* magis accedens. Planta mascula pusilla magis aenea et coma densiore praedita, foliis perigonialibus late-ovatis cavioribus, nervo purpureo crasso excurrente mucronatis, antheridia magna clavata, paraphysibus multis aureis cincta.

31. **Bryum erythrocarpoides** Nobis.

Dioicum, cespites subprostrati laxe cohaerentes humiles; caulis rufescens assurgens subgracilis apice coma densiore dichotomus; folia caulina e basi angustiore lanceolata stricta brevia, nervo crassiusculo flavido excurrente exarata, concava, margine parum revoluta, cellulis angustis; perichaetii apicalis folia late ovato-lanceolata robustiora, margine valde revoluta, nervo crasso purpureo excurrente parum mucronata, amplius areolata; theca in ped. assurgente rubro longiusculo apice arcuato-nutans, e collo breviusculo ruguloso oblonga fusco-rubra, operculo breviter conico concolori, annulo lato multiplici, dentibus peristomii longiusculis pallidis, internis valde hiantibus subpunctatis, ciliis binis appendiculatis aequilongis punctatis interpositis.

Lofty ranges near the third cataract.

Bryo erythrocarpo simillimum et proximum.

32. **Bryum creberrimum** Taylor.

Glenely river et Bunip creek.

33. **Bryum campylothecium** Taylor.

Lofty ranges, Lyndock valley.

34. **Bryum leptothecium** Taylor.

Australia felix, sine loco indicato, Novbr. 1852.

35. **Bryum pyrothecium** Nobis.

Hermaphroditum, cespitosum humile; caulis fertilis

radicalis, innovationibus brevibus humore rosulato-foliaceus; folia erecto patentia late-oblongo-ovata concava, margine apice
sublimbato plano denticulato, cellulis robustis subamplis chlorophyllosis rhomboidalibus basi rectangularibus majoribus,
nervo crasso viridi in aristam viridem denticulatam subreflexam
protraeto; theca in seta elongata rubra pendula majuscula
cylindraceo-oblonga brevicolla rubro-fusca, operculo conico
acuto nitido purpureo, annulo lato, dentibus peristomii internis latis valde hiantibus, ciliis ternis appendiculatis in membrana subaurantiaca interpositis.

In Australia: Moe Swamp.

Bryo capillari e forma thecae accedit. — *Bryo Billardieri* proximum, inflorescentia hermaphrodita distat.

Weisiaceae.

36. Weisia nudiflora Nobis.

Androgyna, laxe cespitosa viridis; caulis simplex pusillus; folia sicca incumbentia tortilia, madefacta erecto-patentia
anguste oblongo-lanceolata caviuscula, margine erecta integra, nervo fusco subexcurrente apice opaco inferne pellucido,
quadrate areolata; perichaetialia longiora magis vaginantia;
theca in ped. gracillimo flavo erecta minuta oblonga fusca,
annulo magno persistente, dentibus peristomii linearibus rubris
brevibus integris, operculo aciculari-rostrato obliquo.

Bugle range.

Weisiae Wimmersianae proxima. — Antheridia in vicinia floris feminei axillas foliorum habitantia nuda.

37. Ceratodon purpureus Brid.

In Australia ubique frequens e locis diversissimis.

Dicranaceae.

38. Dicnemon obsoletinerve Nobis.

Caulis humilis decumbens parce divisus laxissime-foliosus

flaccidus; folia caulina patentissima longissima subsecunda latiuscule lanceolata longissime acuminata spiraliter torta valde concava, nervo ubique obsoleto angustissimo pallescente excurrente, margine albescente erecto apice serrato, cellulis alaribus magnis laxis aureis parenchymaticis, caeteris elongatis angustis laxis laevissimis; perichaetialia in cylindrum exsertum congesta vaginantia; theca in pedicello brevi rubente laevi latere perichaetii breviter emersa substrumosa oblonga cernua; dentes peristomii purpurei vix ad medium bifidi. — Operculum et calyptra desunt.

In Nova Seelandia.

Ex analogia ad Dicnemon revocavimus. Habitus perfecte dicranoideus; calyptra desiderata!

39. Dicranum dicarpum Hornsch.

Var. parum robustior, setis crebrioribus aggregatis in statu juniore lecta, nobis non diversa videtur.

In Australia felici sine loco indicato.

40. Dicr. introflexum Hedw.

Goulbourne ranges, Bunip creek et in Tasmania.

41. Dicr. pudicum Hornsch.

Bunip creek, sterile priori intermixtum.

Bartramiaceae.

42. Bartramia affinis Hook.

Lofty range, Buffalo range et in Tasmania lecta.

43. Bartr. strictifolia Taylor.

Nova Hollandia australis, sine loco indicato.

Grimmiaceae.

44. Gümbelia obtusata Nobis.

Monoica; humilis, laxe cespitosa griseo-viridis; caulis brevis subsimplex tenuis atroviridis; folia dense conferta erecta oblongo-ligulata, nervo in aristam longam hyalinam sublaevem

prodncto, concava, margine convexa, cellulae basi rectangula-
res laxiusculae versus apicem sensim minores laeves parieti-
bns incrassatis; perichaetialia conformia intima minuta; theca
in ped. breviusculo flavo cygneo - nutans ovalis parvula striata,
operculo brevi conico obtuso, dentes peristomii lanceolati in-
tegri purpurei breves; annulus latus; calyptra dimidiata glabra.

Australia felix. Panea specimina vidimus.

Gümbeliae montanae proxima, sed theca striata curviseta
jam primo visu diversa.

45. **Grimmia leiocarpa** Taylor. *Gr. leucophaea β.
subrotunda* Wilson.

Gr. leucophaeae simillima sed differt: foliis appressis, e
basi reflexa brevi latiuscule oblongis cymbiformi - concavis (nec
carinatis), margine ubique erecto, nervo basi lato deplanato versus apicem obsoleto virente, cellulis ubique quadratis basi majoribus superne sensim minoribus opacis, pilo scaberrimo hyalino; theca in ped. vix exserto flavido stricto erecta subrotundo - ovalis fusco - brunnea laevissima, operculo conico
oblique rostellato, annulo multiplici, dentibus brevibus angustis purpureis bifidis.

Barossa range, Muddy creek.

46. **Gr. cygnicolla** Taylor.
Darebin creek et ad flumen Yarra.

47. **Gr. pygmaea** C. M. Syn.
Darcbin creek.

48. **Gr. callosa** Nobis.
Monoica; folia caulina humore reflexa deinde erecto-
patentia, e basi reflexa diaphana rectangulari-areolata anguste
lanceolata acuminata pilifera, cellulis firmis rotundato - quadratis, perichaetialia latiora vaginantia inferne pellucide reticulata; theca in ped. breviusculo flavo curvato turgide ovalis

brunnescens, sicca valde calloso - plicata, operculo conico brevi
thecae concolori, annulo lato triplici, dentibus peristomii purpureis angustis laevibus densius trabeculatis apice bifidis.

Australia felix, Barossa range. — Brown's hill.

Gr. trichophyllae proxima sed inflorescentia monoica differt.
A *Gr. pygmaea* foliis humore reflexis, a *Gr. crispatula* theca
ovali, operculo brevi conico, foliis haud crispatis et florescentia monoica distat.

49. Gr. crispatula Nobis.

Dioica, laxe cespitosa, humore facile emolliens crispula;
folia caulina humore valde patentia flexuosa tortilia anguste
lanceolata longe acuminata pilifera carinata, cellulae basi ad
alas pellucidae laxae, ad nervum dolioliformes et senectute
crenulatae constrictae, apicem versus sensim minores qua-
drato - rotundatae irregulares; perichaetialia basi vaginantia pellucide reticulata; theca in pedicello cygneo decurvata
cylindraceo - oblonga leviter striata flavida, operculo conico
acuminato purpureo, annulo multiplici, dentibus peristom. angustis purpureis bifidis; calyptra glabra multoties laciniata.

Ad lapides rivuli Fift creek et Flinders range.

Gr. trichophyllae similis et proxima, sed foliis humore
crispulis primo visu distinguenda.

Orthotrichaceae.

50. Zygodon Drummondi Taylor.

Port Albert.

51. Zyg. Brownii Schwaegr.

Bunip creek.

52. Orthotrichum Tasmanicum Hook. et Wils

In truncis Pseudomori ad Buffalo range.

53. Macromitrium submucronifolium Nobis.

Macr. mucronifolio proximum differt: foliis caulinis
angustissime oblongo - ligulatis obtusis mucronatis grosse

32 *

areolatis papillosisque (nec rugulosis) rubiginose nervosis, perichaetialibus late lanceolato-acuminatis subvaginantibus; theca
in ped. brevissimo laevi erecta minute oblonga, calyptra
aurea profunde laciniata pilosa obtecta, operculo aciculari,
peristomii simplicis dentibus brevibus angustis lanceolatis
rugulosis opacis aequidistantibus obtusis.

Nova Seelandia.

54. Macr. Eucalyptorum Nobis.

Monoicum; *Macromitrio tenui* simillimum, sed folia
caulina angustins lanceolata acutiora glabriora ad basin minus concavam paulisper revoluta, perigonialia margine basilari denticulata; theca brevins pedunculata oblonga-minor (nec
cylindrica).

In truncis Eucalyptorum putrescentibus. Bunip creek.

Polytrichaceae.

55. Dawsonia superba Grev.

Mt. Bulk creek, Novbr. 1852 sterilis lecta.

56. Catharinea Mülleri Nobis.

Dioica. *C. angustatae* similis, folia perfecte bispinosa,
apice haud limbata, nervo multoties angustiore, calyptra apice
ciliato-spinulosa

Bunip creek et Dandenong range, Jan. 1853, legit Dr. F.
Müller, cujus nomen adscripsimus.

57. Polytrichum Australasicum Nobis.

P. tortili simillimum. Dioicum; folia e basi subvagi-
nante brevi sublaxe areolata pellucida lanceolata obtusiuscula
planiuscula, apicem versus *spinuloso*-serrulata, dorso spinulosa, suprema *conformia*, omnia siccitate intense *viridia*,
nervo lato multi-lamelloso apicem folii fere totum occupante;
theca cylindraceo-*oblonga* subcernua fusca ubique *laevis*;
operculum conico-apiculatum obtusum breve.

In Australia felici sub No. **25**. sine loco indicato. A *P. tortili* Sw. fl. Ind. occid. distinguendum.

58. Polytr. juniperinum Hedw. forma minor.

Lofty range, Forest creek.

59. Polytr. commune L.

Buffalo range.

Mniaceae.

60. Leptostomum flexipile C. M. loco citato.

In Austral. felici et Tasmania sine loco ind. lectum.

61. Mnium (Rhizogonium) Paramattense C. M. loco citato.

Bunip creek et Moe Swamp.

Rhizog. spiniformi Brid. simile, sed florescentia dioica!

62. Mnium (Rhizogonium) Mossmanianum C. M. loco citato.

Van Diemensland, Herb. Stuarti No. 846.

Fissidenteae.

63. Fissidens basilaris Nobis.

Dioicus, cespites pusilli laxe aggregati; caulis tenellus dimorphus, sterilis pinnatim foliosus, foliis 8 — 10-jugis lanceolatis integris immarginatis facile emollientibus viridibus subpellucide reticulatis, nervo crasso virente subpungentibus; caulis fertilis ad plantam sterilem basilaris brevior paucifolius, foliis vaginantibus acuminatis, ad marginem cellulis nonnullis incrassatis submarginatis; theca in ped. recto brevi rubente inclinatâ oblonga.

Barossa range. *F. pungenti* commixtus.

Ex habitu *F. bryoidi* simillimus; ab omnibus congeneribus seta radicali primo visu distinctus.

64. Fiss. semilimbatus Nobis.

Dioicus, pygmaeus simplex; folia 5 — 6-juga, infima minuta, media lanceolata, perichaetialia paulisper cuspidata, e

basi late-ovata concava, apice inaequalia, ad marginem flavo-
limbata, lamina dorsalis supra basin angusta immarginata,
lamina apicalis lanceolata, nervo flavido crassiusculo excurrente, immarginata, cellulae ubique parvae hexagono-areolatae
chlorophyllosae molles; theca in ped. stricto longiusculo rubro
parum inclinata oblonga minuta, operculo rostellato obliquo,
dentibus perist. angustis purpureis.

Ad Yarra flumen.

F. bryoidi similis, sed fol. semilimbatis distinctus, a *F.
cuspidato* quoque structura foliorum satis distat.

65. Fissidens pungens Nob.

Dioicus; gregarius, caulis perpusillus paucifolius, folia
4—5-juga subsecunda e basi latiore lanceolato-acuminata,
nervo crasso virente excedente pungentia, ubique flavo-lim-
bata, integra subpellucida reticulata; theca in ped. geniculato
adscendente inclinata oblonga, sicca cernua, dentibus perist.
intense rubris.

Barossa range c. *F. basilari.* Planty creek.

Neckeraceae.

66. Pilotrichum microcyatheum C. M. in Musc. Moss-
man.

Plady creek.

67. Neckera (Harrisonia) emersa Nob.

H. imberbi simillima sed robustior, perichaetio longe exserto, foliis perichaetialibus ubique magis incrassatis differt.

Syn. *Harrisonia imberbis* herb. Stuart.

Nova-Hollandia austr., sine loco indicato.

68. Neckera (Papillaria) flavo-limbata Nobis.

Caulis teres turgescens rigidulus elongatus pendulus pinnatim ramosus flavescens; folia dense imbricata late-hastato-
lanceolata concava, basi plicato-coarctata, margine ubique

erecto, flavide - colorata, nervo pallescente evanescente percursa, e cellulis ellipticis valde punctato - papillosis griseis ad
marginem laevioribus composita.

In Australia felici sine loco indic. sterilis lecta.

N. chrysocladae C. M. proxima, sed ab omnibus congeneribus foliis flavo - marginatis differt.

Hypnaceae.

69. Hookeria hepaticaefolia Nobis.

Dioica, cespites laxi, sicci nigrescentes, humore obscure
virides; caulis decumbens, in ramos longiusculos divisus, sub-
flaccidus compressus; folia facile emollientia, e basi asymmetrica anguste ovata, immarginata, superne serrato-dentata, dentibus lobulatis cellulosis, nervo apice furcato abrupto crasso
viridi, cellulae amplae tenerae rotundae pellucidae, utriculo
primordiali repletae, ad parietes triangulariter perforatae, folia perichaetialia vaginata ovato - acuminata symmetrica, pellucide et normaliter reticulata, apice serrata; theca in pedunc.
longiusculo rubro glabro nutans parva turgide ovalis, operculo conico, calyptra integra.

Dandenong range, Steep bank river, Bunip creek.

Hookeriae denticulatae Hook. Wils. simillima, sed re-
ticulatione multo breviore densiore et dentibus foliorum crebrioribus acutioribus primo visu distat.

70. Hypnum homomallum Synops.

Wilson promontory, Lofty range, ad riv. Sixt creek.

71. Hypn. spininervium Hook.

Buffalo range et Steep bank river.

72. Hypn. deflexum Wils.

In Austr. felici, sine loco indic.

73. Hypn. aciculare Hedw.

Australia felix et Nova-Seelandia.

Steep bank river.

74. **Hypn. hastatum** C. M. c. var.

Australia felix, Fift creek et Nova-Seelandia.

75. **Hypn. Mülleri** Nob.

Latrobe' river.

Hypno ripario simillimum et affine, sed inflorescentia monoica, omnibus partibus minoribus et peristomii ciliis internis binis differt.

76. **Hypn. subclavatum** Hmp.

Screw creek.

Operculo rostrato gaudet, *Hypno murali* affine.

77. **Hypn. Mossmanianum** C. M. in musc. Mossmanianis.

Screw creek et Steep bank river.

78. **Hypn. amoenum** Hedw. c. varr.

Steep bank river, Dandenong range, Bunip creek et Goulbourne ranges.

79. **Hypn. extenuatum** Brid. *H. glaucescens* Hornsch. in musc. Sieberi.

Diagnosi Synopseos adde. — Dioicum, theca minuta ovalis horizontalis in ped. gracillimo rubro laevi longe aciculari rostellata, peristomium minutum angustum, dentibus internis angustissimis integris valde sulcatis medio vix perforatis, ciliis simplicibus brevioribus interpositis.

Bunip creek. April 1853 fructiferum.

80. **Hypn. crinitum** Wils.

Dioicum, caulis decumbens bipinnatim ramosus, ramis subcompressis cuspidatis rigidulis pallescentibus sericeis; folia caulina erecto-patentia, e basi late truncata brevissime reflexa, late oblongo-obtusa, apice crinita membranacea planiuscula subintegerrima, margine erecto, nervis obsoletis, cellulis priori conformibus, folia perichaetialia late lanceolato‑acuminata crinita apice denticulata; theca robusta oblonga horizontalis, operculo conico.

Bunip creek, Dandenong range, Steep bank river, c. priore Aprili **1853** fructiferum.

Ab *H. extenuato* Brid. differt: habitu robustiore, theca robustiore longisetacea et operculo conico!

Hypopterygiaceae.

81. Cyathophorum pennatum Brid.

Australia felix, sine loco ind.

82. Hypopterygium concinnum Brid.

Australia felix, sine loco ind.

83. Hyp. Novae Seelandiae C. M. in musc. Moss‑manianis.

84. Racopilum convolutaceum C. M.

Juxta rivulum Fift creek.

Blankenburg et Halle, Junio **1854**.

Algae

annis 1852 et 1853 collectae.

Auctore

Sonder.

I. Zoospermeae.

Ulvaceae.

1. Ulva Lactuca L.

Port Phillip, Wilson's promontory.

2. Phycoseris Ulva Sond. Pl. Preiss. II. p. 153.

Port Phillip. Nov. 1852.

3. Enteromorpha compressa Grev. *Ulva* L.

Port Phillip. Nov. 1852.

4. Enteromorpha clathrata Lk. *Ulva* Ag. Spec.

Wilson's promontory. Mai 1853.

5. Porphyra vulgaris Ag.

Port Phillip. Sept. 1852.

Conferveae.

6. Conferva (Chaetomorpha) Darwinii Kuetz. Spec.

C. clavata var. *Darwinii* Hook Crypt. antarct.

Wilson's promontory. Mai 1853.

Siphoneae.

7. Codium tomentosum Ag.

Port. Phillip. Sept., Nov. 1852.

8. Codium Bursa var. *australis* Sond. Alg. Müllerian.
in Linn. XXV. 6. p. 660.

Wilson's promontory.

9. **Caulerpa sedoides** Ag. *Fucus sedoides* Turn. t 172.
Port Phillip. Nov. 1852.

10. **Caulerpa simpliciuscula** Ag. *Fucus simpliciusculus* R. Br. Turn. tab. 175. *Chauvinia* Kütz. Spee.
Wilson's promontory. Mai 1853.
Structura interna Caulerpae!

11. **Caulerpa cactoides** Ag. *Fucus cactoides* Turn. t. 171.
Wilson's promontory. Mai 1853.

12. **Caulerpa Selago** Ag. *Fucus Selago* Turn. t. 55.
Cape Liptrap. Jun. 1853.

13. **Caulerpa obscura** Sond. Alg. Preiss.
Wilson's promontory.

14. **Caulerpa Sonderi** F. Müll. in Alg. Müller. l. c. p. 661. *C. superba* Grev. in Ann. et Mag. of nat. hist. no. LXXXI. (1854.) p. 197.
Wilson's promontory. Mai 1853.

15. **Bryopsis plumosa** Huds.
Port Phillip. Sept. 1852.

II. Fucoideae.
Sphacelarieae.

16. **Sphacelaria hordeacea** Harv.
Wilson's promontory.

17. **Sphacelaria Mülleri** Sond., fronde stuposa caulescente decomposito-pinnata, ramis alternis fasciculatim subbipinnatis, pinnis laxe pinnulatis, pinnulis stricte erectis alternis distichis setaceis rigidulis indivisis, utriculis sporiferis sphaericis pedicello articulato insidentibus racemosis, racemis subsecundatim divisis in axilla pinnularum densissime aggregatis, glomerulis remotis.
Wilson's promontory. Mai 1853.

Magnitudine, habitu et colore *Sphacelariam hordeaceum*
aemulatur, differt pinnulis ultimis subaequalibus, praesertim glomerulis fructiferis remotis, (nec approximatis spicatis) et utriculis racemosis. A *Sphacelaria scoparia*, quacum ramulis
regulariter alternantibus distichis subulatis convenit, facile
distinguitur: caule tenuiore minus tomentoso, ramis pinnisque
laxioribus nec non fructibus.

Frons 6 — 8-pollicaris, inferne tomentosa, dichotoma,
apice ramos plures subtripollicares emittens. Pinnulae fragi-
les 4—6 lin. longae, pinnulis regulariter alternantibus, nunc
1—2 lin. longis, nunc brevissimis, apice plerumque non spha-
celatis; articulis diametro brevioribus. Glomeruli fructiferi
minuti, in axillis pinnularum omnibus, tam inferioribus quam
superioribus obvii, e filis articulatis (articulis diametrum subsuperantibus) constantes. Quae fila ramis alternis ramulisque subsecundatim divisis subarcuatis praedita, in apice ramulorum utriculum sphaericum gerunt. Utriculi massa gra-
nulosa viridi fareti, membrana diaphana circumdati.

In der ersten Aufzählung der Müller'schen Algen habe
ich, zum Theil J. Agard's Spec. Alg folgend, vier Arten
dieser Gattung unter dem Namen *Sphacelaria paniculata*
Subr vereinigt. Nachdem die Untersuchung der eben beschriebenen neuen Art erwiesen, dass bei gleichen übrigen Kennzeichen die Frucht eine ganz verschiedene sein kann, möchte
jene Ansicht noch eine Aenderung zu erleiden haben. *Sph.
hordeacea* Harv., sehr passend benannt, ist sehr gut unterschieden; die Früchte sitzen in dichten Häufchen in den Achseln der genäherten oberen Aeste, welche Bracteen darstellen,
wodurch die Fruchtäste das Ansehn einer Kornähre erhalten;
der untere Theil der Aeste ist nicht fruchttragend. Die Utriculi sind verkehrt-eiförmig oder elliptisch, selten sphärisch,

und verschmälern sich in ein sehr kurzes, aus einem einzigen
Gliede bestehendes Stielchen, das niemals verästelt ist. —
Ganz ähnlich ist *Sph. filaris* Sond., der Fruchtstand, sowie
die Utriculi sind gleich, nur zeigt sich im Durchschnitte des
Stengels ein kleiner Unterschied, indem derselbe eine geringere Anzahl von Röhren hat. — Von *Sph. paniculata* und
gracilescens ist die Frucht unbekannt. — *Sph. Mülleri* entfernt sich von den beiden zuletzt angeführten durch schlaffere
Aeste und mehr gleiche, regelmässig abwechselnde Aestchen;
von *Sph. hordeacea* und *filaris* ausserdem noch durch die
Frucht. Die Utriculi sitzen bei *Sph. Mülleri*, wie oben angeführt, auf mehrfach verzweigten, gehäuften Aestchen; die
Fruchthäufchen befinden sich in allen, sowohl den unteren,
als auch den oberen Achseln der letzten Fiederchen, und sind
alle gleichweit von einander entfernt, während bei *Sph. hor-
deacca* und *filaris* die unteren Achseln leer, die oberen
fruchttragenden aber so nahe an einander gerückt sind, dass
die Spitze der Aestchen eine mit langen Bracteen geschopfte
Aehre darstellt. — Die Fruchthäufchen von *Sph. Mülleri*
bestehen aus einem Complex von verästelten, gegliederten Fäden; die Aeste meistens einseitig traubig verästelt, die Aestchen ungleich, die unteren meist länger gestielt, so dass der
unterste Utriculus auf einem aus 4 – 5 Gliedern, der oberste
auf einem aus 1 – 2 Gliedern bestehenden Faden sitzt. —
Nach der Stellung und Verästelung der Fruchtfäden möchte
man *Sph. Mülleri* noch mit *Sph. scoparia* vergleichen, mit
der sie übrigens im Aeussern keine Aehnlichkeit hat. Von
der so gemeinen *Sph. scoparia* habe ich niemals Früchte
gesehen; den meisten Autoren scheint es aber damit nicht
besser ergangen zu sein, denn die Diagnosen enthalten nichts,
was über die Frucht Aufschluss geben könnte. Nur bei Me-
neghini, Alghe ital. e dalmat. fasc. IV. p. 349. findet man

eine ausführliche Beschreibung der Frucht, die von J. A g a r d h, sowie von K ü t z i n g übersehen zu sein scheint. Nach dieser Beschreibung sind die Früchtchen ebenfalls zu dichten Häufchen vereinigt, aber die Häufchen sitzen nicht bloss in den Achseln der Fiederchen, sondern erstrecken sich von einer Achsel zur folgenden, und bilden eine ununterbrochene Reihe von gestielten, häufig auch auf traubig verästelten Fäden sitzenden Schläuchen (utriculi). Die Verästelung scheint indess eine beschränkte zu sein, und die Aestchen gegeuüberstehend; die Utriculi sind elliptisch.

D i c t y o t e a e.

18. Dictyota linearis J. Ag.

Wilson's promontory. Jun. **1853.**

19. Zonaria interrupta Ag. *Fucus interruptus* Turn. t. **245.**

Port Phillip. Sept. et Novbr. **1852.**

S p o r o c h n o i d e a e.

20. Chytraphora filiformis Suhr. *Fucus Cabrerae* Turn. t. 140. *Carpomitra* Kütz.

Cape Liptrap. Jun. **1853.**

21. Chytraphora inermis Sond. *Fucus inermis* Turn. t. **186.** *Carpomitra* Kütz.

Wilson's promontory.

22. Sporochnus radiciformis Ag. *Fucus radiciformis* R. Br. Turn. t. **189.**

Wilson's promontory. Mai **1853.**

Specimen Müllerianum receptaculis sphaericis obovatisque instructum.

Sporochnus Bollei Montagn. ined. a cl. Bolle ad insulas Canarias collectus, a *S. radiciformi* tanquam species non diversus videtur.

Fucaceae.

Neurothalia Sond. *Platylobium* Kütz. non Smith.

23. N. Mertensii Sond. *Fucus platylobium* Mert. Mém. t. 14. *Sargassum* Ag. Spec. *Cystophora* J. Ag.

Wilson's promontory. Mai 1853.

24. Hormosira Banksii Decaisne. *Fucus Banksii* Turn. t. 1.

Port Phillip. Jun. 1853.

25. Cystophyllum flaccidum Sond. Plant. Müll. l. c. p. 668. *Sargassum flaccidum* Sond. Pl. Preiss. non Lab. *Cystophora Sonderi* J. Ag.

Port Phillip et Wilson's promontory.

26. Cystophora retroflexa J. Ag. *Fucus retroflexus* Labill. Nov. Holl. t. 260.

Wilson's promontory. Mai 1853.

27. Cystophora torulosa J. Ag. *Fucus torulosus* Turn. t. 157.

Wilson's promontory.

28. Cystophora Grevillei J. Ag. *Cystoseira* Ag. Sond. Pl. Preiss. II. p. 160.

Wilson's promontory.

29. Cystophora cephalornithos J. Ag. *Fucus cephalornithos* Labill. Nov. Holl. t. 261.

Wilson's promontory. Mai 1823.

Variat: vesiculis submuticis et longe apiculatis.

30. Cystophora paniculata J. Ag. *Fucus paniculatus* Turn. t. 176.

Wilson's promontory. Mai 1853.

31. Cystophora verruculosa J. Ag. *Fucus verruculosus* Mert. Mém. t. 15.

Wilson's promontory. Mai 1853.

32. Cystophora flaccida J. Ag. *Fucus flaccidus* Labill. Nov. Holl. t. 259.

Wilson's promontory. Mai 1853.

33. Phyllospora comosa Ag. *Fucus comosus* Turn. t. 142.

Wilson's promontory. Mai 1853.

34. Scirococcus axillaris Grev. *Fucus axillaris* Turn. t. 146. *Cystoseira* Ag.

Cape Patterson. Jun. 1853.

35. Sargassum varians Sond. Pl. Preiss.

Wilson's promontory. Mai 1853.

36. Sargassum paradoxum Sond. Pl. Preiss. II. p. 163. in nota. *Fucus paradoxus* Turn. t. 156. *Cystoseira* J. Ag.

Wilson's promontory.

III. Florideae.

Ceramieae.

37. Callithamnion hanovioides Sond. Pl. Müll. l. c. p. 674.

Wilson's promontory, Mai 1853; in algis majoribus parasiticum.

Sphaerosporae sphaericae, triangule divisae, in latere interiore pinnularum infra apicem solitariae.

38. Callith. scoparium Hook. et Harv.

Wilson's promontory, Mai 1853.

39. Callith. Griffithsioides Sond. fronde setacea elongata dichotoma et alterne ramulosa, ramulis brevioribus erecto-patulis, geniculis inferioribus diametro 4 — 6-plo, superioribus duplo longioribus omnibus ramelliferis, ramellis ad quodque geniculum geminis brevissimis appositis in parte ramulorum suprema approximatis genicula superantibus, sphaerosporis sphaericis cruciatim divisis interiore ramellorum latere ramulo diviso non involucrato insidentibus pluribus seriatis.

Wilson's promontory, Mai 1853.

Frons 3 — 4-pollicaris vel ultra, purpurea, ecorticata. Rami vagi vel dichotomi subdistantes. Ramelli subulati basi subangustati, ad quodque geniculum gemini, in parte frondis inferiore articulum longitudine aequantes, in ramulis supremis ob genicula breviora approximati et ramulos subpenicillatos exhibentes. Articuli frondis primariae ramorumque cylindrici, ramellorum diametro subduplo longiores, terminali acutissimo. Sphaerosporae in pedicello diviso, latere interiore ramellorum enato, evolutae; pedicello nunc solitario, nunc pluribus longitudinaliter seriato, non involucrato.

40. Callith. Mülleri Sond. fronde minuta caespitosa erecta vage ramosa, ramis infra quodque geniculum ramellos breves 3 — 4 verticillatos subulatos gerentibus, articulis ramorum diametro triplo longioribus ramellorum diametrum aequantibus, favellis sphaericis plerumque geminis ternisve terminalibus axillaribusve.

Wilson's promontory, Mai 1853.

Caespites 2—3-lineares, erecti, in algis majoribus parasitici. Caules basi simplices apicem versus ramos paucos alternos subfastigiatos emittentes. Ramuli et in caule et in ramis verticillati, horizontaliter patentes, breves, longitudine geniculum parum superantes infra geniculum orti. Favellae plerumque ramulum terminantes, binae ternae vel quaternae, quarum maxima in apice pedicelli breviusculi, 2—3 lateraliter affixae, non involucratae. Frons tota diaphana pulchre rosea.

41. Ballia Brunonia Harv.

Wilson's promontory, in radice *Phyllosporae comosae*. Mai 1853.

42. Griffithsia corallina Ag.

Kángaroo-island.

43. Ptilota coralloidea J. Ag.

Wilson's promontory, Mai 1853.

Ptilota formosissima Montag. Voy. au Pole Sud. Crypt.
p. **97. t. 9. f. 3.** hujus speciei varietas est.

44. Thamnocarpus? Laurencia Hook. et Harv.

Port Phillip, d. **1.** Novbr. **1852.**

45. Ceramium rubrum *β.* **proliferum** J. Ag.

Cape Liptrap, Jun. 1853.

Haloplegmeae.

46. Haloplegma Preissii Sond. Pl. Preiss.

Cape Liptrap, Jun. 1853.

Brachycladia Sond. nov. genus.

Frons roseo-rubra, compresso-plana, linearis, dichotoma, e filis elongatis hyalinis articulatis dichotomis anastomosantibus stratum centrale constituentibus, et filis verticalibus
densis abbreviatis subdichotomis articulo colorato terminatis
stratum periphericum tomentosum efficientibus composita. Fructificatio . . . .

47. Brachycladia australis Sond.

Wilson's promontory, Mai **1853.**

Specimen unicum bipollicare sesquilineam latum, dichotomum, axillis acutis, segmentis supremis acutis 4 — 6 lin.
longis, circ. $\frac{1}{2}$ lin. latis. Substantia parum spongiosa tenax.
Color roseo-ruber.

Frons tota e filis articulatis composita est. Axis centralis nullus. Fila interiora hyalina valde intricata, articulata, articulis plerumque longissimis, diametro **6 — 12**-plo
longioribus. Fila peripherica ex interioribus orta, brevissima,
semel bisve dichotoma, flabellata, articulo maximo obovato

vel rotundato colorato libero terminata; quae fila densissima stratum periphericum subspongiosum constituunt. Fructificatio ignota.

Spongoclonium Sond. nov. genus.

Frons teres, rosea, spongiosa, pinnatim decomposita, contexta filis articulatis callithamnoideis ramosis anastomosantibus, a tubo centrali articulato egredientibus, exterioribus vel periphericis laxis secundatim ramulosis ramulis incurvis liberis. Sphaerosporae sphaericae triangule quadridivisae, in ramulis periphericis latere interiore evolutae, solitariae vel seriatae, pedicellatae pedicello simplici vel subdiviso.

Genus habitu fere *Ptilocladiae*, sed fronde tereti molliori non regulariter distiche pinnata, praeterea filis periphericis liberis subincurvis secundato-ramulosis non ut in *Ptilocladia* densis fastigiatis stratumque periphericum efficientibus diversum. Ab *Haloplegmate*, cui filis exterioribus liberis et substantia molli spongiosa affine, facile distinguitur fronde tereti pinnata et axi centrali articulato.

48. **Spongoclonium conspicuum** Sond.

Cape Liptrap, Jun. 1853.

Specimen quadripollicare, radice destitutum. Frons primaria teres, sesquilineam lata, bipinnato-ramosa. Rami plerique distichi, nonnullis irregulariter e fronde egredientibus intermixti, subhorizontaliter patentes, fronde dimidio angustiores, inferiores circ. pollicares, superiores longiores, circ. 2 poll. longi, omnes cum pinnis alterni. Pinnae 2 — 4 lin. longae. Sphaerosporae in latere interiore filorum subarcuatorum nunc solitariae nunc longitudinaliter seriatae, pedicello brevi (1 — 2 articulato) vel longiori ex articulis 4 — 6 constante, simplici vel subramoso insidentes, sphaericae, nucleo triangulatim diviso. Frons spongiosa roseo-sanguinea. —

Axis centralis monosiphoneus, articulatus, frondem totam per-
currens, ad genicula obsitus est filis callithamnoideis ramosis
et anastomosantibus versum superficiem liberis. Articuli axis
centralis diametro 3 — 4-plo, ramellorum duplo longiores.

Cryptonemeae.

49. Cryptonemia undulata Sond. caulescens, caule
ramoso, ramis linearibus e disco proliferis, prolificationibus
numerosis stipitatis subpalmati-lobatis subdichotomisve, lobis
oblongis basi costatis ecostatisve sinuoso-dentatis undulato-
crispis.

Port Phillip, Sept. 1852 et Novbr. 1853.

Frons 4 — 6-pollicaris vel ultra. Prolificationes e medio saepe costato nunquam e margine ortae, novellae palmati-
fidae vel subdichotomae, 2 — 3-pollicares. Costa supra basin
evanescens vel usque ad medium loborum continuata. Lobi
oblongi nunc apice rotundato latiores cuneati, circ. 1 ½ poll.
longi, 4 — 6 lin. lati, crispati, margine obtuse sinuato-den-
tati, infra apicem quandoque pinnatifidi. Fructus deest. Substantia membranacea. Color Cryptonemiae Lactucae. Frons
e stratis 2 contexta est, stratum interius e filis elongatis ramosis, exterius e cellulis rotundatis constat.

50. Epymenia Wilsonis Sond. fronde stipitata, stipite
cuneato-lineari laminas plures lineares ecostatas integerrimas
indivisas e disco proliferas emittente, prolificationibus laminae
conformibus, sporophyllis obovatis rotundatisve sphaerosporas
oblongas cruciatim divisas includentibus.

Wilson's promontory, Mai 1853.

Frondes gregariae, cuneato-stipitatae, primaria sesquipollicaris, circ. lineam lata, e costa prolificationes vel costas
nonnullas emittens. Laminae 2 — 4 poll. longae, 2 — 4 lin.
latae, lineares, obtusae, costa nulla praeditae, hinc inde e

disco nunquam e margine proliferae. Sporophylla c lamina vel prolificationibus enata, rotundata, saepius 1 — 2 lin. longa. Sphaerosporae discum sporophylli occupantes et inter cellulas strati corticalis nidulantes, oblongae, cruciatim quadridivisae. Substantia membranacea, stipitis cartilaginea. Color ex roseovirescens, sporophyllorum roseo-ruber.

Stratum frondis interius e cellulis majusculis oblongis inanibus constat, cellulae corticales minutae 1—2-seriatae.

51. Grateloupia gigartinoides Sond. fronde membranacco-carnosa basi teretiuscula compressa alternatim bipinnata, pinnis planis distichis patentibus elongatis lanceolatis acuminatis subfalcatis basi angustatis, angulis obtusis, sphaerosporis cruciatim divisis pluribus aggregatis sorosque punctiformes sparsos exhibentibus.

Port Phillip, d. 1. Nov. 1852.

Callus minutus. Frons ima basi teretiuscula, mox dilatata compressa, ad primariam divisionem circ. 1 lin. lata, vage et alternatim bipinnata. Jugamentum 2 — 3 lin. latum. Pinnae patentes, 3 — 4, vel ultra 6 poll. longae, 4 — 6 lin. latae, margine nudae, integerrimae vel obsolete dentatae. Prolificationes minutae ciliaeformes 1—2 lin. longae in parte jugamenti inferiore hinc inde sparsae. Color in parte frondis inferiore ex purpureo-violaceus, lu superiore pallidus. Frons stratis duobus constat, interiore e filis articulatis in rete anastomosantibus, exteriore filis moniliformibus verticalibus dichotomo-fastigiatis contexta.

Grateloupiae Gibbesii Harv. Ner. bor. americ. t. 26. simillima, differt fronde angustiore et substantia firmiore carnosula.

Gigartineae.

52. Gigartina microcarpa Sond. fronde canaliculatoplana angusto-lineari repetito-dichotoma fastigiata, axillis acutis, segmentis superioribus rectis obtusis emarginatisve, sphaerosporis oblongis cruciatim divisis in parte frondis suprema aggregatis sorosque oblongos linearesve efficientibus.

Prionitis microcarpa Sond. plant. Müller. l. c. p. **676**, an J. Agardh?

Wilson's promontory, Mai 1853.

Specimina **2 — 3** - uncialia. Frons compresso - plana, apicem versus subcanaliculata, linearis, circ. $^1/_2$ lin. lata, dichotomo - decomposita, ramis fastigiatis patentibus, ultimis angustioribus obtusis vel obtusiusculis saepius emarginatis. Sphaerosporae in apice ramulorum infra stratum superficiale nidulantes numerosae, minutae, in sorum oblongum vel linearem latere plano frondis subelevatum collectae. Substantia cartilaginea, siccatae cornea. Color purpurascens.

Stratum frondis interius e filis hyalinis articulatis ramosis anastomosantibus, periphericum e cellulis verticalibus minutis constat.

Gigartinae fastigiatae J. Ag. simillima, at fronde magis compressa tenuiore distincta.

Spyridieae.

53. Spyridia filamentosa Harv. var.? *arbuscula* Sond. roseo - purpurea, ramis lateralibus abbreviatis, ramellis quam in formis europaeis rigidioribus.

Wilson's promontory, Mai 1853.

Dumontieae.

54. Champia tasmanica Harv.

Cape Liptrap, Jun. 1853.

Rhodymenieae.

55. Plocamium angustum Harv. *Thamnophora angusta* J. Ag.

Wilson's promontory, Jun. 1853.

56. **Pl. costatum** Hook. et. Harv. *Thamnophora costata* J. Ag.

Wilson's promontory, Jun. 1853.

Dictyopsis Sond. nov. gen.

Frons rosea, membranacea, plana, e cuneata basi linearis vel lanceolata, indivisa vel lacerato-subdichtoma, margine ramentis ciliaeformibus, ramosis fimbriata, stratis duobus constituta: interiore cellulis magnis subrotundo-angulatis biseriatis, exteriore seu superficiali cellulis minutis, endochromate colorato farctis, singula serie dispositis contexto. Superficies oculis armatis spectata, cellulas endochroma continentes ostendit ita dispositas, ut effigiem reticuli foraminulis orbiculatis exhibeat. Foraminula ipsa in universum aequalia simulque vacua, passim tamen cellularum radiatarum seriebus subclausa. Cystocarpia minuta fimbriis adnata, clausa, glomerulum oblongum gemmidiorum subangulatorum includentia.

57. **D. fimbriata** Sond.

Wilson's promontory, in algis majoribus parasitica, Mai 1853.

Frons **1—2**-pollicaris, **1—1** 1/3 lin. lata, enervis, adulta et siccata venulis alternis e nervo obsoleto medium occupante ortis praedita. Fimbriae marginales subulatae vel sessiles. Substantia membranacea, madefactae subcarnosa.

Effigiem superficiei microscopio subjectae texturis reticulatis qualibus Brabantia floret haud incommode comparaveris.

Hypneaceae.

58. **Hypnea musciformis** Lamourx. *Fucus musciformis* Turn. t. **127**.

Wilson's promontory, Mai 1853.

59. **H. cystoclonioides** Sond. elata virgato-ramosissima teres, ramis elongatis, ramulis tenuibus apice saepe circinatis

ultimis ramellos fructiferos racemosos gerentibus, sporiferis patulis simplicibus siliquaeformibus lanceolatis rostratis basi sterili aequilongo pedicellatis, rostro elongato apice iterum sporifero vel attenuato.

Wilson's promontory, Jun. 1853.

Affinis *Hypneae rigenti* Sond. Pl. Müller. Linn. XXV. fasc. 6. p. 684, differt fronde minus rigida, ramulis tenuioribus magis patentibus, sporiferis rostro longe attenuato apice denuo sporifero praeditis.

Color recentis roseus. Sphaerosporae in strato siliquarum peripherica evolutae, oblongae zonatim quadridivisae.

Structura fere *H. rigentis*, sed in fronde tam juvenili quam adulta cellulae 2—5 (rarius unica) pericentralibus angustiores adsunt; stratum periphericum cellulis minutis sectione transversali oblongis verticalibus constituitur.

Gelidieae.

60. Gelidium corneum Lamourx. *Fucus corneus* Turn. t. 257.

Wilson's promontory, Mai 1853.

61. Gel. glandulaefolium Hook. et Harv.

Wilson's promontory, Mai 1853.

Specimina pedalia et ultra, pulchre fructifera.

62. Pterocladia lucida J. Ag. *Fucus lucidus* Turn. t. 238. *Gelidium lucidum* Sond.

Wilson's promontory, Mai 1853.

Nizymenia Sond. nov. genus.

Frons carnoso-membranacea, sanguinea, linearis ramosa, margine pinnato-prolifera, filis elongatis simplicibus inarticulatis et cellulis corticalibus rotundato-angulatis composita. Cystocarpia in disco frondis sparsa sessilia globosa rugulosa

vel sublobata, demum poro pertusa, gemmidia minuta sub-
angulata e placenta centrali basifixa elevata radiantia.

63. Nizymenia australis Sond.

Wilson's promontory, Mai 1853.

Frons 3 — 6-pollicaris, inferne anceps semilineam lata,
superne compresso-plana lineam lata, ramosa et bi- — tri-
pinnatim prolifera, rarius et in medio frondis hinc inde prolificationes minutas emittens, pinnis pinnulisque distichis brevissime stipitatis oblongis linearibusque obtusiusculis $1/_2 - ^3/_4$
lin. latis. Cystocarpia minuta sphaerica in disco frondis primariae pinnarumque sessilia. Substantia membranaceo-car-
nosa vel subcartilaginea in sicco nitida. Chartae non adhaeret.

Corallineae.

64. Melobesia Patena Hook. fil. et Harv.

Wilson's promontory, in *Ballia Brunonia* parasitica.

65. Amphiroa elegans Hook. fil. et Harv. Ner.- austr. II. p. 101. t. 38.

Wilson's promontory, Mai 1853.

66. Jania tenuissima Sond.

Port Phillip, Nov. 1852.

67. Corallina pilifera Lamourx. Aresch.

Port Phillip, Nov. 1852.

68. Cor. rosea Lamourx. *Jania rosea* Harv. Ner. anstr. t. XI.

Wilson's promontory, Mai 1853.

69. Cor. Cuvieri Lamourx. Aresch.

Port Phillip, Sept. 1852.

70. Cor. Cuvieri β. denudata Sond. fronde subregula-riter dichotoma parce pinnellata.

Port Phillip, d. 1. Nov. 1852.

71. Cor. crispata Lamourx.   Pol. flex. p. 289. t. 10. f. 3.
C. *Cuvieri β. crispata* Aresch.   *Jania subulata β. crispata*
Harv.

   Port Phillip.

S p h a e r o c o c c o i d e a e.

72. Corallopsis australasica Sond. Pl. Müller. l. c.
p. 687.

   Wilson's promontory, Mai 1853.

73. Gracilaria confervoides Grev.   *Fucus confervoi-*
des Turn. t. 84.

   Port Phillip, d. 1. Nov. 1852.

74. Melanthalia Billardieri Montag.   *Fucus obtusa-*
tus Labill. Nov. Holland. II. t. 255. var. *angustata*, fronde
dimidio angustiore.

   Wilson's promontory, Jun. 1853.

75. Thysanocladia laxa Sond. Pl. Müll. l. c. p. 689.

   Wilson's promontory, Mai 1853.

76. Phacelocarpus Labillardieri J. Ag.   *Fucus La-*
billardieri Turn. t. 137.

   Wilson's promontory, Jun. 1853.

   Color recentis sanguineus.

77. Nitophyllum monanthos J. Ag. Spec. gen. et ord.
Alg. II. 2. p. 655.

   Wilson's promontory, Mai 1853.

78. Delesseria Leprieurii Montag. Harv. Ner. bor.
amer. tab. 22 c.

   In flumine Yarra, ostium versus, una cum *Botrychia*
australasica Sond. Janr. 1853.

Chondricae.

79. Erythroclonium angustatum Sond. Pl. Müll. l. c.
p. 692.

   Wilson's promontory, Mai 1853.

80. **Lomentaria affinis** Kütz. *Chylocladia affinis* Harv. Ner austr. t. XXIX. var.

Port Phillip, d. 1. Nov. 1852.

A speciminibus in Tasmania a Stuartio collectis, fronde minore, articulis longioribus differt.

81. **Laurencia Forsteri** Grev. *Fucus Forsteri* Turn. t. 77.

Wilson's promontory, Mai 1853.

82. **Laur. obtusa** Lamourx. *Fucus obtusus* Turn. t. 21.
Wilson's promontory, Mai 1853.

83. **Laur. botryoides** Gaill. *Fucus botryoides* Turn. t. 178.

Wilson's promontory, Mai 1853.

84. **Delisea elegans** Montag. *Bonnemaisonia elegans* Ag.
Wilson's promontory, Jun. 1853.

Rhodomeleae.

85. **Lenormandia Mülleri** Sond. Pl. Müll. l. c. p. 606.
Wilson's promontory, Mai 1853.
Stichidia per totam frondem sparsa.

86. **Pollexfenia pedicellata** *β.* **angustata** Harv.
Port Phillip, d. 1. Nov. 1852.

87. **Dictymenia Harveyana** Sond. l. c.
Wilson's promontory.

88. **Dict. (Epineuron) prolifera** J. Ag. *Amansia prolifera* Ag.

89. **Rhodomela (Lophura) periclados** Sond. fronde tereti filiformi inarticulata dichotoma vel vage ramosa, ramis ramulisque ramenta tenuissima patula plerumque simplicia corticata intus articulata apice subpenicillata gerentibus, stichidiis pedicellatis lanceolatis acuminatis obtusiusculis solitariis vel in pedicello ramoso pluribus, sphaerosporas triangule

divisas includentibus, ceramidiis (in diversis speciminibus) ovatis brevissime pedicellatis.

Port Phillip, d. 1. Novbr. 1852.

Frons in *Codio Bursa* var. *australi* Sond. parasitica,
caespitosa 3 — 4 poll. alta, primaria inarticulata cellulosa,
plerumque a basi ramosa. Ramenta in ramis ramulisque obvia, tenuissima, subulata, 1 — 2 lin. longa, simplicia vel ramulo brevissimo praedita, corticata, sed intus articulata, articulis diametrum parum superantibus. Stichidia sphaerosporis
subuniseriatis subtorulosa. Ceramidia minuta ovata vel sub-
sphaerica, gemmidia lineari-clavata basi pedicellato-angu-
stata, ad placentam basilari affixa includentia. Color niger,
madefactae fuscus.

Quoad ramificationem *Alsidio Blodgettii* Harv. Ner. bor.
amer. t. XV. non absimilis.

90. **Polysiphonia Hookeri** Harv.

Port Phillip, d. 1. Nov. 1852.

91. **Pol. hystrix** Hook. fil. et Harv.

Wilson's promontory, Jun. 1853.

92. **Pol. mollis** Hook. fil. et Harv.

Port Phillip, Sept. 1852.

93. **Pol. versicolor** Hook. fil. et Harv.

Wilson's promontory, Jun. 1853.

94. **Pol. caespitula** Sond. fronde dense caespitosa erecta
rigidula alterne bipinnata, pinnis brevibus, pinnulis minutis
subulatis apice penicillatis.

Wilson's promontory, Jun. 1853.

Frons $1\frac{1}{2}$ — 2-pollicaris, primaria 8-siphonia obsolete
articulata. Rami alterni patentes, 2 — 3 lin. longi, ramulis
obsiti alternis $\frac{1}{2}$ — 1 longis tenuissimis simplicibus rarissime
iterum subdivisis, articulatis, articulis diametro aequalibus.
Fructificatio deest. Color fuscescens, in sicco nigrescens.

Habitu dendroideo a simili *P. nigrita* Sond. facile distinguitur.

95. Pol. amoena Sond. violacea, frondibus articulatis pellucidis tenuissimis, caule 8 — 9 - siphoneo dichotomo, ramis erecto - patulis, axillis acutis, articul's ramorum diametro duplo longioribus, ramulorum subaequalibus, tetrasporis in ramis ramulisque nidulantibus saepe in seriem ordinatis.

Port Phillip, Sept. 1852.

Frons 2 — 3 - pollicaris, caespitem densum efficiens, a basi dichotoma, apicem versus tenuior; ramuli supremi saepe penicillati. Ceramidia desunt. Rami primarii plerumque 9 - siphonei. Chartae arctissime adhaeret. Color *P. violaceae.*

96. Pol. Patersonis Sond. fronde humili rigida pauciramea undique ramellis brevibus spinaeformibus simplicibus ramosisve vestita, sphaerosporis in ramulis immersis, ceramidiis ovatis suburceolatis sessilibus.

Cape Paterson, Jun. 1853.

Frons 1 — 2 - pollicaris tenuis subsimplex vel ramos nonnullos erecto - patulos emittens, tota ramellis spinulaeformibus subtetrastichis 1/2 — 1 lin. longis patulis obsita. Ramelli sphaerosporiferi subtorulosi; capsuligeri (in divers. spec.) sphaerosporiferis breviores. Frons primaria 8 - siphonea.

97. Dasya (Rhodonema) Mülleri Sond. caule crasso cartilagineo tomentoso tereti vage ramoso, ramis circumscriptione lanceolatis glabris pinnatis pleiosiphoneis, pinnis alternis patentibus ramellos brevissimos monosiphoneos alterne divisos gerentibus, articulis ramellorum diametro 1 1/2 — 2 - plo longioribus terminali obtuso, stichidiis saepe aggregatis pedicellatis lanceolatis acuminatis tetrasporas biseriatas includentibus.

Port Phillip, d. 1. Nov. 1852.

Frons 3 — 4 - pollicaris, teres, lineam crassa, dense rubro-tomentosa, cellulosa, siphone centrali praedita. Rami prima-rii parum tenuiores tomentosi, secundarii circumscriptione lan-ceolati (circ. 2 — 3 poll. longi, circ. 6 lin. lati) glabri, arti-culati, pinnis distichis subaequalibus (supremis et infimis sub-brevioribus) lineam distantibus ramulosi. Pinnae cum ramellis densis circ. lineam latae. Ramelli alterne divisi, divisuris erecto - patulis. Stichidia in apice ramellorum solitaria vel aggregata, pedicello saepe furcato insidentia. Sphaerosporae triangule divisae.

98. **Dasya (Rhodonema) decipiens** Sond. caule elon-gato tereti cartilagineo inarticulato, nudo, ramis alternis sub-horizontaliter patentibus, inferioribus longioribus iterum ramo-sis, superioribus simplicibus, ramulis basi nudis supra ramellis brevissimis roseis monosiphoneis dense vestitis, ramellis pa-tenti-dichotomis e basi crassiuscula in acumen longissimum attenuatis, articulis inferioribus diametro subduplo, superiori-bus 6-plo longioribus, stichidiis breve pedicellatis lanceolatis acuminatis, sphaerosporis pluriseriatis, ceramidiis sessilibus ovatis.

Port Phillip, d. 1. Novbr. 1852.

Frondes 3 — 4-pollicares, 2 vel plures e disco, basi semilineam latae. Rami inferiores bipollicares, superiores sensim minores. Ramuli ramorum inferiores circ. 2 lin. longi. Ramelli densi monosiphonei bis terve dichotomi et in fila longa tenuissima flaccida attenuata. Stichidia in parte ramellorum inferiore crassiore breve pedicellata lanceolata sphaerosporas triangule divisas includentia. Ceramidia late ovata.

Frons primaria continua intus cellulosa.

Species *Dasyae elongatae* Sond. et *naccarioidi* Harv. proxima, a priore ramellis longissime attenuatis, a posteriore

caule humiliore angustiore minus composito magisque pyrami-
dato, ramellis longioribus et stichidiis lanceolatis brevius pedicellatis diversa.

99. **Bostrychia australasica** Sond. fronde setacea vage
subdichotomo - ramosa, ramis subflexuosis alterne pinnatis,
pinnis alterne pauci-divisis, pinnulis simplicibus erecto-patulis
subulatis apicibus obtusis strictis vel subinvolutis, axillis
acutis;

In flumine Yarra ostium versus, Janr. 1853.

Frons bipollicaris, tenuissima. Pinnae in ramis secundariis, saepe etiam in ramis primariis obviae, 1 — 1½ lin.
longae, nunc simplices nunc bifidae, saepius alterne bis terve
divisae. Color violaceus, madefactae coerulescens. Tubus
centralis in fronde ramoque primario cellulis 3 — 4-seriatis
circumdatus.

Habitu affinis *Bostrychiae mixtae* Hook. fil. et Harv.
nec non *B. rivulari* Harv., ab utraque cellulis periphericis
pluriseriatis frondeque majori magis composita diversa.

100. **Polyzonia incisa** J. Ag.

Wilson's promontory, Jun. 1853.

101. **Dictyurus australasicus** Sond. simplex cylindraceus
basi attenuatus apice obtusus, foraminibus laminae oblongis
vel 4 — 6-angularibus, ramentis reticuli alternis, articulis
diametro aequalibus.

Pollicaris, apice lineam latus. Frons ima basi nuda,
continua; axi centrali siphonibus pluribus majusculis circum-
dato percursa. Ramenta alterna callithamnoidea, ramosa,
reticulum sacculiforme fenestratum efformantia; reticuli foramina obsolete 4 — 5 — 6-angularia vel oblonga; articuli ramentorum conjunctorum diametrum aequantibus vel parum
superantibus. Color purpurascens.

Simillimus **D.** *occidentali* J. Ag. in Alg. Liebmann.
no. **29.** sed non ramosus et apice obtusus.   In caule trans-
versaliter secto siphones plures siphonem centralem majuscu-
lum circumdantes observantur an forsan varietas? Specimina
perpauca tantum vidi.

Verzeichniss der Panicum-Arten bei Kunth und Steudel, nebst einigen Bemerkungen über die Gattung selbst,

D. F. L. v. Schlechtendal.

Während die Botaniker im Allgemeinen geneigt gewesen sind, die Gräsergattungen, welche Palisot de Beauvois aufgestellt hat, anzunehmen, sind seine Bemerkungen zur Gattung *Panicum* meist unbeachtet geblieben; besonders wohl weil Trinius, der eine Monographie der ganzen Familie vorbereitete, die Gattung *Panicum* noch weiter ausdehnte, als dies früher geschah. Wir wollen hier die wohl wenig gelescnen und beachteten Worte des französischen Agrostologen wiederholen, bevor wir zu der Steudel'schen Auffassung von *Panicum* und dessen Eintheilung uns wenden, welche wir dem Verzeichnisse aller bei ihm und Kunth aufgezeichneten *Panicum*-Arten voranschicken wollen.

„Man kann" — sagt Palisot de Beauvois, nachdem er die Charactere von *Panicum* aufgestellt hat — „sich durch die oben gegebene Beschreibung überzeugen, dass diese

Gattung noch getheilt werden könnte; vielleicht möchten schon
einige der Abtheilungen, welche ich andeuten will, Gattungen
bilden; da aber meine Arbeit schon viele Veränderungen nothwendig gemacht hat, so überlasse ich es den Botanikern,
diese Verbesserung (réforme) vorzunehmen, wenn sie dieselbe
für angemessen halten, ich beschränke mich darauf, sie an-
zuzeigen."

Man sieht hieraus, dass nur die Scheu, zu viele Gattungen den Botanikern aufzubürden, ihn veranlassen konnte, in
dem vorliegenden Falle nicht so weit vorzugehen, als er es
an anderen Orten that.

Die Eintheilung, welche er nun folgen lässt, trennt die
ganze Gattung nach dem Blüthenstande in **2** Abtheilungen:

   I. Axis paniculatus, panicula composita aut subsimplex.

   II. Axis spicatus: Spica composita; spiculae alternae; locu-
      stae unilaterales.

Jede dieser Abtheilungen kann nach B e a u v o i s Meinung wieder in folgende weitere Abtheilungen getrennt werden:

   A. Gluma inferior minutissima,

      a. paleae glabrae,

      b. paleae punctatae,

      c. paleae transverso - striatae.

   B. Glumae subaequales acutae,

      a. paleae glabrae,

      b. paleae punctatae,

      c. paleae transverse striatae.

Schon geschieden von *Panicum* der Autoren finden wir
aber bei ihm: *Anthaenantia* (Panic. sp. Bosc. mss.), *Digitaria* (Panic. sp. L.), *Setaria* (Pan. sp. L.), *Urochloa*
(Pan. sp. L.), *Echinochloa* (Pan. sp. L.), *Oplismenus* (Pan.
sp. L.) u. a. m., bei welchen Gattungen die späteren Autoren

schwankend gewesen sind, bald dieselben noch vereinigend, bald sie trennend, ohne, wie man deutlich sieht, ein bestimmtes Princip befolgt zu haben. Stendel gehört zu denen, welche vereinigten, und so hat er denn eine grosse Menge von Abtheilungen aufstellen müssen, um für die zahlreichen Arten (nämlich 850 im Texte und im Nachtrage noch 14, also zusammen 864 Arten) ein Fachwerk zu bekommen, in dessen Fächern man sie aufsuchen könne, was ihm jedoch unseres Erachtens nicht gelungen ist. Er stellt 18 Sectionen auf, die zum Theil in weitere Unterabtheilungen gebracht sind, da sie in ihrem Umfange an Arten so sehr von einander abweichen. Der Blüthenstand und die Beschaffenheit der Spelzen bieten meist die Charactere. Zwei Sectionen sind mit den übrigen nicht von gleichem Werthe. Die letzte nämlich umfasst die an sich zweifelhaften oder wenigstens in Rücksicht auf ihre Abtheilung zweifelhaften Arten. Sie ist also eine Rumpelkammer, wie deren bei grossen artenreichen Gattungen stets vorzukommen pflegen, und die sich allmählig auflösen können. Es ist dies also keine Section, welche bestimmte Charactere darböte. Ebenso wenig bietet solche die 13te Section, welche, zwischen den beiden benachbarten Sectionen stehend, Uebergangsformen zwischen diesen enthalten soll, diese beiden also vermittelt und also auch verbindet, wie wir später sehen werden. Doch wir wollen die einzelnen Sectionen nach der Reihenfolge, in der sie uns vorgeführt werden, durchnehmen:

I. *Cabrera* Trin. Racemi simplices digitati; axes pilis aureis ciliati; spiculae subsessiles regulariter biseriales, ellipticae, minimae s. parvae; gluma inferior pusilla, vaga s. nulla.

Die Gattung *Cabrera* ist von Lagasca im J. 1816 mit einer Art *C. chrysoblepharis* gegründet, doch war dem schon

im J. 1812 seinen Essai veröffentlichenden P a l i s o t d e B e a u -
v o i s eine Art dieser Gattung bekannt gewesen, welche er
seiner Gattung *Axonopus* beifügte, die eigentlich etwas anders aussehende Gräser, die er von *Paspalum* schied, umfasste. Für die Vereinigung beider Formen sprach bei ihm
die Inflorescenz, welche allein ihn zur Begründung seiner
Gattung vermochte. Dieser Blüthenstand wird gewöhnlich ein
fingerförmiger, aber nicht sehr passend, benannt, da der
Ausdruck digitatus in anderen Fällen, wie z. B. bei den Blättern, eine ganz andere Bedeutung hat. Eine sehr kurze, ge-
meinschaftliche Hauptachse trägt nahe übereinander verschiedenartig gestellte Trauben, welche zumeist einseitswendig
sind. Tr i n i u s bezeichnet daher den Blüthenstand bei seiner
ersten Abtheilung von *Panicum* (de gramin. paniceis 1826)
durch „racemi simplices plus minus fasciculati s. approxima-
tissimi", und rechnet dahin *Digitaria* und einen Theil der
Axonopus-Arten; in die zweite Abtheilung aber mit „racemi
simplices fasciculati alterni v. jubati" *Paspalum* und andere
Arten von *Axonopus* Pal. Beauv. Diese letzten *Axonopus*-
Arten hat nun N e e s als sechste Section von *Paspalum*
„*Axonopodes*" beibehalten, und dies wird die Gattung *Cabrera* Lag. sein. Wir geben daher S t e n d e l darin Recht,
dass er Lagasca's Namen der Abtheilung belässt, darin
aber doppelt Unrecht, dass er sie als Abtheilung und als Abtheilung von *Panicum* bestehen lässt. Wir haben schon früher in der bot. Zeitung die Gattung *Anastrophus* abgelöst
und damit die Gattung *Axonopus* Pal. Beauv. zu zerstören
begonnen, jetzt scheiden wir noch *Cabrera* Lag. von ihr ab,
und wollen uns um die übrigbleibenden hier nicht weiter küm-
mern, da uns dies zu weit von unserm Ziele abführen würde.

Die zweite S t e u d e l'sche Section ist *Digitaria*, schon
häufig als eigene Gattung betrachtet. Ihre Diagnose lautet so:

II. *Digitaria* Haller. Racemi simplices subdigitato - vel jubato - approximati; spiculae subsessiles v. pedicellatae, plerumque irregulariter (rarissime seriatim) dispositae, plus minus lanceolatae; gluma infera pusilla, obsoleta, rarius nulla.

Der Blüthenstand ist hier wesentlich derselbe, wie in der vorigen Section. Wie sich racemi subdigitato - approximati und jubato - approximati unterscheiden, ist nicht zu sagen. Nur die Haare an den Achsen sind bei Steudel das einzige trennende Kennzeichen für die beiden ersten Sectionen.

Nachdem 60 Arten von diesen Digitarien aufgestellt sind, folgen noch 19 unter der Ueberschrift: „species hujus sectionis quoad affinitates inter se et cum praecedentibus minus notae.“ — Wir behalten *Digitaria* als Gattung bei, würden ihr aber natürlich eine etwas andere Characteristik geben, als hier geschehen ist.

III. *Erythroblepharum* Steud. Racemi conjugati, spiculae binae paribus alternis, altera sessili, altera pedicellata, valvula neutra maxima dense ciliata.

Zu dieser Section gehört nur eine Art, von Zollinger auf Java gesammelt, welche wir nicht sahen. Ein, wie es scheint, ausgezeichnetes Gras, als eigene Gattung zu behalten, aber in Bezug auf seine Vegetationsorgane ziemlich unbekannt.

IV. *Urochloa* Beauv. Racemi umbellato - digitati; spienlae irregulariter dispositae, inaequali - pedicellatae, ovatae; gluma infera flosculis dimidio brevior, hermaphroditus subulato - caudatus.

Palisot de Beauvois begründete seine Gattung durch ein Gras, welches er von Jussieu aus Isle de France erhielt, *Ur. panicoides* nannte, zwar nicht weiter als durch die Gattungscharacteristik beschrieb, aber auf Taf. XI. f. 1.

wenigstens zum Theil abbildete. Dies Gras fehlt aber unter den vier Arten, welche in dieser Section bei S t e n d e l stehen, unter denen dagegen *Pan. cimicinum* Retz ist, welches bei P a l i s o t d e B e a u v o i s zu dessen *Axonopus* gehört. T r i n i u s erklärt die Pflanze von B e a u v o i s für *Panicum Helopus* Trin., und sagt von *P. cimicinum* Retz, dass es von *Panicum* nur durch lanzettliche Lodicularschuppen unterschieden sei, von den *Digitarien*, in deren Reihe es steht, durch eiförmige Aehrchen, die alle gestielt, zuweilen zu dreien ständen. Es bilde eine Section, zwischen *Digitaria* und *Jubaria* mitten inne stehend. Man sieht hieraus, dass bezüglich der Section *Urochloa* eine schöne Verwirrung herrscht, und dass erst eine genaue Berücksichtigung aller hierher gerechneten Arten diese lösen könne.

V. *Orthopogon* R. Br. Racemi alterni, spiculae subirregulariter dispositae; glumae flosculis breviores, altera v. utraque necnon subinde flosculus incompletus apice setiferi. *Oplismenus* Beauv.

Da der zweite Theil der Flore d'Oware et de Bénin, der im Jahre 1807 zu erscheinen begann, im zweiten Hefte auf **Taf. 67.** die neue Gattung *Oplismenus* darstellt, also gewiss einige Jahre früher, als der Prodromus von R. B r o w n, der zuerst im Jahre 1810 publicirt wurde, so muss diese Abtheilung, für uns ebenfalls eine Gattung, den Namen *Oplismenus* führen.

VI. *Echinochloa* Beauv. Racemi alterni v. jubati, simplices v. compositi; spiculae brevissime pedicellatae, imbricatae 2 — 6-seriales, totae strigoso-hirsutae; flosculus incompletus acuminatus v. plus minus longe caudato-subuliferus. (*Oplismenus* auctor. ex parte.)

Wenn man *Panicum crus galli* L., als die uns bekannteste Art, als Repräsentanten für diese Abtheilung nimmt, so wird aus derselben Manches, was Stendel hineingebracht hat, wieder entfernt werden müssen. Dass er zu dieser gemeinen Pflanze *Oplismenus crus galli* Beauv. Agr. t. XI. f. 2. citirt, zeigt, dass er dies Citat nicht gesehen hat, denn im Texte steht *Echinochloa crus galli* bei dieser Figur. R. Brown rechnet diese *Echinochloa* zu *Panicum,* ebenso Trinius und Nees; Kunth dagegen vereinigt unter dem Namen *Oplismenus* Beauv. sowohl diese Gattung, als *Echinochloa* Beauv., er hätte also seinen Namen als Auctorität hinzufügen müssen. Es hat dies Gelegenheit zu einer Menge von Synonymen gegeben, ohne einen wirklichen Nutzen zu stiften, da er beide Gattungen doch als Abtheilungen auseinander hält. Auch diese Section möchten wir als Gattung beibehalten.

VII. *Setaria* Beauv. Thyrsus simplex v. compositus s. racemi (subthyrsiformi-) jubati, spiculae setis involucratae v. stipatae.

In einer ersten Abtheilung dieser Section hat Stendel auch die Gattungen *Chamaerhaphis* und *Paractaenum* R. Br. nebst *Urochloa uniseta* Presl, so wie die 7te Abtheilung von *Panicum* in R. Brown's Prodromus, deren Arten sehr ausgezeichnete Wasserpflanzen sind, und gewiss eine besondere Gattung bilden, mit den eigentlichen *Setarien* vereinigt und so eine etwas ungleichartig zusammengesetzte Gruppe aufgestellt, die wieder aufgelöst werden muss. Die eigentlichen *Setarien,* wozu Palisot de Beauvois wohl ganz mit Unrecht Arten von *Orthopogon* R. Br. rechnen will, wofür es heissen muss: von *Pennisetum* R. Br., sind ziemlich allgemein als besondere Gattung angenommen worden, von Kunth unter Hinzurechnung von *Pennisetum* Rich. und R. Br.

VIII. *Harpostachys* Trin. Racemus simplicissimus solitarius (rarissime compositus v. binatus); spiculae subsessiles

imbricatae regulariter 1-, 2-, 4-seriatae nonnunquam sub-
distichae.

Zu dieser Section gehört die Gattung *Thrasya* Kth., ob
aber auch alle 21 Arten, die von Steudel hier zusammengebracht sind, mit jenen *Thrasyen* auch noch durch weitere
Kennzeichen, als durch den einfachen Blüthenstand, übereinstimmen, ist fernerhin zu untersuchen. Wenn dieser Blüthenstand hier ein racemus simplicissimus genannt wird und doch
die spiculae nur subsessiles, und bei Knnth's *Thrasya* geradezu Spica und die spiculae sessiles, so ist das ein Schwan-
ken, welches bei einer Charakteristik nicht passend erscheint,
und dem vielleicht besser durch eine neue Bezeichnung dieses
eigenthümlichen Blüthenstandes, bei dem ja oft Spiculae sessiles und pedicellatae mit einander vorkommen, so sehr ich
gegen die Vermehrung der Kunstansdrücke bin, zu unterscheiden. Es ist übrigens hier noch festzustellen, ob dieser Racemus simplicissimus solitarius von der Hauptachse der Inflorescenz gebildet ist, oder nur ein einzelner Zweig derselben
sei, wie es mir scheint. Es hat dann das Hinzutreten eines
zweiten Astes zu dem ersten nichts Wunderbares, sondern ist
nur ein Schritt weiter zu zusammengesetzteren Formen der
Inflorescenz.

IX. *Diplostachys* Steud. Spicis geminis.

Vielleicht ist bei den drei Arten, welche Steudel in
diese von ihm geschaffene Abtheilung bringt, das der Fall,
was wir eben erwähnten, wir sahen keine derselben, und
wagen also nichts über diese Section zu sagen. Eine der
hierher gehörigen Arten ist aus dem Breslauer bot. Garten
bekannt geworden. (*Pan. Pseudopaspalum* Nees Sem. hort.
Wratisl. 1850.)

X. *Brachiaria* Trin. Racemi simplices alterni, axis
partialis angulosus plerumque triqueter; spiculae (glabrae,

villosae, lanatae, non vero totae strigulosae) sessiles v. brevissime pedicellatae, plus minus imbricatae, **2-**, **3-**, 4-se-
riales muticae.

Was T r i n i u s mit *Brachiaria* bezeichnete (s. d. Gram.
panic. Petrop. 1826), ist wieder ein ganz anderes Aggregat,
als das von S t e n d e l, der seine Arten nach der Anwesenheit und dem Fehlen der Behaarung der Spiculae in zwei,
sich aber gegenseitig nicht scharf abgrenzende Abtheilungen
bringt; so ist also auch hier wieder T r i n i u s. nicht die
Auctorität für diese *Brachiaria*, sondern S t e n d e l. Was
diese Section besonders von den früheren unterscheidet, ist
die stärkere Entwickelung der Hauptachse, an der dann auch
meist eine grössere Zahl von Nebenachsen auftritt. Es sind
gegen 101 Arten in dieser Abtheilung, welche bei früheren
Autoren, insofern sie bekannt waren, eine sehr verschiedene
Stellung eingenommen haben; in wieweit sie wirklich zusam-
mengehören, muss eine spätere specielle Untersuchung klar
machen.

XI. *Virgaria* Trin. Radii alterni jubati s. paniculati,
manifeste angulati, plerumque triquetri, nunc racemiformes
(racemis compositis, pedicellis brevissimis), nunc virgati aut
vario modo compositi, pedicellis brevioribus et longioribus.

XII. *Miliaria* Trin. Radii alterni jubati paniculati, teretes v. subangulati, compositi s. decompositi.

XIII. Species inter *Virgarias* et *Miliarias* intermediae.

Diese drei Sectionen werden zusammen zu betrachten sein,
um sich ihre Unterschiede klar zu machen; zwischen den
Sectionen *Virgaria* und *Miliaria* sind nur die radii manifeste angulati und teretes v. subangulati das Unterscheidende,
wie aber kann man zwischen angulatus und subangulatus noch
ein Zwischenliegendes einschieben, wodurch die **13.** Section

sich characterisirte? Warum hier der Ausdruck „radii" beibehalten ist, der schon anderweit gebraucht, bei der umbella
simplex und composita die Seitenachsen bezeichnet, ist nicht
recht einzusehen. Trinius hat die Zweige der Inflorescenz
radii genannt, damit man sie nicht mit den Zweigen der vegetativen Achse verwechseln sollte, er nennt nämlich die ganze
Verzweigung zwischen der Spicula und der Hauptachse der
Inflorescenz, wenn sie sich nicht auf einen sehr kurzen und
einfachen Theil beschränkt, den er dann pedicellus nennt,
sobald sie länger und zusammengesetzt ist, radius. So sind
also die Seitenachsen, wenn sie unmittelbar Aehrchen tragen,
spicae, wenn sie gestielte Aehrchen haben, racemi, wenn sie
verzweigt sind und nach mehr oder weniger Zweigbildung
Aehrchen mit oder ohne Stielchen trugen, radii. Diese pedicelli aber von den letzten Verzweigungen zu unterscheiden,
wird kaum möglich sein.

Man darf hier nicht vergessen, dass die Spicula selbst
schon ein Blüthenstand ist, und sich daher dem Köpfchen der
Compositae gleich verhält, und die allereinfachste Inflorescenz
immer schon eine zusammengesetzte ist, deren Zusammensetzung genau definirt werden muss, soll sie mit in die Characteristik gezogen werden. — Diese drei Sectionen bilden
die Hauptmasse von *Panicum*, denn sie umfassen die Arten
von n. 373 bis n. 737 bei Stendel, eine so grosse Menge,
dass es sich wohl der Mühe verlohnt, bessere Gruppen aus-
findig zu machen, als die, welche uns hier geboten werden,
obwohl es nicht an Unterabtheilungen fehlt, von denen einige
auch nur Vorrathskammern sind, die erst aufgeräumt werden
müssen.

XIV. *Tricholaena* Schrad. Panicula capillaris ramis gracilibus solitariis v. fasciculatis, pedicelli articulo phialiformi a
spicula solubili terminati; glumae villosae, inferior minima

aut in annulum villosum deliquescens; spiculae flores hermaphroditi et masculi demum distincti.

Nees hat die Schrader'sche Gattung mit Recht angenommen und von *Panicum* getrennt, sie erscheint als eine
sehr natürliche vorwiegend afrikanische.

XV. *Ichnanthus* Beauv. Flosculus hermaphroditus utrinque canaliculato-scrobiculatus v. auriculato-appendiculatus;
spiculae plerumque magnae, gluma inferior magna s. dimidia
spicula longior.

Die Darstellung dieser Gattung ist bei Palisot de Beauvois eine andere, als bei den späteren Schriftstellern. Während Kunth die Gattung beibehält, schaltet sie Nees unter
den *Panicum*-Arten ein, ohne eine besondere Abtheilung
darauf zu begründen, doch ist es nicht gewiss, ob er die
Pflanze, welche Beauvois sah und zeichnen liess, auch gehabt habe. Man sieht auch aus diesem Fall wieder, wie
schwankend die Ansichten über den Werth und die Anwend-
barkeit der Charactere zur Begründung der Gräsergattungen
hier unter den Paniceen sind, während man bei den Poaceen
viel sicherer eingeschritten ist. Wahrscheinlich gehören die
16 von Stendel hier zusammengestellten Arten nicht zusammen.

XVI. *Isachne* R.B. Panicula v. juba, rarissime rami alterni; spiculae orbiculato-ovatae, rarissime oblongae obtusae,
linea raro longiores saepe minores; flosculus inferior cum hermaphrodito ejusdem formae et substantiae, saltem glumis fir-
mior, superior saepe femineus tantum brevipedicellatus.

Diese Charactere umfassen ein weiteres Gebiet, als die
von R. Brown gegebenen, wie denn auch Kunth schon
zwar die Gattung noch beibehält, aber sie doch lieber mit
Panicum vereinigen will. Bei der sehr gestiegenen Artenzahl

hat Stendel nach dem Fehlen und dem Vorhandensein der
Behaarung drei Unterabtheilungen gebildet, von denen die beiden letzten, flosculo utroque pubescente und flosculo utroque
pubescente vel scabro, sich doch gar wenig unterscheiden lassen. Wir glauben, dass auch diese Gattung erhalten bleiben
müsse, wenngleich der Character der Spiculae in Bezug auf
ihr Längenverhältniss zu einer Linie nicht beibehalten werden kann.

XVII. *Trichachne* Nees. Racemi elongati simplices pauci
v. plures paniculati; spiculae 2—3 lanceolatae v. ovato-lanceolatae brevius pedicellatae; glumae inaequales, inferior minuta squamaeformis nuda, superior multo major acuminata
villosa; valvulae floris hermaphroditi membranaceae (nón car-
tilagineae sed flexiles).

Eine vollständig gerechtfertigte, durch ihre Tracht sich
auszeichnende Gattung aus Brasilien. Die eine von Stendel hierher gezogene Art aus Senegambien gehört vielleicht
gar nicht hierher, wenigstens ist sie durch ihre Inflorescenz
verschieden und, wie es scheint, auch durch die Beschaffenheit ihrer Spiculae.

Ueber die letzte Section ist schon im Anfange gesprochen worden. Als Gesammtresultat dieser kurzen Betrachtung
möchte sich ergeben, dass bei einer strengen Musterung aller
Charactere, welche sowohl die vegetativen, wie die repro-
ductiven Organe der Gattung *Panicam* bei Stendel darbieten,
man eine ganze Anzahl von Gattungen wird zulassen müssen,
welche ebenso vielen Werth haben, als die in anderen Gräser-
gruppen gebildeten; dass man nicht davor zurückschrecken
muss, so viele Genera zu bilden, falls sie nur scharf und
sicher begrenzt sind, denn sie werden allein im Stande sein,
natürliche Gruppen, die auch in geographischer Hinsicht sich,

soweit dies möglich ist, abrunden, hinzustellen, während
jetzt eine verwirrende Mannigfaltigkeit von Formen in der
Gattung *Panicum* versammelt ist.

In der nachfolgenden Aufzählung der *Panicum*-Arten
nach Kunth's und Steudel's Synopsis sind wir auf ähnliche
Weise zu Werke gegangen, wie bei der früher gelieferten
von *Paspalum*. Die magern Ziffern bezeichnen die Arten-
nummern bei Kunth, die fetten die bei Steudel, wo sich
bei beiden Autoren Differenzen in den Citaten und im Vaterlande finden, haben wir dies sorgfältig bemerkt, es ist daher,
wo nur *eine* Angabe dieser Dinge vorhanden ist, bei dem
andern Autor keine Verschiedenheit gefunden worden. Die
Nachträge in der Appendix zu Steudel's erstem Bande sind
ebenfalls mit aufgenommen, auch haben wir nicht unterlassen
wollen, verschiedene Schreibart der Namen, welche im Texte
und im Register von Steudel vorkommt, mit anzuführen, da
die in dessen Werke angegebenen Druckfehler sich nicht darauf
beziehen. — Einige Namen haben eine verschiedene Autorität
erhalten, sind aber doch wesentlich dieselben, so die aus der
Encyclopédie entnommenen, auch einige von Sprengel; wir
haben der Vollständigkeit wegen sie alle aufgeführt wie sie
gegeben sind.

Panicorum nomina in Kunthii Synopsi et in Steudelii Glumaceis occurrentia ex ordine alphabetico digesta, additis citatis et patria.

abludens R. Sch. (paradoxum Roth) **399.** Ind. orient. — **499.**

abortivum R. Br. (Andropogon squarrosum hb. Linn. nec L. suppl., Anatherum abort. P. B.) **394.** Nov. Holl. — **170.** (absque synon.)

abyssinicum Hochst. **28.** Abyssinia.

acariferum Trin. (Melica latifolia Roxb.) **342.** Ind. or. = Thyssanolaena ac. Nees. (Steud.)

accrescens Trin. **279.** Nepal. = radicans Retz. **668.**

aciculare Desv. (subuniflorum Bosc.) **280.** Ind. or. — Poir. Enc. **599.** Ind. or. (= subuniflorum **600.** ex Nees Agr. bras. an recte?)

acroanthum Steud. **670.** Japon.

acuminatissimum Steud. (Oplism. acuminatus Nees, Oplism. compos. var. Wight.) **114.** Penins. Ind. or.

acuminatum Mühlenb. = Sprengelii Kth. 361.

acuminatum Sw. 370. Jamaica, Mexico. — **646.**

acutatum Steud. Concept. Chile. **658.**

acutiflorum Poir. 411. Patria? — **841.**

acutiflorum Steud. in hb. Len. = candicans Nees. **754.**

acutiglumum Steud. **397.** Ins. Philipp.

adpressum W. **77.** Ind. or.

adscendens HBK. 53. Nov. Andalus., Peruv., Mexico. — **71.**

adspersum Trin. (caespitosum Spr. excl. syn.) 101. S. Domingo (omissum in Kunthii indice) — **349.** (absque syn.) Domingo.

adstans Steud. **771**. Malacca.

adustum Nees. **74**. **85**. Brasil. merid.

aegyptiacum Retz. (Digit. aeg. W., Panic. filiforme Jacq.,
Paspal. sanguinale β. Lam.) 49. Pannonia, Oriens, Aegypt.,
Ind. orient., America. — (Pan. filif. Jacq.) **18**. Eur., As.,
Afr., Am.

aemulum R. Br. (Orthopogon aem. R. Br.) 98. Nov. Holl., ins.
Norfolk.

aequatum Nees mss. **819**. (patens Roxb. non L.) Ind. or.
Nepal.

aequinerve Nees. **544**. Afr. austr.

affine Nees = paspaloides Pers. 15.

affine Poir. = setigerum Retz. 98.

africanum Poir. = Oplismenus afr. P. B.

agglutinans Kth. (glutinosum Lam. excl. var. fol. glabris, divaricatum var. Lam.) 304. Amer. calid. — **443**.

agrostideum Salzm. = subaristulatum Steud. **550**.

agrostidiforme Lam. (agrostoides Spr. Mühlenb. 131. Americ.
meridion. et boreal. = agrostoides Mühlenb. **457**.

agrostidiforme Raddi = tenuiculum Mey. Ess. 132.

agrostoides Mühlenb. **457**. (agrostidiforme Lam.) Am. sept.
= rigidulum Bosc. sec. Trin. **572**.

agrostoides Salzm. = candicans Nees **754**., forsan et var.
P. polythyrsi Nees **755**.

agrostoides Spr. = agrostidiforme Lam. 131.

airoïdes R. Br. 319. Nov. Holl. — **590**.

airoïdes Flügge = madagascariense Spr. 389.

Alabamense Trin. **376**. Lincolnton, Amer. sept.

albens Trin. sub Isachne **796**. Nepal., an = saxatile Steud.
802?

albidulum Steud. **436**. (subalbidum Hochst.) Nubia.

album Poir. = Oplismenus Burmanni P. B. 5. — (Orthopogon
a. Nees, Oplism. Burm. Zollinger Hb.) **93**. Java.

almadense Nees = Ichnanthus almadensis Kth. **2**. = Pan. Martianum Nees. **762**.

alopecuroides L. = Pennisetum Linnaei Kth. **17**.

alopecuroides Spr. = Neurachne alop. R. Br. **1**.

alopecuroideum Schreb. (P. corrugatum Ell., flavum Nees, Setaria fl. Kth.) **184**. Brasil., Ind. or.

Alopecurus Lam. = Pennisetum Richardi, Kth. **4**.

alternatum Willd. var. = chloroticum Nees. **481**.

altissimum DC. 184. Patria? — **470**. (gongylodes Jacq.) Am.
austr.

altissimum Mey. Ess. = elatius Kth. 314. = megiston Schult.
377.

amarum Ell. 192. Amer. sept. — **501**.

ambiguum Trin. (Urochloa paspaloides Presl) 343. Ins. Maurit.

amphibium Steud. **342**. Java.

ammophilum Steud. **741**. (Tricholaena arenaria Nees.) Afr.
austr.

amphilobium Steud. (P. intermedium Salzm.) **208**. Bahia.

amplexicaule Poir. = ovalifolium Poir. 254.

amplexicaule Rudge = Mynrus Lam. 77. = Hymenachne
amplexicaulis Nees. **5**.

amplifolium Steud. **227**. (Setar. macrostachya Hochst. in hb.
Kappl.) Surinam.

amplissimum Steud. **240** b. Ins. Philipp.

anabaptistum Steud. **500** b. (oxyanthum Steud.) Seneg.

anceps Mx. (rostratum Mühlenb., pensylvanicum Spr.) **261**.
Pensylv. Carol. — **445**. (absque synon.) Amer. sept.

angustifolium Ell. (nitidum γ. gracile Torr., lancearium Trin.)
227. Amer. sept. — **650**. (absque syn. Trinii).

angustissimum Hochst. **401.** Surin. et Ins. Philipp.

augustum Trin. **632.** Nepal.

ansatum Trin. **263.** Brasil.

antidotale Retz 346. in hort. Malabar. cult. — **531.** Ind. or.

antidotale var. Wight hb. = Arnottianum **314.**

Antillarum Poir. **214.** Inss. Antill. = Setaria Antill. Kth. 20.

antipodum Spr. = Isachne australis R. Br. 1. = Pan. a. **769.**
(c. syn. R. Br.) Nov. Holl. Ind. or.

Aparine Steud. **213.** Senegambia. Inss. Canar.

apiculatum Salzm. = pilosum Sw. **392.**

appressum W. (Digitaria Rottleri R. Sch.) 62. Ind. or.

aquaticum Bosc. — Bermudianum Steud. **844.**

aquaticum Mühlenb. = hydrophilum Schult. 294. — **736.**

aquaticum Poir. 111. Portorico. — **717.**

aquaticum Rich. = hygrocharis Steud. **466.**

aquaticum Spr. Syst. quid? (Kth.)

arabicum Nees. **363.** Arab. felix.

arborescens L. = Arundinaria glaucescens P. B. **2.**

arcuatum R. Br. **12.** Nov. Holl. — **276.**

arenarium Bieb. = glabrum Gaud. 51.

arenarium Brot. = repens L. 186. — **476.** (repens Trin. et
L.?) Eur. austr., Ins. Canar., Afr. bor. Pr. b. sp.

argenteum R. Br. **27.** Nov. Holl. — **282.**

argyrograptum Nees (commutati Nees var.?) **36.** Afr. austr.

argyrostachyum Steud. (Digitaria Zoll.) **38.** Java.

aristatum Macfad. = Oplismenus? Jamaicensis Kth. 54. =
Pan. Jamaicense Steud. **165.**

aristatum Retz = Oplismenus lanceolatus Kth. 44.

aristulatum Steud. (aristatulum in indice) **55.** Senegalia.

Arnacites Trin. 701. Brasil.

Arnottianum Nees (antidotale var. Wight hb.) **314.** Ind. or.,
Ceylon, Java.

Arnottianum Nees mss. (non **314**.) $=$ euchroum Steud. **816.**

arundinaceum Sw. $=$ Isachne? dubia Kth. 10. — **773.** (cum nullo synon.) Martinica.

arvense Kth. 121. Senegal. — **416.**

asperatum Kth. (plicatum Roxb.) 356. Sumatra. — **826.** Ind. or.

asperrimum Lag. (miliaceum β. tenuius. Heyne.) 199. Patria? $=$ miliaceum L. **528.**

aspersum Trin. $=$ adspersum Trin. 101.

asperum Lam. $=$ Setaria verticillata P. B. 21.

asperum Lk. $=$ Pennisetum asperum Schult. 22. — **81.**

asperum Wight (Chamaeraphis asp. Nees mss. et var. Ch. depauperata Nees mss.) **168.** Ind. or.

atrichum Steud. Glum. Add. **31** b. (p. 417.) Ins. Comoro.

atrichum Steud. nomencl. $=$ Pennisetum glabrum Hochst. **27.**

atrosanguineum Hochst. **628.** Abyss.

atroviolaceum Rich. **368.** Abyssin.

atrovirens Trin. (Aira ischaemoides König in hb.) 358. Ind. or.

attenuatum W. $=$ proliferum Lam. 167. — **477.** (ramosum L. sec. Tausch Flora 1837.) Guiana.

aturense Balb. hb. $=$ Balbisianum Schult. 296.

aturense HBK. 329. Ripac Orinoci. — **548.** Orin. Columbia.

aturense HB. var. α. $=$ viridiflorum Nees. **552.**

aureum Trin. (Pasp. pulchrum Nees, Pasp. aureum Trin., Pasp. ramosissimum Nees, Kth.) **3.** Brasil.

auricomum Nees 207. Rio Negro, Bras. — **702.**

auriculatum W. 386. Amer. merid. — **836.**

auritum Presl 259. et v. β. procerius Presl. Luzonia (?Mexico Kth.)— **450.** (absque synon.) Ins. Luzon, Mexico.

auritum Hassk. $=$ Hasskarlii Steud. **451.**

australe Spr. (striatum R. Br., striatulum Schult.) 65. Nov. Holl. — (striatum R. Br.) **61.**

autumnale Bosc. **265.** Patria? — **623.** Am. sept.

avenaceum HBK. **163.** Quito, Guiana. — **569.** Quito.

axillare Nees **298.** Brasil. — **555.**

axipilium Steud. (axipilum in ind.) **546.** Guiana.

Balanites Trin. **295.** Fluv. Amazon.

Balbisianum Schult. (aturense Balb.) **296.** S. Domingo. — **513.** (absque syn.)

bambusiflorum Trin. (bambusaefl. in ind.) $=$ penicillatum Nees v. β. **177.** — **758.** (penicillatum Nees). Brasil.

bambusoides Hamilt. **302.** Portorie. — **812.**

barbatulum Mx. **663.** Amer. sept. An nodiflori var.?

barbatum Kth. (Digitaria barb. W.) **57.** Ind. or. — **73.**

barbatum Lam. $=$ umbrosum Retz. **99.**

barbatum Roxb. $=$ Pennisetum barb. Schult. **20.** — **79.**

barbinode Trin. **410.** Brasil.

barbulatum Mx. **222.** Carolina.

basisetum Steud. **219.** Guinea.

batavicum Steud. **786.** (Isachne javana Nees). Java.

beckmanniaeforme Mik. $=$ Pan. paspaloides Pers. **15.**

bellum Steud. **791.** (Isachne pulchella Roth.) Ind. or.

bengalense Spr. $=$ Oplismenus? strictus Schult. **48.** — (strictum Roxb.) **160.** Ind. or.

Benjamini Steud. **790.** (Isachne miliacea Roth.) Ind. or.

Benthami Steud. (Urochloa paniculata Benth.) **88.** Sierra Leone.

Bermudianum Steud. **844.** (aquaticum Bosc.) Ins. Berm.

Berteronianum Schult. sub Setar. (P. corrugatum Ell.?). **188.** Domingo.

Bertolonianum Schult. $=$ Echinolaena? loliacea Kth. **8.** $=$ candicans Nees **754.**

Beyrichii Kth. (Sellovii Nees) **292.** Brasil. $=$ rugulosum Trin. **520.**

bicolor R. Br. **325.** Nov. Holl. — **596.**

bicolor Moench = Setaria viridis P. B. **12.**

bicorne Kth. (Paspal. bic. Lam. Poir.) 48. Ind. or. — Sieber, an Kth.? (subtile Nees, didactylon Kth. confer. distachyum L.? Digitar. dist. Pers.) **50.** Ind. or.

bidentulum Steud. (Orthopogon Junghuhnii Nees.) 113. Java.

biflorum Lam. = Isachne mauritiana Kth. 5. = Pan. Meneritanum Spr. **774.**

biforme Kth. (Digitaria bif. W.) 59. Inss. Mascar. — **74.**

bistipulatum Schldl. (Steud. Gl. add. **386** b.) (p. 417.) Columbia.

bisulcatum Thbg. (grossarium Thbg.) 387. Japon. — **837.**

blepharophorum Presl. 332. Mexico. — **551.**

Bobartii Lam. 264. Amer. sept.? — **726.** Am. septr.

Bonplandianum Steud. (Oplism. polystachyus HBK.) **155.** Orinoco.

Boscianum Spr. = ?striatum Lam. 76.

Boscii Poir. 286. Carolina. — **733.**

brachiariaeforme Steud. **241.** Afr. occid.

brachiatum Bosc. **845.** Ins. Bermud.

brachiatum Poir. = Setaria br. Kth. 38.

brachyanthum Steud. **407.** Texas.

brachyglume Hochst. **785.** mont. Nilagir.

brachylachnum Steud. **356.** Senegalia.

brachyphyllum Steud. (brevifolium Kth. non L., Digitaria brevif. Lk.) **67.** Mexico.

brachystachyum Trin. = Echinolaena? br. Kth. 6. — **889.** (absque synon.) Brasil.

Braunii Steud. **748.** (Tricholaena fragilis Braun.) Abyss.

brevifolium Jahn = P. Jahnii Steud. **252.**

brevifolium Kth. (Digitaria br. Lk.) 37. Mexico. (non L.) = brachyphyllum Steud. **67.**

brevifolium L. = trichoides Sw. **251**. — **618**. (an trichoides Sw.?) Am. austr.

brevisetum Nees (Oplism. brev. Nees). **119**. Guarea.

brizaeforme Presl. **18**. Luzonia. — **324**. (brizoides L. sec. Thiele et Hassk.)

brizanthum Hochst. **366**. Abyss.

brizoides Jacq. (brizoides L. Mant.?) **17**. Ind. or.' — **323**. (Linn. ex Nees, fluitans Retz var. Trin.) = brizaeforme Presl. sec. Thiele et Hassk. **324**.

brizoides Lam. = paspaloides Pers. **15**.

brizoides Roxb. = flavidum Retz. **20**.

brizoides Salzm. hb. = Salzmanni Trin. **778**.

brizoides Spr. = fluitans L. (ex Nees Agr. Bras.) **321**.

bromoides Làm. = Oplismenus Burmanni P.B. **5**.

Browneanum Wight. Arn. **821**. (Milium tomentosum König non W.) Ind. or.

Brownii R. Sch. (villosum R. Br.) **68**. Nov. Holl. — **81**.

bulbosum HBK. **162**. Mexico. — **568**.

bunophilum Steud. **519**. (jumentorum Salzm.) Bahia.

Burmanni M. Bieb. — Oplismenus stagninus Kth. **32**.

Burmanni Retz = Oplismenus Burm. P. B. 5. — (hirtellum Burm., Oplism. B. P.B., var. hirtellum Host.) **91**. Ind. or., Japon.

caesioglaucum Nees mss. sub caesio. **498**. Java.

caesium Nees mss. **144**. Ceylon.

caespititium Lam. **260**. Amer. merid. — **725**. (diffusum Sw.?) Am. bor.

caespitosum Spr. (excl. syn.) = adspersum Trin. **101**.

caespitosum Sw. = prostratum Lam. **97**. — **357**.

caffrorum Retz (Holcus caffr. R. Sch.?) **418**. Africa austr.

cajennense Lam. (scoparium Rudge, Rudgei R. Sch.) **270**. Guiana, ripac Orinoci, Brasil. — **532**.

calaccanzense (calaccanense in ind.) Steud. **393**. In Luzon.

callosum Hochst. **530**. Abyssin.

calvescens Nees 333. et var. *β*. Brasil. — **690**.

campestre Nees 266. Brasil. — **525**.

camporum Kth. (Hymenachne campestris Nées.) 91. Brasil. = Hymenachne campestris Nees. **2**.

canaliculatum Nees in litt. (Pan. Myurum Wight, Aira interrupta Rottl.) **260**. Ind. orient.

Canarae Steud. (Paspalum costatum Hochst. hb.) **307**. Canarae prov. Ind. or.

candicans Nees = Echinolaena? loliacea Kth. 8. — **754**. (pallens *δ*. Trin., agrostoides Salzm., Bertolonianum Schult., acutiflorum Steud. hb.) Brasil.

canescens Roth = Setaria? can. Kth. 54. Ind. or. — **253**.

capense Lichtenst. (tenellum Nees) 400. Cap. b. sp. — **740**. (absque synon.) Afr. austr.

capillaceum Lam. = trichoides Sw. **251**.

capillare Gron. L.' (strigosum Mühlenb.?) *β*. minus (Hort.?) (philadelphicum Bernh. Nees?) 362. Amer. bor., Jamaica, Montevideo. — **621**. (absque syn. et var.) Am. sept., Brasilia.

Careyanum Hochst. = Nilagiricum Steud. **359**.

Careyanum Nees (grossarium Roxb. excl. syn.). 96. Ind. or. — **328**. (P. gross. Roxb. non L.)

caricoides Nees 281. Brasil. — **601**. (junciforme Steud. in litt.) Bras., Guiana.

carinatum Presl. 252. Luzonia. — *β*. procerius. Mexico. — **536**. Ins. Luz. Java?

carinatum Torr. mss. = digitarioides Carpenter. **502**.

carnosum Salzm. Hb. = paspaloides Pers. **333**.

carolinianum Spr. = Oplismenus? Walteri Ktb. 52. — (Pan. Walteri Mühlenb.) **164**. Amer. sept.

carthaginense Sw. (fasciculatum ♂. Nees.) 130. Carthagena,
Amer. merid. — **560.** (fastigiatum Sw. var. et var. spithamineum W. hb.)

cartilagineum Mühlenb. **830.** Georgia.

cartilagineum Nees = P. distichophyllum Trin. **294.**

Caucasicum Trin. ic. = P. Isachne Roth. **292.**

caudatum Lam. = Setaria caudata R. Sch. 25. — **224.** Amer.
austr.

caudatum Thbg. = ?interruptum W. 83.

Cayennense Lam. (scoparium Rudge, Rudgei R. Sch. Nees.)
270. Guiana, Brasil. — **522.**

Cayennense Nees = pedunculare W. hb. **523.**

cenchroides Ell. = Cenchrus Elliottii Kth. 13.

cenchroides Rich. = Pennisetum Rich. Kth. 4.

cernuum HBK. s. Setaria. **236.** Quito.

certificandum Steud. (Oplism. indicus Nees.) **105.** Ind. or.

Chaetium Steud. (Chaetium festucoides Nees.) **159.** Brasil.

chaetophorum R. Sch. (setigerum P. B. nec Pers.) **255.** Afr.
aequin. — **672.**

Chamaelonche Trin. **661.** Amer. sept.

Chamaeraphia Nees = homonymum Steud. **157.**

Chamaeraphis Trin. (Chamaeraphis hordeacea R. Br.) **167.**
Nov. Holl.

Chauvinii Steud. **425.** Guadaloupe.

Chinense Trin. **218.** China.

chloroticum Nees **481.** (Setaria brachiata Kth., alternatum W.
var.) Brasil.

chloroticum β. sylvestre Nees = Setaria brachiata Kth. 38.

chnoodes Trin. 233. Brasil. — **643.**

Chondrachne Steud. **202.** Japon.

chrysanthum Steud. (Setar. aurea Hochst., Penniset. aur. Rich.)
196. Abyssin., Ins. Philipp.

chrysites Steud. **7**. Guiana.

chrysoblephare **Lag.** (Pasp. exasperatum Nees.) **6**. Brasil.

chrysochaetum Steud. **191**. Ins. Borb.

chrysodactylon Trin. (Pasp. canescens Nees.) **5**. Brasil.

chrysostachyum Trin. (Pasp. chr. Nees). **2**. Brasil.

ciliare **Retz** (Digitaria cil. Pers., Syntherisma cil. Schrd., Paspalum cil. DC., Digit. commutata Schult., Pan. sanguinale var. Trin., Panic. comm. Nees, Digit. eriantha Steud.) **43**. Eur. austr., Oriens, Ind. or., Java, China, Cap. b. sp., Nov. Holl. — **20**. (Synth. cil. Schrd.) Eur., As., Afr.

ciliatifolium **Kth.** (ciliatum Ell.) **220**. Georgia, Amer. sept. — **585**.

ciliatum Ell. = ciliatifolium Kth. **220**.

cimicinum **Retz** = Urochloa cim. Kth. 5. — **87**. Ind. or. (Jamaica?).

clandestinum **L.** (latifolium β. Pursh.) **288**. Amer. sept. — **609**. (absque synon.) (pedunculatum Torr. hujus var. ex Trin.)

coccospermum Steud. (vestitum Nees mss.) **358**. Ind. or.

coeruleum **Mill.** = Pennisetum typhoideum Rich. **70**.

cognatissimum Steud. **437**. Senegambia.

cognatum **Schult.** (divergens Mühlenb. Descr. nec Catal.?) **202**. Carolina. — **432**. (fragile Kth.) Amer. sept.

colonum **L.** = Oplismenus colonus HBK. **23**. — **124**. Ind. or., Am. austr., Afr. sept. et acquin.

coloratum **L.** (virgatum Mühlenb.) **190**. Aegypt., Cap. b. sp., Amer. bor. — **478**. (absque synon.) Aeg. Pr. b. sp.

coloratum β. hirsutum Nees in hb. Lindl. = Neesianum. **496**.

coloratum **L.** var. ex Nees fors. — pictigluma Steud. **474** b.

coloratum **Pet. Th.** = madagascariense Spr. **389**.

comatum Hochst. **283**. Abyss.

commelinaefolium **Rudge**. **263**. Guiana. — **671**. Guiana, Bras.

commixtum Steud. **322.** Port. Jacks., N. Holl.

commutatum Nees = ciliare Retz. **43.**

commutatum Nees. (Digitaria eriantha Steud., Digit. comm.
Schult., Panic. Rottleri Kth.?) **30.** Prom. b. sp.

commutatum Schult. (nervosum Mühlenb.) **293.** Amer. bor.!

comosum Steud. **223.** Inss. Philipp.

comosum Steud. Gl. add. **215** b. (p. **417.**) (verticillatum α.
majus Thbg. Jap.?). Japonia (nomen ex indice mutandum
in pycnocomum).

compactum Kit. = Setaria italica Kth. v. δ. **24.**

compos Trin. in indice (au pro compositum?) et compositum
Trin. var. = sylvaticum Lam. **108.**

compositum L. = Oplismenus comp. R. Sch. 18. — et var.
104. N. Holl., Ind. or.

compositum Nees = Setaria comp. HBK. **29.**

compositum Rottl. hb. = peninsularum Steud. **103.**

compositum var. Trin. ic. = ?Oplismenus africanus P.B. 16.
= sylvaticum Lam. **108.** — var. 2—5. = Oplism. compositus R. Sch. 18. — var. = ?Oplism. imbecillis Kth. **22.**

compressum Biv. Bern. 146. Sicilia. — **414.**

concinnum Edgew. = Movaiense Steud. **537** b.

concinnum Nees mss. **539.** (micrognostum Steud. mss.) Ins.
Malacca.

condensatum Bert. 94. Brasil. **573.**

confertum Desv. 390. Inss. Antill. — Poir. **838.**

confine Hochst. hb. = porphyrrhizos Steud. **473.**

conglomeratum L. Mant. (Aira indica L. sp.) 408. Ind. or.
— **580.** (absque synon.)

conjugatum Roxb. (Digitaria conj. Schult.) 105. Coromandelia. — (absque syn.) **52.**

connivens Trin. **56.** Brasil.

horridum Salzm., Oplism. cr. g. P. B.) **138**. Omnis terrarum orbis.

crus galli var. longiseta Trin. = Oplismenus echinatus Kth. **39**.

crus pavonis Nees =: Oplismenus cr. p. HBK. **34**. — (crus galli var. Trin., echinatum Jacq.) **152**. Brasil.

ctenodes Trin. = stoloniferum Poir. **92**. — **386**.

cubense Spr. sub Orthopogone **162**. Cuba.

cujabense Trin. **57**. Brasil.

cultratum Trin. = Thrasya c. Nees. **3**.

Cumingianum Steud. **301**. Ins. Philipp.

Curtisii Steud. (nervosum Curt.) **400**. Carolina.

curvatum L. **84**. Ind. or. — **408**. Ind. or., Afr. austr.

cuspidatum Roxb. **135**. Ind. or. = Oplismenus cuspidatus Kth. **47**.

cuspidigluma Steud. (cuspigluma in ind.) **795**. (Isachne Neesiana Arn. hb.) Ceylon.

cyanescens Nees (firmifolium Trin.) **238**. Brasil. — **706**. (err. typ. **707**.) (absque synon.) Brasil. merid.

cylindricum L. = Setaria macrostachya HBK. **28**.

cynotis Trin. **761**. Brasil.

Dactylon L. = Cynodon Dactylon Pers. **1**.

Daltoni Parlat. (crus corvi hb. Mus. Brit.) **132**. Ins. S. Jacobi, an Ind. or.?

dasytrichum Spr. = hirsutum Sw. **582**.

dasyurum Nees = Setaria geniculata R. Sch. **8**. — (geniculatum Trin., Pennisetum gen. Jacq. Var.: P. Pseudoholcus Steud., Setaria ambigua Schrad.) **195**. Amer. austr., Afr. austr., Japon?

debile Desf. = Paspalum deb. Poir. **38**. — (Paspal. debile Poir.) **51**. Numidia, Ital. infer.

debile Ell. = ramulosum Mx. **200**.

debile Poir. (divaricatum Mx., patentissimum R. Sch., hians Ell.?) 166. Carolina = hians Ell. **850.**

decipiens Lk. **113.** Patria? cfr. despiciens Lk.

decipiens Nees = fallax Kth. **133.** — **635.** (fallax Kth.) Brasil.

decolorans HBK. **164.** Mexico. — **566.**

decompositum R. Br. **328.** Nov. Holl. — **597.** (= laevicaule Lindl. ex Nees in Hook. Lond. Journ.) **598.**

decumbens R. Sch. (Paspalum dec. Sw., Pasp. nutans Lam., Pasp. pedunculatum Poir., Pasp. curvistachyum Raddi.) **7.** Jamaica, Guiana, ad fl. Amazonum et Nigrum. — (Pasp. dec. Sw.) **256.** Guiana, Brasilia, Jamaica.

demissum Trin. **683.** Brasil.

densepilosum Steud. **471.** Japon.

densiflorum W. **403.** Ripac Orinoci. — **579.**

densigluma Hochst. = diagonale Nees. **40.**

densispica Poir. = Pennisetum Richardi Kth. **4.**

densum Mühlenb. **368.** Amer. bor. — **571.**

denudatum Kth. (Digitaria den. Lk.) **834.** Patria? — **10.**

depauperatum Mühlenb. **218.** Pensylv., Carolina. — **604.** (an Trinii pl. eadem ac Torreyi?) = rectum R. Sch. ex Trin.

desertorum Rich. **128.** Prov. Coho Abyssin.

despiciens Lk. h. Berl. (decipiens Kth. et Steud.) **339.** Patr.?

Despreauxii Steud. **306.** Senegambia.

deustum Brick. et Ensl. = macrum Kth. **369.**

deustum Thbg. **397.** Cap. b. sp. = unguiculatum Trin. **504.**

diagonale Nees (densigluma Hochst.) **40.** Afr. austr., Abyss.

diamesum Steud. **65.** Senegambia.

diandrum Kth. **138.** Guadalupa, Brasilia.

dichotomiflorum Mx. = proliferum Lam. **167.**

dichotomum Forsk. (Phalaris setacea Forsk., Pennisetum phalaroideum Schult.) = Pennisetum dichotomum Delile. **6.**

dichotomum Grou. L. **204.** Amer. sept. — L. **603.**

didactylum Kth. (Digitaria did. W.) 58. Ins. Borb.— (Dig. did. W., commutatum v. γ. Nees, Panic. bicorne Kth.?) **31.**

didymostachyum Steud. **804.** Senegambien.

difforme Roth. 189. Ind. or. — **669.**

diffusulum Salzm. **698.** Bahia.

diffusum Salzm. = trichopiptum Steud. **641.** — ex parte = litigosum Steud. **697.**

diffusum Sw. **258.** Ind. occid. et Am. sept. fide Pursh. — **424.** (Trin. ic., non debile Poir. nec divaricatum Mx.) Ind. occ. et Brasil. — an = caespiticium Lam.? **725.**

digitarioides Carpenter mss. **502.** (carinatum Torr. non Presl.) Am. sept.

digitarioides Rasp. = Paspalum Michauxianum Kth. 84.

dilatatum Steud. (extensum Nees in Wight hb.) **14.** Courtallum.

dimidiatum Burm. = Trachys mucronata Pers. 1.

dimidiatum L. = Stenotaphrum complanatum Schrank. 1.

dimidiatum Walt. = Oplismenus? Walteri Kth. 52.

discolor Spr. = heterophyllum Bosc. 244.

discolor Trin. (Phragmites Nees.) **518.** Brasil.

disjunctum Steud. Glum. add. 109 b. (p. 417.) Madagascar.

dispar Trin. sub Isachne. **788.** Nepal.

dispermum Lam. = Isachne? dubia Kth. 10.

dispersum Trin. **526** b. Bahia.

dissectum Thbg. = Paspalum scrobiculatum L. 89.

dissitiflorum Steud. nomencl. = P. rariflorum Presl. **197.**

distachyum L. (Digitaria dist. Pers. Hamilt.?) 104. Ind. or.

distachyum Zoll. (et Lin.?) = infidum Steud. **372.**

distans Salzm. **348.** Bahia, Bras.

distans Trin. ic., an = flavidum Retz. 20.

distichophyllum Nees = subulatum Spr. 380. — **704**.

distichophyllum Trin. (cartilagineum Nees.) 102. Guinea. — **294**.

distichum Lam. (Setaria dist. HBK., Panic. Pennisetum Roth?, Setaria? Pennisetum R. Sch.?); var. β. luxurians. 135. Jamaica, Cumana, Guiana. — **255**. (c. nullo syn.) Ind. occ., Am. austr.

divaricatissimum R. Br. 67. Nov. Holl. — **80**.

divaricatum (L.? Jacq.?) HBK. (divaricatum et glutinosum var. fol. glabr. Lam.) 509. var. α. (maculatum Rchb. in pl. Weig.); var. β. — Amer. calidior. — L. **441**. Jamaica. — Jacq. = glutinosum Sw. **692**. = ringens Sw. ex Tausch. **772**.

divaricatum Mx. = debile Poir. 166. = hians Ell. **850**. Amer. sept.

divaricatum var. Lam. = divaricatum HBK. 309.

divergens HBK. 312. Quito. — **712**.

divergens Mühlenb. = cognatum Schult. 232.

diversinerve Nees. **37**. Afr. austr.

domingense Zuccagni (Digitaria? doming. R. Sch., Digit. repens h. Paris.?) 60. S. Domingo. — (absque omn. synon.) **75**. Domingo.

donacifolium Raddi = an paludicola Nees? 106.

Drègeanum Nees. **675**. Afr. austr.

Drummondii Nees. **371**. New Orleans.

dubium Lam. an = Isachne mauritiana Kth.? 5.

dubium Steud. (Echinochloa? d. R. Sch.) **130**. Ind. or.

Duchaissingii Steud. **751**. Guadalupa.

dumetorum Rich. mss. **171**. Ins. Antill.

eburneum Trin. **475**. Nepal.

echinatum Jacq. = crus pavonis. **152**.

chinatum Sieb. = 'sabulicolum Nees. **150**.

echinatum W. = Oplismenus echinatus Kth. 39.

Echinolaena Nees = Echinolaena scabra HBK. 1. — **265.** (Echin. sc. HBK., Cenchrus marginalis Rudge.) Brasil., Guiana.

Ecklonii Nees **676.** Afr. austr.

effusum R.Br. 327. Nov. Holl. — **494.**

elatius Kth. (altissimum Mey., Nees; megiston Schult.) 314. Essequebo (Brasilia, Luzonia fide Nees).

elatius L. = Oplismenus elatior R.Sch. 19. — elatius L. fil (Oplism. el. R.Sch.) **123.** Malabar.

elegans W. Arn. hb. = Graya elegans Nees.

elephantipes Nees 183. Brasil. — **487.**

Elliottianum Schult. (gibbum Ell.) 89. Amer. sept.

elongatum Poir. = Setaria elongata Spr. 37. = P. Poiretia-num Schult. **181.**

elongatum Pursh. 362. Amer. bor. — **458.** Neu Jersey us-que Virginia.

eminens Steud. **86.** Java.

ensifolium Baldw. 221. Georgia, Am. bor. — Ell. **586.**

Enslini Trin. = macrum Kth. 369. — **655.** (pubescens v. α. α Trin.) Am. sept.

equinum Salzm. **411.** Bahia, Paraguai.

equitans Hochst. **127.** Abyssin., Senegambia.

erianthos (um) Poir. = Oplismenus er. Kth. 40. — erian-thum. **153.** Carolina.

eriochryseoides Nees (ferrugineum Trin.) 4. Brasil. — **268.**

eriogonum Schrad. (Digitaria er. Lk.) 46. Patria? — **21.**

eriophorum Schult. (lanuginosum Bosc.) 366. Georgia, Am. bor. — **831.**

erubescens W. = Pennisetum erubescens Lk. 19.

cruciforme Sibth. **21.** Ins. Samos.

erythrospermum Hornem. = Setaria italica Kth. 24.

Esenbeckii Steud. **710**. (laterale Nees). Brasil.

enchroum Steud. **816**. (Arnottianum Nees, notatum Wight hb. , ex p., montanum Roxb.? Neesianum Wight hb.) Ind. or.

exaratum Nees. 6. Brasil. — **270**. (P. pappophorum Nees var. Trin.)

exasperatum Nees. **351**. Guinea.

excelsum Nees. (Agrostis pernambucensis Spr.) 108. Brasil. merid. — **385**. (absque synon.) Brasil.

excurrens Trin. 127. Nepalia. — **177**. Ind. or., Afr. austr.

exile Steud. (Oplism. tenuis Presl). **117**. Mex., Panama.

extensum Nees in Wight hb. = dilatatum Steud. **14**.

extensum Steud. **468**. Ins. Philipp.

falciferum Trin. 33. Guinea. — **290**. Guiana.

fallax Kth. (decipiens Nees). 133. Brasil. = decipiens Nees. **635**.

falsum Steud. **406**. Ins. Cuba.

fasciculare Schrad. = Panicum Schraderi Kth. 35.

fasciculatum Lam. = Urochloa fasc. Kth. 3. = fasciculiflorum Steud. **90**.

fasciculatum β. Nees = flavescens Sw. 372.

fasciculatum γ. Nees = fuscum Sw. 129.

fasciculatum δ. Nees = carthaginense Sw. 130.

fasciculatum Sw. (fusco-rubens Lam., fasciculatum α. Nees, fastigiatum Poir.) 128. Mexico, Jamaica, St. Thomas, Cumana, Guiana, Quito.

fasciculatum Sw. = fuscum Sw. **412**.

fasciculatum Sw. **558**. (fuscum Sw. β. Trin.) Ind. occ., Bras.

fasciculiflorum Steud. **90**. (Urochloa fasciculata Kth., Oplismenus fasc. R.Sch, Panic. f. Lam.) Jamaica.

fastigiatum Poir. = fasciculatum Sw. 128. = fuscum Sw. **412**.

fastigiatum var. Nees = flavescens Sw. **559**.

fastigiatum var. Nees = carthagenense Sw. **560·**

fatmense Hochst. in hb. = Helopus acrotrichus Steud.

fenestratum Hochst. hb. Abyss. n. 85. **27.** Abyss.

fenestratum Hochst. hb. Abyss. n. 86. = horizontale Meyer. **26.**

ferrugineum Kth. (Trichachne ferr. Nees.) 340. Montevideo
= phaeotrix·Trin. **811.**

ferrugineum Trin. = eriochryscoides Nees. **4.**

festucoides Poir. 391. Ind. orient. — **587.**

filamentosum Pers. = trichoides Sw. **251.**

filiforme Jacq. = Aegyptiacum Retz. **18.**

filiforme L. = Paspalum filiforme Sw. 40. — (Digit. filif.
P.B., Pasp. filif. Flügge.) **49.** , Amer. sept., Brasil.

filiforme W. = Paspalum debile Poir. 38.

fimbriatum Kth. (Digitaria fimbr. Lk.) 41. Brasilia, Mexico,
California. — (Dig. fimbr. Lk., Pasp. 'distans Nees.) **22.**

firmandum Steud. Gl. add. **446** b. (p. 418.) Carolina sept.

firmifolium Trin. mss. = cyanescens Nees. 238.

firmum Kth. (Milium pungens Spr.) 243. Amer. bor.

fistulosum Hochst. **463.** Surinam.

flabellatum Steud. **233.** (Agrostis flab. Salzm.) Bahia.

flaccidum R. Br. (Orthopogon fl. R. Br.) **99.** Nov. Holl.

flavescens Moench. = Setaria glauca P.B. **2.**

flavescens Sieb., fl. mart. = Helopus polystachyus Trin.

flavescens Sw. (fasciculatum β. Nees.) **372.** Jamaica austral.
— **559.** (fastigiatum Nees var.) Jamaica.

flavidum Retz (granulare Lam., brizoides Roxb., distans Trin.?)
20. Ind. or., Java, ins. Franciae. — **320.** (P. granulare
Lam., distans Trin.) et var. Ind. or., inss. Philipp., Mascar.

flavum Nees = Setaria flava Kth. 3. = P. alopecuroideum
Schreb. **184.**

flexuosum Retz. 306. β. tot. glabr. India. — **619.** Ind. or.

floribundum W. hb. **247.** (Setaria fl. Spr) Ind. or.

floridanum Trin. **375.** Florida.

fluitans L. (ex Nees Agr. bras.) (P. brizoides Spr.) **321**. Ind. or.

fluitans Mey. = paspaloides Pers. **15**.

fluitans Retz (geminatum Forsk.?) **16**. Ind. or., Madagasc., Arab. = brizoides Jacq. **323**.

fluviicola Steud. **693**. fluv. Gabon in Guinea.

foliosum R. Br. 321. Nov. Holl. — **592**.

Forbesianum Nees mss. **827**. Nepal.

fragile Kth. (divergens Mühlenb. 201. Am. sept. = cognanatum Schult. **432**.

Francoi Steud. (Frankei in ind.) (Oplismen. mollissim. Hochst.) **95**. Oaxaca leg. Franco.

Frankei Steud. vide Francoi.

fraudulentum Steud. Gl. add. 716 b. (p. 419.) Ins. Borbon.

frondescens Mey. (olyraefolium Raddi, palustre Trin.) 107. Essequebo, Brasilia = P. stoloniferum Poir. **386**.

frondescens Trin. ic. nec descriptio = paludicola Nees. **389**.

frumentaceum Roxb. = Oplismenus fr. Kth. — **134**. Ind. or. descriptio Trinii recedit.

fruticosum Salzm. = praegnans Steud. **488**.

fugax Koen. 419. Patria? — **847**.

Funckianum Steud. (Funkianum in ind.) **532**. Guanaguana Columbiae.

fusciflorum Steud. **750**. Guiana.

fuscinode Steud. Gl. add. 544 b. (p. 418.) Ins. Comoro.

fuscoviride Steud. **557**. Patria?

fuscum Sieb. = glutinosum Sw. **692**.

fuscum Sw. (fasciculatum γ. Nees.) 129. Jamaica. — **412**. (var. fasciculatum Sw., fastigiatum Poir.) Ind. occ., Brasil.

fuscum Sw. β. Trin. — fasciculatum Sw. **558**.

Gaudichaudii Kth. (Digitaria stricta Gaudich.) 75. Inss. Marianu. — **9**.

Gayanum Kth. 29. Senegalia. — **64**.

geminatum Forsk. = fluitans Retz. **16**.

geminatum Hochst. hb. non Forsk. = controversum Steud. **334.**

geniculatum Lam. Nees. = Setaria gen. R. Sch. 8.

geniculatum Mühlenb. = proliferum Lam. 167.

geniculatum Poir. an? = Setaria tejucensis Kth. 9. — **183.**

geniculatum Thbg. = Pennisetum? Thunbergii Kth. 26.

geniculatum Trin. = dasyurum Nees. **195.**

georgicum Spr. = Eriochloa mollis Kth. 2.

germanicum Roth = Setaria italica Kth. var. γ. 21.

germanicum W. Trin. = italicum L. **204.**

gibbosum R. Br. **72.** Nov. Holl. — 63.

gibbum Ell. **398.** Amer. sept.

gibbum Steud. = radicans Retz. **668.**

giganteum Scheele. **459.** Texas.

glaberrimum Steud. **765.** (Ichnanthus glaber Lk.) Am. sept.

glabrescens Steud. **462.** Senegal.

glabrum Gaud. (Digitaria humifusa Pers., Syntherisma glabrum Schrd., Pan. humifusum Kth., Pan. lineare Krocker,
Digit. glabra R. Sch., Paspalum ambiguum DC., Pan. Ischaemum Schreb., Pan. arenarium M. B.) 51. Europa, Ros-
sia austr., Oriens. — (Digit. humif. Pers., Synth. glabrum
Schrd.) 47. Europa, Asia, Am. sept.

glandulosum Nees = Echinolaena? polystachya HBK. 3.

glareae F. Müll. **828.** N. Holl.

glaucescens HBK. 240. Nov. Andal., Nov. Granat. — **721.**

glaucescens Lam. = Arundinaria glaucescens P. B. 2.

glaucescens Nees = Neesii Kth. 55.

glaucum L = Setaria glauca P. B. 2. — **182.** Totus fere
terrarum orbis.

glaucum var. Trin. (t. 196 A.) = Setaria gracilis HBK. Nov.
Granata = P. psilocaulon Steud. **185.**

glaucum var. Trin. (t. 196 B.) an? = Setaria purpurascens
HBK. 13. = imberbe Poir. **189.**

36*

globulare Presl. **198.** Inss. Philipp.

globuliferum Steud. **209.** Montevideo.

glumaepatulum Steud. **43.** Inss. Philipp.

glumare Trin. (Urochloa glabra Brongn.) — **344.** Nov. Selandia.

glutinosum L. = agglutinans Kth. 304. — glut. Lam. = aggl. Kth. **443.**

glutinosum Sw. (fuscum Sieb, divaricatum Jacq. sec. Tausch). **692.** Brasil.

gonatodes Steud. **779.** Nov. Seland.

gongylodes Jacq. = proliferum Lam. 167. = maximum Jacq. **469.** = altissimum DC. sec. Nees. **470.**

gonyrrhizum Steud. **102.** Java.

gossypinum Rich. (Eriochloa purpurascens Hochst., Pan. holosericeum Nees). **281.** Abyss.

gracile Nees = distachyum L. 104.

gracile R.Br. **26.** Nov. Holl. — **284.**

gracilentum Poir. 415. Patria? — **588** b.

gracilescens Desv. 414. Carolina. — Poir. **627.**

granulare Lam. = flavidum Retz. 20.

granuliferum HBK. (parviflorum β. Nees.) 229. Guiana.

grossarium Kön. = umbrosum Retz. 99.

grossarium L. 95. Amer. merid. c. inss. — L. ex Nees Agr. bras. **300.** Ind. or.

grossarium Roxb. excl. syn. = Careyanum Nees 96. **328.**

grossarium Thbg. = bisulcatum Thbg. 387.

grumosum Nees. 120. Montevideo et Paraguay. — **449.** Brasil.

Guadaloupense Steud. **346.** Ins. Guadal.

Guayaquilense Steud. **640.** Guayaquil.

guineense Desv. = ovalifolium Poir. 254.

?gymnocarpum Ell. 401. Savannah. — **372.** Georgia.

haematodes Presl (numidianum Presl ol.) 416. Sicilia. — (num. Presl, colonum L. var. Trin., negente Presl). **133.**

Haenkeanum Presl. 145. Mexico. — **567**.

Hamiltonii Kth. (Digitaria setosa Ham.) 61. Inss. Antill. —
(absque synon.) **76**.

Hasskarlii Steud. (auritum Hassk.) **451**. Java.

hebotes Trin. **648**. Brasil.

Helopus Trin. = Urochloa pubescens Kth. — Trin. ic. (hirsutum Koenig, Urochloa pubescens Kth.) **296**. Ind. or., N.
Höll.

Helopus Trin. mss. Nees = Setaria? hirsuta Kth. 51.

helvolum L. fil. (Pennisetum helv. R. Br.) **192**. Ind. or., N. Holl.

hemignostum Steud. **527**. Paraguay.

hemitomum Schult. = Oplismenus? Walteri Kth. **52**.

hermaphroditum Steud. **413**. Inss. Philipp.

heteranthum Lk. 114. Brasil. = uncinatum Raddi. **329**.

heteranthum Nees, Meyen. (barbatum Kth.?) **72**. China.

heterophyllum Bosc. (laxiflorum Spr., discolor Spr., multiflorum Ell.?, polyanthes Schult.?, ovale Spr. excl. syn. Ell.,
nitidum ζ. barbatum Torr.) 244. Amer. bor. — (pubescens var. β. Trin.) **654**.

heterophyllum Spr. = pilosum Sw. 134.

Heynii Roth. 382. Ind. or. — **563**.

hians Ell. an = debile Poir. 166? — **850**. (divaricatum Mx.,
debile Poir.) Am. sept.

hirsutissimum Steud. et Nees. **472**. (maximum et hirsutissimum Nees ll. Afr.) Afr. austr.

hirsutum Kön. = Setaria? hirsuta Kth. 51. = Pan. Helopus
Trin. ic. **296**.

hirsutum Lam. = Millegrana Poir. 246.

hirsutum β. Lam. = laxiflorum Lam. 245.

hirsutum Lam. in hb. Paris. = multinode Lam. **278**.

hirsutum Sw. 185. Jamaica, Hispaniola. — **582**. (dasytrichum Spr.)

hirtellum L. = Oplismenus hirtellus R. Sch. 8. — **92**. India utraque.

hirtellum Burm. et Host. = Oplismenus Burmanni P.B. 5. = Panic. Burmanni Retz. (Steud. **91**.)

hirtellum Mx. = Oplismenus setarius R. Sch. 3.

hirtellum Walt. = Oplismenus muricatus Kth. 37.

hirtellum Wulf. = Oplismenus undulatifolius R. Sch. 1.

hirticaulum Presl. 175. Mexico. — **581**.

hirtum Lam. 247. Guiana, Brasilia — **696**. Brasil.

hirtum Roth = Setaria hirta Kth. 53. = P. Rothii. **251**.

hirtum Burm. et Host. in Steud. ind. = hirtellum.

hirtum hb. W. = trachyspermum Nees. 248.

hispidulum Lam. = Oplismenus stagninus Kth. 32.

hispidulum Retz = Oplismenus hisp Kth. 29.) — crus corvi Thbg. Jap., crus galli var. Trin.) **142**. Ind. or., Java, N. Holl., Afr. austr.

hispidum Forst. an? = Oplismenus stagninus Kth. 32.

hispidum Mühlenb. (crus galli β. Ell.) **148**. Am. sept.

Hochstetteri Steud. **705**. (patens Hochst. vix L , trichanthum Rich.) Abyss.

Hochstetterianum Rich. = controversum Steud. **334**.

Hoffmannseggii R. Sch. 152. Brasil. merid. — **759**.

holciforme HBK. sub Oplism. **154**. Mexico.

holcoides Roxb. = Pennisetum holc. Schult. 21. **80**.

holochrysum Trin. (Paspal. radiatum Trin. Cat. dupl.) **1**. Brasil.

holosericeum Nees = P. gossypinum. **281**.

holosericeum R. Br. 28. Nov. Holl. — **280**.

homonymum Steud. (Chamaeraphis Nees mss. non Trin.) **157**. Nepal.

hordeiforme Thbg. excl. v. γ. = Gymnotrix cenchroides R. Sch. 1. = Pennisetum hord. Spr. **2**.

hordeiforme var. γ. Thbg. = Gymnotrix japonica Kth. **2.**

hordeoides Lam. = Gymnotrix? hordeoides Kth. **13.**

horizontale Mey. Esseq. (Digitaria hor. W., Digit. setigera
Roth.) 38. Brasilia, Essequebo, S. Domingo et S. Thomas. — (fenestratum Hochst.) **26.** Am. austr., Ins. Mauritii, Abyss.

horridum Salzm. = Crus galli L. **138.**

horticolum Steud. **782.** (Isachne prostrata h. Ber.) Patria?

Hostii M. Bieb. = Oplismenus Crus galli Kth. var. β. **30.**

humifusum Kth. = glabrum Gaud. 51.

humile Nees. **622.** Ceylon.

hydrophilum Schult. (aquaticum Mühlenb.) 294. Amer. sept.
— **736.**

hygrocharis Steud. **466.** (paludosum Hochst., aquaticum Rich.)
Abyss.

hygrophilum Salzm. **456.** Babia.

hymeniochilum Nees. **612.** Afr. austr.

hystrix Steud. **780.** ins. Loss.

Ichnanthum Nees = Ichnanthus panicoides P. B. 1. — P.
Ichnanthus Nees. **766.** (Ichn. panic. P. B.) Guiana, Brasil.

ignoratum Kth. (Phalaris villosa Mx., Anthaenantia villosa
P. B., Aulaxanthus ciliatus Ell., Aulaxia ciliata Nutt.?) 155.
Carolina. — **664.** (syn. duo priora).

imbecille Trin. = Oplismenus imbecillis Kth. **22.** — (Orthopogon imb.) **97.** N. Holl.

imbelle Spr. = tenellum Lam. 239.

imberbe var. Trin. = P. purpurascens HBK. sub Set. **201.**

imberbe Poir. = Setaria imberbis R. Sch. 5. = P. psilocaulon Steud. **185.** (glaucum Var. Trin. t. 196 B. et Var. Setaria purpurascens HBK.) **189.** Am. austr.

immersum Trin. (Pasp. imm. Nees). **4.** Brasil.

imperfectum Roxb. ined. = compactum Roth. 150.

impressum Nees = Setaria impr. Kth. **31. 230.** Brasil.

incomptum Trin. **249.** Manilla. — **684.**

inconstans Trin. 398. Brasil. — **757.** (pallens ζ. Trin.)

indicum L. 407. Ind. or., Manilla. — **633.**

indicum var. A. = contractum Wight. Arn. **634.**

indutum Steud. **430.** Guinea (ad fluv. Gabon.).

infidum Steud. **372** b. (distachyum Zoll. et Lin.?) Java.

insculptum Steud. **175.** Guinea.

insigne Steud. **747.** (Tricholaena grandiflora Hochst., Trich-
roscae aff. Rich., Sacchar. gr. Walp.) Abyss.

insulare Mey. Ess. = leucophaeum HBK. **336.**

insularum Steud. **350.** (add. p. 417.) Inss. Antill. minores.
Ins. Mayotte.

insulicola Steud. **535.** (javanicum Nees et Bl. non Poir).
Java, Ceylon.

intermedium Hornem. = Oplismenus int. Kth. 53.

intermedium Roth = Setaria int. R. Sch. 4. = Pan. Rottleri
Spr. sub Setaria. **217.**

intermedium Salzm. = P. amphibolum Steud. **208.**

interruptum W. (caudatum Thbg.?) 83. Ind. or. — **403.**
(absque synon.) Afr. austr., Ind. or., Japan, Java.

inundatum Kth. (uliginosum Roth). 86. Ind. or. — **402.**

involucratum Roxb. = Penicillaria? invol. Schult. **2.**

involutum Torr. **605.** Amer. sept.

Isachne Roth. 147. Ind. or. — **292.** (Pan. caucasicum Trin.
ic.) Ind. or. et Caucas.

ischaemoides Retz (in Kunthii indice pag. 83. indicatur, in
qua solummodo **P. Ischaemum** Schreb. reperitur, quod in
indice omissum. P. ischaemoides Retz ab aliis ad Helopo-
dem barbatum Trinii citatur). — **817.** Brasil.

Ischaemum Schreb. = glabrum Gaud. 51.

ischnocaulon Steud. (Oplism. gracilis Schldl.) **118**. Patria?

isocalycinum Mey. 331. Essequebo. — **549**. Guiana.

italicum L. = Setaria italica Kth. **24**. — (Varr.: P. germanicum Willd., macrochaetum Lk., Penniset. macr. Jacq.,
maritimum Poir., compactum Kit.) **204**. Eur., Asia, Amer,
N. Holl.

italicum var. germanicum Trin. = Setaria ital. var. γ. **24**.
— italicum L. var. Trin. = P. pumilum Lk.

Itieri Delile (Set. ital. major Itier). **205**. Aegypt.

Jacobinae Steud. **266**. Jacobine, Amer. austr.

Jahnii Stend. **252**. (brevifolium Jahn.) Ind. or.

Jardini Steud. **781**. Guinea.

jamaicense Steud. (aristatum Macfad.) **165**. Jamaica.

javanicum Poir. = Urochloa panicoides P.B. **2. 341**. (Urochloa pan. Kth., P. Beauv.) Java, Ins. Macar.

javanicum Nees, Bl. = insulicola Steud. **535**.

jejunum Trin. **415**. Luisiana.

jubiflorum Trin. 23. Nov. Holl. — **326**.

jumentorum Pers. (polygamum Sw., maximum Jacq., laeve
Lam.) 174. Ex oris Africae allatum in Ind. occid. et Am.
trop. cultum.

jumentorum Rich. Abyss. = porphyrrhizos Steud. **473**.

jumentorum Salzm. = bunophilum. **519**.

junceum Nees c. var. α. et β. 179. Brasil. — **489**.

junciforme Steud. in litt. = caricoides Nees. **602**.

Junghuhnianum Nees. **370**. Java.

juniperinum Nees. **283**. Ins. Borbon.

Kappleri Steud. **703**. (micranthum Hochst. hb. K. nunc Hb.
Ber.) Surinam.

Kegelii Steud. **388**. Guatemala (an P. stoloniferi var.?).

Koenigii Spr. = Setaria? hirsuta Kth. **51**.

Kohautianum Presl (in adn sub n. **439.**) (latifolium Sieb.),
Kotschyanum Hochst. **429.** Nubia.

Kraussii Steud. **109.** (Oplism. capensis Hochst.) Afr. austr.

Kunthianum Wight et Arn. **792.** (Isachne Kunth. Nees, Pan.
obliquum Zoll.) Penins., Ind. or., Java?

lachneum Nees = Setaria lachnea Kth. **32. 234.** Brasil.

laetum Kth. c. var. *β*. **271.** Senegalia.

laeve Lam. = jumentorum Pers. **174.** = an porphyrrhizos
Steud. **473.**

laevicaule Lindl. **598.** (= decompositum ex Nees in Hook.
Lond. Journ.) N. Holl.

laevigatum Mühlenb. = Setaria laev. Schult. **42.** — Mühlenb.
sub Setaria. **243.** Amer. sept.

laevigatum v. *α*. Lam. = Setaria viridis P.B. **12.**

laevigatum v. *β*. Lam. = Setaria glauca P.B. **2.**

Lagotis Trin. **763.** Brasil.

Lamarckii Kth. (Agrostis panicoides Lam.) **420.** Patria? —
843.

lanatum Sw. **307.** Jamaica, Peruv. — **511.** Jam.

lancearium Trin. = angustifolium Ell. **227.** = nitidum Lam.
659.

lanceolatum Retz = Oplismenus lanc. Kth. **44. 158.** Ind. or.

laniflorum Nees (lanciflorum in ind.) **374.** Australasia.

lanuginosum Bosc. = eriophorum Schult. **366.**

lanuginosum Ell. (pubescens *β*. Nees.) **215.** Georgia. — **652.**
(pubescens var. b. *α*. Trin.) Am. sept.

lanuginosum Presl = mollicomum Kth. **225.**

lasianthum Trin. **438.** Brasil.

laterale Nees = Esenbeckii Steud. **710.**

laterale Presl **272.** Peruv. (Orinoco et Rio Negro teste Nees).
— **711.** (err. typ. **710.**) Peru.

leucanthum Hochst. sub Tricholaena. **745**. Abyss.

leucoblepharum Trin. (nitidum δ. pilosum Torr.) **213**. Amer.
bor. — **656**. (nitidum δ. pilos. Torr., pauciflorum Ell.?
sec. Gray.)

leucophaeum HBK. (Milium villosum Sw., Andropogon insulare L., Monachne unilateralis P.B., Panic. ins. Mey., Trichachne ins. et sacchariflora Nees, Acicarpa saccharifera
Raddi excl. syn., Saccharum polystachyum Sieb. — var. β.
(Reimaria laxa Rchb. in pl. Weig.) — Amer. calidior, Mexico, S. Thomas, Cap. b. sp., Luzonia. — **805**. (Androp.
insul. L., Trich. ins. Nees, Milium villosum Sw., hirsutum
P.B.) Am. austr.

leucophaeum var. Trin. = tenerrimum Kth. **809**.

ligulare Nees = scaberrimum Lag. 198. — **493**. Brasil.

limnaeum Steud. **474**. (sarmentosum Hassk. an Roxb.?) Java.

limosum Presl = Oplismenus lim. Presl. 31. — **145**. Ins. Luzonia.

Lindenbergianum Nees. **178**. Afr. austr.

Lindleyanum Nees. **714**. Sierra Leone.

lineare Burm. = Cynodon Dactylon Pers. 1.

lineare Krock. = glabrum Gaud. 51.

lineare Roxb., Schult. = Pseudo-durva Nees. **41**. Afr. austr.,
Ind. or., China.

lineatum Trin. **252**. Sierra Leone. — **611**. Senegambia.

Linkianum Kth. = sanguinale L. 47.

Linkii Steud. **242**. (Setar. longifolia Lk.) Patria?

linoides Steud. Gl. add. **624**b. (p. 418.) Ins. Comoro.

litigosum Steud. **697**. (diffusum Salzm. ex. p.) Bahia.

liton Schult. = macrum Kth. 369.

loliaceum Bertol. = Echinolaena? loliacea Kth. 8.

loliaceum Lam. = Oplismenus loliacei P.B. 9. — (Oplism.
hirtellus Raddi?) **111**. Brasil.

loliiforme Hochst. **273**. Surinam.

Lolium Nees. 3. Brasil. = rottboellioides HBK. **269**.

longebrachiatum Steud. **338**. Guiana.

longeracemosum Steud. **106**. Java.

longifolium Torr. **446**. Amer. sept.

longisetum Poir. = Pennisetum borbonicum Kth. **11**. = Penniset. borbon. Kth. **75**.

longisetum Torr. = Oplismenus long. Kth. 43. — **156**. Amer. sept.

loreum Trin. 234. Brasil. — **645**.

lutescens Weigel = Setaria glauca P.B. **2**.

luxurians Willd. **231**. Luzonia. — **715**.

luzoniense Presl. 316. Luzonia. — **537**.

lycopodioides Bory. **284**. Ins. Borbon. — **716**.

macilentum Presl. **274**. Luzonia. — **729**.

macranthum Trin. **637**. (vaginatum Nees). Brasil.

macrocarpon Leconte. **289**. Amer. bor. — Torrey. **735**. in ind. Leconte Torrey.

macrochaetum Link an = Setaria macr. Spr. 19.

macrophyllum Raddi an = perfoliatum Nees. **299**.

macrostachyum Nees = Setaria macr. HBK. 28.

macrotrichum Steud. **746**. (Tricholaena longiseta Hochst., Saccharum long. Walp.) Abyss.

macrourum Trin. **228**. (Setar. compos. HBK., P. setosum Sw. sec. Trin.) Am. austr.

macrum Kth. (tenue Mühlenb., deustum Brick. et Ensl., liton Schult., Enslini Trin., barbulatum Spr., ovale Ell.?) 369. Amer. bor.

maculatum Aubl. (latifolium β. Lam.) **290**. S. Domingo. — **440**. (absque synon.) Guyana, Surinam.

maculatum Reichb. = divaricatum L.? Jacq. var. α. 309.

madagascariense Spr. (coloratum Pet. Th., airoides Flügge).
389. Madagasc., Ins. Franciae. — **647**. (airoides Flügge).
Ins. Mascar.

malaccense Trin. (Agrostis mal W. hb.) 253. Ind. or. — **689**.

malacotrichum Steud. Gl. add. **511** b. (p. 418.) Ins. Nossibé.

Mangaloricum Steud. **540**. (serrulatum Hochst. hb. Hohen.
non Retz) pr. Mangalor.

margaritaceum Lk. **131**. Patria? = Oplismenus marg. Kth 27.

marginatum R. Br. 318. Nov. Holl. — **383**.

Mariae Steud. Gl. add. **624** d. (p. 419.) Prom. Maria, Madagasc.

maritimum Lam. = Setaria italica Kth. v. β. **21**.

Martianum Nees = nemorale Schrad. 378. — **762**. (almadense Nees). Brasil.

Mauritanicum Willd. vide Mauritianum.

Mauritianum Spr. (Mauritanicum W. in ind. c. falso num. 264.
et falso auctore) sub Setar. **246**. Ins. Maurit.

Maximiliani Schrad. 377. Brasil. — **553**.

maximum Jacq. **469**. (gongylodes Jacq., poaeforme W.) Ind.
or. et occid. = jumentorum Pers. 174.

maximum Nees pl. Afr. = hirsutissimum Steud. Nees. ~~472~~.

maximum Hochst. hb. = porphyrrhizos Steud. ~~473~~.

Maynense Trin. **761**. Peru.

megalanthum Steud. **749**. (Tricholaena Wightii Nees n.ss.)
Courtallum.

megaphyllum Steud. **231**. Guinea.

megapotamicum Spr. 406. Rio Grande. — **840**.

megastachyum Nees. 313. Brasil. — **431**.

megastachyum Presl = Preslei Kth. 315.

megiston Schult. = elatius Kth. 314. — **377**. (altissimum
Meyer non DC.) Guiana, Brasil.

melicarium Mx. (milioides Nees?) **257**. Carolina, Georgia et?
Brasilia. — **484**. (nudum Walt.) Carolina, Georgia.

melicoides Poir. 412. Brasil. ? — **707.**

Melinis Trin. **629.** (Melinis minutifl. P.B., Suardia picta Schrk.) Brasil.

Meneritana Spr. = Isachne Men. R.Br. 6.

Meneritanum Spr. **774.** (biflorum Lam., Isachne Mauritana Sieb. hb.) Ins. Maurit.

Mertensii Roth. 383. Essequebo. — Flügge in Roth. **562.** Ind. or.

mesocomum Nees. **681.** Afr. austr.

Metzii Hochst. **784.** Mont. Nilagiri.

Meyerianum Nees. **347.** Afr. austr.

Michauxii R. Sch. = Eriochloa mollis Kth. 2. — **319.** (P. molle Michx., Eriochloa mollis Kth., Monachne unilateralis Pal. Beauv.) Georgia, Florida.

micranthum HBK. 206. Caracas. — **713.** Am. austr., Bras.

micranthum Hochst. hb. K. = Kappleri Steud. **703.**

microbachne Presl. 42. Patria? — **23.** Amer. austr.?

microcarpum Mühlenb. 216. Amer. sept. — **719.**

micrognostum Steud. mss. = concinnum Nees. **539.**

microstachyum Lam. 87. Ind. or.

miliaceum L. (Milium Pers.) 195. Ind. or., cult. in Europa. — **528.** (asperrimum Lag.) Ind. or., occ., Japon.

miliaceum Walt. = proliferum Lam. 167.

miliaceum β. tenuius Heyne = asperrimum Lag. 199.

miliare Lam. 197. Ind. or. (cultum). — **483.** Ind. or.

miliiforme Presl. 142. Luzonia. — **312.**

milioides Nees an = melicarium Mix. 257? — **482.** Brasil.

Milium Pers. = miliaceum L. 195.

millegrana Poir. (hirsutum Lam.) 246. Am. merid. — **723.**

minarum Nees **115.** Brasil.

minutiflorum Hochst. **42.** Abyssin.

minutulum Gaudich. = Isachne min. Kth. 8. — **789.** (c. syn. Kth.) Ins. Marian., Guinea.

minutum R. Br. 324. Nov. Holl. — **595.**

mirabile Braun = stagninum Retz. **139.**

mite Steud. **421.** Nubia.

molinioides Trin. 181. Brasil. — **468.**

molle Mx. = Eriochloa m. Kth. 1. cfr. Er.? pulchella Kth. 12.

molle Sw. 115. Jamaica, Surinam. — **576.**

mollicomum Kth. (lanuginosum Presl.) 225. Peruv. — **534.**

mollissimum Kth. (Digitaria m. Schrd.) 51. Patria? — **60.** Amer. sept.

Monachne Trin. 359. Ins. Borbon. — **666.** Ins. Mascar.

monobotrys Trin. (P. monostachyum Salzm.) **258.** Bahia.

monodactylum Nees. **272.** Afr. austr.

monostachyum HBK. 8. Orinoco. — (P. cultratum Trin., Thrasya cultrata Nees.) **257.** Brasil.

monostachyum Salzm. = P. monobotrys Trin. **258.**

monostichum H. Berol. = brizanthum Hochst. **366.**

montanum Gaudich. = nubigenum Kth. 154.

montanum Roxb. 357. Mont. Circar. — an = euchroum Steud.? **816** — mont. Roxb. **829.** Ind. or.

Movaiense Steud. (concinnum Edgew.) **537** b. pr. Movai Baudae, Ind. or.

mucronatum Roth. 19. Ind. or. — **327.**

Mühlenbergianum Schult. 211. Georgia, Am. bor. — **584.** (Panicum n. 27. Mühlenb.)

Mühlenbergii Spr. = Sprengelii Kth. 361. **601.**

multibrachiatum Hochst. **497.** mont. Nilagir.

multiflorum Ell. an = heterophyllum Bosc. 244.

multiflorum Poir. 171. Carolina. — **578.**

multinerve Desv. 375. Inss. Antill. — Poir. **833.**

multinode Lam. (hirsutum Lam. hb. Pan.) 278. Ins. Franciae.

multinode Presl = nodosum Kth. 144. — **313**. (nodosum
Kth.) Ins. Luzon.

multisetum Hochst. **126**. (Oplismenus m. Rich.) Abyssin.

muricatum Hornem. = Oplismenus echinatus Kth. 39.

muricatum Mx. = Oplismenus m. Kth. 37. Am. sept. — **146**.

muricatum Retz. 396. India.

muscarium Trin. 203. Sierra Leone. — **542**.

Musei Steud. **308**. Guiana.

muticum Forsk. 118. Aegypt. — **35**. Aeg., Arab., Abyss.

muticum h. Lips. = Pan. viride L. var. **199**.

muticum Lk. excl. syn. Forsk.? = numidianum L. 117.

Myosotis Nees sub Isachne. **800**. Ins. Philipp.

myosuroides R. Br. **11**. Nov. Holl. — **278**.

Myosurus Rich. = Myurus Lam. **77**.

Myurum Wight = P. canaliculatum Nees. **260**.

Myurus Lam. (Myosurus Rich., Hymenachne Myurus P. B.,
Hym. M. et amplexicaulis Nees, Agrostis alopecuroides Vahl,
Agrost. monostachya Poir., Panicum amplexicaule Rudge).
77. Amer. calidior = Hymenachne Myosurus Nees. **6**.

Myurus Meyer Esseq. = Hymenachne M. Pal. Beauv. **4**.

nanum Nees. **360**. Nepal.

Natalense Hochst. **677**. Afr. austr.

natans Kön. Trin. = paludosum Roxb. **465**.

naviculare Nees = Echinolaena? navicularis Kth. 5.

Neesianum Wight. **496**. (coloratum β. hirsutum Nees). Ceylon.

Neesianum Wight hb = euchroum Steud. **816**.

Neesii Kth. (glaucescens Nees, sanguinale ε. longigluma Trin.)
55. Brasil. austr. — (glauc. Nees). **24**. Brasil.

neglectum R. Sch. 405. Africa. — **588**.

nemorale Schrd. (Martianum Nees). 378. Brasil., Ins. Trinitatis.

nemorosum Sw. = Echinolaena? nem. Kth. 4. **752**. Brasil., Ind. occ.

nemorosum β. Trin. = Echinolaena? polystachya HBK. 3.

nepalense Spr. (nervosum Roxb., neurodes Schult.) **125**. Nepalia — **179**. Ind. or., Afr. austr.

nephelophilum Gaudich. 78. Inss. Sandvic. — **574**.

nervosum Curtis. = Curtisii Steud. **400**.

nervosum Lam. **256**. Guiana gall. — **724**.

nervosum Mühlenb. = commentatum Schult. 293. = polyneuron Steud. **734**.

nervosum Rottl. = Rottleri Kth. 44.

nervosum Roxb. = nepalense Spr. **125**.

neurodes Schult. = nepalense Spr. **125**.

nigrescens Salzm. = laxum Sw. ex Trin. **395**. in nota.

nigrirostre Nees. **193**. Afr. austr.

Nilagiricum Steud. (Careyanum Hochst.) **359**. mont. Nilag.

nitidum Lam. et β. majus. **212**. Am. sept. — **659** (lanceariuin Trin. var. spicul. maj.)

nitidum Trin. Steudel in indice hanc falsam auctoritatem addit P. nitidi Torrey varietatibus.

nitidum α. ciliat. Torr. = laxiflorum Lam. 245. **653**.

nitidum γ. gracile Torr. = angustifolium Ell. **227**. **650**.

nitidum ζ. barbatum Torr. = heterophyllum Bosc. 244.

nodibarbatum Hochst. **783**. mont. Nilagirici.

nodiflorum Lam. 205. Carolina. — **662**. (ramulosum Mx., pauciflorum Ell.?) Am. sept.

nodosum Kth. (multinode Presl). 144. Luzonia.

norfolkianum Endl. **32**. Ins. Norfolk.

nossibense Steud. Gl. add. **624** c. (p. 419.) In Nossibé.

notatum Retz. 347. Sumatra. — **815**.

notatum Wight hb. ex parte = euchroum Steud. **816**.

nubicum Steud. **680**. (turgidum Hochst.) Nubia.

nubigenum Kth. (Neurachne montana Gaudich., Panicum m.
Gaudich.) **154.** Inss. Sandvic.

nudigluma Hochst. **420.** (Ruprechti Fenzl var.) Abyss.,
Nubia.

nudum Walt. = melicarium Mx. **484.**

numidianum Lam. (leiogonum Sieb. hb., muticum Lk. excl.
syn. Forsk.?) **117.** Numidia, Aegypt. (Brasilia?) — **345.**
(absque ullo synon. sed c. var. Trin. ic.) Afr. septr. et
austr., Brasil.

numidianum Presl = haematodes Presl. **416.**

Nuttallianum Steud. (Orthopogon parvifolius Nutt.) **163.**
Amer. sept.

Oaxacense Steud. **486.** Oaxaca.

obliquum Roth (patens Spr. excl. syn. Retz.) 188. Ind. or.

obliquum Zoll. hb. = Kunthianum Wight et Arn. **792.**

obseptum Trin. 31. Nov. Holl. — **373.**

obtectum Presl. 143. Mexico. — **304.**

obtusiflorum Hochst. **365.** Abyssin.

obtusifolium Delile (Digitaria obt. R. Sch.) **22.** Aegypt. — ob-
tusif. Poir. Enc. suppl. **325.** et Delile Aeg. Delta Aegypti.

obtusum HBK. 148. Mexico. -— **340.**

ocreatum W. hb. (Setaria ocr. Spr.) **245.** Ind. or.

oliganthum Schldl. (Steud. Gl. add. **440** b.) (p. 418.) Caracas.

oligosanthes Schult. (pauciflorum Ell.) **217.** Georgia.

oligostachyum Steud. **803.** Conceptio Chilens.

olyraefolium Raddi = frondescens Mey. 107.

olyroides HBK. 301. Nov. Andalus. = proboscideum Trin. **524.**

orientale W. = Pennisetum orient. Pers. 8.

ornatum Hamilt. 384. Portorico. **834.**

ornithopus Poir. = Panic. sanguinale L. **15.**

ornithopus Trin. 63. Ins. Adscens.

oryzinum Gmel. = Oplismenus Crus galli Kth. var. β. 30.

oryzoides Ard. = Oplismenus Crus galli Kth. var. *β*. **30.**

oryzoides Salzm. = pseudooryzoides Steud. **506** b.

oryzoides Sw. **373.** Jamaica, Brasil. — **561.**

ovale Ell. **214.** Carolina, Georgia.

ovale Spr. excl. syn. = heterophyllum Bosc. **244.**

ovalifolium Poir. (guineense Desv., amplexicaule Poir.) **254.** Africa aequinoct. — **626.** (guineense Desv.) Guinea.

ovuliferum Trin. c. var. *α*. et *β*. **235.** Brasil. (ovaliferum in ind.) — **514.**

oxyanthum Steud. olim in hb. Lenorm. = anabaptistum Steud. **500** b.

oxyanthum Steud. **54.** S. Domingo.

oxyphyllum Hochst. **391.** Prov. Canara.

ozogonum Steud. **423.** Senegalia.

pallens Sw. (Apluda Zengites Aubl. excl. syn., Agrostis nutans Poir.?) c. var. *β*. et *γ*. — Jamaica, S. Domingo, Mexico, Brasil. — **753.** Ind. occ., Brasil.

pallens *δ*. Trin. = candicans Nees. **754.**

pallens *ζ*. Trin. = inconstans Trin. **757.**

palmifolium Poir. (plicatum W. nec Lam.) **122.** Ind. orient. (Sumatra?) = plicatum Lam. var. **380.**

paludicola Nees (donacifolium Raddi?). **106.** Brasil. — **389.** (frondescens Trin. ic. non descriptio). Brasil. et var. Ins. Manil., Java et var. Guadeloupe.

paludosum Roxb. (Andropogon squarrosus König?) **352.** Mont. Circar. — **465.** (natans König). Ind. or.

paludosum Hochst. hb. un. = hygrocharis Steud. **466.**

palustre Trin. = frondescens Mey. **107.**

pampelmoussense Steud. **460.** Ins. Maurit.

pangerangense Zoll. Moritzi. **777.** in m. Panger. Javae.

paniculiferum Steud. **239.** Oaxaca.

papillosum Fenzl. hb. Kotsch. = Helopus trichopus Hochst.

pappophorum Nees c. var. α. et β. 5. Brasil. — 271. (absque varr.)

pappophorum Nees var. = P. exaratum Trin. 270.

papposum R. Br. 69. Nov. Holl. — 82.

paractaenoides Trin. 176. Ins. Antill.

Paractaenum Kth. (Paractaenum Novae Hollandiae P. B.) 421. Nov. Holl. — 172.

paradoxum R. Br. = Chamaeraphis p. Schult. 1. (Cham. par. R. Br.) 169. Nov. Holl.

paradoxum Roth = abludens R. Sch. 399.

parviflorum Steud. (Oplism. hirtiflorum Presl). 116. Acapulco.

Parlatorei Steud. (Digitar. nodosa Parlat.) 33. Inss. Canar.

parviflorum β. Nees = granuliferum HBK. 229.

parviflorum R. Br. 64. Nov. Holl. — 78.

parvifolium Lam. 228. Amer. merid. — 688.

parvifolium γ. 2. Nees = ramosissimum Trin. 686.

parvulum Trin. (Pseudo-Durva β. Nees, Pasp. brevifol. Flügg., Pasp. longiflorum Presl?) 53. Ind. or.

paspaliforme Presl. 13. Peruv. — 277.

paspaloides Pers. (affine Nees, Digitaria appressa Pers., Paspalum appr. Rich., Panic. brizoides Lam., Panic. fluitans Mey. excl. syn., Panic. beckmanniaeforme Mik., Digitaria affinis R. Sch.) 15. Amer. merid., Ins. Maurit., Luzon. — (truncatum Trin. ic., carnosum Salzm.) 333. Ind. occ., Bras., Aegypt., Arab., Inss. Mascar., Canar.

patens Burm. = trigonum Retz. 277.

patens Hochst. = Hochstetteri Steud. 705.

patens L. 349. Ind. or. — 818. (Hippagrostis Rumph.) Ind. or., Lusitania?

patens Roxb. nec L. = aequatum Nees. 819.

patens Spr. excl. syn. Retz = obliquum Roth. 188.

patentissimum Poir. 374. St. Domingo, Mexico. — 832.

patentissimum R. Sch. = debile Poir. 166.

pauciflorum Bory = serpens Kth. v. α. 282.

pauciflorum R. Br. 322. Nov. Holl. — 593.

pauciflorum Ell. = oligosanthes Schult. 217. an? = leucoblepharum Trin. (x Gray. 656. an? = nodiflorum Lam.
662.

paucisetum Steud. 221. Japonia.

pauperulum Steud. (pauperculum in ind.) 305. Senegambia.

pedunculare W. hb. 523. (cayennense Nees Agr. bras.) Brasil.

pedunculatum Torr. 608. (var. clandestini ex Trin.) Amer.
sept.

pellitum Trin. 409. Ins. Sandvic. (O-Wahu). — 541. (Eriach-
ne montana Gaudich.) Ins. Oldaahu.

penicillatum Nees (Oplismenus? pan. Kth.) c. varr. α. et β.
(bambusiflorum Trin.) 177. Brasil. austral. = bambusiflorum Trin. 758. Bras.

penicillatum W. hb. Nees = Setaria glauca P. B. 2. — (Setaria
glauca β. Kth.) 186. Brasil., Afr. austr.

penicillatum Trin. = discolor Trin. 176.

peninsulanum Steud. (Oplism. decompositus Nees, Pan. compositum Rottl.) 103. Ind. or.

Pennisetum Roth. an = distichum Lam. 135?

pensylvanicum Spr. = anceps Mx. 261.

perdensum Steud. 384. Montevideo.

peregrinum Steud. (sparsum Nees). 362. Patria?

perfoliatum Nees (macrophyllum Raddi?) 299. Brasil. — 508.
(absque synon.)

perforatum Nees. 161. Brasil. merid. — 287.

perpusillum Arn. mss. sub Isachne. 794. Ceylon.

Perrottetii Kth. 141. Senegal. = Milium minutiflorum Trin.

petiolatum Nees. 297. Brasil. — 554.

petiolatum Salzm. = subpetiolatum Steud. **444.**

Petiverii Trin. 103. Ind. orient. — **426.** (remotum Retz.)

Petiverii Trin. ic. an? = regulare Nees. **428.**

Petiverii *β*. Trin. = velutinum Nees. 116.

petrosum Trin. **262.** Brasil.

phaeocarpum Nees. **39.** Afr. austr., Amer. sept.

phaeothrix Trin. 73. Montevideo. — **811.** (Trichachne ferru_
ginea Nees., Pan. ferrugin. Kth.) Brasil.

phalaroides R. Sch. (Hymenachne? ph. Nees). 404. Java. =
Hymenachne? ph. Nees. **7.**

philadelphicum Bernh. an? = capillare Gron. var. *β*. 262?

phleiforme Presl. 79. Mexico. — **298.**

phleoides R. Br. 10. Nov. Holl. — **274.**

Phragmites Nees. 334. Brasil. merid. = discolor Trin. **518.**

phyllanthum Steud. **147.** Montevideo.

phyllomacrum Steud. **232.** Guinea.

pictigluma Steud. **474** b. (purpurascens Raddi, coloratum L.
var.? ex Nees). Brasil.

pictum Kön. = Oplismenus pictus Kth. 33. — (stagninum
Retz var.?) **140.** Ind. or.

pilisparsum Mey. (Setaria Meyeri Kth.) 136. Essequebo. =
pilosum Sw. **392.**

pilosissimum Roth. = cajennense Lam. 270.

pilosum Sw. (Setaria p. Kth., Panic. heterophyllum Spr.,
Sprengelianum Schult.) 134. Ind. occid., Mexico, Brasil.
— **392.** (pilisparsum Meyer, apiculatum Salzm.) Guiana,
Brasilia, Otaheiti, Ind. or.

pilosum v. *δ*. Nees = trichophorum Schrd. 137.

piluliferum Nees. **768.** Ind. or.

piptopilum Steud. Gl. add. **241** b. (p. 417.) Ins. Nossibé.

planotis Trin. **756.** Bahia.

plantagineum Lk. 92. Patria? — **336.** (Leandri Trin.) Brasil.

platycarpum Trin. **8.** Ins. Bonin.

pleiophyllum Lk. 310. Patria? — **589.**

plicatum Lam. 126. Ins. Maur. nisi S. Domingo. — **380.** (plicatum Jacq. et palmifolium Poir. est var.) Ind. or. et Ins. Mascaren.

plicatum Roxb. = asperatum Kth. 356.

plicatum W. nec Lam. = palmifolium Poir. 122.

poaeforme Poir. 413. Patria?

poaeforme W. = maximum Jacq. **469.**

poaemorphum Presl. 275. Peruv. — **730.**

Poiretianum Schult. = Setaria P. Kth. 36. — (elongatum Poir., speciosum Nees?, Setaria P. Kth.) **181.** Brasil.

polyanthes Schult. an? = heterophyllum Bosc. 244.

polycomum Trin. **667.** Guiana.

polygamum Sw. = jumentorum Pers. 174.

polygonatum Schrad. (Setaria p. Kth.) 140. Brasil., Mexico. — **454.** Guiana, Brasil., Peru.

polygonoides Lam. 273. Cajenne, Mexico. — **687.**

polyneuron Steud. **734.** (nervosum Mühlenb.) Am. sept.

polyphyllum R. Br. 30. Nov. Holl. — **337.**

polyrrhizum Presl. 14. California. — **279.**

polystachyum Burm. hb. = Pogonatherum crinitum P. B. 1.

polystachyum L. = Pennisetum holcoides Schult. 21.

polystachyum Presl. 81. Peruv. — **575.**

polystachyum Rich. = pyramidale Lam. 119.

polythyrsum Nees. **755.** (sub P. agrostoide Salzm.). Bahia, Guiana gallica.

porphyrrhizos Steud. **473.** (maximum Hochst. hb., jumentorum Rich. Abyss., laeve Lam.?, confine Hochst.) Abyssinia.

porranthum Steud. **66.** Senegambia.

portoricense Ham. 385. Portorico. — 835.

potamicum Trin. 455. Brasil.

praelongum Steud. 479. Guinea.

praegnans Steud. 488. (fruticosum Salzm.) Oaxaca, Bahia.

pratense Spr. sub Orthopogon. 161. Ins. Franciae.

Preslei Kth. (megastachyum Presl). 315. Peruv. — 533.

Prionitis Nees. 182. Brasil. — 631.

probandum Steud. (puberulum Trin. non Kth.) 516. Brasil.

proboscideum Trin. 335. Brasil. — 524. (olyroides HB.)
Brasil., Nov. Andalusia.

procumbens Nees = prostratum Lam. 357.

procumbens *) γ. Nees = umbrosum Retz. 99.

procurrens Nees = Echinolaena? pr. Kth. 7. Brasil. 694. —

proliferum Lam. (dichotomiflorum Mx., geniculatum Mühlenb.,
attenuatum W., gongylodes Jacq., miliaceum Walt.) 167.
Amer. sept. — 464. (absque ullo synon.)

proliferum Hb. un. it. = Cryptostachys. 1.

prolisetum Steud. 222. Ins. Principis, Afr. occ.

propinquum R. Br. 71. Nov. Holl. — 84.

prorepens Steud. (Oplismenus repens Presl.) 129. Mexico.

prostratum Lam. (caespitosum Sw., Sieberi Lk.) 97. Jamaica,
S. Domingo, Guadalupe; Agypt., Java, Ind. or. — 357.
(prostr. Trin., procumbens Nees, setigerum Retz, caespitosum Sw.) Ind. or., occ., Java, Aegypt., N. Holl.

prostratum γ. Lam. = setigerum Retz. 98.

prostratum δ. Lam. = umbrosum Retz. 99. (v. procumbens
γ. et notam.)

proximum Steud. 378. Guiana.

pruriens Trin. 50. Inss. Nukahiwa. — 12. Inss. Societatis.

---

*) nomen procumbens in Neesii Agrostol. Brasil. p. 109. false
pro prostratum positum est, quod praetervidit Kunthius.

Pseudagrostis Trin. 410. Ins. Sandvic. (O‑Wahu).

Pseudo‑agrostis Steud. **461.** Senegalia.

pseudo‑colonum Roth. **125.** Ind. or. = Oplismenus ps. Kth. **24.**

Pseudo‑Durva Nees (lineare Roxb., Schult.) **41.** Afr. austr., Ind. or., China.

Pseudo‑Durva β. Nees = parvulum Trin. **33.**

Pseudo‑holcus Steud. = P. dasyurum Nees. **195.**

pseudo‑oryzoides Steud. (oryzoides Salzm., zizanioides H. B. var. minor?) **506** b. Bahia.

Pseudo‑Paspalum Nees. **278.** Patria?

Pseudo‑setaria Steud. (Digit. stricta Roth., Setar. str. Kth.) **17.** Ind. or.

pseudo‑undulatifolium R. Sch. = Oplismenus ps. Kth. **2.** — (Opl. ps. Kth. an var.? undulatifolii). **101.** Cajenne, Surinam.

psilanthum Steud. **397.** Inss. Philipp.

psilocaulum Steud. (P. glaucum var. Trin., P. imberbe Poir., Setaria gracilis HBK., Set. imb. Kth.) Am. austr. **185.**

psilopodium Trin. (virgatum Roxb., ramosum Kön.) 169. Ind. or. — **166.** (absque ullo syn.)

Pterygodium Trin. (Otachyrium junceum Nees). **392.** Brasil. — pterigodium Trin. **636.**

puberulum Kth. (Digitaria p. Lk.) 36. Patria? — **48.**

puberulum Trin. = probandum Steud. **516.**

pubescens R. Br. = pubigerum R. Sch. 320.

pubescens hortul. = Paspalum elegans Flgge. **138.**

pubescens Lam. **223.** Amer. bor.

pubescens Mx. **649.** Amer. sept.

pubescens β Nees = lanuginosum Ell. 215.

pubescens γ. Trin. = consanguineum Kth. **651.**

pubescens var. b. α. Trin. = lanuginosum Ell. **652.**

pubescens var. b. *β*. Trin. = heterophyllum Bosc. **654**.

pubescens var. *α*. a. Trin. = Enslini Trin. **655**.

pubigerum R.Sch. (pubescens R.Br.) 320. Nov. Holl. — **591**.

pubinode Hochst. Abyss. **285**.

pulchellum Raddi = Eriochloa? pulchella Kth. 12. — **291**. (absque synon.) Brasil.

pulchellum Spr. = Isachne p. Roth. 4.

pumilum Lk. = Setaria pumila Schult. 18. — **210**. (italicum L. var. Trin.) Patria non additur.

pumilum Poir. = Setaria glauca P.B. 2.

punctulatum Arnott. **355**. Ins. Ceylon.

pungens Trin. 180. Brasil. — **644**.

purpurascens HBK. Nees in ind. sub Setaria. (imberbe var. Trin.) **201**. Am. austr.

purpurascens Opiz = Setaria viridis P.B. var. 12.

purpurascens Raddi. 191. Brasil. = pictigluma Steud. **474** b.

purpureum Rz. Pav. = Setaria p. R.Sch. 49. Peru. — **249**.

pycnanthum Steud. **453**. Montevideo.

pycnocomum Steud. = comosum Steud. **215** b. add. p. 417. quod nomen delendum.

pygmaeum R.Br. 323. Nov. Holl. — **594**.

pygmaeum Spr. excl. syn. Brown = serpens Kth. var. *α*. 282.

pyramidale Hamilt. *β*. = Royleanum Nees. **136**.

pyramidale Lam. (polystachyum Rich.) 119. Senegalia. — ? var. *β*. Bengalia. — **352**. (absque syn. et var.) Bengal.

pyramidatum Salzm. = Vilfa minutiflora Trin. **73**.

quadrifarium Hochst. **367**. Abyssin., Senegal.

racemiferum Steud. **381**. Cayenne.

racemosum Spr. = reptans Kth. 160. — **682**. (reptans Kth., Monachne racemosa P.B.) Brasil.

Raddianum Steud. (Oplism. brasiliensis Raddi, Pan. sylvaticum Lam. var.?) **110**. Brasil.

radiatnm R. Br. 66. Nov. Holl. — **79.**

radicans Retz. 348. China. — **668.** (gibbum Steud., accrescens Trin) Ind. or., Ins. Philipp., Guiana.

radicosum Presl (Digitaria repens W. hb.) et var. β. 40. Lnzonia. — (absque var.) **69.**

Rafinesqueauum Raf. 417. Nova Caesarea. — Schult. Mant. **842.**

ramosissimum Trin. **686.** (parvifolium γ. **2.** Nees). Brasil.

ramosum Köu. = psilopodinm Trin. 169. **616.**

ramosum L. 343. India. = attenuatum W. **477.** sec. Tansch Flora 1837. — **814** b. cfr. attenuatum.

ramulare Trin. **62.** Nov. Holl.

ramuliflorum Hochst. (et var. Agrostis nigrescens Salzm.) **390.** Surinam, Veneznela, var.: Surinam, Bahia, Guadeloupe.

ramulosnm Mx. (debile Ell.?, umbrosum Leconte, verruceosum Mühlenb.) 200. Amer. sept.

ramulosum Mx. ad nodiflorum citatur a Ncesio = nodiflorum Lam. **662.**

rariflorum Lam. (Orthoclada rariflora Nees excl. syn. P. B., Poa r. R. Sch.) 267. Brasil. et Cayenne?

rariflorum Presl (dissitiflorum Steud. nomencl.). **197.** Acapulco.

rariflorum Rupr. — Mexico. (nomen tantum Steud. p. 99.)

raripilum Kth. 230. fl. Gambiae ripac in oryzetis. — **720.**

rarisetum Steud. **220.** Ins. Borb., var. minor Ins. Maur.

rarum R. Br. 1. Nov. Holl. — **317.**

recalvum Kth. (Trichachne recalva Nees). 337. Brasil. — Nees sub Trich. **807.**

reclinatum Vill. = Setaria viridis P. B. v. β. 12.

rectum R. Sch. (strictum Pursh). 364. Pensylvan. — **606.** (depauperatum Mühlenb. sec. Trin., strictum Pursh.) Am. sept.

reflexopilum Steud. **625.** Oaxaca.

regulare Nees. (Petiverii Trin. ic.?) **428.** Guinea.

remotum Retz. 345. Ind. or. = Petiverii Trin. **426.**

Renggeri Steud. **700.** Paraguay, Bahia.

repandum Nees. 9. Brasil. austr. — **264.**

repens Burm. = setigerum Retz. 98.

repens L. (arenarium Brot.) 186. Europa austr., Mexico. — an arenarium Brot. **476.**

repens Nees = serpens Kth. **282.** = umbellatum Trin. **642.**

reptans Kth. (Saccharum reptans Lam., Monachne racemosa P. Br., Panicum rac. Spr., Eriolytron junceum Desv., Thalasium montevidense Spr.?) 160. Montevideo. = racemosum Spr. **682.**

rescissum Trin. (Setaria longiseta P.B.) **174.** Guinea.

respiciens Hochst. **216.** (Pennisetum r. Rich.) Abyss., Java.

restitutum Steud. **226.** (Setaria elongata Spr., Pan. setosum Sw. var. Trin. mscpt.) Domingo.

retroflexum Steud. **491.** Guiana.

reversipilum Steud. **512.** pr. Conception Chil.

rhabdinum Steud. **798.** (Isachne virgata Nees mss.) Java.

rhachitrichum Hochst. **369.** Nubia, Ins. Jacobi promont. virid.

rhigiophyllum Steud. (rigens Salzm.) **515.** Bahia.

rhignon Steud. **776.** (Isachne rigida Nees). Java.

Riedelii Trin. **767.** Brasil.

rigens Salzm. = rhigiophyllum Steud. **515.**

rigens Sw. 241. Jamaica, riprae Orinoci. — **772.** (divaricatum L. var. Tausch.) Ind. occ.

rigidifolium Kth. (Agrostis rigidifolia (Milium rigidum) Poir.) **242.** S. Domingo. — **722.**

rigidifolium Trin. = Trinii Kth. 88.

rigidulum Bosc. 165. Amer. bor.? — **572.** (agrostoides Mhbg. nec Trin.) Am. bor.?

rivulare Trin. 109. Brasil. — **448.**

Rohrii Nees. **510.** Ind. occ.

roseum Nees sub Tricholaena. **739.** (in ind. **732.**) Afr. austr.

rostellatum Trin. **613.** Brasil.

rostratum Mühlenb. = anceps Mx. 261.

Rothii Spr. = Setaria hirta Kth. 53. — **251.** (Panic. hirtum Roth.) Ind. or.

rottboellioides HBK. 2. ripae Orinoci. — **269.** (P. Lolium Nees.) Orinoco, Brasil.

Rottleri Kth. (Panicum nervosum Rottl., Digitaria n. R. Sch.) 44. Cap. b. sp.

Rottleri Spr. **217.** (verticill. Rottl., intermedium Roth.) Ind. or.

Roxburghianum Schult. = uliginosum Roxb. 353.

Roxburghii Spr. (tenellum Roxb., trypheron Schult.) 350. Ind. or. — **820.** (tenellum Roxb.)

Royleanum Nees mss. (pyramidale β. Wall. Cat.) **136.** Bengalia.

rubiginosum Steud. **190.** Ins. Philipp.

rude Nees. 158. Brasil. — **565.**

Rudgei R. Sch. = cajennense Lam. 270.

rudimentorum Steud. **203.** Senegal.

rufum Kth. (Anthenanthia r. Schult., Aulaxanthus r. Ell., Aulaxia r. Nutt.) 156. Amer. bor. — **665.** (Aulax. ruf. Ell.)

rugulosum Trin. **237.** Brasil. — **520.** (Beyrichii Kth.)

rupestre Trin. 208. et var. α. et β. Brasil. — **691.** c. nulla var.

Ruprechti Fenzl = nudiglume Hochst. var. **420.**

ruscifolium HBK. 311. Mexico. — **442.** (latifolium L. var. Schlch. Linn.) Mex.

sabulicolum Nees = Oplismenus s. Kth. 38. — (echinatum Sieb., crus galli var. Trin.) **150.** Brasil.

sabulosum Lam. 193. Montevideo. — **583.**

sacchariflorum Nees sub Trichachne. **806**. (Acicarpha sacch.
Raddi, Agrostis argentea Salzm. hb.) Brasil.

saccharoides Kth. (Saccharum polystachyum Sw., Paspalum
saccharoides Nees). 341. Am. calid. = Paspalum s. Nees. **96**.

sagittaefolium Hochst. (Penniset. s. Rich., Setaria sag. Walp.)
238. Abyssin.

Salzmanni Trin. **778**. (brizoides Salzm. hb.) Bahia.

Sanctae Marthae Steud. **112**. St. Martha, Venezuelae.

sanguinale Burm. = Urochloa panicoides P. B. **2**. = Helopus
sanguinalis Nees. **19**.

sanguinale L. (Syntherisma vulgare Schrd., Paspal. saug. α.
Lam., Phalaris velutina Forsk., Digitaria sang. Scop., Da-
ctylou sang. Vill., Digitaria marginata Lk., Panicum Lin-
kianum Kth., Syntherisma praecox Walt., Digitaria praecox
W., Cynodon praecox R. Sch.) 47. Europa, Asia, America.
— (Pan. Ornithopus Poir., Digit. sang. P. B.) **15**. Eur., Afr., Am.

sanguinale ε. longigluma Trin. = Neesii Kth. 55.

sanguinale var. Trin. = ciliare Retz. 43.

sarmentosum Hassk. (an Roxb.?) = limnaeum Steud. **474**.

sarmentosum Roxb. 354. Sumatra — an = c. sarmentoso
Hassk., quod limnaeum Steud. **474**. — **824**. (an limnaeum
Steud.) Ind. or.

saxatile Steud. **802**. (an albens Trin.?) In sax. m. Java.

scaberrimum Lag. (ligulare Nees?) 198. Mexico, Brasilia? —
848. Mexico.

scabrifolium Nees = Setaria sc. Kth. 30. — **229**. (Pan. setosi
Sw. var. sec. Trin.) Brasil.

scabriusculum Ell. 170. Savannah. — **577**.

scabrum Lam. = Oplismenus sc. Kth. 35. — (stagninum var.
Trin.) **141**. Senegambia.

scandens Trin. **212**. (Set. scandens et S. tenuissima Schrad.)
Brasil. = Setaria Trinii Kth. 14.

Scheelii Steud. (Setar. polystachya Scheele, Alopecurus geniculatus Lindh.?) **206**. Texas.

Schiedei Spr. hb. = Zeugites Mexicana Spr.

Schimperianum Hochst. **422**. Abyss.

Schraderi Kth. (Digitaria fascicularis Lk., Panicum fasc. Schrad.
35. Patria? — (absque syn.) **11**.

Schultesii Steud. (Oplism. affinis Schult.) **122**. Ins. S. Martha.

sciaphilum Rupr. Mexico. (nomen tantum ap. Steud. p. **99**.)

scindens Nees mss. **143**. St. Louis.

sciurotis Trin. 250. Ins. S. Cathar., Bras. — **638**. Bras.

sclerochloa Trin. **267**. Brasil.

scoparium Lam. 269. Carolina.

scoparium Mx. **728**. (Walteri Poir. var. Trin.) Am. sept.

scoparium Rudge = cajennense Lam. 270.

scopuliferum Trin. 158. Cap. b. sp. = serratum R. Br. **286**.

secundum Presl. (Oplism. sec. Presl.) **120**. Perùv.

secundum Trin. = latissimum Mix. var. **503**.

Sellowii Nees. 291. Brasil. — **517**.

semialatum R. Br. = Urochloa s. Kth. 4. — **89**. Nov. Holl.

semirugosum Nees = Setaria s. Kth. 17. **211**. Brasil.

semiundulatum Hochst. **364**. Abyssin.

semiverticillatum Rottl. **354**. Ind. or.

sericatum Scheele (sub P. sericeo). Texas. **297**. ex indice trans-
ferendum ad Paspalum sericeum Scheele in Add. p. 417. n. **258** b.

sericeum Ait. = Setaria sericea R. Sch. 50. — **849**. (Pennisetum uniflorum HB.?) Ind. or.

serotinum Trin. (Digitar. s. Mx., Pasp. s. Flügg.) **46**. Carolina.

serpens Kth. (repens Nees). — α. (pauciflorum Bory, pygmaeum Spr. excl. syn. Brown). — β. **282**. Ins. Franciae
et ? Borboniae = umbellatum Trin. **642**.

serratum R. Br. (Holcus s. Thbg., Sorghum s. R. Sch.) **157**.
Cap. b. sp. — **286**. (P. scopuliferum Trin.) Afr. austr.

serrulatum Roxb. **351**. Ind. or. — **822**.

serrulatum Hochst. hb.Hohenack. = Mangaloricum Steud. **540**.

setaceum Mühlenb. **210**. Georgia, Amer. sept. — **718**.

setarioides Steud. **491**. Guiana.

setarium Lam. = Oplismenus setarius R.Sch. 3. — **96**. Am. austr.

setigerum P.B. = chaetophorum R.Sch. **255**.

setifolium Nees. 381. Brasil. merid. = subulatum Spr. **704**.

setigerum Retz (repens Burm., prostratum γ. Lam., affine Poir.) 98. China, India or., Mauritius = prostratum Lam. **357**.

setosum Lam. an = Setaria italica Kth. 24.

setosum Sw. = Setaria macrostachya HBK. 28. — **225**. (Set. macr. HB.) Am. austr. = Pan. macrourum Trin. **228**. sec. Trin.

setosum Sw. var. Trin. = Pan. restitutum Steud. **226**.

setosum Sw. var. = Pan. scabrifolium Nees. **229**.

siccaneum Trin. **673**. Fluv. Amazon.

Sieberi Lk. = prostratum Lam. 97.

sibiricum hortul. = Setaria italica var. β. HBK. 24.

simplex Rottl. **418**. Ind. or.

simpliusculum Wight et Arn. **793**. (Isachne hispidula Nees mss.) Ceylon.

singulare Steud. **330**. Port. Jackson.

sorghoideum Hamilt. 303. Portorico. — **813**.

Sorghum Delile? **309**. Aegypt.

spanianthum Steud. **433**. Patria?

sparsicomum Nees. **620**. (trigonum Wight., Agrostis zeylon. Klein. hb.) Ins. Ceylon.

sparsum Nees mss. = peregrinum Steud. **362**. Patria?

sparsum Rottl. (Milium arundinaceum Kœn.) **447**. Ind. or.

sparsum Nees an = Setaria Poiretiana Kth. 36.

speciosum Nees an = Pan. Poirctianum Schult. **181**.

speciosum Walt. 402. Carolina. — **839**.

spectabilé Nees = Oplismenus sp. Kth. 36. — **149**. Angola, Brasil.

sphacelatum Steud. **744**. (Tricholaena sph. Benth., Saccharum sph. Walp.) Guinea.

spectabile Nees = Oplismenus sp. 36. — **149**. Angola, Brasil.

sphaerocarpum Ell. **224**. Georgia, Am. sept.

sphaerocarpum Salzm. **207**. Bahia, Paraguay.

spicaeforme Hochst. **404**. Abyss.

spicatum Roxb. = Penicillaria spicata W. 1.

spinescens R. Br. (Chamaeraphis? spinosa P. B.) 395. Nov. Holl. — **318**. (absque synonymo).

spithamineum W. hb. = carthagenense Sw. **560**.

Sprengelianum Schult, = pilosum Sw. 134.

Sprengelii Kth. (acuminatum Mühlenb. nec Sw., Mühlenbergii Spr.) 361. Amer. bor. — **601**.

spretum Schult. (Panic. n. **37**. Mühlenb. descr.) 367. Nova Anglia. — **570**.

squarrosum Lam. (Echinochloa? squarr. R. Sch.) 393. Ind. or. — **166**. (absque synon.)

squarrosum Retz = Trachys mucronata Pers. 1.

stagninum Host. = Oplismenus Crus galli Kth. var. β. 30.

stagninum Kön. Retz = Oplismenus st. Kth. **32**. — (mirabile Braun, Oplism. st. Kth.) **139**. Ind. or., Aegypt.

stenanthum Steud. **799**. (Isachne angusta Nees). Madagascar.

stenocladium Trin. 187. Brasil. = subulatum Spr. **704**.

stenotaphrodes Nees. **44**. Ins. Choin.

stigmosum Trin. 256. Brasil. — **614**.

stipatum Presl. 39. Mexico et? Luzonia. — **68**.

stoloniferum Hochst. = Leprieurii Steud. **387**. Sur., Caj.

stoloniferum Poir. (ctenodes Trin.) β. major. (trichoclados Rchb. in Weig. Sur.) 92. Cajenne, Brasilia. — **386.** (frondescens Meyer, stolon. v. major Kth., ctenodes Trin., umbrosum Salzm.) Surinam, Guinea, Brasil.

streptostachys Spr. (Streptostachys hirsuta P.B., Strept. aspera Desv.) 317. Amer. merid. — **547.** (Strept. asperifolia Desv., Strept. hirs. P.B., Isachne Strept. Nees.) Amer. acquin.

striatulum Schult. = australe Spr. 65.

striatum R. Br. = australe Spr. 65. — **331.** Trin. ic. (abs- ·que ullo synon.) N. Holl.

striatum Lam. (Boscianum Spr.?, striolatum Schult.?) 76. Ca- rolina. — **399.** (absque synonymis).

strictum Bosc. = nodiflorum Lam. 205.

strictum R. Br. 25. Nov. Holl.

strictum Pursh = rectum R. Sch. 364.

strictum Roxb. = Oplismenus? strictus Schult. 48. = hengha- lense Spr. **160.**

strigosum Mühlenb. an = capillare Gron. L. 262?

striolatum Schult. an = striatum Lam. 76?

strumosum Presl. 80. California. — **405.**

subalbidum Hochst. = albidulum Steud. **436.**

subalbidum Kth. 172. Senegalia. — **435.**

subaristulatum (subaristatum in ind.) Steud. **550.** (agrosti- ·deum Salzm.) Bahia, Guiana.

subcordatum Roth an = umbrosum Retz. 99?

subcordatum Roth = Setaria? subcordata Kth. 40.

subeglume Trin. **630.** (Milium capillare Roth.) Ind. or.

subpellucidum Steud. **526.** (agrostideum var. Salzm.) Bahia.

subpetiolatum Steud. (petiolatum Salzm. nec Nees). **444.** Bahia.

subquadriparum Trin. 52. Ind. or. (ins. Guahan, Trin.) — **335.**

subtile Nees in Sieb. Agr. (subtile Sieb. in ind.) an = bicorne Sieb. **50.**

subulatum Spr. (distichophyllum Nees, Aira dist. Spr.) **380.**
Brasil. — **704.** (stenocladium Trin. ic., setifolium et distichophyllum Nees.) Brasil.

subuniflorum Bosc. = aciculare Desv. 280.

subuniflorum Bosc. 360. Carolina. — **600.** (= aciculare Poir.
sec. Nees Agr. bras.)

suffrutescens Steud. **743.** (P. Teneriffae v. minor Hochst.)
Arab. fel.

sulcatum Aubl. (Milium etc. Plum.) **123.** Inss. Antill., Guiana,
Brasil. — **180.** (absque synon.) Guiana, Brasil.

sulcatum Poir. an = plicatum W.? (sub no. **123.**)

sumatrense Roth. 196. Coromandelia. — **529.**

surinamense Hochst. **58.** Surinam.

sylvaticum Lam. = Oplismenus s. R. Sch. 4. — var. (Pan.
compos. Trin. Ic., Oplism. africanus P.B.), var. (Pan.
comp. Trin. var., Oplism. ohauensis Nees.) **108.** Inss. Societ., Manil., Sandvic., Afr. austr., Brasil.?

Syzigachne Steud. = Beckmannia erucaeformis Host ex
Steud.

taitense Steud. Gl. add. **390** b. (p. 418.) Ins. Taiti.

taurinum Steud. **495.** Tauria.

tejucense Nees = Setaria tejucensis Kth. 9. — (P. geniculatum Poir.? sec. Nees). **183.** Brasil., Sumatra.

tenacissimum Nees = Setaria ten. Schrd. 16.

tenax Rich. = Setaria macrostachya HBK. 28.

tenellum h. Paris. W. — Paspalum elegans Flügg. 138.

tenellum Lam. (imbelle Spr.) **239.** Sierra Leone. — **506.**
(absque synon.) Ind. occ., Afr. aequin.

tenellum Roxb. = Roxburghii Spr. 350.

Teneriffae R.Br. (Saccharum T. L., Agrostis plumosa Ten., Tricholaena micrantha Schrad., Panicum villosum Presl.) 150. Teneriffa, Sicilia, Calabria. — **742.** (absque synon.) Ins. Canar., Ital. inf., Afr. sept., Arabia.

Teneriffae var. minor Hochst. = suffrutescens Steud. **743.**

tenerrimum Kth. (Trichachne tenuis Nees). 338. Brasil. — errore typogr: tenuerrimum Kth. **809.** (Trichachne tenuis Nees). Brasil. (leucophaei var. ex Trin.)

tenerum Beyr. (Trin. Act. Petr.) **332.** Georgia, Amer.

tenue Mühlenb. = macrum Kth. 369.

tenue Roxb. 355. Mont. Circar. — **825.** Ind. or.

tenuiculmum Meyer. (agrostidiforme Raddi). 132. Jamaica, Essequebo, Brasilia. — **394.**

tenuiflorum R.Br. 70. Nov. Holl. — **83.**

tenuiflorum Schrk. = Vilfa minutiflora Trin. **73.**

tenuissimum Mart. mss., Schrk. = Sporobolus minutiflorus Lk. **29.**

tenuissimum W. (in Kunthii indice cum p. 219. enumeratur, quo loco autem hoc nomen non reperimus. In Steudelii nomenclatore adest P. tenuissimum Vest., quod ad Polypogonem monspel. ducitur, sed in Kunthii opere haud citatur).

ternatum Hochst. (Cynodon ternatus Rich.) **34.** Abyssin.

tetrastachyum Forsk. = Oplismenus colonus HBK. 23.

Thouarsianum Nees. **361.** Patria?

Thrasya Trin. (Thrasya paspaloides HBK.) **259.** Panama, Orinoco.

thrasyoides Trin. = Thrasya hirsuta Nees. **2.** — (Thrasya hirsuta Nees). **261.** Brasil.

Tjicoyaense Steud. **152.** Java in sylv. pr. Tjokaya.

timorense Kth. (Digitaria propinqua Gaudich.) 52. Timor. — (Dig. prop. Gaudich., Paspal. bicorne Kth.?) **70.** ins. Timor.

tomentosum Roxb. = Setaria? tomentosa Kth. 52. — **250.** Ind. or.

tonsum Nees sub Tricholaena. **738.** Afr. austr.

torridum Gaudich. (Neurachne t. Gaudich.) 265. Inss. Sandvicens. — **727.** (absque syn.)

trachypus Trin. **417.** Nepal.

trachyspermum Nees (hirtum hb. W.). 218. Bras. prov. Parà. — **787.** Brasil.

trachystachyum Nees. 153. Brasil. — **288.**

tremulum Spr. (Pan. n. 39. Mühlenb. descr.) 363. Nova Caesarea. — **737.** Am. sept.

tricarinatum Roth. sub Isachne. **770.** Ind. or.

trichanthum Nees, Presl (trichoides HBK.) sub trichoide Sw. 251. — **709.** (trichodes HB.) Mexico.

trichanthum Rich. = Hochstetteri. **705.**

trichoclados Rchb. = stoloniferum Poir. β. major Trin. 92.

trichocondylon Steud. **492.** Guadaloupe.

trichodes HBK. = trichanthum Nees. **709.**

trichoides Sw. (capillaceum Lam., brevifolium L., filamentosum Pers.) 251. Brasil., ripae flum. Magdalen., Jamaica, Mexico. — (an = brevifolium L.?) **618.**

tricholaenoides Steud. **419.** Montevideo.

trichophorum Schrd. (Setaria Schraderi Kth., Pan. pilosum δ. Nees.) 137. Brasil.

trichopiptum Steud. **641.** (diffusum Salzm.) Bahia, Senegambia, Guadaloupe.

trichopodum Rich. = Helopus trichopus Hochst.

triflorum Edgew. **538.** in saxos. pr. Banda, Ind. or.

trigonum Retz (patens Burm.) 277. Ind. or. — **732.**

trigonum Wight = sparsicomum Nees. **620.**

trinerve Trin. 173. Brasil. — **685.**

Trinii Kth. (rigidifolium Trin.) 88. Brasil. — **678**.

tristachyoides Trin. **695**. Sierra Leone.

triticum hb. W. = Pariana angustifolia Spr. 8.

triticoides Poir. = Pennisetum Richardi Kth. 4.

truncatum Nees. **24**. Brasil. — **674**. (Otachyrium truncatum
  Nees mss.)

truncatum Trin. ic. = paspaloides Pers. **333**.

trypheron Schult. = Roxburghii Spr. 350.

tuberculatum Presl. 308. Luzonia. — **379**. (altissimum Meyer
  ex Trin.) — cfr. et limnacum Steud. **474**.

tuberculiflorum Steud. **316**. Japon.

tumescens Trin. **699**. Brasil.

turgidum Forsk. 149. Aegypt., Arabia. — **679**. Aeg., Arab.,
  Abyss.

turgidum Hochst. = Nubicum Steud. **680**.

uliginosum Roth. = inundatum Kth. 86.

uliginosum Roxb. (Roxburghianum Schult.) 353. India orient.
  — **823**.

umbellatum Trin. **642**. (repens Nees, serpens Kth.) Ind. or.,
  Ins. Mauritii. (hb. Sieber.)

umbraticola Kth. (Digitaria umbrosa Lk.) 45. Brasil. — **16**.

umbrosum Leconte = ramulosum Mx. 200.

umbrosum Retz. (Digitaria umbrosa Pers., Pan. prostratum δ.
  Lam., procumbens γ. umbros. Nees, grossarium Kön., barbatum Lam., Setaria barbata et subcordata Kth., Panic. subcordatum Roth.)   99. Ind. orient., Ins. Mauritii, Ins. Luzonia.

umbrosum Salzm. = stoloniferum Poir. **386**.

uncinulatum R. Br. 326. Nov. Holl.

uncinatum Raddi = Echinolaena? polystachya HBK. — **329**.
  (P. heteranthum Lk., Echinolaena Trinii Zoll. et Mor.)
  Amer. austr., Brasil., Java.

undatum Steud. (Oplism. Jacquinii Sieber hb., Andropogon
und. Jacq.?, Pollinia Jacq. Spr.?) **107**. Ins. Maurit.

undulatifolium Arduin. = Oplismenus und. R. Sch. 1. — **100**.
Eur. austr., Caucas.

unguiculatum Trin. (unquicul. ap. Steudel ex errore typogr.,
deustum Thbg.) **504**. Pr. b. sp.

unisetum Trin. (Urochloa un. Presl.) **173**. Mexico.

Urvilleanum Kth. 159. Chile. — **434**.

utriculatum Steud. (Setaria vaginata Spr.) **248**. Rio grande.

vacillans Steud. **500**. Ins. Philipp.

vaginaeflorum Steud. **556**. Guiana.

vaginatum Nees et var. β. 300. Brasil. merid. = macranthum
Trin. **637**.

velutinosum Nees. **293**. Brasil., Mexico.

velutinum Meyer. (Meyen in ind.) = Oplismenus vel. Schult.
6. — **94**. Cajenne.

velutinum Nees. (Petiverii β. Trin.) 116. Brasil.

Ventenatii Kth. sub Setaria. (Cenchrus parviflorus Poir., Pennisetum domingense Spr.?) **187**. Portorico, Domingo? —
memoratur ad Pennisetum Domingense Spr. **20**.

ventricosum Lam. 276. India. — **731**.

verrucosum Mühlenb. = ramulosum Mx. 200. — **660**. Amer.
sept.

verticillatum L. **215**. Eur., As., Afr., Am. = Setaria v. P.
B. 21.

verticillatum Rottl. = Setaria Rottleri Spr. **22**. = Pan. Rottleri Spr. sub Setaria. **217**.

vestitum Nees mss. = coccospermum Steud. **358**.

vestitum Kth. (Trichachne velutina Nees.) 359. Brasil austr.
— **810**.

vilfoides Trin. (Hymenachne fluviatilis Nees). 90. Brasil.,
Guiana. = Hymenachne fluviatilis Nees. **1**.

villiferum Nees. **25.** Mexico.

villosum Lam. an = coccospermum (Steud.) **358.**

villosum R. Br. = Brownii R. Sch. **63.**

vimineum Schrad. **376.** Brasil. — **564.** Bahia.

violaceum Klein. **846.** (Aira violacea W. hb.) Ind. or.

violaceum Lam. = Pennisetum viol. **7.**

violascens Kth. (Digitaria viol. Lk.) **56.** Brasil. — Pasp. fuscum Presl., Digit. viol. Lk.) **59.** Brasil.

virescens Poir. **62.** — **303.** Patria?

virgatum L. **168.** Amer. sept. — **521.**

virgatum Mühlenb. = coloratum L. **190.**

viride L. = Setaria viridis P. B. **12.** — (Set. vir. P. B., var. P. muticum h. Lips.) **199.** Eur., As., Amer.

viridescens Steud. **200.** China bor.

viridiflorum Nees. **330.** Patria? — **552.** (aturense H. B. var.?) Amer. austr.

viscidum Ell. **219.** Amer. sept. — **615.**

viviparum Nees. **811.** Guinea.

vulpinum W. = Pennisetum cenchroides Rich. **12.**

vulpisetum Lam. **194.** Domingo. = Setaria v. R. Sch. **27.**

Walkeri Arn. sub Isachne. **801.** Ind. or., Ceylon.

Wallichianum Wight. Arn. **45.** Penins., Ind. or.

Walteri Mühlenb. = Oplismenus? W. Kth. **52.** = carolinianum Spr. **164.**

Walteri Poir. (latifolium Walt. Mx. nec L.) **287.** Virginia, Carolina. — **610.** (absque syn.) Am. sept. — Poir. var. = scoparium Mx. **728.**

Walteri Pursh = Oplismenus muricatus Kth. **37.**

Wightii Nees **310.** Afr. austr., Abyss.

Willdenowii Steud. **244.** (Setar. luxurians W. hb. Spr.) Ind. or.

Xalapense HBK. **226**. Mexico. — **657**.

xanthophysum Gray. **607**.

xanthorrhizum Steud. **315**. Java? Japonia.

Zelayense HBK. sub Oplismeno. **137**. Mexico.

Zeyheri Nees. **29**. Africa austr.

zizanioides HBK. **295**. ripae ll. Magdalenae, Brasilia, Jamica. Nees. — **507**. Jamaica, Guiana.

Zollingeri Steud. **797**. Java.

zonale Guss. = Oplismenus Crus galli Kth. 30.

Plantae Muellerianae.

Mimoseae

(additis speciebus novis nonnullis Australasicis
Drummondianis aliisque)

auctore

E. Bentham.

Acacia. Series I. **Phyllodineae.**

§. 1. *Aphyllae.*

1. Acacia spinescens, Benth. in Lond. Journ. Bot. v. 1.
p. 323. — Frutex strictus 1 — 2-pedalis, capitulis inodoris.
— Sandscrub prope Tonunda et Onkaparinga. (*A. rigidissima*
F. Muell. mss.)

§. 2. *Alatae.*

2. Acacia Muelleri, sp. n., glaberrima, ramulis trian-
gulato-subalatis, phyllodiis ovatis subcordatisve uninerviis
muticis crassis rigidis marginatis breviter decurrentibus, calyce truncato corollae dimidium superante. — „Arbuscula 4 —
5-pedalis, trunco ulnari erecto phaeophloea, coma intricata.‟
Teta glaberrima est, glaucescens v. purpurascens. Stipulae
obsoletae. Phyllodia ex scheda Muelleriana interdum cordata,

3 poll. lata, in specimine suppetente omnia ovata, subundu-
lata. 1 $\frac{1}{2}$ — 2 poll. longa, vix pollicem lata, uninervia, pen-
nivenia, glandula marginali prope basin impressa. Pedunculi
solitarii, monocephali, demum pollicares, crassiusculi. Capitulum fere 4 lin. diametro, globosum, dense multiflorum.
Bracteolae tenuiter subulatae, apice in laminam parvam pel-
tatam expansae. Calyx crassiusculus, brevissime sinuato-
dentatus, $\frac{3}{4}$ lin. longus. Corolla dimidio longior, petalis
leviter cohaerentibus. Ovarium in floribus a me examinatis
semper oblique clavatum vidi, an ictu insecti cujusdam defor-
matum?

Inter montes Dalton et Greenly (*A. megaphylla* F. Müll.
mss. nomen vix adoptandum, adsunt enim species plurimae
phyllodiis pluries majoribus). Species inter *Alatas* et *Uninervias* latifolias ambigit, ad priores retuli ob phyllodia semper, etsi breviter, decurrentia.

E Drummondianis novam possidemus speciem a Seeman-
nio perperam ad *A. bossiaeoidem* relatam et sub hoc nomine
depictam ab ea tamen diagnosi sequenti distinguendam.

A. glaucoptera, sp. n., glaberrima, glauca, stipulis vix
spinescentibus, phyllodiis falcato-oblongis late decurrentibus
inter se distinctis marginatis subuncinato-acuminatis eglandulosis, sepalis distinctis spathulatis dimidio corollae paullo
brevioribus. — Ab *A. armata* differt glaucedine, phyllodiis
rigidioribus, venulis inconspicuis, calyce etc.; ab *A. bossiae-
oide* A. Cunn. facillime distincta phyllodiis non confluentibus
et pedunculis ut in *A. alata* cauli ipsi insidentibus.

A. platyptera Lindl. recte a Meisnero ad varietatem
A. alatae reducitur.

A. extensa Lindl., a qua distinguere nequeo *A. gra-
mineam* Lehm., rite ad *Alatas* a Meisnero transfertur.

§. 3. *Armatae.*

3. **Acacia armata** Br. — Benth. in Lond. Journ. Bot. v. 1. p. 327. — Var. *angustifolia* glabra v. ramulis leviter pubescentibus. — In Australia felici, Sept. 1852 in tergis montis Remarkable et in insula Kangaroo (F. Müll.).

Ejusdem var. undique molliter tomentoso-pubescens stipulis minoribus. In vallibus montium Barossa range, pagum Bethania versus Sept. 1851 (*A. vepris* F. Müll. mss.).

Ad *Armatas* referendae species novae sex Drummondianae ex Australia meridionali-occidentali.

A. ataxiphylla, breviter pubescens v. glabrata, stipulis parvis setaceo-pungentibus, ramulis angulatis, phyllodiis lineari-subulatis flexuosis rigidis apice uncinatis et mucronato-pungentibus uninerviis, pedunculis monocephalis phyllodio multo brevioribus. — Suffrutex videtur decumbens, pedalis, a basi ramosus, ramulis insigniter angulatis. Phyllodia 1 ½ — 2 - pollicaria, nunc fere tetragona, nunc leviter complanata et marginata. Pedunculi semipollicares puberuli. Capitula 20 — 30-flora. Bracteolae late ovatae v. spathulatae. Calyx ad medium 5-fidus lobis acutis. Corolla calyce subtriplo longior. — (Drummond. coll. IV. n. 6.)

A. campylophylla, glabra, ramulis angulatis, stipulis brevibus setaceo-spinescentibus patulis, phyllodiis subteretibus recurvis rigidis pungentibus striato-plurinerviis, legumine lineari stipitato. — Phyllodia crebra, iis *A. colletioidis* et *A. striatulae* subsimilia, omnia valde recurva, 7 — 9 lin' longa, utrinque costis 2 — 3 elevatis striata. Pedunculi deflorati phyllodiis subaequilongi. Flores non vidi, sed, ex receptaculo, capitula globosa multiflora. Legumina juniora tantum adsunt. (Drummond. n. 134.)

A. scabra, scabro-hispidula, stipulis brevibus spinescentibus, phyllodiis oblique lineari-oblongis sub apice obtuso

oblique mucronulatis muticisve uninerviis, pedunculis monocephalis phyllodia subaequantibus, sepalis spathulatis demum
liberis. — Species *A. asperae* affinis sed stipulae evidentius
spinescentes *Armatarum*. Ramuli apice saepe spinescentes.
Phyllodia subsemipollicaria v. paullo longiora, 1—2 lin. lata,
crassiuscula, basi valde obliqua et apice fere semper incurva.
Stipulae parvae patentes, nonnunquam desunt. Flores in capitulo ultra 20. Calyx tenuiter membranaceus, apice obtuse
lobatus et ciliolatus, mox in sepala 5 solvitur. Pedunculus
fructifer hispidus, legumen junius lineare glabrum. (Drummond. n. 162.)

A. erioclada, lana laxa plus minus vestita, ramulis
divaricatis spinescentibus, stipulis minutis subspinescentibus,
phyllodiis oblongis subincurvis mucronato-pungentibus crassis
rigidis uninerviis marginatis, pedunculis brevibus monocephalis, capitulis multifloris, sepalis spathulatis demum liberis. —
Affinis hinc *A. auronitenti* hinc *A. ulicinae* aliisque uninerviis -spinescenti-ramosissimis. Phyllodia 3 — 4 lin. longa,
1 — 1 1/4 lin. lata, mucrone recto. Pedunculi 2 — 3 lin. longi.
Capitula parva glabra Bracteolae spathulatae acuminatae uti
sepala corollae dimidium aequantes. (Drummond. coll. IV.
n. 7.)

A. crispula, patentim pilosa v. glabrata, stipulis setaceis subspinescentibus, phyllodiis parvis falcato-oblongis submuticis uninerviis margine incrassato undulato-crispato eglanduloso, pedunculis monocephalis, capitulis parvis hirsutis calyce 5-lobo. — Fruticulus decumbens? ramosissimus. Ramuli leviter angulati, juniores uti phyllodia et pedunculi pilis
albis patentibus hispidi v. ciliati demum glabrati. Phyllodia
4—6 lin. longa, 1 — 1 1/2 lin. lata, basi acutata, crassiuscula,
costa fere centrali, venis inconspicuis. Pedunculi tenues pilosi, phyllodia subaequantes. Flores in capitulo 10—20, ut

in *A. Shuttleworthi* pilis rigidulis villosi. Bracteolae lan-
ceolato-spathulatae acuminatae. Calyx campanulatus, lobis
triangularibus ciliatis corollae dimidium aequantibus. (Drummond. n. 78.)

A. pilosa, humilis, longe patentim pilosa, stipulis setaceis subspinescentibus, phyllodiis oblique obovatis acutis mu
cronulatisve uninerviis undulatis eglandulosis, pedunculis monocephalis, capitulis parvis 12 — 20-floris hispidulis, calyce
5-lobo. — Suffrutex v. fruticulus decumbens, ramosus. Ramuli angulato-striati. Pili longi albi. Stipulae 1 — 2 lin.
longae. Phyllodia $^1/_2$—1 poll. longa, 4 — 6 lin. lata, basi
longe angustata, margine leviter incrassata, insigniter undulata, costa fere centrali, venis tenuibus. Pedunculi tenues,
phyllodium subaequantes. Capitula majora quam in *A. crispula*, multo tamen minora quam in *A. obovata*, cui haec
species pilis neglectis subsimilis est. Bracteolae lanceolatae
et subspathulatae acuminatae. Calycis lobi acuti, ciliati, corollae dimidium superantes. (Drummond. 1845. Suppl n. 35.
et coll. V. n. 12.)

§. 4. *Triangulares.*

4. **Acacia sublanata** Benth. in Lond. Journ. Bot. v. 1.
p. 333? — Elders range et Crystal Brook. (*A. pravtfolia*
F. Müll. mss.) Specimina parva subdeflorata a Bauerianis
specifice non differre videntur.

5. **Acacia obliqua** A. Cunn. — Benth. l. c. p. 334. —
A. rotundifolia Hook. Bot. Mag. t. 4041. — *A. cyclo-
phylla* Schldl. Linn. v. 20. p. 663. — Bugle Range. Nov.
Holl. Austr. (n. 3. F. M.) Ovens River. (*A. rectiformis* in
sched. F. M. sed non A. Cunn.) In Tasmannia, Stuart. (*A.
adiantophylla* F. Muell.)

A. bidentata (cujus varietates plures insignes inter Drummondianas occurrunt), *A. sublanata* et *A. obliqua,* omnes valde variabiles, etsi e speciminibus plerisque diversissimae videntur, tamen adhuc leguminibus ignotis vix limitibus certis definiendae sunt.

6. **Acacia vomeriformis** A. Cunn. — Benth. in Lond. Journ. Bot. v. 1. p. 332. — Legumen subsessile, lineare, glabrum, inter semina constrictum. — Lofty range prope „third Waterfall." (*A. acutissima* F. Müll. et *A. Gunnii* F. Müll. non Benth.)

7. **Acacia Gunnii** Benth. l. c. p. 332, var. *angustifolia,* phyllodiis falcatis oblique lineari-lanceolatis, 3—5 lin. longis. — Tasmannia, Stuart. (No. 6.)

Species nova hujus paragraphi hinc *A. Hügelii*, hinc *A. decipienti* affinis est:

A. dilatata, molliter pubescens, stipulis setaceo-spinescentibus, phyllodiis late cuneato-triangularibus crassis 2—3-nerviis venosis, costa majori margini approximata in spinulam excurrente, angulo superiore obtusissimo undulato saepius eglanduloso, pedunculis phyllodio brevioribus, capitulis sub-20-floris, calyce acute 5-lobo. — Ab *A. Hügelii* differt phyllodiorum forma et costa submarginali, ab *A. decipiente* pube et angulo superiore undulato rarissime glandulifero. Phyllodia rigide coriacea 6—8 lin. longa, et apice etiam 6—8 lin. lata. Pedunculi villosi. Bracteolae lanceolatae, setaceo-acuminatae corollis vix breviores. Calyx corollae dimidium aequans. (Australia austro-occidentalis, Drummond.)

Specimen unicum in herb. Hookeriano a F. Mueller communicatum sub nomine *A. pravissimae* in monte Aberdeen lectum, quoad phyllodia *A. sublanatae* affine est, sed pedunculi adhuc nondum evoluti racemoso-polycephali videntur. Species caeterum e specimibus melioribus recognoscenda. ⎯

§. 5. *Pungentes.*

8. **Acacia lanigera** A. Cunn. — Benth. in Lond. Journ. Bot. v. 1. p. 335. — In Nova Hollandia austr., Morunde versus. (*A. Oswaldii* F. Müll.) — Specimen floribus fructuque carens huc pertinere videtur.

9. **Acacia colletioides** Benth. l. c. p. 336. — In interioribus Novae Hollandiae, Mount Remarkable versus, Oct. 1850. — In Lofty range cum fructu, Oct., Nov. Frutex pluripedalis, erectus, pallide virens nitidulus. (Specimen florens No. 1.)

10. **Acacia Stuartiana** F. Müll., glabra, diffusa, phyllodiis breviter linearibus sublanceolatisve rigidis pungenti-mucronatis uninerviis basi angustatis, pedunculis solitariis capitulo multifloro brevioribus, bracteolis peltatis sepalisque spathulatis liberis corollae dimidium aequantibus, legumine lato-lineari marginato. -- *A. siculaeformis β.?* *bossiaeoides* Benth. in Lond. Journ. Bot. v. 1. p. 337. — Fruticulus in locis humidis alpinis prostratus crescens, quoad phyllodia et flores *A. siculaeformi* simillimus, sed pedunculi semper brevissimi, dum in *A. siculaeformi* 4—6 lin. longi sunt. Praeterea haec species erectior videtur, crescit in collibus siccis, et legumen verosimiliter diversum erit.

In alpibus Australiae australioris altitudine 5000' ad amnes (F. Müll.), et in Tasmannia (Stuart, Gunn. etc.).

11. **Acacia diffusa** Lindl. — Benth. l. c. p. 337. — In Tasmannia vulgatissima. (N. 12. et Stuart.)

12. **Acacia cuspidata** A. Cunn. — Benth. l. c. p. 337. — Forest Creek, Australia felix. (F. Müll.)

Ejusdem var. *longifolia,* phyllodiis $2 - 2 \frac{1}{2}$ poll. longis.
— Merriman's Creek. (F. Müll.)

13. Acacia Brownei Steud. — Benth. l. c. p. 338. —
In Nova Hollandia australi. (F. Müll. n. **2.**) Broken River,
Victoria, sine flore nec fructu, et Goulburn Ranges cum
fructu in eadem charta separato. (*A. tenuifolia* F. Müll.) —
Nec differre videtur *A. tetragonophylla* F. Müll. e Cudnaka
sine fl. nec fr.

14. Acacia juniperina Willd. — Benth. l. c. p. 339. —
In Tasmannia. (Stuart.) Wilson's promontory, Victoria. (F.
Müll.)

15. Acacia rupicola F. Müll., glabra, stipulis obsoletis,
phyllodiis sparsis breviter lanceolato-linearibus falcatis mucronato-pungentibus basi dilatatis uninerviis, pedicellis phyllodium subaequantibus, capitulis multifloris, bracteolis parvis,
calycibus corolla dimidio brevioribus. — Affinis *A. juniperinae,* sed phyllodiis 1 lin. latis basi minime angustatis
facile distinguenda. Summitates leviter glutinosae. Phyllodia
patentia, semipollicaria, glabra et nitidula, margine superiore
basi 1 — 2-glanduloso. Capitula parva. Bracteolae lineari-
spathulatae, brevissime acuminatae. Sepala in calycem 4 —
5-lobum connata, apice spathulata et ciliolata. Petala tenuia.
Ovarium glabrum.

Marble Ranges. (F. Müll.)

Planta Drummondiana sub nomine *A. retrorsae* a Meisnero nuperrime edita (Bot. Zeit. 1855. p. 10.) mihi vix differre videtur ab *A. sphacelata* Benth. — Primo intuitu quidem a speciminibus coll. prioris bene distinguitur, sed specimina alia in herb. Hook. a Drummondio sub n. **293.** communicata intermedia sunt. Maculae fuscae bracteolarum et sepalorum minime constantes sunt et nomen meum vix aptum,
nec melius Meisnerianum.

Species Drummondiana infra sub nomine *A. cedroidis* inter *Pungentes* capitatas et *Brunioideas* ambigit.

16. Acacia ovoidea Benth. l. c. p. 339. — Frutex bipedalis, in via ad Guichen-Bay prope Biscuit Scrub et in montibus Grampians (F. Müll.). In Tasmania (Stuart).

Ejusdem var. *tenuifolia*. Yarra, Melbourne. Sept. 1852. (*A. verticillata* var. *cephalantha* F. Müll.)

17. Acacia rhigiophylla F. Müll., ramulis subteretibus glutinoso - pubescentibus stipulis minutis subspinescentibus, phyllodiis lineari-lanceolatis basi latiuscula sessilibus sparsis rigidis acuminato-pungentibus elevato-2—3-nerviis glabriusculis, spicis brevibus subsessilibus 6—10-floris, glabris, dentibus calycinis acute triangularibus. — Habitus, phyllodia et stipulae varietatum brevifoliarum *A. Oxycedri*. Spicae et capitula pauciflora fere *A. axillaris*, ab *A. Oxycedro* differt insuper calycibus distincte gamosepalis dentibus ad medium non attingentibus. Bracteolae minutissimae.

In arenoso-argillosis partis anterioris Murray-Scrub, Morundam versus. (F. Müll.)

18. Acacia Oxycedrus Sieb. — Benth. l. c. p. 340. — Port Philip et montem Gambir versus. (F. Müll.)

19. Acacia verticillata Willd. — Benth. l. c. p. 340. In Tasmannia (Stuart). In Australia felici et in monte Remarkable (*A. petrophila* F. Müll.) ad fl. Yarra in Victoria, F. Müll.

Ejusdem var. *latifolia*. — *A. ruscifolia* A. Cunn. — *A. moesta* Lindl. Bot. Reg. 1846. t. 67. Wilson's promontory. (F. Müll.)

20. Acacia Riceana Hensl. — Benth. l. c. p. 340. — In Tasmannia (Stuart n. 11).

21. Acacia axillaris Benth. l. c. p. 341, var. *macro-*

phylla F. Müll., phyllodiis $1^1/_2$ — 2 - pollicaribus. In Tasmannia (Stuart).

—*A. cochlocarpa* Meisn. et *A. aciphylla* Benth. infra descriptae inter *pungentes* et *julifloras* ambiguae, melius ad has referendae.

§. 6. *Calamiformes.*

22. **Acacia chordophylla** F. Müll., glabra, ramulis subangulatis, phyllodiis erecto - subincurvis subulatis tereti - subcompressis tenuissime striato - multinerviis muticis v. subuncinato - mucronatis, pedunculis solitariis geminisve capitulo subbrevioribus, sepalis ad medium connatis lobis subspathulatis. — Valde affinis *A. leptoneurae* speciei occidentali. Phyllodia eadem. Sepala ad medium in cupulam connata, in *A. leptoneura* angusta fere a basi libera. Legumen anguste lineare falcato - contortum, marginatum, in *A. leptoneura* ignotum. — Forte serius cum *A. leptoneura* jungenda.

Ad flum. Murray (F. Müll.), ad flum. Lochlan. (A. Cunningham. specimen a me olim confusum cum *A. rigente* Cunn., haec vero nil nisi forma *A. elongatae* est.)

Ejusdem var. phyllodiis crassioribus subdilatatis, ad Dombey-Bay. (*A. neurophylla* F. Müll.)

23. **Acacia calamifolia** Sw. — Benth. in Lond. Journ. Bot. v. 1. p. 342. — Ad Ponendi et in Murray - Scrub (F. Müll.). — Ad hanc referenda videtur etiam *A. pulverulenta* Cunn. Benth. l. c.

24. **Acacia nematophylla** F. Müll., glaberrima, phyllodiis patentibus breviter subulatis v. superne dilatatis uncinato-mucronatis obscure uninerviis, pedunculis solitariis capitulo multifloro paullo longioribus, calyce breviter dentato. — Ab *A. calamifolia* differt inprimis phyllodiis plerumque pollice brevioribus, rarius paullo longioribus. Ramuli angulati. Stipulae inconspicuae. Pedunculi. circa **3** lin. longi. Capitula parva, floribus fere **40**. Bracteolae anguste-spathulatae, levi͏̈-ter ciliolatae. Calyx corollae dimidium superans, membranaceus, lobis **5** brevibus latis ciliolatis. Legumen lineare incurvo-circinnatum, **1** $^1/_2$ — **2** lin. latum, junius marginatum, maturum inter semina contractum, valvulis laevibus. Semina oblonga, strophiolo majusculo.

Boston Point Novae Hollandiae australioris (F. Müll.).

Ejusdem var. ramulis minus angulatis, phyllodiisque gummi resinoso scatentibus legit F. Müll. in Murray-Scrub. (*A. Wilhelmsiana* F. Müll.)

Ad *A. ericaefoliam* Benth. duceres *A. Hookeri* Meisn. Pl. Preiss. Haec species quam inter *Brunioideas* collocavi forte melius ducente Meisnero sub *Calamiformibus* militat. Ad *Calamiformes* etiam pertinent *A. scirpifolia* Meisn. in Bot. Zeitg. 1855. p. 10 et sequentes novae:

A. uncinella, glabra, ramulis teretibus, phyllodiis patentibus breviter subulatis apice uncinato-mucronatis basi attenuatis uninerviis v. siccitate obscure trinerviis, pedunculis capitulo multifloro vix longioribus, sepalis anguste spathulatis liberis. — Gemmae et pedunculi interdum leviter canescentes, caeterum fruticulus glaberrimus est. Phyllodia pleraque pollicaria fere *F. nematophyllae* vel interdum obscure trinervia et tunc iis *F. scirpifoliae* affiniora, sed semper multo breviora, costa indistincta, et ab omnibus *Calamiformibus* differunt basi in petiolum contracta. Capitula et flores fere *F. scirpifoliae*. Pedunculi **2 — 3** lin. longi. Flores in capitulo ultra **20**. Bracteolae stipitatae concavo-cochleatae v. subpeltatae calyce longiores. Sepala angusta corollae dimidium superantia. (In Australia austro-occidentali, Roë).

A. gonophylla, glaberrima, ramulis angulatis, phyllodiis linearibus incurvis acute tetragonis crassis mucrone brevissimo

recto, pedunculis phyllodio multo brevioribus, capitulis **12 —
20**-floris, sepalis spathulatis demum liberis. — Affinis hinc
A. sulcatae, hinc *Calamiformibus* uninerviis. Ramuli diva-
ricati v. decumbentes. Stipulae parvae caducae. Phyllodia
dissita, $1 — 1\frac{1}{2}$-pollicaria, crassiora et rigidiora quam in
affinibus, basi leviter attenuata, costa utrinque marginibusque
valde prominentibus. Pedunculi saepius gemini **2 — 4** lin.
longi. Capitula quam in affinibus paullo majora etsi flores
pauciores. Calyx tenuissime membranaceus, sepalis in alabastro cohaerentibus mox liberis apice spathulatis et minutissime ciliolatis corollae dimidium aequantibus. Bracteolae spathulatae. (Inter Swan River et Cape Riche, Drummond.
coll. V. n. **4.**)

A. Bynoeana, ramulis pubescentibus, phyllodiis breviter
subulatis lineari-teretibus subcompressisve sulcato-trinerviis
uncinato-mucronatis, pedunculis capitulo parvo sub-**20**-floro
longioribus, calyce anguste **5**-lobo, petalis angustis. — Fruticulus dense foliatus. Stipulae lanceolatae v. setaceae, lineam
fere longae, caducae. Phyllodia pleraque fere pollicaria, conspicue trinervia, mucrone recurvo tenui. Pedunculi hispiduli
3 — 4 lin. longi. Capitula $1\frac{1}{2}$ lin. diametro. Bracteolae
lineares, acuminatae, hispidulae. Petala distincta, lineari-
subulata, calycem breviter superantia. Ovarium glabrum. (In
Australia tropica? Bynoe in herb. Hooker.)

§. 7. *Brunioideae.*

25. Acacia conferta A. Cunn. — Benth. in Lond. Journ.
Bot. v. **1.** p. **344.** — Species quoad phyllodia inter *Brunioideas* sparsifolias et *Uninerves* angustifolias ambigit. Legumen lineare inter semina non contractum, **2** poll. longum, **2**
lin. latum, submembranaceum. — Dombey-Bay. (*A. imbricata* F. Müll.)

Species sequens, *Brunioideis* verticillatis arcte affinis, inter eas collocanda, etsi phyllodiorum indole quoque cum *Pungentibus* convenit:

A. cedroides, ramis villosulis, stipulis setaceis, phyllodiis verticillatis lineari-subtetragonis rigidis mucronato-pungentibus, capitulis breviter pedunculatis sub-**20**-floris, calyce campanulato lobato corolla subtriplo breviore. — Frutex ramulos *Pini Cedri* v. *P. Deodarae* simulans. Ramuli saepe oppositi v. subverticillati, teretes, striati. Stipulae fuscae lineam longae. Phyllodia per 8 — 10 regulariter verticillata, 6 — 9 lin. longa, uninervia, costa utrinque prominente sulcato-tetragona, glabra. Pedunculi **2**—**4** lin. longi. Capitula circa **2** lin. diametro. Receptaculum inter flores breviter et dense albo-ciliatum. Bracteolae oblongo-spathulatae acutiusculae concavae ciliolatae. Calyx fuscescens lobis obtusis ciliolatis. Corolla glabra alabastro obtuso. Legumen vidi unicum, a specimine unico separatum, lineare glabrum **15** lin. longum, **2** lin. latum, **4**-spermum, valvulis duris recurvis dorso convexis immarginatis. (Inter Swan River et King George's Sound. Drummond. coll. IV. n. **4**.)

Ad *Brunioideas* sparsifolias referenda est.

A. brachyphylla, lanato-pubescens v. demum glabrata, phyllodiis sparsis numerosis parvis lineari-teretibus incurvis obtusis v. acutiusculis striato-plurinerviis, pedunculis phyllodio subbrevioribus, capitulis parvis, sepalis anguste spathulatis, legumine anguste lineari. — Ramuli teretes nunc lana laxa vestiti nunc tomento brevissimo incani. Stipulae parvae caducae. Phyllodia **2** — **4** lin. longa, basi attenuata, nunc utrinque sulcato-trinervia, nunc rarius **1** — **2**-nervia, laxe villosula v. saepius glabra. Flores quos emarcidos tantum vidi iis *A. ericifoliae* subsimiles sunt. Capitula (ex cicatricibus) parva pauciflora. Legumina flexuosa, **1** — **2** poll. longa, vix 1 ¹/₂ lin. lata tenuiter marginata, juniora pilosula, demum glabrata. (In Australia austro - occidentali, Drummond. **37.**)

§. 8. *Uninerviae.*

26. Acacia argyrophylla Hook. Bot. Mag. t. 4384. — *A. bombycina* Benth. in Lindl. et Paxt. Fl. Gard. v. **2.** p. **101.** ic. xyl. 186. — In locis arenosis ad fl. Murray legit Stuart. (*A. argyrophylla* et *A. glaucophyllae* specimen alternm F. Müll.)

27. Acacia dictyocarpa, sp. n., glabra v. pubescens, junior glaucescens, ramis subteretibus, phyllodiis oblique ob-ovato-oblongis obtusis v. vix mucronulatis tenuiter marginatis uninerviis basi angustatis infra medium plerumque glanduli-feris, pedunculis solitariis v. brevissime racemosis phyllodia non superantibus, sepalis late spathulatis demum subliberis, legumine lineari reticulato - venoso. — Phyllodia iis *A. bra-chybotryae* et *A. buxifoliae* subsimilia, inflorescentia et flores diversi. Ramuli nunc glaberrimi, nunc pilis brevibus mollibus pubescentes. Phyllodia 6 — 9 lin. v. raro pollicem longa, 3 — 4 lin. lata mucrone brevissimo obliquo v. saepius obsoleto. Pedunculi 4 — 5 lin. longi. Capitula parva floribus fere 20 glabris. Bracteolae peltatae. Sepala diu cohaeren-tia, demum saepe soluta, semper multo latiora quam in *A. argyrophylla.* Corolla calyce duplo longior. Legumen glan-cum et glabrum v. pubescens, breviter stipitatum, 1 — 2 poll. longum, 3 — 3 ¹/₂ lin. latum, undulatum marginatum.

In Murray - Scrub et Mallee - Scrub. (*A. glaucophylla* F. Müll. non Steud. Pl. Abyss.)

28. Acacia oleaefolia Cunn. — Benth. in Lond. Journ. Bot. v. **1.** p. **348.** — Ad Broughton et Rocky river. (*A. Watt-siana* F. Müll.)

29. Acacia myrtifolia Willd. — Benth. l. c. p. 349. — In monte Torrens Novae Hollandiae australioris. (F. Müll.)

30. Acacia suaveolens Willd. — Benth. l. c. p. 350. — Corner Julet. (F. Müll.)

31. Acacia iteaphylla F. Müll., glabra, ramulis triquetris, gemmis squamatis, phyllodiis longe linearibus acuminatis mucronatis subfalcatis uninerviis tenuibus prope basin minute glanduliferis, racemis brevibus oligocephalis, legumine longe lineari marginato glauco. — Ramuli ut in *A. suaveolente* triquetri, et gemmae pariter squamatae sed phyllodia multo tenuiora, vix marginata, omnino iconem Billardierianam *Mimosae* suae *salignae* referentia (quae differt imprimis ramulis teretibus et legumine latiore). Legumen ab illo *A. suaveolentis* diversissimum, breviter stipitatum est, 3 — 4 poll. longum, 4 lin. latum, inter semina contractum, glaucedine copiosa. Flores non vidi.

Ad Arkaba in Nova Hollandia australiore. (F. Müll.)

32. Acacia pycnantha Benth. in Lond. Journ. Bot. v. 1. p. 351. — *A. petiolaris* Lehm. Sem. Hort. Hamb. — In Australia felici, ad Kaiserstuhl, et Guichen-Bay. (F. Müll.)

Ejusdem specimen phyllodiis brevibus latis obtusissimis. (*A. melanoxylon* F. Müll. non Br.)

Ejusdem varietas angustifolia. Ad Worran, in Marble-Range et (specimen nondum florens valde dubium) ad Dombey-Bay.

A. falcinella Meisn. in Bot. Zeitg. 1855. p. 11. circa Victoria a Latrobeo lecta, mihi ignota, ex charactere Meisneriano valde affinis erit *A. pycnanthae* nisi eadem.

33. Acacia penninervis Sieb. — Benth. l. c. p. 353? Specimen mancum e Goulburn. (*A. pycnantha* var. *binervis* F. Müll. sed mihi *A. penninervi* affinius videtur.)

A. microbotrya Benth. ex Australia meridionali-occidentali, species est valde variabilis quoad consistentiam phyllodiorum et glandulas, nec distinguere possum *A. myriobotryam, subfalcatam* et *daphnifoliam* Meisn. Ovarium semper plus minus pubescens vidi etiam in speciminibus Drummondianis coll. VI. n. 2. caeterum cum descriptione Meisneriana *A. daphnifoliae* ad amussim convenientibus. Sepala semper primum coalita, demum saepissime solvuntur, variant angustiora jam ante anthesin fere libera, vel latiora et dintius cohaerentia.

34. Acacia retinodes Schldl. Linn. XX. p. 664. — Ad fl. Yarra, in Bacchus Marsh, ad fl. Torrens. (F. Müll.)

35. Acacia salicina Lindl. — Benth. in Lond. Journ. Bot. v. 1. p. 353. „Arbor plerumque 15 — 20', interdum 30 — 40', raro 50' alta. Rami *Salicis Babylonicae* instar penduli. Truncus $1/2$ — $1 1/2'$ crassus. Cortex fere *Casuarinae quadrivalvis.*" Legumen crassum carnoso-sublignosum fere *A. variantis* Benth. sed multo angustius. Caeterum hae duae species inter se valde affines sunt. — Ad ripas nec non in locis humidis frequens, ad Enfield, Crystal Brook, Rocky river, Rocky Creek, Mount Remarkable, Broughton Murray river etc. (*A. salicina* Lindl., *A. crassophylla* F. Müll. et *A. salixtristis* F. Müll.)

36. Acacia hakeoides A. Cunn. — Benth. l. c. p. 354. — Ad Murray river. (F. Müll.)

37. Acacia obtusata Sieb. — Benth. l. c. p. 354? — Specimina fructifera in Flinder's Range lecta huc pertinere videntur. (*A. notabilis* F. Müll.)

38. Acacia rubida A. Cunn. — Benth. l. c. p. 355. — Ad Delatiti in Victoria. (*A. semipinnata* F. Müll.)

39. Acacia amoena Wendl. — Benth. l. c. p. 356. — Snowy river. (F. Müll.)

40. **Acacia crassiuscula** Sieb. — Benth. l. c. p. **356.**
— var.? *angustifolia.* — Ad Snowy river, specimen sine
flore.

Specimina occidentalia a Meisnero ad *A. crassiusculam*
relata, potius ad *A. subcoeruleam* Lindl. pertinent. Squamae in hac specie caducissimae sunt, et forte interdum omnino
desunt, et species melius juxta *A. salicinam* v. *A. crassiusculam,* quam prope *A. suaveolentem* collocanda.

Species novae Drummondianae hinc *A. suaveolenti* hinc
A. crassiusculae affines, sed floribus faciles distinctu, sunt
duae sequentes:

A. hemiteles, glabra, ramulis angulatis ancipitibusve,
phyllodiis lanceolatis linearibusve subincurvis crassiusculis
marginatis uninerviis subaveniis, racemis phyllodio multo brevioribus pleiocephalis, capitulis multifloris, sepalis bracteisque
tenuissimis v. nullis. — Species ab *A. suaveolente* differt
phyllodiis brevioribus, capitulis minoribus multifloris et sepalis
tenuissime filiformibus v. saepius omnino nullis, ab *A. apiculata* Meisn., cujus flores ignoti sunt, phyllodiis angustis
longioribusque. Frutex videtur junior glaucescens. Phyllodia
pleraque **2** poll. longa, **3 — 5** lin. lata apice obtusa v. breviter recurvo-mucronata. Racemi **2—3**-cephali. Pedunculi
graciles glabri **2 — 3** lin. longi. Capitula parva floribus ultra **20.** Petala membranacea. (Australia austro-occidentalis,
Drummond. coll. IV. n. **47.**)

A. leptopetala, glabra, ramulis subangulatis, phyllodiis
lanceolatis subincurvis mucronulatis crassiusculis uninerviis
infra medium saepius glanduliferis, capitulis irregulariter racemosis solitariisve parvis multifloris, pedunculis gracilibus
sepalis petalisque anguste spathulatis. — Quoad phyllodia
A. ligustrinae affinis sed inflorescentia et flores diversi.
Frutex junior glaucescens. Phyllodia **1 — 1½** poll. longa,

2 — 3 lin. lata, consistentia *A. crassiusculae;* costa tenui,
venis vix conspicuis. Capitula nunc in racemos axillares phyllodia aequantes, nunc in racemos terminales foliatos disposita, v. rarius ad basin innovationum solitaria, axillaria. Pedicelli 2 — 3 lin. longi. Flores in capitulo ultra 20. Bracteolae peltatae. Petala fere spathulata ungue angusto - lamina
lanceolata sepalis paullo longiore. Legumen non vidi. (Australia austro - occidentalis, Drummond. coll. V.? n. 52.)

41. Acacia linifolia Willd. — Benth. in Lond. Journ.
Bot. v. 1. p. 357. — Buffalo Range. (*A. rivularis* F. Müll.)

42. Acacia prominens Cunn. — Benth. l. c. p. 358.,
var. *latifolia*, phyllodiis oblongis, — ad flum. Darling et in
regionibus interioribus versus occidentem. (*A. cephalabotrya*
F. Müll.)

43. Acacia decora Reichb. — Benth. l. c. p. 358. var.?
pinescens. (*A. sentis* F. Müll.) „Arbuscula plerumque 10 —
12 - pedalis, ramosissima, gummifera, ramis divaricatis spinescentibus, cum foliis glaucis nec ullo modo rubellis. Truncus nigrescens." Specimina nullo charactere certo distinguere
possum a varietatibus nonnullis *A. decorae.* — In planitiebus sterilibus inter montes Flinders range et sinum Spenceri
Novembri florens et in „Scrub" ad confluentem flum. Darling.
(F. Müll.)

44. Acacia buxifolia Cunn. — Benth. l. c. p. 358? —
Specimina sine floribus nec fructu ad flum. Murray. „Frutex
4 — 5′ ramosissimus" et ad fl. Ovens. (*A. microcarpa* et *A.
alampra* F. Müll.)

A. ulicina Meisn., ab auctore inter *Pungentes* enume-
rata, rectius ob phyllodia mutica ad *Uninervias* referenda et
juxta *A. erinaceum* collocanda cum sequente nova cum illis
conveniente ramulis spinescenti - ramosissimis phyllodiis tamen

obtusis v. innocue mucronulatis, nec ut in *A. costata, auro-nitente, congesta* etc. pungentibus:

A. spinosissima, glabra, ramulis striatis spinescenti-ramosissimis, phyllodiis parvis falcato-linearibus oblique mucronulatis muticisve obscure uninerviis, capitulis minimis **6 — 10** - floris, calyce minimo truncato-subdentato. — Affinis *A. erinaceae* et *A. ulicinae,* sed ramuli multo tenuiores intricato-ramosissimi omnes spinescentes. Phyllodia **2 — 3** lin. longa, $^1/_2 — \,^3/_4$ lin. lata. Capitula quam in illis multo minora, pedunculo gracili **2 — 3** lin. longo. Bracteolae inconspicuae. Calyx membranaceus late campanulatus corolla **3 — 4** - plo brevior. Legumen longiuscule stipitatum lineare flexuosum marginatum laeve **1**$^1/_2$ v. vix **2** lin. latum. (In Australia austro-occidentali, Drummond. coll. V.? n. **51.**)

Ab his magis discrepans et *A. lineatae* affinior est:

A. nodiflora, glabriuscula, ramis teretibus, phyllodiis brevibus linearibus subfalcatis muticis v. oblique mucronulatis uninerviis cum pedunculis ad nodos fasciculatis, capitulis parvis multifloris, sepalis anguste spathulatis corollae dimidium aequantibus. — Ramuli virgati, rigidi, parce ramosi, apice interdum subspinescenti, juniores pilis sparsis puberuli, mox glabrati. Phyllodia ad nodos vetustos fasciculata **3 — 6** lin. longa, $^1/_2$ v. rarius **1** lin. lata. Pedunculi graciles phyllodia subaequantes. Capitula **2** lin. diametro, floribus ultra **20** parvis. Bracteolae spathulatae ciliolatae. Sepala iis tenuiora. Corolla glabra. (In Australia austro-occidentali, Drummond. coll. IV. n. **8.**)

45. Acacia acinacea Lindl. — Benth. in Lond. Journ. Bot. v. **1.** p. **359.** — *A. Latrobei* Meisn. Pl. Preis. v. **1.** p. **10.** in adnot. — In Australia felici ad flum. Yarra et prope Victoria. (F. Müll.)

A. dasyphylla Cunn. Benth. l. c. p. 359. ad *A. li-
neatam* Cunn. Benth. l. c. reducitur, species hinc *A. aci-
naccae* hinc *A. asperae* affinis.

46. **Acacia aspera** Lindl. — Benth. l. c. p. 360. — Ad
Forest Creek. (F. Müll.) Hujus varietas angustifolia est *A.
erythrocephala* Cunn. — Benth. l. c. p. 362. — Species inter *Uninervias* et *Armatas* ambigit.

47. **Acacia montana** Benth. l. c. p. 360. — *A. clavata*
Schldl. Linn. XX. p. 662. In collibus ad flumen Hill. (*A.
bursariacea* F. Müll.) et forte ad Avon et Avoca ex specimine manco deformato. (F. Müll. in herb. Hooker.)

Inter species subbinervias sequentes novae sunt:

A. dura, glaberrima, ramulis angulatis mox teretibus,
phyllodiis lineari-clavatis crassis rigidis muticis v. vix mucronulatis elevato-1 — 2-nerviis versus medium saepe glanduliferis et geniculatis, pedunculis brevibus, capitulis minimis
6 — 10-floris, sepalis spathulatis corollae dimidium aequantibus. — Fruticulus ramis duris erectis? Stipulae obsoletae v.
deciduae. Phyllodia majora pollicaria v. paullo majora, supra
medium $1 — 1\frac{1}{2}$ lin. lata, a medio ad basin attenuata, crasso-
coriacea et nitidula, costis valde prominentibus, altera fere
mediana, altera margini superiori approximata v. cum eo confluente. Glandula impressa ad flexuram parum conspicua.
Phyllodia ramealia saepe multo minora sunt fere recta et
eglandulosa. Pedunculi circ. 2 lin. longi. Capitula vix $1\frac{1}{2}$
lin. diametro. Bracteolae spathulatae. Sepala tenuia, florum
interiorum saepe tenuissima. (In Australia austro-occidentali,
Drummond.)

A. loxophylla, glabra, subresinosa, phyllodiis numerosis parvis breviter oblongis v. falcato-ovatis valde obliquis
muticis binerviis, pedunculis phyllodia subaequantibus, capitulis multifloris, calyce turbinato corollae dimidium superante

legumine piloso. — Fruticulus ramosissimus dense foliatus ex
omni parte gummi resinosum scatens sed caeterum glaber.
Stipulae obsoletae. Phyllodia **2 — 3** lin. longa, **1 — 1 ½** lin.
lata, incurvo - erecta et apice subrecurva, crassiuscula, praeter
costam mediam alteramque margini approximatam nunc eva-
nidam avenia. Flores in capitulo ultra **20**. Bracteolae spathulatae, stipitatae. - Legumen junius lineare, falcatum, pilis
albis vestitum et resinosum. (Inter Swan River et Cape Riche,
Drummond. coll. V. n. 14.)

48. **Acacia exsudans** Lindl. — Benth. in Lond. Journ.
Bot. v. 1. p. **361**. — Bacchus Marsh. (F. Müll.) — *A. po-
rophylla* F. Müll. ex Australia fel., specimen sine flore nec
fructu videtur eadem species.

49. **Acacia verniciflua** A. Cunn. — Benth. l. c. p. **361**.
Ad flum. Torrens et ad Ponindi in Nova Hollandia australi.
(F. Müll.) In Tasmannia, Stuart (n. 9.)

Ejusdem var.? *brevifolia*. Australia felix. (*A. exsudans* F. Müll. non Lindl.)

A. Meisneri Lehm. var. *angustifolia* Meisn. Pl. Preiss.
est *A. triquetra* Benth. l. c. p. **358**. — *A. Meisneri latifolia* mihi ignota est.

A. ligustrina Meisn. est species bona *A. triquetrae*
affinis.

50. **Acacia leprosa** Sieb. — Benth. l. c. p. **361**. — Ad
Arkaba et in Australia felici. (*A. Tergufenii* et *A. declinata* F. Müll.)

Ejusdem var. *tenuifolia*. — Trans flum. Goulburn.
(F. Müll.)

51. **Acacia stricta** Willd. — Benth. l. c. p. **362**. — In
Tasmannia, Stuart (n. **7**). — Hujus varietatem phyllodiis fere
6 lin. latis legit Robertson in Victoria.

§. 9. *Brachybotryae.*

52. Acacia elongata Sieb. — Benth. l. c. p. 363. Ad Wangern. (*A. neurophylla* F. Müll.)

Huic affinis est planta Drummondia (coll. II. n. 139) a Meisnero ad *A. Benthamii* forte non immerito relata, etsi differt phyllodiis longioribus muticis v. mucronulo obliquo apiculatis; et forma altera occurrit (coll. III. n. 128.) phyllodiis plerisque brevioribus obtusis fere *A. sclerophyllae*; dum *A. Benthamii* vera cum *A. cochleari* convenit phyllodiis brevibus rigidis rectis mucrone recto pungente, nec ab hac specie differt nisi nervis paucioribus minus distinctis. Omnes adhuc inter se conveniunt inflorescentia et floribus, nec leguminibus ignotis aliter distinguendae sunt.

Species nova hic collocanda, quoad phyllodia *A. acuminatam* quodammodo referens, sed inflorescentia floribusque distinctissima, est:

A. heteroneura, glabra, ramulis angulatis, phyllodiis anguste linearibus muticis v. oblique mucronatis rigidis multinerviis costa media elevata, pedunculis subgeminis capitulo parvo **12—20**-floro sublongioribus, calyce brevi membranaceo **4—5**-dentato. — Ramuli juniores elevato-trigoni v. ancipites, demum teretes. Phyllodia 1 ½—3 poll. longa, 1—2 lin. lata, basi longe angustata, costa valde prominente, nervis lateralibus tenuioribus utrinque **3 — 5** parallelis. Pedunculi tenues **2—3** lin. longi. Bracteolae breves, ovatae, ciliolatae. Calyx corolla **3 — 4**-plo brevior, campanulatus, hyalino-membranaceus, lobis brevibus latis vix ac ne vix ciliolatis. (Australia austro-occidentalis, Drummond. coll. II. n. 138.)

53. Acacia sclerophylla Lindl. — Benth. l. c. p. 364. — In pinetis ad Gawler. (F. Müll.)

54. Acacia farinosa Lindl. — Benth. l. c. p. 365. —
Dombey-bay. (*A. hebetifolia* F. Müll. specimen sine flore
nec fructu.)

A. ixiophylla Benth. l. c. p. 364, species haud infre-
quens in Liverpool plains, ad Hunter's river etc. crescens,
variat phyllodiis 1 ad 1½ poll. longis, 2 ad 4 lin. latis,
eglandulosis v. versus medium glanduliferis, et tota planta
praeter viscositatem glabra v. pubescente. Ad hanc speciem
ducendae sunt *A. venulosa* var. *β. lanata* Benth. l. c. p. 367,
et planta Mitchelliana quam olim ad *A. multinerviam* DC.
retuli. *A. multinervia* vera uti *A. eglandulosa* DC. verosimiliter inter *Pungentes* juxta *A. cochlearem* collocandae.
A. venulosa vera est species distincta *A. cyclopi* affinior.

A. ixiophyllae valde affines et forte ejusdem varietates
sunt formae duae inter Drummondianas, altera (coll. II. n. 129)
glabriuscula angustifolia leguminibus junioribus anguste longeque linearibus viscosissimis pilisque paucis longis hispidis;
altera (coll. IV. n. 13) pubescens, phyllodiis majoribus, legumine breviore et latiore, pariter undulato et viscoso sed undique villoso. In omnibus uti in *A. ixiophylla* vera, sepala
anguste spathulata.

Species novae sunt:

A. setulifera, glabra, pusilla, ramulis striatis, phyllodiis parvis oblique ovatis undulatis apice setiferis tenuissime
multinerviis, capitulis solitariis globosis multifloris breviter
pedunculatis, bracteolis acuminatis corollam aequantibus, sepalis late spathulatis diu cohaerentibus. — Fruticulus humifusus
videtur *A. translucenti* et *A. Wickhami* affinis. Stipulae
parvae lanceolatae caducae. Phyllodia circa 2 lin. longa,
1½ lin. lata, apice seta obliqua rigida mucronata. Pedunculi rigiduli 1—1½ lin. longi. Flores in capitulo 12—20
dense conferti. Bracteolae longiuscule setaceo-acuminatae.

Petala crassa calyce vix duplo longiora. (Ad oram boreali-occidentalem Australiae legit Bynoe.)

A. leptospermoides, glabra, ramulis teretibus, phyllodiis parvis oblongo-cuneatis obtusissimis crassis enerviis v. tenuissime plurinerviis, capitulis solitariis multifloris breviter pedunculatis, sepalis anguste spathulatis liberis. — Fruticulus ramosissimus habitu *Leptospermis* plurimis similis. Phyllodia 3—6 lin. longa, 1—2 lin. lata, apice rotundata, rarius obsolete mucronulata, basi angustata eglandulosa et pallida ut in *A. omalophylla* affinibusque, venis saepius prope basin tantum conspicuis. Pedicelli circa 2 lin. longi, glabri, rubentes. Capitula 2 lin. diametro, aurea, floribus ultra 20. Bracteolae anguste spathulatae. Corolla glabra. (In Australia austro-occidentali, Drummond. coll. IV. n. 11.)

A. lineolata, junior sericeo-pubescens, mox glabrata, phyllodiis anguste linearibus mucronatis crassiusculis tenuissime multinerviis, pedunculis subgeminis recurvis capitulo globoso multifloro brevioribus, sepalis anguste spathulatis. — Affinis *A. leptoneurae* inter *Calamiformes*, sed phyllodia constanter compressa et pedunculi breviores. Ab *A. microneura* affinibusque *Juliflori* differt capitulis stricte globosis pedunculatis. Phyllodia crebra erecta rigida 1—1½ lin. lata mucrone apicis recto v. recurvo innocuo v. subpungente, nervis parallelis interdum oculo nudo vix perspicuis utrinque ultra 10, quorum 3 saepius evidentiores. Pedunculi 1—2 lin. longi saepissime recurvi et torti, ita ut capitula primo intuitu sessilia videantur. Bracteolae sepalis subsimiles. (In Australia austro-occidentali, Drummond. coll. IV. n. 12 et 13.)

55. Acacia omalophylla Cunn. — Benth. in Lond. Journ. Bot. v. 1. p. 365, pedunculis brevissimis. — In Malle scrub, „Myall" nativorum. (F. Müll.)

56. **Acacia cyclopis** Cunn. — Benth. l. c. p. 367. — In Nova Hollandia australi. (F. Müll. n. 5.)

57. **Acacia melanoxylon** R. Br. — Benth. l. c. p. 367. — In montibus Barker Ranges. In vicinia fluminis Yarra versus urbem Melbourne, ad Macclesfield, et ad Guichen-Bay (F. Müll.). In Tasmannia (Stuart n. 8).

58. **Acacia implexa** Benth. l. c. p. 368. — In Bacchus Marsh. (*A. brevipes* F. Müll. non Cunn.)

§. 10. *Julifloraе.*

59. **Acacia aneura** F. Müll., ramulis teretiusculis glabris, phyllodiis subulatis teretibus v. compressiusculis submuticis enerviis v. tenuissime multinerviis canescentibus, spicis oblongis brevissime pedunculatis, legumine oblongo-lineari plano subreticulato. — Affinis *A. ephedroidi.* Phyllodia multo breviora, raro bipollicaria, apice obtusa et mutica v. mucrone brevissimo obliquo apiculata nec uncinata. Nervi nonnisi oculo armato apparent. Flores non vidi. Spicae novellae adhuc minutae dense imbricatae sunt; fructiferae pedunculo insident 3 lin. longo, rhachis ipsa semipollicaris. Legumina nondum matura $1 - 1\frac{1}{2}$ poll. longa, $3 - 4$ lin. lata, pallide virentia, angustissime marginata, basi in stipitem. $2 - 3$ lin. longum attenuata.

Ad Cudnaka in Australia meridionali. (F. Müll.)

A. leptoneurae var. *β. pungens* Meisn. Pl. Preiss. v. 1. p. 12. (si rite huc duco specimen Drummond. coll. IV. n. 14.) mihi videtur species propria inter *Pungentes*, *Calamiformes* et *Julifloras* ambigens, his tamen adjungenda ob affinitatem arctam cum *A. filifolia*, *ephedroide* et *microneura*, et verbis sequentibus dignoscenda:

A. aciphylla, glabra, phyllodiis elongato-subulatis rigidis teretibus mucrone brevi pungentibus tenuissime multinervIis, spicis sessilibus breviter oblongis subglobosisve. — Phyllodia 2 — 4 poll. longa iis *A. leptoneurae* quoad venationem simillima sed rigidiora et pungentia. Inflorescentia et flores *A. filifoliae*, a qua differt phyllodiis brevioribus crassioribus, venis multo nmerosioribus tenuioribusque.

A. cochliocarpa Meisn. in Bot. Zeitg. 1855. p. 10, species legumine cochleato contorto insignis, inter *Julifloras* collocanda est juxta *A. oncinophyllam*. Specimina florifera Drummondiana (coll. IV. n. 16), quae huc pertinere videntur ab *A. oncinophylla* differunt inprimis phyllodiis 2 — 3-plo latioribus.

60. **Acacia linearis** Sims. — Benth. in Lond. Journ. Bot. v. 1. p. 371. — In monte Disappointment Australiae felicis. (*A. linearifolia* F. Müll.)

61. **Acacia mucronata** Willd. — Benth. l. c. p. 372. — In Tasmannia (Stuart n. 10).

Ejusdem var. *longifolia*. — *A. dissitiflora* Benth. l. c. p. 371. - In Tasmannia (Stuart, *A. macrophylla* F. Müll.).

A. dependens Cunn. Benth. l. c. p. 372. etiam ad varietates *A. mucronatae* pertinet.

62. **Acacia Sophorae** Br. — Benth. l. c. p. 372. — Ad Guichen-Bay, in monte Aberdeen et ad flum. Goulbourn. (*A. Sophorae, A. phlebophylla* F. Müll. et *A. pycnanthae* var. F. Müll.)

63. **Acacia longifolia** Willd. — Benth. l. c. p. 373. — In Australia fel. (F. Müll.) et in Tasmannia (n. 4).

Series II. **Botrycephalae.**

64. **Acacia discolor** Willd. — Benth. l. c. p. 384. — In Nova Wallia Australi (F. Müll.).

Ejusdem var. glabra. — *A. maritima* Benth. l. c. p. 384. Ad flum. Latrobe (F. Müll.) et in Tasmannia (Stuart).

65. **Acacia decurrens** Willd. var. ramulis petiolisque canescentibus nec aliter diversa. — Ad fl. Murray. (*A. pauci-juga* F. Müll.)

66. **Acacia mollissima** Willd. — Benth. l. c. p. 385. In monte Gambier. (*A. dealbata* F. Müll. non Link.)

67. **Acacia dealbata** Link. — Benth. l. c. p. 385. — In Tasmannia (Stuart).

A. schinoides Benth. l. c. p. 383. ad *A. pruinosam* Cunn. reducenda est et *A. chrysobotrya* Meisn. ad *A. spectabilem.*

Species nova est:

A. Bidwilli, inermis, glaberrima, pinnis 15—20-jugis, glandula oblonga, foliolis 15—25-jugis minimis oblongis rigidis, capitulis breviter racemosis?, legumine longe lateque lineari-coriaceo venoso. — Affinis *A. cardiophyllae* sed glaberrima foliolis angustioribus. Petiolus communis 2—3-pollicaris. Glandula sub pinnis infimis rarius deest. Pinnae 6—9 lin. longae. Foliola 1 lin. longa, rigida, obtusa, uninervia. Flores non vidi. Legumen 4—5 poll. longum, 6 lin. latum, obtusum basi longe angustatum subplanum, valvulis longitudinaliter reticulato-venosis. Ad Wide-Bay Australiae boreali-orientalis (Bidwill).

Series III. **Pulchellae.**

68. **Acacia Mitchelli** Benth. in Lond. Journ. Bot. v. 1. p. 387. — Ad fl. Ovens Victoriae (F. Müll.).

Acaciae Pulchellae in Australia austro-occidentali vulgares magnopere variant. *A. biglandulosa* Meisn. ad *A. pentadeniam* reducenda est, *A. Endlicheri* ad *A. strigosam. A. denudata* Lehm., *fagonioides* Benth., *lasiocarpa* Benth., *hispidissima* DC. et forte etiam *A. Cycnorum* Benth.,

omnes ut jam suspicatus est cl. Meisner **videntur merae varie-**
tates *A. pulchellae* R. Br.

Species Acaciae Australasicas, anno **1842** (in Hook. Lond.
Journ. of Bot. I. p. 318—389), **228** recensui, ex his **16** de-
lendae, sed novae tot additae sunt, ut species Australasicas
nunc **275** noverim.

Plantae Wagenerianae Columbicae.

(Contin. v. Linn. XXV. p. 743. et XXVI. p. 127.)

Dicotyleae,

auctore

D. F. L. de Schlechtendal.

125. *Aristolochia Wageneriana* n. sp. — Frutex scandens **20**-ped. floribus lutescentibus in fruticetis ad Maiquetia usque ad alt. 1000′, Decbr. (**216.**) — Species singularis duplici modo flores proferens, alios ex trunco ortos, alios in ramis floriferis fructus perficientes. Flores trunci siccos habuimus, cetera, fructum scilicet et folia ex icone collectoris cognoscere licuit. Sine dubio *A. maximae* L. affinis, cujus iconem a Jacquinio datam (Amer. t. **146.**) si comparo cum icone ad vivam stirpem delineata, plura reperio, quibus distinguatur necesse. *A. maximae* folia sunt longius acuminata, basi non cordata, venae alio modo inter se junctae, inflorescentiae axillares **2—3**-florae, flores majores coloris atropurpurei cum tubo longiore et labio angustiore. Inflorescentia ex trunco, qui cortice tegitur irregulari modo subalato-suberoso, dependet pedalis, ima basi vix per pollicis spatium integra, dein octies ad decies dichotome et interdum trichotome partita, ubique pilis parvis fuscescentibus magis minusve tecta; rami leviter flexuosi, angulati, ad dichotomias bracteis oppositis suffulti, quae bracteae 2—3 lin. longae, basi latiore sessiles, apice plus minus acutatae, curvulae, intus concavae, eodem modo ut reliquae partes pubescunt. Pedunculi sensim sensimque dilatati in ovarium angustum et eodem modo pubescens transeunt. Perigonium nervis pluribus extus elevatis puberulis a basi usque ad labii apicem notatur; basis ejus clausa, oblique obovoïdea, 9 — 11 lin. alta in partem tubulosam brevem, 2 — 3 lin. longam transit, quae sese in labium unicum expandit, late ovatum, acutum, intus glabrum et laeve, extus nervis prominentibus parcius dichotomis et venis aliquot transversalibus conjunctis, apice se connectentibus, pubescentibus notatum et in reliqua facie pilis rarioribus obsitum, pollicem longum, 10 lin. latum. Perigonii basis dependet, pars tubulosa sursum curvatur et obliquo ore aperta est.

126. *Peperomia blanda* HBKth. — Planta perennis pedalis, locis humidis ad Curucuti, alt. 2 — 3000', Nov. (128.)

127. *Artanthe Wydleriana* Miq. — Suffrutex 10', locis humidis ad Maiquetia usque ad 1000', Novbr. (19.) — Cel. Miquelio haec species ex insulis Antillanis tantum innotuit.

128. *Artanthe tuberculata* Miq. — Frutex 5—8', ad ripas locisque humidis pr. Maiquetia, Nov. et Dec. (61 et 237.)

129. *Celtis micrantha* Sw. — Arbor 20', flor. albidis; locis siccis ad Maiquetia, Nov. (n. 16.)

130. *Broussonetia tinctoria* HBK. — Frutex 15', in fruticetis ad Maiquetia, Debr. (n. 214.)

131. *Boehmeria ramiflora* Jacq. — Frutex 6 — 8', in fru-

ticetis lateris merid. Cumbre de Caracas, alt. 4500'. Aug.
(n. 373.)

132. *Urtica repens* Sw. — Perennis 6'', in sylvis humidis
pr. Galipan, alt. 4 — 5000'. Sept. (n. 459.)

133. *Dorstenia Contrajerva* L. — Perennis, pedalis; in
rupestribus ad Maiquetia, Nov. (n. 160.)

134. *Euphorbia pilulifera* L. — Annua, repens, 2'; locis
siccis pr. Maiquetia, alt. circa 1000', Nov. (n. 45.)

135. *Euphorbia hypericifolia* L. — Annua, repens, 2';
locis siccis pr. Maiquetia, alt. circa 1000', Nov. (n. 43.)

136. *Croton ovalifolius* West. — Suffrutex pedalis, flor.
albis; in fruticetis ad Maiquetia, alt. c. 1000'. Jun. (n 310.)

137. *Croton sanguifluus* HBK. — Arbor 15', flor. albidis;
ad ripas pr. Maiquetia, alt. c. 1000', Dcbr. (n. 299.)

138. *Croton fragilis* HBK.? — Frutex 5 — 6', flor. odoratis; in collibus ad Maiquetia, alt. c. 1000', Nov. (n. 75.) —
Pili stellati radiatim patentes albi omnes partes fruticis ob-
tegunt, longiores densissimi ramorum apices juniores cum
inflorescentia et pagina aversa foliorum candicantes reddunt, breviores superficiei vero foliorum viridi aequaliter
adspersi colorem hujus vix mutant. Folia petiolata, petiolus ad summum pollicaris, supra canaliculatus, subtus con-
vexus, eodem modo ut ramus dense breviterque albido-
tomentosus. Lamina elliptica v. oblongo - elliptica, basi obtusiuscula, apice sensim acuminata, integerrima, nervo venisque primariis utrinque subdenis, oblique adscendentibus,
versus marginem sursum arcuatis, subtus prominentibus, venulis connectentibus vix in conspectum venientibus, venis
primariis 5 ex basi cum nervo prodeuntibus, duabus scilicet
majoribus, duabus exterioribus brevioribus; hinc lamina sub-
quinquenervia apparet. Tomentum prius densius albidam
reddit paginam inferam, dein vero in adultiore folio canescen-

tem. Longitudo laminae ad **4** usque pollices sese extendit, latitudo in medio saepius sesquipollicaris nunquam duos pollices superat. Racemus terminalis dum florere incipit bi- et tripollicaris, inter folia sibi magis approximata fere sessilis vel breviter pedunculatus, inferne foemineus, superiore majore parte masculus, axillis proximis plerumque folia minuta ramulorum indicia emittentibus. Flores foeminei in axillis bracteolarum minutarum sessiles v. breviter pedicellati solitarii. Perigonium simplex, ad basin usque **5**-fidum, phyllis triangulari-ovatis acutis extus tomentosis intus nudis, coloratis?; annulus glandulosus obtusus cingit ovarii dense tomentosi depresso-subglobosi basin imam. Styli tres brevi spatio simplices, tunc longissime bifidi, pilis nonnullis stellatis adspersi. Fructum non vidimus. Flores masculi in alabastro parvi globosi brevissime pedicellati, pedicello fere nudo. Perigonium iis duplex, exterum calycinum ut in foemineo flore, internum corollinum, ex petalis quinque cum sepalis alternantibus multo angustioribus sed ejusdem fere longitudinis, glabris. Stamina plurima in receptaculo piloso, antheris anguste ovalibus, loculis basi apiceque conniventibus, medio connectivo sejunctis. Pistilli rudimentum non vidimus. Absque dubio stamina sub anthesi longiora fiunt et perigoniales superant partes. — Mucronata *Cr. fragilis* folia nominantur, mucronulum minutum, ex pilis apice condensatis ortum in nostro quoque observare potes. Cetera diagnoseos conveniunt.

139. *Croton argyrophyllus* HBK.— Frutex 8′, flor. lutescentibus; in fruticetis pr. Maiquetia, alt. c. **1000′**, Jan. (n. **311.**)

140. *Crotonanthus padifolius* Klotzsch in sehed. ad pl. Karsten. — Frutex 5 - 6′, in collibus ad Maiquetia, alt. circ. **1000′**, Novb·. (n. **74.**)

141. *Adelia Bernardia* L. — Frutex **3'**, flor. albis; in fruticetis ad Curucuti, alt. **3 — 5000'**. Jan. (n. **301.**)

142. *Ditaxis lancifolia* Schldl. n. sp. — Frutex **3'**, flor. albis; in fruticetis ad Curucuti, alt. **2000'**, Jan. (n. **320.**) — Argithamniae et Ditaxidis genera inter se sunt habitu valde proxima, nec species satis notae. Argithamniae unica exstat species. *A. candicans* a Swartzio in insulis Antillanis detecta, mihi obvia inter plantas a Car. Ehrenbergio in St. Thomae insula lectas, atque a Poeppigio sub Tragiae urentis nomine vendita est in Cubae sylvis maritimis ad Matanza lecta. Huic folia sunt nostris in speciminibus ad summum **16 lin.** longa et dimidium pollicem ultra medium lata, valde autem variabilia, mucronulo exiguo praeprimis e pilis conflato terminata, nunc lanceolata utrinque et inprimis apice acuta, nunc fere obovato-elliptica basi angustata, brevissime petiolata, juniora utrinque et infra multo magis pilis sericantibus adpressis leviter obducta, serius glabrescentia, saepe colore rubro-vinoso affusa (quo colore et capsularum exterior pars coloratur), nervo venisque primariis utrinque duabus tribusve supra paulo magis quam infra conspicuis pallidioribus percursa, quarum infimae ex ima basi juxta nervum orientes sibi saepius oppositae erectiores longiores folium trinervium saepius reddunt; denticuli plus minus obsoleti interdum omnino deficientes in margine reperiuntur. Ditaxidis prima species a Vahlio nomen accepit ut ex Jussieuo discimus. Plantam descripsimus (Linn. VI. p. **761**), quam hanc credimus ex insula Sti. Thomae. Aliam Kunthius in plantis Humboldtianis detexit et dioicam nominavit, tertiam Jussieuus in Euphorbiacearum monographia indicat Antillanam, quae ut videtur nunquam descripta est. Novam nunc proponimus quamvis de genere paululum dubitare liceat. Huic Columbicae speciei folia majora **3 3/4 —**

4 $1/_4$ poll. longa, **14—20** lin. in medio lata, utrinque acuminata, basi autem longius in petiolum brevissimum attenuata, margine serraturis crebris depressis et glanduloso
apiculo terminatis cincto, nervo venisque primariis utrinque
4—5 subtus prominulis, supra leviter impressis pallidioribus percursa, quarum infimae nunc oppositae nunc alternae, supra basin laminae procedunt quare folium fere tri-
plinervium videtur, cujus vero imae basi duae multo debi-
liores venulae juxta marginem procurrentes insident, quae
deinceps cum venula laterali primae paris connectuntur.
Utraque facies glabra lucidula et solummodo in prima juventute cum ramulis junioribus pilis adpressis mox dejectis
adspersa. Color rubro-vinosus saepius paginam aversam
tingit. In axillis nascuntur inflorescentiae brevissimis pilis
adpressis subsericeae praeter flores masculos unum alterumve florum foemineum longius pedicellatum emittentes, quorum pedicellus **3—4** lin. longus pilis adpressis vestitus est.
Flos masculus in axilla squamae hyalinae, in alabastri utrinque acuti dense adpresso-pilosi statu sessilis, constans e
sepalis **5** acutis lanceolatis, et totidem petalis minoribus et
uti videntur rubris, continet duplicem staminum orbem ex
media columna cui insidet (rudimentum pistilli ut censet Jussieuus) in nostra brevissime pilosula natum, antherae
rubrae late ovales, apice paululum, basi profundius emarginatae, duplici ordine digestae in alabastro includuntur.
Pedicellus floris foem. qui prope basin cingitur squamis **2** sibi
suboppositis latiusculis, superne sub perianthio sensim leviter incrassatur. Perigonium duplex. Sepala **5** ex latiore
basi acute acuminata, circ. **3** $1/_2$ lin. longa, extus adpresso
pilosa. Petala **5** anguste cuneato-spathulata, cum sepalis
alterna, iis vero breviora et multo angustiora. Pistillum
basi cinctum glandulis **5** sepalis oppositis obtusis magni-

tudine-vel potins latitudine haud inter se aequalibus luteis,
serius si augetur ovarium hoc annuli ad instar fere cingen-
tibus et colore rubro vinoso tinctis. Ovarium depresso-glo-
bosum, dense pilosum et rubro-vinoso colore tinctum, stylo
brevi crasso in ramos tres breves, breviter bifidos et apice
incrassatos partito. Fructus non vidimus.

Adn. *Ditaxis chiropetala* Bertero, planta ut videtur
vix fruticosa sed herbacea, in sylvis umbrosis collium Quil-
lotac, Chile, Oct. 1829 lecta, certissime non hujus generis,
sed proprium sistit, *Chiropetalum* nominandum, inflorescentia elongata axillari racemosa ex multis floribus masculis
composita, quibus pauci ad basin nec semper consociari
videntur flores foeminei. Petalorum forma singularis, lamina
enim in 5 lacinias fissa, quarum extimae deorsum curvatae,
reliquae mediae erectae sunt. Mihi est *Chiropetalum Ber-*
terianum.

143. *Acalypha vestita* Benth.? — Frutex 10—15′; in fruticetis pr. Maiquetia, alt. circ. 1000′, Nov. (n. 206.) —
Multis quamvis conveniunt notis Benthamiana Guayaquilen-
sia et nostra Columbica, tamen dubia nonnulla supprimere
nequeo, quare melius duximus signum dubitationis et differentias addere. Ramuli teretes subpedales, quos vidimus
nunquam crassitutidem pennae anserinae sed vix gallinaceae
minoris habent, lineae unius diametrum vel unius et dimi-
diae possident, dilute fusci et villis brevibus patentibus tecti
sunt, subjacentibus punctis numerosis. Folia late ovata,
basi obtusa vel ad petioli insertionem leviter cordato-excisa
in acumen elongatum et attenuatum excurrunt. Totus margo
ercnis angustis prominentibus dense est cinctus, praeter
nervum utrinque duae venae primariae a basi exeunt, quarum extimae in foliis latioribus minore extus concomitantur.
Utraque facies pube brevi molli adspersa est, quae in nervo

venisque nec non in pallidiore pagina infera densior, in
margine vix longior est, utraque facies insuper si eam fortiori sub lente adspicis verruculis minutis dense tecta videtur, quod forsan ex statu exsiccato penderet, petioli vero
longiusculi praeter pubem cinerascentem et pilos longiores
patentes ferunt, qui et costam mediam et laminae marginem basalem intrant. Lamina ad $3^3/_4$ poll. longa, versus
basin $1^3/_4$ ad 2 poll. et ultra lata, petiolus ad $2^1/_2$ poll.
usque longus. Spicae axillares solitariae petiolo folii sui
plerumque breviores, inferius in ramis ex axillis ramulorum
proveniunt, qui foliis suis breviores folia minora ferunt et-
inflorescentias axillares. Componitur haec inflorescentia e floribus nonnullis foemineis involucratis, nunc in axilla conglomeratis, nunc in axi infero inflorescentiae varie dispositis et spica gracili florum masculorum vario modo in rachi
conglomeratorum, parvo spatio nudo a foemineis sejuncta,
Involucra infundibularia, plurinervia, margine repando - vel
depresso - crenulata longius pilosa ceterum pubescentia.
Fructus parvi pubescentes; semina $1/_2$ lin. circ. longa late
ovalia tenuissime rugulosa, nitidula, coloris dilute flavescenti-
brunnei.

144. *Acalypha alopecuroidea* Jacq. — Annua, $1^1/_2'$, locis
umbrosis pr. Maiquetia, alt. circ. 1000', Decbr. (n. 245.)

145. *Jatropha Manihot* L. — Perennis, 3 — 5', flor. rubellis; culta sub nomine Yuca incol. pr. Curucuti. Jan. (n. 322.)

146. *Anguria umbrosa* HBKth. — Perennis scandens, 5 —
10', floribus aurantiacis in fruticetis ad Maiquetia, alt. circ.
1000', Decbr. (281.)

147. *Anguria Wageneriana* Schldl. — Fruticosa scandens,
20', florib. aurantiacis in fruticetis pr. Curucuti, alt. 2 —
3000'. (202.)

148. *Elaterium trilobatum* Schldl. — Perennis, scandens, flor. albo, 15′, locis humidis pr. Maiquetia, alt. circ. 1000′. Decbr. (236.) — Planta in omnibus fere partibus pilos fert perbreves tenues basi minuto bulbillo insidentes erecto-patulos albos, qui in pagina foliorum aversa pallidiore densius dispositi pubescentem eam reddunt, in supera intense viridi valde dispersi, in adultiore caule tandem evanescunt Qui caulis multi-sulcatus et obtuse angulatus, angulis scilicet 5 magis prominentibus obtusis. Folia petiolata, petiolus dimidia lamina (scil. a basi sinus usque ad apicem sumta) brevior, basi latior. Lamina tenuis, membranacea fere in statu sicco, transverse dilatata, pedato-trilobata, bascos sinu latiusculo et in medio triangulari-cuneato, nervis lateralibus trianguli lateres formantibus, lobis ad sinum basalibus rotundatis et simul interdum subangulatis, lobis tribus anterioribus dilatato-ovatis curvilineo-subacutis, sinubus interjectis brevibus obtusiusculis, margine repando vel depresse subsinuato, vel subangulato, denticulis minutis subulatis inter se remotis cincto. Nervi pedati, tribus validioribus lobos anteriores ingredientibus, duobus minoribus e lateralibus inde a sinu orientibus semel bisve furcatim partitis et angulos loborum basalium nunc evidentiores nunc obsoletos petentibus. Longitudo laminae $3\frac{1}{4}$ poll. in majoribus foliis, lobi basales ad pollicem usque porrecti, diameter totius laminae transversalis supra sinum $3\frac{1}{2}$-pollicaris, et latit. lobi medii $2\frac{1}{4}$-pollicaris. Cirrhi solitarii longe bifidi. Inflorescentia: racemi breviter pedunculati (ped. 3 — 6 lin. long.) in ramuli lateralis parvi minoribus foliis instructi axillis, floribus versus apicem fere subcorymbosis, pedicellis circ. 1 — $1\frac{1}{2}$ lin. longis. Calyx longe tubulosus, basi truncatus apicem versus sensim ampliatus 4 circ. lineas longus apice dentibus minutis acutis terminatus. Petala 5

e basi lata, quacum margini calycis et dentibus ejus alterna insident, longe et anguste attenuata, calycis tubum longitudine fere aequantia, prius erecta dein patentia. Stamina tria monadelpha, antherarum in corpus cylindraceum
conjunctarum et lineis sursum et deorsum curvatis dehiscentibus sese manifestantium apicibus faucem attingunt. Ovarium in fundo parvum, delapso flore in apice pedicelli residuum. Florem foemineum in paucis speciminibus haud vidimus, nec fructum, attamen de genere haud anxii.

A d n. Maxime vituperandus M. J. Roemer, qui *Elat.*
carthagenense floribus masculis paniculatis distinguit ab reliquis floribus umbellatis, quamvis et speciei auctor Jacquinius (cujus iconem falso sub numero **254** pro **154** citat)
in descriptione dicit „pedunculi masculorum communes sunt
. . . . racemosi v. subumbellati“ nec aliis verbis Kunthius,
cujus descriptionem transscribit, se exprimit. Descriptiones
Kunthii et Jacquinii si comparas, differentias plures ani-
madvertes quae suadere possent species commixtas esse, aliam
esse Jacquinii, aliam Kunthii; illa habet pedunculum unum
cum floribus masculis foliorum longitudine et alterum brevem
c. flore foemineo, haec **2 — 4** omnes breves, quorum unus
masculus; in illa perigonium (calyx et corolla scil.) hypo-
crateriforme album, laciniis longitudine tubi, in hac infun-
dibulare flavum, laciniis tubo dimidio brevioribus; fructus
illius magnitudine ovi, magnitudine olivae in hac; semina
illi angulato - ovata plana, huic compresso - plana basi **3** -
dentata.

149. *Bryonia convolvulifolia* Schldl. — Suffruticosa, scandens, flor. luteis, circ. **10′**, in fruticetis ad Maiquetia, alt.
circ. **1000′**, Novbr. (**23.**) — Caules debiles, angulosi, angulis prominentibus viridioribus, inferne saepius laeves et
glabri, vel ut in apice pilis minutis erecto - patulis sca-

briusculi. Folia petiolata, petiolo dimidiam laminam (a basali sinu usque ad apicem 1 ½ poll. circ. longam) circiter aequante, supra profunde canaliculato, toto pilis parvis albis crassiusculis curvulis patentibus subreflexisve obsesso. Lamina profunde cordata, sinu angusto obtuso rotundato, ovata acuminata, lobis basalibus rotundato-obtusatis, interdum cum obsoleto angulo, apice obtusiuscula, margine plus minus conspicue repando vel levissime sinuato minute denticulato, facie utraque scabra punctulis elevatis albidis pilo minuto serius saepe deciduo terminatis, margine cum regione submarginali pilis paululum longioribus munito, exsiccata discolora, facie enim supera atro-viridi, inferiore ex lutescenti laete viridi. Sinus basalis 6 lin. longus, ad exitum 4 circ. lineas latus, laminae diametro transverso ad basin sinus ad summum 18—26 lin. metiente. Cirrhi tenues glabri simplices. Flores monoici, masculi in gracilis et hirtelli pedunculi apice breviter subcorymbose racemosi, foeminei solitarii breviter pedunculati ex eadem axilla cum masculis vel absque illis occurrentes, in baccam pisi majoris magnitudine et forma glabram excrescentes. Floris masc. tubus calycinus anguste campanulatus viridis, apicem versus minute et sparse hirtellus, dentibus 5 minutis acutis in margine; corolla brevis obtuse 5-loba; stamina intus tria. Semina obovata, compressa, altero apice angustata et obtusiuscula, altero obtusa et acutiuscula, laevia, lutescentia.

150. *Begonia Ottonis* Walp. — Perennis bipedalis flore albo, locis humidis ad Curucuti, alt. circ. 2 — 3000′, Novbr. (126.)

151. *Begonia ciliata* HBKth.? — Perennis pedalis flore albo ad ripas pr. Maiquetia, alt. 1000′, Novbr. (65.)

152. *Begonia ulmifolia* Humb. W. — Perennis tripedalis flore albo, locis humentibus ad fluv. Rio de Maiquetia, alt. circa 1000′, Novbr. (56.)

153. *Passiflora (Dysosmia) foetida* L. — Frutex 15′, flore albo, ad ripas fluvii pr. Maiquetia, alt. c. 1000′ (241.), ibidemque in fruticetis 10-pedalis. Decbr. (282.)

154. *Passiflora foetida* L.? var. *angustifolia* v. nova species. — Frutex scandens 5 — 10′ floribus albidis in arenosis ad Cabo blanco, alt. c. 1000′, Novbr. (142.)

155. *Passiflora pulchella* HBKth. — Frutex scandens, flor. albis, 20′, in fruticetis ad Curucuti, alt. 2000.′ Jan. (306.)

156. *Passiflora laurifolia* L. — Frutex scandens 20 - pedalis flor. lilac. in hortis ad Maiquetia, alt. c. 1000′, Jan. (388.)

157. *Passiflora indecora* HBKth. — Frutex scandens 15 - pedalis, floribus fuscescentibus in fruticetis ad Guajácarumbo, alt. 2000′, Jan. (326.)

158. *Passiflora serrulata* Jacq. — Frutex scandens 5 — 10′ in fruticetis pr. Maiquetia, alt. eirc. 1000′, Nov. (83.) et 15′, floribus albis in fruticetis ad Guajacarumbo, alt. 2000′, Decbr. (262.)

159. *Passiflora (Decaloba) holosericea* L. — Frutex scandens 15 — 20′, flor. albidis v. albis in fruticetis ad Maiquetia, alt. 1000′, Decbr. (201. 212.)

160. *Passiflora (Cieca) suberosa* L. — Frutex scandens 10′, flor. virescentibus, in fruticetis ad Maiquetia, alt. ad 1000′, Novbr. (40.)

161. *Passiflora (Decaloba* ex DC.) *rotundifolia* L. — Frutex scandens 20′, floribus albicantibus, in fruticetis ad Curucuti, alt. 2—3000′, Decbr. (189.)

162. *Nectandra (Pomatia) discolor* Nees. — Arbor frutexve

20 - ped., floribus albis odoratis in locis apertis septentrionem versus a Galipan, alt. 4000 ped., Aug. (378.)

163. *Coccoloba uvifera* L. — Arbor 10 - ped. in maris litore,
Novbr. (72.)

164. *Polygonum acuminatum* HBKth. — Herba perennis
tripedalis, flor. albis, ad aquas pr. Palmar, alt. c. 3000',
Jan. (318.)

165. *Obione cristata* Moq. Tand. — Fruticosa pedalis in
litore ad Cabo blanco, Nov. (69.)

166. *Lindenbergia seguicrioides* Klotzsch. — Frutex 8-ped.
in fruticetis ad Guajacarumbo, alt. c. 2000', Decbr. (270.)

167. *Petiveria alliacea* L. — Planta perennis 3 — 4 ped.,
flor. albis in fruticetis ad fluvium Rio de la Guayra, alt. c.
1000', Novbr. (152.)

168. *Rivina humilis* L. — Suffrutex bipedalis fl. albis, locis
umbrosis ad Maiquetia, alt. c. 1000', Decbr. (211.)

169. *Phytolacca octandra* L. — Planta annua bipedalis floribus albis in fruticetis ad Curucuti; alt. 2 — 3000 ped.,
Decbr. (188.)

170. *Alternanthera spinosa* R. Sch. — Suffrutex pedalis,
floribus albis in litore ad Cabo blanco, Novbr. (148.)

171. *Iresine elongata* HBKth. — Planta biennis, 5 - ped.
fl. albis, in fruticetis ad Maiquetia, usque ad alt. 1000',
Novbr. (24.)

172. *Iresine elongata* HBKth. femina? — Planta biennis,
quadriped. flor. albis, locis siccis pr. Maiquetia, alt. c.1000',
Novbr. — Forsitan propria species.

173. *Iresine* sp. — Suffrutex 3 - ped., flor. albis, in fruticetis
inter Cumbre de Caracas et Curucuti, alt. c. 3 — 4000',
Decbr. (184.) Specimen unicum.

174. *Cryptocarpus paniculatus* HBKth. — Suffrutex 4',
floribus viridibus, in locis humidis pr. Maiquetia, alt. c.

1000', Decbr. (**289.**) — Non dubitamus quin planta Columbica eadem sit ac Havannensis a cl. Kunthio e specimine manco et depauperato depicta.   Planta nostra multo
robustior amplior; folia maxima c. petiolo **1** $^3/_4$ p. longo
laminam praebent **5** pollices interdum superantem et **4** $^1/_2$
p. inferne latam, basi cuneato - protractam, ceterum leviter
subcordato - excisam; quae vero folia inferiora (speciminum
1 $^1/_2$ — **2** ped. altorum) cito decrescunt.   Panicula ampla,
patens, ramis ex omnibus axillis prodeuntibus patulis, apice
iterum breviter ramosis; floribus in summitate ramulorum
quasi glomeratis; revera in racemos breves confertifloros
terminales ita dispositis ut maxima ramorum et ramulorum
pars, exceptis ultimis partitionibus, nuda conspici possit.
Omnes inflorescentiae partes pilis minutis glanduliferis tectae
sunt iisque crassioribus patentibus et apice hamatim incurvis perigonium, minutis vero et crassiusculis aequaliter
dispersis pagina utraque foliorum, exinde scabra facta. Fructus lenticulari - compressus niger.   An planta Mexicana
eadem sit quaerendum.

175. *Oxybaphus violaceus* Loefl. sub Allionia? — Planta
annua bipedalis, flore roseo, pr. Palmar, alt. **3000'**, Junio;
in declivibus siccis montium pr. S. Matteo , alt. **2500'**, Jun.
— Mirum videtur in Candollii prodromo *Ox. nyctagineum*,
hoc ipso (nec non *Allioniae nyctagineae*) sub nomine pluribus in hortis occurrentem et facili negotio colendum, inter
dubias species positum esse, nec ab *O. violaceo* verisimiliter
haud distinguendum. Id solum certum videtur, Nyctagineas
multis premi dubiis, cultura specierum solvendis, quum specimina sicca characteres haud facile suppetant.   Nostrae
descriptionem addimus. — Plantam annuam esse asserit
collector, sed ex unica basi plantae suppetente simili modo
perennem crederemus ac *Ox. nyctagineum* primo anno vel

saltem altero flores praebentem. Pubes minuta patens e
pilis curvulis secretoriis, glandula scilicet minuta terminatis, caulis teretis superne potius obtuse angulati superiores
partes ramosque tegit, in inferioribus dein rarescens. Petioli dimidia lamina breviores eodem modo puberuli. Lamina e dilatata leviterque cordata vel subtruncata basi ovato-
acuminata, acumine plus minus protraeto et acutato. Laminae foliorum majorum basis trianguli in modum protracta,
ubi e petiolo oritur, utrinque vena unica e nervo oriente
finitur, sed in altero latere laminae inter hanc et nervum
altera supervenit e nervo, intermedia inter hunc et marginalem, quo facto leviter obliquum fit folium. Superficies
laevis et glabra est, pagina aversa pilis minutis conicis
adpressis nec tactu percipiendis adspergitur, margo pilis
minutis sursum hamato-curvatis breviter ciliatus. Ramificatio dichotoma, ubique foliis minoribus suffulta, ramulis
tandem involucris florigeris primum magis confertis et sub-
conglomeratis terminatis. Involucrum in lacinias 5 late
triangulares acutas partitum, dein excrescens, venosum, majus (4 lin. altum) undique inprimis vero basi et in margine
pilis longioribus articulatis acutis rectis obsitum, biflorum,
flore tertio forsan abortivo. Fructus (haud plane maturus)
involucro brevior, subclavato-cylindraceus, longitudinaliter
costatus, dense pilis albis patentibus hirtellus. — Ad *Ox.
glabrifolium* accedit, qui vero involucro unifloro distat, an
potius *O. violaceus* e regione Caracasana a Vargasio cum
Candollio communicatus ejusve varietas β. *parviflora*, quam
in Columbia Moritz collegit, sed nullius diagnosis satis respondet plantae nostrae.

176. *Boerhaavia erecta* L. — Planta annua 3-ped. pr. Maiquetia, ad alt. 1000′, Novbr. (48.)

177. *Boerhaavia hirsuta* W. — Planta annua v. perennis

expansa inter lapides floribus purpureis, pr. Maiquetia, ad 1000 ped. altit., Decbr. (**213.**)

178. *Cryphicacanthus Barbadensis* Nees. — Planta annua pedalis flor. lilacinis, in locis siccis pr. Maiquetia, alt. c. 1000′, Novbr. (**42**)

179. *Arrhotoxylum fulgidum* Mart. — Planta perennis **2** 3′, flore coccineo, locis umbrosis ad Maiquetia, alt. circ. 1000′, Decbr. (**2. 217.**)

180. *Thyrsacanthus nitidus* Nees. — Planta perennis **5′**, flore coccineo, locis umbrosis pr. Maiquetia, alt. c. 1000′, Decbr. (**223.**)

181. *Rhytiglossa speciosa* Nees. — Suffrutex 5′, flore rubro, in fruticetis ad Maiquetia, alt. c. 1000′, Novbr. (**10.**)

182. *Rhytiglossa secunda* Nees. — Planta perennis, **3′**, flore carneo, in fruticetis ad Maiquetia, alt. c. 1000′, Novbr. (**159.**)

183. *Blechum Brownei* Juss. — Suffrutex 3′, flore coeruleo, locis umbrosis ad Cabo blanco, Decbr. (**250.**)

184. *Acanthacea* (specimen nimis mancum). — Suffrutex pedalis flore roseo, in arenosis ad Maiquetia, alt. c. 1000′, Novbr. (**68.**)

185. *Verbena littoralis* HBKth. *β. leptostachya* Schauer. — Herba perennis **3 — 5′**, flore lilacino ad ripas rivuli pr. Maiquetia, alt. c. 1000′, Decbr. (**242.**)

186. *Bouchéa Ehrenbergii* Cham. — Planta annua **2′**, flore violaceo, locis siccis ad Maiquetia, alt. c. 1000′, Nov. (**44.**)

187. *Stachytarpheta mutabilis* Vahl. — Planta suffruticosa **3 — 4′**, flore rubro, ad fluv. Rio de Maiquetia, alt. c. 1000′, locisque apertis in Cumbre de Caracas, alt. c. 4000′, Dcbr. (**50. 234. 254.**)

188. *Lippia asperifolia* Rich. (*Lantana lavandulacea* W.!) — Suffrutex 5′, cor. alba, in collibus ad Cabo blanco,

alt. c. 1000', Novbr. (70.) Bracteae 4-fariam dispositae
ex late ovata basi acuminatae, apice subcomplicatae, totum corollae tubum hand aequantes, partem saltem ejus
inflatam supra medium sitam, stamina 4 minuta includentem. Corolla praeter partem calyce inclusam attenuata,
extus pubescens. Calyx dimidium tubum corollae aequans,
dentibus conniventibus acutis.

189. *Dipterocalyx scaberrimus* Schldl. — Fruticulus 8—
10', corollis albis, in locis siccis ad Chacaito, alt. c. 4000',
Novbr. (426.) — Dipterocalycis genus olim a Chamissone
constitutum, a beato Schauero cum Lippia conjunctum, e
nostra sententia restituendum. Capitulorum diameter circ.
3-linearis. Bracteae plurifariam imbricatae, obovato-ro-
tundatae obtusissimae, apice pilis albis hispidae. Calyx
linea paullulum altior, compressus, hinc bicarinatus, margine carinali dentibus duobus plus tertia parte calycis longis et compressis (marginis compressi prolongationes sistunt)
pilisque longis albis obsessis instructo. Corollae linea paululum brevioris tubo sensim ampliato, dentes calycis aequante,
limbo extus hirto. Fructus niger, laevis, glaber, in duas
partes facile secedens, compressus, late ovoideus, lateribus
convexis, sulco longitudinali notatis, margine obtuso, apiculo minuto terminatus, qui e stylo brevissimo apice crassiusculo et leviter bilobo oritur. Tota reliqua planta asper-
rima; folia petiolo subpollicari insidentia, ovata elongato-
acuminata, margine dense crenulato-serrata, basi acutiuscula, supra dense rugosa, subtus molliora, rete toto prominulo pilis hirto, qui in superficie rariores inprimis in
nervo medio observantur. Capitula verticillatim disposita
in pedicellis bracteis parvis angustis suffultis paniculam
satis amplam terminalem, axillaribus similibus inflorescen-
tiis auctam constituunt.

190. *Lantana armata* Schauer. — Frutex 6' flore lateritio, in fruticetis ad Maiquetia, alt. c. 1000', Dehr. (171.)

191. *Lantana Camara* L. — Frutex 5—6', flore coccineo-aurantiaco, in fruticetis ad Maiquetia, alt. circ. 1000', Novbr. (80.)

192. *Lantana lilacina* Desf. — Frutex 4-pedalis, cor. rosea, locis siccis ad Curucuti, alt. 2000', Jan. (318.)

193. *Lantanā trifolia* L. — Frutex 4—5', flore violaceo, locis apertis pr. Maiquetia, alt. c. 1000', Novbr. (7.)

194. *Lantana canescens* HBKth. — Frutex 5', flore albo, in fruticetis ad Maiquetia, alt. c. 1000', Novbr. (38.)

195. *Petrea arborea* HBKth. — Frutex 20', scandens flore coeruleo, in fruticetis pr. La Guayra, alt. c. 2000', Dcbr. (293.)

196. *Hyptis canescens* HBKth. — Planta perennis v. suffruticosa tripedalis, flore coeruleo, in lapidosis pr. Curucuti, alt. 2 — 3000', Novbr. (95.) et ad montes inter Curucuti et Cumbre de Caracas, alt. 3 — 4000', Jan. (166.)

197. *Hyptis umbrosa* Salzm. — Planta annua 2 — 3', flore rubeolo, in fruticetis pr. Maiquetia, alt. c. 1000', Nov. (73.)

198. *Hyptis polyantha* Poit. — Planta perennis 3 — 5', cor. lilacina, ad ripas rivuli pr. Maiquetia, alt. c. 1000', Decbr. (243.) Nostra praeter pilos undique tegitur glandulis minutis pedicellatis.

199. *Salvia angulata* Benth. — Planta perennis tripedalis, corollis albis, in fruticetis ad Curucuti, altit. 2 — 3000', Dcbr. (199.) Coluimus hanc plantam et descripsimus in Linnaea. Floret bieme in caldario.

200. *Salvia pseudococcinea* Jacq. — Planta perennis 3', cor. scarlatina, ad montes inter Cumbre de Caracas et Curucuti, alt. c. 3—4000', Dcbr. (165.)

201. *Leonotis nepetaefolia* R. Br. — Planta perennis 3′, flore aurantiaco, locis siccis pr. Maiquetia, alt. c. 1000′, Debr. (238.)

202. *Angelonia salicariaefolia* HBK. — Planta perennis bipedalis, flore coeruleo in pratis humidis pr. Chacao, alt. 4000′, Sept. (438.)

203. *Leucocarpus alatus* D. Don. — Absque loco speciali. (sub no. 137.)

204. *Capraria biflora* L. — Absque loco speciali et sine numero.

205. *Scoparia dulcis* L. — Frutex biped. flore albo, in sepibus ad Curucuti., alt. 2 — 3000′, Debr. (204.)

206. *Bud.lleia verbascifolia* HBKth. — Frutex 8′, floribus albis; in fruticetis ad Guajacarumbo, alt. 2000′, Decbr. (266.)

207. *Buchnera elongata* Sw. — Herba perennis 1 — 2′, flore lilacino, in savannis lateris meridionalis Sillae de Caracas, alt. 4 — 5000′, Sept. (400.)

208. *Gesnera mollis* HBKth. — Planta perennis 2 1/2′ flore lateritio ad ripam rivuli Rio de Maiquetia, altit. 1000′, Nov. (51.)

209. *Gesnera Caracasana* Otto et Dietr. Gartenz. — Ad Curucuti, alt. 2 — 3000′.

210. *Gesnera Caracasana* Var.? — Planta perennis biped. flore aurantiaco, inter lapides inter Curucuti et Venta in via antiqua versus Caracas, alt. 2 — 3000′, Nov. (86.)

211. *Achimenes argyrostigma* Hook. — Planta 1/2′, flore albo et rubro, in savannis ad Caracas, Aug., altit. 3000′. (372.)

212. *Solanum nodiflorum* Jacq., Bernh. üb. d. Begriff der Pflanzenart. S. 64. — Planta annua 3′ ad ripam pr. Maiquetia usque ad altit. 1000′, Nov. (59.)

213. *Solanum nudum* Dun., DC. pr. XIII. 1. p. 144., Linn. XIX. p. 279. u. 18. — Frutex 3' flore albo, in fruticetis ad Curucuti, alt. 2—3000', Debr. (193.) — Solani generis monographus de pilis in axillis venarum, de quibus jam hos ante quinque annos in Linnaea locuti sumus, quos in specimine Sieberiano Martinicensi, ab ipso ad varietatem β. hujus *S. nudi* relato, videre potuisset, uil dicit; in aliis speciebus ut in *S. Caavurana* Vell., per Brasiliam longe dispersa, harum barbarum axillarium mentio facta est. Specimina suppetentia floribus juvenilibus tantum instructa sunt.

214. *Solanum verbascifolium* L. — Frutex 8' fler. albis, in fruticetis ad Guajacarumbo. alt. c. 2000', Debr. (276.)

215. *Solanum scabrum* Vahl. — Frutex scandens 10', flor. albis, in fruticetis ad Curucuti, alt. 2000', Jan. (324.) Specimina hand satis completa, hinc forsan alia species quae ex copia similium haud reperienda.

216. *Solanum.* — Frutex scandens 10', flor. albis eodem loco et tempore ut antecedens. (323.) Unicum modo specimen, quod cum nulla specie quadrat. Aculei lati compressi triangulares acuti recti vel potius sursum curvuli lucidi, apice obscuriores in caule sparsi, nec in aliis partibus speciminis nostri obvii. Tomentum stellatum aureolutescens, stellis sessilibus breviter radiatis dispersis in superficie viridi, subtus longius radiatis superficiem obtegentibus, similibus et petiolos, pedunculos, calyces, corollas, ramos vestientibus. Folia integerrima elliptica v. ovato - elliptica utrinque breviter acuminata, venis ex nervo medio utrinque circ. 6 Flores in fasciculo oppositifolio deflexi.

217. *Acnistus ramiflorus* Miers. — Arbor 15' flor. albis, in fruticetis inter Cumbre de Caracas et Curucuti, alt. 3 — 4000', Debr. (170.) —. In Hook. Lond. Journ. 4. p. 442.

DC. prodr. XIII. 1. p. 499. **Ex** diagnosi planta columbica
non differre videtur licet folia ei sint minora, de quibus
non dicitur utrum glabra sint nec ne. Insula Sti. Vincentii
in qua illa crescit haud ita longe abest ab littore caraca-
sano, tribus circiter gradibus distat. Internodia brevia et
florum fasciculi approximati in aliis adsunt speciminibus in
aliis desunt. Staminum varia exsertio pendere posset a vario anthesis statu et varia eorum relatione ad pistillum,
quod in vivis observandum. Folia nostrae supra viridia
pilis crispulis leviter adspersa (evoluta forsan glabra), subtus e glauco-viridia et pilis crispulis copiosioribus at non
minus sparsis sunt tecta. Petiolorum longitudo variabilis
sic ut forma foliorum semper in petiolum attenuatorum. Pedunculi numerosi glabri. Calyx hemisphaerico-campanula-
tus, margine obtuse 5-lobus et undulatus, multo latior quam
corolla infundibuliformis, extus glabra praeter laciniarum
apices extus et marginem dense puberulos. Antherarum
apices paululum superant corollae lacinias, quibus reflexis
stamina libera prostant. Stylus staminibus longior apice in
stigma obtuse bilobum dilatatus. Speciem vix agnoscere
possum.

218. *Physalis* sp. — Suffrutex? 3', flore luteo, in fruticetis
ad Cumbre de Caracas, alt. c. **2000'**, Dcbr. (**174.**) —
Speciem unicum incompletum.

219. *Heliophilum Indicum* DC. — Planta perennis v. suffruticosa, 3', floribus violaceis in fruticetis ad Guajacarumbo, alt. c. 2000', Debr. (**273.**)

220. *Tournefortia volubilis* L. — Planta biennis volubilis,
fl. violaceo, in fruticetis ad littus. Novbr. (**79.**)

221. *Heliotropium Curassavicum* L. — Planta biennis, pedalis, flore violaceo in littore maris. Novbr. (**77.**)

222. *Heliophytum parviflorum* DC. — Suffrutex 3', flor. albis, in littore maris ad Cabo blanco, Novbr. (100.)

223. *Varronia calyptrata* DC. — Frutex 10 — 15', cor. albis, in fruticetis ad Maiquetia, Debr. (232.)

224. Cordia *speciosa* W. — Frutex 6 — 8', flor. albis odoratis, in collibus ad Cabo blanco, Novbr. (71.)

225. Cordia *bullata* L. — Frutex 10', cor. albis, ad ripam rivuli Rio de Maiquetia, Debr. (248.)

226. Cordia *cylindrostachya* B. Sch. — Frutex 4', flor. albo, in fruticetis ad Maiquetia, Novbr. (11.)

227. Convolvulus *nodiflorus* Desr. — Planta ad 5' scandens, flore albo in fruticetis ad Maiquetia, circ. usque ad alt. 1000', Novbr. (31.)

228. *Ipomoea Pes caprae* Sw. — Suffruticosa scandens et repens, flore roseo in littore maris ad Cabo blanco, Novbr. (146.) — Coluimus hanc plantam speciosam in horto, longe lateque repentem, sed flores nullos producentem.

229. *Ipomoea ferruginea* R. Sch. — Frutex scandens ad 5' alt. fl. coerul. in fruticetis ad Maiquetia et ad Cabo blanco, Novbr. (36.)

230. *Ipomoea muricata* Cav. — Planta perennis pedalis flore roseo in savannis pr. Guareyma, altit. 5000', Jun. (253.)

231. *Batatas acetosaefolia* Choisy. — Planta perennis cor. alba paucas poll. longa in arena maritima ad Cabo blanco, Jan. (435.)

232. *Batatas pentaphylla* Choisy. — Planta perennis alta ad 30 ped. super frutices scandens flore albo, pr. Maiquetia, Debr. (230.)

233. *Batatas quinquefolia* Chois. — Suffruticosa scandens 8', flore albo, in fruticetis pr. Maiquetia, Jan. (339.) — Est forma foliolis subintegerrimis.

234. *Convolvulus?* sp. — Fruticosa scandens 10′ fl. albo in fruticetis ad Curucuti, Nov. (124.)

235. *Convolvulus?* sp. — Suffruticosa scandens flore rubro, 10—15′, in fruticetis ad Curucuti, Debr. (233.) — Utriusque specimina singula manca.

236. *Evolvulus cardiophyllus* n. sp. — Planta pedalis repens, flore coeruleo pr. Maiquetia usque ad alt. 1000′, Novbr. (26.) — Specimina pauca pedem nondum longa, absque radice nec ex ullo loco radiculas agentia, quare de indole repente dubia. Caules simplicissimi cum omnibus reliquis partibus pilis fulvo-aureis obtecti, teretes, per intervalla foliis tecti, in quorum axillis flores brevissime pedicellati subsolitarii, qui in statu sicco foliis sese complicantibus absconditi videntur. Folia brevissime petiolata cordato-ovata plus minus acutata et acuta, lobis basalibus rotundatis petiolo longioribus, subtus pilosiora, nervo cum venis primariis prominulis notata, 1—1 ¼ p. longa, 8 lin. circiter inferne lata, superiora minora, densius disposita, intervallis inter folia semper ipsis brevioribus. Flores 5 lin. fere longi, bracteolis paucis hirsutis angustis acutis stipati; calyx 3 lin. longus hirsutus, persistens, sepalis angustis e basi paulo latiore filiformi angustatis ciliatis. Corolla e tubo brevi dimidium calycem aequante sensim infundibuliformis, ad plicas pilosa, ceterum glabra. Stamina corolla breviora, antheris elongatis basi sagittatis, ejecto polline spiraliter tortis. Capsula glabra calyce brevior ovoidea acutiuscula. — Ad *Ev. capensem* aliquo modo accedit qui vero crassior rigidior, foliis densius dispositis, brevioribus, basi ovatis, calyce breviore, sepalis latioribus illico differt. *E. frankenioides* similis quoque, sed folia huic non cordata, minora, magis in rotundatam vergentia formam, calycesque minores.

237. *Evolvulus albiflorus* n. sp. — Suffruticosus pedalis, flore albo, in fruticetis ad Curucuti, alt. 2000', Jan. (**325.**) — Sectiones in Candollii prodromo a cel. Choisy in hoc genere adhibitae haud optimae, pedunculos enim folio longiores et breviores in eodem ramo cauleve reperire potes. Inter illas species quibus pedunculi foliis subaequales cum *E. argyraeo* quodammodo convenit, sed inter illas pedunculis folio longioribus pluribus affinis videtur, habitu cum *E. linifolio* Linnaei convenit, quocum forsitan communicavisset cel. Choisy, qui ad hanc Linnaeanam speciem ponit Loefflingii plantam „Convolvulo adfinis, etc. It. p. **315.** de qua Linnaei discipulus (Cumanae d. **21.** Aprilis m. a. **1754** collecta) dicit: „flores in spica oblonga, tomentosa", etc., „floribus sessilibus ex axillis bracteolarum", quod cum verbis diagnosticis in Prodromo „pedunculis filiformibus subbifloris, inferioribus ramosis minime quadrat. Nobis suppetunt caules ramosi ultra pedem longi, cum omni reliqua parte pilis adpressis albicantibus vestiti, licet superficies foliorum (in sicco nigricans, in vivo certe viridis) minore copia eorum induta. sit. Rami virgati foliosi, fere toti ex axillis floriferi. Folia sensim apices versus decrescentia, patentia, brevissime petiolata (petiolo in maximis linea breviore), elongato-lanceolata, apice quam basi paullo acutiora, submucronata, maxima pollicem longa, **3** lin. lata, plurima **9** lin. longa, **2** lin. lata, subtus pilis adpressis albida, immo juniora sericea, nervo venisque primariis densiori tomento (in adultioribus saltem) magis conspicuis et paululum prominulis, supra leviter adpresso-pilosa, juniori statu canescentia. Pedunculi rectius ramuli floriferi dicendi filiformes (in statu florere incipiente habemus specimina), folio breviores, folium aequantes et superantes, apice bracteis ex florum numero variabili variabilibus, **1 — 1** $^1/_2$ lin. longis, linearibus acuminatis instructi, quae nunc fere verticillatae, nunc geminae alternae pedicellos **1 — 3** fulciunt ipsis paullo vel triplo longiores, unifloros, longitudine inter se nequaquam aequales.   Calyx 1 $^1/_2$ — 1 $^3/_4$ lin. altus, sepalis e latiore basi elongato - acuminatis acutissimis.   Corolla calyce haud duplo longior, extus pilosa ad plicas.   Capsula subglobosa acutiuscula laevis calyce minor.

238. *Wigandia Caracasana* HBK. — Suffruticosa **5 — 10′**, flore coerulescente, locis siccis pr. Maiquetia, alt. c. **1000′**, Debr. **(226.)**

239. *Bignonia verrucifera* n. sp. — Frutex scandens 30′ alta, flore purpureo, in fruticetis ad Curucuti, alt. circ. **1500′**, Jan. **(307.)** — Caules lignosi teretes glabri, lenticellis crebris parvis ovalibus, apertis cinnamomeis exasperati. Folia unijuga cum cirrho simplici (aderat in cirrho ramulus tenuis lateralis) petiolata, petiolo pollicari vel paullo breviore glabro et lenticellis adsperso, petiolulis dimidium pollicem vix longis, supra canaliculatis. Foliola subcoriacea, late vel ovato elliptica, basi obtusa v. levissime cordata, apice acutiuscula (?, omnia suppetentia laesa erant), magnitudine varia, lamina nunc 4 p. longa et **2**$^1/_2$ p. lata, nunc **6** poll. longa et fere 4 p. lata, subtrinervia, venis scilicet **2** primariis parvo spatio inter se remotis, e nervo excurrentibus et paullo rectius quam reliquae surgentibus quibuscum per ramos anastomosantes connectuntur. Superficies glabra laevis nitidula, inferior pallidior opaca, nervo venisque primariis et secundariis prominentibus percursa, in quibus reliquias pubis minutae, forsan in statu juvenili frequentioris animadvertere interdum licet. Paniculae racemive axillares folio breviores, rhachi, s. ramulo florifero, 1 $^1/_2$ - 5 poll. longa, lenticellis instructa foliisque oppositis, quam reliqua multoties minoribus, quorum infi-

mum par interdum nullos flores ex axilla sua prodit, quod
in superioribus fit, ubi ramuli 3 — 1 - flori occurrunt, qui
cum calycibus pube minuta vestiuntur. Calyces brevissime
pedicellati, 3 lin. alti campanulati, margine dentes breves
anguste triangulares subulato - acutatos et sinubus latis levissime concavis sejunctos gerente, extus irregulariter tuberculoso - verrucosi. Corolla 1 $^1/_2$- pollicaris, glabra, tubo
primum angusto cylindraceo (hac parte vix 2 lin. longa)
mox dilatato et elongato campanulato in limbum (subirregulariter 5- lobum ?) exeunte. — Species si perlustramus illa
in regione collectas ad *B. glabratam* Kunthii accedere videtur.
240. *Bignonia?* *rugosa* n. sp. — Frutex scandens, 10' alt.,
flore luteo, in fruticetis ad Chacao, alt. 4000', Sept. (437.)
— Pili albi sursum curvuli rigiduli caules angulatos, petiolos cum cirrho simplici, foliorum paginam inferam ad rete
vasculosum et marginem, pedunculos et calyces investiunt,
aliquantulum longitudine et copia in hisce partibus varian-
tes, in superficie foliorum adultorum rari nunc adsunt nunc
plane desunt. Admixta videtur in caulibus pubes minutissima glandulosa. Folia unijuga cum cirrho simplici. Petioli ad $^3/_4$ p. longi, petiolulis plus dimidio brevioribus.
Foliola latiuscule ovata, basi obtusissima, breviter sed acute
acuminata (2 — 3 poll. longa, 1 $^1/_4$ usque ad 2 fere poll.
lata), utrinque rugosa, superficies nitida venis venulisque
profunde impressis, opposita pagina pallidior et nitoris expers, rete vasculoso, inprimis autem nervo cum venis majoribus prominente. Ubique ad basin foliorum stipularum
ad instar foliola duo brevissime petiolata subrotunda obtusa
petiolo breviora. Flores in superioribus summisve axillis
axillares, hinc quoque quasi terminales, solitarii gemini
terni, si plures e pedunculo abbreviato originem ducunt
pedunculi breves 2 — 3 lin. longi. Calyx 3 lin. circ. altus

cupulatis truncatus, denticulis maxime obsoletis. Corollae glabrae $2\frac{1}{2}$ p. longae tubus inferne angustus et calyce cui inpositus dimidio fere angustior, per dimidii pollicis spatium hoc modo procedit, dein dilatatur et ampliatur et in limbum expanditur quadrilobum, lobo uno emarginato sub-bilabiatum. Stam. 4 didynama absque rudimento quinti: filamentis omnino glabris, basi recte adscendentibus, dein leviter intus, cito tunc magisque extus curvatis, arcuatim denique cum antheris conniventibus, quarum loculamenta augusta, apici filamenti solummodo affixa, ceterum libera, hinc perpendiculariter in corolla posita, sibi invicem per paria opposita sunt. Stylus limbum corollae attingens, apice sensim dilatatus, apice cornubus duobus brevibus erecto-incurvis terminatur. Capsula junior ovalis valde compressa utrinque acuta et basi longius angustata quasi pedicellata in calyce persistente.

241. *Amphilophium paniculatum* HBK. — Frutex scandens, 20', flore ex luteo, albo et violaceo picto, in sepibus ad Chacao, alt. 3000', Sept. (441.)

242. *Amphilophium paniculatum* HBK. var. — Frutex scandens 15', flore rubro, in fruticetis ad Curucuti, alt. circ. 2000', Jan. (327.) — In hac forma pubes e pilis fasciculatis sordide flavescentibus totam paginam inferam foliorum occupat, dum per superiorem puncta minuta (resinosa?) lutescentia sunt dispersa. Illa pubes sordide lutescens per petiolos et caules undique dense distributa est sed brevior adhuc evadit ita ut fere pulverulenta sit. Tota planta exsiccata hinc sordide flavescit. In illis vero speciminibus quae *Amph. paniculatum* verum saltem Kunthii habemus utraque pagina punctis illis sed inferior densissimis tecta est, in nervos vero paginae inferioris intrat pubes petiolorum angulos occupans, e longioribus pilis patentibus sur-

sum curvulis rufescentibus constans, qui pili et per caulis
angulos distributi sunt, faciebus interjectis puncta illa minuta offerentibus; planta sicca in pagina aversa ex albido glaucescens. Quae vero prius e terris Mexicanis *A. panicu-*
lati sub nomine distribuimus intermediam quasi formam
sistunt in cujus foliolis pagina aversa densissime punctis et
pilis brevibus apice fasciculatis sordide flavescentibus valde
dispersis est tecta, anguli vero petiolorum et caulium densioribus pilis vestiuntur, faciesque interjectae nunc punctu-
losae nunc pubescentes; simili modo ac prima in siccis
flavescit. Hinc ex indumento tres formae distinguendae
sunt, inter quas *paniculatum* Linnaei quaerendum erit. Sub-
veniunt discrimina in foliolorum forma et magnitudine et si
collectorum verbis fides habenda est, colores florum diversi.
Jacquinius corollam purpuream dicit et limbum calycis album, Kunthius vero corollam roseam et Plumierus viola-
ceam quibuscum notis comparare velis, quae supra collectoris nostri auctoritate dicta sunt.

243. *Tecoma stans* Juss. — Frutex 5—10′, flore luteo, in
fruticetis ad Maiquetia, ad altit. 1000′ usque, Novbr. (4.)

244. *Rauwolfia tomentosa* Jacq. — Frutex 4′, flore albo
ad ripas pr. Maiquetia, Nov. (66.) — *R. canescentis* nomen huic frutici, consueto botanicorum more, primum ad-
jungens dubiis nonnullis premebar. Sloanei icones ma-
lae et descriptio incompleta, sed corollam purpurascen-
tem (purplish) indicat, in nostra planta ex collectore atque
e specimine vivo hortensi albam. *R. hirsutae* Jacq. synonymon jam Alph. DeCandolle in Prodromo, nec minus mihi
ipsi attente descriptionem auctoris perlegenti incertum, ramos enim subhirsutos nominat, folia cum petiolis hirsuta,
calycis foliola lanceolata, corollae lacinias subquadratas emarginatas. Pili patentes riguli sed nullo modo pungentes

hirsutiem efficiunt, in nostra autem planta pili patentes quidem, sed densi, brevissimi, molles et in sicco flavescentes
ramos juniores, foliorum inferam paginam (superficie eorum
brevioribus dein ex parte evanescentibus pilis. induta) inflorescentiae ramos et calycis partem occupant, ita ut has
partes potius velutinas quam hirsutas dicerem, plantamque
nostram ad *R. tomentosam* ducerem, cujus iconem nondum
videre licuit. Nec obstaret me semper hanc vidisse nec
unquam aliam revera hirsutam, quam Jacquinius in campis
siccioribus et in fruticetis apricis Caribaearum et vicinae
terrae vulgarem quasi indicat, *R. tomentosam* vero in
Carthagenae rupestribus vel in ipsis moeniis lapideis et
portis urbis copiosam. Jam anno 1819 ex horto Gottingensi florentem accepimus sic dictam *R. canescentem* florentem, et omnino eandem ex campis sylvisque insulae Cubae, atque ex Sti. Dominici insula ad portum principis
collectam, nunc quoque in horto nostro botanico vivam de-
gentem habemus, in quibus omnibus speciminibus flores **2**
lin. longi, calycis-laciniae obtusae; corolla extus, excepto
superiore tubo minute puberulo laciniarumque obtusarum
margine ciliato, glabra, et stigma crassum cyindraceum in
apice truncatum et fossula media bilobum, basi membra-
nula deflexa cinctum.

245. *Rauwolfia* sp. — Frutex 5 — 7', flore luteo in fruticetis
ad Rio de la Guayra, alt. circ. 1000', Nov. — Specimina pertinent forsan ad eam *Rauwolfiam*, quam prius dubius quidem
pro *nitida* Jacquini habuimus (Linn. VI. p. 390. e Mexico,
ibid. p. 733. ex ins. Sti. Thomae) nunc autem e variis Antillarum insulis serius visam pro *R. Lamarckii* Alph. DC.
prodr. VIII. p. 337. n. 5. et *R. psychotrioidem* ab hac diversam declaramus. Verae, ut speramus, *R. nitidae* descriptionem subjungimus:

R. nitida L., Jacq.

Frutex dichotome ramosus, rami hornotini virides, anterioris anni fusci et lenticellis satis crebris ovalibus crassiusculis media rimula fissis albidis notati, sequentium annorum cortice ochraceo tecti, in quo lenticelli minus conspicni, omnes cum foliis et inflorescentiae pàrtibus glabri. Folia saepissime quaterna, duobus majoribus oppositis, duobusque multoties minoribus saepius et forma magis obovata insignibus, illis vero late lanceolatis v. late ellipticis utrinque acuminatis, petiolo brevi, interdum fere usqùe ad insertionem lamina decurrente concomitato, subcoriaceis, supra lucidis viridibus, subtus (in sicco lutescentibus) pallidioribus opacis, nervo medio subtus prominulo et pallidiore percursis', venis crebris ab eo orientibus marginemque petentibus et prope eum arcuatim, ceterum reticulatim inter' se connexis. Maxima quae habemus folia cum petiolo **4** fere pollices longa et **16** lin. lata, pleraque minora, minima in verticillo subflorali, **2** tandem lineas longa. Petiolorum basis ima cum interstitio inter petiolos, interdum et axilla ipsa verruculis paucis e cylindrico-conicis pallidioribus obsessae sunt, quales et in aliis paucis speciebus invenies. Inflorescentia cymosa terminalis axillarisque foliis proximis semper multo brevior, bis terve trichotome v. dichotome divisa, bracteis minutis acutis ramos fulcientibus. Calyx intus eglandulosus, extus minutissimis glandulis albis pedicellatis adspersus, paullo ultra medium in lacinias **5**, latitudine paululum inaequales, late ovatas, acutas obtusasve, interdum imo emarginatas, margine tenuissime et brevissime ciliolatas partitus, $^{3}/_{4}$ lin. altus laxe cingens tubi corollae leviter dilatati, medio contracti et sub limbo iterum ampliati, **2** lin. longi basin. Laciniae limbi dextrorsum contortae, dilatato-ovatae, acutiusculae, in parte, quae in

alabastro libera est, glabrae, in tecta vero pube minuta
(in sicco flavescente) obductae. Tubus extus glaber, intus
àd faucem pilorum brevium densorum luteorum cingulo ornatus, ad medium usque aut paullo ultra pilis luteis reversis sparsis hirsutus, infimus nudus. Stamina 5 in parte
tubi dilatata; filamenta brevissima fere subulata; antherae
cordatae acuminatae. Ovarium sub anthesi calyci aequilongum, utroque latere sulco longitudinali notatum, nectario
cupuliformi dimidio breviore integerrimo cinctum. Stylus
simplex superne sensim crassior cum stigmate sub insertione antherarum desinens. Stigma stylo crassius, cylindricum, apice subtruncatum et obtuse bilobum (inferne margine papilloso cinctum?). Fructus non aderant.

246. Haemadictyon exsertum Alph. DC. — Frutex volubilis
10′, flere luteo, in fruticetis ad Maiquetia, alt. c. 1000′,
Novbr. — Suppetentia specimina an revera ad Càracasa-
nam illam pertineant haud extra omne dubium. Pubes brevis in partibus fere omnibus junioribus, dein evanescens.
Folia c. petiolo-circ. 4-lineari $3-4\frac{1}{2}$ p. longa, $18-21$
lin. lata, tenuia, intense viridia in supera, pallide viridia
in infera, et leviter nitentia in utraque pagina. Calyx e
sepalis 5 fere $2\frac{1}{2}$ lin. longis, lanceolatis acuminatis brevissime et remote ciliatis, intus glandula triangulari-ovata,
sepali basi aequilata, laevissima, $\frac{1}{2}$ lin. longa, opposita
munitis. Coroliae fere pollicaris tubus 7 lin. longus, cylindricus, medio leviter ventricosus dein subito dilatatus. Qua
in dilatata supera parte corollae parietem cingit margo angustus orbicularis glandulosus, sub quo eriguntur laminae 5
elongatae, sursum paullulum angustatae, obtusiusculae
(apice incurvae?) limbo breviores ejusque laciniis acutatis
alternae, $2\frac{1}{2}$ lin. longae, vix $\frac{1}{3}$ lin. basi latae. Ab insertione cujuslibet laminae decurrunt lineae duae elevatae

pilorum deorsúm versorum sensimque longiorum usque ad
insertionem filamentorum, quae in inferiore dilatata tubi
parte nascentia in medio convergunt antherasque gerunt
longe acuteque sagittatas, conicum corpus constituentes, quod
faucis cingulum glandulosum aliquantulum superat et stigma
capitatum apice bilobum includit. Stylus oritur inter qua-
tuer lobulos obtusos ovariorum duorum, quae nectário annulari parietiformi, margine levissime undulato, ipsa fere
acquante cinguntur. Fructus non aderat.

247. *Echites tomentosa* Vahl. — Frutex volubilis 7′, flore
luteo, in fruticetis ad Curucuti, alt. 2—3000′, Dcbr. (186.)
— Praeter specimen Salzmannianum et Surinamense vidimus, quod omni mode cum planta nostra convenit, licet folia in planta fructifera magis adulta utrinque sunt rugosa
et supra minus hirsuta. Fructus 7—9 poll. longi, utrinque attenuati, torulosi, brunnei, nitiduli et fere glabri.
Semina ¹/₂ p. longa, coma pilorum fere pollicarium ru-
fescente coronata. Plantae Salzmannianae fructus sunt
4-pollicares, hirsuti, basi non attenuati, quare propriam
sistere speciem posset.

248. *Echites microcalyx* Alph. DC. — Frutex volubilis 8′,
flore luteo in fruticetis ad Cumbre de Caracas, alt. 3 —
4000′, Dcbr. (181.) — Nervus medius in superficie rimu-
lam efficit pilis et hinc inde glandula parva (nigricante in
sicco) munitam. Calycis laciniae 5 ex ovata basi anguste
et elongato-acuminatae, in margine tenuiore ciliolatae, intus squamula media subtriangulari obtusa multo minori munitae. Corolla 1¹/₄ p. longa, extus pilis albis patentibus
adspersa, tubi infera cylindrica pars 7 lin. longa, dein dilatatur et iterum cylindrice per 4 lin. fere spatium prece-
dit in limbum expansum. Stamina sub illius dilatatae par-

tis basi inserta, antheris vix **2**$\frac{1}{2}$ lin. longis, basi obtuse
et brevissime bilobis, s. potins emarginatis; solito more
conice conniventibus et apice apiculatis. Tota insertionis
regio pilis brevibus reversis albis, sursum densioribus, deorsum sensim magis dispersis tandem deficientibus est tecta.
Ovaria usque ad eorum superam angustatam partem neeta-
rio glanduloso crassiusculo 5-crenato cinguntur. Stylus simplex tennis, sub stigmate leviter dilatatus, quod 5-angulare,
angulis duplici membrana marginatis, quae membranae deorsum in caudam elongatam propendentem conjunctae, superne in
quovis latere arcuatim se invicem jungentes, stigmatis latera **5** excavata repraesentant. An recte visum? Fructus
7 — 8 poll. longi, graciles per intervalla torulosi, atro-
fusci nitiduli, glabri, uttinque attenuati. Semina lin. 4 longa, dense puberula, coma pilorum tenuium rufescentium
fere 9 lin. longorum superata.

250. *Echites* (§. 3. DC. prodr.) *chlorantha* n. sp. — Frutex volubilis 10′, (floris tubo rubescente, limbo viridescente
ex icone) in fruticetis prope Maiquetia, alt. c. 1000′, Nov.
(156.) — Onum paucas inter species ad paragraphum tertiam Echitis generis in Candollii prodromo una reperiatur,
cujus in calycis lobis intus adposita sit unica glandula, hanc
simili structura praeditam iis adjungere licebit. Caules teretes tuberculis parvis prominulis scabriusculi et junioribus
pilis minutis patentibus hirtelli. Petioli 6 — 9 lin. longi,
sulco angusto cujus margines quasi incrassati sunt in supera pagina notantur, sub lamina glandulae duae in hoc
margine occurrunt sibi oppositae subulato-conicae apicibus
conniventes et paullo altius in margine sulci, nervum medium indicante, alterum glandularum paullo minorum par.
Lamina late ovalis basi obtusa, apice breviter acuminata,
majorum 4 poll. longa, **2**$\frac{1}{2}$ p. lata est, sed et dimidio

minor sicut utrinque acutiuscula occurrit, ceterum consisten-
tiae papyraceae, nervo medio supra canaliculato subtus prominente, venis primariis **7 — 9** utrinque ex eo procurrentibus sursum curvatis et arcuatim se connectentibus venulasque edentibus prope marginem iterum arcuatim connexas;
facies utraque glabra, fere concolor, margo minutissime revolutus. Inflorescentia axillaris breviter pedunculata, ped.
1 — 3 lin. longo crasso, bi- vel tripartito multifloro, rami
paucas lineas longi et densissime tecti floribus pluribus ex
axilla bracteae late ovatae acutae glabrae provenientibus et
pedicello ad 4 lin. longo (in siccis speciminibus spiraliter
torto) glabro suffultis. Calyx 3 lin. longus, basi conicus
ad $^2/_3$ in lacinias **5** ovali-ellipticas obtusiusculas quincunciali modo sese tegentes, ciliolatas partitus, intus squamis
5 cum laciniis subalternis, latis, apice emarginatis vel fissis et apicibus suis laciniarum basin attingentibus auctus.
Corollae tubus cylindricus circ. 8 lin. longus, inferne paululum dilatatus, dein contractus iterumque subito dilatatus
atque ex hac dilatata parte anguste campanulata in limbi
lacinias horizontales subreflexasve e lata basi acuminatas et
hac dilatata tubi parte breviores sese pandens, glabra.
Stamina in basi hujus dilatatae partis orientia **5**, filamentis
brevissimis latiusculis, intus dense pilosis; antherae oblongae, apice attenuatae, basi obtuse bilobae, in conum conniventes. Glandulae 5 ovaria cingentes obtusae eaque longitudine aequantes. Stigma incrassato-cylindricum, basi
margine libero propendente cinctum, apice in lacinias **2**
triangulares attenuatum. Folliculi 8-pollicares teretes **2**
lin. crassi utrinque attenuati, tenuissime striati, glabri laeves. Semina $^1/_2$-pollicaria utrinque attenuata, tenuissime
puberula, coma pilorum tenuium sericeorum rufescentium ad
10 lin. longorum superata (nondum plane matura). Color

corollae ex icone ab auctore picta inferne albidus dein in
roseum colorem abiens, qui sub supera dilatatione intensior
evadit, hac ipsa dilatatione expallescente et in viridem colorem transeunte, qui color limbi quoque laciniarum mediam et
basalem partem occupat et in luteum colorem marginis transit.

Observationes de nonnullis Echitidis speciebus Antillanis:

Echites Berterii Alph. DC. pr. VIII. p. 447. Vidi a
beato Car. Ehrenbergio in insula S. Domingo in vici-
nitate portus principis prope La Coupe pagum circ. 1500′ supra mare situm collectam, addo sequentia:

Cal. 2 1/2 lin. long., laciniis elongato - triangularibus acuminatis, glandulis minutis subulatis luteis apice rubescenti-
fuscescentibus geminis, aliis liberis aliis connatis, cum calycis
laciniis subalternis. Glandula ovarium cingens conoïdea truncata, lineam fere alta. Cor. 1 1/2 poll. alta, tubo infimō angustiore 4 lin. longo, dein dilatato et aequilate ad limbum
usque procedente. Stamina sub dilatata parte inserta, filamentis brevibus luteis, interne basin versus pilis albis reflexis
instructa, iisdem pilis totam insertionis regionem lato cingulo
vestientibus. Antherae sagittatae, lobis basalibus acutis, leviter breviterque intus curvatis, pollen non gerentibus. Stylus simplex glutinosus v. varicosus videtur sub stigmate, quod
crassum quinquangulare, subtus membranam tenuem habet, ad
angulos deorsum acutissime acuminatam 5-lobam, lobis apice
fere filiformibus.

Echites umbellata Jacq. DC. l. c. — Ex insula S. Domingo misit C. Ehrenberg. „Flores albi.‟

Echites angustifolia Poir. DC. l. c. p. 449. Orientem
versus ab portu principis in insula S. Domingo ad hortum

Balbianii spontaneam leg. C. Ehrenberg. — Ramuli foliis angustis obtusis brevissime petiolatis, margine revolutis et nervo pallidiore subtus prominente percursis, oppositis et satis approximatis obsessi folia pinnata fere simulantur. Flores solitarii geminive in pedicellis quam petioli paullo longioribus similique modo ut hi puberulis. *E. linearifoliam* Desv. huic adjungerem, nulla enim nota recedit.

Echites repens Jacq. DC. l. c. „Flores rosei v. albi." In S. Domingo insula coll. C. Ehrenberg.

Echites suberecta Jacq. DC. l. c. p. 453. Ad hanc speciem spectare videntur specimina ex insula Cuba accepta et a C. Ehrenbergio in S. Domingo insula lecta. Foliorum his variabilis forma. Corolla plus minus pilis longis albis vestita, tubi parte angusta calycem aequante. In specimine autem, ex ins. Sti. Thomae ab Ehrenbergio lecto, calyx inferne longius pilosus tubum corollae laciniis suis glabratis longe superat, corolla sparsis tantum et brevioribus pilis instructa. Forsitan alia species est, cum *Ech. barbata* Desv. haud convenit.

Echites Ehrenbergii Schldl. (*biflora* C. Ehrenberg in sched.). In S. Domingo insula ad mare arbores obducens, floribus rubentibus. — Forma multis affinis sed ut videtur nondum in publicum prolata, glaberrima, foliis petiolatis ellipticis v. oblongo-ellipticis utrinque obtusis v. acutiusculis, basi quoque saepius brevissime attenuatis, apice semper acumine brevissimo quasi mucronatis, subtus pallidioribus et nervo elevato notatis, oblique venosis, et reticulato flexuose venulosis, rete toto nec prominente nec impresso. Pedunculi axillares folio breviores apice biflori, pedicellis unam paucasve lineas longis, basi bracteis oppositis squamiformibus acuminatis semiamplexicauli basi sessilibus amplexis. Calycis sepala 3 circ. lineas longa, elliptica obtusa cum acuminulo patula, nec tubo corollae angusto, quo plus duplo breviora adpressa, intus glandulis 5 sat magnis subtriangulari - ovalibus instructa, dein sub fructu pro majori parte rumpentia, glandulas vero relinquentia. Corolla inferne per spatium semipollicare anguste tubulosa, dein sensim in partem campanulato-infundibularem usque ad apices laciniarum acutas sesquipollice paululum longiorem dilatatur, laciniis basi obtuse utrinque dilatatis et in acumen satis acutum trianguli fere in modum excurrentibus. Folia 2 — 3 poll. longa, 9 — 15 lin. lata, petiolo inter 4 — 10 lin. vario. Corolla 26 — 28 lin. longa. Folliculi juniores lineares, sursum aliquantulum attenuati, primum certo mucronulati.

251. *Metastelma mucronatum* Desne. — Suffrutex volubilis 3 — 4′, flore albo in fruticetis ad Curucuti, alt. 2 — 3000′, Debr. (191.)

252. *Metastelma suaveolens* n. sp. — Planta fruticosa scandens sexpedalis floribus albis suaveolentibus in fruticetis ad Guareyma, alt. 3000 ped., Jun. florens. — Rami lignosi teretes, ad nodos sibi plerumque adproximatos ex foliorum delapsorum cicatricibus elevatis semirotundis media area vix elevatiore notatis crassiores et nodulosi, praeteriti anni cinerei, glabrati, hornotini bifariam puberuli, pili enim brevissimi deorsum curvuli ferruginosi latera articulorum decurrunt inter foliorum petiolos incipientes, similis pubes petiolos occupat pedunculos et pedicellos cum calyce, paululum magis dispersa per nervum in utraque pagina reperitur et valde dispersa raraque in superficie foliorum. Folia opposita breviter petiolata, petiolus circiter bilinearis et angusto caliculo percursus, ubi in laminam intrat papillae duae conicae glandulosae albidae. Lamina anguste

ovata longe sensim acuminata, basi obtusissima, apice
subulato-mucronata, margine leviter reflexo, **2—2¹/₂** poll.
longa, **6—8** lin. in inferiore parte lata, sicca coloris ex
rubro-fusci, subtus dilutioris. Flores in umbellis parvis brevissime pedicellatis ramorum elongatorum apices occupantibus,
quae inferius ex axillis foliorum provenientes, his superius
mox diminutis et in bracteas parvas acutas adpressas pubescentes mutatis denudatam inflorescentiam folia longe superantem alterne umbelliferam componunt. Pedicelli **1¹/₂**
circ. lin. longi ex axilla bracteae minutae ovatae acutae
ferrugineo-pubescentis proveniunt. Sepala ovalia acutiuscula,
petalis dimidio breviora, medio extus hirtella. Petala ovalia utrinque acutiuscula sepalis gynostemioque duplo longiora, crassiuscula, extus glabra, intus praeter marginem
extimum partemque inferam sub medio sitam pilis brevissimis crassis albis dense teguntur. Coronae stamineae foliola in gynostemii longioris sinubus sita, ex ovato attenuata apice obtusiuscula. Stigma convexiusculum, stigmatis corpusculis linearibus erectis prominentibus. Florere in-
cipiebat hic frutex, qui siccus tam colore suo quam teto
habitu a vulgatioribus hujus generis speciebus recedit, quibuscum forsitan conjungi nequit si floris structura fructus-
que cognita erit.

253. *Sarcostemma Cumanense* HBKth. — Frutex volubilis
10′, flore albo in saxosis prope Maiquetia, alt. c. **1000′**,
Novbr. **(161.)**

254. *Asclepias Curassavica* L. — Planta perennis **3′**, locis
apertis prope Maiquetia, alt. c. **1000′**, Novbr. **(81.)**

255. *Gonolobus rostratus* R.Br. — Frutex volubilis **20′**, flore
viridi, in fruticetis prope Maiquetia, alt. c. **1000′**, Debr.
(286.) — Haesitavi utrum huic primum a Vahlio sub Cy-
nancho descriptae et in iconibus tabula **VII.** depictae (icone

plerumque non citata) speciei addicerem, au sequenti pro-
dromi speciei, *G. Martinicensi* Desne. (DC. pr. VIII.
p. 595. n. 30.) et, ut vereor, characteribus haud omni modo
sufficientibus distinctae. Variabilis enim, ut ex aliis jam
speciebus hujus familiae cultis expertus sum, non solum
figura foliorum sed et sinus basalis altitudo, quod in hac
quoque specie observavimus. Icon Vahlii plantam repraе-
sentat foliis angustioribus et sinu minus profundo instructis,
superioribus forsan, qualia et nos ad amussim congruentia
habemus, sed alia quoque a bascos sinu 4 poll. longa, $3\frac{1}{2}$
poll. lata, lobis basalibus fere pollicaribus; ceterum alabastri forma, florum magnitudo et partium singularum di-
mensiones omni modo conveniunt. Emendandum igitur in
diagnosi quod de foliis dictum est, quo facto nullum super-
erit discrimen inter utramque speciem, video enim in nostris
speciminibus corollae lacinias semper ad alteram latus interioris paginae pilis papillaeformibus nonnullis ad basin instructas uti in *Martinicensi* poscitur nec in alterius descriptione commemoratur. Ex collectoris icone discimus calycem pallidiori, corollam vero intensiori viridi colore (in
siccatis exemplis in rubro-fuscum vergente) antheras c. corona lateritio colore, germen vero luteo tinctum esse fru-
ctumque maximum ovoideum ut videtur laevem diametri lon-
gitudinalis 8 poll. et transversalis $4\frac{1}{2}$ poll. esse, decur-
rentibusque alis irregulariter undato-crispatis, latitudine
variis, ad **12—15** lin. usque latis ornari; semina tandem
4 lin. longa ex ovata basi in rostrum breve satis repentine
attenuata pilorum coma aequilonga terminata esse.

256. *Rühssia purpurea* n. sp. — Frutex volubilis 10—30′,
flore purpureo, in sepibus prope Maiquetia, c. 1000′, Nov.
— Plantam hane a clar. Karstenio Dre. novi generis nomine donatam esse, docuit schedula, sed nec nomen nec

descriptionem nilam hujus plantae explorare potuimus, quare
ex siccis speciminibus atque ex icone describimus. Glabra;
caulibus teretibus (ex icone rubro-punctatis), junioribus
sese evolventibus pube minuta sordide flavescente dein plane
evanida tectis, adultioribus papulas late ovales irregulariter
dispositas, majores minoresque mixtas, interdum in maculas
confluentes medio convexas, vel umbonatas, medio umbone
quasi pertusas, albidas, nunc densas, nunc sparsas ferentibus. Folia opposita breviter petiolata, magna, late ovalia v. ex obovato-ovalia, breviter et acute acuminata, basi
breviter et angusto sinu subcordata, interdum obliqua, latere
altero basin versus attenuato, margine interdum leviter repanda, lobis basalibus obtusissimis, discolora, subtus enim
glauca, nervo venisque primariis utrinque circiter sex, marginem versus dichotome divisis arcuatim se connectentibus
venulasque iterum arcuatim se jungentes edentibus colore
suo (in sicco fuscescente) insignibus, nervo solo subtus ad
basin prominente, supra ibidem impresso et canaliculato,
marginibus canaliculi pone insertionem petioli pollicem et
ultra longi corporibus pluribus conicis glandularibus dense
sibi approximatis obsesso. Maxima folia 7 poll. longa a
petioli insertione, lobis $\frac{1}{2}$ pollicem abhinc longis, latitudine 4 — 4 $\frac{1}{2}$ poll. in medio praebentia, sed multo minora
adsunt 4-pollicaria 2 $\frac{1}{2}$ p. lata, sinu basali vix ullo. Petioli latiore basi incrassata affixi sunt in qua tubercula
parva subcylindrica, conica, vel abbreviata rotundata conspiciuntur vario modo disposita et in parte interna basеos
plerumque paullo majora et acutiora. Exsiccatione folia
facile decidunt et persistentes petiolorum bases nodos crassiores reddunt et linea elevata inter se junguntur. Inflorescentia axillaris, brevi (3 lin. circ. longo) pedunculo insidens, subumbellata, ex incrassato enim apice pedunculi

ut videtur partiti nascuntur flores numerosi pedicellati ex
axilla bractearum nonnullarum, una cum pedicellis **3** lin.
longis pubescentium, ita ut tota inflorescentia 8 — 9 lineas
longitudine non superet. Calyx ad basin 5 - partitus, partitionibus rotundato - ovatis obtusiusculis, marginem versus
sensim tenuioribus membranaceis, ciliatis, glandulis **5** minutis papillaeformibus intus ad basin interjectis. Corollae
tubus campanulato - cylindraceus, calycem aequans, limbi
laciniae ovato - ellipticae, patentes, dense ciliatae, extus in
medio glandulis minutis adspersae, intus glabrae purpureae.
Coronae stamineae processus 5 - elongato - triangulares obtusiusculae, longitudine stamina, appendice rotundata hyalina albida terminata aequantes. Massae pollinis angustae
oblongae obtusae erectae basifixae. Stigma pentagono-py-
ramidatum, apice conicum (in sicco rugulosum) albidum.
Fructus magnus laevis, 5 1/2 poll. longus, medio fere **2** poll.
latus, utrinque angustior, apice acutus hinc angulatus.

257. *Badula* (IV. *Acephala*) *Mameicillo* n. sp. — Arbor
30 - pedalis floribus albidis, in sylvis ad Galipan, alt. 4000
ped., Aug. flor. — ·De genere paululum dubius sum et de
specie. De genere quum nec fructum viderim nec ovula in
ovàrio, de specie quum forsan jam inter *Ardisias* exstare
posset, *A.* enim *canaliculata* Loddigesii, cujus iconem
videre non licuit nostrae valde similis et patria conveniret.
Habitu ad *B. Barthesiam* accedit, sed multis differt notis.
Ramorum adultiorum teretium cortex longitudinaliter rugosus, quod ex statu sicco pendere videtur, lenticellis hinc
inde crebris orbicularibus obtusis tegitur, quae in junioribus glandularum convexarum nitidularum nigricantium speciem praebent et petiolos intrant, qui breves sunt, in dorso
convexi, facie plani, margine angusto reflexo cincti, deci-
dentes cicatricem fere triangularem angulis obtusissimis

relinquunt. Lamina elliptica basi in petiolum longius attenuata, apice plus minus acuta v. brevissime et obtuse acuminata, integerrima, coriacea, opaca, subtus paululum pallidior, nervo medio subtus prominente, supra leviter impresso percursa, venis crebris debilibus, marginem versus
curvatis et invicem anastomosantibus. Superficies lentis
ope inspecta subtilissime reticulato-punctata apparet (an
exsiccationis causa?), aversa pagina minutissimis et creberrimis punctulis dilute fuscis tecta, punctis nullis pellucidis apparentibus, substantia enim nimis coriacea est. Panicula terminalis breviter pyramidata foliis multo brevior,
ramis folio valde diminuto in bracteam transeunte saepius
deciduo suffultis patentibus, ramulis spicatis, basi plerumque nudis, floribus in bracteae subellipticae acutae basi angustatae concavae patentis persistentis? axilla sessilibus.
Quae bracteae una cum calyce et corolla punctis elevatis
obscuris glandularibus, in vivo certissime rubris irregulariter adspersae sunt, in tenuiore margine autem non obviae.
In alabastro calycem vidimus in 5 lacinias ellipticas obtusas, apicibus suis aliquantulum dextrorsum contortas. Corollae laciniae totidem calyce minores et tenuiores aestivatione quincunciali; stamina 5 his minora, antheris oblongis
basi subcordatis, apice attenuatis, callo s. glandula parva
terminatis. Ovarium semiglobosum stylo brevi cum stigmate simplici terminali. Tota planta glaberrima, exsiccata
nigricans. Folia maxima 6 — 7 $\frac{1}{2}$ poll. longa c. petiolo
8 lin. longo, 2$\frac{1}{2}$—3 p. medio lata. Inflorescentia bi-—
tripollicaris. Flores parvi.

258. *Cybianthus parvifolius* n. sp. — Arbuscula octopedalis
floribus viridescentibus, prope Galipan septentrionem versus
in sylvis, Sept. flor., alt. 4 — 5000 ped. — Foliis ad summum 2$\frac{1}{2}$ p. cum petiolo circ. 5 lin. longo metientibus et

pollicem latis plerumque vero brevioribus et angustioribus, racemis compositis folio brevioribus vel ipsum aequantibus jam distinguitur a ceteris descriptis. Rami vetustiores cortice ex nigricante et cinerascente vario, longitudinaliter rimoso et cicatricibus foliorum primum subsemirotundis prominulis tecti, ramulis adscendenti-patentibus, junioribus angulatis et tenuissime at dense ferrugineo-lepidotis dein glabrescentibus. Folia petiolata, petiolo subtus convexo, supra marginibus erectis canaliculato. Lamina elliptica interdum obovato-elliptica, basi in petiolum attenuata, apice nunc brevius nunc evidentius, nunc sensim, nunc abrupte . acuminata, acumine obtuso, rarius obtusa et acuta, in sicco valde discolor, coriacea, punctis pellucidis non conspicuis. Nervus subtus prominet, venae tenues vero cum venulis eleganter dense reticulatis subtus levissime prominulae. Superficies utraque glabra, puncta minutissima fortiori lente tantum conspicua subtus videbis. Margo basin versus reflexus, extimus pellucidus. Inflorescentiae graciles ex superiorum foliorum axillis egrediuntur pedunculati, saepius vero una alterave vel plures superiores cicatricem folii s. bracteae fulcientis tantum possident. Pedunculus communis inferne per **7 — 9** linearum spatium ramis nullis instructus c. rhachi primaria et ramulis ejus brevibus patentibus racemose **5 — 3**-floris, ultimis unifloris, pube brevissima crassiuscula ferruginea patente tegitur. Calycis laciniae quatuor obovatae obtusae brevissime mucronulatae valde concavae, punctis pluribus fere croceis mediis signantur, dum margo latiuscule pellucidus est. Corollae laciniae dilatato-ovatae obtusissimae, circ. $^3/_4$ lin. longae, intus praeter marginem latiusculum dilutiorem pilis adpressis instructae et punctis pluribus rotundis croceis. Stamina corolla multo breviora, versus basin mediae laciniae fiamento brevissimo latiusculo et inferne latiore inserta sunt; anthera late ovata obtusa, loculis basi discretis et rima longitudinali ex apice sensim dehiscentibus. Aliis in floribus nullum pistillum adesse videtur, dum in aliis ex latiore basi breviter conicum reperitur stylo brevissimo vix ullo terminatum et stigmate terminali dilatato. Fructus non vidimus.

259. *Bumelia lycioides* HBK. — Frutex 8-pedalis, floribus albis, in fruticetis ad Maiquetia, alt. circ. 1000 ped., Jan. m. flor.

260. *Gaultheria cordifolia* HBK. — Frutex 2 — 4-ped., floribus rubris, in fruticetis Sillae de Caracas, alt. 7000 — 8000', Aug. flor.

261. *Gaultheria odorata* Humb. — Frutex 2 — 3-ped., floribus lutescenti-roseis, ad margines fruticetorum prope Galipan, alt. 4 — 5000 ped., Aug. fere deflorata. Alia vidit collector specimina corollis magis globosis lutescentibus, alia longioribus albis, formis intermediis connexa nullasque praeterea differentias praebentia, nec mihi speciminum copiam perlustranti praeter styli variam longitudinem in fructu juniore, qui ex varia staminum longitudine pendere posset, ulla diversitas apparuit.

262. *Gaultheria rigida* HBK.? — Frutex 6-ped., flor. rubris, in declivibus sylvaticis ad Galipan septentrionem versus, alt. 4 — 5000', Sept. — *G. odoratae* valde affinis, folia vero basi haud cordata sed obtusa, totaque magis ovalia, marginis dentibus setula longiori magis conspicua terminatis, pili glandulosi in inflorescentia rari breviores, corolla excepta pilis paucis raris glabra; ab *G. rigida* recedit ramis glabris, foliis haud leviter cordatis nec glabris sed ut in *G. odorata* subtus pilis minutis fuscis ex latiore basi conica orientibus instructis. Forsan nova species.

263. *Befaria ledifolia* HBK. — Frutex semipedalis flore rubro, in fruticetis Sillae de Caracas, alt. 7 — 8000' ped., Aug. flor.

Ueber die Veränderungen, welche die Zusammensetzung und Physiognomie der Vegetation der iberischen Halbinsel durch den Einfluss des Menschen während des Mittelalters und der neueren Zeit erlitten hat.

Antrittsvorlesung

des ausserordentlichen Professors au der Universität zu Leipzig

Dr. ph. *Moritz Willkomm,*

gehalten am 25. April 1855 in der akademischen Aula.

Unter den zahlreichen Aufgaben, welche derjenige Theil der botanischen Wissenschaft zu erfüllen hat, dem *ich* vorzugsweise mein Streben gewidmet habe, nämlich die *Pflanzengeographie*, hat keine bisher so wenig Beachtung gefunden, wie die Nachweisung der Veränderungen, welche die Vegetation unseres Planeten hinsichtlich ihrer Zusammensetzung und Physiognomie seit dem Beginne der gegenwärtigen geologischen Periode bis auf unsere Tage erlitten hat und noch fortwährend erleidet, oder mit anderen Worten: *die Geschichte der Vegetation der Jetztwelt.* Denn bis jetzt haben erst

43 *

einige Forscher der neuesten Zeit es der Mübe werth gehalten, die uns umgebende Pflanzenwelt unter diesem Gesichts-
punkte zu betrachten, und ihre Untersuchungen beziehen sich
natürlich blos auf einzelne Localitäten und Länder von be-
schränkter Ausdehnung. Von jenen Forschern verdienen besonders genannt zu werden: F r a a s, ehemals Professor an
der Universität zu Athen, welcher in seiner bekannten, 1847
erschienenen Schrift: '„Klima und Pflanzenwelt in der Zeit".
die Veränderungen nachzuweisen sucht, welche sowohl das
Klima, als die Vegetation Griechenlands seit dem Beginne
der historischen Zeit erlitten hat; ferner Prof. H o f f m a n n
in Giessen, der in einer 1852 unter dem Titel „Pflanzen-
verbreitung und Pflanzenwanderung" herausgegebenen Schrift
ein ziemlich anschauliches Bild von den Veränderungen ent-
wirft, welche in der Vegetation Nassau's und des Rheinge-
bietes in Folge der Wanderung verschiedener Pflanzen vorgegangen sind; endlich Prof. G o d r o n zu Nancy, welcher in
seiner 1853 herausgekommenen „Florula juvenalis" sich ausführlich über die Veränderungen ausspricht, welche die Vegetation Frankreichs in Folge der theils durch physikalische
Agentien, theils durch den Einfluss der Thiere und des Menschen bewirkten Einwanderung fremder Pflanzen erfahren hat.
Dankenswerthe Beiträge finden sich auch in den Schriften
von A. v. H u m b o l d t, R i t t e r, L i n k, S c h o u w, M e y e n,
R. B r o w n, E r m a n n, L y e l l, St. H i l a i r e, U n g e r,
G r i s e b a c h u. a., ja selbst L i n n é hat bereits einige auf
die Zeitgeschichte der Pflanzen bezügliche Notizen gegeben[1]).

---

1) Vgl. auch Z e y s s, Versuch einer Geschichte der Pflanzenwanderung. 1. Stück. Im Osterprogramm 1855 des Realgymna-
siums zu Gotha. Eine auf sehr sorgfältige Studien beruhende
Arbeit, welche wichtige Beiträge zur Zeitgeschichte der Pflanzen zu liefern verspricht.

Die bisherigen Untersuchungen beziehen sich, wie aus
dem so eben Gesagten erhellt, vorzugsweise auf *Europa*.
Und dennoch ist es nicht möglich, eine Geschichte der Vegetation Europa's seit dem Beginne der gegenwärtigen geologischen Periode oder auch nur während der historischen Zeit
zu geben, da mit Ausnahme der vorhin genannten Länder
noch kein Theil unseres Continents ähnlichen Untersuchungen
unterworfen worden ist. Erst dann, wenn alle Florengebiete
Europa's hinsichtlich der Veränderungen, welche ihre gegenwärtige Vegetation erlitten hat, gründlich untersucht sein werden, dürfte es möglich sein, an eine *Geschichte der jetzigen Vegetation Europa's* zu denken. Eben deshalb ist es
sehr wünschenswerth, dass recht viele Beiträge geliefert werden mögen, um nach und nach dieses grosse Werk zu Stande
zu bringen. Einen solchen Beitrag, wenn auch nur einen
sehr unbedeutenden, zu geben, möge auch mir in dieser öffentlichen Vorlesung gestattet sein, welche die Uebernahme
des mir von einer hohen Staatsregierung huldvoll übertrage-
nen Lehramts an hiesiger Universität von mir fordert. Und
zwar erlaube ich mir, die Aufmerksamkeit der hochgeehrten
Anwesenden auf kurze Zeit nach jenem fernen Westen Europa's hinzulenken, den zu wiederholten Malen und Jahre lang
zu durchforschen mir vergönnt war, nämlich nach der *pyre-
näischen Halbinsel*. Denn wenn irgend ein Land Europa's
sich zu historischen Untersuchungen über seine gegenwärtige
Vegetation, wie zu pflanzengeographischen Forschungen überhaupt eignet, so ist es jenes. Die Beschränktheit der mir
gestatteten Zeit erlaubt mir leider nicht, mich irgend in specielle Untersuchungen einzulassen, oder auch nur alle Agentien einigermassen genügend zu beleuchten, welche umwan-
delnd und verändernd auf die Vegetation Spaniens und Portugals seit dem Beginne der gegenwärtigen geologischen

Periode eingewirkt haben mögen. Solche Untersuchungen würden auch meine bis jetzt gemachten Studien und das mir gegenwärtig zu Gebote stehende Material noch keineswegs erlauben. Ich will mich daher in dieser Vorlesung blos darauf beschränken, in flüchtigen Umrissen eine Skizze *von den Veränderungen* zu entwerfen, *welche die Zusammensetzung und die Physiognomie der Vegetation Spaniens und Portugals durch den Einfluss des Menschen erlitten hat*, und zwar blos *während des Mittelalters und der neueren Zeit.*

Die neueren Untersuchungen der Vegetation Spaniens und Portugals haben ergeben, dass dieselbe zum grossen Theil aus einem bunten Gemenge von Pflanzen der verschiedensten Länder und Zonen besteht. Gleichwie die spanische Nation der Hauptsache nach ein Mischlingsvolk ist, hervorgegangen aus der theilweisen Verschmelzung der zahlreichen Völkerschaften, welche während des Alterthums und des Mittelalters abwechselnd im Besitz der iberischen Halbinsel waren, ebenso ist auch die Vegetation dieses Landes aus der Vermengung einer ursprünglich vorhandenen oder einheimischen Flora mit zahlreichen eingewanderten Fremdlingen entstanden, und trägt deshalb hier und da einen wahrhaft abenteuerlichen Charakter. Denn ausser einer grossen Anzahl von der Halbinsel eigenthümlichen oder *endemischen* Pflanzen und einer noch grösseren Menge von Pflanzen, welche der gesammten *Mediterranregion* oder dem grossen Becken des mittelländischen Meeres gemeinschaftlich angehören, finden sich in der spontanen Vegetation Spaniens und Portugals höchst zahlreiche Repräsentanten der Floren von Nord- und Mitteleuropa, von Nordafrika und des Orients. In geringerer Zahl sind Pflanzen beigemengt, deren eigentliche Heimath Grossbritannien, die Azoren [1]) und .canarischen Inseln [2]), Aegypten [3]), Arabien [4]), Persien und die Umgebungen des Kaukasus und des Kaspisees [5]) sind. Ja selbst die fernen Steppen Centralasiens [6]), die wunderreiche Pflanzenwelt Südafrika's, die Urwälder Nordamerika's und die sonnendurchglühten Tropengegenden der alten· und neuen Welt haben einzelne und zum Theil höchst

1) Z. B. *Myrica Faya* Ait., wächst an Bächen der Serra de Monchique in Algarve in Menge.

2) Z. B. *Aïzoon canariense* L., in der „Marisma‘‘ bei Sevilla; *Notoceras canariensis* R.Br., im südöstlichen Litorale an einzelnen Stellen häufig; *Zygophyllum album* L., im Ebrodelta; *Davallia canariensis* Sm., wächst in grösster Menge auf Bäumen, namentlich Korkeichen, in den herrlichen Laubwäldern an der Meerenge von Gibraltar, findet sich auch in Portugal und dem südlichen Galicien.

3) Z. B. *Colocasia antiquorum* Schott, an schattigen, kräuterreichen Stellen in warmen Gebirgsthälern bei Malaga und bei Monchique in Algarve; *Malva aegyptia* L., auf dürrem Thon- und Mergelboden im Litorale von Murcia und bei Madrid; *Astragalus cruciatus* Lk., am Kap St. Vincent, in Murcia und Ostgranada; *Microrrhynchus nudicaulis* Less., in Murcia und Ostgranada; *Halostachys perfoliata* Moq., im Litorale von Niederandalusien; *Caroxylon articulatum* Moq., in den Steppen von Südvalencia, Murcia, Granada und Jaen häufig, u. a. m.

4) Z. B. *Prenanthes spinosa* Forsk., an einzelnen Stellen im südöstlichen Litorale; *Anabasis articulata* Moq., am Cabo de Gata; *Lobularia libyca* Webb, am Cabo de Gata und bei Puerto de St. Maria; *Amberboa Lippii* DC., bei Almeria, u. a. m.

5) Z.B. *Eurotia ceratoides* C. A. Mey., in den Steppen von Guadix an einzelnen Stellen häufig; *Echinospermum patulum* Lehm., auf Aeckern bei Murcia in Ostgranada, u. a. m.

6) Z. B. *Kalidium foliatum* Moq.,´ welches am südöstlichen Litorale von Granada vorkommen soll.

auffallende Beiträge zu dieser seltsamen Vegetation geliefert[1]).
Dass diese fremdartigen Beimengungen nicht ursprünglich in
der Vegetation der iberischen Halbinsel vorhanden gewesen
sein können, sondern auf die eine oder die andere Art dahin
gebracht worden sein müssen, bedarf keiner Erwähnung. Jedoch ist hierbei zu bemerken, dass nicht alle jene Beimengungen wirklich *fremdartige* genannt werden können. Dies
gilt ganz besonders von den nord- und mitteleuropäischen
Pflanzen, welche vorzugsweise den Norden der Halbinsel be-
wohnen, indem dort die klimatischen Verhältnisse denjenigen
von Mittel- und Nord-Europa so ausserordentlich ähnlich
sind, dass die Vegetation nothwendig nicht nur denselben Charakter besitzen, sondern zum grossen Theil auch aus denselben Pflanzenarten bestehen muss, wie in Mittel- und Nord-
Europa. In der That bietet die Vegetation Cantabriens,
Asturiens und des nördlichen Galiciens, im Grossen und Ganzen betrachtet, nur geringe Abweichungen von der Vegetation
des mittleren und südlichen Deutschlands dar, weshalb meiner Ansicht nach jene Provinzen Spaniens in pflanzengeogra-
phischer Hinsicht nicht zu Süd-, sondern zu Mittel-Europa
gerechnet werden müssen. Aber auch die *nordafrikanischen*
Pflanzen, welche im Süden der Halbinsel in so grosser Menge
auftreten, sind schwerlich alle aus Afrika herübergekommen,
obwohl die geringe Breite des mittelländischen Meeres zwischen
Spanien und Afrika die Annahme, dass die Saamen jener
Pflanzen durch den Wind nach Spanien herübergebracht worden wären, durchaus nicht unzulässig erscheinen lässt. Aber
viele der sogenannten nordafrikanischen Pflanzen des südlichen
Spaniens treten daselbst in ebenso grosser Menge auf, wie
in dem gegenüberliegenden Litorale Afrika's, so dass es bei

---

[1] S. weiter unten.

denselben rein unmöglich ist, zu entscheiden, ob Nordafrika
oder Südspanien ihre eigentliche Heimath sei. Ja an den beiden Ufern der Meerenge von Gibraltar ist die Vegetation fast
ganz aus denselben Pflanzen zusammengesetzt, und die wenigen Forschungen, welche in Marocco bisher zu machen möglich gewesen ist, haben bereits ergeben, dass die nordafrika-
nische Vegetation bis an den Atlas den südspanischen Charakter wenig verändert. Nun ist ja durch geologische Untersuchungen längst erwiesen, dass die Strasse von Gibraltar
nicht ursprünglich vorhanden war, sondern dass sie das Pro-
duct einer Erdrevolution ist, welche die Zersprengung des
Isthmus bewirkte, der einst die Halbinsel mit Afrika verband,
denn sowohl die Gesteine, als die Schichtung derselben sind
an beiden Ufern der Meerenge vollkommen identisch. Das
dieses grossartige Naturereigniss erst in der gegenwärtigen
geologischen Periode, freilich lange *vor* der historischen Zeit,
stattgefunden habe, dafür scheint mir ausser andern auch die
hellenische Mythe zu sprechen, nach welcher Herkules die
beiden Continente aus einander riss, um sich den Weg nach
dem Lande der Hesperiden zu bahnen und jenen die goldenen
Aepfel zu rauben. Hat aber jenes Naturereigniss erst in der
gegenwärtigen Periode stattgefunden, dann erklärt sich die
Uebereinstimmung zwischen der Vegetation Nordafrika's und
derjenigen des südlichen Spaniens von selbst.

Anders verhält es sich mit den nordafrikanischen und
südspanischen Pflanzen, welche im *Centrum der Halbinsel*,
z. B. um Madrid, Aranjuez, Toledo, in der ganzen Mancha
und selbst noch in Altcastilien um Valladolid [1]), gefunden wer-

---

[1]) Dergleichen Pflanzen sind z. B. *Clypeola eriocarpa* Cav., in
  Ostgranada und bei Aranjuez; *Althaea longiflora* Boiss. Reut.,
  in Algerien (wahrscheinlich auch in Granada) und bei Aranjuez;

den, und deren Auftreten daselbst um so auffallender ist, als
dieselben sich in den zwischen dem Centrum und dem Süden
der Halbinsel gelegenen Länderstrecken nicht vorfinden, selbst
da nicht, wo die entsprechenden klimatischen und Bodenver-
hältnisse vorhanden sind. Das sporadische Vorkommen dieser Pflanzen im Centrum Spaniens ist eine zu auffallende Erscheinung, als dass man dabei nicht sofort an eine mecha-
nische Einschleppung denken sollte. Eine solche hat auch
unläugbar stattgefunden und findet noch gegenwärtig alljährlich statt, nämlich durch die regelmässig wiederkehrenden
Wanderungen der Merinoschafe. Ich darf wohl als bekannt voraussetzen, dass die einst so berühmten Merino's niemals in Ställe kommen, sondern fortwährend unter freiem
Himmel sind, indem sie von einem Weideplatze nach dem andern ziehen, weshalb sie auch in Spanien „ovejas trashuman-
tes", d. h. Wanderschafe, im Gegensatze zu den „ovejas do-
mésticas" oder Hausschafen, genannt werden. Den Früh-
ling bringen diese Schafe in den Ebenen ihrer Heimath zu,
welche Leon, Altcastilien, Navarra, Südaragonien und Niederandalusien ist, den Sommer auf den kräuterreichen Matten
der Hochgebirge der cantabrischen und iberischen Kette,
des kastilianischen Scheidegebirges, auf den über 4000' em-
porragenden Plateau's von Soria und Molina de Aragon am
Ostrande des centralspanischen Tafellandes, in dem weitver-

Malva aegyptia L. (s. oben), bei Madrid; *Malcolmia africana*
R. Br., in Nordafrika, Murcia und Granada einheimisch, bei
Ciempozuelos, Tarrancon und Valladolid; *Cephalaria syriaca*
Schr., im Orient, Südspanien und bei Madrid unter der Saat;
Onopordon nervosum Boiss., in Granada und im ganzen Cen-
trum Neucastiliens; *Lycium afrum* L, in Nordafrika und bei
Aranjuez; *Caroxylon articulatum* Moqu., in Murcia und Gra-
nada und bei Aranjuez, u. s. w.

zweigten Gebirgslande der Serrania de Cuenca, auf den Wei-
den der Sierra Morena und auf den Plateau's und in den Gebirgen der Terrasse von Granada. Im Herbst treten die Hir-
ten, ein ächtes Nomadenvolk, die Wanderung nach den Winterquartieren an, welche für die Schafheerden des nördlichen
Spaniens, Navarra's und Aragoniens die weiten, entvölkerten,
aber kräuterreichen Ebenen des südlichen oder niederen Estremadura's, für die Heerden Andalusiens die Ebenen des unteren
Guadalquivirbassins sind. Im ersten Frühlinge kehren alle
Merino's aus den Winterquartieren in ihre Heimath zurück.
Da die Merino's dann mit ungemein langer Wolle begabt sind,
indem die Wollschur stets im Mai vorgenommen wird, so ist
es ganz natürlich, dass in der Wolle dieser Thiere die Früchte
und Samen vieler Pflanzen derjenigen Gegenden, durch welche die Heerden ziehen, hängen bleiben und auf diese Weise
über weite Länderstrecken fortgeführt und verstreut werden
müssen. Dies wird namentlich mit solchen Früchten und Samen der Fall sein, welche mit Stacheln, Widerhaken, mit
Haarbüscheln und Federkronen versehen sind, wie die Früchte
der meisten Compositen und Dipsaceen, die Früchte vieler
Doldengewächse und Salsolaceen, die Samen von *Tamarix*,
Salix, *Epilobium* u. a. Ich selbst habe mehr als einmal
Gelegenheit gehabt, mich zu überzeugen, welche Menge von
Früchten, Samen und Pflanzentheilen aller Art die Merino's
mit sich herumschleppen. Dass dergleichen Samen und Früchte
nur an solchen Stellen zu keimen vermögen, wo sie einen
ihnen zusagenden Boden und ein entsprechendes Klima finden,
und nicht etwa überall, wo sie von den Schafen verstreut
werden, versteht sich von selbst. Eine genauere Untersuchung
der Vertheilungsweise jener südspanischen, nordafrikanischen
und anderen fremden Pflanzen im Centrum der Halbinsel wird
jedenfalls ergeben, dass eine grosse Menge jener Pflanzen

durch die Merino's dahin gebracht worden ist. Diese Untersuchung dürfte sehr leicht sein, da die Wanderungen der Merino's seit Jahrhunderten auf denselben Wegen geschehen und
auch ihre Weideplätze immer dieselben bleiben, indem Beides
durch uralte Gesetze, den sogenannten Código de la mesta,
bestimmt und geregelt ist. Wenn man bedenkt, dass zur
Blüthezeit der spanischen Schafzucht, d. h. in der zweiten
Hälfte des 16. Jahrhunderts, die Zahl der Merino's auf 30
Millionen Stück veranschlagt wurde, dass dieselbe noch im
J. 1851, laut offiziellen Berichten, 7 Millionen betrug, und
dass eine jede „cabaña" oder Weideheerde aus 10,000 Stück
besteht, so wird man leicht begreifen, dass durch solche un-
geheure Massen langhaarigen Wollviehs zahllose Samenkörner
und Früchte mit fortgenommen werden müssen. Dass die
rohe Schafwolle ein Hauptvehikel der Pflanzenwanderung ist,
dafür liefert die oben erwähnte Schrift von G o d r o n, die
„Florula juvenalis", den schlagendsten Beweis, indem daselbst
nicht weniger als 387 fremde Pflanzenarten aufgeführt werden, welche mit der theils aus Spanien, theils aus Algerien,
theils aus dem Orient, theils aus Amerika alljährlich im Port
juvénal bei Montpellier eingeführten und dort gewaschenen
rohen Schafwolle nach. Frankreich verschleppt worden sind,
und welche sich in den für die Entwickelung südlicher Pflanzen ungemein günstig gelegenen Umgebungen jenes kleinen
Hafens angesiedelt und zum Theil eingebürgert haben. Die
Samen vieler südspanischen Pflanzen dürften auch durch Vögel nach dem Centrum der Halbinsel gebracht worden sein[1]).

---

1) Auf diese Weise dürfte z. B. *Isoëtes Hystrix* Dur. aus dem
Süden der Halbinsel, wo diese merkwürdige Lycopodiacee an
vielen Stellen gefunden worden ist, nach Centralspanien, wo
sie J o h. L a n g e im J. 1852 auf Wiesen bei Guadarrama ent-

Woher aber kommen die zahlreichen Pflanzen des *Orients,* welche sich in der Vegetation Südspaniens finden, sowie die *südwest-asiatischen, arabischen* und *ägyptischen* Gewächse, die namentlich in den Steppen von Murcia und Ostgranada und dort zum Theil massenhaft gefunden werden? — Anzunehmen, dass die Samen oder Früchte dieser Pflanzen durch den Wind nach Spanien gebracht worden seien, ist unzulässig, da einestheils die Entfernungen zu bedeutend sind, anderntheils die meisten jener Pflanzen in den zwischen Spanien und ihrer Heimath liegenden Ländern nicht gefunden werden. Das Vorkommen mancher orientalischen und innerasiatischen Pflanze, z. B. persischer und kaukasischer Alpenpflanzen auf den Hochgebirgen von Granada [1]), ist in der That räthselhaft,

---

deckte, gekommen sein. Der Entdecker dieser Art, D u r i e u, erzählt nämlich, dass die knollenartigen Sporenkapseln dieser Pflanze in Algerien von manchen Vögeln begierig gefressen würden. Vgl. C o s s o n, Notes sur pl. crit. p. **71.** Auch die Beeren von *Lycium afrum* mögen zuerst Vögel nach Neucastilien gebracht haben.

[1]) Dahin gehören unter andern *Erigeron frigidum* Boiss., welche in der Schneeregion der Sierra Nevada und (nach K o t s c h y) in den Gebirgen des südwestlichen Persiens in entsprechenden Höhen wächst; *Geum heterocarpum* Boiss., in der Alpenregion der granadinischen und kleinasiatischen Gebirge; *Callipeltis Cucullaria* DC., in der Berg- und subalpinen Region Kleinasiens, Syriens, Persiens und Arabiens einheimisch, neuerdings in den entsprechenden Regionen von Granada und Murcia an vielen Punkten auf Flugsand (auch unter der Saat!) gefunden; *Scutellaria orientalis* L., in der Alpenregion von Kleinasien, Syrien, Persien, Indien und Sibirien einheimisch, und auch auf den Hochgebirgen von Ostgranada (Sierra de Gador, la Sagra); *Hohenakeria bupleurifolia* F. et M., in der Bergregion von Cacausien, Algerien und Ostgranada; *Saponaria glutinosa* M. B.,

und gehört zu den auffallendsten pflanzengeographischen Er-
scheinungen. Sehr viele orientalische Pflanzen dagegen dürften durch die *Araber* nach Spanien gekommen sein. Dies
scheint mir z. B. bei den aus dem Orient stammenden Un-
kräutern, welche gegenwärtig im südlichen Spanien und Portugal unter der Saat gefunden werden[1]), ausser allem Zweifel, denn es ist historisch nachgewiesen, dass mehrere der
sehr zahlreichen Weizensorten, welche in der südlichen Hälfte
der Halbinsel angebaut werden, zuerst durch die Araber dahin gebracht worden sind, und tausend Beobachtungen haben
gelehrt, dass mit dem Getreide fremder Länder auch die Un-
kräuter derselben nach anderen Ländern verpflanzt werden[2]).
Die *Eroberung der Halbinsel durch die Araber* zu Anfange des 8. Jahrhunderts muss daher als ein Hauptmoment
in der Geschichte der Vegetation dieses Landes betrachtet
werden. Sie verdient dies um so mehr, als während der
arabischen Herrschaft nicht allein die Zusammensetzung der

Im Kaukasus und Orient einheimisch, neuerdings auf der Sierra
de Baza in Ostgranada gefunden, u. s. w.

1) Z. B. *Conringia orientalis* Andr., *Lepidium sativum* L., *Ga-*
ridella Nigellastrum L., *Scandix pinnatifida* Vent., *Cephalaria*
syriaca Schr., *Echinospermum patulum* Lehm., *Lycopsis orien-*
talis L., u. s. w.

2) Vgl. G o d r o n , Florula juvenalis. Introduction, sowie Z e y s s
a. a. O. Einleitung. Auf diese Weise können selbst Berg - und
Alpenpflanzen (z. B. die oben genannte *Callipeltis Cucullaria*)
aus dem Orient nach Südspanien gekommen sein. Am Süd-
abhange der Sierra Nevada z. B. wird noch jetzt Roggen in
Höhen von 7000′ und darüber gebaut, und die Weizenkultur
geht auf beiden Seiten jenes Gebirges bis nahe an 6000′ Zur
Zeit der Mauren dürfte diese Bergkultur viel weiter in Granada
verbreitet gewesen sein, als gegenwärtig.

spontanen Vegetation durch Einschleppung von Pflanzen des
Orients vielfach abgeändert, sondern auch Kulturgewächse nach
Spanien gebracht und daselbst acclimatisirt wurden, welche
den Charakter der Landschaft in hohem Grade umgestalteten.
Dahin gehören z. B. das Zuckerrohr und die Baumwolle,
welche zur Zeit der Mauren in ganz Südspanien sehr häufig
angebaut wurden, und noch jetzt um Motril und anderwärts
im Litorale von Granada in ziemlich grossem Massstabe kultivirt werden, vor allen aber die *Dattelpalme.* Von der Einfüh-
rung dieses stolzen Gewächses, welches gegenwärtig eine der
Hauptzierden der südspanischen Landschaften bildet, und dort
hin und wieder halb verwildert angetroffen wird, weiss man
sogar das Jahr. Der gelehrte spanische Historiker C o n d e,
oder richtiger der arabische Geschichtsschreiber A b u M e -
r u a n - B e n - H a y a n, dessen Geschichtswerk über die Dy-
nastie der Ommayaden C o n d e nach seinem eigenen Zeug-
nisse in seiner trefflichen „Geschichte der arabischen Herrschaft in Spanien" bei der Schilderung jener Periode zu Grunde
gelegt hat, erzählt nämlich Folgendes[1]):

„Im J. 139 der Hedschra (756 nach Christo) befahl der
Emir A b d e r r h a m a n - B e n - M o a w i a die Rusaa — einen
Bezirk des damaligen Cordova — anzubauen und legte daselbst einen sehr schönen Garten an. Er erbaute in demselben einen Thurm, der ihn ganz beherrschte und wunder-
bar schöne Aussichten hatte, und in diesen Garten pflanzte
er eine Palme, welche damals die einzige war, und von ihr
stammen alle anderen ab, die es jetzt in Spanien giebt. Man
erzählt, dass von dem Thurme aus der Emir Abderrhaman
jene Palme zu betrachten pflegte, welche seine Schwermuth

---

1) Historia de la dominacion de los Arabes en España. Segunda
parte. Cap. IX.

eher vermehrte, als milderte, wegen der Erinnerungen an
seine Heimath (Damascus), die sie erweckte, und bei einer
solchen Gelegenheit mag er seine berühmten Verse „an die
Palme" gedichtet haben, die jetzt (nämlich zur Zeit des arabischen Geschichtsschreibers) in aller Munde sind"[1]).

---

[1]) Dies liebliche Gedicht, welches C o n d e in spanischer Uebersetzung mittheilt, und das als eines der ältesten Denkmäler arabischer Poesie in Spanien eine literarhistorische Wichtigkeit hat,
möge hier in deutscher Uebersetzung einen Platz finden. Es
lautet:

> „Du desgleichen, stolze Palme
> Bist in diesem Land ein Fremdling,
> Deine schönen Zweige küssen
> Jetzt Algarbiens süsse Lüfte.
> Wohl stehst Du auf reichem Boden
> Und zum Himmel strebt Deine Krone,
> Bitt're Thränen würd'st Du weinen,
> Könntest Du wie ich empfinden.
> Du fühlst nicht des Schicksals Wechsel,
> Den mein Unstern mir bereitet,
> Ich vergeh' in Schmerz und Jammer,
> Fast erstickt von Thränenfluthen.
> Ach, mit meinen Thränen netzt' ich
> Einst des Euphrats Uferpalmen,
> Doch die Palmen und der Euphrat,
> Sie vergassen meiner Qualen,
> Als des Schicksals harte Schläge
> Und der Abassiden Tücke
> Meines Herzens süsse Pfänder
> Ewig mich zu meiden zwangen.
> Dich, Du Glückliche, erinnert
> Nichts an meine liebe Heimath,
> Doch ich Armer, ich vermag nicht
> Meinen Thränen zu gebieten "

Mir ist in der That nicht bekannt, dass die alten Schriftsteller Palmen in Spanien erwähnten. Plinius wenigstens,
welcher der Dattelpalme grosse Aufmerksamkeit geschenkt
hat, und unter andern auch die Palmen Italiens schildert mit
der Bemerkung, dass sie dort keine essbaren Früchte her-
vorbrächten, sagt kein Wort über das Vorkommen der Dattelpalme in Spanien, obwohl er die Naturerzeugnisse dieses Landes, z. B. die essbaren Eicheln, ziemlich ausführlich beschreibt. Auch würden die arabischen Geschichtsschreiber bei
der ausserordentlichen Verehrung, welche die Araber der
Dattelpalme zollen, gewiss der Palmen Spaniens schon vor
Abderrhamans Zeit gedacht haben, hätten die Araber diesen
Baum bei ihrer Ankunft in Spanien bereits vorgefunden. So
bezeichnet also die Regierung jenes grossen Fürsten, wie sie
in der Culturgeschichte als der Anfang der glänzenden, für
Wissenschaft und Kunst so ausserordentlich thätigen Ommay-
adendynastie Epoche macht, auch in der Geschichte der Vegetation Spaniens und Portugals einen wichtigen Abschnitt.
Die stolze Palme Abderrhamans, die in den maurischen und
spanischen Dichtungen des Mittelalters oft erwähnt wird, ist
längst dahin, aber noch jetzt legen Tausende und aber Tausende ihrer Enkel ein stummes Zeugniss ab von den Segnun-
gen, welche jener weise und gerechte Fürst des Orients dem
unglücklichen, durch blutige Bürgerkriege zerrissenen Spanien
brachte! —

Es sei mir hier vergönnt, einige Worte über die *Verbreitung der Dattelpalme auf der Halbinsel* einzuschalten. In
Andalusien, von wo dem arabischen Schriftsteller zufolge die
Verbreitung ausgegangen ist, findet sich diese Palme im Ganzen
ziemlich selten, am häufigsten noch um Sevilla und an den
Gestaden der Bai von Cadiz, wie überhaupt in Niederandalusien. In Hochandalusien (Granada und Jaen) ist sie, mit

Ausnahme des südöstlichen Theiles (der Gegend von Almeria, wo sie in Menge und truppweise erscheint), selten, und steigt nicht leicht über **1000** Fuss über den Spiegel des Meeres empor. Doch stehen in der Stadt Granada noch einige Palmen, in **2000** Fuss abs. Höhe. Ungleich häufiger erscheint die Dattelpalme in Murcia und Valencia, besonders im südliehsten Theile der zuletzt genannten Provinz. Hier giebt es keinen Kloster-, ja fast keinen Bauergarten, der nicht mit Palmen geschmückt wäre; ja die Stadt Elche liegt in einem förmlichen, allerdings angepflanzten Palmenwalde von nahe an **70000** Stämmen. Kleinere Palmenwäldchen finden sich in grosser Anzahl in den Umgebungen der reizend an beiden Ufern des Segura gelegenen, ächt maurischen Stadt Orihuela. Nordwärts geht die Palme in Andalusien, Murcia und Valencia nicht weiter als bis an den Fuss der Gebirge, welche den Süd- und Südostabhang des centralen Tafellandes bedecken, im östlichen Litorale bis in die Gegend von Tarragona. Wie weit sie im westlichen Litorale nach Norden hinaufsteigt, ist mir nicht genau bekannt; doch scheint sie nicht über Lissabon hinauszugehen. Jenseits dieser Grenzen kommt die Dattelpalme nicht vor, mit Ausnahme zweier Stellen. Bei dem Flecken Oropesa nämlich, auf der Grenze zwischen Neucastilien und Estremadura, steht in einem Klostergarten eine ungemein schöne und grosse Palme — mitten auf dem centralen Tafellande, in einer absoluten Höhe von **1800** Fuss. und in Oviedo bemerkte D u r i e u mit nicht geringem Erstaunen mehrere hohe Palmen in einem Garten. Diese Facta beweisen, dass die Acclimatisation dieses nützlichen Baumes auch im Innern und im Norden der Halbinsel möglich wäre. Durch die Araber ist wahrscheinlich auch der Johannisbrodbaum (*Ceratonia Siliqua* L.), der jetzt im Süden der Halbinsel, besonders in Valencia und Algarve im grössten Maass-

stahe gebaut wird, und in den Gebirgen dieser Provinzen
völlig verwildert vorkommt (namentlich in Algarve, wo die
Vorberge der Serra oder des algarbischen Scheidegebirges zum Theil fast ganz von verwilderten Johannisbrod-
bäumen bedeckt sind), zuerst nach Spanien aus dem Orient
gebracht worden, wie schon sein arabischer Name „algar-
roho", den er in Spanien und Portugal führt, andeutet. Dieser schönbelaubte Baum ist gegenwärtig eine charakteristische
Pflanzenform der valencianischen und algarvischen Landschaften, und von wesentlichem Einfluss auf deren Physiognomie.

Ein zweites historisches Ereigniss, welches in der Geschichte der Vegetation Spaniens und Portugals Epoche gemacht hat, ist die *Entdeckung des Vorgebirges der guten
Hoffnung* und die in Folge davon eingetretene Colonisation
Südafrika's durch die Portugiesen, Holländer und Engländer.
Seit der Zeit des Infanten Heinrich des Seefahrers war Portugal die erste Seemacht des damaligen Europa. Die kühnen
Entdeckungsreisen der portugiesischen Seehelden erwarben
diesem kleinen Lande die ausgebreitetsten Handelsverbindun-
gen und reiche Kolonieen in den fernsten Gegenden der damals bekannten Welt. Von allen Seiten strömten die wun-
derbaren Naturerzeugnisse der neuentdeckten Länder nach dem
Mutterlande, darunter auch viele Pflanzen, Samen und Früchte.
So konnte es nicht fehlen, dass nachdem Bartolomeo Diaz
im J. 1486 die Südspitze Afrika's erreicht und 11 Jahre später der grosse Vasco de Gama den Weg um dieselbe her-
rum nach Ostindien gefunden hatte und in Folge davon das
Kap die Station der Ostindienfahrer geworden war, — dass
dann auch Pflanzen Südafrika's nach Spanien und Portugal gelangen mussten. Hier fanden dieselben im südlichen Litorale der
Halbinsel ein dem Kaplande so entsprechendes Klima, dass
mehrere derselben sich schnell acclimatisirten und nach und

nach förmlich einbürgerten. Ich habe an einem andern
Orte [1]) nachgewiesen, dass die Temperaturverhältnisse Gi-
braltars und Malaga's mit denen der Kapstadt fast völlig
übereinstimmen. Was Wunder daher, dass Kappflanzen sich
im südlichen Litorale der Halbinsel angesiedelt haben? So
findet sich die schöne *Oxalis cernua* Thbg. auf fettem Bo-
dem in den Umgebungen von Sevilla, Huelva und Ayamonte
an der Mündung des Guadiana sehr häufig, und vereinzelt
kommt sie auch an den Ufern der Bai von Cadiz und um
Gibraltar vor. Eine andere eingebürgerte Kappflanze ist
Arctotis acaulis L., welche in den sandigen Niederungen bei
Setuval an der Westküste von Portugal grosse Flächen bedeckt. Längs des Litorale von Granada sieht man in den
Dörfern sehr häufig üppige Büschel cap'scher *Mesembrian-
thema* von den Dächern und von alten Mauern herabhängen,
und auf dem Isthmus von Cadiz bildet das prachtvolle *Pelar-
gonium zonale* W. einen Hauptbestandtheil fast aller Hecken.
Ausserdem verdankt dem Kap das südliche Spanien zwei
Prachtpflanzen, welche einzelnen Stellen der Südost- und
Südküste eine eigenthümliche Physiognomie verleihen. Es
sind dies zwei Arten der schönen Gattung *Aloë*, nämlich
A. perfoliata L. und *A. arborescens* Mill. Erstere, eine
stammlose Art mit hellrothen Blüthenähren, welche im Mai
und Juni blüht, findet sich meist vereinzelt längst des südöstlichen Litorale, von Valencia an; nur in der fast ganz
afrikanischen Gegend von Alicante soll sie truppweise vorkommen. Die zweite, ungleich schönere Art, deren blaugrüne
Blätterbüschel sich auf gekrümmten, armsdicken Stämmchen
1 — 4' hoch über den Boden erheben, und deren prachtvoll
scharlachrothe Blumen in dichten, 1 — 2' langen Aehren bei-

---

*) Die Strand- und Steppengebiete der iberischen Halbinsel. S. 183.

sammenstehen, bildet gegenwärtig die grösste Zierde des Fel-
sens von Gibraltar, indem sie dort in Tausenden von Exemplaren aus den Felsspalten des West- und Südabhanges her-
vorwächst, und auch die Geröllehaufen, ja selbst die Böschun-
gen der Festungswälle gruppenweise bedeckt. Wahrscheinlich ist dieses stolze Gewächs zuerst durch die Engländer nach
Gibraltar gebracht worden, denn man findet es auch in den
öffentlichen Parkanlagen und in den Gärten der englischen
Kaufleute und Offiziere angepflanzt. Sei dem, wie ihm wolle,
so viel steht fest; dass seit der Acclimatisation dieser Pflanze
der Gibraltarfelsen eine ganz andere botanische und landschaftliche Physiognomie erhalten hat. Wie ganz anders mag
jener merkwürdige Berg zu der Zeit ausgesehen haben, als
Tarik seine begeisterten Kriegerschaaren daselbst landete!
Dieser eigenthümliche, dem Kap erborgte Schmuck des Gi-
braltarfelsens macht einen um so gewaltigeren Eindruck, als
die Blüthezeit jener Aloë mitten in den Winter, nämlich in den
December und Januar fällt. An einem schönen Winterabende,
wenn die untergehende Sonne die eisigen Zinnen des duftig-
blauen Atlas mit purpurnem Schein übergiesst, wenn die
brennendrothen Blüthenähren der Aloë, wo sie von dem far-
bigen Strahl der Sonne getroffen werden, wie glühende
Fackeln an dem grauen Felszacken des phantastisch geform-
ten Berges leuchten, und hier und da ein gläubiger Moslem,
das Angesicht gen Mekka gewendet, betend auf den Knieen
liegt, da glaubt man sich, umgeben von den fremdartigen
Pflanzengestalten der Agave und der Opuntia, fern von den
Gestaden Europa's, in einer andern südlicheren Zone! —
Während die Entdeckung und Colonisation Südafrika's die
Vegetation der iberischen Halbinsel nur an einzelnen Punkten
der Süd- und Südostküste zu verändern vermochte, hat ein
anderes, fast gleichzeitig erfolgendes, aber viel grossartige-

res Ereigniss gänzlich umgestaltend in die botanische und
landschaftliche Physiognomie nicht allein der Halbinsel, sondern der gesammten Mediterranregion eingegriffen. Es war
dies die *Entdeckung von Amerika*. Denn in Folge davon
gelangte nicht nur eine Menge von krautartigen Pflanzen aus
Nord- und Südamerika nach Spanien, sondern auch zwei auffallend gestaltete Culturgewächse von ächt tropischer Form,
nämlich die *grosse Aloë*, *Agave americana* L., und die
indianische Feige, *Opuntia vulgaris* Mill. Erstere, von
den Spaniern und Portugiesen „*Pita*“ genannt, eine Pracht-
pflanze des tropischen Nordamerika, wurde wahrscheinlich
bald nach der Eroberung Mejico's durch spanische Schiffer
nach Spanien gebracht (1561 war sie bereits in Italien ein-
geführt[1])), und die zweite, deren eigentliche Heimath das
Plateau von Mejico zu sein scheint[2]), mag ungefähr um die-

---

1) Vgl. v. Martius, Beitrag zur Natur- und Literärgeschichte
der Agaveen. München 1855.

2) Manche Botaniker sind der Meinung gewesen, dass die *Opuntia*
ursprünglich in Afrika, wo sie allerdings in ausserordentlich
grosser Menge und vollkommen wild gefunden wird, einheimisch
und durch die Mauren nach Spanien gebracht worden sei, von
wo aus sie sich dann nach Amerika verbreitet habe. Dieser
Annahme steht einestheils das pflanzengeographische Factum
entgegen, dass alle übrigen Cacteen nur in Amerika vorkommen,
und man bis jetzt ausser der *Opuntia* noch keine Cactee in
scheinbar wildem Zustande in der alten Welt, wo diese Familie durch die cactusartigen, dem tropischen Afrika und den ca-
narischen Inseln eigehthümlichen Euphorbien repräsentirt wird,
gefunden hat, die Familie der Cacteen also ein unbestrittenes
Besitzthum der neuen Welt zu sein scheint. Anderntheils wächst
die *Opuntia* in Mejico und anderwarts in Amerika in mindestens
ebenso grosser, wenn nicht in grösserer Menge, als in Nordafrika. Ferner wurde, wie es scheint, schon zur Zeit der Er-
orberung Mejico's daselbst der Nopal- oder Cochenillecactus

selbe Zeit nach Spanien gekommen sein. Diese beiden Pflanzen bilden im südlichen und südöstlichen Theile der Halbinsel

---

 · (*Opuntia coccionellifera* Mill.), eine der gewöhnlichen indianischen Feige sehr verwandte Art, angebaut, denn die mejicanischen Häuptlinge trugen mit Cochenilleroth gefärbte Mäntel. Auch würden die arabischen Schriftsteller, welche der Natur und den Naturerzeugnissen fremder Länder eine viel grössere Aufmerksamkeit geschenkt haben, als die Schriftsteller irgend einer andern Nation des Mittelalters und des Alterthums, eine so auffällige Pflanzenform, wie die *Opuntia*, sicher beschrieben haben, wäre sie zur Zeit der Eroberung Nordafrika's durch die Araber bereits daselbst gewesen, und endlich spricht der amerikanische Name. „*Tuna*", unter welchem sie zuerst von den spanischen Schriftstellern des 17. Jahrhunderts in Spanien erwähnt wird, für ihre amerikanische Abstammung. Gegenwärtig nennt man die *Opuntia* in Spanien „*Higuera chumba*", d. h. falsche oder Bastardfeige. Möglich, dass vor dieser eine andere in Peru einheimische Art, die *Opuntia Tuna* Mill., nach Spanien gebracht worden ist, denn diese, welche sich von der gewöhnlichen *Opuntia* durch ihre sehr langen Stacheln und durch ihre ungeniessbaren, mit einem blutrothen Safte erfüllten Früchte unterscheidet, findet sich auch hier und da in Opuntiahecken des südlichen Spaniens, besonders aber in Algarve, wo sie sehr häufig ist und noch jetzt „*Tuna*" genannt wird. Ebendaselbst benutzt man zu den Hecken auch eine andere Art(?) von Agave, welche sich von der gewöhnlichen *A. americana* durch viel dünnere und gelblichgrün gefärbte Blätter unterscheidet. Nach Afrika wurde die *Opuntia* jedenfalls durch die flüchtigen Mauren gebracht, denn es ist bekannt, dass dieselben, als sie aus Spanien vertrieben wurden, ausser ihren beweglichen Gütern auch zahlreiche Culturgewächse mitnahmen, nach der den Arabern angebornen Gewohnheit, die Erzeugnisse ihrer Heimath nach den Gegenden, wo sie sich niederlassen, zu verpflanzen. Hier in Ostafrika, wo das Klima dem ihrer Heimath noch viel mehr entsprach, als in Spanien, musste die *Opuntia* nothwendig sich viel

nicht nur fast alle Hecken, indem man sie vorzugsweise zur Einfriedigung der Felder benutzt, sondern sind daselbst vollkommen verwildert. So bedeckt die *Opuntia* die dürren Felsenhügel um Almeria fast gänzlich, und um Granada und Motril sieht man im Agust fast alle Hügel mit Gruppen hochaufstrebender Blüthenkandelaber der riesigen Agave geziert. Wo diese beiden Gewächse, welche sich von Spanien aus über Nordafrika, Sardinien, Corsica, Sicilien, Unteritalien und Griechenland bis nach Palästina und Syrien verbreitet, und die landschaftliche Physiognomie der warmen Region aller dieser. Länder gänzlich umgestaltet haben, zur Einfriedigung von Zuckerrohr-, Baumwollen- und Batatenfelder dienen, und neben mit Cassien, Erythrinen und Mimosen geschmückten und von Dattelpalmen, Bananen und Bambusrohr überragten Gär-

rascher einbürgern und schneller verbreiten, wie im Süden der Halbinsel. Jedenfalls wurde sie von hier aus durch die alljährlich statthabenden Pilgerfahrten nach Mekka allmählig bis nach Aegypten, Syrien und Palästina verbreitet, wo sie noch jetzt ziemlich spärlich vorzukommen scheint, während sie durch den Handel der Spanier nach Corsika, Sardinien, Sicilien, Italien und Griechenland verbreitet wurde. Vgl. die Untersuchungen von Steinheil über die Heimath der *Opuntia*, in Boissier's Voyage botanique dans le midi de l'Espagne. Narration de voyage. p. 25. Ausser den beiden Opuntien dürften im Süden der Halbinsel hier und da auch andere Cacteen verwildert sein. So fand ich eine alte Mauer bei Faro in Algarve mit einem förmlichen Teppich von *Cereus flagelliformis* Mill. bekleidet. In Gärten bei Malaga habe ich wiederholt einen säulenförmige *Cereus* angepflanzt gesehen, dessen schlanke Stämme ein grosses Stück über die Gartenmauer emporragten. Jedenfalls sind die klimatischen Verhältnisse im südlichen Litorale von Granada zur Cultur der Cacteen im freien Lande ausserordentlich geeignet.

ten wachsen, wie es in der reizenden Vega von Motril, an
der Südküste von Granada, der Fall ist, da besitzt die Landschaft einen halb tropischen Charakter. Ob der in ganz Südspanien, wie überhaupt im südlichsten Europa verwilderte,
meist strauchartig auftretende, in den Hecken um Malaga jedoch als stattlicher Baum erscheinende *Ricinus communis* L.,
der Wunderbaum unserer Gärten, aus dem tropischen Amerika
oder schon früher aus dem tropischen Asien nach Europa gekommen sei, lässt sich bei der Ungewissheit über die eigentliche Heimath dieser schönen Pflanze nicht entscheiden. Durch
den in Folge der Entdeckung Amerika's entstandenen Welt-
handel der Spanier kam allmählig eine Menge von Pflanzen
aus Nord- und Südamerika, sowie aus beiden Indien nach
Spanien, und viele derselben haben sich im Laufe der Zeit
vollständig daselbst eingebürgert. So wächst in den Thälern
der Westpyrenäen und des nordwestlichen Galiciens die nord-
amerikanische *Phytolacca decandra* L. in klafterhohen Büschen, in den Strassen fast aller Seestädte des Südens wuchert die südamerikanische *Senebiera pinnatifida* DC. zwischen den Steinen, in den Hecken daselbst trifft man häufig
baumartige Sträucher des schönen *Solanum bonariense* L.
aus Buenos-Ayres, um S. Sebastian kommt *Eleusine indica*
L. aus Ostindien auf Schutt in Menge vor[1]), in den Thälern
des westlichen Galiciens ist *Paspalum vaginatum* Sw., ein
Gras aus dem tropischen Amerika, vollkommen einheimisch
geworden[2]), an mehreren Stellen des Litorale von Granada
und Murcia bildet die gelbblühende *Aloë barbadensis* Mill.

---

1) Nach dem dänischen Botaniker Joh. Lange. Vgl. dessen
„Nogle Exempler paa Planters Acclimatisation." Kjöbenhavn
1854.

2) Nach Lange a. a. O.

(*A. vulgaris* DC.) aus Ostindien grosse, rundliche Flecke,
und bei Malaga fand ich einst in der Nähe von Fischerhütten
eine grosse Strecke der sandigen Strandniederung mit üppi-
gen Büschen der peruanischen *Tagetes glandulifera* Schrk.
bedeckt. Einzelne Pflanzen nordamerikanischen Ursprungs haben sich von Spanien aus über ganz Europa verbreitet. Dahin gehört z. B. *Erigeron canadensis* L., welche auch bei
uns auf Mauern und an felsigen Orten in Menge wächst[1]).

1) Andere in Spanien und Portugal eingebürgerte Pflanzen Amerika's und Ostindiens sind folgende: *Potentilla pensylvanica* L.
aus Nordamerika, auf der Sierra Segura; *Oenothera rosea* L.
aus Mejico, auf bebuschten Hugeln bei Barcelona; *Oxalis violacea* L. aus Nordamerika, jetzt ein lästiges Unkraut in den Umgebungen von Santander (daher auch „*Yerba mala*" genannt;
vgl. Lange a. a. O.); *Cyperus vegetus* W., aus dem tropischen
Amerika, zwischen Bilbao und Portugalete verwildert (nach
Lange); *Cardiospermum Halicacabum* L., in West- und Ostindien einheimisch, jetzt auf bebautem Boden bei Malaga hier
und da; *Lippia nodiflora* Rich., ebendaher, jetzt in der Marisma bei Sevilla und an den Ufern der Albufera bei Valencia in
Menge wachsend; *Cynomorium coccineum* L., auf Mauritius und
in beiden Indien zu Hause, jetzt in Murcia an einzelnen Stellen
ziemlich häufig, und sporadisch noch in Catalonien; *Alternanthera achyrantha* R. Br., aus dem tropischen Südamerika und
aus Westindien, wuchert jetzt zwischen den Steinen in den
Gassen von Puerto de Santa Maria und Cadiz; *Chenopodium
ambrosioides* L. aus Südamerika, in allen Küstengegenden der
Halbinsel gemein; *Roubieva multifida* Moqu. aus Südamerika,
in Madrid in der Nachbarschaft des botanischen Gartens verwildert; *Datura Tatula* L. aus Südamerika, auf Schutt im Süden
der Halbinsel nicht selten, u. a. Aus Ostindien haben sich unter andern eingebürgert: *Datura ferox* L., in Murcia auf Schutt
hier und da; *Coix Lacryma* L., auf bebautem Boden in der Gegend von Malaga. Aus Japan: *Cucumis Colocynthis* L., bei

Das letzte historische Ereigniss, dessen Folgen den Ve-
getationscharakter, wie die landschaftliche Physiognomie weiter Länderstrecken der Halbinsel gänzlich umgestaltet haben,
war die *Vertreibung der Mauren.* Als Philipp III. am
4. August und am **23.** December **1609** die Decrete unterzeich-
nete, welche die unglücklichen Abkömmlinge der Araber auf
immer vom spanischen Boden verdrängten und Spanien fast
einer Million fleissiger und friedlicher Menschen beraubte, da
mochte er wohl nicht ahnen, dass er mit einem Federstriche
viele der blühendsten Gegenden seines Reiches auf ewige Zei-

Almeria und am Cabo de Gata. Aus dem tropischen Afrika:
Boerhaavia plumbaginea Cav., bei Murcia und Orihuela, u. s. w.
Der gewöhnliche Schmuck der Gärten im Süden der Halbinsel
ist fast ganz den Tropengegenden, besonders dem tropischen
Amerika entlehnt. Er pflegt nämlich aus folgenden Gewächsen,
von denen manche schon hier und da halbverwildert vorkommen,
zu bestehen: *Yucca gloriosa* L., *Antholyza aethoipica* L., *Cassia
tomentosa* L., *Datura arborea* L., *Buddleia globosa* Lam., verschiedene strauchige Arten von *Cestrum*, *Nicotiana glauca* L., *Solanum bonariense* L., *Erythrina Corallodendron* L., *Phaseolus Cara-
calla* L., *Mimosa Farnesiana* L., *Aloysia citriodora* Ort., *Bignonia
Catalpa* L. und *radicans* L., *Heliotropium peruvianum* L., u. a.
Zu den gewöhnlichsten Promenadenbäumen gehören im südlichsten Spanien: *Melia Azedarach* L. aus dem tropischen Asien und
Phytolacca dioica L. aus Südamerika. Auch den zierlichen *Schi-
nus molle* L. aus Brasilien und Peru findet man daselbst, und
schon in Valencia in den Gärten und Promenaden ziemlich häufig und bisweilen als stattlichen Baum. Eine *Anona* des tropischen Amerika (nach Boissier *A. Cherimolia* Mill., wie ich
glaube *A. tripetala* Ait.), von den Spaniern „*Chirimoyo*" genannt, findet man gegenwärtig um Malaga, Velez-Malaga, Motril und an anderen Punkten der Südküste wegen ihrer herrlichen
Früchte, die dort vollkommen reifen, häufig angepflanzt. Dieselbe bildet um Malaga bereits ganz stattliche Bäume.

ten der Verödung auheimgebe. Denn als ob der Fluch jenes
gemisshandelten Volkes auf den Fluren ihrer Väter ruhte,
will in vielen von Mauren einst bewohnten Gegenden keine
Cultur mehr gedeihen, und missfarbene Steppenpflanzen, Dor-
nen und Disteln bedecken den harten, von der Sonnengluth
ausgebrannten Boden, welcher einst reiche Ernten von Getreide, Oel-, Garten- und Baumfrüchten aller Art erzeugte.
Ein grosser Theil der Steppengebiete Spaniens, die ich an
einem andern Orte ausführlich geschildert habe[1]), verdankt
seine Entstehung sicher den ebenso unmenschlichen, als un-
politischen Massregeln Philipps III. und seines Vorgängers.
Denn schon unter Philipps II. eisernem Scepter mussten ja
Hunderttausende von Mauren und Juden ihrem Vaterlande den
Rücken kehren, und wie viele Tausende mögen in den Käm-
pfen während der grossen Rebellion der Moriscos, die Don
Juan de Austria zuletzt im Blute dieses dem Untergange ge-
weihten Volkes erstickte, und später in den Kerkern, auf den
Galeeren, auf den Blutgerüsten und auf den Scheiterhaufen
der Inquisition umgekommen sein! Es ist historisch erwiesen, dass die weiten Ebenen Niederandalusiens noch zu Anfange des 16. Jahrhunderts mit blühenden Dörfern bedeckt
waren, und dass allein das kleine Königreich Granada trotz
seiner himmelanstrebenden Gebirge und trotz dem, dass ein
zehnjähriger, blutiger Krieg so eben erst vorüber war, gegen
3 Millionen Einwohner besass. Jetzt übersteigt die Seelen-
zahl von ganz Andalusien, einer Landschaft von **1200** geogr.
Quadratmeilen, kaum drittehalb Millionen, und von **14** Dörfern, welche damals in den Ebenen zwischen Sevilla und Cordova existirten, ist durchschnittlich bloss noch ein einziges

---

[1]) Vgl. meine Strand- und Steppengebiete der iberischen Halbinsel.
Leipzig 1852.

vorhanden. In jenen Ebenen kann man jetzt oft halbe Tage
lang reisen, ohne ein einziges Haus, geschweige denn eine
Ortschaft anzutreffen oder nur zu sehen; Hunderte von Quadratmeilen culturfähigen, zur Maurenzeit mit Weizenfeldern,
Baumwollenplantagen, Maulbeerpflanzungen und Olivenhainen
bedeckten Bodens liegen völlig wüst, sind mit Zwergpalmen-
und Genistengestrüpp, mit dürren Grasbüscheln und aroma-
tischen Labiatenhalbsträuchern bestreut, und vermögen blos
noch den umherwandernden Schafherden Nahrung zu spenden.
Doch würde hier die Menge der von der granadinischen Terrasse herabströmenden Gewässer und die Nähe des wasser-
reichen Guadalquivir einen Wiederanbau des Bodens erlau-
hen, wenn Menschen dazu vorhanden wären. Anders verhält
es sich in den Ebenen von Jaën, Ostgranada, Murcia, Südvalencia, Niederaragonien und Neucastilien, wo der Thon-
und Mergelboden vorherrscht. Dort kann nur eine unausge-
setzte künstliche Bewässerung und sorgsame Düngung reich-
lichen Ertrag erzielen, und da Beides in den Gegenden, wo
einst die Mauren wohnten, seit deren Vertreibung aufgehört
hat, so haben sich jene Gegenden grösstentheils in unwirth-
bare Steppen verwandelt, die keine Macht der Erde jemals
wieder der Cultur zurückgeben kann. Blos wegen des nützlichen Espartograses, der *Macrochloa tenacissima* Kth.,
welches auf solchem Boden in ungeheuerster Menge zu wachsen pflegt, haben diese künstlich hervorgebrachten Wüste-
neien eine national-ökonomische Bedeutung; aber der Esparto
ist, trotz dem, dass er dem spanischen Handel alljährlich an-
sehnliche Summen einträgt, ein schlechter Ersatz für Weizen,
Maulbeerbäume und Oliven! Von diesen *Espartosteppen*,
welche ein so eigenthümliches Moment in der Physiognomie
der südspanischen Landschaften sind, müssen die *Salzsteppen*,

wie sich dergleichen in denselben Ländern und selbst noch in
Altcastilien in der Nähe von Valladolid finden, wohl unterschieden werden. Diese Steppen, deren Untergrund bald aus
Schichten der Triasperiode, bald aus salzhaltigen Tertiär-
und Diluvialsedimenten besteht, sind unbedingt ursprüngliche,
und niemals der Cultur unterworfen gewesen. Der Vertreibung der Mauren verdankt Niederandalusien wahrscheinlich
auch seine Haine von wilden oder verwilderten Oelbäumen,
die kaum anders, als aus Vernachlässigung ehemaliger Oliven-
pflanzungen entstanden sein können. Sie finden sich vorzüglich
in den Umgebungen von Sevilla, ja zwischen dieser Stadt und
Utrera zieht sich längs des linken Guadalquivirufers ein ziemlich
dichter Wald gegen drei Stunden weit hin, welcher grösstentheils
aus verwilderten Oelbäumen, ausserdem aus Pinien, aus Immer-
grüneichen mit essbaren Früchten und aus Korkeichen besteht [1]).

1) Diese Wälder verwilderter Oelbäume dürfen nicht mit den *Oli-*
venwäldern, welche sich längs des südlichen Fusses der Sierra
Morena, von Andujar an bis gegen Cordova hin, ausbreiten und
die Vorberge jenes Gebirges zum Theil bedecken, verwechselt
werden. Diese Wälder, die einen Flächenraum von nahe an
40 Quadratmeilen einnehmen und ihr Maximum in der Gegend
des romantisch an den Stromschnellen des Guadalquivir gelegenen Montoro erreichen, sind angepflanzt, bestehen aus zahmen
Oelbäumen und liefern alljährlich enorme Mengen von Oliven
und Oel. In denselben finden sich auch zahlreiche Exemplare,
ja ganze kleine Gehölze der Immergrüneiche mit essbaren
Früchten (*Quercus Ballota* Desf.), welche auch angepflanzt sein
dürften, da dieser Baum auch anderwärts in Spanien cultivirt
wird. Es fragt sich übrigens, ob der verwilderte oder wilde
Oelbaum (*Olea europaea* L. *α. Oleaster* DC.), welcher in allen
Mediterranländern in der Region der Oliven vorkommt, immer
das Resultat der Verwilderung des zahmen Oelbaums, von dem

Es liesse sich noch Vieles über die gewaltigen Veränderungen sagen, welche die Vegetation Spaniens in Folge der Vertreibung der
Mauren erlitten hat; allein die mir gestattete Zeit ist vorüber, und so bemerke ich blos noch zum Schlusse dieser Vorlesung, dass noch in der neuesten Zeit im südlichen Spanien
ähnliche Umgestaltungen, wie die oben geschilderte Erzeugung
künstlicher Steppen, zum grossen Nachtheile des Landes und

---

er sich vorzüglich durch die kleinen, kugelrunden, wenig öl-
reichen Früchte unterscheidet, oder nicht vielmehr die Stamm-
pflanze des zahmen Oelbaums, der Oelbaum daher in der gesammten Mediterranregion vom Anfange an einheimisch gewesen
ist. Für letztere Annahme scheint mir die Art und Weise des
Vorkommens des wilden Oelbaums als waldbildender Baum an
manchen Stellen des südlichen Spaniens zu sprechen. Der wilde
Oelbaum bildet nämlich nicht allein in den Ebenen von Sevilla,
wo er sicher aus der Verwilderung ursprünglich zahmer Oelbäume entstanden ist, Gehölze und Wälder, sondern auch hier
und da in den Gebirgen, z. B. in der Serrania de Ronda. Am
häufigsten tritt er aber in den wilden, bis gegen 4000' aufstei-
genden Sandsteingebirgen an der Meerenge von Gibraltar zwischen Algeciras und Alcalá de los Gázules auf, wo er von 2000'
an einen Hauptbestandtheil der unbeschreiblich prachtvollen Laub-
waldung bildet, welche jenes Gebirge in grösster Dichtigkeit
bedeckt, und vorzüglich aus *Quercus Suber* L. und *Quercus lu-
sitanica* Lam. var. *baetica* Webb besteht. Die ausserordent-
liche Wildheit jenes Gebirges macht es undenkbar, dass dort
jemals irgend eine Cultur stattgefunden habe. Woher also
kommen da die massenhaft auftretenden wilden Oelbäume, welche sich im *oberen* Theile des Gebirges finden? Denn im unteren Theile besteht die Waldung lediglich aus Korkeichen.
Dieses Factum scheint mir sehr dafür zu sprechen, dass der
Oelbaum vom Anfange an in Spanien einheimisch gewesen ist.

der Bewohner bewirkt worden sind und noch gegenwärtig
bewirkt werden, nämlich durch die unverständige und plan-
lose, in Folge des unglaublichen Minenschwindels hervorge-
rufene Entwaldung der an und für sich wasserarmen Gebirge.

Uebersicht untersuchter Pilze, besonders aus der Umgegend von Hoyerswerda.

Von

G. T. Preuss.

(Fortsetzung v. Linn. XXIV. p. 99 — 153 u. XXV. p. 71 — 80.)

——————

Bei dieser dritten Fortsetzung meiner untersuchten Pilze hiesiger Gegend hat es sich nöthig gemacht, eine neue Familie unter dem Namen *Hormococcaceae* aufzustellen, indem die darunter aufgenommenen Pilze sich unter keine andere der bestehenden bringen liessen. Wegen der einen Gattung *Hormococcus* war ich dieses anfangs nicht Willens, und stellte diese einstweilen unter die Melanconiaceen; da sich jedoch noch eine zweite Gattung mit geketteten Sporen in dem Perithecium aufgefunden hat, so glaube ich, ist es natürlicher und auch gerechtfertigt, dass die schon bekannt gewordenen Arten von *Hormococcus* mit *Sirococcus* zusammen in eine Familie gebracht werden, indem bei gründlichen Untersuchungen der Gehäusepilze sich wahrscheinlich noch mehr derartige finden können.

——————

FUNGI.

I. Coniomycetes Nees.

Fam. II. Caeomaceae.

Coniothecium Cord.

263. Coniothecium albocinctum.

Acervulis punctiformibus, minutis, atris, suberumpentibus; sporis angulato‑globosis, irregulariter globatis; episporio atro; endosporio (?) subalbo; nucleo saturate‑fusco, subimpellucido.

Habitat in cortice Mali.

Fam. III. Phragmidiaceae Cord.

Fusoma Corda.

264. Fusoma inaequale.

Acervulis latissimis, albo‑cinereis; sporis fusiformibus, diverse‑septatis, albis.

In foliis vivis *Leontodontis Taraxaci*.

Phragmidium Cord.

Hypostroma nullum. Sporae parasitantes, libere evolutae, multi‑septatae, stipitatae; septis firmis transversis; cellulis nucleo ceraceo cavo repletis; stipite longo, heterogeneo, ad basin bulboso (?) continuo.

265. Phragmidium graminum.

Caespitulis minutis; sporis magnis, ex longis sex seu septem cellulis, fuseis, glabris; episporio simplici, nudo; nucleo placentiformi; apiculo conico, albo; stipite longo, albo, infra dichotome‑diviso, soluto.

In epidermide graminum.

Fam. IV. **Torulaceae** Corda.

Torula Persoon.

266. **Torula multiformis.**

Acervulis minutis, gregariis, candidis, farinosis; floccis adscendentibus, confertis, subramosis; sporis elongato - cylindricis, subapiculatis, varie longis, pellucidis, albis.

Habitat in foliis *Hemerocallidis coeruleae* semiputridis.

267. **Torula hypoxylaecola.**

Caespitibus effusis indeterminatis, albis, farinaceïs; floccis seu basidiis erectis, longis, parallelis, simplicibus, filiformibus; catenis erectis, subramosis, longis; sporis oblongis, utrinque rotundatis.

In *Sphaeria Hypoxylo.*

Speira Corda.

Flocci e sporis simplicibus, catenisve connati, in laminam soleae ferreae similem (?) dein secedentes. Stroma nullum (?).

268. **Speira cohaerens.**

Acervulis nigris confluentibus; stromatis strato inferiori; floccis fasciculatim apice cohaerentibus, nigris; sporis concatenatis quadrangularibus, pellucidis, saepe guttulis oleosis repletis.

Habitat in lignis putridis arborum frondosarum.

II. **Hyphomycetes** Nees.

Fam. XIII. **Polyactideae** Corda.

Tolypomyria Preuss.

269. **Tolypomyria alba.**

Caespitulis effusis albis; floccis ramosis flexuosis intricatis, albis, pellucidis; globulis sporarum breviter pedicellatis; sporis subglobosis, minutis, albis, pellucidis.

Ad dolii mellarii commissuras stillicidio irroratas expansa.

Fam. XIV. **Arthrobotrydeae** Corda.

Arthrobotrys Corda.

270. Arthrobotrys longispora.

Caespitibus effusis, albis; floccis hypophasmate repente suffultis, septatis, hyalinis, suberectis, subramosis, supra verticillato - verrucosis; sporis uniseptatis, oblongis, basi hilo apiculiformi verrucis instructis; episporio pellucido albo; nucleo granulato.

Habitat in ramis arborum frondosarum dejectis.

Fam. XV. **Stilbini** Corda.

Oedocephalum Preuss.

271. Oedocephalum dichotomum.

Acervulis late expansis, sublanuginosis, albis; floccis septatis repetito - dichotomo - ramosis, apice capituliformibus et sporis ex capitulis exeuntibus; sporis ovoideis, albis; episporio glabro, basi hilo instructo, hyalino.

Habitat in ramis dejectis *Betulae albae.*

Fam. XVI. **Aspergillini** Corda.

Penicillium Link.

272. Penicillium ovoideum.

Caespitibus diffusis indeterminatis, albis; hyphopodio stratoso, albo; floccis erectis, albis, simplicibus, septatis, supra ramosis, ramulis verticillato - capituliformibus; capitulo floccis elongatis ornato; sporis ovoideis, albis; episporio glabro; nucleo firmo.

In ichthyocolla humida.

Fam. XVII. **Dendriphiaceae** Corda.

Dendriphium Wallroth.

273. Dendriphium irregulatum.

Caespitibus effusis, atro - fuscis; floccis erectis, fuscis;

ramis fuscis, irregulariter divergentibus; sporis oblongis triseptatis, catenatis, laevibus, dilute fuscis.

Habitat in caulibus *Campanulae mediae.*

III. Myelomycetes Corda.

Fam. XXI. Physarei Fries.

Aegerita Persoon.

Peridium membranaceum vel floccosum, tenuissimum fatiscens, basi incrassatum et stroma' spurium vel nullum referens. Pulpa sporarum pulverulenta, floccis intertextis nullis; sporis simplicibus.

274. Aegerita fragilis.

Adnata, rotundo-difformis, alba; peridio crassiusculo, fragillimo, intus concolori; sporis globosis, albis.

Habitat in foliis *Pini sylvestris* dejectis.

Licea Schrader.

Peridium tenue, membranaceum, laeve, irregulariter dehiscens. Sporidia coacervata, laxa, nullis floccis intertexta, extus granuloso-furfuracea.

275. Licea brunnea.

Gregaria conferta; peridiis papyraceis ochraceo-brunneis, rotundis, subdepressis, irregulariter rumpentibus, superne evanidis (subcircumscissis); sporis globosis, minutis, ochraceis, conglobatis; sine floccis.

Ad truncos pinceos semiputridos in consortio et praecipue in thallo *Cenomyces* (Seidenberg).

276. Licea incarnata.

Gregaria conferta; peridiis carneis, glabris, rotundatis, subdepressis; sporis concoloribus, rotundis, pellucidis. (*Fungus minut.*)

Ad remanentia *Tincturae Rhei aquosae.*

Fam. XLIII. **Sphaeronemeae** Corda.

Phoma Fries.

277. Phoma rhodosperma.

Peritheciis tenuibus lentiformibus, papillatis, epidermidi insertis; nucleo pulposo, roseo; sporis oblongo-cylindricis, utrinque rotundatis albis.

Ad caules herbarum.

278. Phoma microsperma.

Peritheciis tenuibus lentiformibus, pertusis, epidermidi insertis; nucleo pulposo; sporis minutissimis, rotundatis, albis.

Ad caules herbarum.

279. Phoma umbonata.

Peritheciis subconicis, papillatis, atris; nucleo pulposo albo; sporis ovatis albis, in medio unam guttulam oleosam minorem continentibus, seu nucleum.

Ad ligna exsiccata.

280. Phoma melaena.

Nigra maculaeformis, tecta; peritheciis tenuibus subseriatis, astomis; nucleo albo mucoso, humido expulso; sporis oblongis albis.

In caulibus exsiccatis.

281. Phoma Junci.

Tecta, dein rimosa seriato-erumpens, subrotunda tuberculosa, peritheciis seriatis, nigro-farctis, stromati nigricanti primo immersis; sporis fusiformibus, utrinque subacutis cum guttulis oleosis.

In culmis exsiccatis *Junci conglomerati.*

282. Phoma Epilobii.

Macula subrotundo-difformi, ambiente laevigata, uniformi, picea, cellulosa, albo-farcta, apice saepe depressa; sporis subfusiformibus, plus minus apice rotundatis, albis, guttulis oleosis repletis.

In caule *Epilobii angustifolii.*

283. Phoma fusca.

Supera; peritheciis tenuibus lentiformibus, pertusis, luteo-fuscis; nucleo pulposo, albo; sporis oblongis, medio uni-striatis, albis.

Ad caules herbarum dejectos.

Sphinctrina Fries.

Perithecium integrum, primo clausum, dein ore orbiculari apertum, intus fovens sporidia (globosa?) in disco co-acervata.

284. Sphinctrina baculospora.

Peritheciis sparsis, primum globoso-depressis, applanatis nigris; disco primum taciturno, tunc hiante, supra sub-collapso, pallido, in maculis subluteis insidentibus; sporis filiformibus, rectis, albis, cum guttulis oleosis.

In foliis *Saponariae.*

285. Sphinctrina Pini.

Peritheciis sparsis erumpentibus, primo subglobosis, basi applanatis, astomis; disco tum hiante, supra collapsis, intus subcarnosis; nucleo subgelatinoso-albo; sporis ovatis oblongisve albis; episporio hyalino.

In foliis *Pini sylvestris.*

Sphaeronema Fries.

286. Sphaeronema sphaericum.

Gregarium; peritheciis subglobosis, atris, ligno subinsidentibus; ostiolis minutis subacutis; globulo seu cirrho minuto fusco; sporis oblongis, utrinque obtusis, subalbis.

Habitat in ligno nudo subputrido betulino.

287. Sphaeronema ossis.

Peritheciis globoso-conicis, subcorneis, atris; nucleo

fusco-gelatinoso; sporis ovatis fuscis, in medio unam guttulam oleosam minorem continentibus.

In ossibus subputrescentibus.

Hypoplasta Preuss.

Perithecium dimidiatum, superum duplex, extra carbonaceum atrum, intus subcarnosum album (venis atris parallelis
penetratum) sporas exsudatas gignens; nucleo sporarum ge-
latinosum; sporae simplices, dein liberae.

288. Hypoplasta Hysteriaeforme.

Superficialiter adnatum; peritheciis oblongis longitudinaliter et irregulariter plicatis, atris, clausis, sine basi; basidiis et ascis nullis, in carne perithecii radiis atris e periphe-
ria abeuntibus; nucleo sporarum mucoso albo; sporis fusiformibus utrinque rotundatis, subcurvatis, albis, numerosis,
continuis.

Habitat in ligno arborum frondosarum (in dejecta fibula
lignea, Wäschklammer.)

Fam. XLIV. **Sphaeriacei** Fries.
Sphaeria Dill.

289. Sphaeria plana.

Sparsa, peritheciis umbilicato-depressis, atris; ostiolis
nudis, punctiformibus, intus fuscis; ascis clavatis, quatuor
sporas foventibus; sporis oblongis, fuscis; paraphysibus nullis.

In ligno vetusto.

290. Sphaeria castriformis (*versatilis* Fr.).

In lineis erumpens; stromate conico-obtuso, basi latissi-
mo, crustaceo-dilatato, simplex vel confluens; subiculum latissime effusum, atrum, intus cinereo-fuscum; disco depresso
et margine acuto cincto; peritheciis subglobosis, subaggre-
gatis; ostiolis distantibus, exsertis, spinulosis, scabris; ascis

clavatis; sporis octo, fusiformibus, bi - vel tricellulatis, albis.

In ramis exsiccatis frondosis.

291. Sphaeria atrosplendens.

Gregaria, minuta, erumpens; peritheciis subglobosis, lae-vibus, atris, nitidis, submicroscopicis, basi applanatis; ostiolo nudo; aseis ovatis, basi fugatis; sporis albis continuis, ovatis.

Ad caules herbarum.

292. Sphaeria osculanda.

Conversa, in serie erumpens, primo innata; peritheciis atris, subglobosis, laevibus, epapillatis, subplanis, mox ostio-lis magnis; nucleo griseo; aseis clavatis, octosporis; sporis fusiformibus, subquadricoilis, fuscis.

Habitat in stipitibus Rubi.

293. Sphaeria trochiformis (*obtusatae* Fr.).

Gregaria atra; peritheciis primo subglobosis, obsolete-papillatis, tum supra collabescentibus, concavis, trochiformi-bus, albo-farctis; aseis cylindricis, octosporis; paraphysibus furcatis mixtis; sporis globosis, albis, nucleum includentibus.

Ad caules herbarum majorum.

294. Sphaeria plicata.

Erumpens, peritheciis hemisphaerico-conicis, et circulari-plicatis, tum depressis atris, papillatis, intus pallidis; aseis cylindricis, octosporis; paraphysibus nullis; sporis suboblon-gis, cellulatis fuscis.

Ad caules herbarum dejectos.

295. Sphaeria impressa.

Sparsa; peritheciis erumpentibus, subglobosis tum im-pressis, papillatis, atris, intus pallidis; aseis oblongo-cylin-dricis, paraphysibus mixtis; sporis oblongis, tricoilis, luteo-fuscis. (*Sphaeriae complanatae* analoga perithecia.)

Ad siliquas *Cheiranthi annui.*

296. Sphaeria canulata (*obtecta* Fr.).

Sparsa; peritheciis immersis, globosis; ostiolis super-
ficialibus, cylindricis, supra calvis, ad basin hyphis longis
vestitis, ligna penetrantibus, atris intus albis; aseis cylindricis, octospóris; sporis ovatis, albis, nucleum continentibus.

In ligno vetusto.

297. Sphaeria lanuginosa.

Sparsa; peritheciis corneis ovatis, villo mucido albido
tectis, apice nudis, atris; papilla obsoleta; intus fuscis; aseis
cylindricis, octosporis, paraphysibus mixtis; sporis naviculari-
coffeaeformibus, ovatis, amoene fuscis.

Ad truncos Brassicae.

298. Sphaeria salebrosa.

Peritheciis corneis, crassis, gregariis, emergentibus, nigris, laevibus, globosis difformibusve, demum evacuatis, persistentibus; ostiolis punctiformibus, intus albidis; aseis longis
fusiformibus, paraphysibus mixtis; sporis fusiformibus, apice
rotundatis, triseptatis, tetracoilis.

Habitat in truncis *Brassicae crispae* subsolutis.

299. Sphaeria Cepae.

Peritheciis tectis; urceolato-globosis, atris; ostiolo prominulo, crasso, subcrenulato-hiante; intus fusco; aseis cy-
lindrico-clavatis, octosporis; sporis obovatis, cellulatis, fuscis.

In foliis *Allii Cepae.*

300. Sphaeria convexa (*obtectae* Fr.).

Gregaria, epidermida tecta; peritheciis globoso-depressis, convexis, atris, intus albis; collo prominulo crasso;
aseis clavatis, octosporis; sporis subfusiformibus, bicoilis, albis; paraphysibus nullis (peritheciis ad basin saepe concavis).

Ad ramulos *Salicis.*

301. Sphaeria cicatrisata.

Caespitosa; peritheciis subglobosis, laevibus, medio sulcatis, atris; ostiolo obsoleto; intus cinereis; aseis clavatis, octosporis; sporis oblongis, triseptatis, albis; paraphysibus nullis.

In ramulis exsiccatis *Fraxini pendulae.*

302. Sphaeria badia.

Sparsa, dein libera; peritheciis subglobosis laevibus, dilute - badiis; ostiolo cylindrico-truncato; ascis cylindricis, octosporis; sporis ovatis, uniseptatis, subbicoilis, fuscis.

Ad ramos *Populi.*

Dirimosperma Preuss.

Perithecium plus minusve membranaceum, apice papillatum; nucleus gelatinosus; aseis seu cellulis ovatis unisporis, dein diffluentibus, primum sporas in basidiis suffultoriis gerentibus; sporae simplices continuae.

303. Dirimosperma scutatum.

Peritheciis lentiformibus, innatis, tenuibus, papillatis; basidiis continuis; sporis ovatis, intense - fuscis.

Habitat in cortice *Populi.*

Fam. XLIVa. Hormococcaceae Preuss.

Perithecia libera vel immersa, simplicia dein apice aperta. Nucleus gelatinosus, basidiophorus. Basidia filiformia. Sporae simplices concatenatae.

Hormococcus Preuss.

304. Hormococcus conicus.

Peritheciis subconicis, atris, corneis, papillatis; nucleo albo; basidiis vel floccis longis, in sporas obovatas continuas secedentibus, albis.

Ad ligna putrescentia.

305. Hormococcus papillatus.

Peritheciis ovatis corneis, atris, subcylindrico-papillatis; nucleo roseo, gelatinoso; floccis sporarum repetito-ramosis; sporis cylindricis, albis, cum plurimis guttulis oleosis.

Habitat in caulibus herbarum majorum.

Huc:

Hormococcus Populi, Rosae et *heterosporus.*

Sirococcus Preuss.

Perithecium corneo-membranaceum, immersum vel superficiale; nucleus gelatinosus primum, dein siccans; basidia diverse-sporidifera, ramosa; sporae non filiformes, sed geniculatae concatenatae; paraphysibus nullis.

306. Sirococcus strobilinus.

Peritheciis subdifformibus, rotundatis, gregariis, simplicibus vel confluentibus, erumpentibus, atro-nitentibus; nucleo albo; basidiis furcatis, filiformi-clavatis, albis; sporis fusiformibus, utrinque obtusis, albis, concatenatis.

Ad conos dejectos *Pini Abietis.*

Fam. XLV. **Melanconiaceae** Corda.

Sphaerocista Preuss.

307. Sphaerocista alba.

Cortici insidens; peritheciis coriaceo-corneis, subglobosis, pertusis, cum villo substrigoso subiculari obducto, corticem penetrante; nucleo albissimo; basidiis longis, furcatis; sporis oblongo-cylindricis, utrinque obtusis, albis.

In cortice *Fraxini pendulae.*

308. Sphaerocista myelocola.

Peritheciis tenuibus subglososis, minutis, confertis, subpapillatis, fuscis, in myelostromate elongato conceptis; nucleo albo, mucoso; basidiis filiformibus; sporis fusiformibus, subcurvatis, albis; episporio nullo, cirrhis albis.

In cortice *Citri Aurantii* exsiccato in hibernaculis.

309. Sphaerocista microsperma.

Peritheciis arachnoideis, albis, supra calvis, atris, conicis papillatis, obtusis, corneis; basidiis ramosis, longissimis, filiformibus, continuis, albis; sporis minutis, ovatis, albis; episporio nullo.

Ad ramos decorticatos.

310. Sphaerocista oculata.

Pustulis gregariis minutis, rotundatis; peritheciis globosis, corneis, ad basin hyphis vestitis ligna penetrantibus; ostiolo acuto perforante; basidiis tenuibus, abbreviatis; sporis subfusiformibus, utrinque rotundatis, biguttatis, guttulis oleo repletis, hyalinis albis.

In cortice *Sedi hybridi*.

311. Sphaerocista lentiformis.

Peritheciis tenuibus, biconvexis, minutis, subconfertis, papillatis nullis, sub myelostromate elongatis conceptis, tum ostiolis perforatis; nucleo albo, mucoso; basidiis filiformibus; sporis fusiformibus, obtusis, varie magnis, albis, guttulis oleosis plurimis repletis.

Habitat in lignis exsiccatis.

Melanconium Link.

312. Melanconium Hederae.

Sparsum; peritheciis cum epidermide innata prominulis, convexis, tenuibus, nigris; ostiolo pertuso; pulpa sporarum atra; basidiis filiformibus; sporis ovatis, atro-fuscis; episporio glabro; in nucleo guttula magna.

In ramulis *Hederae*.

Gerulajacta Preuss.

Perithecium superficialiter immersum, membranaceum, dein perforatum; basidia filiformia vel clavata, continua;

sporae acrogenae continuae; sporae cum basidiis dein in sub-
cirrhum erumpentes.

313. Gerulajacta radiata.

Peritheciis hemisphaericis, socialibus, atris, membranaceis; nucleo albo, mucoso; basidiis concentricis, longis, filiformibus, albis; sporis ovatis, minutis, albis.

Habitat in foliis *Saponariae.*

314. Gerulajacta strobilina.

Peritheciis membranaceis, erumpentibus, globosis, atris,
dein pertusis; nucleo albo; basidiis clavaeformibus; sporis
ovatis albis.

Ad conos dejectos *Pini.*

315. Gerulajacta Daphnea.

Peritheciis membranaceis, hemisphaericis, atris; nucleo
subalbo; basidiis longis, clavaeformibus, albis; sporis oblongis, subfuscis, interdum cum guttulis oleosis.

In foliis *Daphnes.*

316. Gerulajacta striaeformis.

Peritheciis membranaceis, hemisphaericis, atris; nucleo
albo; basidiis clavatis, albis, curvatis; sporis oblongis, albis.

In pedunculis *Sambuci.*

317. Gerulajacta Syringae.

Peritheciis cortici innatis, corneis, subpapillatis, atris;
nucleo albo; basidiis filiformibus, curvatis albis; sporis cla-
vato-obovatis, albis.

In ramulis *Syringae chinensis* in hortis.

Filaspora Preuss.

Perithecium immersum vel rarius superficiale dein supra
rimaeforme vel pertusum apertum, subiculum plurimum late et
longissime effusum; nucleo sporidifero foetum dein erumpente;

basidia (?) brevissima vel nulla; sporae continuae filiformes; episporio nullo.

318. Filaspora umbonata.

Peritheciis parvis, atris, basi applanatis, insertis sub epidermide; ostiolo dein erumpente pertuso, illo pseudostromate ambiente effuso; basidiis brevissimis; sporis filiformibus, albis, flexuosis.

In ramis *Spartii scoparii* languidi.

319. Filaspora applanata.

Peritheciis globoso-depressis, subtectis; ostiolo minuto, punctiformi, perforato, parvo, atro; maculae elongatae, determinatae, nigrae insidentibus cum floccis pertextis; sporis filiformibus, albis cum multis guttulis oleosis.

Ad caules herbarum.

320. Filaspora Hysterioides.

In ligno superne, stroma sine subiculo, atrum, late tectum, interne cavernulis, perithecium incompletum infra obducens tumescens et rima dehiscens; nucleis gelatinosis fusco-roseis erumpentibus, globosis; sporis longissimis, filiformibus.

Habitat in ligno *Salicis* (in *circulo doliari*)

321. Filaspora peritheciaeformis.

Stromate villoso-furfuraceo, conferto, conico-acuto, tum circumscripto, aperto; basi latissime crustaceo-effuso et infra basin linea lignum penetrante circumscripto; peritheciis singulis vel plurimis irregulariter circinnato insertis; pulpa sporarum albo-rosea; basidia brevissima; sporis flexuosis filiformibus, albis.

Sub epidermide ramorum *Cytisi Laburni.*

Cryptosporium Kunze.

322. Cryptosporium Aegopodii.

Maculae crustaceae sparse insidens; peritheciis innatis, dein erumpentibus, atris; basidiis conicis, hypostromati celluloso insidentibus; sporis longissimis, clavato - filiformibus, albis; episporio glabro; nucleo turbido.

Ad folia *Aegopodii.*

Nemaspora Persoon.

323. **Nemaspora alba.**

Peritheciis difformibus, membranaco - tenuibus, apice papillatis, pertusis, in cortice immersis; nucleo candido; basidiis brevibus; sporis ovatis, cum guttulis olcosis.

Habitat in ramis ersiccatis *Coryli.*

324. **Nemaspora fusca.**

Perithecio membranaceo, globoso, in cortice insculpto; ostiolo minuto erumpente; nucleo fusco; basidiis filiformibus; sporis oblongis, magnis, subfuscis; episporio glabro; nucleo turbido.

Habitat in ramis exsiccatis *Rosae.*

325. **Nemaspora dura.**

Perithecio corneo, atro, depresso, rugoso, pulvinato, cortici insculpto; nucleo gelatinoso, albo; basidiis conicis; sporis ovatis, albis, magnis; episporio glabro; nucleo turbido.

Habitat in ramis *Ribis.*

326. **Nemaspora papillata.**

Perithecio corneo, atro, depresso, in cortice insidente et papilla crassa erumpente; nucleo albo, gelatinoso; basidiis fusiformibus, cum paraphysibus longis mixtis; sporis oblongis, cylindricis, magnis, albis; episporio glabro; nucleo turbido.

Habitat in cortice *Rhamni.*

327. **Nemaspora fusisperma.**

Perithecio incompleto, pulvinato, cortici insidens; hypothecio basidiifero; basidiis filiformibus; sporis fusiformibus, utrinque acutis, curvatis, albis, nucleo guttulas oleosas continente, cirrho plano, amoene ochraceo.

In cortice *Alni.*

328. Nemaspora ovata.

Stromate partito, atro, corneo, irregulariter conico; papillis atris; peritheciis labyrinthiformibus, confluentibus, albis; pulpa alba; basidiis filiformibus; poris ovatis, subapiculatis, hyalinis albis.

In cortice *Betulae.*

329. Nemaspora conica.

Emersa, conceptaculo proprio conico-difformi, cornea, subferruginea; cellulis circinantibus, ovatis, ferrugineis, in conceptaculis incisis; disco papilliformi perforante; basidiis brevibus, filiformibus; sporis fusiformibus, utrinque obtusatis, curvatis; episporio cum nucleo confuso, albo.

In trabe quercina.

330. Nemaspora leucostroma.

Pustulis minutis, gregariis, erumpentibus; ostiolo perforante, nigrescente; stromate subgloboso, subalbo; peritheciis numerosis, oblongis et polymorphis lobatis, atris, circinantibus; nucleo bulboso, atro; cirrhis filiformibus, coccineis; basidiis filiformibus longis; sporis fusiformibus, utrinque rotundatis, curvatis minutis albis.

In cortice *Alni.*

Callosisperma Preuss.

Perithecium carbonaceum vel membranaceum, simplex vel compositum, papillato-stomatosum; nucleus primum gelatinosus; basidia filiformia; sporis coloratis, simplicibus; episporio corneo, glabro, cum nucleo.

331. Callosisperma ovata.

Gregaria, superficialis; peritheciis corneis, ovatis, papillatis, nigris; nucleo gelatinoso, atro; basidiis filiformibus; sporis ovatis, atris; episporio glabro, atro-corneo, nucleo repleto.

Ad ligna *Juglandis Regiae.*

332. Callosisperma fusiformis.

Innata, erumpens, epidermide protrusa, sparsa; peritheciis lentiformibus, carneis; nucleo primo albo, tum atro; basidiis brevibus, filiformibus; sporis oblongo - fusiformibus, coloratis; episporio glabro; nucleo curvato.

In ramulis *Pruni Armeniacae.*

333. Callosisperma oblonga.

Gregaria erumpens; peritheciis globosis, subcompositis, fusco - atris; papillo umbilicato - applanato, pertuso, fusco; nucleo atro; basidiis filiformibus; sporis oblongis, fuscis; episporio glabro, atro - fusco; nucleo curvato, fusco, non firmo et guttulis oleosis repleto.

Ad ramos exsiccatos *Alni glutinosae.*

334. Callosisperma stroma.

Transversim erumpens, elliptica, planiuscula, atra; stromate fusco, in cortice rostellato distante laevi; rostro superne subincrassato; peritheciis stromati insertis, subcompositis; nucleis atris, mucosis, tum in cirrhis erumpentibus, basidiis filiformibus; sporis ovatis, fuscis; episporio corneo, atro - fusco; nucleo confirmo, fusco, curvato et guttula oleosa repleto.

In ramis exsiccatis *Alni glutinosae.*

Gyratylium Preuss.

Perithecium dimidiatum, membranaceum planum tum apertum; hypothecium s. stroma in circulo - plicaeforme; nucleus primum gelatinosus; basidia continua, stipitiformia, aggregata, hypothecio plicaeformi innata; sporis terminalibus, solitariis acrogenis simplicibus nucleatis.

335. Gyratylium atrum.

Sub epidermide innatum, planum, latum, atrum tum sporidiis erumpentibus, muco involutis; sporis ovatis, numerosissimis, semipellucidis, saturate-fuscis; nucleo firmo et guttulis olcosis repleto.

Ad ramulos *Corni sanguineae.*

Stegonosporium Corda.

336. Stegonosporium Platani.

Gregarium; peritheciis cortici immersis, tectis, atris; basidiis filiformibus, albis; sporis subpyriformibus, fuscis; nucleo quater in una serie posito.

In ramorum *Platani* cortice.

Fam. XLVI. Sporocadeae Corda.

Sporocadus Corda.

337. Sporocadus subglobata.

Peritheciis ovatis corneis, tum papillatis, cortici primo insertis (cujus epidermis tollitur); pulpa fusca; basidiis filiformibus; sporis oblongis, inaequalibus, subbicoilis, fuscis; episporio intense-fusco; nucleo dilute-fusco cum guttulis olcosis.

Habitat in cortice arborum frondosarum.

Fam. XLVII. Hysteriaceae Corda.

Hysterographium Corda.

Perithecium sessile, simplex, corneum, durum, rima longitudinali dehiscens. Nucleus carnosus. Asci tubulosi, paraphysibus conglutinatis immersi; sporis compositis, septatis, heterogeneis. Stroma nullum.

338. Hysterographium Fraxini.

Erumpens; peritheciis ellipticis, durum, atrum, labiis obtusis, impressis dehiscens; nucleo griseo; ascis cylindricis, paraphysibus intermixtis; sporis octo oblongis, cellulosis, fuscescentibus.

Ad ramos exsiccatos *Fraxini.*

Phacidium Fries.

Perithecium sessile, subcorneum, simplex primo clausum, dein dehiscens a centro versus ambitum in lacinias plures. Nucleus disciformis, ceraceus. Asci erecti clavati vel tubulosi, paraphysibus continuis immixtis. Sporae simplices; episporio tenui; nucleo firmo.

339. Phacidium umbonatum.

Peritheciis scatiformibus, corneis, primo clausis papillatis, atris; nucleis disciformibus; ascis erectis, paraphysibus mixtis; sporis baculiformibus, septatis, albis.

Habitat in cortice *Pini*.

340. Phacidium peltiforme.

Gregarium punctiforme; peritheciis depresso-orbiculatis, peltiformibus, atris; ascis clavatis cum paraphysibus mixtis; sporis baculiformibus albis, cum guttulis oleosis.

In foliis dejectis quercinis.

IV. Hymenomycetes Nees.

Fam. LII. Pezizeae Fries et Corda.

Cenangium Fries.

341. Cenangium lignicolum.

Gregarium, nudum, subcorneum, nigrum; cupulis primo subglobosis, conniventibus dein planis; stipite crasso, brevissimo, dein atro; ascis cylindricis, octosporis, paraphysibus mixtis; sporis ovatis, nigris.

Ad truncos arborum frondosarum.

Fam. LVI. Tuberculariaceae Corda.

Gliostroma Corda.

Stroma pulvinatum gelatinoso-fibrosum, hymenio undique tectum. Basidia spuria flocciformia. Sporae acrogenae copiosissimae, globosae.

342. Gliostroma heterosporum.

Acervulis hemisphaericis minutis, primo mucosis, albis; sporis minoribus, catenatis, rotundatis, intus guttulis repletis. Habitat in mica panis albis.

Fam. LIX. **Isarieae** Corda.

Isaria Persoon.

343. Isaria cinnabarina.

Cespitosa, tres vel quatuor lineas alta, carneo-cinnabarina; stipites et clavulae indistinctae sed repetito-ramosae, undique aequali colore, floccosae pulverulentae et crassae; sporis ovatis corneo-cinnabarinis.

In pupa *Sphingis Ligustri* versante in vitro sacharino tecto. (Seidenberg.)

Fam. LX. **Clavariaceae** Corda.

Typhula Fries.

Fungus subbyssinus, stipite filiformi flaccido, clavula discreta terminatus. Hymenium tenue, ceraceum, basidiis furcatis; sterigmatibus longis subulatis; sporis pleurotropis, continuis.

344. Typhula glandulosa.

Pallida; clavula glabra turgida; stipite pubescente, pilis moniliformibus glandulosis, longe-cylindrico, subaequali, supra clavula subcylindrica ornato; basidiis furcatis; sporis ovatis.

Ad terram humosam in hortis umbrosis.

Miscellanea botanica

auctore

D. F. L. de Schlechtendal.

Sedulo plantarům tam viventiům, quam exsiccatarum obser-
vatori, qui variis ex terris vegetabilia accipit, variisque ex
hortis tam publicis quam privatis stirpes convocat, plura sem-
der occurrunt, quae notatu digna videntur quamvis nec omnibus numeris absolvi, nec repetito examini subjici vel cultura
iterum probari, nec denique pro futuro labore servari possunt.
Quae imperfecta et aliquo modo dubia interdum colligere et
sub Miscellaneorum botanicorum titulo in publicum proferre
studemus, ut non solum nominibus botanicis ex nostro horto
botanico tam vivo, quam sicco egredientibus firmamenti quid
et rationem afferamus, sed etiam alios ut incitemus ut imperfecta perficiant, incerta certiora reddant, nebulas dispellant.
Collectionum ab indefesso Hohenacker multos per annos
jam diligentissime paratarum et rara constantia undique col-
latarum familias paucas inspicienti mihi et definienti nonnul-
lae subvenerunt stirpes, quibus nomina quidem infigere simul
autem de iis fusius loqui necesse erat.   Quarum ex numero
hic fasciculum primum trado.

Palmae.

Calamus Metzianus n. sp. e prov. Canara Ind. or. leg. rev. Metz. ded. Hohenacker.

Descriptio: Folium pinnatum, pinnis oppositis brevi aequali spatio secus rhachin trigonam collocatis, quae pube brevi tomentosula ex cinerascenti et fusco mixta, in primis ad angulos et sub pinnis, subtus vero aculeis deorsum versis subaequali spatio inter et distantibus ex dilatata et compressiuscula basi conieo-subulatis straminei coloris instructa est. Pinnae lineares sensim et longe subulato-acuminatae, pedem fere longae, 4 — 5 lin. latae, trinerviae, nervo marginatae, cui marginali aculei subulati erecti frequentiores et sursum longiores, medio autem subtus prominulo utrinque multo rariores et inprimis apicem versus insident, reliqua pagina nuda glabrave, infera paululum pallidiore. Inflorescentiae fragmenta sistunt rhachin, quae, ubi vaginis aphyllis tecta est, teres apparet sed ubi nuda est, altero latere convexa, altero concaviuscula; ex quā alterni prodeunt rami paullo supra apicem vaginae et deorsum curvati, 2 — 2 ½ p. circ. longi dense floriferi. Vagina sensim ex rhachi exiens, pollicaris circ., mox paululum dilatatur, tunc cylindrica usque ad apicem oblique truncatum atque in altero latere in apiculum protracta (laminae vestigium); rhachin vero arete includet tota clausa et ut rhachis folii pubescens. Rami floriferi plerumque simplices, interdum ramulis brevibus lateralibus basin versus instructi; rhachis flexuosa bracteis alternis oblique infundibularibus truncatis extus in acumen acutum productis tecta, ciliolatis et pube minuta squamulaeformi fuscescente adspersis, unaquaque florem oblique prodens sessilem, compositum ex calyce ovato-tubuloso brevi in 3 lacinias latas breves obtusiusculas dilutius marginatas et eadem pube ac bractea donatas haud usque ad medium partito, atque ex

corolla e basi anguste subinfundibulari ovoidea ad medium usque in 3 lacinias ellipticas acutiusculas pube illa squamulosa
adspersas partita. Stamina 6, alterna petalis opposita longiora et inferne cum corolla connata, antheris linearibus luteis. Feminei floris calyx certe non diversus, corolla forsan
basi non angustata, utrumque perigonium sub fructu persistens.
Fructus straminei coloris ellipsoideus, 6 lin. longus, 5 lin. latus, apiculatus, squamarum seriebus 18 orthostichis cataphra-
ctus, squamis medio sulculo notatis, extimo margine laterali
albidis et in summo apice fuscescentibus.

Rubiaceae.

Cinchona Lechleriana n. sp. (an forsan *C. purpureae*
Rz. Pav. var.?). C. foliis late ovatis s. rotundato-ovatis
obtusis, basi brevissime in petiolum acutatis, supra glabris,
subtus breviter pubescentibus; panicula trichotoma, calycis
dentibus late triangularibus acutis, corollae extus dense pubescentis laciniis margine longe pilosis, antheris ex fauce
paululum apicibus suis emergentibus, stylo brevi dimidium tu-
tum acquante; capsula lanceolata (4 — 6 lin. longa) leviter
costata, seminum ala utrinque attenuata v. altero apice bifida, margine dentato-fimbriata.

In montosis declivitatis orientalis Andium Peruvianorum
pr. San Gavan. Julio leg. L e c h l e r.

Magna affinitate haec forma conjungitur cum C. *purpurea*, quam eadem ex regione accepimus, ita ut forma ejus
haberi posset, diversa: capsulis fere dimidio brevioribus et
stylo breviore stigmatis apicibus erectis in alabastro antherarum basin, sed in aperte flore nec hanc attingentibus. Ramus paniculiger tetragonus, faciebus bisulcis primum breviter
puberulis et minutissime glandulosis; pubes e pilis brevissimis
attamen longitudine diversis, curvulis et leviter flavescentibus,

quibus intermixtae glandulae minutissimae globosae subsessiles albae. Folia pauca quae vidimus sub ramis primariis paniculae orta petiolum habent circ. 4—5 lin. longum, laminam praebent in maximo folio infimo $4^{1}/_{4}$ poll. longam et 3 poll. 8 lin. sub medio latam, basi levissime paululum protractam apice obtusam, supra glabram, subtus cum petiolo nervo medio et venis primariis utrinque subdenis subtus prominentibus pube densa molli, e pilis brevibus leviter flavescentibus formata tectam. Panicula trichotoma ramis non minus trichotomis ex superioribus axillis orientibus augetur, superne nuda est, squamis fulcientibus ramo adpressis perparvis hand conspienis. Ramuli sequentes nunc oppositi nunc alterni tandem triflori. Calyx pube densa brevi tectus, brevis subcampanulatus, $1^{1}/_{2}$ lin. longus, limbo erecto in 5 dentes late triangulares acutos breves coloratos (colore suo saltem ab tubo et corolla in statu sicco distinctos) partito. Corolla fere 6 lin. longa, tubus paullo ultra 4 lineas metiens, cylindraceus, laciniis limbi tertiam partem longitudinis totius corollae habentibus oblongis acutis primum valvatim connexis, demum extus curvatis, in toto margine pilis longis, in sicco luteis, ciliatis, ceterum cum tubo intus glabris, facie corollae extera dense pubescente in alabastro fere subsericea. Stamina 5, filamenta cum basi tubi per lineae spatium connexa, dein libera autheramque dorso affixam, paullo ultra sesquilineam longam, linearem apice suo ex fauce emittentia. Stylus brevis lineam longus, stigmatibus duobus crassioribus ejusdem circiter longitudinis. Discus annularis leviter angulatus, in superficie gibberosus et pilis paucis perparvis erectis circa stylum instructus quem cingit. Capsula 4—5 lin. longa, haud 2 lin. lata dum clausa, dein basi in valvas suas soluta latior evadit, basi acutiuscula est, apicem versus attenuata, sed calyeis limbo plus minus integro et apice fructus latiore obtuse finitur.

Semina circiter $1^{3}/_{4}$ lin. longa, $^{1}/_{2}$ lin. lata, ala tenuis et margine dentato-fimbriata, utrinque acute producta, interdum bifida, saepius irregulariter disrupta.

Styli brevitas et staminum usque ad faucem evolutio discrimen forsan haud suppeditant, aliis enim in Rubiaceis mutuam genitalium deminutionem et elongationem ut in aliis gamosepalis familiis jam licuit observare. Capsulae forma minor tunc fere sola superesset.

Cascarilla (§. 1. *Pseudoquina*) **Gavanensis** n. sp. (an C. *oblongifolia* Rz. Pav. quae C. *magnifolia* Wedd.?). C. foliis rotundato-ovalibus, nunc utrinque obtusis nunc leviter acutiusculis, supra glabris nitidulis, subtus pube tenui submolli ad basin venarum primariarum densiori tectis, petiolis $^{1}/_{3}$ laminae aequantibus cum maxima nervi medii parte subtus glabris; stipulis . . . .; paniculae trichotomae ramis (praesertim ultimis) tenuiter puberulis, tubo calycis ex attenuata basi subclavato, dense pubescente, limbi campanulati 5-dentati dentibus late triangularibus acutis; corollae tubo anguste infundibulari cum limbi laciniis lanceolatis, tubum aequantibus intus apice toto et margine utroque papillosis, extus dense pubescente; antheris paullo supra basin sitis, linearibus, stigmate ex fauce emergente; capsula . . . .

In montosis lateris orientalis Andium Peruanarum pr. San Gavan. Julio leg. Lechler comm. Hohenacker.

Ab C. *oblongifolia* Rz. Pav. si fides descriptionibus et iconibus est differre videtur, corollae laciniis per totum apicem et in margine infero papillosis (nec in solo margine papillosis), antheris profundius in tubo insertis, stigmate hinc exserto. An lusus, certe notatu dignus! In flore nondum aperto stylum brevissimum reperimus et stamina paullo altius posita, quod forsan infirmitatem speciei. nostrae docet.

Rami crassi cortice cinereo tecti, lenticellis crebris lanceolatis dilute fuscescentibus media rima dein hiantibus obsiti, cicatricibus foliorum ellipticis magnis 4 lin. longis, paululum prominentibus cinnamomeis signati, qui fasciculis ligni
sub forma anguste hippocrepica (formae peripheriae respon-
dentis) circa medium paululum concavum dispositi sunt. Folia subcoriacea petiolata, petiolus bipollicaris circ., rotundatus,
supra anguste canaliculatus, canaliculo basin versus oblite-
rato. Pubes paginam inferam tegens brevissima ferruginea,
ad basin venarum et in earum axilla densior. Laminae maximae **10** pollices et ultra longae, 8 ¹/₂ p. in medio latae, venis
majoribus utrinque circiter duodenis patentibus marginem versus adscendentibus et invicem arcuato-conjunctis. Margo leviter revolutus. Color viridis, nervo, petiolo et venis forsan
rubentibus, in sicco saltem ex parte nigricantibus, colore rubro hinc inde et paginae affuso. Stipularum vestigia tantum
videre licuit, margo scilicet laceratus persistens, cicatricem
relinquit annuli in modum ramum ambientem. Paniculae trichotomae ex summis axillis ramulo uno alterove auctae;
rami obtuse quadrangulares pube tenuissima fuscescente inferius, in opposito latere superius undique tecti. Bracteae late
ovatae acutae brevissimae, inferiores cum lamina minuta instructae et stipulari membrana medio protracta connatae sunt.
Calycis tubus dense et brevissime pubescens, limbo latiore
multo glabriore. Corollae extus breviter pubescentis tubus 4
lin. longus, laciniis limbi 3¹/₂ lin. longis intus in toto apice
(hinc quasi incrassato) et in toto margine reliquo papillosis,
quibus marginibus sibi incumbunt laciniae in alabastro. Antherae 2¹/₂ lin. longae, filamenta ¹/₂ lin. longa, libera eva-
dunt paullo supra basin corollae (¹/₂ lin. distant) et ad tertiam circ. partem dorsi antherae inserta sunt. Stylus cylindraceus glaber stigmatibus **2** crassiusculis acutis extus sulco

longitudinali notatis, 1 $1\frac{1}{2}$ lin. longis, apicibus suis ex fauce emergentibus terminatur Annulus late et depresse 4-crenatus styli basin cingit. Fructus non habuimus.

Menispermaceae.

Novam novi generis speciem proponentes, utrum *Menispermaceis* an *Sabiaceis* nuper a celeberrimo Blumeo segregatis adjiciamus dubii sumus. Quinario numero calycis corollae staminum ab illis differt et ad has adpropinquat, a quibus pistillis tribus liberis nec axis processu unitis recedit et ad *Menispermeas* transit. Imperfecta quae coram habeo specimina certiorem me fecerunt plantam esse ab omnibus quas attingere et comparare licuit diversam nec ulli generi, nisi amplius extendatur esse adscribendam. *Cocculi glaucescentis* Blumei diagnosis brevissima quidem in nostram quadrat stirpem, licet *Cocculus* sit, quod denegarem, illius quoque patria, Javae insula, longe distat a provincia Canara in ora occidentali peninsulae Indicae.

Quinio.

Sepala 5 aestivatione quincunciali decidua. Petala 5 iis minora et opposita, margine medio intus flexo. Stamina 5 petalis opposita eaque superantia et cum iis decidua (an perfecta, antheris terminalibus adnatis, loculis basi discretis?). Pistilla tria libera uniovulata, stylo brevi, stigmate dilatato terminali. Fructus . . . . (baccatus?, monospermus).

Quinio cocculoides. — In provincia Canara orae occidentalis peninsulae Indiae anterioris leg. rev. Metz communicavit clar. Hohenacker.

Ramum foliiferum et inflorescentias habemus plures ut videntur integras seorsim decerptas. Omnes partes glaberrimae. Ramus folia ferens teres videtur longitudinaliter striatus et sulcatus (an exsiccatione?) niger ut omnes petioli pedunculique. Folia alterna longę petiolata, petioli enim lamina circiter duplo longiores (usque ad 4 poll. longos habemus), tenues, basi leviter dilatati et fere articulatim cum ramo conjuncti, facie canaliculati ceterum sulcati, fere palacei, sinus margine minimo adhuc prominente, cum nervis 5 folium percurrentibus quasi articulati. Nervorum basis infima ad petioli insertionem verruculis nonnullis pallidioribus convexis (glandularibus?) notatur, una cum his 5 et marginalis, revera laminae marginem cingens, exit. Nervi unum alterumve ramum superius edunt, frequentibus vero venulis transversis connectuntur, quae iterum inter se reticulatim connexae sunt. Lamina ex rotundata levissime cordata basi late rotundato-ovata, diametro longitudinali bipollicari, transversali circ. 2 1/2-pollicari, summo apice leviter retuso et mucronulo subulato munito. Facies aversa glauca, rete vasculosum non prominens, margo integerrimus sed male ut videtur exsiccatus crispulus factus est. Inflorescentia*) panicula 5 — 12 poll. et paulo ultra longa, composita ex rhachi media ut videtur tereti et ramis ex illa sensim orientibus, qui duobus pollicibus semper minores ex bracteolae late ovatae acutae brevis mox deciduae axilla orti, vario spatio inter se remoti, sub angulo semirecto vel semirecto majore procedentes, majore ex parte nudi, apice nunc umbellam**) unam gerunt, nunc paucos

---

*) Unde nascitur nescimus, basis vero ejus docere videtur originem duxisse ex veteriori ramo, utrum vero ex axillis viventium vel jam dejectorum foliorum provenerit, utrum erecta an pendula v. deflexa sit nos fugit.

**) Umbellam adpello at non semper est umbella; aliis enim in ramis plures pedicelli ejusdem fere longitudinis simplices ex eodem puncto proveniunt, in aliis pedicelli, eodem positi modo, haud simplices sed iterum ramulo unifloro instructi biflori sunt, in

ramos versus apicem, vel ex ipso apice ortos pauci- vel plurifloros habent, pedunculis uni- et bifloris flore plerumque longioribus, apice crassioribus. Ramuli et pedunculi ex axillis bracteolarum angustarum acutarum sub angulo recto patentium minutarum procedunt. Sepala 5, obovata, concava obtusa, glabra, 2 lin. circ. longa, lineolis punctisque nigricantibus in medio densioribus versus marginem pellucidum brevioribus magisque sparsis picta. Petala totidem decidua rhomboideo-spathulata, basi angustata, sepalis breviora et angustiora, angulis lateralibus lobulos rotundatos inflexos formantibus. Stamina mediis petalis opposita iisque longiora et cum iis decidua, filiformia, apice antheram adnatam minutam, loculis 2 basi discretis apice conniventibus gerentia. Quae stamina utrum fertilia sint necne in dubio relinquo. Pistilla tria libera, sigmoidea, ovaria compressa, dorso angusto convexa, basi attenuata, extus minutissime tuberculata, apice in stylum perbrevem extus curvatum transeuntia, stigmate terminali crassiusculo dilatato. Semen unicum ejusdem, quantum videre licuit, formae et positionis ac in *Menispermaceis*.

---

aliis pedicellus unus alterve uniflorus v. biflorus sub terminali illa umbella locum tenet, in aliis ramus pluriflorus v. umbella sessilis in latere superiori occurrit.

Hortorum botanicorum plantae novae et adnotationes in seminum indicibus et adversariis dispositae.

Annus MDCCCLII.

Linnaeae in volumine vigesimo quinto ex indicibus ab hortis botanicis a. MDCCCLI editis omnia ea cum aliis botanicis communicavimus quae in hisce fugacibus foliis notata reperimus, quae ex insequente anno nunc supersunt excerpsimus, relictis plurimis illis notis jam in diario gallico: Annales des sciences naturelles 3ième série Vol. XIX impressis, ubi reperis h. Berolinensem p. **375**, Genevensem p. **367**, Genuensem p. **369**, Hamburgensem p. **359**, Hauniensem p. **366**, Heidelbergensem p. **356**, Monacensem p. **365**, Neapolitanum, annum 1853 in fronte gerentem, p. **355**, Taurinensem p. **368**.

1. Selectus sem. h. Dorpat. e coll. anni 1852.

Podotheca angustifolia Less.   Hujus synonymon est *Lophoclinium Manglesii* Endl. perperam ad Eupatoriaceas relatum, an etiam *Podosperma angustifolia* Lab.? Planta ante **20** circiter annos sub hoc nomine in hortos introducta est *Podotheca gnaphalioides* Hook. = *Lophoclinium ci-*

trinum Endl. — *L. album* Endl. genere differre videtur.
Cl. Steetz in Podotheca genus Endlicherianum non recognovit, quare Lophoclinia in collectione Preissiana desiderari enunciavit. (Pl. Preiss. I. p. 490.)

2. Index seminum horti Academi Gottingensis 1852.

Madaria variegata Bartl. herbacea, caule erecto. ramoso, foliis triangulari-ovatis grosse dentatis, in petiolum supra basin saepe auriculatam angustatis, supra scabris, subtus albo-lanato-tomentosis, venis glabratis, ramis bracteatis mono---oligocephalis; achaeniis disci ad angulos pubescenti-scabris. Hab. in Brasilia australi. — Habitus *Senecionis erratici* fere. Folia subtus ad venas denudatas elegantissime albo-viridique variegata. Capitula magnitudine *Senec. aquatici* Ligulae steriles. Achaenia marginalia pauca calva glabra reliquis longiora et tenuiora.

3. Delectus seminum in horto bot. Heidelbergensi collectorum anno 1852.

1. Anchusopsis Bisch. Calyx 5-partitus, erectus, fructifer patens. Corolla infundibuliformis: tubus elongatus, rectus; faux fornicibus longe exsertis retusis angustata; limbus 5-fidus, erecto-patulus, lobis ovatis obtusis. Stamina corollae fauci inter fornices affixa, exserta. Nuculae 4 depressae, introrsum sub apice ad styli basin breviter adnatae, muriculato-asperae, extrorsum in disco aculeolis raris glochidiatis aspersae, margine cartilagineo profunde inciso-dentato cinctae, dentibus uniserialibus glochidiatis erectis demum inflexis.

A. longiflora (Cynoglossum longiflorum Benth. in Royle ill. p. 305. *Omphalodes longiflora* A. DC. prodr. X.

p. 158), species unica hucusque nota, e principiis ad genera stabilienda nunc admissis neque Omphalodis neque Cynoglossi generi adsocianda est. Differt enim ab *Omphalode* fornicibus magnis faucem non claudentibus, staminibus fauci affixis exsertis et nucularum margine cartilagineo profunde dentato; a *Cynoglosso*, genere quoad corollae et nucularum fabricam proximo, margine nucularum elevato, simplici serie dentato, denique inflexo recedit. *Mattia* tandem, genus non minus affine, differt nuculis latere introrso styli basi longe adnatis, ala membranacea patente nec inflexa cinctis.

2. **Chloris cucullata** Bisch., radice fibrosa, culmo erecto simplici, foliis planis obtusiusculis mucronatis ciliatis utrinque et margine scabris supra pilosulis, vaginis compresso-carinatis glabris, spicis 6—10 fasciculatis erecto-patentibus, spiculis bifloris, floribus breviter aristatis, valvis glumae oblongo-obovatis mucronatis dorso scabris, floris hermaphroditi palea inferiore obovata ventricosa margine dorsoque sericeo-ciliata vel puberula, flore sterili unipaleato, palea late obovata inflata horizontaliter truncata. — Hab. in Mexico boreali. Semina in provincia Tamaulipas prope Matamoros lecta absque nomine misit Dr. G. Engelmann 1849. Iu horto floret Julio et Augusto.

Culmus 6—9-pollicaris. Folia angusta, lineam circiter lata. Spicae 10—18 lineas longae. Spiculae pallidae, purpureo-variegatae; nervus glumarum dorsalis et nervus marginalis paleae inferioris floris hermaphroditi viridis; palea superior ejusdem floris oblongo-obovata, apice emarginata; palea floris sterilis pedicellati sub apice truncato marginem versus striis binis obliquis viridibus saepius picta. Arista utriusque floris palea semper brevior, in spiculis superioribus quandoque brevissima.

3. *Pinardiae* species quatuor enumeratae notis inflorescentiae fructuumque essentialibus ita conveniunt, ut ex mea sententia unicum genus naturale constituunt a Chrysanthemi (et Pyrethri auct.) genere optime distinctum. Omnes fructibus marginalibus triquetris et trialatis, alis apice in processum dentiformem longiorem brevioremve productis, et fructibus disci lateraliter plus minusve tretragono - compressis, angulo interiore latiuscule alato, dorsali argute carinato v. anguste alato, gaudent. Margo in fructuum vertice vel brevior obtusiusculus (*P. coronariae*) aut argutus (*P. Roxburghii*) vel in coronulam subdenticulatam (fructuum disci *P. anisocephalae* et *P. carinatae*) dilatatus notam distinctivam praebere nequit. Itaque character genericus, ut in omnes species quadret, sequenti modo mutandus erit:

Pinardia Cass. emend. Capitulum, flores, involucrum et anthoclinium ut in Chrysanthemo Linn. Fructus marginales triquetri, trialati, ala interiore latiore, omnibus in dentem subulatum v. obtusum productis; fructus disci lateraliter subtetragono - compressi, angulo interiore alato, dorsali argute carinato v. anguste alato, angulis lateralibus nerviformibus obsoletisve. Pappus brevissimus coroniformis v. ejus loco margo subdenticulatus.

Huc referendae sunt *Chrysanthemi* DC. (prodr. VI. p. 64, 65) sect. I. *Glebionis* (excl. *Chrys. segetum* L.), sect. II. *Pinardia*, et sect. III. *Ismelia*. Forsan quoque sect. IV. *Ismelioides* et sect. VI. *Magarsa* illis adjungendae erunt.

4. **Sagina setigera** Bisch., foliis lineari - subulatis setula longiuscula terminatis margine caule pedunculisque glabris, floribus pentameris, pedunculis capillaceis defloratis cernuis, fructiferis erectis, sepalis lanceolato - oblongis apice concavis, binis exterioribus mucronatis, mucrone incurvo, calyce petalis

breviere capsulam subaequante. — Patria ignota. Semina e horto Gottingensi nomine *S. saxatilis* a. 1849 et 1851 accepimus.

S. saxatilis Wimm. foliis breviter mucronulatis, pedunculis rigidis plus duplo crassioribus, sepalis latioribus muticis, capsula subduplo brevioribus et calyce petalis longiore differt. — *S. subulata* Wimm. magis affinis partibus omnibus herbaceis pilosiusculis et praesertim sepalis latioribus, obtusioribus, duas tertias capsulae vix aequantibus distinguitur. — *S. pilifera* Fenzl foliis fasciculatis dimidio plerumque minoribus, petalis et capsula subduplo calyce longioribus discrepat.

5. **Ulex strictus** hort., caule erecto e radice solitario, inferne breviter ramoso, foliis floralibus pedunculo brevioribus, vexillo subrotundo basi hastato - cordato, tubo stamineo valde compresso ovato sulcato transverse ruguloso margine superiore (ventrali) late carinato, stylo superne arcu levi adscendente, leguminibus calycem excedentibus subventricoso - turgidis, seminibus late ovatis (fuscis s. fusco - nigris), caruncula profunde emarginata (latere adspecta) dimidiam seminis basin occupante. — Patria ignota. Floret mense Majo ad Julium usque.

Habitu non modo sed aliis quoque notis conspicue distinctus apparet ab *Ulice europaeo* Linn. qui sic definiri potest: caule erecto a basi ramoso, ob ramos elongatos virgultiformi, foliis floralibus pedicellum subaequantibus, vexillo late ovali in unguem brevem sensim attenuato, tubo stamineo compresso oblongo laevi, margine superiore (ventrali) angustissime carinato, stylo apice uncinatim incurvo, leguminibus compresso - turgidis calyce sublongioribus, seminibus ovalibus (sordide viridibus v. fusco - olivaceis), caruncula profunde emarginata (latere visa) totam fere seminum basin occupante.

4. Delectus seminum in horto bot. Vratislaviensi collectorum A. 1852.

Enumeratio Ilicum, quae in hortis Germaniae et Belgii coluntur.

* *Folia dentato - spinosa.*

1. Ilex Aquifolium L.

I. fol. ovatis utrinque attenuatis nitidis sinuatis undulatis dentato - spinosis, pedunculis axillaribus brevibus multifloris, floribus subumbellatis. Linn. spec. plant. edit. **2.** p. 181; Ait. hort. Kew. 2. edit. I. p. **277.**

In Europae umbrosis.

Variat cultura eximie: caules erecti, quandoque penduli (*I. pendula* Hort.); baccae rubrae hinc inde flavae (*I. chrysocarpa* Wender.?), albae vel etiam nigrae; foliorum color laete viridis fit obscurior (var. *nigrescentes* Hort.) et etiam transit in colorem ochroleucum (quem false dicunt argenteum) vel luteum vel in margine (inde var. *argenteo -* et *aureo - marginatae*) vel in medio secundum nervum medium (huc var. *argenteo-* et *aureo-pictae* vel *maculatae, bi-* vel *tricolores*); foliorum formae tandem innumerae, quas in certum quendam ordinem redigere nunc conaturi simus. Folia enim sinuata spinosa modo solito majora, latiora et rigidiora vel angustiora, fiunt sinuosissima involuta et revoluta vel demum etiam plana, integra spinosa vel excellunt maxima spinarum copia, quae aberrationes fere omnes at rarissime in uno eodemque individuo inveniuntur.

† *Folia undulata sinuata dentato.- spinosa.*

α. vulgaris fol. ovatis acutis utrinque nitidis sinuatis undulatis dentato - spinosis Ait. l. c.; flor. Danic. f. 508; Guimpel tab. 5; Hayne Arzneipfl. 8. t. **25**; Loudon Encyclop. p. **157.** f. **215.**

Ilex canadensis Herb. Kunthiani.

Forma vulgaris inprimis fruticum sponte crescentium.

β. *macrophylla* fol. solito majoribus acutis crassioribus minus sinuatis. *I. Aquifolium macrophylla* Ht. Booth. (nec *I. macrophylla* Blume quae est *I. latifolia* Thunb.)

γ. *Shepherdii*, fol. ovatis subacuminatis planiusculis. *I. Shepherdii* Ht. Booth. (Forma intermedia inter praecedentem et sequentem.)

δ. *latifolia* fol. latiusculis ovatis acutis subsinuatis. *I. Aquifolium latifolia* Ht. Booth.

ε. *maderensis* fol. ovatis acutinsculis sinuatis. *I. maderensis* Hort. (Verschaff. et Booth.) nec *I. maderensis* Willd. enum. suppl. 8. ex Link., quae ad *I. balearicam* pertinet. Variat insuper etiam ramis junioribus magis brunneis *I. maderensis nigrescens* Ht. Booth.

ζ. *elegans* fol. ovato-lanceolatis subattenuatis planiusculis. *I. elegans* Hort. (Bollwill.)

η. *latispina* fol. subdeformibus sinuosissimis spinosis, spinis marginalibus basi dilatatissimis quasi oppositis horizontaliter patentibus *I. Aquifolium latispina* Ht. (Booth. et Houtt.), *I. Aquifolium recurvum* London Encyclop. p. 158. Fig. **219**.

ϑ. *monstrosa* fol. fere *I. Aquifolii α. vulgaris*, sed spinis marginalibus non horizontaliter patentibus sed erectis aliisque deflexis alternantibus. *I. Aquifolium monstrosa* Ht. (Booth.)

ι. *ferox* fol. coriaceis crassioribus non solum margine sed etiam in folii pagina superiori inprimis apicem versus spinis magis minusve rectis obsitis, inde flexuosis revolutis involutisque. *I. Aquifolium δ. ferox* Ait. London Encyclop. p. 159. Fig. **221**. *Aquifolium echinata* folii superficie Cornut. Canad. 180. Secundum Millerum ex Canada, ubi spontanea, in Europam translata est. Variat fol. argenteo - et aureo - marginatis et maculatis. (Ht. Booth. et Houtt.)

x. calamistrata fol. ovatis dentato - spinosis sinuosissimis contorto - involutis *I. Aquifolium calamistrata* Hort. (Booth. et Houtt.) Variat fol. aureo - et argenteo - maculatis et tricoloribus.

λ. revoluta fol. ovatis dentato - spinosis sinuosissimis contorto - revolutis. (Booth.) *I. Aquifolium contorta* Ht. Houtt. Variat insuper nti praecedens forma.

μ. carnola fol. ovato - lanceolatis acutis dentato - spinosis vel subintegerrimis obtusis. *I. Aquifolium carnola* Ht. Booth.

v. crassifolia fol. lineari - lanceolatis repando - sinuatis dentatis spinosis carnoso - coriaceis (ita ut vix flecti possint). *I. Aquifolium crassifolium* Lond. Encylop. p. 159. Fig. 222. *Ilex crassifolia* Ht. Booth., Houtt., Wetter. et alior. nec *I. crassifolia* Hook. icon. pl. t. 149.

†† *Folia dentato - spinosa planiuscula vel plana (nec undulata).*

ξ. canadensis fol. ovalibus minoribus dentatis spinosis planis. *Ilex canadensis* Ht. Booth. et Houtt.) nec *I. canadensis* Mich., quae est *Nemopanthes canadensis* DC.; *I. canadensis* Herb. Kunth. pertinet ad *I. Aquifolium α.* vulg. Ad hanc formam referenda *I. Aquifolium altaclarense* Ht. fol. latis tenuioribus et planis Loudon Encyclop. p. 158. Variat fol. argenteo - et aureo - marginatis et maculatis.

o. nigricans fol. ovatis planis dentato - spinosis ramis foliorumque petiolis magis brunnei coloris quam in reliquis. *I. Aquifolium nigricans* Ht. Houtt.

π. *platyphylla* fol. oblongis planis dentato - spinosis *I. platyphylla* Ht. Booth nec *I. platyphylla* Webb et Berthel., quae est *I. Perado.*

ϱ. ***Thunbergiana*** fol. lanceolatis dentato - spinosis planis. Ex horto Booth.

σ. *ciliata* fol. oblongo - lanceolatis dentato - spinosis planis, spinis subelongatis fere patentibus (nec *recurvis*). London Encyclop. 158. Fig. 218. *I. ciliata major* et *minor* (fol. solito - angustioribus) Ht. Booth.; *I. ciliaris* Ht. Houtt.; *I. serrata* Booth.; *I. recurva* Link. enum. pl. Ht. Berol. I. p. 147; *I. Aquifolium* δ. Aiton l. c. 3, 486; *I. Aquifolium v. serratum* DC. Prodr. 2. p. 14; *I. Aquifolium serratifolium* London Encyclop. p. 158. Fig. 220.

τ. *angustifolia* fol. lanceolato - linearibus dentato - spinosis planis. *I. Aquifolium angustifolia* Ht. Booth. nec *I. angustifolia* Willd.

υ. *myrtifolia* fol. uti in praecedente sed multo angustioribus *I. myrtifolia* Ht. Boeckmann nec *I. myrtifolia* Lam. ex insulis Caribaeis, quae secund. Link. (ej. enum. 1. p. 148.) in Horto Berolinensi colitur.

$\dagger\dagger\dagger$ *Folia integra vel integerrima plana.*

Ilex Aquifolium ζ. *senescens* fol. muticis Roemer et Schult. syst. veget. 3. p. 486; an etiam *I. senescens* Ht. Wetterens.

φ. *heterophylla* fol. superioribus exacte lanceolatis planis subintegerrimis, inferioribus oblongis undulatis irregulariter sinuato - spinoso - dentatis. *I. Aquifolium heterophylla* Ht. Booth.; *I. Aquifolium* β. *heterophylla* Ait. l. c., Roemer et Schult. l. c. (Forma spectatu dignissima.)

χ. *laurifolia* fol. fere omnibus lanceolatis planis obtusiusculis integerrimis vix uno alterove dente vel spina mar-

ginali notatis (iis *Lauri nobilis* simillimis). *I. laurifolia*
Ht. Boeckmann. nec *I. laurifolia* Nutt., quae est var. *I.
Dahoon*; *I. Aquifolium laurifolium* London Encyclop. p.
158. Fig. 217.

ψ. integrifolia fol. ovatis integerrimis acutiusculis pla-
nis vel sinuatis dentato-spinosis. Ex horto Rinz. Francof.
Cum hac varietate conveniunt *I. arborescens, I. excorticata*
Ht. Bollwill. et Rinz. et *I. Aquifolium marginatum* Lond.
Encyclop. p. 158. Fig. 216.

ω. rotundifolia fol. ovatis obtusioribus planis integerrimis. *I. rotundifolia* Ht. Houtt.

αα. polymorpha fol. ovatis vel lanceolatis undulatis
sinuatis vel repando-sinuato-involutis et revolutis vel planis
dentato-spinosis vel integerrimis viridibus vel argenteo- et
aureo-marginatis et maculatis in una eademque stirpe. Ex
horto Boeckmanniano.

Nota: Omnes qui Palaeophytologiam inquirunt, haec
fere incredibilis varietas foliorum unius stirpis, quam incerta
sit, si singula folia spectentur, adhuc nostra fossilium plantarum definitio, optime docebit.

2. Ilex balearica Desf.

I. fol. ovatis acutis subnitidis crassiusculis planis vel (in
planta adultiori) subconcavis integerrimis aut dentato-spinosis,
umbellis axillaribus paucifloris abbreviatis Desf. arb. 2. p. 262;
DC. Prodr. 2. p. 14; London Encyclop. p. 161. Fig. 223; *I.
Aquifolium* δ. Lam. dict. 3. p. 145. I.; *I. maderensis* Willd.
enum. suppl. 3. ex Link. enum. pl. hort. Berol. 1. p. 147. et
Herbar. Kunthiani.

β. cordata fol. exacte ovatis subintegerrimis rarius hinc
inde dentato-spinosis. *I. cordata* et *I. Minorca* Ht. Booth.

In insulis Balearicis et in Madeira.

Species distincta, fol. crassis coriaceis ovatis et inprimis adultioribus concavis subintegerrimis, ramulis solito crassioribus laete virentibus a variet. *Ilicis Aquifolii ψ. integrifoliae*, qua cum sola confundi possit, differt.

3. Ilex opaca Ait. l. c. p. 157. DC. Prodr. 2. p. 14 etc. London Encycl. p. 161. Fig. **224.** In humidis a Pensylvania ad Carolinam. (Nomen ob folia omni nitore carentia aptissimum.)

4. Ilex ovata Hort.

I. fol. ovatis planis glabris lucidis dentato-spinosis, acutis basi truncatis utrinque lucidis.

Habitat — ? Ex horto Verschaffelt.

Fol. basi truncatis inprimis a varietatibus *Ilicis Aquifolii,* quibus folia plana et utrinque attenuata sunt, discedit.

5. Ilex leptocantha Lindl.

I. fol. ovali-oblongis acuminatis aequaliter dentato-spinosis, dentibus gracilibus Lindl. in Paxt. Flow. Gard. July 1852. p. 78.

In China boreali (Fortune).

6. Ilex Betschleriana nobis.

I. fol. oblongo-ovalibus acuminatis basi truncatis utrinque lucidis undulatis dentato-spinosis, dentibus erectis et deflexis alternantibus. Sub nomine *I. mexicana* ex horto Verschaffelt. et sub nomine *I. gigant.* ex horto Bollwill. accepimus. Nondum floruit sed habitus, foliorum forma et in iis nervorum distributio Illicis. In honorem viri clariss., qui eximiam in Germania certe unicam hanc Ilicum collectionem congessit, hanc speciem pulchram nominavimus. Cum hac specie *Ilex grandis* Hort. Herrnhusian. convenire videtur.

7. Ilex magellanica Lond.

I. fol. oblongis elongatis repando-undulatis sinuatis dentato-spinosis utrinque attenuatis glabris, floribus umbellatis,

breviter pedicellatis, umbellis 3 — 4 - floris. London. Encyclop.
p. 161. Fig. 225.¹

β. *denticulata* Hort. fol. magis applanatis vix sinuatis.
Utraque ex Horto Houtteano.

8. **Ilex cornuta** Lindl.

I. fol. ovato-oblongis basi obtusis apice truncatis in
planta vegetiori grosse repando - sinuatis dentato - spinosis in
adulta tricornibus utrinque glabris lucidis, umbellis axillaribus
sessilibus, baccis quadripyrenis Lindl. in Paxt. Flow. Gard. II.
Mai 1850. p. 43; Houtte Fl. des Serres T. VII. Janv. 1852.
p. 216; Walp. Annal. Bot. syst. II. p. 265. In China boreali
(Fortune). Ex horto Houtt. Species distincta: Folia illis
Dilivariae ilicifoliae Pers. quoad formam nec quoad nervorum distributionem simillima.

9. **Ilex dipyrena** Wall.

I. fol. lanceolatis acuminatis laevibus utrinque opacis undulatis dentato-spinosis, floribus axillaribus sessilibus fasciculatis, baccis dipyrenis. Wallich. in Roxb. Fl. Indic. 4. p.
473. DC. Prodr. 2. p. 15.

β. *Cunninghami* n. fol. oblongo - lanceolatis acuminatis
laevibus utrinque opacis undulatis dentato - spinosis. *Ilex
Cunninghami* Ht. Booth. In Nepalia et ad limites Tartariae
chinensis β. ex horto Boothiano solummodo foliis oblongo-
lanceolatis differt.

10. **Ilex Cassine** Ait. l. c. London Encyclop. p. 162.
fig. 227. *I. caroliniana* Mill. Dict. 3. *Ilex castaneaefolia*
Hortor. (Ht. Booth.) In paludosis umbrosis Carolinae et Floridae. Folia bi- vel triennia inprimis plantae adultae ovalioblonga serrato - subspinosa iis *Fagi Castaneae* quodammodo
similia, juniora lanceolata vix ultra medium serrata.

11. **Ilex brexiaefolia** Ht. Houtt. fol. exacte lanceolatis
utrinque attenuatis glabris planis serrato - spinulosis (nervis

rubris). Similis quidem praecedenti sed fortasse propria species. Nondum floruit. Patria mihi ignota.

** *Folia dentata serratave vel integerrima.*

12. Ilex Perado Ait. l. c., DC. Prodr. **2.** p. 14; Loudon
Encyclop. p. 163. fig, **226**; *Ilex platyphylla* Webb. et Berthel.
Phytogr. Canar. 135 et 68. ex Lindl. in Paxt. Flow. Gard.
1852. p. 56. f. **257.**

In Madeira.

13. Ilex microcarpa Lindl.

l. ovalibus integerrimis utrinque acutis glabris, umbellis
pedunculatis petiolo brevioribus, fructibus tetrapyrenis. Lindl.
in Paxt. Flow. Gard. I. **43**. f. **28;** Houtte Fl. des Serres
T. VII. Janv. 1852. p. **216**; Walp. Annal. Bot. syst. II. p.**268.**
In China boreali (Fortune). Ex horto Verschaffelt.

14. Ilex Dahoon Walt. carol. **241**; DC. Prodr. **2.** p. 14;
Lond. Encyclop. p, 162. fig. **230.**

β. *laurifolia* Nutt. in Silliman amerc. Journ. 5' 1822.
p. **289**. London l. c. fig. **231**. *Ilex phillyreaefolia* Ht. Bollwill. In paludosis a Carolina ad Floridam. β. In Florida
orientali.

15. Ilex angustifolia Willd. enum. 1. p, **172.** DC. Prod.
2. p. 14; *I. myrtifolia* Loddig. ex London Encyclop. p.162.
fig. **228;** *I. rosmarinifolia* Lam. ill. I. p. **356.** (Ht. Booth.)

β. *ligustrifolia* Pursh. 1. p. lll.; *I. ligustrifolia* Hort.
(Ht. Booth.) Certe distincta species. Quid est *I. ligustrina*
All. (*I. angustifolia* Mühlenb.)?

In paludibus a Virginia ad Georgiam.

16' **Ilex vomitoria** Ait. l. c. p. **278**; DC. prodr. **2.** p. 14;
London Encyclop. p. 162. fig. **229.**

In maritimis Carolinae et Floridae. (Ht. Booth. et Houtt.)

17. Ilex paraguariensis St. Hilaire Mém. mus. 8. p. 351.

I. glaberrima : fol. cuneato - lanceolatis ovatisve ohtusiusculis, obtuse inaequaliter serratis, inferne integerrimis, racemis axillaribus paniculatis, pedicellis subumbellatis Lamh. Pine t. 2; Hook. Lond. Journ. of Botany I. 33; DC. prodr. 2. p. 15. Walpers Repert. 1. p. 540.

α. fol. latioribus fere obovatis Hook. l. c. t. 1.

β. fol. minoribus superne minus latioribus, subtus saepe nigro - punctatis.

γ. fol. serratis longioribus angustioribus, sensim acuminatis fere oblongo - oblanceolatis, subtus nitidis copiose nigro-punctatis Hk. l. c. t. 3. *Ilex paraguariensis* St. Hilaire DC. prodr. 2. p. 15.

In Paraguay.

Colimus var. γ. ex horto Houtt. quae exacte cum hac diagnosi convenit. Exper. S a u e r hortulanus horti medici Acad. Berol. aliam plantam sub nomine *Ilicis paraguariensis* mecum communicavit quae vix cum nostra confundi potest et fol. obovatis remote crenato - dentatis subglaucescentibus subtus pallide virentibus epunctatis abunde differt. Fortasse *I. cuneifolia* Hook. Icon pl. t. 294. ex diagnosi, cum icon ad comparandum mihi non praesto est.

18. Ilex salicifolia Jacq. fol. elongatis lanceolatis utrinque acuminatis coriaceis glabris medio denticulatis, cymis axillaribus petiolo longioribus. Jacq. Collect. 5. p. 36. t. 2. f. 2. *Burglaria lucida* Wendl. ex Stendel. Nomenclat.

In insula St. Mauritii.

In hortis vidi sub nominibus *Burglaria lucida* et *Rubentia angustifolia*.

19. Ilex cymosa Blume Bydragen 1149. Walp. Repert. 1. p. 540. I. fol. oblongis obtuse acuminatis integerrimis glabris,

cymis dichotomis axillaribus, post casum foliorum paniculatis.

In Java.

Ex horto Houtteano. Folia infima in nostra remote den-
tato-serrata superiora integra.

20. Ilex Reevesiana Kummer Berl. Allg. Gartenzeitg.
von Otto u. Dietrich No. **11. 1851.** p. **85.** I. fol. ellipticis
acutis undulatis (saturate viridibus punctulatis). In China (vix
introducta in hort. Germaniae; nondum vidi).

21. Ilex Tarajo hort. Angl.

I. fol. coriaceis inclinatis oblongo - lanceolatis utrinque
opacis glabris attenuatis acutis a basi jam remote argute serratis, serraturis binis, una altera minori.

Plantam habitu fere *Pruni Laurocerasi* sub hoc nomine
ex horto Bollwill. accepimus sed nescimus patriam et auto-
rem, cui nomen suum debet.

22. Ilex latifolia Thunb.

I. fol. coriaceis ovato - oblongis utrinque acuminatis serratis supra nitidis margine revolutis pedicellis supraaxillaribus
aggregatis petioli longitudine Thunb. fl. Japon. **79.**

Crescit in Japonia.

Planta nostra ex horto Bollw. exacte iconi Lindleyanae
(Paxton Flow. Gard. March. 1852. fig. **240.**) respondet, quae
ex Lindl. cum *I. latifolia* Zuccarini et Siebold et *I. macrophylla* Blume convenit.

Nota 1. Species vel varietates Illicis, quae sequuntur,
nondum vidi: *Ilex rubricaulis, australis, magnifica, nobilis* Ht. Wetter.; *I. furcata* Lindl. et *I. repens* hort. Angl.

Nota 2 *Ilex excelsa* vel *crocea* hortor., quam accepimus ex hort. Houtt. Booth. et Verschaffelt.) est *Crocoxylon
excelsum* Eckl. et Zeyh.

Nota **3.** Omnes hic enumeratae var. et spec., except. *I. Reevesiana*, *leptocantha* in horto Betschleriano et in horto botanico nostro coluntur. A plurimis ramuli ad mutuam commutationem transmitti possunt. H. R. Goeppert.

Annus MDCCCLIII.

Adnotationes ad seminum indices anno **1853** collectorum reperies in Ann. d. sc. nat. ser. IV. Vol. I. plures: h. Berolinensis pag. **333**; h. Genevensis in eadem pagina; h. Hamburgensis p. **323**; h. Hauniensis p. **339**; h. Neapolitani anno **1854** insigniti p. **328**. Unius tantum horti haud memorati indicem notamus.

5. Delectus seminum horti bot. Marburgensis, quae ex collectione anni 1853 mutuae communicationi offeruntur.

Aconitum ochroleucum Willd. horti quidem nostri, antea duas conjunxit e tribu Lycoctonoideorum formas specie diversas, secundum auctores celeberrimos qui eas et nunc conjungunt, nempe:

A. album * nec Mönch. et itaque nec Ait., si ejusdem *A. album* re vera idem sit cum Moenchiano, cujus vero synonymon: *A. orientale* falsum est: etenim *A. album* Much. idem, quod *A. leucanthemum* nuncupavimus, e tribu Cammaroideorum quidem, sed longe ab *A. variegato* diversum. *A. album* Ait. ducitur in DC. prodr. I. p. 58. ad *A. ochroleucum* Willd. non solum, sed olim etiam ad *A. album* Much. (syst. 1. p. 377.) *A. album* nostrum distinguimus: *staminibus a basi ad medium usque fere alatis biaristatis pubescentibus, calcare subspirali. Flores albi.*

A. ochroleucum * *staminibus glabris, non alatis, calcare rectiusculo. Flores ochroleuci. Aconitum orientale* Mill. aeque ad hoc atque ad illud et ad utrumque ducitur.

Aesculus (Pavia) **discolor** Pursh. var. (?) *rubella* * differt a normali specie foliis subtus glabris, versus costam tantum interrupte et in axillis lanuginoso-barbatis, staminibus exsertis pubescentibus. In siccis foliis venae aurantiaco-coloratae. Seminibus — et quidem majore et regulari forma ac colore — abundat quotannis arbor staturae *A. flavae* Ait.

Aesculus (Pavia) **versicolor** * (et Spach ?). Proxima priori differt ab ea aeque et ab *A. Pavia* L., quae nunquam apud nos fructifera, statura tenera omnibusque partibus minor; foliis majoribus opacis, acute et crebrius dentatis, floribus majoribus, magis variegato-coloratis, calycibus rubentibus pilosis, pilis longioribus glanduliferis, staminibus petalis brevioribus, seminibus (quibus quoque quotannis abundat) dimidio minoribus et nigricantibus.

Erysimum patisiliquosum * (*E. patulum* salutarem, nisi jam alia species h. g. hoc sub titulo existeret); discrepat vero nostrum ab hoc, mihi solummodo ex charact. notum, uti ab omnibus reliquis propinquis inprimis pedunculis ac siliquis exacte horizontaliter (angulo recto) patulis, foliis inferioribus oblongis grosse-dentatis, superioribus lanceolatis acuminatis, obsolete dentatis. Caulis 4—5-pedalis, ramosissimus. Flores saturate flavi. Sponte in hort.

Ipomoea Purga. Haud inepte videtur synonymiam ejus hinc inde iterum iterumque depravatam emendare, quum re vera hoc modo illa sese habet:

Convolvulus (*Ipomoea*) *Purga* Wndr. c. definit. et descript. in Pharm. Centralbl. 1830. I. p. 456 etc.

Convolvulus Jalapa (non *Purga*) Schiede in literis c. exempl. orig. sicc. et tuberib. vivacibus.

Convolvulus Purga Wndr. Hayne A. Gew. vol. X. t.33.34.

Ipomoea Purga W. Nees v. Esenbeck Düss. Sammlg. d. A. Pfl. Suppl. III. tab. 13.

Ipomoea Schiedeana Zucc. (non Hamilton) in Flora od. Regensb. bot. Ztg. 1831. p. 801. Huc false etiam adducitur.

Ipomoea Jalapa Nuttall, quae nil aliud est quam *I. Jalapa* Pursh., et itaque: *Batatas Jalapa* Chois. i. e. *Convolvulus Jalapa* Linn. cujus icon v. Düss. Samml. d. A. Pfl. t. 197 et 198.

Annus MDCCCLIV.

Ex hoc anno in Ann. d. sc. nat. Série IV. Vol. II. notas habes ex h. Genevensi p. 380; ex h. Hamburgensi p. 375; ex ,h. Hauniensi p. 370; ex h. Neapolitano anni 1855 signum ferente p. 377; ex h. Taurinensi p. 377. Inter reliquos hortum Berolinensem negleximus, qui serius edidit fasciculum 19 paginarum bipartitarum sub titulo: „Appendix generum et specierum novarum et minus cognitarum, quae in horto regio botanico Berolinensi coluntur 1854. 4.‟ in quo alias habes stirpes a Klotzschio, alias a C. Kochio, alias a Kochio cum Bouchéo, alias a Kochio c. Angustino, alias a Kochio cum Sellone, alios a Koernickeo (herbario regio adscripto) alias a Casparyo, alias denique a Brannio descriptas illustratasve, ita ut viribus unitis octo virorum hoc divitiarum botanicarum Berolinensium publicum testimonium praesentatum sit. Reliqua haec:

6. Graines récoltées au jardin botanique de la ville d'Angers, en 1854.

Antirrhinum Barrelieri Bor. (A. majus saxatile angustissimis foliis, flore purpurascente minori. Barr. Plant. rar.

p. 21; icon 637.) Caule erecto ramosissimo, ramis gracilibus cylindricis glabris, fol. lineari-elongatis utrinque attenuatis subcanaliculatis; inflorescentia pilis hyalinis glandulosis conspersa; segmentis calycinis ovatis subacutis, filamentis staminum subcompressis, pilis paucis glandulosis styloque adspersis; capsulâ ovoïdeâ glandulosâ, seminibus nigrescentibus tetragonis - asperis foveolatisque. Hab. in Hispania prope Tortosam ubi clar. Vict. La Revellière legit mihique humanissime largitus est specimina, e seminibus quorundam plantam in horto educavi laeteque per omnem aestatem florentem vidi. Accedit ad *Ant. siculum* Ucr., sed differt foliis angustioribus magis attenuatis, corollis dilute rubris (nec ochroleucis), lobis minoribus et magis erectis, capsulis minoribus et minus ventricosis. Ab *A. hispanico* Chav. multum differt glabritie et aliis notis.

7. Plantae novae, rarae, minus cognitae, quae anno 1854 coluntur in horto academico Lugduno-Batavo.

Aralia japonica Thunb.

Fruticosa, inermis, ramis crassis, petiolis basi late vaginantibus, foliis e basi cordata suborbicularibus, palmato-septemlobis, vel rarius quinque-lobis, 7 — 9-nerviis, lobis oblongis, acutis-sursum serratis, sinubus rotundatis, coriaceis, firmis, glabris, vel novellis tomentosis; panicula terminali composita, umbellis pedunculatis globosis, multifloris, ovariis turbinatis, stylis quinque discretis, stigmatibus subemarginatis. *A. japonica* Thbg. Fl. jap. p. **128.** Kaempf. Am. ex. fasc. V. p. **790.** Sieb. et Zuccar. Familiae Fl. jap. p. **93.**

Auctores haec diagnosi specificae addunt:

48

Rami crassitie digiti. Folia approximata; petioli basi longe vaginantes, teretes, 3 — 8''' longi, crassi; lamina e basi leviter cordata suborbicularis, plerumque ad medium usque septem-loba, novem-nervia, lobis oblongis, acutis, basi integerrimis, sursum serratis, penninerviis, utrinque glabra, novella tomentosa, coriacea, 6 — 8'' longa, inter lobos laterales 7 — 10'' lata. Panicula terminalis, erecta, glabra 1 ½ — 2-pedalis, ramosa, primum bracteis deciduis obtecta, demum nuda, glabra; umbellae in pedunculis 1 — 1 ½'' longis, patentibus, globosae, 40 — 50-florae, pedicellis pubescentibus, terminales praecociores; calycis limbus truncatus, petala oblonga, reflexa, discus carnosus.

In specimine Horti nostri haec licet notare:

Caulis est fruticosus, teres, late cicatrisatus, hic illic gemmis propullulantibus, plerumque tamen abortivis, obsessus. Foliorum vaginae crassae, lataeque. Folia novella ex gemma terminali exorta dense albo-tomentosa. Petioli teretes, 0,25 — 0,30, glabri, fere omnes cum foliis horizontales.

Folia (qualia in phrasi diagnostica), basi cordata, integerrima, omnia 7-loba et hinc etiam 7-nervia; lobi oblongi, sinubus rotundatis distincti, ad dimidiam longitudinem usque cum sinubus ipsis integerrimi, et ultra hanc leviter serrati, serraturis parvis remotiusculis, acuti, vel leviter acuminati. Folia maxima in diametro latissima 0,32 aequant, in longitudine vero (sine petiolo) 0,18. In dorso sunt pallide-viridia, in superficie vero obscure-viridia, nervis pallide-virentibus, ibi exstantibus, venis venulisque impressis.

Hab. Japoniam.

Aralia mitsde Sieb.

Suffruticosa, inermis; petiolis basi late vaginantibus, folia aequantibus vel superantibus; foliis e basi cuneata tri-,

quinquelobis,.tri- — quinquenerviis, lobis irregularibus, integerrimis, medio longissimo, lateralibus minoribus, omnibus
acutis, sinubus rotundatis, coriaceis, glabris, superne obscure
viridibus nitidisque, in dorso pallide virentibus.

Petioli 0,88 longi.   Folia 0,12 longa, 0,12 lata.

In hortum nostrum e Japonia T e y s m a n n i cura introductam plantam nondum vidimus florentem; historiam ejusdem
brevi sumus illustraturi.

Hoya R. Br.

H. Motoskei Teysm. et Binnend.

Volubilis, radicans, ramulis teretibus, puberulis; foliis
carnosis, ovato-rotundatis, acutis, basi leviter cordatis, marginibus reflexis, supra glabris, subtus pubescentibus, longe
petiolatis; pedicellis glabris; corollae laciniis triangularibus,
acutis, reflexis, extrorsum glabris, intus papillosis; coronae
stamineae foliolis trapeziformibus; stigmate apiculato.

H. Motoskei Teysm. et Binnend. in Nieuwe plantsoorten
in's Lands Plantentuin te Buitenzorg (Nieuw Tydschr. voor
Nederl. Indie, **1852.**), de Vriese in Flore des jardins etc.
1854.

Japonia.

Billbergia Thunb.

B. chloro-cyanea de Vriese.

Foliis elongatis, canaliculatis, margine minute ac remote-
aculeatis, immo mucronulatis; scapo erecto, racemoso, lae-
vissime roseo; bracteis pulcherrime incarnatis, lanceolatis,
apice angustato-acuminatis; flores juniores superantibus, ad-
ultos subaequantibus; floribus binis in pedunculo communi
complanato, quorum alter sessilis, rectus, alter pedicello
ovarium flores sessiles aequanti insidens, et incurvus; calyx
corolla dimidio brevior, viridis, laciniis apice coeruleis; co-

rollae viridis laciniis apice cyaneis, revolutis; staminibus exsertis; stylo stamina longe superante; stigmate trifido.

Brasilia?

B. Glymiana de Vriese.

Foliis lato-linearibus canaliculatis, acutis, apice reflexis,
remote nigro-spinosis, scapum fere aequantibus; pedunculo
longe et late bracteato; bracteis pulchro-roseis; racemo multifloro nutante; floribus sessilibus, elongatis; sepalis fere cin-
nabarinis, oblongis, acutis, mucronulatis; petalorum (sepala
2—3 superantium) unguibus viridibus, laminis demum revolutis, cyaneis, tandem violaceis; stigmate spirali.

(Jaaib. der Kon. Ned. Maatsch. van Tuinb. 1853. p. 37.)
Omnino diversa species a *B. Moreliana* (vera!). Ad.
Brongn. Cfr. Lemaire, Le jardin fleuriste, pl. 271. 3 vol.
12 livr. Aug. 1852; nimirum differt: foliis non ligulatis, non
albo-fasciatis, bracteis non lepidotis, floribus non fasciculatis.

Diversa etiam a *B. iridifolia* Nees et Mart. (Nov. act.
phys. med. Ac. Caes. Leop. Car. nat. Cur. XI. p. 16. Conf.
Bot. Reg. 1068.) Habet sepala luteo-viridia, apice coerulea!

Observatio. *B. Morelianam* icone illustravit Lemaire l. c.
II. 138. Lindl. in Paxt. Flow. Gard. III. 77.

Dixi in honorem expertissimi cultoris Ultrajectini C. Glym.

B. Rohaniana de Vriese.

Foliis strictis, rigidis, obscure-viridibus, albo-farinoso-
latoque vittatis, margine nigro-aculeatis; scapo racemoso,
pulchre carneo; bracteis oblongo- vel ovato-lanceolatis, subacuminatis, pulcherrime roseis, pellucidisque; calycibus roseis, adpressis; corollis in anthesi contortis, coeruleo-rubris,
petalis in flore aperto basi pulchre sanguineis, laminâ pul-

chre cyaneis, revolutis. Pistillo clavato, apice valde tumido, spirali, pulchre coerulescente, stylo viridi.

Dico plantam pulcherrimam Serenissimo Principi C a m i l l o de R o h a n, botanices et horticulturae eximio fautori.

B r o m e l i a L.

Bromelia Commelina de Vriese. (Char. diagn. aucto et emend.)

Foliis longissimis; inferioribus patentissimis; superioribus erecto - patentibus, recurvis, basi dilatata, rosea, canaliculata, striata, supra laete viridibus, nitidis, infra pallide glaucescentibus, apice mucronulatis, margine antrorsum et retrorsum remote - uncinato - aculeata, aculeis basi flavescentibus, apice badiis; foliis interioribus reliquis triplo brevioribus, basi latiore ventricosa adpressâ, lamina reliqua angustata, lanceolato - acuminata, supra coccinea, inferne incarnata; racemo erecto, stricto, elongato, 2 - pedali, composito; rhache ramulis, pedicellisque dense ex albo farinosis, tomentosis, bracteis membranaceis, e flavescenti - albis, pulverulentis, inferioribus e basi latiore aculeatâ, ciliatâ subito et longe - aculeatis, mucronatis, reliquis linguaeformibus integris; floribus 1 — 5 - nis; corollis lilacinis, stigmatibus trifidis, subpetaloideis; capsulis oblongo - ovatis, carnosis, obscure trigonis, calycis induviis coronatis, pulchre aurantiis; seminibus paucis, rotundato - depressis, horizontalibus. (Olim a me descripta in Cat. Sem. Horti Amst. 1843.)

Patria: America calidior.

Obs. Omnino diversa est a *B. sceptro* Fenzl. et Behr.

M a c r o c h o r d i o n de Vriese.

Char. Gen. Perigonii hexameri laciniae exteriores calycinae subaequales, glabrae, convexae, subcarnosae, apice coriaceae; interiores petaloideae exterioribus multo longiores, angustiores, apice erectae, interne squama latiore multisetosa instructae; stamina sex, tria cum petalis alterna, epigyna, libera, sursum conniventia, filamentis filiformibus elongatis, antherisque incumbentibus, bilocularibus, basifixis instructa; tria petalis adnata, e medioque setarum exorta, iis accumbentia et filamentis destituta, antheris imperfecte bilocularibus, erectis. Ovarium triloculare, loculis inaequalibus, foliis carpellaribus basi tumida jam in statû immaturo secedentibus. Ovula indefinita; e loculis a longissimo funiculo umbilicali pendula. Stylus brevissimus; stigmata tria, brevissima, petaloidea, acuta. 'Capsula abortu unilocularis. Semina plurima elliptico-ovoidea, rhaphe fere circulari instructa. Spermodermis exterior cornea, fusca; embryo parvus in albumine magno, farinoso. — Sunt herbae Americanae tropicae, terrestres, scapigerae, spadiciflorae; spathis coloratis, roseis, vel fuscis; foliis lato-ligulatis, linearibus, spinosis.

M. tinctorium de Vriese.

Foliis elongatis, linearibus, lato-canaliculatis, apice revolutis, margine dentatis, dentibus nigris, acute pungentibus; bracteis (spathis) acutis, dentatis; spicâ spadiciformi, floribus spiraliter dispositis, rachi carnosae lanuginosae alte immersis; petalis saepe vix emergentibus, atris, vix in apice inflorescentiae flavis.

Billbergia tinctoria Mart. in Roem. et Schult. Syst. veg. VII. 2. 1256. Schult. fil. in Mart. Fl. bras. ined. *Bromelia tinctoria* Mart. Reis. Brasil. II. 554. et in Buchn. Repert. *Brom. melanantha* Bot. Reg. t. 756. *Billb. tinctoria* Mart. Cf. Morren in Annales de la société roy. d'agricult. et de botan. de Gand. no. 2. 1847. p. 55.

(Marattiaceae.)

Angiopteris Hoffm.

A. Dregeana de Vriese.

Fronde bipinnata, pinnis oblongis, fere glaberrimis, pinnulis petiolatis, linearibus, aut lineari-oblongis, crenulatis, in acumine acute-serratis, basi inaequaliter-cordatis, subtus ad costam minutissime pilosiusculis, pilis raris, elongatis, caducis; venis creberrimis, tenuibus, valde approximatis, furcatis et simplicibus, luci si obvertuntur fuscis, pellucidis, recurrentibus tenuissimis, valde pellucidis, longissimis, ad costam usque-productis; soris inframarginalibus, obliquis; sporangiis sub-9-nis.

A. javanica Presl Suppl. tent. pterid. p. 20. — de Vriese epim. l. c. 1851. — *A. evecta* Drège flor. ind. or. exs. no. 25. (cui plures subsunt species).

Monographie des Marattiacées par W. H. de Vriese et P. Harting. Leide et Dusseldorf 1853. p. 17. Tab. III. IV. fig. 8.

Hab. insulam Javam, in horto culta.

A. hypoleuca de Vriese.

Caudice ....., fronde bipinnata, hypoleuca; rhachi primaria hic illic lanuginosa; pinnis oblongo-lanceolatis, nodose petiolatis; pinnulis fere subsessilibus; lanceolatis, oblongis, falcatis, inaequilateris, basi sursum angustiore, obliqua, deorsum longius protracta, subrotundata; apice angustato oblonge acuminato, acumine incurvo; margine acute serratis, venis furcatis vel simplicibus, obliquis; rhachibus inter pinnulas marginatis, subalulatis, soris ....?

A. hypoleuca de Vriese epim. l. c. 1850.

Habitat ins. Javam, in horto culta.

Monogr. des Marattiacées p. 21.

Java.

A. Presliana de Vriese.

Caudice subgloboso, fronde bipinnata; rhachi primaria superne nigro-lanuginosa, pinnulisque subpilosis; pinnis oblongo-lanceolatis, nodoso-petiolatis, lanceolatis, subfalcatis, hic illic laciniatis, rectis vel curvis, inaequilateris, basi sursum cuneata, oblique obscissa, deorsim longius protracta, rotundata, apice acutis vel et longe acuminatis, basi et medio obtuse dentatis; venis furcatis vel simplicibus, obliquis; rhachibus inter pinnulas extremas submarginatis, inter reliquas linea prominente instructis. Soros nondum vidi.

In horto Lugduno-Batavo culta, e Java allata. Per plures annos colui plantam et in hunc usque diem immutatam vidi.

A. Presliana de Vriese in epim. l. c. 1850.
Monogr. des Marattiacées p. 20.
Java.

A. Teysmanniana de Vriese.

Caudice globoso; fronde bipinnata; rhachi primaria et secundaria longissime rufo-lanuginosa, pinnulisque utrinque subsquamuloso-setaceis; pinnis oblongo-lanceolatis, nodoso-petiolatis; pinnulis petiolatis, lanceolatis, oblongis, subrepandulis, rectis vel curvis, inaequilateris, basi sursum latiore obliqua, rotundata, levissime subcordata vel subexcisa, deorsum paulo longius protracta, angustiore, rotundata, apice acutis, basi et medio obtuse crenulato-serrulatis, ultra medium et prope apicem acute serratis, venis furcatis, raro simplicibus, obliquis, venulis recurrentibus, pellucidis; rhachibus inter pinnulas extremas marginatis, inter reliquas linea prominente instructis; soris approximatis vel intervallo distinctis, a margine remotis, sporangiis 9 — 10 — 13, extimis obovatis, obtusis, mediis fere quadratis; apex pinnularum nudus.

A. Teysmanniana de Vriese epim. 1849. 1851. Kunze, ind. fil. in hort. Eur. cult. 1850. 116.

Insula Java. Culta in horto Lugd. Bat.

Monogr. des Marattiacées p. 24. Tab. I. II.

Gymnotheca Presl.

G. Loddigesiana de Vriese.

Fronde bipinnata vel apice saepe tripinnata, carnosula, pinnulis rhachis secundariae alatae petiolatis oblongis, apice attenuatis, acutis, acuminatisve, basi inaequali, inferiore longiore rotundata, superiore breviore rotundata vel truncato-decursiva, margine acute dentata, sursum vero serrata, costa pilosiuscula, hac nti et venis simplicibus, 1 — 2 furcatisve, pellucidis; pinnulis rhachis tertiariae alatae petiolatis, ovatis, obtuse serratis, acutis, acuminatis, basi inferiore rotundata, superiore cuneata; venis simplicibus vel furcatis; synangiis ovatis utroque latere concavis, lobis demum patentibus, 8-capsularibus, haud indusiatis, basi lineola parum prominula instructis, receptaculo lineari profunde immersis, fere marginalibus.

G. Loddigesiana de Vriese in Horto Acad. Lugd. Bat. — Hanc plantam anno 1850 accepi sub nomine *Marattiae elegantis* a Viro expertissimo L o d d i g e s, qui eam ex America acceptam per piures annos coluerat.

Monogr. des Marattiacées p. 11.

Brasilia?

Ficus L.

F. subpanduraeformis de Vriese.

Arborea, cortice ramoso; foliis petiolatis (petiolis tereti-bus, fuscis, quasi corticosis, 0,06 — 0,08 longis), elongatis, basi subcordatis, angustatis, inde versus mediam usque partem dilatatis, ideoque fere subpanduraeformibus, nervo medio crasso, flavescente, ad apicem acuminatum usque percursis;

costis concoloribus, prope marginem arcuatim confluentibus; stipulis magnis, basi latis, apicem versus angustis., acutis, acuminatis, obscure-fuscis, fere persistentibus.

Insula Borneo. Ab Hugh Low Jun. in Europam introducta.

Ficus pulcherrima. Folia fere 0,45 longa, ad partem angustiorem 0,04 lata, ultra medium vero fere 0,08 in transversa diametro aequantia. Stipulae 0,06 longae, ad basin 0,03 latae.

Doornia de Vriese.
(*Pandanus* L. et auct. *Athrodactylis* Forst. *Keura* Forsk.)

Char. gen. Flores dioici; masc.....?; fem. spadix compositus, thyrsoideus; spadicibus complanatis; ovaria in quoque spadice plurima, in phalanges connata, 3 — 4 — 5na; ovula in singulo ovario solitaria, e basi placentae parietalis adscendentia, anatropa; stigmata sessilia, depressa, versus unum latus directa, et poro ad basin laterali instructa; drupae fibrosae vel ligneae, in singulo phalange 3 — 5, interposita materie fibrosa tenacissima conjunctae et in unum corpus connatae, vertice planae; hae drupae faciunt conos plus minus regulares, rhachi communi sive pedunculis oblique adscendentibus insertos; coni autem ipsi apice latiores sunt, plerumque hexagoni, a parte inferiore, qua vicinis adhaerent, sunt angustiores et fere turbinati; semina non aderant (quippe planta dioica).

Est habitus Pandanorum, nempe caudex arboreus, strictus; folia trifariam sunt disposita, imbricata, e basi latissima subamplexicauli elongato-lineari-lanceolata. Spadix est terminalis; spadices partiales sunt spathis elongato-linearibus involucrati.

D. reflexa de Vriese.

Foliis longissimis, reflexis, lineari-lanceolatis, e basi latiore inermi demum costa marginibusque spinosis, spinis e basi albida, tandem angustatis, acutis. Thyrso terminali, erecto-triangulari; pedunculis oblique adscendentibus; complanatis, spadicibus **12** compressis, atro-viridibus, apice conorum latioribus, ibique fusco maculatis, ad planorum angulos lineatis.

D. reflexa de Vriese in Flore des Jardins du Royaume des Pays-Bas, 1854. p 59. de Vr. in Hooker's Journal of Botany, 1854. p. **257.**

Floruit flore foemineo anno 1852—53 in horto. Iconibus haec magnifica planta illustrabitur in Novis Generibus Pandanearum a nobis propediem evulgandis.

Dicavi hanc eximiam stirpem piac memoriae viri genere et indole vere nobilis, Henrici Jacobi Baronis van D o o r n v a n West-K a p e l l e n, Academiae, dum in vivis erat, Curatoris et disciplinae botanicae fautoris.

Rykia de Vriese.

(*Pandanus* etc. Auctt.)

Char. Gen. - Flores dioici. Masc. spadix compositus, dependens, bracteatus; stamina fascicularia in stipite communi, compresso, **9 — 11 — 13**, fere biserialia; antherae erectae, lineares, ultra connectivi loculos productae, acuminatae, dorso adnatae; loculi antherarum paralleli; pollen globosum. Fem. spadix simplex, ovatus, erectus, stipitatus; ovaria simplicia, unilocularia; ovulum unicum, e placentae basi parietali adscendens; drupa angulata, fibrosa, elongata, in medio continens putamen ligneum, uniloculare, sursum in processum polyëdrum terminatum, et apice bicornuto, cornubus mucronatis instructum, semen unicum. Sed hujus tantum rudimenta vidi.

R. furcata de Vriese.

Char. speciei huc referendae, ab auctoribus sunt expositi. Ad hos igitur hic loci liceat referre.

Habitus qui praecedentis generis.

R. furcata de Vriese in Flore des Jardins du Royaume des Pays-Bas, de Vr in Hooker's Journ. of Bot. p. 257.

Pandanus furcatus Roxb. Fl. ind. III. 744. Miquel, Analecta Botanica Indica, Pandaneae.

Pand. horridus Reinw. Mss. teste Hasskarl, aliisque?

Kaida Tjerria, Rheede, Hort. Malab. II. tab. 8.?

Tjangkouang Malaice.

Dicavi viro illustrissimo J. C. Rijk, dum in vivis erat, rei navalis Praefecto primario, disciplinarum physicarum et mathematicarum studiosissimo.

8. In commodum hortorum: Adversaria botanica sive stirpium aestate 1854 in horto botanico Vindobonensi examini subjectarum determinatio critica.

Ad **Aristolochiam fimbriatam** Chamiss. (Linn. 1832. p. 210. t. 6. f. 2.) ut mera synonyma sunt revocanda: *A. ciliata* Hook. Bot. Mag. t. 3756. (a. 1840) et *A. Bonplandiana* Ten. in Rendiconto Acad. Neapol. I. p. 345 * (a. 1842) et indice sem. h. Neapol. 1843. p. 12.

Cephalaria neglecta Verlot in ind. sem. h. Gratianop. 1852. p. 10. — Species ulterius observanda. Denno culta praecociore florendi tempore, foliis angustioribus partim integerrimis, partim parce dentatis et capitulis minus multifloris magis quam reliquis characteribus ab auctore allatis a *C. syriacae* varietate *pedunculata* differre videtur. Haec ultima prodit e seminibus varietatis alterius (sessiliflorae — ob ca-

pitula in ramorum dichotomia sessilia squarrosissimae et habitu inde diversissimae) transitusque omnis generis in eodem
individuo manifestissimos saepe ostendit.

Corispermum Marschallianum Stev. — Speciem admodum esse variabilem, lususque utrarumque varietatum (in
Ledebourii fl. rossica a me propositarum) quoquo anno sati
nunc in unam nunc in alteram inconstantissime recurrere,
cultura longa nunc edoctus sum, qua de causa adversaria mea
ex annis praeterlapsis semper retractata et castigata habes.

Middendorfiae genus a *Peplide* minime diversum exi-
stimo, *Peplidemque Portulam* in viciniis nostris copiosissime occurentem pro varia loci indole altero anno erectam pu-
sillam vix pollicarem, altero pedalem prostratam ramosissi-
mam tam apetalam quam macropetalam variare centies vidi.

Nicotiana ulophylla Dunal in DC. prodr. XIII. 1. p.
560. — Hujus synonyma certa sunt: *N. micrantha* Desf.
Catal. h. Paris. p. 436. (inique Haworthio auctore in Sweet,
Stendel et DC. prodr. XIII. 1. p. 572.) fide speciminum in h.
Vindobonensi e seminibus ab auctore pridem communicatis cul-
torum, aliorumque hortorum; porro: Nic. spec. coll. pl. chil.
Cumming. n. 612 mus. Vindob. et Poeppig. coll. n. 65.

Cl. Sendtner stirpem nostram Cumingianam, cum Poep-
pigiana et culta nostra omni ex parte quadrantem, in schedula adjecta pro *N. andicola* HBKth. declaravit, Poeppigia-
nam cum *N. micrantha* h. Berol. ut synonyma huc simul
referens. Repugnant tamen verba descriptionis Kunthianae,
quae florum magnitudinem N. rusticae et capsulae molem fructus Prunus spinosae pro sua *N. andicola* expetunt, dum
nostra corollam parvam cum tubo vix linea latiore et capsulam diametro transverso vix bilinearem offerunt. Correspon-
dentibus simul reliquis characteribus stirpis nostrae ad amus-

sim cum Dunalianis *N. ulophyllae*, eam pro tempore a *N. andicola* distinctam crederem. Nomen Desfontainii, licet priscius, cum omni phrasi apud auctorem careat, novissimo postponendum esse arbitror.

Steviam lanceolatam Lagasc. et **ivaefoliam** Willd. nil nisi meros unius ejusdemque speciei esse lusus indumento et florum colore inconstantissimos nunc penitus convictus sum. Nomen Willdenovianum, ut priscius, itaque servandum alterumque in adversariis prioribus nostris erat expungendum. — Praeter icones optimas lusuum cardinalium *St. ivaefoliae* in Reichenb. icon. exot. t. 185 et 187 alia (ab auctoribus penitus neglecta) prostat in Jacqu. Fragmentis p. 80. t. 128. f. 2., summitatem stirpis floridae exhibens.

E. F.

Die Ericaceen der Thunberg'schen Sammlung,

verglichen mit denen des Königlichen Herbariums zu Schöneberg bei Berlin

von

Louis Rach.

———

Nachdem die Grundlinien für eine naturgemässe Eintheilung der Ericaceen durch präcise Feststellung der Gattungen und Arten dieser höchst interessanten Familie von Klotzsch in diesem Journale vorgezeichnet waren, Regel in den Verhandlungen des Gartenbau-Vereins in den Königlich Preussischen Staaten eine sehr vollständige Zusammenstellung der sämmtlichen in Kultur befindlichen Repräsentanten dieser Gruppe, unter Hinzufügung sehr brauchbarer Diagnosen, zu einem Abgerundeten gebracht hatte, und George Bentham, durch ein sehr reiches Material unterstützt, die reiche Sammlung des Berliner Herbars, welche von Klotzsch mit den Belägen von Wendland und Bartling bereits sorgfältig verglichen war, die Originalien des Linné'schen Herbars und der wichtigen Sammlung von Salisbury mit kritischer Genauigkeit benutzte, und durch eine sehr fleissige Bearbeitung der in

England aufgespeicherten Vorräthe zu einer Monographie gestaltete, welche in De Candolle's Prodromus niedergelegt,
zu den gelungensten Arbeiten gehört, welche die systematische
Botanik zieren, blieben nur die durch allzu kurze Diagnosen
charakterisirten Thunberg'schen Arten zum Theil zweifelhaft. .

Diese Lücke zu ergänzen, bin ich, nach den mir zu Gebote stehenden geringen Kräften, eifrig bemüht gewesen.
Elias Fries, der mit Recht hochgefeierte schwedische Botaniker, unter dessen Oberaufsicht gegenwärtig das Thunberg'sche Herbarium in Upsala sich befindet, hatte die
Freundlichkeit, den betreffenden Theil der Thunberg'schen
Sammlung an Herrn Dr. Klotzsch zu senden, der mich mit
der Ausführung der Untersuchung und Vergleichung dieser
überaus wichtigen Sammlung beauftragte und mich in zweifelhaften Fällen seines bewährten Rathes mit grosser Zuvor-
kommenheit theilhaftig werden liess.

Im Nachfolgenden gebe ich die Resultate meiner Untersuchungen, zur besseren Uebersicht in der von Bentham
beobachteten Reihenfolge.

ERICACEAE Klotzsch.

in de Schlechtendal Linnaea vol. XXIV. p. 11. *Ericaceae* Lindl. Nat. syst. ed. II. p. 220. Tribus III. *Ericeae* David et George Don, General syst. III. p. 843. George Benth. in DC. Prodr. VII. p. 612.

§. 1. Euericeae Benth. l. c.

I. **Callunā** Salisb. Trans. soc. linn. Lond. v. VI. p. 317. Benth. l. c. p. 612.

1. *C. vulgaris* Salisb. l. c. — *Erica vulgaris* Linn. Sp. pl. 501. Thunb. Diss. p. 45. *E. vulgaris* α., β. et γ. Thunb. herb. *E. virescens* Thunb. Diss. p. 37. et herb. *E. viridi-purpurea?* Thunb. herb. ol.

II. **Erica** Linn. Gen. pl. 192. — Benth. l. c. p. 613.

Subgenus I. **Ectasis** Benth. l. c. p. 614.

Sect. I. *Callicodon* Benth. l. c.

1. *E. carnea* Linn. Spec. pl. 504. — Benth. l. c. (excl. var. β.) *E. herbacea* Linn. Spec. pl. 501. Thunb. Diss. p. 30. Thunb. herb. ex parte. *E. purpurascens* Thunb. Diss. p. 30. et herb. non Linn. *E. vagans?* Thunb. herb.

1b. *E. mediterranea* Linn. Spec. pl. 229. — Thunb. Diss. p. 29. et herb. *E. herbacea* Thunb. herb. ex parte. *E. carnea* β. *occidentalis* Benth. l. c.

Sect. II. *Desmia* Don. — Benth. l. c. p. 615.

4b.? *E. caduca* Thunb. Fl. cap. p. 356. Glaberrima, decumbens; ramis tenuibus flexuosis; foliis anguste linearibus planis integerrimis acutiusculis; sterigmatibus crassis semi-teretibus longitudine internodiorum; floribus (teste Thunb.) caducis; corollis cylindricis; antheris muticis.

In summo monte Tafelberg in lateribus praeruptis (Thunb.).
E. caduca Thunb. herb. Benth. l. c. p. **692.**

Rami adscendentes. Folia terna, rarius quaterna, patentia, hinc inde recurva, margine pellucida, sulcata, 3—4 lin. longa, internodiis plerumque longiora. Petioli longiusculi, appressi, basi incrassati. Flores albidi. — Simillima *E. polifoliae*, differt tamen internodiis brevioribus et foliorum forma (v. sp. sine flor. in herb. Thunb.)

7. *E. petiolata* Thunb. Diss. p. 15. t. 6. et herb.

Sect. III. *Polydesmia* Benth. l. c. p. 615.

13. *E. turmalis* Benth. l. c. p. 616. (excl. syn.) non Salisb.
Ad Prom. bonae spei (Masson).

E. spec. Thunb. herb. (v. specimen mancum in herb. Thunb.)

Sect. V. *Eriodesmia* Don. — Benth. l. c. p. 617.

18. *E. bruniades* Linn. Spec. pl. 504. — *E. capitata* Thb. Diss. p. 17. ex parte non Linn. *E. capitata β. bruniades* Thunb. herb. *E. bruniades β. lanata* Benth. l. c. (excl. syn. Kl.)

18 b. *E. velleriflora* Salisb. l. c. p. 333. — *E. capitata* Thunb. Diss. ex parte non Linn. *E. capitata α. bruniades* Thunb. herb. *E. bruniades α. squarrosa* Benth. l. c.

Sect. VI. *Amphodea* Salisb. — Benth. l. c. p. 618.

20. *E. spumosa* Linn. Spec. pl. 508. — Thunb. Diss. p. 17. ex parte *E. spumosa β. scariosa* Thunb. herb.

21. *E. sexfaria* Dryand. in Bauer Ic. pl. Kew. t. 11. — *E. spumosa* Thunb. Diss. p. 17. ex parte. *E. spumosa α.* Thunb. herb.

Sect. VII, *Geissostegia* Benth. l. c. p. **618.** excl. n. **22.**

32. *E. tiaraeflora* Andr. Heath. t. 196. — *E. imbricata* Thunb. Diss. p. 16. ex parte non Linn. *E. imbricata ε.* Thunb. herb.

34. *E. imbricata* Linn. Spec. pl. 503. — Thunb. Diss. p. 16. ex parte. Benth. l. c. p. 620. ex parte (excl. syn. plur.). Andr. Heath. t. 119. *E. imbricata β.* herb. Thunb.

α. elongata m. Sepalis plerumque minus coloratis, corolla vix vel ¹/₃ brevioribus; bracteis sepalis corollisque longius ciliatis; antheris elongatis lineari-lanceolatis basi et apice acutis vel acutiusculis.

E. imbricata Thunb. Diss. p. 16. ex parte. *E. imbricata γ.* Thunb. herb. *E. trifaria* Kl. in herb. reg. Berol.

36. *E. accommodata* Kl. in herb. reg. Berol. — *E. imbricata* Thunb. Diss. p. 16. ex parte. *E. imbricata α.* Thunb. herb.

38. *E. penicilliflora* Salisb. l. c. p. 348. — *E. penicilliformis* Salisb. in herb. Thunb. *E. polymorpha α. penicilliflora* m. in herb. Thunb.

Sect. VIII. *Gigandra* Salisb. — Benth. l. c. p. 621.

41. *E. Sebana* Dryand. in Bauer Ic. hort. Kew. t. 10. — Benth. l. c. *E. Petiveri* Linn. Diss. et Mant. Willd. Spec. 2. p. 304. non ej. herb. *E. Petiveri α.* Thunb. Diss. p. 21. et herb. *E. Sebana longiflora* Kl. in herb. reg. Berol. *E. polymorpha δ. Sebana* m. in herb. Thunb.

α. breviflora Kl. in herb. reg. Berol. — *E. socciflora* Salisb. l. c. p. 347. Benth. l. c. E. spec. Thunb. herb. *E. polymorpha γ. socciflora* m. in herb. Thunb.

42. *E. follicularis* Salisb. l. c. p. 348. (exclus. var. β.) —
Salisb. in herb. Thunb. *E. Petiveri* β. Thunb. Diss. p. 21.
et herb. *E. Petiveri* Benth. l. c. p. 621. non Linn. nec
Willd. nec Wendl. *E. Petiveri* α. *baculiflora* et *E. Sebana* γ. *vestiflua* Kl. in herb. reg. Berol.

Sect. IX. *Pelostoma* Salisb. — Benth. l. c. p. 622.

45. *E. Plukenetii* Linn. Spec. pl. 504.

γ. *Eckloniana* Kl. in herb. reg. Berol. — *E. peni-
cillata* Andr. ex parte Benth. l. c. ex parte. *E. scariosa*
Thunb. Fl. cap. p. 350. et herb. ex parte non alior.

δ. *brachysepala* Bartl. in Linn. VII. p. 630. — *E.
Plukenetii* Thunb. Diss. p. 21. et herb.

ε. *Drègeana* Kl. in herb. reg. Berol. — *E. penicil-
lata* Andr. ex parte. Benth. l. c. ex parte. *E. scariosa*
Thunb. l. c. ex parte.

Sect. X. *Didymanthera* Benth. l. c. p. 622.

48. *E. pilifera* Thunb. Fl. cap. p. 350. non Kl. — *E. pilifera* Benth. l. c. p. 692. Thunb. herb. *E. Banksii* Willd.
Spec. 2. p. 395. et auct.

Subgenus II. **Syringodea** Benth. l. c. p. 623.

Sect. XI. *Eurylepis* Benth. l. c.

50. *E. Halicacaba* Linn. Spec. pl. 507. — Thunb. Diss. p.
33. et herb.

52. *E. Monsoniana* Linn. fil. Suppl. p. 223.

α. *inclusa* Kl. in Linn. IX. p. 701. — *E. Monsoniana*
Thunb. Diss. p. 34. et herb.

Sect. XII. *Callibotrys* Salisb. — Benth. l. c. p. 624.

53. *E. mammosa* Linn. Mant. p. 234. non Thunb. — *E.
abietina* Thunb. Diss. p. 68. *E. abietina* α. et β. Thunb.
herb.

55. *E. gilva* Wendl. Eric. fasc. **13.** — E. spec. Thunb. herb.

    α. media m. Bracteis lineari-lanceolatis.

Ad Prom. bonae spei (Masson).

E. spec. Thunb. herb.

    β.? angustata m. Bracteis remotis lineari-lanceolatis; sepalis ovato-lanceolatis longe acuminatis; pedicellis tenuissime puberulis.

In colonia Capensi (Thunb.).

E. spec. Thunb. herb.

57. *E. spicata* Thunb. Diss. p. 43. t. 4. et herb.

Sect. XIII. *Pleurocallis* Salisb. — Benth. l. c. p. **625.**

60. *E. Leeana* Dryand. in Bauer Ic. hort. Kew. t. **24.**

    ζ. pulchella Benth. l. c. p. **626.** Corollis, bracteis sepalisque hirsuto-viscosissimis; corollis clavato-subcampanulatis 6 lin. longis sub fauce 3 lin. latis.

Ad Prom. bonae spei (Thunb.).

E. pulchella Thunb. Diss. p. **22.** *E. pulchella α.* Thunb herb.

    η. longifolia m. Foliis 8 – 9 linearibus; corollis 8 lin. longis hirsuto-viscosissimis.

Ad Prom. bonae spei (Thunb.).

E. spec. Thunb. herb.

62. *E. vestita* Thunb. Diss. p. **22.** et herb.

65. *E. exsurgens* Andr. Heath. t. **20.** — *E. pharetraeformis* Salisb. l. c. p. **361.** et in herb. Thunb.

66. *E. coccinea* Berg. Pl. cap. **92.** (excl. syn. Linn.) — *E. coccinea* Thunb. Diss. p. **23.** *E. coccinea β.* et E. spec. Thunb. herb.

    β. echiiflora Benth. l. c. p. **627.** — *E. echiiflora* Kl. in Linn. IX. p. **648.** *E. coccinea* Kl. in Linn. XII. p. **500.**

E. cephalotes Thunb. Diss. p. **21.** et herb. Benth. l. c. p. **664.**

γ. *breviflora* m. Verticillis longissimis; corollis glabriusculis abbreviatis **3** lin. longis calyce glabro parum longioribus; ovario minute-puberulo. (An spec. propria? an hybrida?)

Ad Prom. bonae spei (Thunb.).

E. spec. Thunb. herb.

67. *E. purpurea* Andr. Heath. t. **81.** — *E. coccinea* α. Thunb. herb.

68. *E. pinea* Thunb. Diss. p. **23.** non Wendl. — *E. pinea* Thunb. herb. *E. aurea* Andr. Heath. t. **153** et **204.** Benth. l. c. p. **628.**

69. *E. grandiflora* Linn. fil. Suppl. p. **223.** — Thunb. Diss. p. **28.** *E. grandiflora* α. Thunb. herb.

α. *monstrosa* m. Corollis subduplo latioribus, utrinque attenuatis, basin versus transverse plicatis et igitur staminibus longissime exsertis (v. specimen excultum hort. Kew. in herb. Thunb.).

E. grandiflora β. Thunb. herb.

70. *E. Hibbertiana* Andr. Heath. t. **118.** — E. spec. Thunb. herb.

Sect. XIV. *Evanthe* Salisb. — Benth. l. c. p. **628.**

74. *E. cruenta* Soland. in Ait. Hort. Kew. ed. **1.** v. **2.** p. **16.** — *E. melliflua* Salisb. l. c. p. **354.** Thunb. herb.

75. *E. discolor* Andr. Heath. t. **160.**— E. spec. Thunb. herb.

80. *E. abietina* Linn. Diss. et Spee. pl. **506.** non alior. — *E. Patersonii* Thunb. Fl. cap. p. **366.** *E. Patersonia* Andr. Heath. t. **181** et **228.** Thunb. herb. *E. spissifolia* Salisb. l. c. p. **355.** et in herb. Thunb.

85. *E. versicolor* Andr. Heath. t. 47.

    α. subnuda Benth. l. c. p. 631. — *E. versicolor* Wendl. Eric. fasc. 11. Thunb. herb.

    γ. costata Benth. l. c. — *E. versicolor δ.* Salisb. l. c. p. 354. E. spec. Thunb. herb.

88. *E. pellucida* Andr. Heath. t. 183.

    γ. exsudans Benth. l. c. p. 632. — *E. glandulosa* Thunb. Diss. p. 25. et herb.

93. *E. conspicua* Soland. in Ait. Hort. Kew. ed. 1. v. 2. p. 22.

    β. splendens Kl. in Linn. IX. p. 671. — *E. conspi-cua* Thunb. Fl. cap. p. 353. et herb.

    γ. lanata Kl. l. c. — *E. longiflora* Salisb. l. c. p. 359. et in herb. Thunb.

94. *E. flammea* Andr. Heath. t. 23. — *E. curviflora* Thunb. Diss. p. 24. non alior. *E. curviflora β.* Thunb. herb.

95. *E. ignescens* Andr. Heath. t. 27. — Benth. l. c. p. 632. (excl. syn. Thunb.) *E. curviflora α.* Thunb. herb.

96. *E. curviflora* Linn. Diss. n. 41. cum fig. flor. — *E. curviflora* Linn. Spec. pl. edit. 1 — XII. ex parte. Kl. in Linn. IX. p. 665. Benth. l. c. p. 633. nec Thunb. nec Salisb. *E. fastuosa* Salisb. l. c. p. 359. *E. simplici-flora* Willd. Spec. pl. 2. p. 402. et herb. n. 7501. (In herb. Thunb. deest).

97. *E. buccinaeformis* Salisb. l. c. p. 359. — *E. tubiflora* Thunb. Diss. n. 31. nec Linn. nec Willd. *E. tubiflora* et E. spec. Thunb. herb.

98. *E. sulphurea* Andr. Heath. t. 241. — E. spec. Thunb. herb.

99. *E. tubiflora* Willd. Spec. pl. 2. p. 403. — Benth. l. c. p. 634. et auct. recent. non Linn. E. spec. Thunb. herb.

100. *E. perspicua* Wendl. Eric. fasc. **1.** — Benth. l. c. (excl.
E. Linnaea Andr.) *E. perspicua α. minor* Kl. in Linn.
IX. p. 674. *E. lituiflora* Salisb. l. c. p. **356.** Thunb.
herb.

100 b. *E. Linnaea* Andr. Heath. t. **75.** — *E. transparens*
Thunb. Fl. cap. p. **354.** et herb. non Andr. *E. hiemalis*
Hort. Angl. Regel Verh. d. Gartenb. in Preuss. v. **16.** p. **244.**
E. Syndriana Hort.

In montibus Drakensteen et Hottentotts-Holland. (Thunb.)

104. ? *E. dubia* m. — *E. cylindrica* Wendl. Eric. fasc. **11.**
nec Thunb. nec Andr. (In herb. Thunb. deest.)

Sect. XVI. *O c t o p e r a* Benth. l. c. p. 635.

107. *E. concinna* Soland. in Ait. Hort. Kew. ed. **1.** v. **2.** p.
23. — *E. verticillata* Berg. Pl. cap. p. **99.** Thunb. Fl.
cap. p. **366.** Salisb. in herb. Thunb. *E. paludosa* Salisb.
l. c. p. **356.** *E. verticillata* et E. spec. Thunb. herb.

Sect. XVII. *D a s y a n t h e s* Benth. l. c. p. **636.**

108. *E. blanda* Andr. Heath. t. **107.** non Salisb. — *E. mammosa* Thunb. Diss. p. **42.** et herb. non Linn.

111. *E. cerinthoides* Linn. Spec. pl. **505.** — *E. cerinthoides α.* Thunb. Diss. p. **26.** *E. cerinthoides α.* et E. spec.
Thunb. herb.

112. *E. Sparmanni* Linn. Act. Holm. **1772.** p. **24.** t. **2.** —
Thunb. Diss. p. **26.** et herb.

113. *E. elongata* Lodd. Bot. cab. t. **738.** — Benth. l. c. p.
637. (excl. syn. *E. transparens* Thunb.) *E. cerinthoides
γ.* Thunb. Diss. p. **26.** et herb.

114. *E. erubescens* Andr. Heath. t. **113.** — *E. cerinthoides
β.* Thunb. Diss. p. **26.** et herb.

Sect. XVIII. *Bactridium* Salisb. — Benth. l. c. p. 637.

115. *E. fascicularis* Linn. fil. Suppl. p. **219.** — *E. octophylla* Thunb. Diss. p. 44. t. **3.** et herb.

117. *E. Massoni* Linn. fil. Suppl. p. **221.** — Thunb. Diss. p. **27.** t. **3.** et herb.

Subgenus III. **Stellanthe** Benth. l. c. p. 640.

Sect. XIX. *Mura* Salisb. — Benth. l. c.

119. *E. glutinosa* Berg. Pl. cap. p. 98. non Andr. — Thunb. Diss. p. **32** et herb.

Sect. XX. *Ceramus* Salisb. — Benth. l. c. p. 641.

121. *E. inflata* Thunb. Diss. p. **41.** et herb.

122. *E. incarnata* Thunb. Diss. p. **50.** et herb. non Andr.

125. *E. ventricosa* Thunb. Diss. p. **27.** t. **1.** et herb.

Sect. XXI. *Euryloma* Don. — Benth. l. c. p. **624.**

127. *E. curvifolia* Salisb. l. c. p. 380. — E. spec. Thunb. herb.,

129. *E. Zeyheri* A. Spreng. Tent. suppl. p. **12.** — E. spec. Thunb. herb.

133. *E. retorta* Linn. fil. Suppl. p. **220.** — Thunb. Diss. p. **53.** et herb.

In montibus Hottentotts-Holland (Thunb.).

137. *E. Shannoniana* Andr. Heath. t. **239.** — E. spec. Thunb. herb.

Sect. XXIII. *Callista* Don. — Benth. l. c. p. 645.

141. *E. cylindrica* Thunb. Diss. p. 24. nec Wendl. nec Andr. — Thunb. herb. *E. tenuiflora* Andr. Heath. t. 146. Benth. l. c. *E. tenuiflora* α. *flava* Kl. in Linn. XII. p. 520.

143. *E. fastigiata* Linn. Mant. p. **66.** non Andr.

α. *procera* Kl. in Linn. XII. p. 520. — *E. fastigiata*

Thunb. Diss. p. **27.** ex parte. Benth. l. c. p. **646.** *E. fa-stigiata* β. Thunb. herb.

γ. *ciliata* m. Depressa (4 poll.); ramis adscendenti-bus; sepalis bracteisque lònge ciliatis; corollis paullo bre-vioribus.

Ad Prom. bonae spei (Thunb.).

E. fastigiata Thunb. Diss. p. **27.** ex parte. *E. fasti-giata* α. Thunb. herb.

149. *E. praestans* Andr. Heath. t. **232.**

γ. *rubra* Kl. in Linn. XII. p. **524.** — *E. fastigiata* Thunb. Diss. p. **27.** ex parte. *E. fastigiata* γ. Thunb. herb.

151. *E. denticulata* Linn. Mant. p. **129.** — *E. dentata* Thunb. Diss. p. **28.** et herb.

152. *E. Muscari* Andr. Heath. t. **130.** — *E. fragrans* Sa-lisb. l. c. p. **383.** et in herb. Thunb. non Andr.

Sect. XXIV. *Cyatholoma* Benth. l. c. p. **648.**

154. *E. Thunbergii* Linn. fil. Suppl. p. **220.** — Thunb. Diss. p. **14.** et herb.

Sect. XXV. *Platyspora* Salisb. — Benth. l. c. p. **649.**

156. *E. albens* Linn. Mant. p. **231.** — Thunb. herb. ex parte non Thunb. Prodr. cap. p. **70.** Benth. l. c. (excl. syn. *E. albida* Thunb.) *E. lutea albens* Thunb. herb. ex parte.

157. *E. tetragona* Thunb. Diss. p. **14.** t. **4.** et herb.

Sect. XXVI. *Lamprotis* Don. — Benth. l. c. p. **650.**

161. *E. comosa* Linn. Mant. p. **234.**

β. *rubra* Kl. in Linn. XII. p. **532.** — *E. comosa* Thunb. Fl. cap. p. **355.** et herb.

165. *E. tenuifolia* Linn. Spec. pl. **507.** — Thunb. Diss. p. **13.** et herb.

166. *E. lutea* Linn. Mant. p. **234.**

α. *lutea* Benth. 1. c. p. **651.** — *E. lutea* Thunb. Diss. p. **33.** ex parte. *E. lutea aurea* Thunb. herb.

β. *albiflora* Benth. 1. c. — *E. lutea* Thunb. 1. c. ex parte. *E. albens* et *lutea albens* Thunb. herb. ex parte.

168. *E. taxifolia* Dryand. in Bauer Ic. hort. Kew. t. **19.** — *E. taxifolia* et *corifolia* ζ. Thunb. herb. *E. juniperifolia* Salisb. in herb. Thunb.

171. *E. bracteata* Thunb. Diss. p. **13.** et herb. — Benth. 1. c. p. **652.** (excl. syn. *E. hyssopifolia* Salisb. et *Lamprotis hyssopifolia* G. Don.).

171b. *E. hyssopifolia* Salisb. 1. c. p. **387.**

In campo sabuloso infra Tafelberg vel Steenberg (Thunb.) Falsbaai (Robertson).

E. corifolia Thunb. Diss. p. **46.** ex parte. *E. corifolia* β. Thunb. herb.

172. *E. corifolia* Linn. Spec. pl. **507.**

α. *stricta* Kl. in Linn. XII. p. **537.** — *E. corifolia* Thunb. Diss. p. **46.** ex parte. *E. corifolia* α. et γ. Thunb. herb.

173. *E. polygalaeflora* Kl. in Linn. XII. p. **535.** — *E. corifolia* Thunb. Diss. p. **46.** ex parte. *E. corifolia* δ. Thb. herb.

174. *E. patula* Kl. in Linn. XII. p. **538.** — *E. calycanthoides* Kl. 1. c. p. **539.** *E. nudicaulis* Kl. in pl. Ecklon. *E. corifolia* Thunb. Diss. p. **46.** ex parte. *E. corifolia* ε. Thunb. herb.

177. *E. articularis* Linn. Mant. p. **65.** non Thunb. — *E. gnaphalodes* Thunb. Diss. p. **45.** et herb. nec Linn. nec Benth.

Subgenus IV. **Euerica** Benth. l. c. p. 654.

Sect. XXVII. *Eurystegia* Benth. l. c.

183. *E. glauca* Andr. Heath. t. 25. — *E. elegans* Kl. in pl. Drèg. non Andr. *E. vacciniiflora* Salisb. in herb. Thunb.

184. *E. andromedaeflora* Andr. Heath. t. 151. — *E. holosericea* Salisb. l. c. p. 352. Thunb. herb.

Sect. XXVIII. *Trigemma* Salisb. — Benth. l. c. p. 655.

191. *E. triflora* Linn. Spec. pl. 508. — Thunb. Diss. p. 47. t. 5. et herb.

194. *E. baccans* Linn. Mant. p. 233. — Thunb. Diss. p. 52. et herb.

196. *E. chlamydiflora* Salisb. l. c. p. 338. — Benth. l. c. p. 656. (excl. syn. *E. plumigera* Bartl.) E. spec. Thunb. herb.

197. *E. gnaphalodes* Wendl. Eric. fasc. 19. nec Linn. nec Thunb. — Benth. l. c. p. 656. (In herb. Thunb. deest.)

198. *E. brevifolia* Salisb. l. c. p. 338. — E. spec. Thunb. herb.

199. *E. selaginifolia* Salisb. l. c. p. 338. — E. spec. Thunb. herb.

Sect. XXX. *Pseuderemia* Benth. l. c. p. 658.

203. *E. cernua* Linn. fil. Suppl. p. 222. — Thunb. Diss. p. 52. et herb.

Sect. XXXI. *Pachysa* Don. — Benth. l. c. p. 658.

207. *E. ramentacea* Linn. Mant. p. 232. — Thunb. Diss. p. 51. *E. ramentacea* α. et β. Thunb. herb.

208. *E. mucosa* Linn. Mant. p. 232.

γ. crenata Benth. l. c. p. 659. — *E. mucosa* Thunb. Diss. p. 46. *E. mucosa* et E. spec. Thunb. herb.

211. *E. formosa* Thunb. Diss. 49. t. 3. et herb. non Andr.

214. *E. physodes* Linn. Spec. pl. 506. — Thunb. Diss. p. 52. et herb.

221. *E. obliqua* Thunb. Diss. p. 44. t. 1. — *E. obliqua* α. et β. Thunb. herb.

Sect. XXXII. *Anaclasis* Benth. l. c. p. 661.

225. *E. Bergiana* Linn. Mant. p. 235. — Thunb. Diss. p. 48. et herb.

226. *E. florida* Thunb. Diss. p. 40. et herb. non Adr. — *E. florida* var. *grandiflora* Kl. in herb. reg. Berol.

Sect. XXXIII. *Hermes* Benth. l. c. p. 662.

228. *E. regerminans* Linn. Mant. p. 232. non Andr. — Thunb. Diss. p. 35. et herb.

229. *E. pulchella* Houtt. Nat. hist. 4. p. 504. t. 23. f. 1.

α. *rubra* Kl. in herb. reg. Berol. — *E. articularis* Thunb. Diss. p. 37. et herb. non Lk.

233. *E. empetroides* Andr. Heath. t. 19. — E. spec. Thunb. herb.

234. *E. empetrifolia* Linn. Spec. pl. 507. — Thunb. Diss. p. 43. et herb.

238. *E. decora* Andr. Heath. t. 159. — *E. viscaria* Thunb. Diss. p. 29. ex parte. *E. viscaria* γ. et E. spec. Thunb. herb. *E. viscaria* α. Thunb. herb. ex parte. *E. viscaria* var. *scabra* Kl. ol. in. herb. reg. Berol.

239. *E. viscaria* Linn. Mant. p. 231. — *E. viscaria* Thunb. Diss. p. 29. ex parte. *E. viscaria* α. Thunb. herb. ex parte.

242. *E. parilis* Salisb. l. c. p. 371.

β. *flava* Benth. l. c. p. 664. — *E. viscaria* Thunb. Diss. p. 29. ex parte. *E. viscaria* β. Thunb. herb. *E. incurva* Thunb. Fl. cap. p. 359. et herb. non Andr. Benth. l. c. p. 683.

Sect. XXXIV. *Loxomeria* Salisb. — Benth. l. c. p. **565**.

245. *E. ciliaris* Linn. Spee. pl. **503**. — *E. ciliaris* Thunb. Diss. p. **19**. ex parte. *E. ciliaris β*. Thunb. herb.

Sect. XXXV. *Emerocallis* Salisb. — Benth. l. c. p. **665**.

246. *E. Tetrálix* Linn. Spec. pl. **502**. — Thunb. Diss. p. **41**. *E. Tetralix α*. et *β*. Thunb. herb.

248. *E. cinerea* Linn. Spee. pl. **501**. — Thunb. Diss. p. **51**. *E. cinerea α. β.* et *γ.* Thunb. herb.

249. *E. stricta* Andr. Heath. t. **92**. — *E. terminalis* Salisb. in herb. Thunb. *E. strigosa?* Thunb. herb.

250. *E. australis* Linn. Mant. p. **231**. — Thunb. Diss. p.**51**. *E. australis* et E. spec. Thunb. herb.

Sect. XXXVI. *Pyronium* Salisb. — Benth. l c. p. **666**.

251. *E. umbellata* Linn. Spee. pl.**501**.— Thunb. Diss. p.**14**. E. spec. et *E. umbellata α.* et *β*. Thunb. herb.

Sdct. XXXVII. *Gypsocallis* Salisb. — Benth. l. c. p.**667**.

258. *E. multiflora* Linn. Spee. pl. **503**. — Thunb. herb. ex parte. *E. vagans* Thunb. Diss. p. **31**. non Linn.

259. *E. vagans* Linn. Mant. p. **230**. — Benth. l. c. p. **667**. ex parte (excl. syn. *E. manipuliflora* Salisb., *E. verticillata* Forsk. et *Gypsocallis manipuliflora* G. Don.) *E. multiflora* Thunb. diss. p. **29**. Thunb. herb. ex parte.

262. *E. capillaris* Bartl. in Linn. VII. p. **647**.— Benth. l. c. (excl. syn. *E. scariosa* Thunb.) (In herb. Thunb. deest.)

263. *E. nudiflora* Linn. Mant. p. **229**. — Thunb. Fl. cap. p. **347**. *E. nudiflora α.* et *β*. Thunb. herb. *E. pusilla* Thunb. Fl. cap. p. **347**. (excl. syn.). *E. pusilla α. β.*et*γ.* Thunb. herb.

264. *E. racemosa* Thunb. diss. p. **31**. t. **5**. et herb.

Sect. XXXVIII. *Ceramia* Don. — Benth. l. c. p. 668.

excl. n. **278**.

266. *E. hirsuta* Kl. in herb. reg. Berol. — *E. planifolia* Thunb. diss. p. 38. ex parte. *E. planifolia* γ. Thunb. herb.

271. *E. thymifolia* Andr. Heath. t. 195. — *E. planifolia* α. Thunb. herb. ex parte.

272. *E. planifolia* Linn. Spee. pl. 508. — Thunb. diss. p. 38. ex parte. *E. planifolia* α. Thunb. herb. ex parte.

α. ? *robusta* m. Ramis, ramulis foliisque crassioribus; floribus antherisque majoribus; antheris muticis.

Ad Prom. bonae spei (Thunb.).

E. ciliaris Thunb. diss. p. 19. ex parte. *E. ciliaris* α. Thunb. herb.

An spec. propria?

273. *E. oxycoccifolia* Salisb. l. c. p. 324. — *E. planifolia* Thunb. diss. p. 38. ex parte. *E. planifolia* β. Thunb. herb.

Sect. XXXIX. *Ephebus* Salisb. — Benth. l. c. p. 670.

282. *E. marifolia* Soland. in Ait. Hort. Kew. ed. 1. v. 2. p. 15. — Thunb. Fl. cap. p. 363. et herb.

283. *E. urceolaris* Berg. Pl. cap. p. 107. — Thunb. diss. p. 36. E. spec. et *E. urceolaris* α. β. et γ. Thunb. herb.

286. *E. hirta* Thunb. diss. p. 36. t. 2. et herb.

294. *E. cratervaeflora* Salisb. l. c. p. 372. — *E. pubescens villosa* Thunb. diss. p. 39. t. 4. et herb.

297. *E. pallida* Salisb. l. c. p. 326. — *E. pubescens pilosa* Thunb. diss. p. 39. et herb.

304. *E. hirtiflora* Curt. Bot. mag. t. 481. — *E. pubescens hispida* Thunb. diss. p. 39. et herb.

β. minor Benth. l. c. p. **674.** — E. spec. Thunb. herb.
E. grisea Kl. ol. in herb. reg. Berol.

305. *E. mollis* Andr. Heath. t. **272.** — E. spec. Thunb. herb.

306. *E. exigua* Salisb. l. c. p. **373.** — *E. pubescens parviflora* Thunb. diss. p. **39.** et herb. *E. exigua* var. *angusta* Kl. in herb. reg. Berol.

Sect. XL. *O r o p h a n e s* Salisb. — Benth. l. c. p. **675.**

314. *E. peduncularis* Benth. l. c. p. **676.** non Salisb. (excl.
syn. *E. rubens* Thunb.) (In herb. Thunb. deest.)

314 b. *E. rubens* Thunb. diss. p. **49.** non alior. — *E. rubens*
α. et β. Thunb. herb. *E. peduncularis* Salisb. l. c. p. **329.**
non Benth.

315. *E. verecunda* Salisb. l. c. p. **379.** — Salisb. in herb.
Thunb.

316. *E. lateralis* Willd. Spec. pl. **2.** p. **380.** — *E. lateralis*
β. *horizontalis* Kl. in herb. reg. Berol. *E. guttaeflora*
Salisb. l. c. p. **374.** et in herb. Thunb.

317. *E. pendula* Lodd. Bot Cab. t. **902.** non Wendl. — *E.
rubens* Andr. Heath. t. **43.** non Thunb. Benth. l. c. p. **676.**
(In herb. Thunb. deest.)

321. *E. margaritacea* Soland. in Ait. Hort. Kew. ed. **1.** v. **2.**
p. **20.** — Thunb. Fl. cap. p. **371.** *E. margaritacea* et E.
spec. Thunb. herb.

324. *E. gracilis* Salisb. l. c. p. **375.** — Salisb. in herb.
Thunb.

330. *E. strigosa* Soland. in Ait. Hort. Kew. ed. **1.** v. **2.**
p. **17.** — *E. arborea* Thunb. diss. p. **40.** non alior. Thunb.
herb. ex parte. *E. caffra* Thunb. herb.

332. *E. persoluta* Linn. Mant. p. **230.**

α. *hispidula* Benth. l. c. p. **679.** -- *E. persoluta* γ.

caffra Kl. in herb. reg. Berol. ex parte. *E. strigosa*
Wendl. Eric. fasc. **2.** Thunb. herb.

　　β. laevis Benth. l. c. ex parte (excl. syn. Salisb.). —
E. persoluta γ. caffra Kl. l. c. ex parte. *E. persoluta*
Thunb. diss. p. **39.** ex parte. E. spec. et *E. persoluta*
n. **1** et **8.** Thunb. herb. *E. stricta* Salisb. in herb. Thunb.

332 b. *E. cyathiformis* Salisb. l. c. p. **376.** — *E. persoluta*
Thunb. diss. p. **39.** ex parte. *E. persoluta* n. **5.** Thunb.
herb. *E. persoluta β. laevis* Benth. l. c. (excl. syn. plur.).

335. *E. pelviformis* Salisb. l. c. p. **376.** — Benth. l. c. p.
679. (excl. syn. *E. virescens* Thunb.). *E. persoluta* Thunb.
diss. p. **39.** ex parte. E. spec. et *E. persoluta* n. **2. 3.** et
6. Thunb. herb.

　　Sect. XLI. *L e p t o d e n d r o n* Benth. l. c. p. **679.**

340. *E. depressa* Linn. Mant. p. **230.** non Andr. — Thunb.
diss. p. **33.** t. **6.** et herb.

343. *E. pilulifera* Linn. Spee. pl. **507.** — Thunb. diss. p.
40. et herb.

348. *E. Passerinae* Linn. fil. Suppl. p. **221.** — Thunb. diss.
p. **18.** et herb.

349. *E. campanulata* Andr. Heath. t. **55.** — *E. campanu-
laris* Salisb. l. c. p. **330.** et in herb. Thunb.

　　Sect. XLII. *H e l o p h a n e s* Salisb. — Benth. l. c. p. **682.**

358. *E. pyramidalis* Soland. in Bauer. Ic. hort. Kew. t. **27.**
— Salisb. in herb. Thunb.

　　Sect. XLIII. *L o p h a n d r a* Don. — Benth. l. c. p. **183.**
　　　　　　　　excl. n. **363.**

361. *E. cubica* Linn. Mant. p. **233.** — Salisb. in herb. Thunb.
E. spec. et *E. melanthera?* Thunb. herb.

362. *E. scriphiifolia* Salisb. l. c. p. **331.** — *E. cubica* Thunb.
diss. p. **31.** et herb.

Sect. XLIV. *Melastemon* Salisb. — Benth. l. c. p. **683.**

366. *F. moschata* Andr. Heath. t. **226.** — *E. melanthera* β.
Thunb. herb. ex parte. *E. anthina* Spr. Syst. **2.** p. **196.**

367. *E. cristaeflora* Salisb. l. c. p. **332.** — *E. melanthera*
Thunb. diss. p. **16.** *E. melanthera* α. Thunb. herb. *E.
melanthera* β. Thunb. herb. ex parte.

369. *E. lavandulaefolia* Salisb. l. c. p. **332.** — E. spec.
Thunb. herb.

Sect. XLV. *Eurystoma* Benth. l. c. p. **685.**

384. *E. vespertina* Linn. fil. Suppl. p. **221.** — *E. calycina*
Thunb. diss. p. **47.** et herb. nec Linn. nec alior.

387. *nigrita* Linn. Mant. p. **15.**

    β. *Niveni* Benth. l. c. p. **687.** — E. spec. Thunb. herb.

    γ. *subcristata* Benth. l. c. — *E. nigrita* Thunb. diss.
p. **35.** et herb. *E. nigrita* α. foliis squarrosis Kl. in herb.
reg. Berol. ex parte.

    δ. *lyrigera* Benth. l. c. — E. spec. Thunb. herb.

Sect. XLVI. *Polycodon* Benth. l. c. p. **687.**

391. *E. bicolor* Thunb. diss. p. **36.** et herb.

397. *E. staminea* Andr. Heath. t. **193.** — *E. leucanthera*
Thunb. diss. p. **17.** et herb. non Linn. fil.

Sect. XLVII. *Elytrostegia* Benth. l. c. p. **689.**

400 b. *E. lepidota* m. Ramis ramulisque pilis brevibus crassis glandulosis plumosis densissime obsitis; foliis appressis
imbricatis anguste lineari-trigonis glabris lepidotis nitidis
integerrimis junioribus ciliolatis; pedicellis brevissimis; staminibus subinclusis; stylo subexserto; stigmate cyathiformi-
peltato.

Ad Prom. bonae spei (Thunb.).

E. imbricata Thunb. diss. p. **16.** ex parte. *E. imbricata δ.* Thunb. herb.

Frutex ultra pedalis, robustus, erectus. Rami adscendentes arrecti ramulique numerosi patentes pilis sordide-flavidis tecti. Petioli breves, brevissime holosericei. Folia arrecta, subincurva, supra concavo-plana, dorso tenuissime sulcato-carinata, obtusa, (siccitate) plumbeo-olivacea, **2** lin. longa. Pedicelli albido-holosericei. Bracteae glabrae, oblongae, obtuse-carinatae, apice sulcato-carinatae, obtusissimae, ciliatae, sepalis subduplo breviores. Sepala glabra, ovata, obtusa, apice subulato-carinata, margine membranacea pellucida, ciliata, corolla parum breviora. Corolla glabra, urceolato-cylindrica, vix lin. longa, $1/2$ lin. lata, limbi laciniae ovatae, involutae, obtusissimae, corolla $1/2$ breviores. Filamenta angusta. Antherae oblongae, utrinque obtusissimae, basi saccatae, brevissime hirtae, brunneae, foraminibus dimidio brevioribus quam loculi liberi. Ovarium glabrum. Stylus crassus. Stigma quadratum.

Similis *E. flexuosae* et *lascivae*, sed indumento, foliis, antheris et aliis notis distinctissima.

Sect. XLVIII. *Arsace* Salisb. — Benth. l. c. p. 689.

402. *E. polytrichifolia* Salisb. l. c. p. **329.** — E. spec. et *E. tenuis* Thunb. herb. *E. arborea* Thunb. herb. ex parte, non diss. *E. arborea β.* Thunb. herb. ol. *E. scoparia* Thunb. herb. ex parte non diss.

403. *E. arborea* Linn. Spec. pl. **502.** — *E. arborea* Thunb. herb. ex parte non diss. *E. scoparia* Thunb. diss. p. **48.** E. spec. et *E. scoparia α.* et *γ.* Thunb. herb. *E. persoluta?* n. **7.** Thunb. herb.

508. *E. pan iculata* Linn. Spec. pl. 508. non Thunb. — *E. milleflora* Berg Pl. cap. p. 96. Thunb. herb. *E. persoluta* n. 4. Thunb. herb. ol.

410. *E. hispidula* Linn. fil. Suppl. p. 222. — Benth. l. c. p. 691. (excl. syn. *E. serrata* Thunb.).

α. *serpyllifolia* Benth. l. c. — *E. hispida* Thunb. diss. p. 19. *E. hispida* α. et β. Thunb. herb. *E. virgata* Thunb. Fl. cap. p. 349. *E. virgata* α. β. et γ. Thunb. diss. p. 19. et herb.

δ. *micrantha* Benth. l. c. (excl. syn. Kl.). — E. spec. Thunb. herb.

Sect. XLIX. *Chlorocodon* Benth. l. c. p. 692.

415. *E. scoparia* Linn. Spec. pl. 504. ex parte non Thunb. — *E. scoparia?* Thunb. herb. *E. furcata* α. et β. Thunb diss. p. 15. et herb. *E. multiflora* β. *patula* Thunb. herb.

III. Philippia Kl. in Linn. IX. p. 554. — Benth. l. c. p. 695. ex parte.

1. *P. Chamissonis* Kl. l. c. p. 356. — *Erica virgata* δ. Thunb. diss. p. 19. et herb. ol. *E. absinthoides* Thunb. Fl. capensis p. 340. *E. absinthoides* α. et β. Thunb. herb.

2. *P. abietina* Kl. l. c. p. 359. — *Ericae* spec. Thunb. herb.

IV. Blaeria Linn. Gen. pl. 56. — Benth. l. c. p. 697.

1. *B. purpurea* Linn. fil. Suppl. p. 122. — *Erica purpurea* Thunb. Fl. cap. p. 356. (excl. syn. et diagnosi Linnaei). *E. purpurea* α. et β. Thunb. herb.

2. *B. ericoides* Linn. Spec. pl. 162. — *Erica Blaeria* Thunb. Fl. cap. p. 358. *E. Blaeria* et E. spec. Thunb. herb.

§. II. **Salaxideae** Benth. l. c. p. 699.

V. Euremia D. Don Gen. syst. 3. p. 828. — Benth.
l. c. excl. sect. *Poderemia.*

1. *E. Totta* D. Don l. c. (excl. syn. Salisb.). — *Erica Totta*
Thunb. diss. p. 18. ex parte. *Erica Totta α.* ex parte
et *β.* Thunb. herb.

2. *E. Bartlingiana* Kl. in Linn. XII. p. 218. — *Erica Totta*
Thunb. diss. p. 18. ex parte. *Erica Totta α.* Thunb. herb.
ex parte.

VI. Grisebachia Kl. in Linn. XII. p. 225. — Benth.
l. c. p. 700. excl. sect. *Finckea.*

1. *G. Thunbergii* m. Ramosissima; foliis crassis ellipticis
ternis appressis imbricatis, junioribus cum ramulis bracteisque subarachnoideo-tomentosis; calycibus 4-partitis, laciniis lineari-lanceolatis, apice barbatis obtusis, ciliis hispido-
plumosis; corollis subclavato-tubulosis; antheris longiuscule
aristatis.

In regionibus Borkland (Thunb.).

G. ciliaris Benth. l. c. p. 701? non Kl. *Erica plumosa*
Thunb. Fl. cap. p. 364. et herb.

Rami ramulique flexuosi, arrecto-patentes. Petioli brevissimi. Sterigmata vaginata, semiteretia, longitudine internodiorum. Folia obtuse-trigona, supra concavo-plana,
dorso sulcata, obtusa, vix lin. longa, demum glabrata, nitida. Corollae holosericeae, 1 ½ lin. longae, limbi laciniae
semirotundae, obtusissimae, crenatae. Antherae parvae,
inclusae, basi saccatae, brevissime hirtae, brunneae, loculis
usque ad basin fere liberis, ellipticis, obtusissimis. Foramina brevia. Ovarium apice pubescens. Stylus tenuissimus
longe exsertus. Stigma capitatum.

A simillima *G. Dregeana* differt: antheris aristatis, calycibus angustioribus.

2. *G. hispida* Kl. l. c. p. **226.** — *Ericae* spec. Thunb. herb.

VII. Comacephalus Kl. in Linn. XII. p. **224.** —

Acrostemon Benth. l. c. p. **702.** ex parte.

1. *C. incurvus* Kl. l. c. — *Acrostemon incurvus* Benth. l. c. *Erica hirsuta* Thunb. Fl. cap. p. **358.** ex parte. *Erica hirsuta β.* Thunb. herb.

VIII. Acrostemon Kl. in Linn. XII. p. **227.** — Benth. l. c. p. **702.** ex parte.

1. *A. glandulosus* m. Diffusus; ramis ramulisque pilis glandulosis tomentosis; foliis ternis subappressis linearibus compressis remote serrulatis, utrinque convexis, dorso sulcatis, junioribus, bracteis sepalisque pilis glandulosis tuberculoso-hispidis, demum glabratis nitidis; bracteis tribus; calycibus 4-partitis; antheris longis linearibus, foraminibus loculis $3/4$ brevioribus.

Ad Prom. bonae spei (Thunb.).

Erica hirsuta Thunb. Fl. cap. p. **358.** ex parte. *E. hirsuta α.* Thunb. herb.

Folia 1—2 lin. Corolla $1\frac{1}{2}$ — 2 lin. longa (v. specimen mancum).

IX. Thoracosperma Kl. in Linn. IX. p. **350.** —

Simocheilus sect.. *Thamnus* Benth. l. c. p. **703.**

1. *T. paniculatum* Kl. l. c. et in herb. Wendl. nec in Linn. XII. p. **229.** nec in herb. reg. Berol. — *E. paniculata* Thunb. Fl. cap. p. **360.** et herb.

X. Octogonia Kl. in Linn. XII. p. 233. — *Simocheilus* sect. *Octogonia* Benth. l. c. p. 704.

1. *O. glabella* Kl. l. c.

   α. *Thunbergiana* Kl. l. c. — *Erica glabella* Thunb. Fl. cap. p. 364. et herb. *Erica fasciculata* Thunb. Fl. cap. p. 357. et herb. *Blaeria capitata* Thunb. herb. *Simocheilus glabellus* Benth. l. c.

   γ. *mutica* m. Calycibus hirsutis, demum glabratis; antheris muticis.

   Ad Prom. bonae spei (Thunb.)
   Erica scabra Thunb. Fl. cap. p. 357. et herb.

XI. Pachycalyx Kl. in Linn. XII. p. 230. — *Simocheilus* sect. *Pachycalyx* Benth. l. c. p. 705.

1. *P. glaber* Kl. l. c. p. 231. — *P. glaber* et *inaequalis* Kl. l. c. *Simocheilus glaber* Benth. l. c. *Erica glabra* Thunb. Fl. cap. p. 346. et herb.

XII. Sympiezia Lichtenst. Kl. in Linn. VIII. p. 655. — Benth. l. c. p. 705.

1. *S. capitellata* Lichtenst. Kl. l. c. — *Erica articulata* Thunb. Fl. cap. p. 357. (excl. syn.) Thunb. herb.

2. *S. brachyphylla* Benth. l. c. p. 706. — *Erica capitella* Thunb. herb.

XIII. Syndesmanthus Kl. in Linn. XII. p. 240. — Benth. l. c. p. 706. excl. sect. *Macrolinum*.

1. *S. articulatus* Kl. l. c. p. 241. — Benth. l. c. (excl. syn. *Erica articulata* Thunb.). (In herb. Thunb. deest).

2. *S. scaber* Kl. l. c. p. 240. — Benth. l. c. (excl. syn. *Erica scabra* Thunb.). (In herb. Thunb. deest.)

3. *S. fasciculatus* Kl. l. c. — Benth. l. c. p. 707. (excl. syn. *Erica fasciculata* Thunb.). (In herb. Thunb. deest.)

XIV. Omphalocaryon Kl. in Linn. XII. p. **243**. —
Scyphogyne sect. *Omphalocaryon* Benth. l. c. p. **709**.

1. *O. muscosum* Kl. l. c. — *Erica albens* Thunb. Prodr.
cap. nec herb. nec Linn. *Erica albida* Thunb. Fl. cap.
p. **347**. *Erica albida* α. et γ. Thunb. herb. *Scyphogyne
inconspicua* Ad. Brongn. voy. de la coquille t. **54**. Benth. l. c.

XV. Lagenocarpus Kl. in Linn. XII. p. **214**. —
Benth. l. c. p. **710**.

1. *L. imbricatus* Kl. l. c. — *Erica serrata* Thunb. Fl.
cap. p. **346**. et herb.

XVI. Salaxis Salisb. l. c. p. **317**. — Benth. l. c. p. **710**.
ex parte.

1. *S. axillaris* Salisb. ex G. Don, Gen. syst. **3**. p. **351**. —
Erica axillaris Thunb. diss. p. **16**. et herb.

Register

der

in den Abhandlungen vorkommenden
Pflanzen-Namen.

Acacia acinacea 621. aciphylla 627. acutissima 608. adiantophylla
607. alampra 620. amoena 618. aneura 627. argyrophylla 616.
armata 608. aspera 622. ataxiphylla 605. axillaris v. macrophylla 611. Benthamii 624. bidentata 608. Bidwillii, biglandulosa 629. bombycina 616. brachyphylla 615. brevipes 627.
Brownei 610. bursariacea 622. buxifolia 620. Bynoeana 614.
calamifolia 612. campylophylla 605. cedroides 611. 5. cephalo-
botrya 620. chordophylla 612. chrysobotrys 629. clavata 622.
cochliocarpos 628. colletioides 609. conferta 614. crassiuscula
619. crassophylla 618. crispula 606. cuspidata 609. cyclo-
phylla 607. cyclolepis 627. Cycnorum 629. daphnifolia 618. dasyphylla 622. dealbata 629. declinata 623. decora v. spinescens
620. decurrens, denudata 629. dependens 628. dictyocarpa 616.
diffusa 609. dilatata 608. discolor, dissitiflora 628. dura 622.
elongata 612. 24. Endlicheri 629. ericaefolia 613. erioclada 606.
erythrocephala 622. exsudans 623. extensa 604. fagonioides 629.
falcinella 617. farinosa 625. glaucophylla 616. glaucoptera 604.
gonophylla 614. graminea 604. Gunnii 608. hakeoides 618.
hebetifolia 623. hemiteles 619. heteroneura 624. hispidissima 629.
Hookeri 613. imbricata 614. implexa 627. iteophylla 617. ixiophylla 625. juniperina 610. lanigera 609. lasiocarpa 629. Latrobei 621. leprosa 623. leptoneura v. pungens 627. leptospermoides 626. leptopetala 619. ligustrina 623. linearifolia, linearis 628. lineata 622. lineolata 626. linifolia 620. longifolia 628.
loxophylla 622. macrophylla, maritima 628. megaphylla 604.
Meisneri v. angustifolia et v. latifolia 623. melanoxylon 617. 27.
microbotrys 618. microcarpa 620. Mitchellii 629. moesta 611.
mollissima 629. montana 622. mucronata 628. Mulleri 603.
mucronata v. longifolia 628. myriobotrya 618. myrtifolia 617.
nematophylla 612. neurophylla 612. 24. nodiflora 621. notabilis 618. obliqua 607. 8. obtusata 618. oleaefolia 616.

CPSIA information can be obtained
at www.ICGtesting.com
Printed in the USA
BVHW091728021118
531990BV00018B/524/P